AF554436

Conservée la couverture

LE BRÉSIL

EXCURSION A TRAVERS SES 20 PROVINCES

PAR

441

ALFRED MARC

Rédacteur du journal *Le Brésil*,
Vice-président de la 3e section de la Société de géographie commerciale de Paris.

ÉDITÉ PAR M. J.-G. D'ARGOLLO-FERRÃO

TOME II

EN VENTE
AU JOURNAL *LE BRÉSIL*
19, BOULEVARD MONTMARTRE, 19
PARIS

1889

363 a 90

ont été lacérées

16 Juillet 1895

[illegible]

LE BRÉSIL

EXCURSION A TRAVERS SES 20 PROVINCES

SCEAUX. — IMPRIMERIE CHARAIRE ET FILS.

LE BRÉSIL

EXCURSION A TRAVERS SES 20 PROVINCES

PAR

ALFRED MARC

Rédacteur du journal *Le Brésil*,
Vice-président de la 3e section de la Société de géographie commerciale de Paris.

ÉDITÉ PAR M. J.-G. D'ARGOLLO-FERRÃO

TOME II

EN VENTE
AU JOURNAL *LE BRÉSIL*
49, BOULEVARD MONTMARTRE, 49
PARIS

1890

LE BRÉSIL

EXCURSION A TRAVERS SES 20 PROVINCES

X

MINAS GERAES ET L'INTÉRIEUR

Aspect topographique. — Production et développement de Minas. — Les Italiayas. — La *Matta*. — Bassin du Rio Doce. — Le Nord-Est. — Bassin du S. Francisco, — du Rio Grande. — Vallée du Sapucahy. — Mattas et campos. — Les cultures. — Les débuts de l'industrie. — Les Indiens de Minas.

Le *Mineiro* ou habitant de Minas forme une entité à part au Brésil par ses allures, ses prétentions et même par son aspect. Il se croit l'enfant d'un pays privilégié, capable de se suffire par lui-même, pouvant ne rien demander aux autres provinces, mûr pour l'autonomie absolue. C'est un rude homme, fort, robuste, dur au travail, que ne rebutent pas les besognes mêmes les plus ingrates. Défrichement, culture, exploitation des mines, chasse, pêche, tout lui va et, dans toutes ces tâches, il se montre laborieux, adroit, infatigable. Il accomplit spontanément des ouvrages que l'on n'osait confier qu'à l'esclave, il s'en acquitte plus vite, mieux et à meilleur compte. C'est le grand abatteur de forêts, le défricheur incomparable des abatis et des campos; sobre, taciturne à l'ordinaire, les jours de liesse il fait preuve d'une incroyable capacité d'absorption et d'une faconde intarissable. Simple de goûts et souvent d'esprit, il ne s'étonne pas des splendeurs que la civilisation peut lui révéler et se trouve à l'aise au milieu des raffinements dont elle l'appelle à jouir.

Le Mineiro a raison dans son orgueil provincial, car sa patrie est admirablement dotée; cette province « au cœur d'or dans une poitrine de fer », comme l'a si bien qualifiée M. Henri Gorceix, un Français dont elle a conquis l'affection et qui la connaît bien, peut en effet se passer du reste du monde, comme l'attestait Saint-Hilaire. Elle l'eût déjà prouvé, si elle avait une sortie directe sur la mer, dont la prive sa situation complètement intérieure. Mais elle a pris sa revanche, en faisant ses tributaires des régions voisines d'Espirito Santo au nord, de Rio de Janeiro au centre et de Sam Paulo au sud, dont les ports lui servent de débouchés. Si jamais on remanie la division administrative et politique du Brésil, Minas se taillera sur la côte une tranche en rapport avec sa prépondérance réelle.

Minas s'étend de 13°55′ à 23° de latitude, entre 3°33′ et 7°48′ de longitude occidentale de Rio de Janeiro. Elle a 1,200 kil. de la rive droite du Carinhanha au nord jusqu'à Borda da Matta au sud, de Bahia à Sam Paulo, et 1,500 de Santa Clara sur le Mucury à l'est, jusqu'au confluent du Rio Grande avec le Paranahyba au sud-ouest. Sa superficie est de 887,000 kilom. carrés selon Macedo, de 574,855 selon l'exposé officiel. Sa population doit avoir dépassé 3 millions d'habitants. Minas vient au 5e rang par l'étendue, au 1er par la population, entre toutes les provinces du Brésil.

Ses limites exactes, comme celles de beaucoup d'autres provinces, sont contestées, ce qui prouve la nécessité d'un acte législatif de remaniement général. Il est même surprenant sous ce rapport qu'après avoir chassé la domination portugaise, les Brésiliens aient jalousement gardé les délimitations arbitraires, illogiques et si souvent contraires au sens commun, qu'ont faites de leur sol les ordonnances des anciens gouverneurs généraux envoyés par la cour de Lisbonne. Quoi qu'il en soit, Minas a pour voisines Bahia, Goyaz, Sam Paulo, Rio de Janeiro et Espirito Santo.

Elle contient le nœud du système orographique brésilien : à l'est la Mantiqueira, la serra de Espinhaço qui la continue, le grand cordon des Vertentes, hauts plateaux plus que montagnes proprement dites, qui relie la chaine orientale aux grandes chaînes de partage de l'Amazone et du Paraguay, et va se raccorder aux Andes à travers la Bolivie, projetant de tous côtés des ramifications sinueuses, qui coupent son sol de vallées et de hauteurs, multipliant les pentes, diversifiant les expositions, comme la nature du terrain et sa végétation; il en résulte que Minas juxtapose les climats et les territoires les plus divers, qu'elle offre une température tropicale, une autre plus modérée et çà et là, presqu'une température froide. Il y gèle souvent, il y a neigé cet hiver; en thèse générale, et pour l'infinie majorité de ses cantons, la température est celle de notre Midi de France. Il y a deux saisons seulement : celle des pluies qui est l'hiver, et la saison sèche qui est l'été. Durant celle-ci, la température arrive à un degré plus élevé et atteint son apogée pendant le *Veranico*, court été sans pluies, comparable à nos jours caniculaires d'Europe.

Il me parait superflu d'énumérer les dénominations locales diverses données aux chaînes indiquées et à leurs ramifications. On trouvera les noms les plus intéressants, quand j'aurai à citer les particularités capables d'en fixer le souvenir dans l'esprit. Toutes les eaux qui en descendent se répartissent dans trois grandes directions.

La côte Atlantique à l'est reçoit le Rio Pardo venu de la serra das Almas, partie de celle de Itacambira qui forme elle-même un groupe de la serra de Espinhaço. Il lui arrive grossi du Preto, de l'Agna-Fria, du Sam João et du

Mosquito, après avoir traversé la province de Bahia, et se déverse près de Cannavieiras. — Au même point se jette le Jequitinhonha, déjà décrit et venu des environs de Diamantina; le Mucury, né dans la dépression qui sépare la serra Negra de celle du Chiffre, ramification S.O.-N.E. de la serra de Espinhaço, reçoit les rios das Americanas, de Todos os Santos, de Urucû, Pampam, puis servant de frontière à Bahia et à Espirito Santo se déverse un peu au sud de Caravellas. Le Rio Doce descend de la Mantiqueira, vis-à-vis de Barbacena, mais sur la pente orientale; il a été décrit lui aussi; enfin le Sam-Matheus, l'Itabapoana, et le Parahyba du Sud, recueillent quantité d'eaux mineiras, qu'ils emportent à travers les provinces d'Espirito Santo et de Rio de Janeiro jusqu'à l'Océan.

Les sources situées au nord des Vertentes, à l'est des Serras da Cannastra et des Pyrinéos, à l'ouest de la Serra de Espinhaço, vont toutes au S. Francisco, né lui-même dans les ramifications de la Serra da Cannastra. J'ai signalé déjà l'importance de ces affluents : l'Indayá, l'Abaeté, le Paracatû, l'Urucuia, le Pardo et le Carinhanha, sur la gauche ; le Paraopéba, le rio das Velhas, le Verde-Grande, sur la droite. Toutes ces eaux sont emportées par le S. Franscisco au nord et ensuite vers l'est à l'Atlantique.

Au sud des Vertentes, à l'ouest de la Serra da Cannastra et de la Mantiqueira, toutes les eaux venant des ravins de cet immense pourtour vont au Paraná et par lui à la Plata. Le Paraná n'est que la réunion du Paranahyba et du Rio Grande. Le premier vient de Goyaz qu'il sépare de Minas Geraes ; cette dernière province lui envoie les rios dos Dourados, das Ilhas et das Almas, venant des ramifications occidentales de la Serra da Cannastra. Le Rio Grande naît en pleine Mantiqueira, dans la Serra du Bom Jardim, en face de la ville de Rezende, qui de l'autre côté de la chaîne est sur le Parahyba ; il remonte vers le nord, se grossissant en chemin d'une foule de ruisseaux ; près de Lavras, il reçoit à droite le rio das Mortes auquel s'est déjà joint le Pirapetinga ; il a déjà pris la direction nord-ouest qu'il garde désormais ; il reçoit ensuite à gauche le Sapucahy, grossi du rio Verde, et qui tous deux ont recueilli les autres eaux mineiras des ramifications occidentales de la Mantiqueira, formant vers leur sources un immense bassin en éventail extrêmement arrosé : bientôt il s'infléchit droit vers l'ouest et va se réunir au Paranahyba, puis, tous deux, sous le nom de Paraná, descendent au sud. — Nous les retrouverons plus tard.

M. Gerber, auquel on doit la première carte de Minas et qui a fait une étude magistrale de cette province, en répartissait ainsi le territoire au point de vue hydrographique :

S. Francisco.	390.000	kilom. carrés.
Rio Grande	217.000	—
Parahyba du Sud.	31.000	—
Itabapoana	3.550	—
Rio Doce.	100.000	—
Sam Matheus	4.450	—
Mucury.	47.750	—
Petits cours d'eau de l'Est	4.450	—
Jequitinhonha.	97.500	—
Rio Pardo	48.650	—
Surface totale de la province. .	884.350	—

PRODUCTION ET DÉVELOPPEMENT DE MINAS

La situation provinciale de Minas Geraes est déterminée par les chiffres suivants :

Minas a 10 sénateurs, 20 députés généraux, 60 députés provinciaux ; elle a une relação ou cours d'appel siégeant à Ouro-Preto, comprend 56 comarcas et 74 termos municipaux ; ses 106 municipes comprennent 89 cités, 17 villes et 522 paroisses. Celles-ci, dans la partie occidentale, sont sous la juridiction de l'évêque de Goyaz ; dans la partie méridionale sous celle de l'évêque de S. Paulo. Les autres sont gouvernées par deux évêchés mineiros. Celui de Marianna est composé de la partie centrale de la province et compte 214 paroisses; celui de Diamantina embrasse le nord avec 67 paroisses.

BUDGET DE 1885-86

	Recettes.	Dépenses.
Général	1.895.688$977	1.907.969$226
Provincial	3.632.215 739	3.584.735 622
Totaux	5.527.904$716	5.492.704$848

Ce sont là les chiffres de l'exercice liquidé tels que les fournit le rapport présidentiel du 5 juillet 1887, de M. Carlos Augusto de Oliveira Figueiredo ; ils ne donnent pas l'idée complète du mouvement financier. Il faut ajouter à la dépense provinciale 1,324,813 $ 926 de garanties d'intérêts ou de subventions payées aux chemins de fer; et à la recette 144,000 $ de subvention kilométrique remboursée par la Compagnie Bahia et Minas. L'exercice pour le budget provincial s'est soldé par un excédent de 47,480 $ 117 pour ses fonds propres. La dépense a dépassé de 248,381 $ 290 les prévisions et la recette a dépassé celles-ci de 352,113 $ 450.

Minas voit, par sa situation intérieure, son activité commerciale se confondre avec celle de ses voisines dans les statistiques. Il est assez difficile par conséquent de distinguer avec exactitude la part qui lui revient en propre dans le mouvement de S. Paulo et de Rio. Il me paraît bon de citer ici une page de l'étude consacrée à Minas par M. Carlos Pinto de Figueiredo en 1887 sur l'ordre de M. de Cotegipe (*Breve noticia do estado das provincias*) :

« Presque sans aide du gouvernement général, dit-il, Minas a su, sous la direction exclusive de son assemblée provinciale et à ses frais, étendre la viabilité accélérée et celle du roulage dans son immense périmètre, établir sur de vastes proportions l'enseignement primaire et secondaire, donner l'essor à l'agriculture, aux fabriques, aux mines et devenir notre première province productive comme elle en est la plus peuplée.

« Depuis qu'elle a étendu sa circulation, la province a vu ses revenus suivre cette marche ascendante :

1877-78	2.432,833 $
1878-79	2.706.716
1879-80	2.564.325
1880-81	3.082.102
1881-82	2.759.811
1882-83	3.219.078
1883-84	2.988.179
1884-85	3.563.840
1885-86	3.997.538

« Avec le secours insignifiant du travail esclave, qui n'a de valeur que dans les *fazendas* de la *matta*, la province, confiante dans sa population s'est lancée dans les dépenses productives ; elle constitue aujourd'hui la réponse la plus éloquente à l'école de la *résistance* et la confirmation la plus brillante du programme gouvernemental de MM. João Alfredo et Saraiva, qui sur ce point ont des idées communes.

« Elle est une des rares provinces qui aient une bonne situation financière, car sa recette augmentant, les dépenses n'ont pas été excessives ; son principal revenu est fourni par le café, dont la culture progresse vivement et pourra occuper un territoire extrêmement étendu. Néanmoins, c'est entre toutes la province qui présente la plus grande variété de cultures et d'industries. Cette année elle a exporté 90,000 tonnes de café et en a consommé 12,000 tonnes pour son propre compte. La production en sucre dépasse 30,000 tonnes ; les seules rives du Rio Doce en fournissent 10,000. L'industrie pastorale fournit abondamment la population et les industries et exporte en outre plus de 150,000 bœufs, 30,000 porcs et une quantité considérable de moutons pour la consommation de Rio de Janeiro. Elle possède 20 tissages de coton et de laine, des centaines de forges et de fonderies de fer et autres métaux.

« La production des denrées alimentaires, des céréales

principalement, suffit et au delà pour alimenter la population. Elle exporte du tabac, des préparations de viande de porc, des laitages, du caoutchouc de *Mangabeira* et divers produits des mines.

« On peut ainsi évaluer sa production spécifique :

Produits.	En tonnes.	Valeur.
Céréales et produits aliment.	375.000	30.000 contos.
Café	90.000	54.000 —
Sucre.	30.000	3.000 —
Bétail.	12.000	10.000 —
Tabac et divers	10.000	3.000 —
Total	517.000	100.000 contos.

« Ce tableau néglige absolument les produits de l'industrie manufacturière. La plus grande partie de la production spécifique est utilisée dans la province, cependant les bureaux du fisc ont perçu en 1885-86 pour son mouvement interprovincial et son activité intérieure, les quantités suivantes :

Café.	1.406.463 $
Tabac et préparations.	58.473
Lard, etc.	45.877
Fromages	42.999
Bœufs.	303.691
Porcs	22.135
Taxes de péage.	859.216
Impôts intérieurs.	823.847

« S'il était possible de détacher du revenu de la douane de Rio de Janeiro la portion relative aux marchandises qui en sont expédiées à Minas, on verrait les insuffisances des bureaux douaniers de Minas se transformer en excédents très considérables, car les marchandises qui transitent pour cette province représentent une somme très importante. »

Voici toutefois extrait d'un rapport présidentiel, les quantités exportées en 1883-84. Je n'ai pu retrouver pareil tableau dans les rapports postérieurs :

Articles.	Quantités.	
Café	53.886.722	kilogs.
Tabac	3.666.543	—
Cigares	3.907	milliers.
Résidus de tabac	108.255	kilogs.
Lard	3.301.133	—
Cierges	75	—
Eau-de-vie	133.411	litres.
Bière	38.008	—
Étoffe de coton	188.546	mètres.
Madriers de palissandre	130	douzaines.
Clous à ferrer	10	centaines.
Demi-cuirs soles	3.619	unités.
Voitures	8	—
Mélasses	239.488	kilogs.
Filets	51	unités.
Selles	84	—
Cristal de roche	14.292	kilogs.
Fromages	1.328.712	—
Traverses de chemin de fer	228	douzaines.
Planches	1.493	—
Poules	187.191	têtes.
Bœufs	145.438	—
Chevaux	850	—
Mulets	584	—
Moutons	1.211	—
Porcs	25.973	—
Chèvres	289	—

Il faut noter que ce tableau contient les seuls articles sur lesquels la province prélève un impôt d'exportation. Encore n'est-il pas complet. L'or n'y figure pas, je ne sais pourquoi ; le caoutchouc non plus ; les céréales pas davantage.

Le tableau de 1882-83 contenait les articles suivants qui ne se retrouvent plus dans le précédent, parce que l'exportation en a été déclarée libre de droits : Chaux blanche, coton en branches, poudre, marmelades, farines de manioc et de maïs, amidon, barques, chapeaux de paille, pichúa (euphorbiacée purgative), graines de coton, riz brut et décortiqué, haricots, œufs et viandes salées.

Je n'ai reproduit ces détails que pour montrer la variété

de la production. On verra tout à l'heure par les données concernant les diverses localités combien elle est plus complète encore et plus diversifiée. Des calculs approximatifs, mais très sérieux, portent le bétail de la province à 2,200,000 têtes de bœufs.

On évalue l'exportation de 1888-89 à plus de 60,000,000 $, représentant 90,000,000 kilos de café, 300,000 têtes de bétail, 4 millions de kilos de sucre et bien d'autres produits agricoles ou de la fabrique que cette province expédie à Rio, S. Paulo et Bahia.

Le rapport de M. Horta Barbosa, à l'ouverture de la dernière session législative, montre que la recette avait été évaluée à 3,410,200 $ pour l'exercice 1886-87. La loi du 12 juillet 1888 ayant fait partir pour l'avenir l'exercice du 1er janvier, on a dû ajouter un troisième semestre à celui de 86-87, et par suite la prévision budgétaire de la recette s'est élevée pour les dix-huit mois à 5,115,300 $.

Le recouvrement s'est élevé à 5,768,922 $ 744, présensant un excédent de 653,622 $ 774, qui se monte à 686,159 $ 182, en y ajoutant 32,526 $ 408 d'intérêts de l'argent déposé dans les banques, des produits judiciaires, etc. Le revenu s'est donc accru de 20 %.

La dépense avait été fixée à 5,115,800 $; en réalité, elle s'est élevée à 5,215,605 $ 780, inférieure de 585,853 $ 372 à la recette recouvrée ; l'excédent de cet exercice s'élèvera même à 994,527 $ 416, si l'on y joint celui provenant de l'exercice antérieur, soit 408,674 $ 044, déduction faite des charges de même origine, et se montant à 10,059 $ 370.

Pour l'exercice 1888, la recette recouvrée atteindra au moins à 3,781,115 $ 338 ; de sorte qu'avec l'excédent disponible précédent, la province aura pour ses dépenses ordinaires des ressources montant à 4,475,642 $ 754. Ces dépenses sont fixées à 3,474,010 $; elle peut donc espérer un excédent de 1,301,624 $ 754.

C'est là ce qu'on peut appeler une situation florissante ; quand le même administrateur a quitté la présidence, au début de 1889, la dette consolidée était de 5,826,000 $ à 6 %.

Cette dette représente surtout des dépenses reproductives, des voies ferrées, des travaux publics pour l'amélioration de l'outillage provincial. Un petit journal local, le *Baependyano*, étudiant la situation agricole de la province, évalue sa superficie à 57,455,500 hectares. La partie appelée *Campos* en comprend 46 millions, dont 16 sont en *Mattas* et *Capões da matta* (forêts et garrigues ou brousses), 30 sont occupés par des *Cerrados* et des *Campos* (plateaux semés de bosquets ou nus). La population des Campos est de 2,000,000 d'âmes, mais en nourrirait facilement 8,000,000. En mettant complètement en culture campos et mattas, la province sustenterait parfaitement 40,000,000 d'habitants.

Il y a cent ans, elle comptait 250,000 âmes, aujourd'hui elle en possède plus de 3 millions ; le peuplement peut donc aisément s'en compléter plus rapidement qu'on ne pense.

Ce développement trouve à mes yeux son explication principale dans le caractère indigène. Je veux reproduire à ce propos des observations d'un économiste sagace de Rio de Janeiro publiées en avril dernier :

« Les États-Unis ont commencé en 1820 à franchir les étroites limites de la Nouvelle-Angleterre dans la direction de l'Ouest, et il est certain qu'en 1850, malgré leurs prodigieuses forces financières, ils n'avaient pas réalisé en viabilité plus de progrès que nous dans un intervalle identique. Ils n'en furent pas découragés et leur principale richesse, les céréales, l'attrait véritable et la garantie de l'immigration, est aujourd'hui plus de cent fois supérieure à la production des anciens États de l'Est. Sans la transformation opérée dans l'Union par la mise en culture de tous les affluents du Missouri et du Mississipi, incontestablement en 1864 la République serait entrée en décadence ou se serait fractionnée. En outre, l'Ouest, peuplé d'éléments complexes mais laborieux, est devenu la meilleure garantie des vieilles institutions américaines, et la saine stabilité politique est née de l'influence puissante des nouveaux États. Toutes les réactions centralistes ont trouvé une résistance énergique chez ces laborieux citoyens.

« Notre Ouest n'est pas inférieur par l'immensité, la richesse du sol, le climat favorable, l'abondance des minéraux utiles à l'industrie. Le Rio Grande, depuis la station de Lavras, présente déjà un cours navigable de 40 lieues ; les grandes rivières centrales de S. Paulo n'ont pas une navigabilité moindre et le S. Francisco, depuis Penedo jusqu'au cœur de l'Ouest, peut devenir un puissant moyen de fécondation industrielle et de peuplement.

« Sur les premiers territoires que l'on trouve dans les campos en franchissant les serras maritimes, il y a des vestiges prouvant qu'au siècle dernier vivait là une race forte, industrieuse, intelligente, à qui la fortune a été contraire, mais qui nourrissait l'idéal d'une grande patrie et se rendait compte des ressources qui l'entouraient. Le mouvement de la *Inconfidencia*, qui nous semble un caprice, une velléité ou un accident historique, s'explique parfaitement en visitant les vallées du Rio das Mortes et du Rio Grande, où le poignet de cette forte race a laissé des traces indélébiles. Il faut aller à la cathédrale de S. José d'El-Rei et examiner ce que signifient ces beautés de l'esthétique et de la richesse ; il faut visiter les montagnes et les vallées voisines, qui gardent le sillon profond creusé par le mineur, pour saisir ce que l'histoire ne nous dit pas, et comment purent apparaître sur ce sol des hommes de la stature morale de José Bazilio da Gama, Gonzagua, Claudio Manoel et Alvarenga. L'ambiant esthétique explique cette explosion soudaine. Ce sont là des études qui exigent un travail plus long et plus développé, aussi nous bornons-nous à donner ici une simple indication aux gens compétents. Il ne manquera pas là d'un Taine ou d'un Ramalho Ortigão pour traduire ce que signifient cette terre, cette rive et la race qui s'y est formée.

« Il est regrettable que dans la création avisée de centres coloniaux, on n'en ait pas fondé un à S. José d'El-

Rei, riche en sources minérales et en éléments industriels, et un autre à Lavras, qui est le point de départ de la grande navigation centrale, qui est également un canton déjà d'un caractère manufacturier, qui possède les terres les plus variées de *mattas* et de *campos*, où depuis longtemps diverses cultures ont été entamées. A S. José d'El-Rei, la vie active d'un noyau colonial contribuerait à conserver cette cité-monument, où à chaque pas l'on rencontre des vestiges d'une curieuse période nationale, vestiges aujourd'hui menacés d'une destruction rapide.

« La province de Minas, par sa nature composée d'éléments pour ainsi dire fédéraux, est destinée à être instituée en plusieurs départements, auxquels la capitale donnera l'impulsion générale, mais qui auront leur centre d'action propre. La démembrer serait détruire une grande force pondératrice, mais quand une lucide intelligence sociologique aura créé dans chaque province les départements nécessaires à sa vitalité économique, Minas sera l'une de celles qui retireront le plus d'avantages de ce progrès administratif : Campahna, S. João d'El-Rei, Uberaba, Juiz de Fóra, Cataguazes, Ponte-Nova, Diamantina, etc., sont autant de chefs-lieux excellents de départements, correspondant à des régions économiques naturelles, et où un sous-préfet aidé d'un conseil départemental administratif pourrait en quelques années multiplier la richesse, sans amoindrir le pouvoir et l'influence de la province, qui aurait sa législature pour les intérêts généraux. Il est difficile ou presque impossible à un président placé à Ouro-Preto d'avoir une pleine connaissance des diverses ressources et des intérêts entre lesquels se subdivisent les régions économiques de la province. Un esprit cultivé et énergique, peut-être trop fort pour le prosaïsme de notre vie commune, M. José Carlos de Carvalho, chargé de l'inspection de la colonisation de cette province, a déjà indiqué ce caractère particulier de la société *mineira*, et dans une étude publiée par la *Gazeta da Tarde*, de Juiz de Fóra, il a conseillé aux pouvoirs publics de diviser la province en départements spéciaux pour les travaux du peuplement. On peut dire que Minas est l'un des meilleurs terrains d'immigration, puisque 200,000 immigrants venus en 1750 ont constitué les 3,000,000 de citoyens qui la peuplent aujourd'hui, mais le peuplement pourra difficillement s'effectuer par un centre d'immigration à Juiz de Fóra. Il se produira nécessairement, pour la ligne du Rio Verde, pour le haut Rio Doce, pour le Muriahé et d'autres points, des erreurs et des bévues qui peuvent considérablement nuire à l'accroissement de la richesse nationale. »

LES ITATIAYAS

On dit volontiers ici que Minas possède les sommets les plus élevés du Brésil. Après ce que j'ai constaté de la *Serra do Estrondo* dans Goyaz, l'affirmation me parait un peu douteuse. Néanmoins on peut dire qu'elle renferme les plus hauts plateaux de l'Empire. Les Indiens donnaient à ces sommets le nom d'Itatiaya, pierre qui distille une eau pure et salubre. Il n'y a pas moins de trois de ces points culminants dans la province : l'Itatiaya-Assú d'Ayuruóca ou de Rezende, en pleine Mantiqueira, qui élève les pics des *Agulhas Negras* ou des Aiguilles Noires de 2,000 à 3,000 mètres.

Tous ces pics forment un groupe ramassé presque sur le même point. Quand on y vient par le chemin de fer de Pedro II, on franchit d'abord la zone de la *Serra Abaixo* qui sur une longueur de 63 kilomètres ne s'élève pas à un niveau de plus de 30 mètres; là commence la Serra do Mar, dont l'escarpement qui se dresse sur des vallées profondes est traversé par une galerie de dix-sept tunnels; au kilomètre 89, on franchit sous le *tunnel Grande* de 2,236 mètres, la ligne de faite. Les rails sont en cet endroit à 416^{m},63 au-dessus du niveau de la mer; l'altitude de la gorge est de 597 mètres. On a pénétré dans la longue et pittoresque vallée du Parahyba, entre les serras do Mar et da Mantiqueira.

Au kilomètre 203, à la station de Campo Bello, on découvre dans celle-ci une masse de montagnes dont la cime élevée ferme l'horizon vers le nord-est. Au kilomètre 211, à la station d'Itatiaya, on peut descendre pour opérer l'ascension. Le niveau de la voie depuis Barra do Pirahy est monté de 356 à 410 mètres. — Il y a là une immense fazenda que l'on morcelle en ce moment pour y établir des colons et qui est un vrai coin de Suisse : elle longe le Parahyba, et est arrosée par le ruisseau de l'Itatiaya d'une eau cristalline roulant sur un fond de sable blanc. 10 kilomètres plus loin, tout au pied de la serra est une autre fazenda, celle da Cachoeira, cote 635 mètres.

Après trois heures de montée, on atteint le pittoresque vallon *Coixos*, où l'on trouve une grande plantation de pommiers, qui donnent à la perfection ; l'altitude est déjà de 1,888 mètres. Une heure et demie de marche amène au haut de la serra, où après avoir traversé le petit ruisseau du Passagem, on arrive à la *Casa da Invernada* ou maison d'hivernage, à 2,181 mètres d'altitude. Tout voisin, à l'ouest de la maison, est le *morro do Rolador*, 2,250 mètres, d'où l'on aperçoit distinctement au nord le côté abrupt des hauts sommets Pedra do Couto, Pyramides et Cabeço da Pedra, émergeant de la gigantesque masse montagneuse avec leurs aspects fantastiques.

De là il faut un bon guide, un vrai *Tapéjyára*, seigneur du chemin, comme disent les indigènes. Après avoir contourné le *Cabeço da Pedra*, on entre dans un espace absolument fermé de toutes parts par des rochers énormes, qui font de cette région un paysage typique, que j'appellerais volontiers lunaire.

En pénétrant dans ce cirque de pierre, on croirait voir l'antique habitation d'êtres surnaturels, de Titans d'un âge oublié, enterrés là sous les décombres d'un monde en ruines. La dénudation des pluies, l'action lente de la gelée et la destruction météorique, ont émietté la surface de ce sol, et sous le suaire de neige qui recouvre ces cimes altières, on a le sentiment profond de l'omnipotente énergie des lois latentes de la nature qui ont si merveilleusement sculpté le relief du terrain.

Une petite dépression sépare le *Cabeço da Pedra* des Pyramides, tous deux hauts de 2,500 mètres. On peut admirer là les effets de la désagrégation de la roche et sur certains rochers, les admirables positions d'équilibre dans lesquelles ils se maintiennent, tant ils paraissent près de s'effondrer à tout instant. Sous ceux de taille énorme qui forment les *Pyramides*, il y a une curieuse grotte, creusée en forme de croix, ouverte du côté nord. La *Pedra do Coulo* est un peu à l'ouest ; sa face sud forme un énorme précipice au-dessus du creux où coule le ruisseau da Lapa. Vue de face, cette énorme roche donne assez bien l'idée d'une immense capeline de paille, comme en portent les femmes de nos campagnes d'Auvergne.

En poursuivant son chemin vers le nord, on rencontre un lac insignifiant ; il faut alors prendre à l'ouest par le chemin de Silverio, en contournant un monticule, et l'on aperçoit un autre lac plus considérable qui est l'une des sources du ruisseau d'Italiaya. A droite se dresse le sommet de l'Italiaya, dont l'ascension est extrêmement difficile, mais d'où l'on jouit d'une superbe vue sur toute la vallée du Rio Preto, qui sort de la base des Aiguilles Noires. L'horizon est ici sans limites.

Au-dessus de la ligne de faite de la contrescarpe septentrionale de la Serra do Mar, on distingue parfaitement les *Campos da Bocaina* qui s'étendent à la jolie altitude de 1,600 mètres. La roche de l'Italiaya est le granit dans lequel prédominent feldspath, mica et amphibole, sans parler d'un minéral jaune non déterminé, peut-être le grenat. L'altitude du pic des Aiguilles Noires est exactement de 2,994 mètres. M. le baron Homem a rapporté de cette hauteur en 1876 une petite cactacée alpestre qui a fort bien résisté ensuite au climat de Rio de Janeiro. M. André Rebouças, qui y est monté en 1887 avec ses élèves de l'École polytechnique, dit que l'Itatiaya n'est pas seulement un Righi, ni un Washington ; « c'est un pic très élevé offrant des panoramas infinis, c'est une région entière à peupler. un canton suisse situé à proximité de Rio, d'où l'on vient par chemin de fer en quelques heures ».

Les terrains de cette vaste propriété appartiennent actuellement à M. Irinéu Évangelista de Souza, qui est en train d'y installer des Suisses, des Français et des Belges.

L'autre Itatiaya a pour point culminant l'Itacolumy, haut de 1,752 mètres. C'est d'Ouro-Preto qu'il est maintenant le plus aisé d'y monter. La montagne est franchement accessible jusqu'au sommet ; c'est une affaire de trois heures de marche. On traverse le petit ruisseau du Carmo, qui alimente la belle mine d'or de Passagem, puis l'on gravit la pente, où une série de petits plateaux en escalier permet de reprendre haleine. Arrivé à une sorte de carrefour ouvert, on voit du côté sud la masse de l'Itacolumy. Celle-ci se dresse à 160 mètres au-dessus de ce carrefour. C'est une énorme roche stratifiée à l'angle de 15° vers l'ouest, de même que toutes les autres de cette montagne. Elle est de quartzite schisteuse, en grande partie hydromicacée ; et cette nature de roche y a pris son nom d'*Itacolumite* que lui a donné le baron d'Eschwège. Toutefois cette roche n'est pas flexible, comme il l'a cru et comme on l'a tant répété après lui. Sa prétendue flexibilité, comme l'a vérifié M. Orville A. Derby, n'est qu'un commencement d'altération par la perte d'un des éléments intégrants de sa composition primitive.

Tout autour des deux grandes roches qui se dressent sous cet angle, d'autres sont couchées : dans leurs interstices surgissent des orchidées superbes ; ces précieuses épiphytes croissent ici par centaines de mille et dans une quantité extraordinaire d'espèces : en été, les escarpements, les ravins, les précipices ne sont plus que d'immenses massifs aux couleurs les plus variées et aux senteurs les plus odorantes.

L'horizon rappelle celui de l'Océan en pleine tempête,

vu d'une haute falaise. Partout de grandes ondulations dont les sommets éclairés par le soleil contrastent avec leurs profondeurs restées dans l'ombre. On aperçoit distinctement au nord-est la ville de Marianna, au nord la Serra de Caraça dont le pic culminant a 1,955 mètres, au nord-ouest la ville d'Ouro-Preto avec ses hautes tours. Au nord-ouest dominant l'horizon de ce côté, se dresse le pic gigantesque d'Itabirá do Campo.

Pour gagner ce dernier pic, il faut franchir la Serra de Ouro-Preto, au delà de la ville; celle-ci est à 1,145 mètres d'altitude, le haut de la serra a 1,320 mètres; c'est le partage du bassin du Rio Doce et de celui du Rio das Velhas, affluent du S. Francisco. On rencontre sur la route Cachoeira do Campo, renommée pour son climat sec et très salubre, ancienne villégiature des gouverneurs de Minas, où D. Pedro I avait établi un haras, près de la rive droite du Rio Maracujá, affluent du rio Itabirá. — Un beau pont de trois arches pleines en pierre le reliait au vieux palais sur la rive gauche. Au-dessous même de ce pont, le rio se précipite par une série de fortes chutes sur la longueur d'un kilomètre. A cette altitude de 1,037 mètres on est agréablement surpris de trouver là de grandes plantations de café et de cognassiers qui se développent fort bien et rapportent régulièrement. 19 kilomètres plus loin, on atteint Itabirá do Campo, située près du Rio das Velhas, large à ce point de 40 mètres, et sur un monticule qui domine le fleuve d'une hauteur de 30 mètres.

Le pic est à 10 kilomètres au nord-ouest.

La route *royale* qui va de là à Piedade du Paraopéba est large, pavée sur quelques points. On franchit plusieurs contreforts du versant sud de la grande montagne, séparés par d'assez longs tronçons plats, puis soudain l'on a devant soi la face méridionale du pic. De ce côté la roche, émergeant du sol, vous apparaît comme fendue par son centre, et simulant l'énorme gueule d'un monstre ouverte tout en haut. — Il faut alors laisser la route qui continue à l'ouest vers Piedade et prendre à l'est un chemin plus étroit qui conduit au nord du pic. On peut gravir jusqu'au point d'immersion de la colossale pyramide dans le sommet de la montagne.

Depuis la base, toute la formation de cette montagne est de fer oligiste dont les fragments jonchent le sol, découvrant sur certains points la gangue qui prédomine sur ces terrains (conglomérat ferrugineux). Le pic, gigantesque masse de fer oligiste, constitue un des plus énergiques foyers d'attraction magnétique que la science puisse enregistrer. Aussi la destruction météorique de la colossale pyramide s'opère-t-elle avec beaucoup plus de force que par la dénudation pluviale; d'ailleurs elle est aussi bien visible. La foudre a écrêté les hautes arêtes du rocher, projetant ses fragments déchirés à plus de 100 mètres de distance. M. Smith de Vasconcellos en a mesuré un de 10 et l'autre de 15 mètres cubes. L'altitude du pic est de 1,520 mètres.

De là on aperçoit parfaitement à l'est la Serra de Caraça, au sud est celle d'Ouro-Preto, au delà d'elle celle beaucoup plus haute de l'Itacolumy, qui de ce côté ferme l'horizon, et à l'ouest de celle-ci, la Serra de Itatiaya (celle qui est à la naissance du Rio Doce). A l'ouest, domine la Serra de Ouro Branco dont la pente vient doucement expirer sur la superficie uniforme du plateau.

La flore locale est peu variée. Comme végétation prédominante, on y rencontre deux belles espèces de cactus, la canella de ema, le páo-candeia (bois-chandelle) et le bengala. Les orchidées abondent; la principale donne de splendides grappes de fleurs jaunes d'or; ses racines adhèrent à la pierre nue et résiste à l'exposition du plus ardent soleil. Au nord du pic, s'étendent dans de profondes vallées des forêts touffues d'un vert noir foncé. C'est là un troisième Itatiayá, car à 2 kilomètres du pic, la route royale rencontre une abondante source d'eau potable très pure.

Je me suis étendu un peu sur ces beaux sommets pour montrer ce qu'est le nœud central orographique brésilien, qui donne au sol de Minas son caractère et sa figure. Ce que je suis impuissant à décrire, c'est l'enchevêtrement des Serras, leur emboîtement réciproque qui fait pénétrer les sinuosités de l'une dans les creux produits par le retrait de l'autre, qui leur donne, vues de haut, l'aspect de deux mains tendues dont les doigts s'entrecroiseraient. C'est là une disposition générale dans l'Amérique du Sud, au Brésil du moins, depuis les Tumucumaque ou Tumuc-Humac de Guyane jusqu'aux monts de Santa Rita à l'extrême sud. Je la recommande à l'attention des géographes qui ne me semblent pas s'en être aperçus jusqu'à présent.

On comprend dès lors que ce système compliqué de crêtes, de plateaux, de thalwegs présentent des terrains des espèces les plus variées. Je n'en puis entreprendre l'énumération même la plus sommaire. Je dois cependant une mention aux belles grottes calcaires des Campos Geraes, remplies de stalactites et de stalagmites de la plus grande beauté. C'est dans l'une d'elles que Lund a découvert l'homme-fossile. J'aurai l'occasion de citer les particularités de ce terrain, au fur et à mesure que nous allons parcourir le territoire.

Je vais grouper les localités dans les bassins auxquels elles appartiennent, et dire succinctement ce qui les caractérise.

LA MATTA

La *Matta* mineira comprend plus specialement les vallées des affluents du Parahyba. Elle commence au confluent du Parahybuna. Nous y trouvons successivement :

Juiz de Fóra (275k,369 de Rio. Ligne D. Pedro II), sur la rive droite du Parahybuna, au confluent du Rio Preto ; de 15 à 20,000 habitants, la ville de la province où le progrès est le plus actif, sa vraie capitale commerciale ; dotée d'un *Forum* ou hôtel de ville très remarquable, un des plus beaux édifices civils du Brésil, où sont centralisés presque tous les services publics. Les rues, fort belles, sont macadamisées ou pavées; la cité, située à 700 mètres d'altitude, jouit d'un climat très doux. Son développement est dû surtout à l'existence d'une colonie européenne, allemande principalement, aujourd'hui complètement fondue dans la population. Culture du café en grande échelle, puis du maïs, des haricots, du riz: exporte des viandes de porc et des fromages de première qualité très recherchés. On commence à y acclimater la vigne avec succès. Fabriques diverses, ateliers superbes de construction, même de machines électriques; brasserie la meilleure du Brésil. Nombreux magasins de modes et de comestibles; on y trouve, en général, tout ce qui est nécessaire à l'existence, même luxueuse, dans une grande ville. Deux banques, l'une foncière, l'autre commerciale, viennent d'y être fondées. Le canton compte au moins 40,000 âmes. Outre la freguezia de Santo Antonio de Juiz de Fóra, il comprend celles de Chapéo d'Uvas, S. Francisco de Paula, S. José do Rio Preto, S. Pedro de Alcantará, sans compter les districts de Chacara, Rosario, Sarandy, Vargem Grande, et Sant' Anna do Deserto.

— Rio Preto, ville située sur la rive gauche de cette rivière, gros affluent du Parahybuna, et qui prend sa source à l'Itatiaya même, est la station provisoirement terminale du chemin de fer *União Valenciana*, à 196 kilomètres de Rio de Janeiro; elle a 4,000 habitants et son canton 20,000. Culture du café et de la canne à sucre; l'exportation des fromages, du lard, du tabac, y a pris une grande extension depuis que le chemin de fer a facilité les transports. — Comprend les freguezias de Passos du Rio Preto (ville), Olaria, Jacutinga (Santa Rita de), Monte-Verde (Santa Barbara do), et S. Sebastião do Barreado.

— Mar de Hespanha, rive gauche du rio Kágado, affluent du Parahybuna; coquettement assise dans une plaine riante; centre caféier, qu'on va relier par un petit embranchement à la ligne Serraria-Pomba de la Leopoldina, 5,000 habitants dans la ville, 35,000 dans le canton, qui comprend en outre Divino Espirito Santo do Mar de Hespanha, Santo Antonio do Aventureiro, et Santo Antonio do Chiador.

— S. João Nepomuceno (même ligne), rive droite du Rio Novo, affluent du Pomba et du Parahyba, siége d'un canton essentiellement caféier. 6,000 habitants environ. Descoberto, Santa-Barbara et Monte-Alegre en font partie.

— Rio Novo, rive droite de ce cours d'eau, jolie ville aux rues macadamisées; usines à préparer le café, brasserie; beaucoup de magasins très bien garnis et très achalandés; très commerçante au centre de terres très fertiles, produisant café, tabac, canne, céréales, légumes, fruits, lait, 13,000 habitants (même ligne ferrée). Le canton comprend aussi Piáu, sur la rive droite du rio de ce nom, dans un terrain accidenté, territoire très fertile, donnant les mêmes productions et se prêtant à l'élevage (embranchement spécial venant de Juiz de Fóra).

— Pomba, jolie ville de 5,000 âmes, bâtie près du rio de ce nom dans un site renommé pour sa salubrité (embranchement de la même ligne). Canton caféier et sucrier d'au moins 40,000 habitants, y compris Guarany, Porto de Santo Antonio, Mercés et Bomfim do Pomba, Taboleiro et Dores do Turvo.

— Leopoldina, au centre d'un canton de 40,000 habitants, grande production de café; température modérée, terrains propres à toutes les céréales. Jadis on appelait son emplacement *Arraial do Feijão crú* (campement du haricot cru). Terminus d'un embranchement de la ligne principale de la compagnie à laquelle elle a donné son nom. Autres bourgs : Rio Pardo, Theba, Bõa-Vista, Piedade, Angú.

— Ubá, rive droite de la rivière de ce nom, affluent du Pomba (ligne Loopoldina), 4,000 habitants, dans une contrée très fertile, surtout caféière; le canton a 35,000 âmes avec Sapé et S. José du Tocantins.

— Cataguazes (même ligne), au confluent du Pomba et du Meia Pataca; le canton comprend aussi Santa Rita da Meia Pataca, Laranjal, Emposado, Capivára et Sant'Anna du Muriahé.

— S. Paulo du Muriahé, rive droite de cet important affluent du Parahyba (embranchement de la Leopoldina, ligne du Muriahé). Ce cours d'eau sort de la Serra do Bagre et reçoit toutes les eaux venues des forêts de Carangola; il se jette dans le Parahyba en face de la ville de Campos. La région est d'une remarquable fertilité; on y produit en abondance toutes les céréales, mais on cultive de préférence le café et la canne. Le canton a 45,000 âmes au moins, avec : Dôres da Victoria, Gloria, Cachoeira-Alegre, Patrocinio, S. Sebastião da Matta, Boa Familia, Limeira et Santa Rita da Gloria.

— Rio Branco est tout au Nord de la Matta; c'est un canton récemment démembré de celui d'Ubá (ligne principale Leopoldina, 456 kilom. de Rio), sur plusieurs petits affluents du Pomba. Bagres, Barroso et S. Geraldo, ses villages subordonnés, sont comme lui très fertiles; le territoire accidenté et arrosé, adossé à la Serra de S. Geraldo, est surtout consacré à la culture du caféier.

BASSIN DU RIO DOCE

Quand on a franchi cette Serra de S. Geraldo, on sort de la *Matta* pour entrer dans le bassin du Rio Doce et le Nord-Est de Minas. Parcourons-en rapidement les principaux districts :

— Ponte Nova (ligne Leopoldina, 568 kil. de Rio), dans une péninsule formée par le Rio Doce et un affluent de rive droite que je crois être le rio S. Antonio. Territoire excellent, encore caféier et sucrier, mais déjà très livré aux céréales les plus diverses.

— Viçosa, 3,000 habitants, ville toute neuve, qui compte à peine trente ans, bien bâtie dans un territoire très fertile. Le canton en a 38,000, avec les *freguezias* de S. Rita do Turvo, S. Miguel et Almas de Arripiados, Afflictos, Coimbra, S. Miguel do Anta et S. Sebastião da Pedra do

Anta. Produit surtout du sucre et de l'eau-de-vie (ligne Leopoldina, à 512 kilom. de Rio).

— Piranga, sur la rive gauche du rio de ce nom affluent du Rio Doce (même ligne, 591 kilom. de Rio). 3,000 habitants; le canton fort étendu en a 25,000; région agricole par excellence : maïs, riz, haricots y fournissent un rendement superbe, on y a commencé le coton avec succès; la canne y est déjà traitée par des procédés perfectionnés. — Comprend encore Chopotó, Boa Esperança, Pitanga, Turvo, Bacalhão, Calambão, Saude do Pinheiro, Guaraciaba et Porto Seguro.

— Marianna, sur le Rio do Carmo, affluent du Rio Doce, ville épiscopale, à 2 lieues de Ouro-Preto, dont le chemin de fer va être prolongé jusqu'à elle, la plus ancienne de la province; sa cathédrale date de 1748. Située sur un affluent du Rio Doce, dans un canton de 45,000 habitants.

— En longeant toujours le versant oriental de la Serra de Espinhaço, Santa-Barbara, rive droite du rio de ce nom, affluent du Rio Doce, 5,000 âmes dans un canton de 52,000, l'un des plus importants par son étendue et sa population, à 72 kilom. Nord d'Ouro-Preto : ville ancienne, aux larges rues, aux vieilles maisons d'une architecture élégante; à l'altitude de 1,200 mètres; — sol très favorable à la vigne, au blé, à toutes les céréales; produit beaucoup de cannes; abondant en fer et en quartz aurifère. — Comprend en outre S. Gonçalo du rio Abaixo, Morro Grande, Brumado, Cocaes, Amparo, S. Miguel de Piracicava, Cattas Altas do Matto Dentro, S. Domingos de Prata, Rio S. Francisco, Conceição do rio Acima. Sera traversé par le chemin de fer, soit de Pedro II, venant de Marianna, soit de la Leopoldina, venant de Ponte Nova et allant à

— Itabirá do Matto Dentro; ville sur la rive droite du rio Girão, affluent du Rio Doce, tête du canton situé au nord de Santa Barbara, même caractère que celui-ci.

— Un peu à l'est, s'étend dans la direction du Sud au Nord, entre les serras do Bananal Grande et do Espigão, la vallée du Manhuassú, affluent considérable du Rio Doce; nous y trouvons S. Lourenço du Manhuassú, rive droite, avec ses *freguezias*, S. Simão, Santa Margarida, S. Roque de Caratinga, Santa Helena, Sacramento, Santo Antonio do José Pedro, Bom Jesus de Pirapetinga, Cuithé, Assis Vermelho. La ligne du Muriahé de la Leopoldina, doit y arriver prochainement.

— Santa Luzia de Carangola, bien que sur le rio Carangola, qui descend au Muriahé et au Parahyba, fait encore partie de la comarca du Manhuassú. C'est la station terminale actuelle de la ligne du Muriahé de la Leopoldina et la tête de la ligne en construction de Benevente et Victoria, autrement dite Espirito-Santo-Minas. J'ai dit déjà quel avenir lui est réservé. Elle est à 480 kil. de Rio de Janeiro.

— Plus au nord, dans le vaste bassin du Rio Doce, nous trouvons Suassuhy, canton à céréales, à pâturages, d'où l'on exporte du bétail, des fromages, du lard salé et un peu de café. 18,000 habitants avec Pessanha, Jucury, Figueira. — Arrosé par le rio Suassuhy Grande et ses nombreux tributaires, tous se déversant dans le Rio Doce.

— En remontant celui-ci, nous rencontrons le rio S. Antonio, son tributaire de gauche, où sont les cantons de Conceição, puis ceux de S. Miguel de Guanhães et de Serro. Je ne possède aucune donnée sur Conceição; Ganhães est au pied de la Serra du Cardanho, et rive droite d'un petit tributaire du S. Antonio; c'est un canton très minier où l'on trouve en outre les *freguezias* de Almas de Guanhães, Patrocinio du Serro, Dôres de Guanhães, Amparo dos Baraúnos et Santo Antonio dos Coqueiros. Son territoire est très fertile en cannes à sucre et en céréales; la vigne y vient avantageusement. Il a 14,000 habitants.

— Serro, sur un bras du Rio Doce, bâtie en amphithéâtre au point de jonction des serras das Correntes et du Gavião, compte près de 8,000 habitants. Elle est à l'altitude de 940 mètres et son climat est parfait; exporte à

Gouvêa et Diamantina tous les produits de l'industrie fort active de ses habitants, dont la réputation d'habileté est proverbiale. Territoire diamantifère et aurifère; culture de tabac, céréales, cannes et manioc : le sucre prédomine. *Freguezias* : S. Antonio du Rio do Peixe, Tapanhoacamba, Prazeres do Milho Verde, S. Sebastião das Correntes, Penha do Rio Vermelho, S. José dos Paulistas, S. Gonçalo do Rio das Pedras, S. Antonio do Itambé, Mãe dos Homens do Turvo.

LE NORD-EST

— En franchissant la Serra Negra, limite nord du canton de Serro, nous pénétrons dans le bassin du Jequitinhonha. C'est S. João Baptista que nous rencontrons d'abord, qui avec Suassuhy compose la Comarca d'Itamarandiba. La ville est sur la rive droite d'un formateur de l'Arassuahy; le canton compte 15,000 habitants, qui cultivent canne à sucre, maïs, riz, manioc, haricots, mais seulement pour les besoins locaux. Il comprend encore Penha de Franca et Barreiros.

— Diamantina, à l'ouest, et contigu, canton aurifère et diamantifère; la ville est bâtie sur une petite péninsule de la rive gauche du Jequitinhonha; cité épiscopale, possédant une grande fabrique de tissus de coton, pourvue de machines hydrauliques perfectionnées et employant 120 ouvriers; cette fabrique qui a exposé cette année au Champ de Mars et s'appelle *Bery-Bery*, est doublée d'une teinturerie et d'un atelier d'apprêt mûs par la vapeur. Ses 40 métiers produisent 1,200 mètres par jour, entièrement consommés dans le canton; sera bientôt reliée au Rio das Velhas par un chemin de fer. Autres *freguezias* : Conceição du Rio Manso, S. Gonçalo do Rio Preto, S. João da Chapada, Curimatahy, Mendanha, N. S. da Gloria.

— Sur la droite à l'est, occupant la partie Mineira du bassin du Mucury, est le canton de Philadelphia ou Christiano Ottoni; la ville est sur la rive gauche du rio de Todos os Santos, affluent de droite du Mucury. C'est un centre colonial excellent, car cette vaste région est très fertile. Avant peu le chemin de fer Bahia-Minas l'aura mis en rapport direct et rapide avec le port Bahianais de Caravellas.

— Minas Novas, rive droite du Fanado, affluent du Arassuahy, tributaire du Jequitinhonha; 6,000 habitants, dans un canton de près de 60,000; territoire aurifère, couvert de bois; la canne est la culture préférée, mais toutes les céréales d'Europe y viennent excellemment. Le chemin de fer *Bahia et Minas*, partant du port de Caravellas, va y être prolongé; il traversera le canton pour le relier, d'autre part, au Sam Francisco et lui assurera ainsi des débouchés qui lui donneront une activité énorme. Les *freguezias* sont Santa Cruz da Chapada, Conceição d'Agua Suja, Piedade, Vendinha, Conceição de Philadelphia, plus les districts de Setubinha et Sucuriú.

— Un peu au nord-est et contigu, se trouve Arassuahy, dont la principale agglomération, *S. Domingos*, a 7,000 habitants au moins; rive droite, au confluent du rio Calhão et du Arassuahy, produit café, coton, tabac, canne, froment, pommes de terre, arachides, sésame (*gergelim*); possède des minerais divers, or, diamant, chrysolithe, aigue-marine, alun; grand élevage de porcs, moutons, bœufs, chèvres, chevaux, ânes. Exporte annuellement 1,000 bœufs, 300 chevaux et mulets, 1,000 porcs, 30 et quelques mille mètres de tissus grossiers de coton pour faire des sacs, 40,000 kilos de coton en graines ou en fibres, 32,000 litres de haricots, 40,000 de riz pilé, 50,000 de maïs, 80,000 de cachaça, 6,000 kilos de sucre et 35,000 de mélasse. Tout voisin est le joli village de Pontal, au confluent du Jequintinhonha et du Arassuahy, entrepôt futur d'un grand commerce. Le canton comprend Santo Antonio du Arassuahy, Santo Antonio da Itinga (de l'eau blanche), S. Sebastião du Salto Grande, S. Miguel du Jequitinhonha et S. Pedro.

— Immédiatement au nord, on trouve Grão Mogol et Santo Antonio das Salinas, deux cantons du haut Jequitinhonha; la première localité sur la rive gauche du Jacambirassú, affluent de gauche; l'autre est plus à l'est sur le rio das Salinas, affluent de même côté : cantons sucriers et un peu à céréales.

— Enfin, c'est le canton de Rio Pardo avec celui de Bôa Vista qui termine à l'extrême nord-est la province de Minas; le premier est aux sources de ce grand affluent du Jequitinhonha; le second à l'ouest appartient au bassin du S. Francisco et à la vallée du rio Verde Grande, limite avec Bahia. Nous allons remonter tout ce bassin.

BASSIN DU S. FRANCISCO

— Januaria lui fait suite à l'ouest : ville bâtie sur la rive droite du rio Salgado, affluent de gauche du S. Francisco, dans un site charmant et salubre; l'un des points les plus importants de la région. Elle est à 210 kilom. en amont de Carinhanha, point frontière de Bahia sur le S. Francisco; bâtie sur un morne à 14 mètres au-dessus du talus du fleuve et à l'abri des plus grandes crues. Amparo do Brejo Salgado et Conceição de Morrinhos sont les autres localités importantes du canton.

— Nous remontons vers le sud en amont du fleuve. S. Francisco est la ville naguère appelée S. Romão, sur la rive gauche du fleuve, à 5 lieues au-dessus du confluent de l'Urucuia, un peu plus bas que celui du Paracatú. Le canton compte au plus 10,000 habitants. Les autres localités sont Pedra dos Angicos (rive droite), Paredão, Capão Redondo.

— Au sud-est est Montes Claros (de Formigas) à la source même du rio Verde Grande, dans une vallée formée par les montagnes de Bento Soares et Brejo das Almas, rameaux de la Serra de Sam Felippe. 4,000 hab. dans la ville, 30,000 dans le canton; dont les relations comme celles des précédents et de quelques autres suivants, ont lieu surtout par le S. Francisco avec Bahia. Le Verde Grande est navigable sur 165 kilom. Cannes à sucre, mélasses, eaux-de-vie; maïs, haricots, riz, céréales indigènes, dont le commerce est très fructueux.

— Jequitahy, aussitôt à l'ouest, rive gauche du S. Francisco en face le confluent du rio Jequitahy, ville florissante; un peu au-dessus est Guaycuhy, au confluent du rio das Velhas et du S. Francisco — point futur d'arrivée du chemin de fer Bahia et Minas — et bourg important du canton. Les autres sont Bomfim, Olhos d'Agua et Bom Successo. Il faut noter encore Extrema, Pitomba et Tapéra, à droite du fleuve, Lage à gauche.

— A l'ouest, et à gauche du grand fleuve, est le canton de Paracatú. La ville est sur la rive gauche du torrent Rico, qui s'y jette dans le Paracatú, gros affluent de gauche du S. Francisco, navigable en amont pendant 60 lieues jusqu'au port de Burity. Jadis centre diamantifère et aurifère, à la limite de Villa Formosa de Goyaz, à près de 800 kilom. d'Ouro-Preto. Le canton a un peu plus de 30.000 habitants, sur une étendue en longueur de 700 kilom. et en largeur de 250. La ville a 14,000 âmes environ; elle est très hospitalière, très animée, très joyeuse même, dit-on : il y a quelques Français devenus grands propriétaires cultivateurs de céréales. L'eau-de-vie de canne de Paracatú a une renommée universelle au Brésil. Les fruits y sont abondants et exquis. — Les autres localités sont Rio Preto, Canna Brava et Burity.

— Alegres est aux sources du Rio do Somno, un des affluents du Paracatú, au pied des Serras da Cannastra (c'est-à-dire en dos bombé de malle) et de Andre-Quicé.

— Abaeté est un peu au sud, toujours en amont dans le bassin du S. Francisco; jadis appelée N. S. das Dores de Marmellada; rive droite du Rio Abaeté, affluent de gauche du fleuve, dans une contrée éminemment riche en diamants et pierres précieuses. — Autres localités :

Morada Nova, Sam Sebastião do Pouso Alegre, Santo Antonio das Tiras.

— Dôres de Indayá, le canton voisin, est plus au sud, sur cet affluent de gauche du S. Francisco.

— Gouvêa est de l'autre côté du fleuve et même à l'est du rio das Velhas, sur un petit tributaire du Sipó, affluent de droite de celui-ci.

— Entre les deux cantons est la Comarca du Paraopéba, formant le seul canton de Curvello, 3.000 habitants; rive gauche du Sto Antonio, affluent du rio das Velhas; s'étend, irrégulière, sur la pente assez mouvementée d'une colline; d'un climat chaud et sec; filature et tissage de coton, dont on récolte 1,500 tonnes; eau-de-vie de canne et sucre de première qualité (750 tonnes de sucre et 20,000 barils d'eau-de-vie); céréales, froment, manioc, arachides, ignames (*cará*), ricin, huile de ricin, filets de palmier et de coton, étoffes grossières, chapeaux de paille, sellerie. La grande fabrique de tissus Mascarenhas et Barboza, à 1 kilomètre de la ville, mue par l'eau et la vapeur, a soixante métiers et huit filateurs, conduits par quatre-vingts ouvriers; elle produit par jour 2,000 mètres d'étoffe blanche américaine de trois ou quatre qualités, dont la demande est si grande qu'elle n'en a jamais en magasin. On double en ce moment cette fabrique. Commerce très actif et très développé. Autres localités : Trahiras, Retiro da Lagôa, Bagre, Morro da Garça, Paraúna, Andréquicé.

— Sete Lagôas forme le canton voisin en amont, dans la vallée du Rio das Velhas; la ville est bâtie au pied de la Serra du Salto. Le canton comprend encore Taboleiro Grande, Burity, Barra du Jequitibá et Inhaûma. La production principale est en sucre, coton et céréales; exporte salpêtre, cuirs tannés, un peu de bétail, coton en branche.

— Lagôa Santa, la fameuse résidence de Lund, est à quelques kilomètres à l'est, tout proche du Rio das Velhas.

— Santa-Luzia, forme avec cette Lagôa Santa, Mattosinhos, Páo Grosso et Jaboticatubas, le canton supérieur. La ville, de 3,000 habitants, est sur la rive droite du Rio das Velhas : territoire très agricole et très minier, peu riche; fabrique de petites statuettes de jaspe très recherchées; le jaspe y est très répandu. Le canton a près de 30,000 âmes.

— Sabará vient ensuite au sud : 10,000 habitants, dans un canton de 60,000 habitants, très agricole, et très minier; entre le Rio Sabará et celui das Velhas, un des gros affluents du Sam Francisco. Ville d'aspect élégant, appelée à un grand avenir, aujourd'hui desservie par le chemin de fer D. Pedro II. C'est tout près, à *Congonhas*, qu'est la mine d'or de *Morro-Velho*, exploitée industriellement par une Compagnie anglaise. L'or produit est très pur et de première qualité. Compte encore : Lapa, Santa Quiteria, Raposos, Congonhas, Santo Antonio du Rio Acima ; Curral d'El-Rei, Carmo do Betím, S. Gonçalo da Contagem et Venda Nova.

— Caété, bien qu'appartenant à la comarca de Santa Barbara, est dans le bassin du S. Francisco. La ville est un peu à droite du Rio das Velhas. Le canton, adonné à l'agriculture et à l'élevage, compte aussi Taquarassú et Roças Novas. Au point de vue minier, il comprend les districts de Morro-Vermelho, Cuyabá et Penha. Caété est au pied du pic de Piedade, 1,783 mètres, l'un des plus élevés de la province.

— Nous voici à la capitale de la province, Ouro-Preto, assise sur le versant méridional de la serra de ce nom. Ville ancienne, fondée en 1711, entre des mornes nus et d'aspect désolé, elle est fort irrégulière, accidentée; ses rues serpentent dans les ravins ou escaladent d'âpres rochers. Cette situation en fait l'une des cités les plus pittoresques du Brésil. La forme de ses édifices publics et particuliers, l'originalité de ses nombreuses églises, se détachant en relief sur le fond noirâtre de la montagne comme sur une toile immense, attirent aussitôt l'attention du voyageur sur leur masse pesante et leur type antique.

Cette capitale compte environ 15,000 âmes, dans un canton de 50,000, au centre de montagnes escarpées, à une altitude dépassant 1,100 mètres. Ville autrefois très riche et prospère, quand y affluaient les chercheurs d'or; bien déchue aujourd'hui de son importance; elle vient toutefois d'être reliée par un tronçon de 50 kilom. environ à S. Julião, station de la grande ligne centrale du chemin de fer Dom Pedro II, qui lui assure maintenant des communications quotidiennes avec le reste de la province et la capitale de l'Empire.

Les villages dépendant de ce chef-lieu de canton sont : Antonio Dias, Antonio Pereira, S. Bartholomeo, Casa Branca, Rio das Pedras, Itabirá do Campo, Cachoeira do Campo, Ouro Branco (Santo Antonio du), Piedade do Paraopeba, Bõa Vista, Gongonhas do Campo, S. José do Paraopeba, Bacão et Tijuco.

— Peut-être sera-t-on curieux de lire dans Auguste de Saint-Hilaire le portrait qu'il a fait de cette cité, appelée alors Villa Rica et qui est toujours exact.

— Nous touchons maintenant aux sources du Paraopéba, autre grand affluent du S. Francisco, ainsi qu'aux formateurs de celui-ci. Voici les cantons qui complètent le territoire de Minas sur ce bassin :

Bomfim, cité gracieuse, rive droite d'un bras du Paraopeba, à l'ouest d'une colline allongée, s'étendant dans une vallée unie, par des rues fort pittoresques; au croisement de routes très fréquentées par les troupes de muletiers convoyeurs, elle est appelée à une réelle importance commerciale. Territoire très fertile, très arrosé, jouissant toute l'année d'une température modérée. Il comprend en outre Santa Luzia du Rio Manso; S. Gonçalo da Ponte, adonné à l'élevage, fier de ses centenaires assez nombreux, avec ses districts de Bõa Morto et de Sant' Anna de Paraopéba; Itatiassú, avec Conceição da Brumado, tous deux sont accotés à la Serra de Itatiayá; Dôres da Conquista (2,000 hab.), très agricole et commerçante, fait de la vigne et du vin, fabrique des tissus fort appréciés pour la finesse des couleurs; Piedade dos Geraes (6,000 hab.), dont le territoire est occupé en partie par des forêts et en partie par des pâturages magnifiques. Elle possède la source du Rio Pará.

— Queluz, forme le canton de jonction des divers bassins, car il contient le nœud orographique, d'où partent vers le nord la Serra de Espinhaço, vers le sud celle da Mantiqueira, et vers l'ouest, celle des Vertentes. La ville, appelée autrefois *arraial dos Carijós*, campement de ces Indiens, est à la source même du Paraopéba et dépend par conséquent du bassin du S. Francisco. Mais au sud les eaux de la montagne vont au Paraná, à l'est au Rio Doce. Elle est gracieusement bâtie sur un degré aplati d'une colline, dans la faille occidentale de laquelle passe le chemin de fer D. Pedro II, au kilomètre 462. La station s'appelle Lafayette, elle est à un quart d'heure à peine de la ville. — Son canton faisait partie de la comarca d'Ouro-Preto; il en constitue une aujourd'hui avec ses dépendances : Capella Nova das Dôres, S. Amaro, Itaverava, Congonhas do Campo, Cattas Altas de Noruega, Brumado de Suassuhy, Piedade da Bôa Esperança et Lamim.

— Pará touche par l'est au canton de Sete Lagôas. On l'appelait jadis *Patafufio*. Il est situé à droite sur le rio Pará, autre affluent du S. Francisco, parallèle au Paraopéba, dans une région très petite, étonnamment arrosée surtout. Ses dépendances sont : Carmo de Cajurú, Morro do Leme, Pequy, Bicas, Santa Anna, et Santo Antonio du rio S. João Acima.

— Pitanguy est un peu au-dessous sur la rive droite du rio; centre minier jadis fort célèbre, au milieu d'une région superbe : les vastes collines, les bois, les montagnes, les vallées, les rivières qui l'environnent de toutes parts forment un panorama inoubliable. Le poisson de toutes qualités abonde dans les cours d'eau; industrie déjà assez développée : on fabrique ici des tissus de coton qu'admire l'étranger surpris de ces aptitudes natives des Brésiliens paysans.

Les cultures principales sont la canne et le coton. Pitanguy ville a 6,000 âmes et son canton 30,000, avec Santa Anna da Onça, Santa Anna de Maravilhas, Conceição do Pompeu et Abbadia.

— Tamanduá ou Itapecerica peut à la rigueur servir de trait d'union avec les régions suivantes, car il est situé sur la pente même de la Serra das Vertentes ou de partage, en contact avec Oliveira. Le chemin de fer en construction d'Oliveira sur le S. Francisco y détachera un embranchement comme aussi à Pará et à Pitanguy.

— Piumhy, bien que la plus grande partie de son territoire cantonal soit sur le versant méridional de la chaîne des Vertentes, et dans le bassin du Rio Grande, est situé sur le petit Rio Piumhy, tout près de la source du S. Francisco dans lequel il se jette. La ville compte 400 maisons environ distribuées entre une dizaine de rues principales. Les forêts et les grands plateaux voisins sont d'une grande fertilité, et abondent en bois de construction; les plantes médicinales y sont nombreuses et variées, comme l'ipécacuanha, les quinas, etc. Le sol se prête admirablement comme le climat à la culture de la vigne et des céréales. *Freguezias :* Pimenta et Gloria.

— Formiga, son voisin à l'est, est dans le même cas. Il possède la freguezia de Arcos.

— Santo Antonio do Monte est le dernier canton situé dans le bassin du S. Francisco. Il comprend avec la ville bâtie au bord d'un petit affluent du Pará, N. S. da Saude et N. S. do Bom Despacho. Bien qu'on y cultive la canne, le maïs, le riz, les haricots, et même un peu de vigne, l'élevage obtient la préférence des habitants, surtout celui du porc. On n'exporte pas annuellement plus de 400 bœufs, mais en revanche on expédie au dehors. même à S. Paulo, plus de 15,000 porcs. Le canton a 20,000 habitants et son chef-lieu environ 2,000.

BASSIN DU RIO GRANDE

Notre voyage autour de Minas par l'est, le nord-est et le nord, nous a amené aux limites du bassin du Paraná; devant nous se dressent la Serra da Matta Corda et la Serra da Cannastra, qui contiennent les formateurs du Paranahyba. Nous allons descendre ce dernier jusqu'à sa jonction avec le Rio Grande, qui forme le Paraná, puis nous remonterons le Rio Grande et le Rio das Mortes, pour aller, en suivant le Sapucahy, rejoindre la frontière de S. Paulo. Ainsi sera complétée l'excursion à travers tous les cantons municipaux de Minas.

— Patrocinio, rive droite du Santo Antonio, affluent du Quebra Anzol, tributaire de rive droite du rio das Velhas, qui se déverse à gauche dans le Paranahyba, est la première ville que nous rencontrons dans cette direction. Son canton a 35,000 habitants, dont la culture favorite est celle de la canne à sucre; maïs, riz, céréales produisent plutôt, dans l'état actuel, pour la consommation locale que pour l'exportation dans les provinces voisines. On y fabrique aussi des tissus de coton qui témoignent des dispositions des natifs pour l'industrie. Ce canton forme avec celui voisin de Coromandel, la comarca du Rio dos Dourados, affluent direct du Paranahyba supérieur. A eux deux ils entourent en quelque sorte la comarca formée par les cantons de S. Antonio dos Patos et Carmo du Paranahyba. De celui-ci je ne connais que sa situation limitrophe de Goyaz.

Santo Antonio dos Patos est situé tout à l'angle des Serras dos Pilões et das Cannastras; c'est un territoire formé de riches pâturages, bien arrosé par le Paranahyba naissant et ses petits ruisseaux formateurs. On en exporte des bœufs et des porcs d'une façon considérable. Il y a environ 17,000 habitants, en y comprenant les *fre-*

guezias : Lagôa Formosa, Sant'Anna du Paranahyba, Conceição de Azevedo et Santa Rita dos Patos.

— Bagagem se trouve tout de suite au Sud, aux sources du ruisseau de ce nom, qui se jette après quelques lieues de cours dans le Paranahyba. Sa comarca comprend encore Brejo Alegre et Carmo de Bagagem.

— Araxá, sur la rive gauche du ruisseau de ce nom, tributaire du Rio das Velhas, est beaucoup plus au sud. Il comprend les *freguezias* de Pratinha, Dôres de Santa Juliana, Conceição. C'est le centre des vastes campos d'élevage dont je parlerai tout à l'heure.

D'autres campos, séparés des précédents, continuent le fameux triangle Mineiro entre le Paranahyba et le Rio Grande avant leur jonction. On y trouve, rive gauche du Piracanjuba, tributaire du Prata et du Rio das Almas, *Prata*, l'une des villes les plus riches de ce triangle, au sein de vastes *campinas* de qualités très variées, entourée de non moins vastes forêts; territoire très riche sous le rapport minéral, mais complétement inexploré: élève bœufs, porcs, moutons; compte 300,000 bœufs au moins. La ville, sur la rive gauche du rio, jouit d'un climat agréable et salubre. Ce canton est le vrai fournisseur de viande des provinces voisines. Ensuite Monte-Alegre, entre le Tijuco et le S. Marcos, deux rios qui vont au Paranahyba. Celui-ci possède encore les freguezias de Santa Maria et Abadia do Bom Successo. Prata a Boa Vista du Rio Verde, S. Francisco de Salles, S. José du Tijuco, Os Pereiras, S. João das Almas.

Confinant à ces cantons, partie encore du triangle Mineiro, mais appartenant au bassin particulier du Rio Grande, près de son confluent avec le Paranahyba, est Uberaba, la *Princeza do Sertão*, comme l'appellent avec orgueil ses habitants. Elle est située sur le rio de ce nom, tributaire de droite du Rio Grande, qui de ce côté forme la limite de S. Paulo. Elle compte un peu plus de 12,000 âmes. C'est vraiment la reine de l'intérieur, par son commerce, par sa richesse, par sa situation qui lui vaudra un de ces jours un rôle de capitale. Depuis le commencement de cette année, les rails de la Mogyana l'ont reliée par-dessus le Rio Grande, qu'ils franchissent sur le beau pont de Jaguára (au port du Rifão), à tout le réseau ferré de S. Paulo et de la région maritime. Elle est l'entrepôt forcé du commerce du Sud de Goyaz et de l'Est de Matto Grosso. Quand s'effectuera le peuplement du beau Sertão, si riche, si gras, si fertile dont elle est le centre, elle prendra une importance sans pareille. La principale culture de son canton de 30,000 habitants, est celle de la canne à sucre et des céréales, mais sa principale richesse est dans l'élevage et l'exportation du bétail, principalement des bœufs, des moutons et des porcs. Ses freguezias sont : S. Antonio et S. Sebastião de Uberaba, Conceição das Alagôas, Carmo de Fructal, Dôres de Campo-Formoso; puis S. Pedro de Uberabinha, devenue en quelques années une localité importante, qui vient d'être élevée à la catégorie de *Villa*, fait elle aussi un grand commerce de sucre, bétail, porcs (20,000 bœufs au moins), possède scieries et teintureries, ferronneries, cordonneries, et a près de 10,000 habitants.

— Sacramento est entre Uberaba et Araxá, à quelques pas du Rio Grande, dont le petit hameau de Santa Barbara lui sert de port fluvial (La rive gauche appartient à S. Paulo). Il a en outre Forquilho, Desterro do Desemboque et S. Miguel da Ponte Nova.

Remontons toujours le Rio Grande lui-même : Passos, entre les rios da Conquista et da Bocaina, affluents du Rio Grande, sur une gracieuse colline, ville élégante, bien bâtie, comptant près de neuf cents maisons avec trente-trois rues et six places ; fabriques de chapeaux et de chaux, d'eau-de-vie de canne : exporte plus de 20,000 têtes de bétail ; ses rivières sont très poissonneuses ; territoire boisé, cultivant le café et la canne, chasses abondantes. A *Ventania*, tout à côté, il y a de riches gisements de kaolin. A proximité de la ville, le Rio Grande contient des iles d'au moins un kilomètre de longueur, dont la propriété très indécise est accaparée par les riverains, sans que personne songe à contester leurs droits. Un chemin de fer, prolongation de celui du Rio Verde, va la relier au réseau de la province de Rio de Janeiro. Les autres localités sont Ventania, déjà nommée, Cassia do Rio Claro, S. José da Barra. En 1887, l'alqueire de terre (484 ares) valait 50 $ à 60 $ pour la culture et 30 $ dans le campo pour l'élevage. On a essayé le froment dans quelques fermes de Ventania et il y a admirablement donné. Cassia, non moins douée, s'occupe surtout du gros bétail dont elle exporte 15,000 têtes au moins, ainsi que des porcs gras.

— Jacuhy, un peu à l'ouest, appartient à la Comarca de Passos, avec ses dépendances, Monte Santo et S. Pedro da União, au pied de la Serra do Palmital, sur le ruisseau da Palmeira, tributaire du S. João, affluent de gauche du Rio Grande, dans une région formée de plateaux sujets aux gelées, mais extrêmement fertile. La terre de *Matta* pour la culture vaut 48 $ et celle du campo 20 $. Les bois abondent, baume, ipé, peroba, sobragy, sapin, etc. Le café est la culture la plus pratiquée; on en exporte plus de 150,000 kilos. La canne, le coton et le tabac viennent ensuite, mais seulement dans la proportion nécessaire à la consommation locale. Dans les forêts de la Serra, le gibier est prodigieusement abondant, cerfs, pécaris, sangliers, perdrix, cailles, etc. La ville de S. Carlos de Jacuhy a peut-être 1,800 âmes. Monte-Santo, jadis Tijuco, en a environ 1,000. On y fait beaucoup de vaisselle et de poterie, des tuiles et des briques, car le kaolin y est en quantité et excellent.

— S. Sebastião do Paraiso, à l'extrême ouest, limitrophe de S. Paulo, au haut d'une montagne sablonneuse, qui se voit de loin, couverte de forêts faisant à la cité une ceinture verdoyante. Elle a environ 400 maisons et 5,000 habitants; ses rues bien alignées sont presque toutes pavées. Son territoire est autant de *matto* que de *campo*, à la fois de culture et d'élevage; il est montagneux, mais assez abrité contre les gelées : les serras de S. Sebastião et de

Monte Santo le traversent de l'ouest à l'est. Il y a environ un million de caféiers qui permettent une exportation de 600,000 kilos. La canne, le coton, le tabac sont largement cultivés. Le bétail, assez considérable, est plus spécialement exporté à S. Paulo. — Les *freguezias* sont Dôres de Aterrado, Pratinha, Garimpo das Canôas, Peixôtos. Ces localités sont charmantes, d'un caractère semblable au territoire du chef-lieu Le canton a environ 25,000 âmes. A Garimpo das Canôas, on a trouvé jadis beaucoup de diamants et l'on en trouve encore : d'où le nom qui lui est donné.

En amont du Rio Grande, viennent, rive gauche, Campo Bello, et rive droite, Oliveira, 5,000 habitants, sur le chemin de fer de l'Ouest Minas, dans une région montagneuse, abondant en bois de construction et en plateaux propres à l'élevage. Exporte plus de 1,500 kilogrammes de lard et de 500,000 kilogrammes de tabac. Tous les fruits du centre de la France y prospèrent à ravir, et il y aurait de gros profits à tirer de leur exploitation méthodique, en les expédiant aux villes du littoral; 625 kilomètres de Rio de Janeiro. Fabrique de magnifiques couvertures et couvre-pieds, laine et coton; des nappes et serviettes remarquables. Climat excellent. C'est un des centres où l'immigration européenne se porte de préférence et réussit le mieux. Le canton a 30,000 habitants répartis entre la ville et S. Francisco de Paula, Gloria do Passa-Tempo, Carmo do Japão, Apparecida do Claudio, Carmo da Matta da Ermida.

Il y a près de la ville d'Oliveira une carrière de marbres qui fournit des veines magnifiques. La cité a d'ailleurs un cachet d'élégance, de confortable, de richesse même tout à fait européen. C'est une des villes intérieures du plus grand avenir. — De l'autre côté du Rio Grande, se trouve le canton limitrophe à l'ouest de Campo-Bello.

— Bom Successo, son voisin, mais plus à l'ouest et rapproché de la serra de partage, est desservi par la même ligne ferrée; c'est la station de bifurcation de l'Ouest-

Minas, dont une ligne va à Oliveira et au S. Francisco et l'autre au sud vers Lavras et le Rio Grande. Canton très fertile aussi, semblable au précédent; ses autres localités sont S. João Baptista et S. Thiago.

— Lavras, dont le nom provient des travaux (*lavras*) de l'exploitation des mines, 9,000 habitants; dans une presqu'île rive gauche du Rio Grande, sur le fleuve navigable déjà par les vapeurs et sur le chemin de fer Ouest-Minas; centre minier; produit canne et tabac, puis café, coton employé dans le tissage local; élève bœufs et porcs; vin, bière, liqueurs, bougies de cire; fruits renommés, produits par de charmantes maisons de campagne, oranges, jaboticabas, ananas, mangues; riches mines d'or et fer, aujourd'hui inexploitées.

Les tissus spéciaux de laine et coton de Lavras sont très appréciés dans toute la contrée. L'élevage exporte beaucoup de bétail pour l'abattoir de Rio de Janeiro, et des fromages excellents, ainsi que du lard. C'est la tête de ligne de la navigation régulière à vapeur du Rio Grande, qu'exploite la Compagnie de l'Ouest-Minas depuis la barre ou confluent du Ribeirão Vermelho (où est la gare du chemin de fer) jusqu'à la belle cataracte da Bocaina, dans le canton de Piumhy. Le vin de Lavras passe dans la province pour le meilleur et il a obtenu le premier rang dans les expositions mineiras. Les *freguezias* du canton sont Perdões, S. João Nepomuceno, Canna Verde et Carmo de Luminarias. Canna Verde a au moins 3,000 âmes, avec deux écarts-faubourgs, Lage et Antunes, tous montagneux et très fertiles. Angaby, écart lui aussi, appartient à Luminarias.

— S. João d'El Rey, rive gauche du Rio das Mortes, le plus gros affluent de droite du Rio Grande, dans une vallée entre deux lignes des crêtes montagneuses (ramification de la Mantiqueira), traversée par les ruisseaux Tijuco et Barreiro, 8,000 habitants; sur le chemin de fer de l'Ouest-Minas, ville aux allures et à l'aspect modernes, vaec rues bien pavées, à l'altitude de 886 mètres, centre d'élevage et d'engraissement de bétail. territoire excessivement agricole, où l'immigration du nord de l'Europe trouve un champ fertile largement ouvert à son activité: la vigne y a réussi à merveille. *Sam José d'El Rey*, à 3 kilomètres en deçà, élève des moutons créoles dont la viande alimente le marché de Rio de Janeiro; la vigne y donne un vin de table excellent et très régulier; fabrique des tissus de coton, et surtout des selles très remarquables pour hommes et pour femmes; depuis peu, la fabrication des chaussures s'y est beaucoup développée: S. José est sur la rive droite du Rio das Mortes, et fait presque vis-à-vis à S. João.

C'est entre les deux que le Gouvernement a créé des centres coloniaux, sur des terrains admirables, et où il y a déjà quelques Français. Le canton de S. João a 40,000 âmes; celui de S. José 15,000; la ville même de S. José en a un peu plus de 4,000. — Les localités dépendant de S. João sont: Conceição du Barra, Nazareth, Ibituruna, Rio das Mortes, Cajurú, Onça, Santa Rita do Rio Abaixo et Brumado; — celles de S. José sont: Conceição de Prados, Lagôa Dourada, Penha de Franca da Lage et Carandahy.

— Barbacena, dans une anfractuosité de la Mantiqueira, à la cime de deux montagnes, à l'altitude de 1,195 mètres: station importante du chemin de fer D. Pedro II (378 kilom. de Rio de Janeiro), tout près d'un petit affluent du Rio das Mortes: canton d'une salubrité si exceptionnelle qu'on vient d'y établir un *Sanatorium* pour les *beribériques* et tous les malades ou convalescents auxquels la médecine prescrit un changement d'air; très fertile, lui aussi: centre colonial. En dépendent: Ibitipoca (Santa Rita de), Conceição de Ibitipoca, Dôres do Rio do Peixe et João Gomes.

— Ayuruocá (*ayurú-ocá*, habitation du perroquet) est le nom d'un affluent très sinueux de gauche du Rio Grande, presque parallèle à lui dans son cours supérieur; la ville d'Ayuruocá est entourée de montagnes, adossée à l'une d'elles au milieu des profondes excavations d'une antique exploitation minière. Le rio naît à 2,610 mètres d'altitude; il y gèle souvent. La culture du froment se développe beaucoup, à côté de celle du tabac; le climat est excellent; fabrication de fromages réputés qui sont expédiés à Rio. Il y a 6,000 habitants. A 6 kilomètres dans la Serra du Papagaio (du perroquet, en portugais comme dans la langue tupi), se dresse sur un pic de 2,400 mètres un rocher colossal et, à 12 kilomètres de distance, le ruisseau Agua Preta forme une charmante cascade dont les eaux tombent d'une hauteur de 40 mètres. Le territoire est bien cultivé, en canne à sucre, tabac, maïs et blé. Les autres localités sont : Bom Successo de Serranos, 3,000 habitants : grand élevage sur des pâturages superbes; fabrication considérable de fromages : — Passa Vinte, 2,000 habitants, culture considérable de café, forêts giboyeuses et très étendues; — Rosario da Bocaina, 3,500 habitants, au pied de la Mantiqueira, resserré entre deux montagnes, d'où son nom de *Bocaina* (gorge ou abime), grande production de canne à sucre ; — Bom Jesus de Livramento, 2,600 habitants, rive gauche du Rio Grande, exporte des cierges, des fromages et beaucoup de tabac, ainsi que de la pomme de terre; — Rosario de Alagóa, 4,000 habitants, au pied de la Mantiqueira, entourée de toutes parts des ramifications de cette chaîne, cultive principalement des céréales et du tabac, exporte beaucoup de bétail et de fromages, possède des bois de construction en abondance : son sol renferme de l'or, du fer, du cuivre, de l'étain, du plomb, du mercure, du platine, du bismuth et du graphite, mais tout cela est inexploré encore. Le pic de l'Itatiayá se dresse au-dessus de son territoire; tout ce canton va être traversé par le chemin de fer de Jacutinga à Lavras, prolongeant celui du Rio Preto et par le raccordement de la ligne du Sapucahy à Ayuruocá même.

VALLÉE DU SAPUCAHY

— Christina, 6,000 habitants, aux sources des rios formant le Lambary; canton voisin à l'ouest du précédent, territoire montagneux, très boisé, sujet aux gelées blanches; culture du tabac, élevage du porc et du bœuf; exporte 45,000 kilogrammes de lard. A *Virginia*, un village voisin, 5,000 habitants, on fait déjà du vin. Chasses très abondantes, où l'on trouve souvent des jaguars. Les autres localités sont : — Carmo do Rio Verde, 6,000 habitants, village d'un gracieux aspect, territoire montagneux, boisé, giboyeux; culture du tabac, élevage et fabrication de fromage, climat délicieux; à Vianna, 9 kilomètres plus loin, est une source gazo-ferrugineuse; — Santa-Catharina, 5,000 habitants, baignée par le rio Sam Bernardo et le Turvo, affluents du Sapucahy, tandis que le Lambary, qui passe à Christina, va au Rio Verde, affluent direct et de gauche du Rio Grande; territoire montagneux et boisé, cultive principalement le tabac, puis un peu de café et de canne; — Pedra Branca; tire son nom d'un grand rocher blanc dans la serra voisine, 6 à 7,000 âmes; localité salubre et tranquille; entièrement couverte de forêts; beaucoup de tabac, commencement de café, engraissement du porc et du bœuf; exportation de cire. — Tout ce canton sera bientôt traversé par la ligne du Sapucahy; ses villages sont actuellement desservis par celle du Rio Verde (Minas et Rio).

— Toujours sur les affluents de tête du Sapucahy, en allant à l'ouest, nous trouvons :

Itajubá, 8,000 habitants; rive droite du rio de ce nom, ville proprette, aux rues bien empierrées; grand mouvement sur le Sapucahy, qui passe tout près et reçoit le rio; deux imprimeries, fabrique de vin; territoire montagneux, climat frais; café, tabac, porcs et beaucoup de bétail. (Le nom indien signifie métal jaune, ou localité abondante en or). Les autres localités sont : Soledade, 7,000 habitants, renommée pour la salubrité de son climat; territoire montagneux, produisant céréales, cannes à sucre et tabac, voire du café; grand élevage. Le bourg s'étend en amphithéâtre sur le flanc d'une montagne où viennent à la perfection et en abondance tous les fruits de nos vergers de France; — Vargem-Grande, 4,000 habitants, sur le rio de ce nom, dans un terrain accidenté, couvert de forêts, où abondent le palissandre et divers bois précieux; sans délaisser le tabac, s'est adonnée au café dont elle possède un million et demi de pieds; exporte du sucre, des fromages, des cierges, de l'eau-de-vie, des porcs et du bétail; — Pirangussú, sur cet affluent du Sapucahy, offre les mêmes caractères et pratique en grand l'élevage du bétail. — S. José do Paraiso, 3,000 habitants, très bien bâtie, sur le Sapucahy-Mirim, dans un site ravissant qui lui a valu son nom de paradis (*Paraiso*) : Matto et Campo, avec culture de café, tabac, canne et céréales; on y a fort bien acclimaté la vigne. Autres localités : (Consolaçao de) Capivary, à la source du rio de ce nom, sorti de la Serra das Tres Orelhas, et ainsi nommé par le grand nombre de capivaras qui aujourd'hui encore vivent dans les bois de ses rives; 4,000 habitants; sol montagneux, tout boisé, très sujet aux gelées; exporte 150,000 kilos de tabac, cultive les céréales et fabrique beaucoup de cierges; — (Sant Anna do) Sapucahy-Mirim, 3,000 habitants qu'on dit laborieux et modèles; sol très fertile, expédie force maïs et haricots à S. Paulo, élève et engraisse le porc sur une vaste échelle; — Conceição dos Ouros, 5,000 habitants, sur le rio dos Ouros, fabrique un tabac très recherché sous le nom de *Fumo Marçal*; — S. João Baptista das Cachoeiras, sur le Sapucahy-Mirim, 5 kilomètres en aval du précédent bourg, 5,000 habitants; plus de *Matto* que de *Campo*, sol plus montagneux que plat, très sujet aux gelées; fait surtout du tabac et des céréales avec un peu de café et de coton.

— Jaguary. La ville appartient au bassin du Tieté à la limite de S. Paulo, mais le territoire du canton est dans celui du Sapucahy. La cité est bâtie à 813 mètres d'altitude et possède 9 à 10,000 âmes; tout proche est une source ferrugineuse; le territoire est arrosé par les rios Jaguary qui va au Tieté, Camanducaia qui va au Jaguary, Areias qui se réunit au précédent, Sapucahy-Mirim, du Peixe ou Tres Irmãos (Trois Frères) sorti d'un lac sur le plateau de la Serra des Campos do Riberão Fundo, qui va au Sapucahy, et le ruisseau Fundo, sorti du même lac, coulant à l'opposé du Tres Irmãos et qui après s'être grossi du Cachoeira et du Corrente va sous le nom de Rio do Peixe s'unir au Mogy-Guassú dans S. Paulo. Terrain montagneux, très boisé, utilisé pour le tabac et la canne: on y récolte un thé dont il s'exporte 900 kilogs par an et qui se vend 1 milreis la livre; du coton et du froment. Les dépendances sont : Cambuhy 7,000 habitants, d'où l'on exporte force bétail à S. Paulo, ainsi que des porcs, de l'amidon et de la cire; à 3 kilomètres, est la Lage de S. Domingos, point très élevé, fort recherché par les amateurs de beaux panoramas; — (S. Sébastião et S. Roque do) Bom Retiro, 2,000 habitants, d'un climat « magnifique », terrain montagneux, très boisé, où l'on cultive surtout les céréales; — (Santa Rita de) Extrema, 10,000 âmes, tout à l'extrême sud de Minas, sur le Jaguary, même caractère que le chef-lieu. Ce canton va être traversé par un chemin de fer venant d'Ubatuba sur le littoral de S. Paulo.

— La comarca du Jaguary comprend le territoire du cours inférieur : les cantons de Pouso Alegre et d'Ouro Fino.

Pouso Alegre, 10,000 habitants, rive gauche du Mandú, affluent du Sapucahy-Mirim, la plus jolie localité du Sud-Minas; terrain légèrement accidenté, entouré de plateaux charmants, d'où l'on jouit d'une vue admirable, où l'horizon est formé par de hautes montagnes; ville proprette, aux coquettes maisons bien tenues: fabriques de chapeaux, de bougies, de cire; exporte amidon, bœufs, porcs, thé, plantes médicinales. Va être desservie par la lignée ferrée du Sapucahy et par un raccordement avec celle de Caldas. Les dépendances sont : — **Borda da Matta** (3,000 hab.), jolie bourgade assise sur une petite colline, dominant de beaux campos et dominée par de vastes forêts (bord-du-bois), cultive du café et de la canne, élève bœufs et porcs ; a un temple protestant à 2 kilom. de l'agglomération ; — **Estiva**, sur le ruisseau Tres Irmãos, 2,000 habitants, territoire montagneux où l'on cultive simultanément un peu de tout ; — **Sapucahy** (Sant'Anna du), 10,000 habitants, aux rues tortueuses et anciennes, territoire montagneux, boisé, giboyeux ; cultive surtout la canne et fait l'élevage des bœufs et du porc ; — (S. José do) **Congonhal**, 1,500 habitants, dans une jolie plaine baignée par le Rio Cervo, aux rues larges et bien alignées ; terrain montagneux presque entièrement boisé ; cultive surtout la canne, puis les céréales et le tabac, possède une fabrique de chapeaux.

— **Ouro Fino**, 4,000 habitants, près du Mogy-Guassú, canton à céréales et à élevage ; produit du thé et du quinquina : la vigne s'y développe, surtout à Antas (Campo Mystico), où le curé Zephyrino en a plus de 30,000 pieds, rouge et blanc. Immenses forêts vierges, où les bois de construction rivalisent d'abondance avec les plantes médicinales. Le canton a 25,000 âmes. Les dépendances sont : — (Santo Antonio da) **Jacotinga**, dont le nom est dû à l'abondance d'oiseaux ainsi appelés que l'on trouvait au bord du Rio Jacotinga, et qui ont fui dans les forêts quand la localité s'est peuplée : c'est à quelques kilomètres que le Rio Mogy forme la belle cascade du *Saltão* dont le plus haut saut a 15 mètres et le plus petit 10 ; — (Conceição do) **Monte-Sião**, 4,000 habitants, sur une montagne entourée de deux ruisseaux et qui forme la limite avec S. Paulo, possède 1,200,000 pieds de café ; à 3/4 d'heure est la colonie *Monte-Alegre*, de M. Antonio Baptista d'Oliveira, où sont fixés une centaine d'émigrés espagnols ; ils cultivent le café, avec un contrat de métayage, et ont obtenu de bons résultats ; à 6 kilom. N.-E. est un dépôt de calcaire, où l'on trouve quantité d'aimant naturel, puis une pierre blanche qui chauffée prend l'aspect du verre ; — Campo Mystico ou Antas, sur une éminence qui attire de loin les regards, 6,000 âmes, territoire généreux, bien arrosé.

— Caldas, 6,000 habitants, jolie ville sur le Rio Verde, affluent du Pardo, près de l'imposante Serra du Maranhão, d'un climat excellent pour les poitrinaires ; grand marché, élevage de bœufs et de porcs, fabrique des bougies de cire, des fromages renommés et du vin (2 fr. 50 le litre) ; abondantes richesses minérales : pierres précieuses, diamants, agates, améthystes, or, fer ; — à 4 lieues, Poços de Caldas, sur un embranchement d'un chemin de fer de S. Paulo, dans une grande plaine entourée de collines, d'où, à 1,000 mètres de haut, on a une vue splendide ; sources thermales très fréquentées ; à trois quarts d'heure, cataracte des Antas ou Tapirs, chute de 50 mètres très célèbre et d'un aspect merveilleux. Ses dépendances sont : — (Santa Rita de) Cassia, près du Rio Claro, 1,500 habitants ; possède une très riche source ferrugineuse ; — (Saude das) Aguas de Caldas, ou Poços de Caldas, sur un large plateau entouré des sommets de la Serra dos Poços, 2,000 habitants ; station balnéaire devenue à la mode ; ses eaux ont été découvertes au siècle dernier par des chasseurs qui en raison de la similitude les ont appelées Caldas comme celles du Portugal. Elles sont thermales et sortent avec une chaleur de 45°, 44°, 41° : il y a 4 sources dont 3 analysées ; — (S. Sebastião do) Jaguary, au sommet d'une gracieuse colline d'où l'on jouit d'une fort belle vue ; elle est plus connue sous le nom de Samambaia ; — (Carmo do) Campestre, très florissante, très agricole ; on trouve sur son territoire beaucoup de sapins indigènes (*Araucaria brasiliensis*).

— Cabo Verde, 10,000 habitants, une des plus anciennes villes de la province, près du rio de même nom, sur un terrain plat et peu élevé au bord du ruisseau Assumpção qui va se jeter à l'est dans le S. José ; terrain assez frais, jadis minier, produisant surtout du café, et maintenant du tabac et du coton ; élevage considérable ; les dépendances sont : — (Sam José dos) Botelhos, 2,500 âmes, district sucrier ; — Santa Rita du Rio Claro ou Velha, 6,000 âmes, district caféier et cotonnier ; — (Bom Jesus da) Penha, localité toute jeune encore, adonnée surtout à l'élevage ; — (Conceição do) Monte-Bello, ou Capella dos Lopes, sur une jolie colline, district dont les cultures sont très variées.

— Musambinho, 6,000 habitants, près du rio de ce nom, tributaire du Cabo Verde, affluent du Sapucahy ; située sur une montagne d'où l'on a une jolie vue ; territoire extrêmement fertile, produit environ 450,000 kilos de café, engraisse porcs et bœufs, fabrique du vin et des bougies de cire. En dépendent : — (Santa Barbara das) Canôas, 3,000 âmes, extrêmement fertile ; — (Dôres do) Guaxupé, 4,000 habitants, même caractère.

— Alfenas, le canton que nous trouvons devant nous, nous ramène au point que nous avons quitté tout à l'heure, car il confine à Cabo-Verde et à Passos, il est traversé par le Sapucahy grossi déjà du Rio Verde. La ville, bâtie sur la rive gauche du Sapucahy, doit son nom à une chapelle élevée en 1805 par les frères João et José-Martins Alfenas. Elle est bâtie entre deux bras affluents de gauche du Sapucahy, et doit compter 8 à 10,000 habitants, car elle contient près de 800 maisons. — Elle est située dans un territoire peu accidenté, généralement couvert de forêts et peu doté de *campos* naturels ; cultive surtout les céréales et le café, un peu de canne, abonde en bois de construction, jouit de chasses très peuplées : cerfs, capivaras, pacas, cutias, caitétus, cailles, perdrix ; élève beaucoup de porcs et de volailles engraissés, qui sont exportés à Sam Paulo ; fabrique de fins tissus de laine et de coton, très appréciés pour la perfection du travail. C'est sur le haut des forêts que sont les meilleurs sites pour la culture du café, exporté surtout par S. Paulo. Les rios y sont très poissonneux. Les autres localités sont : — (S. Joaquim da) Serra Negra, dans un territoire montagneux très boisé, où cependant l'on cultive bien le café, avec canne, tabac, coton, maïs, où l'on s'applique surtout à l'élevage. La population est assez importante, mais je n'en ai pu connaître le chiffre ; — Conceição da Bôa Vista, 2,000 âmes environ, réparties sur une étendue de 35 kilom., dans un territoire où se succèdent les plaines et les forêts ; chasses très peuplées ; culture principale, la canne ; exportation de cire fabriquée ; — (S. João do) Barranco Alto, qui tire son nom de la grande élévation des berges (*barrancas*) du Sapucahy, au port de la localité. Celle-ci est assise au penchant d'une jolie colline, mais elle est bâtie avec un désordre regrettable ; 1,200 habitants au plus. Tout le territoire est presque campo et se trouve spécialement cultivé en denrées alimentaires.

— Santo Antonio do Machado, sur le rio de ce nom, d'un cours de 200 kilom., affluent de Sapucahy, 4,000 âmes environ ; un des riches cantons de la province ; l'industrie y a pris un grand développement ; la cité possède des fabriques de chapeaux, de tuiles ou briques, d'outils et d'ustensiles en fer, un tissage de coton, mû par la vapeur et occupant 50 ouvriers, lequel produit par jour 1,400 mètres d'étoffe très demandée dans les contrées voisines. Un atelier de serrurerie, joint à la fabrique, construit et répare les ustensiles employés avec une perfection égale à celle des ateliers d'Europe. Les fromages de cette localité jouissent à S. Paulo d'une réputation méritée. La fabrique de chapeaux occupe 20 ouvriers.

Outre le café et les céréales que l'on consomme sur place, on cultive la vigne, qui vient fort bien sur ce sol accidenté, et le vin qu'on y fabrique est potable. La ville a une bibliothèque de plus de 1,000 volumes et un collège de jeunes filles, même une loge de francs-maçons. On exporte de 15 à 20,000 porcs à S. Paulo. — Les localités qui dépendent de ce chef-lieu sont : — Carmo de Escaramuça, 5,000 âmes, disséminées sur 26 lieues carrées ; terrain surtout montagneux, bien boisé, où l'on cultive principalement le café ; — (S. João Baptista do) Douradinho,

4,000 habitants, territoire montagneux, campos sujets à la gelée, exploités surtout en céréales ; élevage de bœufs, de chevaux, de porcs pour l'exportation. Commerce fluvial par le Sapucahy avec Itajubá.

— Tres Pontas, à l'est et tout voisin du précédent, sur la rive droite du Sapucahy et du Rio Verde, 4,000 habitants, ville très étendue en surface, montrant de belles rues, de bonnes écoles, un collège pour chaque sexe, un cabinet de lecture avec plus de 1,500 volumes ; les terres de culture sont dans son territoire en quantité supérieure aux terrains d'élevage ; la canne et les céréales sont les cultures préférées pour la consommation ; le tabac qui est de première qualité est exporté ; les pâturages servent à l'engraissement du bétail, exporté lui aussi. Le coton s'est développé parce que l'industrie locale l'emploie à la fabrication des tissus. La vigne a été essayée avec succès. Le canton a 30,000 habitants ; ses autres localités sont : — (Carmo do) Campo Grande, 4,000 habitants, territoire de plaine, où se cultivent céréales, café, tabac, coton ; fabrique d'amidon et de farine de manioc, de bougies de cire ; fromages renommés ; chasse très giboyeuse en plaine et en forêts ; — (Sant' Anna da) Varzea, 3,000 âmes, sur le ruisseau Sant' Anna, district plus spécialement sucrier ; engraissement de porcs et de bétail dans les pacages d'hiver (*invernadas*) ; — Corrego do Ouro, près du Sapucahy et du ruisseau Arâras, son affluent, plaines boisées, cultivées surtout en cannes ; mêmes *invernadas* ; grande exploitation de la pêche, surtout avec les *parys*, barrages prenant toute la longueur de la rivière, avec un passage au milieu donnant accès dans un panier. On y fait du vin qui déjà s'exporte à raison de 70 pipettes par an et qui est de qualité très passable.

— Carmo do Rio Claro est un peu au sud, voisin d'Alfenas, toujours sur le Sapucahy ; la ville, construite sur un plateau dans une belle position, est très florissante. Elle compte 6,000 habitants environ. Son territoire est admirablement arrosé par le Sapucahy, le rio Claro, le

Santa-Quiteria, le Itapiché, le Sapucahy, tous très poissonneux; généralement montagneux et sujet aux gelées; le café y est d'une qualité supérieure; le canne à sucre, le tabac y sont cultivés ainsi que le coton qui est tissé sur place. L'élevage et l'industrie fromagère y sont très actifs; les fruits tropicaux sont très abondants et très bons. Le canton comprend encore (Conceição) Apparecida, sur le torrent Espirito Santo, 2,000 habitants, qui possède des forêts magnifiques et qui a la même exportation que son chef-lieu.

— Varginha (Espirito Santo da) a été démembrée de Tres Pontas; située sur une gracieuse éminence, cette ville a à ses pieds une plaine basse d'où elle a tiré son nom; 5,000 habitants, fabrique de liqueurs, bière, vin, cierges, qu'elle exporte ainsi que les fruits et le bétail. Sa dépendance est Carmo da Cachoeira, 3,000 habitants; beaucoup de céréales, fromages, vin indigène.

— Bôa Esperança (Dôres da), 8,000 habitants, sur un ruisseau qui va au Rio Grande, mais son territoire dépend plutôt du Sapucahy et du Rio Verde, et se trouve entre Alfenas et Tres Pontas; la culture de la canne et l'élevage occupent surtout les habitants : mines d'or, de fer, cristal de roche, dans la serra du même nom qui partage les eaux du canton; élevage, engraissement du bœuf et du porc, fromages, commencement de viticulture; important atelier de serrurerie, qui exporte pour plus de 15,000 $ d'éperons, couteaux, freins, etc. En dépendent : — (Espirito Santo dos) Coqueiros, 3,000 habitants, un peu au sud, sur le même ruisseau, même caractère : — (S. Francisco do) Agua Pé, 2,000 habitants, territoire boisé très fertile, canne à sucre et élevage; — Apparecida de Congonhas, sur une jolie éminence, 800 âmes; population d'éleveurs.

— S. Gonçalo do Sapucahy, 4,000 habitants, un peu au sud du précédent canton, jolie ville, bien bâtie; fabrique des chapeaux estimés; très agricole, cultive avec ardeur les céréales, les fruits et les fleurs, exporte du bétail et des produits de la laiterie; possède de riches gisements aurifères. Dépendances : Santa Isabel, dans une belle vallée entre les serras de Santa Catharina et de S. Vicente dos Gonçalves, près du ruisseau Santa Isabel ; — Santa Rita da Sapucahy, dans un bas fond au bord du fleuve, où l'on fabrique de très bon vin de table : — (S. Francisco de Paula do) Machadinho, Piedade do Retiro, et (Conceição da) Volta Grande, toutes localités florissantes et très agricoles. Le canton renferme plus de 30,000 âmes.

— Campanha da Princeza, 12,000 habitants, importante ville, à la source d'un affluent du Rio Grande : fabriques de cloches, chapeaux, liqueurs, bière, bougies de cire, pipes, tuiles et briques ; exporte bœufs, porcs, eaux-de-vie ; cultive canne et céréales ; dans le canton, se trouvent les eaux minérales déjà très fréquentées de *Lambary* et le bourg de *Tres Corações*, terminus du chemin de fer du Rio Verde, très commerçant et comptant beaucoup de magasins, centre sucrier et d'engraissement, énorme expédition de bétail ; puis les eaux de *Cambuquirá*, acidulées, gazeuses et ferrugineuses. — Les *freguezias* sont (Aguas Virtuosas de) Lambary ; — Senhor Bom Jesus de Lambary ; — (Espirito Santo da) Mutuca, où l'élevage se fait en grand ; — Cambuquirá, district montagneux et sources ; — Tres Corações du Rio Verde, cité déjà.

— Baependy, 10,000 habitants, centre commerçant, dans une péninsule que forment deux bras du Sapucahy, relié par une bonne route au chemin de fer du Rio Verde ; exporte du tabac, du lard et des fromages ; à trois quarts d'heure sont les eaux thermales et minérales très fréquentées de *Caxambú* ; celles de *Contendas* (à 6 kilom.), sont sulfureuses, gazeuses et ferrugineuses ; les premières au nombre de six rappellent celles de Vals, Spa, Baden ; on y vient par la station de *Soledade*, distante de 3 lieues, et un embranchement va les desservir directement. A *S. Thomé*, 4,000 habitants, dans le même canton, on trouve de belles carrières d'ardoises et des dalles immenses aux dessins variés et multicolores, qui se vendent 1 franc le mètre carré. Au sujet des eaux minérales, il est bon de signaler ici qu'une bouteille d'eau de Vichy se vend environ 2 fr. 50 à Rio de Janeiro; les eaux indigènes similaires y coûtent près du double. — Conceição du Rio Verde, autre dépendance de Baependy, possède une station sur la ligne Minas et Rio : elle produit beaucoup de sucre et de tabac. — Encruzilhada, même culture et beaucoup d'élevage.

— Pouso Alto est le dernier canton que nous trouvons en remontant le rio Verde et en revenant à la limite de la province de Rio de Janeiro. Cette ville a 6,000 habitants et possède une station sur cette ligne ferrée. Son territoire est très fertile; on y plante surtout du tabac; on y fabrique du vin, des bougies et du fromage. En dépendent : — (S. José do) Pieú, dans un ravin de la Mantiqueira avec Conquista et Capellinha : — (Sant' Anna de) Capivary : — (S. Sebastião de) Passa Quatro, près d'un rio qu'il faut traverser quatre fois pour y accéder, avec Tranqueira.

Le chemin de fer que nous avons suivi nous a ramenés à la Mantiqueira que l'on traverse pour rejoindre le D. Pedro II. Notre excursion à travers la province de Minas est complète.

MATTAS ET CAMPOS. LES CULTURES

Maintes fois, ou pour mieux dire presque constamment dans cette excursion, j'ai eu à distinguer entre le terrain de la *matta* ou du *matto*, l'un et l'autre se disent indifféremment, et celui du *campo*. *Matta*, c'est le grand bois vierge, dont les dépouilles végétales, en s'accumulant et en se désorganisant, ont déposé sur le sol, sur la couche rocheuse en décomposition, ou la *pisára*, une épaisseur variable de terre arable. Ce n'est pas toujours la montagne, car la forêt a aussi envahi bien des plaines et surtout beaucoup de plateaux, mais la *matta* est le plus fréquemment montagneuse. Dans Minas, la *matta* offre plus généralement deux sortes de terre : la *terra roxa*, rouge, argile très ferrugineuse et des plus favorables à la production du café, puis le *massapé* ou la *terra vermelha*, décomposition des couches de granit, de gneis et d'argile, tandis que la précédente provient de la décomposition des diorites, riches en feldspasth et en amphibole, contenant beaucoup de fer et fortement potassée ; le *massapé* au contraire contient plus de chaux et de sable. Le *massapé* est plus rouge, brun ou cuivré, selon qu'il contient moins de fer et plus d'argile, de potasse et de quartz arénacé que la *terra vermelha*, qui est très foncée, presque zinzoline. Le *massapé* est surtout favorable à la canne à sucre. C'est sur l'abatis et le défrichement qu'on cultive.

Le *campo* présente une couche arable d'une épaisseur variable, selon sa position plus ou moins inclinée, plus ou moins favorable à l'érosion qu'opère l'action des pluies. La nature de cette couche varie avec celle des roches dont la décomposition l'a produite, d'autant mieux que les campos sont rarement plats, mais le plus souvent mamelonnés, bombés, ou couronnant des collines à surface aplatie et comme tronquée. Ils ne ressemblent donc nullement, ni par leur essence, ni dans leur aspect, aux *Llanos* du Venezuela et aux *Pampas* argentines. On les classifie différemment selon leurs conditions.

Campos geraes sont de grandes étendues couvertes d'une herbe vert-brune, gardant une forme ondulée et bien souvent formant de véritables collines. Si cette surface est peu ondulée et en même temps sèche et aride, de façon à modifier les végétations, ce sont des *taboleiros*, qui correspondent assez bien aux *mesas* ou tables des *Llanos* du Venezuela.

Si quelques parties de la superficie se dressent en forme de plateau, on les appelle *chapadas*, l'*itababa* des Indiens. Jamais, si étendus qu'ils soient, les campos du Brésil n'apparaissent dépourvus de végétation ; toujours ils présentent des gazons, des arbustes et parfois des arbres. Là où ceux-ci se montrent plus nombreux, ils forment selon leur étendue et leur densité des *capões*, des *carrascos* ou *cerradões* et des *catingas*.

On appelle *capões* des bosquets isolés surgissant au milieu du campo comme des îles de verdure. Dans les endroits humides, ils sont souvent denses, se composent d'arbres élevés, très serrés les uns contre les autres; on les trouve principalement dans les bas-fonds, près des ruisseaux, dont ils constituent la parure caractéristique, surtout dans les *buritysaes*, bosquets de palmiers buritys, où se développe la belle *mauritia vinifera*.

Cerradões sont les bosquets isolés qui croissent dans les campos plus hauts et plus secs, et sur les taboleiros et chapadas, renfermant tout au plus des arbres bas et des genêts. *Carrascos* sont ceux de ces bosquets où les arbres sont en petit nombre par rapport aux genêts.

Les campos revêtent une physionomie particulière, quand on y voit épars des arbres isolés, à l'écorce épaisse, aux rameaux allongés, aux feuilles sans sève, d'un vert cendré; on les appelle *taboleiros*: si les rameaux se touchent, ce sont des *taboleiros cobertos* ou couverts; s'il y a entre les arbres un fouillis de plantes rampantes, ce sont des *taboleiros cerrados* ou fermés.

Catingas, ou *caatingas* désigne plusieurs genres : on appelle ainsi les bosquets les plus étendus mais bas, pleins de joncs ou de genêts et de buissons très entremêlés. *Catingas* ni *capões* n'atteignent jamais la vigueur ni la hauteur de la forêt vierge, même dans les sites où l'humidité les fait pousser le mieux. — Ce sont encore des bouquets de végétations ligneuses, composés d'arbustes au milieu desquels s'élève de loin en loin un arbre plus grand et isolé. — On donne encore ce nom à des champs de graminées sur les montagnes ou dans les hautes vallées, remplis d'arbustes disséminés, très abondants, mais isolés les uns des autres, ce que notre Midi de France appelle des *garrigues*, et qu'ailleurs on nomme la *brousse* ou le *maquis*. On trouve surtout cette forme dans les vallées des régions montagneuses, souvent sur les mamelons les plus élevés des grands campos; ils y sont parfois remplacés par des *carrascos*.

Un mot qu'on rencontre encore très souvent sur les lèvres des campagnards brésiliens, est celui de *capoeiras* ; ce sont de petits bois aux essences mêlées repoussant sur de grandes forêts détruites ; la *capoeira* n'a pas encore la hauteur de ce que dans nos forêts nous appelons le *taillis*.

Les serras intérieures offrent en partie *matta*, en partie herbes et arbustes. Généralement, les hauteurs exposées au nord sont les plus couvertes de forêts, les vallées au contraire de bruyères et de campines (*campinas*), champs étendus sans arbres et pleins d'herbes ; tandis que du côté du sud, ce sont les campines qui occupent les montagnes et les mattas dominent dans les bas-fonds. Sur les plus hauts sommets de Minas, l'Itacolumy et l'Itambé, les forêts se trouvent au bord des campines, alors que les serras qui se détachent de la Mantiqueira sont en grande partie couvertes de campos jusqu'à la cime.

L'aspect des campos varie avec les saisons. Durant la saison sèche, ils sont souvent brûlés, les arbres perdent plus ou moins leur feuillage, surtout dans les carrascos et les catingas des chapadas et des taboleiros, où ils paraissent morts, où quelques palmiers à peine contrastent agréablement avec les sertões de l'intérieur. Toutefois dès les premières pluies, les arbres bourgeonnent comme par enchantement, et les campos se couvrent rapidement d'une fraiche verdure.

Dans la province de Minas, les *cerrados* ne sont pas utilisés pour la culture, de même que les terres de *matta*. appelées *seccas* par la population, qui les regarde ainsi que les *cerrados* comme bons seulement pour quelques plantes peu difficiles sur le choix du terrain, le manioc par exemple, ou pour des pâturages artificiels, et encore ceux-ci ne sont-ils pas plus difficiles, comme le *capim gordura*.

Les *cerrados* ou *serrados* sont des champs ouverts (*campos abertos*) avec des *cerradões* ou des *carascos*. Ordinairement les *cerrados* sont utilisés comme pâturages, et afin qu'ils produisent plus de *capim* pour le bétail, les cultivateurs les plus ingénieux les nettoient de temps à autre, c'est-à-dire qu'ils abattent les arbres et les arbustes qui y existent. *Capim* est le nom générique donné aux graminées, et même aux cypéracées, à toute espèce d'herbes que mange le bétail.

Dans le nord de la province, la *catinga* de la vallée du Arassuahy est cultivée et produit beaucoup de coton.

Les campos sont utilisés comme pâturages. En général, et principalement dans la zone comprise entre Baependy et Barbacena, entre la Mantiqueira et Lavras, ils sont d'une grande beauté; ils sont revêtus en grande partie d'un capim fin, qui donne aux bêtes une chair délicieuse, à la graisse blanche, préférée par les consommateurs à la viande du bœuf engraissé dans les pâturages de *matto*, c'est-à-dire dans les pâturages artificiels formés sur un terrain qui fut autrefois forêt, comme par exemple ceux de Passos et Machado, les deux grands centres d'engraissement de bétail de la province.

Ces campos produisent d'excellent lait, riche en matières solides, du fromage et du beurre dans quelques localités, comme ceux de la fazenda de Cajurú près de Baependy, ceux renommés de la Saphyra dans le canton de Turvo, et presque partout, quand la *queimada*, l'herbe repoussée après l'incendie, est mûre.

Mais en général, au moins dans la zone dont je parle, ils sont peu riches en pâturage, en sorte que si par exemple l'hectare de pâturage de matto est suffisant pour 1 bœuf ou ses équivalents en espèce ovine, 10 moutons, il faut 4 hectares de pâturage de campo pour la même quantité de bétail.

La commission, qui a rédigé l'exposé officiel auquel je me suis rapporté maintes fois, pour l'Exposition de Philadelphie, traitant des Campos de Araxá, du plateau central de l'empire, dont font partie ceux de Minas, calcule leur superficie à 187 millions d'hectares (moins un cinquième de *capões* à déduire) et la considère comme suffisante pour nourrir 40,000,000 de bœufs.

Il faut ajouter que les campos ne sont ordinairement

utilisés qu'en été, c'est-à-dire dans la saison des pluies, car il est d'usage d'en brûler la moitié chaque année pour que le bétail ait toujours de l'herbe fraiche; il est même bon de recourir à ce procédé le plus tard possible, parce qu'en incendiant le capim à la fin de l'hiver, dans les mois de la plus grande sécheresse, on risque de voir le feu attaquer les racines de l'herbe.

Le reste de l'année, c'est-à-dire pendant la saison sèche, de fin mars ou avril à août ou septembre, les campos sont peu utilisés par le bétail qui, si on l'y laisse alors, dépérit ou se trouve même en proie à des épizooties et à la persécution des insectes, les *carrapatos*.

La quantité de campo nécessaire pour un bœuf pendant l'été est moitié de ce que je viens de dire en parlant du rapport entre la force du pâturage de *matto* et celle du *campo*, soit de 1 à 4 : 2 hectares de campo suffisent à un bœuf. Mais comme le campo n'est utilisé que durant cette saison, et que le reste de l'année il faut au bétail un abri, des *palhas* (toits de chaumes de maïs) et des *capoeiras* où il reste des plantes cultivées et des herbes préservées soit de la sécheresse, soit de la gelée, par les arbres, il en résulte que l'équivalent de 4 hectares de campo pour 1 bœuf reste vrai.

Je crois qu'à cet égard des immigrés qui apporteraient à Minas la méthode des herbages de Normandie, avec l'habitude de laisser le bétail en tout temps sur le pâturage, sauraient tirer du campo comme du matto un parti autrement précieux. Tout est en effet rudimentaire ici, et il n'y a d'admirable, au point de vue où j'étudie ce côté des choses, que les richesses naturelles et spontanées.

Le *Baependyano*, excellente petite feuille mineira, s'occupant de cette question, gémit de l'état arriéré de la culture et de l'exploitation de la terre. « Les campos de Minas, dit-il, sont en général de grands espaces de terrains peu productifs en pâturages à cause de l'application qu'on en fait et qu'on en peut faire dans notre système actuel de culture, culture semi-barbare, la seule pour ainsi dire que nous ayons pratiquée avec des instruments rudimentaires, la serpe, la bêche et la hache, aidées du feu destructeur, qui utilise les seules forces naturelles, l'humus accumulé par l'action du temps, et qui est même perdu partiellement avec un tel système. C'est pour cela que les terres cultivées dans cette partie de Minas sont relativement peu nombreuses, à l'exception de quelques régions plus boisées, comme celle de la rive gauche du haut Rio Verde, celle du haut Sapucahy et quelques autres.

« Ces belles campines qui y alternent avec le vert sombre des mattas et des capões, offrant ici les tons verts de l'émeraude, ailleurs la couleur blonde de la *Macega* (grande graminée haute d'un mètre) mûre, qui rappelle les moissons d'Europe, le froment, l'orge et autres petites graminées qu'on y cultive, ces espaces vides que l'on observe dans nos paysages, sont de véritables taches dans le tableau de la fertilité de la province.

« Sans elles, la province de Minas qui, dans la presque totalité de son territoire, constitue une région où l'espèce humaine, y compris la race la plus réfractaire à l'acclimatement, la race aryenne, rencontre un milieu admirablement propice à sa propagation, serait aujourd'hui même beaucoup plus peuplée qu'elle ne l'est, non seulement parce qu'avec une plus grande quantité de mattas, la facilité des subsistances serait plus considérable, et par suite aussi l'accroissement de la population, mais encore parce qu'avec une quantité supérieure de terres cultivables plus fraiches par le système actuel, comme on les aurait avec plus de forêts, la culture serait plus rémunératrice qu'elle ne l'est dans la partie la plus peuplée de la province, et l'on verrait ainsi éliminée une des causes de l'émigration, que l'on observe de ce côté, qui comprend le centre et presque tout le sud, vers d'autres parties de la province et même vers les provinces voisines.

« Ce serait un facteur de plus pour l'accroissement de la population qu'une plus grande abondance de terres cultivables, et un facteur de moins pour l'émigration qui la diminue.

« Mais les campos de Minas seront-ils à jamais condamnés à la stérilité, ou pourront-ils être utilisés par la culture, comme l'ont été et le sont ceux de Rio Grande du Sud, par suite de l'analyse qu'un savant chimiste en a faite en Europe et qui a démontré que ces terrains contiennent les principes minéraux les plus nécessaires aux plantes? »

Le *Baependyano* a raison de poser cette question déjà résolue. Si Minas n'était pas si vaste que ses propres habitants connaissent mal ce qui se passe à une distance un peu considérable de chez eux, il aurait pu constater que le problème est déjà pratiquement résolu. Des Allemands, des Français, établis sur divers points des campos les plus lointains de l'ouest, ont su tirer de ce sol qui afflige les indigènes un parti que ceux-ci ne soupçonnaient pas. Le pacage même du bœuf, organisé à l'européenne, a, en peu d'années, transformé ces campos en terres très riches.

Du reste il est bon de le dire ici pour tous ceux qui, voulant entreprendre des exploitations agricoles au Brésil, soit à Minas, soit ailleurs, trouveraient devant eux cette objection qui se rencontre à tout instant et un peu partout sur les lèvres des indigènes : « Mais ces terres de *matta* sont fatiguées (*cançadas*), épuisées, les autres de campos ne donneront presque rien. » Cela peut être vrai, quoique j'aie beaucoup de réserves à faire, et que je sache combien volontiers le Brésilien campagnard exagère à cet égard, ou se laisse aller au découragement à la suite du moindre contretemps atmosphérique. Mais ce que lui ne sait pas faire, l'Européen l'obtiendra aisément parce qu'il cultivera d'une façon toute différente. Il labourera, employant la charrue, et la charrue perfectionnée, au besoin la charrue à vapeur, retournant profondément le sol, au lieu d'en remuer seulement la couche la plus superficielle à la houe comme le font les Mineiros. Au lieu de se borner à la culture *extensive*, transportant continuellement d'une place à l'autre ses semailles ou ses plantations, dès qu'un terrain lui paraît avoir donné tout ce qu'il peut fournir, il pratiquera la culture *intensive*, formera ses terrains et ne perdra pas ainsi le fruit des efforts accumulés chaque année. Et cette culture intensive n'exigera pas ce qu'elle demande en Europe. Les chaumes, les détritus de toute nature, les fumiers de la ferme sont pour des siècles suffisants comme engrais.

Que vienne celui que les Brésiliens intelligents appellent de tous leurs vœux, et que la suppression de l'esclavage a rendu possible maintenant, le cultivateur petit propriétaire! Celui-ci saura promptement transformer de façon radicale l'aspect des choses. Il montrera aux 300,000 prolétaires mineiros, vrais journaliers agricoles, presque toujours nomades, se louant ici et là pour les divers travaux de l'exploitation des caféières, ce que peut l'homme des champs qui a un foyer, qui sait y jouir de toutes les ressources qu'y crée une saine économie domestique, qui attaché à sa propriété la soigne avec suite, l'améliore et en obtient sous un climat aussi favorisé que celui-ci des résultats admirables.

Quant à l'élevage, il en sera de même, surtout si par des croisements judicieux on améliore progressivement les races, et si l'on donne à l'industrie de la laiterie tout le développement qu'elle comporte et par lequel elle trouvera un débouché magnifique dans la consommation indigène.

La province a établi dans la vallée du Rio Piracicaba, près d'Itabirá do Matto Dentro, une école agricole technique et pratique, tout à fait professionnelle, pour laquelle elle a dépensé beaucoup, dont elle déplore le peu d'action, plutôt par ce qu'elle en attend, que pour les résultats déjà obtenus, qui sont en réalité sérieux et encourageants. Son premier soin a été de faire entrer dans les habitudes l'emploi de la charrue, qui s'est vite acclimaté, surtout quand on a reconnu que malgré la maigreur et l'irrégularité des pluies dans certaines années, les plantations faites par ce moyen avaient beaucoup moins souffert que celles exécutées selon les procédés de la routine traditionnelle. C'est elle qui a propagé dans le Nord la culture du coton, acclimaté celle du froment, avec un tel succès, que 10 litres en ont produit 150. Son influence sur l'industrie du fer n'a pas été moins sensible. Le fer de qualité tout à fait supérieure que produisent les gisements d'affleurement donnait d'excellents outils ; l'école a appris aux forgerons à faire des charrues et tous les instruments accessoires et leur a ainsi procuré un nouveau débouché très fructueux. Afin que cet établissement remplisse mieux le but de sa création, la province a demandé au gouvernement d'en confier la direction à un spécialiste étranger.

Depuis plusieurs années est décrétée la fondation d'un Institut zootechnique. Je ne crois pas qu'on ait pu encore réaliser cette fondation; on désirerait la confier à une congrégation religieuse qui ferait à peu près ce qu'ont créé les Trappistes à Staouéli, près d'Alger. La province a même, l'an dernier, contracté avec M. Vaz Pinto la fondation de plusieurs écoles agricoles, fermes modèles, etc., de ce genre, pour lesquelles il va falloir faire appel à l'expérience de colons européens.

LES DÉBUTS DE L'INDUSTRIE

L'industrie mineira est mal connue, on en a plutôt un soupçon qu'une information réelle. Il n'y a aucune statistique tant soit peu précise. Par les notes recueillies pour la préparation de l'Exposition de 1889, on voit qu'il y a 20 établissements faisant la filature et le tissage du coton. Celui-ci est récolté, comme on l'a vu, principalement au nord de Minas, dans les cantons de Curvello, Montes Claros, Pitanguy, Arassuahy, Gram-Mogol, Rio Pardo, Salinas et Bôa Vista. C'est dans cette région surtout que se trouvent les fabriques, installées là où elles trouvent aisément la matière première. D'après M. Pacifico Mascarenhas on récolte 750,000 kilos dans le seul canton de Curvello. — C'est cette famille Mascarenhas qui a fondé la première fabrique, actionnée par une force hydraulique, à Taboleiro dans le canton de Sete Lagôas, en 1868. Elle est connue sous le nom d'usine du Cedro et consomme 250,000 kilos de coton par an, produits dans la freguezia même. Elle tisse 1,000 mètres par jour et emploie 130 ouvriers, pour ses 40 métiers.

Celle de Cachoeira est à 8 kilom. de Curvello, mue par une turbine de 42 chevaux et une machine à vapeur auxiliaire de 18. Elle a 2,000 broches qui alimentent de fil 40 métiers; elle consomme 600,000 kilos de coton et tisse 300,000 mètres dans l'année, employant 140 ouvriers. — Avec l'accroissement qu'on lui a donné naguère, elle a 120 métiers, et sa production se monte annuellement à 1,200,000 mètres.

Celle de S. Sebastião, à 15 kilom. de Taboleiro Grande, est encore, comme les deux précédentes, une création de la famille Mascarenhas. Elle a 40 métiers actionnés par la vapeur et emploie 75 ouvriers. Elle consomme 195,000 kilos de coton et produit 500,000 mètres d'étoffe.

Celle de Bom Jardim est dans le canton d'Arassuahy, à Itinga; elle possède 50 métiers et emploie 140 ouvriers; elle produit par jour 2,500 mètres d'étoffe. Elle est actionnée par une turbine de 50 chevaux.

A Sabará est la fabrique de Mazargão, d'où proviennent tous les tissus actuellement exposés au Champ de Mars par la province de Minas. Actionnée par un moteur hydraulique de 80 chevaux, elle a 1,800 broches et 48 métiers, qui emploient 100 ouvriers. Elle consomme 300,000 kilos de coton par an et produit 2,000 mètres de tissus par jour.

La fabrique d'Itabirá produit par jour 900 mètres de grosse étoffe et 400 de tissu fin; elle consomme par an 180,000 kilos de coton tiré des cantons de Viçosa de Santa

Rita et de Ponte Nova : elle a 28 métiers, actionnés par un moteur hydraulique de 50 chevaux, et emploie 50 ouvriers.

Diamantina possède la fabrique de Bery-Bery, dotée d'un moteur hydraulique perfectionné, actionnant 40 métiers. La production est de 1,200 mètres d'étoffe par jour : il y a 120 ouvriers.

Une autre fabrique s'est installée à Viçosa de Santa Rita, sur la rive gauche du rio Turvo (*Mello et Reis*) ; elle a 50 métiers, consomme 75,000 kilos de coton, produit 400,000 mètres de tissus, emploie 60 ouvriers. Elle est connue sous le nom de Sam Sylvestre. Son moteur est une turbine de 60 chevaux.

A Montes Claros, 9 kilom. de la ville, sur le rio Cedro, dont on a canalisé les eaux sur 4 kilomètres pour produire la force hydraulique de 50 chevaux au moyen d'une turbine, est installée la *Filatoria* de Rodrigues Soares Bittencourt Velloso et Cie, qui possède 1,552 broches et 40 métiers, emploie 72 ouvriers, et produit par jour 900 mètres d'étoffes en consommant 650 kilos de coton.

La fabrique du Brumado est à 5 kilom. de Pitanguy ; actionnée par une turbine de 70 chevaux, 40 métiers alimentés par 1,384 broches ; elle occupe 80 ouvriers et produit par jour 600 mètres de tissus.

A Juiz de Fóra, tout en face la gare de Marianno Procopio, de la ligne D. Pedro II, est la fabrique *Industrial Mineira* (Morritt et Cie), mue par une turbine de 100 chevaux. Elle a 3,600 broches et 73 métiers, emploie 200 ouvriers et consomme près de 80,000 kilos de coton par mois.

La fabrique de Cassú est installée entre le canton de Uberaba et celui de Monte-Alegre ; elle est actionnée par un moteur hydraulique et consomme tout le coton cultivé par les agriculteurs de cette région

Une autre fabrique est en construction près de Lavras. L'*União Lavrense*, au capital de 200,000 $, y prétend appliquer l'outillage le plus perfectionné.

Le 13 avril 1886, M. Machado Portella, en quittant l'administration de la province, estimait a 2.210.000 $ le capital employé dans ces usines et la production quotidienne d'ensemble à 15,000 mètres de tissus.

A côté de ces usines, il y a quantité de métiers domestiques, analogues à ceux des tisserands de nos villages. Il est même impossible d'en faire une évaluation tant soit peu sérieuse. Ce qui est certain, c'est que un peu partout on voit surgir des tissus fabriqués sur place, et souvent avec un goût exquis.

A Monte Santo, canton de Jacuhy, a été fondée une grande faïencerie, dont la production est assez considérable, mais je n'ai pu trouver aucune donnée me permettant de l'évaluer.

L'or extrait monte à plus de 2,000 kilogr. par an; il s'agit seulement ici des grandes sociétés, dont 5 sont en pleine exploitation : Saint-John d'El Rey Gold Mines Company, Santa Barbara Gold Mines, Pitanguy, Dom Pedro North d'El Rey, The Ouro Preto Gold Mines, et une, la Compagnie des mines d'or de Faria, va commencer. Celle-ci est purement française, elle a été créée par MM. Thiré et de Bovet, deux ingénieurs, nos compatriotes, qui ont professé à l'École des Mines d'Ouro Preto. Les 5 autres sont anglaises. Mais il y a quantité de petites exploitations indigènes, sans parler de l'or recueilli par les orpailleurs.

L'industrie diamantifère, si célèbre dans cette province, a, en 1887, selon M. Gorceix, fourni une production de 5,673 grammes.

Quant au fer, dont le sol de Minas est couvert, l'industrie est restée encore à l'état de commencement. Quantité de petites forges catalanes l'exploitent sur les gisements d'itabirite. On les évalue à 110 occupant 1,200 ouvriers. Elles produisent par an un peu plus de 300 tonnes de fer qui est transformé sur place, en instruments de travail, faux, houes, pelles, bêches, fleurets de mines, sabots de brocards, clous, fers à mulets et à chevaux, etc. Le produit représente un peu plus d'un million de francs. On

4.

installe en ce moment un haut-fourneau et une usine métallurgique près d'Itabirá du Campo.

Il y a beaucoup d'autres industries à l'état d'enfance, plus encore à créer. La richesse minérale de la province est inouïe, soit en quantité, soit en variété d'espèces ; je dois cependant une mention aux tailleries de diamants qui fonctionnent à Diamantina. Au courant de l'excursion à travers la province, j'ai signalé les fabriques de chapeaux, de bière, les distilleries ; il y a aussi un haut-fourneau qui produit des machines agricoles à Juiz de Fóra.

Le gouvernement général ne subventionne qu'une usine sucrière centrale à Minas : c'est celle de Aracaty, sur le chemin de fer de Leopoldina. En 1887, elle a traité 2,800 tonnes de cannes. Elle est fort bien montée et c'est une de celles dont l'ingénieur du contrôle se montre satisfait.

La province de son côté a accordé une garantie de 7 °/₀ d'intérêts sur 800,000 $ au maximum à l'usine sucrière de Rio Branco ; le résultat de son travail en 1885 a été de traiter 2,366 tonnes de cannes, ce qu'a pu lui fournir la région environnante, d'où elle a extrait 85,560 kilos de sucre de premier jet et 29,580 de deuxième jet, soit 115,140 kilos en tout, plus 57,593 litres d'eau-de-vie.

Une école de pharmacie fonctionne à Ouro Preto, avec cinq chaires ; elle comptait, en 1887, 70 élèves.

L'École des mines d'Ouro Preto, établissement hors pair, a été inaugurée en 1876, sous la direction d'un de nos éminents compatriotes, M. Henri Gorceix, agrégé de l'Université de France et ancien élève de l'École normale supérieure. Son but, tel que l'a défini son règlement organique, est de former des ingénieurs pour l'exploitation des mines, pour les établissements métallurgiques, et en général pour tous les services auxquels correspond son enseignement. Celui-ci est complètement gratuit et le régime est l'externat. L'enseignement est partagé en deux cours, l'un général, l'autre supérieur, durant chacun trois années. Le premier est en quelque sorte préparatoire et permet à l'élève d'aborder l'autre : il correspond à l'enseignement scientifique secondaire de nos lycées.

Le cours supérieur est entièrement spécial et technique, accompagné de travaux pratiques, d'excursions géologiques, de visites de mines en exploitation et d'usines. Il y a 12 professeurs dont 6 pour chaque cours.

Les collections de l'école sont parmi les plus belles du monde. On a pu en voir un spécimen au Champ de Mars qui a émerveillé tous les hommes compétents. L'école publie des Annales qui deviendront un des recueils scientifiques les plus précieux.

LES INDIENS DE MINAS

Minas compte encore un certain nombre d'Indiens, nombre assurément plus considérable qu'on ne le suppose généralement. Au nord, dans la partie qui confine avec Bahia, Espirito Santo d'une part et Goyaz de l'autre, à l'ouest, vers Matto Grosso, dans les anfractuosités des serras et les forêts qui les recouvrent, vivent des bandes d'aborigènes. Ces Indiens ne sont pas méchants, mais plutôt défiants, et ils ont pour cela leurs motifs, qu'on ne saurait traiter de futiles. La catéchèse, qui s'est donné pour mission de les apprivoiser, de les séduire, de les sédentariser, de les amener graduellement à l'existence ordinaire des *sertanejos*, a trouvé en eux un élément délicat, mais non rebelle. Ce sont les Capucins qui en sont chargés.

Il n'y a de sérieux à mentionner sous ce rapport que les *aldeamentos* suivants :

Nossa Senharu dos Anjos de Itambacury, dans le canton de Philadelphia, à 36 kilom. au sud de la ville de Théophilo Ottoni, et à 8 kilom. des sources du rio S. Matheus. C'est, croit-on, le premier établissement de ce genre dans tout l'empire ; sa population est d'au moins 2,000 âmes, moitié Indiens de race pure, moitié Métis et Brésiliens qui y vivent mêlés tranquilles et satisfaits. Ce village possède deux écoles d'enseignement élémentaire fréquentées par 108 élèves, des plantations de café, de canne à sucre, de tabac, de cacao, de haricots et de diverses céréales. L'excédent de la production sur la consommation est exporté et le produit de la vente est appliqué à la construction comme à la réparation des routes et à d'autres améliorations.

Ce vaste établissement compte sept édifices, parmi lesquels l'église, bien construite, solide, suffisamment ornée, un hospice pour les religieux Capucins, une maison d'école, un asile d'orphelins, une usine sucrière avec toutes ses dépendances. Au sud, à 22 kilom , on construit une nouvelle chapelle.

Depuis bien des années, ce village est dirigé par les Pères Capucins Serafino de Gorizia et Angelo de Sassoferrato, qui y ont fait preuve d'une aptitude remarquable d'apostolat et d'organisation. La localité est des plus salubres et des plus pittoresques, elle offre toutes les conditions désirables pour la fondation d'une cité de grandes dimensions.

La population indienne se compose de 1,040 individus sur un total de 2,002 ; elle parle le même idiome ; elle appartient aux sous-tribus Puruntum, Pogichá, Gyporok, Poton, Catolé, Crenhé, Aruná, se rapportant aux groupes Botocudos et Aymorés. Les forêts voisines baignées par les rios Itambacury, S. Matheus et leurs afflents, comptent encore 460 Botocudos à aldéier. Le directeur du service, Manoel de Paula Ferreira, a constaté que toutes ces sous-tribus sont de couleur blanche, comme celles que mon ami Coudreau a visitées dans le massif des Tumucumaque, aux sources des divers fleuves des Guyanes.

La province avait décidé la création d'un nouvel *aldeamento* dans le même canton, à S. Francisco de Paula da Canna Brava, mais je ne crois pas qu'il ait été donné suite à cette résolution. La province est bien à cet égard divisée en 18 circonscriptions ; l'on y compte de nombreux Indiens à divers degrés de domestication ; beaucoup sont encore sauvages et vaguent sans direction, tandis que les autres vivent dans des *aldées*, livrés à eux-mêmes et changeant d'emplacement à leur guise, mais travaillant avec plus ou moins de régularité, s'adonnant surtout à la chasse et à la pêche. Néanmoins, il n'y a d'*aldeamentos* régulièrement administrés que celui d'Itambacury et celui de Immaculata Conceição do Porto de D. Manoel, situé au bord du Rio Capim, à Figueira, dans le canton de Suassuhy, à 10 kilom. en ligne droite du Rio Doce, et à égale distance du Rio Suassuhy Grande, à 132 kilom. de la ville de Suassuhy.

Celui-ci compte 100 Indiens environ et 50 habitants indigènes. En 1884, les premiers étaient 241. Tous sont baptisés, quelques-uns ont appris à lire, des mariages réguliers ont été contractés ; en 1883, on en avait célébré 14. — Ces Indiens appartiennent à la sous-tribu Cajé ; ils font des canots, divers ouvrages assez ingénieux, cultivent le sol ; en 1888 ils ont produit 10,000 litres de maïs, 2,800 de riz, 400 de haricots, divers autres articles de consommation, et la canne à sucre dont la quantité n'était pas encore déterminée, parce que, au moment où le président écrivait son rapport, la récolte était encore sur pied. La culture y est faite en commun et l'excédent du produit nécessaire à la consommation est vendu pour être appliqué à diverses améliorations, routes, chemins, acquisition d'instruments agricoles, édifices, etc. On dit ces Indiens très doux et de mœurs excellentes. Ils ont là une chapelle, six grandes maisons bien bâties, deux *ranchos*, deux monjolos, et l'on y construit une usine en fer pour la fabrication du sucre.

Il y a, séparées par des distances variables, de petites *aldées* d'Indiens, par exemple, à Santo Antonio, Caeté, à la barre du Manhuassú ; leurs habitants viennent à l'*aldeamento* de D. Manoel quand ils ont besoin de vivres ; ils arrivent toujours en bon ordre, se comportent bien et se retirent de même.

Dans cette organisation encore rudimentaire, le droit de propriété est inconnu.

Les *aldéiés* ne possèdent pas de terres ni d'autres biens ; ils travaillent en commun, et le produit du travail est distribué proportionnellement aux diverses équipes (*turmas*). Le surplus est consacré à des ouvrages d'utilité publique. C'est toujours les religieux qui, jusqu'à présent, ont le mieux réussi sous ce rapport pour la direction de cette entreprise de civilisation du Peau-Rouge.

J'ai donné, à propos de la ville de Rio de Janeiro, des détails suffisants sur l'organisation commerciale de la région et ses organes financiers. L'activité de Minas se trouve par les statistiques confondue avec celle de la capitale de l'Empire et pour cette raison ses Banques même y ont souvent leur siège, au moins une maison importante. Pour l'importation, par exemple, on est réduit aux conjectures ; car tout passe par Rio de Janeiro ou par Santos, et de là cet apparent déficit dans la recette pour le compte du gouvernement général. Les droits payés à l'État par les marchandises consommées dans Minas sont perçus aux douanes des ports d'arrivée et figurent dans les statistiques à l'actif de ces ports ; c'est cependant le contingent réel des Mineiros, qui véritablement fournit au Trésor général une contribution égale au moins à celle des provinces les plus haut cotées sous ce rapport.

On trouvera dans le chapitre suivant tout ce qui concerne le point important de la viabilité, qui est commune aux deux provinces de Rio de Janeiro et de Minas, et qui mérite d'être traitée à part parce qu'elle constitue le nœud de toutes les communications de l'Empire.

XI

VOIES DE COMMUNICATIONS

Navigation au long cours et côtière. — Nomenclature détaillée des lignes de chemins de fer. — Principales particularités de ces lignes. — Tracé, zones traversées, coût de construction, résultats de l'exploitation.

Il va de soi que Rio de Janeiro est le plus grand centre des voies de communications maritimes et terrestres.

En traitant de Pernambuco, j'ai déjà donné la liste des compagnies maritimes qui font le trajet régulier du Brésil aux États-Unis et en Europe et réciproquement.

L'Empire a établi ou subventionné d'autre part diverses lignes reliant ses principaux ports entre eux, et la côte avec les localités riveraines des fleuves navigables.

La *Compagnie Brazileira* de navigation à vapeur reçois 373,000 $ pour exécuter 36 voyages aller et retour de Rio de Janeiro à Victoria, Bahia, Maceió, Recife, Parahyba, Natal, Fortaleza, S. Luiz du Maranhão, Pará et Manáos, soit trois départs par mois.

La *Compagnie Nationale* reçoit 108,000 $ pour sa *Ligne Intermédiaire*, exécutant 12 voyages à Santos, Cananéa, Iguape, Paranaguá, Antonina, S. Francisco du Sud, Itajahy, Desterro, Rio Grande du Sud et Montevideo; plus 216,000 $ pour sa *ligne du Sud*, comportant 48 voyages à

Santos, Paranaguá, S. Francisco, Desterro, Rio Grande du Sud, Pelotas, Porto-Alegre et Montevideo.

Elle reçoit en outre 27,000 $ pour sa *Ligne fluviale et côtière de Sainte Catherine*, comportant 36 voyages à Itajahy, S. Francisco, Sagassú et 35 voyages à Laguna (le port d'attache et de départ est à Desterro, dans l'île Sainte-Catherine); puis 270,000 $ pour sa *Ligne de Matto-Grosso*, comportant 36 voyages de Montevideo à Buenos Aires, Rosario, La Paz, Bella-Vista, Corrientes, Villa Franca, Assuncion, Apa, Fecho dos Morros, Corumbá et Cuyabá.

La Compagnie *Espirito Santo et Caravellas* reçoit 30,000 $ pour la *Ligne de Espirito Santo* comportant 24 voyages de Rio de Janeiro à Itapemirim, Piúma, Benevente, Guarapary, Victoria, Santa-Cruz, Rio Doce, S. Matheus, Mucury et Caravellas. C'est à elle qu'appartient la ligne du chemin de fer Cachoeiro de Itapemirim à Alegre, 49 kilom. 500, avec l'embranchement de 21 kilomètres desservant la vallée du rio Castello. La ligne de navigation en est le complément, ainsi que du chemin de fer *Bahia et Minas*, avec lequel elle pratique le trafic mutuel.

La *Compagnie Ferry* est aux autres ce que le tramway est aux chemins de fer; elle fait le service de la baie de Rio de Janeiro, de la capitale à Nitherohy, toutes les demi-heures au moins; de Rio à Paquetá tous les soirs à 4 heures, de Paquetá tous les matins à 7 heures. L'embarquement est à la station fluminense. — Les *Bonds maritimes* louent des canots à vapeur pour les promenades en mer, pour le transport des voyageurs et des marchandises à bord des paquebots ou autres navires dans le port.

La *Compagnie de cabotage de S. João da Barra* exécute les transports de marchandises pour cette dernière ville et pour Campos, Carangola, et tout le bas Parahyba.

Les compagnies étrangères principales sont :

Adria Hungarian Sea, de Fiume et Trieste, un voyage mensuel pour Pernambuco, Bahia, Rio et Santos; retour direct de Santos et Rio pour Trieste et Fiume.

Chargeurs Réunis, du Havre, les 7 et 17 pour Pernambuco,

Bahia, Rio, et Santos, et *vice versa;* le 27, même marche, sauf escale à Maceió au lieu de Bahia.

Messageries maritimes, de Bordeaux, le 5 du mois, pour Rio de Janeiro directement par Lisbonne; le 20, pour Pernambuco, Bahia, Rio, et *vice versa*.

Hamburg Sudamericanische Dampfschiffahrts Gesellschaft, de Hambourg deux fois par mois pour Anvers, Lisbonne, Bahia, Rio, S. Francisco du Sud et Santos.

New Zeland Shipping C., de Londres, avec escales à Plymouth et Rio, postale (frigorifiques), voyage en dix-sept jours.

Norddeutscher Lloyd de Bremen, de Brême, par Anvers, à Bahia, Rio, Santos et *vice versa*, 3 fois par mois.

La Veloce (Fiorita), compagnie italienne, de Gênes et Naples, 3 fois par mois, pour Las Palmas et Rio de Janeiro, La Plata.

Navigazione generale Italiana (Florio et Rubattino réunies), de Gênes et Naples, 3 fois par mois, pour Rio de Janeiro et Santos.

Liverpool Brazil and River Plate Mail steamers, de Liverpool tous les samedis directement pour les ports de la Plata; tous les mercredis pour ceux du Brésil avec escale à Lisbonne; les 3, 10, 17 et 26 de chaque mois pour Anvers, Lisbonne, Bahia, Rio, Santos, Montevideo et Buenos Aires (paquebot belge), au retour escale au Havre et à Southampton; tous les samedis de Rio de Janeiro pour New-York avec escale à Bahia. La compagnie emploie au service du transport des marchandises d'Europe vers le Sud, à Paranaguá, Antonia, Desterro, Rio Grande, Pelotas et Porto Alegre, trois steamers spécialement construits à cet effet. Elle a également un service de Rio de Janeiro à la Nouvelle-Orléans.

Kosmos, compagnie hambourgeoise, de Hambourg par Anvers, Montevideo et aux ports du Chili et du Pérou dans le Pacifique, avec escales très fréquentes au retour à Santos et Rio de Janeiro, puis au Havre; toutes les trois semaines de Hambourg et du Callão.

Pacific Steam Navigation Company, de Liverpool, le jeudi, et de Bordeaux le samedi, chaque quinzaine, pour le Pacifique, avec escales à Lisbonne, Pernambuco, Bahia, Rio de Janeiro et Montevideo.

Royal Mail Steam Packet Company, de Southampton, chaque quinzaine, le jeudi, pour Lisbonne, Pernambuco, Maceió, Bahia, Rio, Santos, Montevideo et Buenos Aires.

Société générale de *Transports maritimes* à vapeur de Marseille, de Gênes ou de Naples, bi ou tri-mensuelle, voyage en vingt jours, pour Las Palmas ou Ténériffe, Santos, Rio et Bahia.

United States and Brazil Mail Steamship Cie, subventionnée par le gouvernement brésilien (195,000 $), voyage mensuel de New-York au Brésil par S. Thomas, Barbades, Pará, Maranhão, Pernambuco, Bahia, Rio et Santos.

Schaw, Savill and Albion Company, de Londres à la Nouvelle-Zélande, par Plymouth et Rio de Janeiro une fois par mois; 17 jours de Londres à Rio.

Antwerp, London and Brazil Line of Packets, d'Anvers et de Londres par les ports de la côte brésilienne depuis Maranhão jusqu'à Santos.

Austro Hungarian Lloyds Steam Navigation Company, entre Trieste, les ports de la Méditerranée et Rio, Santos, Bahia.

Hammonia Rob M. Sloman's Line, allemande, de Rio à New-York, directement.

Navigation Argentine, steamers argentins, de Buenos Aires et Montevideo à Rio.

CHEMINS DE FER.

Quant aux communications avec l'intérieur, Rio de Janeiro est la tête de ligne naturelle de toutes les voies ferrées qui s'irradient dans la province voisine et dans celle de Minas Geraes. Mais la multiplicité de ces voies est considérable, et je ne saurais pour toutes entreprendre une étude détaillée, comme je l'ai fait pour celles des provinces précédentes. Toutefois je vais donner le tableau complet des lignes avec leurs stations et les distances comptées soit de Rio, soit du point d'embranchement sur les artères principales. Je note également les principales altitudes.

I. LIGNES SUBURBAINES.

1° *Rio d'Ouro*, appartenant à l'État, voie de 1 mètre, part de la Quinta ou Pouta de Cajú, sur la baie, à l'extrémité du tramway de S. Christovão.

Cajú.	0k.	Pavuna (P. de Rio).	23kilom.
Rua Bella.	3	Coqueiros.	
Bemfica.	4	Brejo.	28
Praia Paquena.	6	Itaipú.	
Venda Grande.		Figueira.	
José dos Reis.		Cava *Bif.*	40
Pilares.	11	S. Bernardino.	
Engenho do Matto.		Iguassú.	
Irajá.	16	Barreira.	
Areal (M. N.).		Tinguá.	53k,284

Embr. 13 k.	Cava.	40	A Inhaúma.	2k,171
	Paineiras.		A Engenho de Dentro.	0k,933
	Rio do Ouro.		A Olaria (tuilerie).	0k,274
	Represas (barrages).	53		

Longueur totale : 68k,662.

2° *D. Pedro II* (*Dom Pedro Segundo*).

1re Section, de Rio, place d'Acclamação, à Belém (gare maritime Gambôa, 1k,123 au kilom. 1 de la ligne); station spéciale à la douane (*Alfandega*). (B. bifurcation d'un embranchement.)

Stations.	Kilom.	Altitude.	Stations.	Kilom.	Altitude.
CÔRTE (gare centrale) .	0	5m,540	Engenho de Dentro. . .	11.831	27m,938
S. Diogo. . .	1.415		Piedade . . .	13.030	34 840
S. Christovão	3.236	26 630	Cupertino (halte)		
Gare impériale	3.308		CASCADURA(B).	15.344	33 690
S. Francisco-Xavier. . .	5.809	16 411	Rio das Pedras	18.299	
Rocha (halte)			SAPOPEMBA (B)	21.975	16 541
Riachuelo . .	7.055	15 580	Machabomba	35.268	25 958
Sampaio . . .	8		Queimados .	48.210	29 298
Eng. Novo. .	8.518	17 220	BELÉM (B). . .	61.675	30 247
Todos os Santos. . .	10.237	28 150	Bifurcation .	65.073	

Voie large de 1m,60, appartenant à l'État.

3° *Ramal* (Embr.) *de Santa-Cruz.*
Voie large de 1m,60 appartenant à l'État.

SAPOPEMBA (Bif.). kil.	22.975	Campo Grande. . .	42 kilom.
Realengo	27	Santa-Cruz.	54
Santissimo	34	*Matadouro* (abattoir).	57k,024

Longueur :

4° *Chemin de fer du Nord* (*Rio de Janeiro and Northern Railway*), de Rio à Magé par le contour de la baie — et de Magé à Porto das Caixas, bifurcation de la grande ligne de la Cie Leopoldina. Voie de 1 mètre.

En exploitation actuellement :

Stations.	Kilom.	Stations.	Kilom.
Rio (D. PEDRO II).	0	Merity.	
S. Francisco Xavier.	6	Sarapuby.	
Jockey Club.	6.500	Pantanal.	
Amorim.		S. Bento.	
Bom Successo.		Pilar.	33
Ramos.		Atura.	
Olaria.		Rosario.	
Penha.	13.900	Estrella.	
Cordovil.		RAIZ DA SERRA (B).	40
Vigario geral.		Magé.	90
(Limite du municipe neutre.)			

Embr. de la rue Mariz et Barros à la Tijuca (Bóa Vista, haut de la montagne), 7 kilom. 500.

Par suite de l'achat par la Cie anglaise du chemin de Petropolis ou Gram-Pará, les trains de la ligne du Nord continuent de Raiz da Serra par Alto da Serra jusqu'à Petropolis. 2 h. 22 et 3 heures de trajet.

5° *Principe do Gram-Pará*, voie de 1 mètre; de l'embarcadère da Prainha, à Rio de Janeiro, un bateau à vapeur part pour Mauá, au nord-ouest de la baie où l'on prend le train.

		Altit.			Altit.
Mauá . kilom.	0	3m	Cascatinha . kilom.	31	716m
Inhomerim	7.800	6	Pedro do Rio	51	644
Raiz da serra			Areal.	66	442
Bif	16.190	30 500	Figueira.		
Alto da Serra	22.220	41 100	Aguas Claras.		
Petropolis . .	25.030	811	S. José do Rio Preto.	92	546

6° *Chemin du Corcovado*, à crémaillère, voie de 1 mètre, longueur 3 kilom. 800.

De Cosme-Velho au haut de la montagne avec 4 arrêts ou stations.

II. GRANDES LIGNES DE PÉNÉTRATION.

7° *D. Pedro II*, de Rio de Janeiro au S. Francisco; ligne centrale ou *tronco*, de la place d'Acclamation à Curvello, sur le Rio das Velhas, affluent du S. Francisco, 642 kilom. En exploitation régulière jusqu'à Itabirá do Campo et construite jusqu'à Sabará sur une longueur de 587 kilom. 138; voie de 1m,60 sur 462 kilom. 280 jusqu'à Lafayette, voie de 1 mètre ensuite sur 164 kilomètres.

Ie Section, de *Côrte* à Belém, 61 kilom. 675, et à Bifurcação, 65 kilom. 073. (Ligne suburbaine.)

Compte les embranchements suivants :

Cascadura B. K. 15,344 au laboratoire pyrotechnique de Campinho, 1 kilom. 524;

Bifurcação B. K. 65,073 à la fabrique de tissus *Brazil Industrial* de *Macacos*, 4 kilom. 929.

La ligne quitte le municipe neutre et entre dans la province de Rio après Sapopemba.

II° Section. Montée de la Serra do Mar.

		Altit.			Altit.
Oriente. . kilom.	70.942	437ᵐ	Mendes. kilom.	82.517	412ᵐ
Serra.	75.368	213	Sant'Anna (B).	102.219	362
Palmeiras	82.048	326	BARRA DO PIRAHY (B) . . .	108.080	357
Rodeio	85.394	375			

III° Section. La ligne se divise ici en deux grands bras, l'un va à l'ouest vers S. Paulo, et l'autre à l'est en descendant le Parabyba. Nous suivons celui-ci.

Ypiranga kilom.	115.479	354ᵐ	Casal. . kilom.	159.081	320ᵐ
Vassouras (B.).	128.557	344	Ubá	170.317	295
Desengano (B.).	132.036	339	Halte du Baron	177.500	
Concordia . . .	142.525	322	Parahyba. . . .	187.369	277
Commercio (B.)	146.683	318	ENTRE-RIOS (B.)	197.669	269
Alliança	153.154				

IV° Section. Elle franchit le rio Parahybuna et pénètre dans Minas en suivant la direction Nord.

SERRARIA (B.) k.	212.182	305ᵐ	Cedofeito kilom.	259.520	515ᵐ
Parahybuna . .	225.843	335	Retiro	266.455	620
Espirito Santo.	238.248	452	JUIZ DE FÓRA (B.).	275.369	676
Baron de Cotegipe	245		*Marianno Procopio* (B.). . .	277.750	677
Mathias Barbosa	252.907	475			

V° Section. Traversée de la Mantiqueira, direction nord-ouest, fin de la voie de 1ᵐ,60,

Bemfica kilom.	288.745	685ᵐ	Carandahy. k.	419.390	1.065
Chapéo d'Uvas . .	303.375	705	Christiano Ottoni	438.391	
João Gomes .	324.175	837	Buarque de Macedo . . .	449.867	
Mantiqueira .	337.280	879	*Lafayette-Queluz*.	462.280	952
João Ayres . .	351.500	1.115			
SITIO (B.) . . .	363.390	1.039			
Barbacena . .	377.876	1.135			
Ressaquinha .	402.286				

VI° Prolongement. Voie étroite de 1 mètre.

Congonhas do Campo . . . . . . kilom.	482.704	
S. JULIÃO (B.)	498	
Itabirá do Campo	523.451	848^m
Sto Antonio do Rio Acima ou Rio des Velhas	537.088	789
Goyaz.		
Raposos.		
SABARÁ	587.138	

8° *Ramal de S. Paulo.* Voie large de 1^m,60.

		Altit.			Altit.
BARRA DO PIRAHY (B). kil.	108.080	357^m	Divisa . kilom.	172.768	387^m
Vargem Alegre	121.785	364	*Suruby* (B.) . .	188.689	
Pinheiros. . . .	130.058	366	Rezende.	190.598	
Volta Redonda	144.347	374	Campo Bello .	203.648	408
Barra Mansa (B.)	153.883	377	Itatiayá	210.890	446
Saudade (B.) . .	156.350		Bôa Vista . . .	216.339	466
Pombal	164.651	381	Queluz	227.846	471
			Lavrinhas . . .	245.700	508
			Cruzeiro (B.) .	252.155	
			CACHOEIRA (B) .	265.278	521

Longueur de la ligne : 157^k,198.

Lignes s'embranchant sur le D. Pedro II :

9° *Minas et Rio Railway,* voie de 1 mètre ou ligne du Rio Verde. Cie Anglaise.

CRUZEIRO (B.). kilom.	(252.155)	Fazendinha (Carmo)k	73.730
Perequé	15.415	Soledade.	89.394
Passa Quatro	34.600	Contendas	125.709
Capivary.	46.500	Tres Corações du Rio Verde-Virginia . . .	169.909
Pouso Alto.	59.920		

10° *Rezende à Arêas,* voie de 1 mètre.

SURUBY (B.) kil.	(168.689)		
Plataforma . .	2	Bambus. . .	24
Babylonia . . .	14	Formoso . .	29
Estalo	18	Rodeio . . .	54.436

11° *Bananalense*. Voie de 1 mètre.

Saudade (B.) . . . . kilom.	(156.350)
Rialto	12
Tres Barras	15
Bananal	17

12° *Barra Mansa et Minas*, voie de 1 mètre concédée le 6 juillet 1881 à Victor-Désiré Pujol.

Barra Mansa (B.) . . kilom.	(153.883)
Amparo	20
Passa Vinte	en construction.
Bocaina	en construction.
Livramento	en construction.
S. Vicente Ferrer	50

13° *Santa Isabel du Rio Preto*, voie de 1 mètre.

		Altitude.
Barra do Pirahy (B.) . kilom.	108.080	356m
Ipiabas	24	684
Paulo de Almeida	36	
Conservatoria	42.700	556
Santa-Cruz	52.500	
Santa Isabel	74.500	555

Va être prolongée par Jacutinga à Lavras et se raccordera au passage à *Ayurnocá* avec la ligne du Supucahy. Elle comptera alors 355 kilomètres.

14° *Pirahyense ou de Sant-Anna*, voie de 1 mètre.

Sant-Anna (B.) kil.	(102.419)		
Rosa Machado . .	6	Passa Tres	33
Ponte Cimento . .	9	S. Sebastião . . .	38,600
Engenho Central.	18		

17 kilom. sont en construction et 56 à l'étude.

Longueur concédée, 111 kilom. De Ponte Cimento au kilom. 9 doit partir un *ramal* de 31k,700 allant rejoindre *Macacos*, terminus de l'embranchement de Belém.

Embranchements sur la ligne du Centre.

15° *Vassourense*, tramway à voie de 0m,60 reliant Vassouras-gare (au kilom. 128,557) à Vassouras-ville, 6 kilom.

16° *União Valenciana*, voie de 1 mètre; de Desengano (B.), kilom. 132,036.

DESENGANO. . . . . . kilom.	0	Santo Ignacio. kilom.	36
Quirino	9	Rio Bonito	41
Esteves	18	Guimarães.	45
Barros.	22	Santa Delphina.	51
Valença.	25	Lima	58
Osorio	32	Rio Preto	63.350

17° *Rio das Flores*, voie de 1 mètre; de Commercio (B.) kilom. 146,683 à Porto das Flores, rive gauche du Rio Preto.

COMMERCIO . . . . kilom.	0
Murambaia (Murumboia)	8
Tabôas.	17.648
Santa Theresa	24.008
S. José das Flores	36.078

18° *Ramal de Porto Novo da Cunha*, partie du D. Pedro II descendant le Parahyba, voie large de 1^{m},60.

		Altit.
ENTRE-RIOS (B.). . . . . kilom.	157.669	269^{m}
Santa-Fé	205.606	260
Penha Longa (halte).	213	
Chiador.	216.833	280
Anta.	224.429	238
Sapucaia	233.740	209
Ouro Fino	240.793	194
Conceição	250.206	163
PORTO NOVO (B.)	261.433	154

Longueur du *ramal* : 63^{k},764.

19° *Piauense*, voie de 1 mètre, Cie particulière; de Juiz de Fóra (kilom. 275,369).

JUIZ DE FÓRA (B.). kilom.	0	Ferreira-Lage. . . .	44
Gramma. (Commendador Filgueiras.)		(Sant-Anna au kilom.) Faria Lemos)	50
Agua Limpa . . . kilom.	29	*Piáu-Rio Novo*. . . .	62
Lima Duarte.	37		

20° *Oeste de Minas* (Cie de l'), voie de 0^{m},76, s'embranchant à Sitio kilom. 363,390.

		Altit.
Sitio (B.). kilom.	0	
Ilhéos.	24	985m
Vital (halte) . . .	39	
Barroso.	49	900
Prados.	71	888
Esperança	78	
S. José d'El-Rey.	85	877
S. João d'El-Rey.	100	860
Santa Rita kilom.	118	842m
Rio das Mortes. .	148	828
Nazareth	165	821
Ibituruna.	191	809
Aurelianno Mourão (B.).	203	786
Bom-Successo . .	217	824
Tartaria.	247	
Oliveira.	272	

Embr. de Lavras.

Aurelianno Mourão (B.) . . . . kilom.	203
Pedra Negra.	228
Ribeirão Vermelho-Lavras	251
Longueur de l'embranchement.	49

Longueur totale en exploitation : 321 kilomètres.

En construction d'Oliveira au haut S. Francisco, avec embranchement sur Pitanguy et Itapecerica (Tamanduá) soit 300 kilom. en plus. — Longueur définitive, 620 kilom.

21° *Ramal de Ouro Preto,* voie de 1 mètre, au D. Pedro II; s'embranche à droite sur la ligne du centre à S. Julião. — Longueur 42k,456.

S. Julião (B.) . . . . . . kilom.	497.954	1.423m
Alto da Figueira.	517.694	1.362
Rodrigo Silva (José Correia). .	520.944	1.277
Ouro Preto.	540.410	1.060

22° *Ferro Carril* Parahybuna à Porto das Flores, tramway allant de Parahybuna, kilom. 225,843 du D. Pedro II, 4e section, au même point que la ligne du *Rio das Flores* (n° 17).

Parahybuna (B.)	Voie de 1 mètre.
Santa Malfada.	
Tres Ilhas	
Santa Rosa.	32k,200.
Porto das Flores	

23° *Santa-Cruz à Itaguahy,* tramway partant de Santa-Cruz kilom. 54 du *ramal* du D. Pedro II et allant à Itaguahy, 11 kilomètres.

RÉSEAU DE LA LEOPOLDINA.

24° *Nitherohy au Rio Doce*, **590k,879**, voie de 1 mètre qui sera prolongée jusqu'à Itabirá do Matto Dentro, sur **112** kilom. par Barrantes (Antonio da Vargem Alegre), S. Domingos da Prata et S. José da Lagôa.

Longueur complète de la ligne terminée : 802 kilom.

Dans le tableau suivant, les distances sont comptées de Santa-Anna du Maruhy, à Nitherohy et l'on va au Parahyba par le récent raccord de Sumidouro.

Santa-Anna du Maruhy . . . . kilom.	0	Porto das Caixas (B) k.	34.480
Porto do Velho . . .	5	Escurial	39
S. Gonçalo	8.203	Sambaitiba.	46
Alcantara.	13.610	Papucaia.	54
Entroncamento (B.).	14.720	Jaguary	55
Laranjal	16.200	Santa-Anna	61.496
Guaxindiba.	20.130	Cachoeiras.	73.440
Villa Nova	26.800	Bocca do Matto. . . .	81
Amaral	30	Alto da Serra.	93
		Nova Friburgo (B.). .	108.622
Conselheiro Paulino k.	115.306	Bella Joanna. kilom.	180.134
Donna Marianna . . .	138.990	S. Francisco	183.469
Murinelly	150.687	Carmo	194.662
Baron de Aquino. . .	163.257	Paquequer.	200.763
Sumidouro	173.554	Mello-Barreto (B) . .	207.894
Pantano . . kilom.	212.160	Diamante. . kilom.	365.787
Volta Grande (B) .	226.640	Ligação (B)	378.487
S. Luiz	247.580	Ubaense	383.167
Providencia	253.560	Rio Branco	425.132
Santa-Isabel	268.680	S. Geraldo	425.152
Recreio (B)	277.320	Coimbra.	451.337
Campo Limpo . . .	289.650	Turvo	461.852
Vista Alegre (B.) .	298.440	Viçosa	473.402
Aracaty	303.587	Teixeiras	488.222
Cataguazes	315.587	Vaúassú.	512.352
Baron de Camargos (Rio Novo)	322.587	Ponte Nova.	527.012
Sinimbú	331.587	Piranga	550.452
Donna Euzebia. . .	340.247	Rio Doce.	563.852
S. Antonio	347.947	Saude.	590.872
Pombense.	359.487	De Porto Novo. . .	368.927

25° *Porto Novo da Cunha* (B) kilom. 261,433 du Dom Pedro II.

S. José. . . . . kilom.	3
MELLO-BARRETO (B).	7.300

Par Rio de Janeiro 268k,700; de Nitherohy à Porto Novo par Sumidouro, 215k,194.

26° *Ramal du Rio Bonito,* voie de 1m,10, de Porto das Caixas à Macahé, 180k,896.

PORTO DAS CAIXAS (B). k	34.480	Juturnahyba. kilom.	100.407
Venda das Pedras . .	40.693	Poço d'Anta.	110.166
Tanguá.	53.293	Indaiassú	126.522
Rio dos Indios	77.796	Rocha Leão	150.995
Rio Bonito.	63.626	California	160.403
Cesario Alvim.	81.326	Imboassica	165.833
Capivary	90.046	MACAHÉ (B)	180.896

27° *Ligne de Macuco* (jadis fin de la ligne de Cantagallo), Voie 1m,10.

NOVA FRIBURGO (B) . . . . kilom.	108.622
Rio Grande	122.637
Bom Jardim (Velloso).	
Monnerat.	130.147
CORDEIRO (B.)	157.308
VAL DE PALMAS.	
MACUCO.	179.121

Longueur, 70k,499.

28° *Ramal de Pirapetinga,* voie de 1 mètre; partant de Volta Grande, kilom. 226,640.

VOLTA GRANDE (B.) . . . . kilom.	0
S. Sebastião	12
Santa Clara.	20
PIRAPETINGA.	32.330

29° *Ramal du Muriahé ou du Manhuassú,* voie de 1 mètre. Longueur exploitée 150k,298; longueur décrétée jusqu'à S. Lourenço du Manhuassú, 222 kilom.; part de Recreio au kilom. 277,320.

Recreio (B.). . kilom.	0	Sam Manoel . kilom.	76.694
S. Joaquim	11	Antonio Prado	90.894
Tapirussú	19.200	Tombos de Carangola	113.806
Capivára	29.850	Faria Lemos.	131.406
Banco Verde	41.010	SANTA LUZIA (de Carangola) (B.)	150.298
Morro Alto.	55.160		
PATROCINIO (B.)	69.194		

30° *Sous-Ramal du Muriahé,* voie de 1 mètre, partant de Patrocinio au kilom. 69,194; longueur 14k,640.

PATROCINIO (B.) . . . . kilom.	0
Ivahy	4
Sam Paulo du Muriahé	14.640

31° *Ramal de Leopoldina,* longueur 12k,260.

VISTA ALEGRE (B.). . . . . kilom.	298.410
LEOPOLDINA	310.670

32° *Ramal de Serraria* (ancienne *União Mineira*), s'embranchant au kilom. 212,182 sur le D. Pedro II. 4° section.

SERRARIA (B.) . . . . kilom.	0	Roça Grande. kilom.	72
Silveira Lobo	12	S. JOÃO NEPOMUCENO .	82
Socego	19	FURTADO DE CAMPOS (B).	96
S. Pedro	31	GUARANY (B.).	110
Santa Helena.	39	Piraúba.	126
Bicas.	49	Tocantins	143.240
Rochedo.	62	LIGAÇÃO (B.)	150.520

au kilom. 378,487, de Nitherohy sur la ligne principale du Rio Doce.

33° *Ramal de Pomba,* partant de Guarany, au kilom. 110 sur la dernière ligne.

GUARANY (B.). . . . . kilom.	0
Passa-Cinco.	17.750
POMBA	27.340

34° *Ramal de Rio Novo,* partant de la même ligne à Furtado de Campos, kilom. 96.

FURTADO DE CAMPOS (B.). . . . . . kilom.	0
RIO NOVO	6.580

LIGNES DE L'EST.

35° *Ligne de Maricá*, voie de 0m76. Longueur totale, 39 kilom. — à une compagnie spéciale. Va de Alcantará sur la Leopoldina, kilom. 14,720 à la ville de Maricá, sur une lagune du littoral. Elle est encore en construction et dessert actuellement les stations suivantes :

ENTRONCAMENTO (B.) kilom.	0
Sacramento.	
Santa Isabel.	
Rio de Ouro (Paciencia).	15.800
Ramos.	
Inohan.	
Barreto.	
Imbassahy (S. José do).	
ITAPEBA.	

36° *Ramal de Cantagallo*, voie de 1m,10; allant de Cordeiro kilom. 159,308, sur la ligne Leopoldina de Macuco, jusqu'au Parahyba.

CORDEIRO (B.) . kilom.	0	Passagem . . . kilom.	61.519
Cantagallo	6.590	S. José de Léonissa . .	66.079
Santa Rita	28.657	Arêas (Aldêa da Pedra)	69.079
Larangeiras.	50.027	BARBADO	89
BATATAL (B.).	58.619		

Sera prolongé par un pont sur le Parahyba et relié à TRES IRMÃOS kilom. 33,180 de la ligne Santo Antonio de Padûa.

37° *Sous Ramal de Batatal.*

BATATAL. . . . . kilom.	58.619
PORTO DO MARINHO	75.219

Longueur 16k,600.

38° *Macahé-Campos*, à la Cie de ce nom, voie de 0m,95, longueur 103 kilom. Part de Imbetiba, gare maritime de Macahé.

Imbétiba . . . . kilom.	0	Ururahy (B.). . kilom.	86
Macahé (B.)	3	Campos (B.)	96.500
Santa-Anna	17		
Carapebús	33	Ururahy (B.)	85
Macabú (B.)	47	Usine sucrière de Cupim	92
Dóres	63	Soit embranchement .	7
Gurury	79		

39° *Baron de Araruama*, voie de 0m,95.

Macabú (B.) . . . . kilom.	0
Paciencia	15
Conceição	30
Quilombo	35
Triumpho	40.500

Appartient à la Cie de ce nom et va être prolongée de 93k,500, dont 50 sont en construction, jusqu'à Macuco, sur le Rio de ce nom, à la station de la Leopoldina.

De Macabú kilom. 47 part également sur la droite la *ligne agricole de Quissaman*, longueur 35 kilom. desservant cette grande usine sucrière et le district qui en dépend.

40° *Campos à S. Sebastião*, à la Cie de Macahé-Campos, voie de 0m,95.

Campos (B.) . . . . kilom.	0.630
Cruz d'Almas	4.870
Santa-Anna	8.240
S. Gonçalo	10.420
Campo Limpo	15.900
S. Sebastião	19.300

41° *Ligne de Carangola*, à la Cie de Campos-Carangola voie de 1 mètre. Longueur 176k,419.

Campos . . . . kilom.	0	S. Domingos. kilom.	113
Travessão	17	Cubatão	126
Guandú	23	Porto Alegre	129
Penha	30	Retiro (B.)	144
Villa Nova	40	Bananeiras.	
Murundú (B.)	50	Natividade.	
Cachoeira	74	Santo-Antonio de Carangola	163.906
Monção	88	Tombos	176.419
S. Pedro	95		
Belém	106		

42° *Ramal de Patrocinio ou du haut Muriahé :* 38 kilom.

Retiro (B.)	kilom.	144
Lage		154
Poço Fundo		188
Patrocinio (B.). (Sur la Léopoldina.)		190

43° *Ramal de l'Itapemirim*, de Murundú (B), kilom. 50 à S. Eduardo, 72 kilom. sur l'Itabapoano, frontière de Espirito Santo; 22 kilom. seulement sont exploités; sera prolongé jusqu'à Cachoeiro de Itapemirim, soit d'environ, 84 kilom.

Total de la *Carangola* : 236 kilomètres.

44° *Santo Antonio de Padûa*, voie de 1 mètre, appartient à la Macahé et Campos. Longueur, 93 kilomètres.

S. Fidelis .... kilom.	0	Rive gauche du Parahyba.
Coqueiro	15.763	
Vallão d'Antas	24.463	
Tres Irmãos (B.)	34.180	Raccord projeté avec la Cantagallo.
Funil	47.600	
Balthazar	58.904	
Santo Antonio de Padûa	68.525	
Barra de la Brota (dans la Pomba)	78.814	
Miracema	92.710	

On construit un raccord descendant le Parahyba jusqu'à Campos, sur 76 kilomètres.

Toutes ces lignes sont en exploitation sur les étendues indiquées au passage. La province de Minas compte encore toutefois une autre section de voie ferrée, de Jaguára, sur le Rio Grande, à Uberaba, exploitée depuis quelques mois. J'en parlerai en traitant plus tard de la *Mogyana* de S. Paulo, à laquelle cette section appartient. Nombre de lignes nouvelles sont en construction ou vont y entrer; 'en dirai quelques mots tout à l'heure.

Sans vouloir entreprendre une étude qui serait ici disproportionnée et déplacée, sur le régime des chemins de fer, les conditions techniques et financières de leur établissement au Brésil, il me semble utile de retracer brièvement les faits caractéristiques de l'établissement et de l'exploitation des diverses lignes dont je viens de jalonner les directions.

Il était tout naturel que l'initiative de la construction des chemins de fer partit de la capitale de l'Empire, et que les premiers essais, tâtonnements plus ou moins heureux, ici comme partout, eussent lieu dans la région où la culture du café, la plus développée et la plus rémunératrice devait assurer au nouveau mode de transport une rémunération suffisante, en compensation des avantages qu'elle allait en retirer.

GRAM PARÁ. — On avait eu déjà ce sentiment en 1835, et une loi du 31 octobre de cette année avait autorisé la concession d'une ligne reliant la capitale de l'Empire aux provinces de Rio de Janeiro, S. Paulo et Minas. Mais elle demeura lettre morte; Thomas Cochrane, qui avait obtenu un privilège pour 80 ans, ne put aboutir; les capitaux manquaient sur place, et le Brésil inconnu au dehors n'y inspirait pas encore de confiance. Il est cependant remarquable que l'abbé Diogo Antonio Feijó, régent de l'Empire, et son ministre de l'intérieur, Antonio Paulino Limpo de Abreu, aient eu à cette date l'intuition si nette de l'importance des chemins de fer.

C'est en 1852 seulement qu'on entra dans la pratique. Irinéu Evangelista de Souza, depuis vicomte de Mauá, obtint, par décret du 12 juin, la concession du privilège de la navigation à vapeur de Rio de Janeiro à Mauá où devait commencer un chemin de fer allant au pied de la Serra de Petropolis, dans la chaine des Orgues, et le 13 décembre il obtenait la concession d'une ligne prolongeant la première de Petropolis au Parahyba et à Porto Novo da Cunha. Le vicomte de Mauá réussit à former une compagnie et les travaux furent commencés aussitôt. Le 20 décembre 1858 avait lieu l'inauguration sur les 18 kilom. construits. La ligne s'arrêtait alors à Raiz da Serra. En avril 1872, le vicomte de Mauá obtint du gouvernement provincial de Rio de Janeiro de prolonger sa ligne par le système à crémaillère, jusqu'à Petropolis. Il ne put aboutir.

La Cie du *Principe do Gram Pará* qui racheta cette ligne de Mauá en 1881 a effectué ce prolongement et l'a poussé jusqu'à S. José do Rio Preto à 92 kilomètres de son point de départ. Elle a uniformisé à 1 mètre la largeur de la voie qui était au début de 1m,68.

Jusqu'en 1879, depuis 1869, c'est-à-dire pendant 10 ans, l'exploitation avait donné des excédents dépassant 100 contos durant les 5 dernières années. Le capital du premier établissement n'avait pas dépassé 1.600 contos pour les 18 kilomètres dont la ligne se composait alors ; celle-ci ne jouit d'aucune faveur, soit de l'État, soit de la province, ni subvention, ni garantie d'intérêts.

La Compagnie actuelle a retiré de son exploitation sur 92 kilomètres un peu plus de 5 0/0 du capital employé. Elle était au capital de 6,500 contos, dont 2,082 en actions et 3,817 en obligations. Elle avait dépensé pour l'établissement de sa ligne 6,232,391 $ 960 et 68,402 $ 086 pour les constructions nouvelles, plus 692,894 $ 545 pour sa section maritime, car il lui a fallu établir une gare sur le quai da Prainha, où arrivent les wagons transportés sans déchargement de Mauá sur des bateaux-radeaux spéciaux.

Le mouvement de 1887 comprenait 101,190 voyageurs, 1,038 tonnes de bagages recommandés, 7,585 animaux, et 34,263 tonnes de marchandises, dont 5,134 de café.

La recette était de 849,418 $ 878 contre une dépense de 527,128 $ 155, laissant un excédent de 322,290 $ 723.

En 1886, il y avait eu 824,198 $ 528 de recette, 436,325 $ 613 de dépense et un excédent de 387,872 $ 915.

Un décret du 11 avril 1888 a autorisé la compagnie à prolonger sa voie de Aréal, kilom. 66, à Entre-Rios, à la grande bifurcation du D. Pedro II ; ce trajet est actuellement fait par une diligence qui établit la correspondance entre Petropolis et la province de Minas.

Aujourd'hui cette compagnie a liquidé. Son actif a été acheté par la *Rio de Janeiro and Northern Railway* qui, en prenant pour tête de ligne une gare centrale dans Rio de Janeiro même, fait circuler ses trains directement et par terre de la capitale à Petropolis.

LE DOM PEDRO SEGUNDO.

D. PEDRO II. — Celui-ci est né réellement du décret du 15 janvier 1853, qui cassant le privilège resté inerte aux mains de Cochrane, l'accorda à une compagnie anglaise. La loi de 1852, qui posait les principes généraux en la matière, ne permettait pas à l'Etat de se faire ni constructeur, ni entrepreneur, mais elle autorisait l'octroi d'une garantie d'intérêts. Une compagnie fut formée, dont il est juste de rappeler les fondateurs : Vicomte du Rio Bonito, Caetano Furquim de Almeida, João Baptista da Fonseca, José Carlos Mayrink et Militão Maximo de Souza. Elle fut constituée au capital de 12,000 contos; ses statuts approuvés le 9 mai 1855, immédiatement elle traitait avec l'entrepreneur Ed. Price pour la construction de la première section. Le gouvernement garantissait 5 0/0 sur 38,000,000 $ pendant 33 ans, et donnait pour vice-président à la compagnie, le conseiller Christiano Benedicto Ottoni, qui a rendu au pays les plus grands services dans les questions de chemins de fer. De son côté, le gouvernement provincial de Rio ajoutait une garantie de 2 0/0 additionnels pour faciliter le recrutement des capitaux, et hâter l'achèvement de la ligne jusqu'aux limites de la province.

La première section jusqu'à Belém était livrée au trafic dès le 8 novembre 1858. On attaqua ensuite la difficile traversée de la Serra do Mar dont le tracé est dû à l'ingénieur Garnett. Comme le dit fort bien M. J. P. Passos, « la construction de cette section constitue un motif de juste orgueil pour notre pays, car la Serra couverte de forêts vierges, les versants abrupts, les vallées transversales très profondes, le développement difficile et la différence de niveau de 427 mètres entre Belém et le point culminant de la ligne au haut de la Serra étaient des difficultés sérieuses qui mirent à l'épreuve le génie entreprenant des nouveaux industriels. C'est à la ténacité de la direction tout entière, et surtout à la conviction profonde qu'avait son digne président de l'exécutabilité du projet, que le Brésil doit cette admirable partie de sa principale ligne ferrée, dont la construction relativement rapide et modérément onéreuse, eut, outre les avantages inhérents à ces sortes d'entreprises, un avantage qu'on ne saisit pas aisément tout d'abord, mais dont les bienfaisants effets préparent notre avenir : celui de prouver pratiquement notre aptitude pour les entreprises les plus audacieuses... »

Le 7 août 1864, l'exploitation arrivait à Barra du Pirahy. Le grand tunnel n'était pas achevé, mais on avait provisoirement établi une déviation pour franchir le sommet de la chaîne, avec des rampes de 5 à 6 0/0 et des courbes d'un très faible rayon.

Les 46 nouveaux kilomètres avaient coûté 10,000 contos. La compagnie était à bout de forces, car ses actionnaires avaient à peine fourni de leur argent 3,187,210$ et l'État avait donné 17,279,456$666. Celui-ci avait réellement absorbé l'entreprise : il le comprit et conserva officiellement cette situation en rachetant à l'amiable le chemin de fer, le 10 juillet 1865. Les travaux étaient alors terminés jusqu'à Desengano, sur 137 kilom. en y comprenant le petit embranchement de Macacos ; le trafic était ouvert jusqu'à Vassouras et la ligne en construction jusqu'à Entre-Rios; les études étaient achevées jusqu'à Cachoeira dans S. Paulo et jusqu'à Porto-Novo dans Minas.

Ce rachat a provoqué au Brésil une longue polémique qui dure encore, quoique bien calmée aujourd'hui, sur la grosse question de l'entreprise et de l'exploitation par l'État. Cette discussion qui se renouvelle si souvent en France a provoqué de part et d'autre l'exposition d'arguments que nous connaissons bien et auxquels on n'a rien ajouté de bien nouveau, d'autant mieux qu'on a souvent emprunté pour les justifier des développements à nos ingénieurs, à nos orateurs et à nos publicistes. M. Christiano Ottoni a fait triompher la doctrine de l'État propriétaire définitif des voies ferrées, en sorte que la législation n'a bientôt plus accordé que des concessions temporaires avec réversion forcée au domaine public des lignes à l'expiration du délai d'exploitation consenti.

Mais on n'a pas démontré au Brésil plus que chez nous la supériorité de l'exploitation par l'État : l'expérience a plutôt prouvé le contraire. En revanche, ce que l'État brésilien a bien mis en lumière, malgré son inexpérience, c'est l'efficacité d'un contrôle sérieux sur les compagnies subventionnées, et à cet égard nous pourrions utilement lui demander plus d'une leçon, même au sujet des réductions de tarifs et des conditions techniques du trafic.

Le rachat effectué, M. C. Ottoni fut nommé directeur du D. Pedro II ; — en octobre 1867, la station d'Entre Rios était ouverte au trafic; le ramal de Porto Novo l'était le 2 avril 1871 : on construisait simultanément les deux lignes du Parahyba, en aval et en amont, et l'on étudiait la traversée de la Mantiqueira. Celle de S. Paulo fut terminée en 1875 jusqu'à Cachoeira, et livrée au trafic en juillet 1877. La 4e section fut achevée en décembre 1875, et la 5e en 1880. En juin 1879, on avait inauguré le petit embranchement de 1 kilom. 123 qui raccorde la gare centrale avec la gare maritime de Gambôa, dans Rio de Janeiro.

J'ai déjà dit un mot des difficultés vaincues pour franchir la Serra do Mar; celles dont on a triomphé dans la Mantiqueira sont beaucoup plus grandes encore. Celle-ci a dû être gravie à une altitude de 1,117 mètres, après un tracé très contourné et très difficile, où les ingénieurs brésiliens ont déployé toutes les ressources de leur art. Le long du Parahyba, ils avaient pu se contenter de ponts remarquables et de terrassements importants ; mais quand ils eurent dépassé Juiz de Fóra, il leur fallut aborder cette haute muraille de granit. En 1876, l'exploitation s'arrêtait à João Gomes, au kilom. 324,800 et déjà l'on était à 837 mètres au-dessus du niveau de la mer. Le pied de la Serra, à la station de Mantiqueira, kilom. 329, n'est qu'à 878 mètres. La montée commence dès ce point; elle est franchie par quatre tunnels : de 193 mètres au kilom. 342,470, de 107 mètres au kilom. 343,045, de 142 mètres au kilom. 345,627 et de 139 mètres au kilom. 347,217. On atteint le point culminant de la voie au kilom. 350,964 à l'altitude de 1,117^{m},43. La différence du niveau qui est de 238^{m},66 est vaincue sur une longueur de 13 kilom. 684, et l'on atteint la station de João Ayres, dans le col de ce nom, au kilom. 351,500. De l'aveu de tous, les travaux exécutés sont admirables; il a fallu des terrassements formidables et des ouvrages d'art que les constructeurs les plus renommés envieraient justement.

A la suite, jusqu'à Sitio au kilomètre 363,390, la voie franchit dans ses lacets neuf fois le rio Bandeirinha. Jusqu'à Barbacena, 15 kilomètres et demi plus loin, on traverse une belle plaine haute, où sont de nombreuses fermes d'élevage et des terrains très propres à la culture de la v[illegible] qui s'y développe déjà ainsi que le froment. Ces terrains sont arrosés par les rivières de tête du Rio das Mortes, qui plus loin va par S. João d'El-Rey se joindre au Pirapetinga pour se réunir au Rio Grande. L'altitude qui à Sitio était descendue à 1,039 est remontée à 1,135. A Carandahy, 41^{k},524 plus loin, elle est de 1,065 mètres.

Au kilomètre 421,250, la voie traverse le rio Carandahy qui lui aussi va au Rio das Mortes; là il a fallu chercher à franchir le contrefort occidental de la Mantiqueira, qu'on nomme la Serra das Taipas. Déjà après trois kilomètres la ligne pénètre dans la vallée du Piranga, affluent du Rio Doce, dans un endroit dont les grandes formations calcaires sont des plus notables. On y voit même un immense rocher de marbre blanc dénudé par les pluies, auprès duquel on peut recueillir de magnifiques échantillons de spath d'Islande. Au kilomètre 427,750 on franchit la gorge du Alto das Taipas et l'on rentre dans la vallée du Carandahy pour traverser 5 kilomètres plus loin le col ou *Garganta das Paineiras* qui donne accès dans la vallée du Paraopeba.

Les lignes de contours des deux bassins, si distincts du Rio Doce et du Rio das Velhas, se juxtaposent ici d'une façon saisissante, se pénètrent réciproquement par des courbes capricieuses, que les accidents du terrain laissent mal apercevoir de la ligne, mais qui se détachent avec un puissant relief si l'on gravit l'un des sommets voisins. La ville de Queluz est à un petit quart d'heure environ de la station de Lafayette, située au kilomètre 462,280 et à l'altitude de 932m,44.

Au sortir de Queluz, la ligne traverse deux fois le rio Bananeiras, une fois le Ventura Luiz et trois fois le Soledade, tous tributaires du rio Maranhão, puis au kilomètre 497, elle passe de la vallée du Paraopeba dans celle du Rio das Velhas, mais elle a dû pour cela remonter à la cote 1,132 mètres.

Durant ce trajet, elle a parcouru ou plutôt longé une haute plaine célèbre sous le nom de *Campos Geraes;* ce n'est qu'une partie de ce qu'on appelle ainsi à Minas, mais qui a fait l'admiration d'illustres explorateurs, comme Spix, Martius, le baron de Eschewege, Auguste de Saint-Hilaire, Mawe, Burton et beaucoup d'autres. Le terrain, pittoresquement ondulé, s'élève graduellement jusqu'à la hauteur appelée *Bandeirinha de Cima*, à 15 kilomètres de Queluz. De là on aperçoit la Serra de Itatiaiá, celle de Ouro-Branco qui se prolonge jusqu'au mont *Deus te-Livre*, le tunnel d'Ouro-Branco, S. Julião, la Serra de Pires, le pic d'Itabirá, la Serra da Bôa-Morte et celle da Moeda. Si l'on revient sur Carandahy, à 9 kilomètres au delà, on traverse le Paraopeba, et, 4 kilomètres encore, l'on atteint le *Sitio da Rocinha*, qui a joué un rôle important dans l'histoire de la *Inconfidencia*. Puis l'on a devant soi aussitôt le *Alto das Taipas*, le point culminant de la région.

La voie s'est un peu infléchie vers l'ouest pour passer

près de Congonhas do Campo, au milieu de campos fort agréables, au pied en quelque sorte de la Serra de Pires, qui sépare les vallées du Paraopeba et du rio Itabirá, et dont le nom provient de son plateau à la forme concave d'une poire. Le rio Maranhão divise cette localité en deux parties, et, tout près d'elle, il reçoit sur sa droite le rio de Santo Antonio venu de la Serra da Bôa Morte; il est formé des rios Soledade et Gagé, ce dernier lui-même formé des rios Ventura Luiz et Bananeiras, que la voie a traversés maintes fois dans leurs méandres. Le Maranhão court à l'ouest et dix kilomètres au-dessous se réunit au Paraopeba. Celui-ci reçoit à gauche, 7 kilomètres plus loin, le Camapuam, puis, 4 kilomètres au delà, il forme le *Funil do Paraopeba*, où ses eaux extrêmement resserrées passent dans un canal des plus étroits, là où il est traversé par la Serra da Bôa-Morte, prolongeant celle du Pires.

Pour pénétrer dans la vallée du rio das Velhas, la voie passe dans le tunnel d'Ouro-Branco, long de 255 mètres, ouvert en grande partie dans la roche calcaire, en avant duquel, à 500 mètres environ, se trouve la station d'embranchement sur Ouro-Preto. Puis elle côtoie le rio Lagôa do Neto, qu'elle traverse trois fois.

Cette Serra d'Ouro-Branco est une montagne escarpée, majestueuse, presque toujours enveloppée d'un manteau de nuages; un peu au delà de la ligne même, on découvre la Serra de Itatiaiá, d'où serpentent en jolies nappes argentées des ruisseaux cristallins, descendant ses flancs en formant çà et là les cascades les plus ravissantes. Celle-ci et la Serra de l'Itacolumy sont à l'est et toutes les eaux qui en descendent vont au Rio-Doce, tandis que celles qui sortent vers l'ouest de l'Ouro-Branco vont au Paraopeba et au S. Francisco.

Arrivée à Itabirá do Campo, où elle est encore à la cote 848^m,143, la ligne se prolonge sur Sabará, au kilomètre 587,138 et où elle descend à la cote 789^m,536. Elle côtoie constamment la rive droite du rio Itabirá dont en certains points les berges sont fort escarpées; le terrain est très solide, composé d'argile contenant beaucoup de pierres roulées, de schistes argileux très consistants et de quelques bancs rocheux de gneiss. Tous les travaux d'art ont été exécutés ici avec la pierre des environs, où elle est fort abondante. La station de Sabará est située au confluent du Rio Sabará et du Rio das Velhas. Cette section de 63k,684 a été ouverte à l'exploitation provisoire le 22 janvier 1889.

Les études du reste de la ligne étaient terminées le 7 avril dernier jusqu'à Curvello ; à partir de Sabará, la ligne suivra le rio das Velhas jusqu'un peu au delà de Santa-Luzia, où déjà fonctionne le télégraphe; elle gravira le plateau de Lagôa Santa, sur une longueur d'environ 40 kilomètres, à travers des terrains plus faciles que ceux qui bordent le fleuve.

Au delà de Lagôa Santa, le sol est très sec et uni, sur des dizaines de kilomètres; il n'exige qu'un faible travail de régularisation du lit de la ligne pour l'installation de la voie permanente. Les localités les plus populeuses se trouvent sur le plateau; elles constituent de véritables entrepôts pour le Sertão, dans lesquels afflue tout le commerce de la vaste zone baignée par le S. Francisco et le Paracatú.

Depuis Sabará, la voie suivra la rive gauche du rio das Velhas jusqu'un peu au délà de Santa-Luzia; là, s'éloignant du fleuve, elle gagnera à l'ouest le plateau de Lagôa Santa, s'approchant autant que possible de Mattosinhos, Sete Lagôas, Taboleiro Grande et Curvello; elle prendra ensuite pour objectif la cataracte de Pirapóra au lieu de Guaycuhy, sur le S. Francisco, qui avait été précédemment choisi comme point terminus. La distance probable ainsi parcourue de Sabará au S. Francisco sera de 300 à 350 kilomètres.

La région située au delà de Lagôa Santa, baignée par le Ribeirão da Matta, est d'un grand avenir, grâce au florissant état de l'agriculture, à la fécondité du sol, au développement de l'industrie pastorale, déjà avancée à

Curvello et sur d'autres points, et à l'existence des fabriques, filatures et tissages de coton, qui alimentent tout le Sertão de Minas Une usine métallurgique, haut-fourneau et forge, s'établit en ce moment à Itabirá du Campo; elle est installée pour produire par jour 1,400 tonnes de fer en gueuse; à côté du haut-fourneau, il y aura des ateliers pour fabriquer divers objets de quincaillerie et de taillanderie.

Les études de Curvello au S. Francisco ont été autorisées dès le 7 avril dernier. Curvello n'est plus qu'à l'altitude de 760 mètres, et la rive du S. Francisco à celle de 610

Actuellement l'express de Minas part de Rio de Janeiro à 5 heures du matin et arrive à Itabirá à 8 heures du soir. Au retour, il part d'Itabirá à 5h,10 du matin et arrive à la capitale à 8 heures du soir également.

D'autre part, le voyageur qui va à Ouro Preto par ce même train, arrive dans la capitale de Minas à 9h,10 du soir; il peut en partir à 4 heures du matin et se trouver à Rio de Janeiro le même soir à 8 heures.

Cet embranchement d'Ouro Preto est tout nouveau. Il a été terminé en 1887, exploité d'une façon provisoire durant l'année 1888, puis seulement livré au trafic régulier le 23 juillet 1889, date à laquelle a eu lieu l'inauguration solennelle en présence de toute la famille impériale. Lui aussi fait le plus grand honneur au génie civil brésilien.

Commencé en avril 1884, il part de S. Julião, au kilomètre 497,954 de la grande ligne centrale, à 1,126 mètres d'altitude, atteint son point culminant 1,362m,4 au col du Alto da Figueira, 19k,71 plus loin, et atteint Ouro Preto après 46k,452 à la cote 1,060, qui est celle de la gare; la ville est à la cote de 1,160 mètres.

Traversant le col de S. Julião dès sa sortie de la bifurcation, la ligne se dirige par le bassin du Paraopeba. s'élevant constamment jusqu'au col (*garganta*) du Desbarrancado; là elle pénètre dans le bassin du rio das Velhas jusque près du kilomètre 12,820; elle rentre dans celui du

Paraopeba, franchit le col du Vira-Saia, et tombe dans le bassin du Rio Doce qu'elle parcourt jusqu'au col da Pedra, par où elle rentre dans le bassin du Rio das Velhas, d'où elle atteint son point culminant au Alto da Figueira près du kilomètre 20. Déjà elle a exigé des tranchées considérables et des travaux de consolidation nécessités par la nature du terrain, argileux, très décomposé, qu'il a fallu drainer fortement.

A partir du col du Alto da Figueira, la ligne se développe de nouveau dans le bassin du Rio Doce, traverse les cols du Matto da Roça et de José Corréa, diviseurs d'affluents du même bassin. Il a fallu recourir ici à des travaux très importants de consolidation comme ceux da Grota Funda, qui a la forme d'un immense entonnoir très escarpé et dont les plis forment autant de grandes cataractes à la saison des eaux et à une tranchée profonde d'environ 25 mètres, celle de Matto da Roça au kilomètre 519. Déjà au col de Papa Cobras, kilomètre 511, en plein schiste, on a dû dévier sur la droite, afin d'éloigner la voie du côté où est le talus de la plus grande hauteur et pratiquer des drains d'épuisement; le terrain est un talc très décomposé dans la tranchée de Matto da Roça, tout suintant d'eau; il a nécessité de grandes galeries d'écoulement, des drains longitudinaux et transversaux. Les contreforts en terre foulée sont garnis de filtres, communiquant les uns avec le drain longitunal central, les autres ayant leur écoulement propre.

Près du kilomètre 521, la ligne passe encore dans le bassin du rio das Velhas et le suit jusqu'au défilé du Inferno. De là au col des Topasios, elle longe à ses cimes celui du Rio Doce. Cette section est remarquable par l'immense mouvement des terres et par la tranchée des Topasios au kilomètre 525 (près d'une mine de ces pierres précieuses), pratiquée dans un schiste argileux, qui se décompose par les eaux et coule comme de la boue le long des parois. Il a fallu, outre les rigoles d'écoulement longitudinales, soutenir les talus par un mur en pierre sèche. Au kilomètre 527, le col des Crioulos a exigé une tranchée en pleine argile décomposée et inondée, et qu'il a fallu traiter de même.

De la *garganta* ou col des Topasios, à celle des Tres Porteiras, la ligne est dans le bassin du rio das Velhas; à partir de là elle reste dans celui du Rio Doce.

Vers le kilomètre 534, elle entre par une étroite déchirure de la montagne dans la vallée du ruisseau Tripuy, où le terrain devient très escarpé et très différent de ce qu'il a été jusqu'ici. Sur un parcours de 150 mètres, on franchit trois fois le Tripuy sur autant de ponts succédant à de hautes tranchées dans un schiste presque noir. Vient ensuite un terrain moins raide jusqu'à ce qu'on pénètre dans un défilé où il y a deux ponts, un viaduc et un tunnel. Passé celui-ci, le terrain s'améliore un peu, mais dans la vallée du ruisseau du Funil, il redevient escarpé, car le rio coule dans un ravin très étroit et abrupt. Le Funil n'est autre que le rio Sacramento, qui prend ce premier nom après s'être grossi du Tripuy. 126 mètres plus loin l'on arrive à la gare d'Ouro-Preto qui ressemble beaucoup aux petites stations de la ligne badoise longeant le Rhin.

On voit que cet embranchement traversant un terrain inégal d'une conformation extravagante, à chaque kilomètre on s'est trouvé en face d'un nouveau spécimen de construction, dont la solution heureuse apparait comme la plus convenable pour vaincre la difficulté du tracé.

L'ingénieur en chef, sous la direction duquel ont été exécutés ces admirables travaux, est M. Francisco Lobo Leite Pereira, le laborieux ingénieur du chemin de fer de S. Paulo.

Au 31 décembre 1888, après un an juste d'exploitation provisoire, le coût de l'embranchement était évalué à 4,307,144 $ 364, plus 185,886 $ 335 portés au compte de réparation et d'entretien.

L'ensemble du D. Pedro II coûte à l'État au compte

d'établissement 108.561,270 $ 028, soit 96,424.508 $ 693 pour les 725 kilomètres à voie large de 1m,60 et 12,136,762 $ 335 pour les 164 kilomètres à voie étroite de 1 mètre. Le coût kilométrique est de 134,203 $ 902 pour la voie large et de 108,815 $ 147 pour la voie étroite.

Voici un tableau qui va montrer l'importance de l'exploitation dès sa première année.

ANNÉES	KILOMÈTRES EXPLOITÉS	RECETTE	DÉPENSES	EXCÉDENTS
1858	62	302.278$900	205.589$638	96.689$262
1861	66	1.409.297 768	707.712 676	401.813 144
1864	99	1.223.003 164	980.427 772	242.875 302
1868	202	2.819.831 478	1.255.414 401	1.564.316 987
1872	320	5.766.199 782	3.272.991 719	2.493.508 063
1876	502	8.925.448 259	4.392.032 440	3.633.415 819
1880	634	11.309.773 408	5.372.412 081	5.937.561 327
1884	725	11.551.917 714	6.591.350 140	4.960.567 574
1885		12.260.685 756	6.342.990 810	5.917.694 946
1886		11.568.776 905	6.479.838 584	5.088.938 111
1887	786	10.316.816 185	6.599.328 573	3.717.487 612
1888	829	12.585.401 361	6.880.810 243	5.704.591 147

En décomposant ces recettes pour les 2 dernières années, nous relevons les chiffres suivants qui sont pleins d'intérêt :

	1886	1887
Voyageurs	2.420.475$560	2.357.087$830
Bagages.	56.785 550	61.968 570
Recommandés	347.497 760	340.663 660
Animaux	398.843 870	193.246 650
Café	2.767.293 910	4.395.625 330
Marchandises diverses. .	4.122.392 780	4.023.930 100

Il est juste de dire qu'en 1887 les tarifs ont été réduits dans une proportion considérable pour le café, les produits agricoles et les bestiaux.

6.

Au point de vue spécifique, et à titre de spécimen pour montrer le mouvement atteint par une ligne de ce genre au Brésil, voici les données de 1887 :

Voyageurs	4.665.850	
Bagages recommandés	17.812	
Animaux	140.718	
Marchandises	394.951	tonnes.
Dont café	91.035	—

Au 1er janvier 1888, ce chemin de fer possédait un effectif de 128 locomotives, 185 voitures à voyageurs, 52 voitures diverses et 1,775 wagons divers.

Rio de Ouro. — Sur les 68 kilomètres qu'il exploite, y compris les déviations et les raccords, ce chemin de fer a comme élément particulier de trafic les produits de ce qu'on appelle ici la petite culture des faubourgs. Cela comprend aussi bien les billes et les madriers de bois, le charbon végétal, que les fruits, les légumes et autres articles de pur maraîchage. Depuis 1883, il desservait également le service des eaux de la capitale, et comme il appartient à l'État, la quote-part afférente aux transports de cette nature devrait en bonne justice être ajoutée aux chiffres de ses recettes. En 1885, cette quote-part dépassait les recettes; en 1887, elle en représente à peu près la moitié. En 1888, elle a dû encore les dépasser, en raison des grands travaux faits dans la Serra de Tinguá.

L'exploitation, ainsi comprise, a fourni les résultats suivants :

	1887
Recette	123.309$724
Dépense	128.541 612
Déficit	5.231$088

Ce déficit est attribué par le ministre des travaux publics à la faible récolte de l'année 1887, et au mauvais état des chemins vicinaux reliant le ramal de Iguassú aux ocalités de Santa-Anna de Palmeiras et Paty du Alferes.

L'OUEST-MINAS

Oeste de Minas. — Cette ligne tend à devenir un réseau, et c'est celle qui au Brésil a été construite avec le plus de rapidité. C'est un exemple de ce que peut l'initiative privée et des succès qu'elle obtient, lorsqu'elle sait être à la fois audacieuse et prudente.

Les lois provinciales de Minas des 19 juillet et 11 novembre 1872 autorisèrent la concession d'un privilège pour 50 ans, avec garantie d'intérêts de 7 0/0 pendant 20 ans sur un capital maximum de 4,000 contos, et accordèrent une zone de 30 kilomètres de chaque côté de l'axe de la ligne. Le 20 juillet 1878, la compagnie organisée fut autorisée et, en juillet de la même année elle commençait, les études sur place, puis l'année suivante les travaux de la construction. C'est à M. l'ingénieur Joaquim Miguel Ribeiro Lisbôa que l'on doit l'adoption du type de voie de $0^{m},76$ de largeur, la plus réduite, je crois, qui existe pour une grande ligne, et qui n'en a pas moins fait ses preuves, soit au point de vue de la vitesse qui atteint sans peine 30 kilomètres à l'heure, soit au point de vue de la capacité de transport. On saisit aisément ce que l'adoption d'un semblable type a procuré d'économies dans l'établissement de la ligne.

Celle-ci part de Sitio, sur le D. Pedro II, rive gauche du Ribeirão da Bandeirinha, près de son confluent avec le Rio das Mortes ; elle se développe par la vallée de celui-ci, toujours sur sa rive gauche, jusqu'au village de Mattosinhos et passe au kilomètre 85 près de la ville de S. José d'El-Rei, qui est, elle, bâtie sur la rive droite de ce cours d'eau. Les terrains de cette vallée sont très accidentés, aussi y a-t-il des rampes de 2 0/0, des tranchées et des remblais de grand volume. La forte chute du rio entre les stations de Ilhéos et Barroso a obligé de conduire la ligne à travers un grand creux avec une différence de niveau de 48 mètres. Son altitude varie entre 800 mètres à S. João d'El-Rei et 1,039 mètres à Sitio.

Les terrains marginaux de cette voie ferrée sont propres à la culture des céréales, de la canne à sucre, du tabac, du coton, de la vigne et d'autres produits de l'agriculture européenne. Le café y donne avec abondance, mais il mûrit inégalement, ce qui en rend la cueillette assez difficile. En hiver, les pluies sont maigres, et en été elles sont abondantes; la proverbiale douceur du climat rend ces terres excellentes pour l'installation des immigrants d'Europe et c'est pour cela que l'an dernier (1888) M. Rodrigo Silva y a installé un centre colonial près de S. João d'El-Rei.

La 1re section de la ligne, livrée à l'exploitation en 1881, a 100 kilomètres environ (exactement 99 kilom. 196) de Sitio à S. João d'El-Rei. La construction en a coûté 2,185 contos dont la province a fourni 892,764 $ à raison de 9,000 $ par kilomètre. Le coût kilométrique a été de 22,750 $ 745. Tout le matériel fixe en fer provient de la fabrique de Thy-le-Château en Belgique. Les locomotives sont de la fabrique américaine Baldwin : les voitures et wagons, également du type américain, ont le même poids et supportent la même charge que sur les lignes et voies de 1 mètre; ils ont été construits dans les ateliers du D. Pedro II, à Eugenho de Dentro.

L'exploitation a d'abord été assez pénible, en raison de la concurrence que lui faisaient le D. Pedro II et le Minas et Rio. Néanmoins, depuis 1885, ses recettes se sont relevées, et maintenant que ses rails plongent plus avant dans une contrée très fertile, elles ont devant elles un brillant avenir.

L'Oeste étant une des lignes qui montrent le mieux ce qu'on peut faire au Brésil sous ce rapport avec du bon sens, de l'initiative et de l'activité, le tableau de son mouvement financier est intéressant à consulter :

ANNÉES	RECETTES	DÉPENSES	EXCÉDENTS
1881	160.585$049	127.219$060	33.366$880
1882	240.733 090	173.195 678	67.537 412
1883	220.689 559	187.342 172	33.347 387
1884	190.616 011	141.903 751	48.712 260
1885	179.940 296	139.674 372	40.265 924
1886	224.767 677	134.331 309	90.436 368
1887	308.247 675	190.390 169	117.857 506
1888			

La Compagnie, sachant que la concession de Ottoni à Pitanguy allait être declarée caduque, parce que la Société anglaise n'en avait rempli aucune clause, sollicita pour elle-même la concession de la ligne de Pitanguy et du S. Francisco, mais en passant par Oliveira. En même temps, elle voulait projeter ses rails jusqu'au Rio Grande, à l'endroit où l'on peut en commencer la navigation régulière. Elle acquit régulièrement tous les droits à cette entreprise le 23 septembre 1885 et, dès le 5 juillet 1886, elle commençait les travaux. Le capital maximum jouissant pour cette partie nouvelle de la garantie d'intérêts à raison de 7 0/0 était de 4,000 contos, dont elle a appelé aussitôt 10 0/0.

La construction a été dirigée par l'ingénieur Henrique Barreto Galvão ; c'étaient 172 kilomètres dans la direction d'Oliveira et 48 dans celle du Rio Grande. Les études étaient complètement achevées pour ces 220 kilomètres, le 31 décembre 1886. Le 5 avril 1888, ils étaient totalement livrés à l'exploitation.

La ligne part de S. João d'El-Rei, un peu au delà des ateliers de la Compagnie. Le tracé n'en a pas été difficile à l'excès. Il a fallu cependant adopter la rampe de 2 0/0 pour franchir le col de partage des eaux du Rio das Mortes et du Jacaré et pour gravir le contrefort de la serra sur laquelle est assise Oliveira.

Jusqu'à Bom Successo, plus des deux tiers de la ligne sont à niveau, et l'autre tiers en déclivités inférieures à 0,016. La voie franchit le Rio das Mortes au kilomètre 98, sur un pont en fer, et le Jacaré sur un autre de plus de 60 mètres, en treillis métallique. C'est à Aureliano Mourão qu'est la bifurcation. La ligne principale traverse une région qui présente les panoramas les plus agréables. Des deux côtés on aperçoit des campos plus ou moins accidentés, d'où çà et là se détachent de jolies [illegible]*eiras*. La ville d'Oliveira, très agréablement située sur une hauteur, est divisée en deux parties, ou pour mieux dire, près de la station placée à peu de distance de l'ancienne ville, on bâtit une ville nouvelle. Si les rues en étaient pavées ou bien empierrées, elle serait tout à fait charmante. La production de la région est très abondante en café et en céréales; l'élevage est florissant et le commerce des porcs considérable. Il n'y a pas encore de fabriques, mais l'industrie domestique produit d'excellents tissus de laine et de coton. La possession d'un moyen de transport rapide et certain va développer promptement ce pays et assurera à la ligne un trafic très rémunérateur.

La Compagnie de l'Oeste prolonge ses rails jusqu'au haut S. Francisco avec des embranchements sur Pitanguy et le rio Pará d'une part, sur Tamanduá (Itapecerica) d'autre part. En même temps l'on va construire une ligne de Pitanguy à Santo-Antonio dos Patos, qui viendra s'ajouter comme un affluent au réseau de l'Oeste.

Celle-ci a présentement en exploitation 320 kilomètres; la ligne du S. Francisco lui en ajoutera 300 environ, ce qui lui fera un développement de rails de 620 kilomètres. Mais sa sphère d'attraction s'étend beaucoup plus loin, car c'est une entreprise mixte, comme le Brésil permet d'en établir beaucoup; la navigation fluviale s'allie au chemin de fer. L'Oeste aura de ce chef le trafic d'au moins 400 kilomètres de navigation sur le haut S. Francisco; puis de 240 environ sur le Rio Grande.

Pour obtenir celle de ce dernier fleuve, elle a dirigé ses

rails sur Lavras. L'embranchement part d'Aureliano Mourão et franchit aussitôt le Pirapetinga sur un pont de 23 mètres, puis l'Itapecerica, et arrive à Lavras, près de la barre au confluent du Ribeirão Vermelho. La station terminale, bien située, sert de trait d'union entre les rails et les vapeurs de la navigation. Celle-ci s'effectue entre Porto-Alegre, à la bouche du Ribeirão Vermelho, et le Porto da Capetinga à la bouche du rio de ce nom, tout près de la cataracte da Bocaina. De ce point au S. Francisco, dit l'ingénieur Hermillo Alves, la distance est d'environ 70 kilomètres, et le terrain se prête à la construction d'une voie ferrée encore moins chère que celle de l'Oeste et d'un entretien plus économique. Si on l'exécute, la région ouest de Minas sera dotée d'un réseau de communications économiques de 1,330 kilomètres, comptés de Sitio, le point de départ sur le D. Pedro II, à 363 kilom. 390 de Rio de Janeiro.

Cette navigation s'effectue avec des bateaux du système Jarrow, à fond plat, calant 37 centimètres, ayant 34 mètres de long sur 6 de large et une roue unique à l'arrière. A la descente ces bateaux, font 19 kilomètres à l'heure et à la remonte 11 à 12. La calaison seule ne peut être augmentée, mais la capacité du bateau peut l'être sans inconvénient. Ce type est celui qui convient à toutes les rivières accidentées; il a fait ses preuves et sa capacité de transport est surprenante.

Rio de Janeiro Northern, ou Rio à Magé. — J'ai déjà dit comment, en achetant le *Gram Pará*, cette compagnie a pu organiser des trains desservant la banlieue de Rio et allant aux limites de la province jusqu'à Sam José du Rio Preto, non loin du Parahyba, qu'ils rejoindront bientôt à Entre Rios. La ligne primitive, qui contourne la baie, jusqu à Magé, doit aller se relier à la Leopoldina, à Porto das Caixas. Quand elle sera achevée, elle sera d'une exploitation excellente, parce que la production de cette région de banlieue s'augmentera considérablement.

Cette ligne ne jouit d'aucune subvention de l'État ou de la province. Elle a été tracée presque perpendiculairement aux thalwegs des divers rios qui se précipitent dans la grande baie; circonstance qui a exigé des travaux d'art importants et nombreux. Son établissement technique est celui d'une grande voie, aussi les trains peuvent-ils y marcher à la vitesse de 60 kilomètres à l'heure.

Le capital de l'ancienne compagnie était de 2,000 contos, dont 600 ont été réalisés en actions et 1,000 en obligations; 400 n'étaient pas consolidés.

En 1887, avec ses 28 kilomètres en trafic, elle avait transporté 60,884 voyageurs. La recette était de 45,309 $ 948 et la dépense de 42,762 $ 251 ; le produit net de 2,547 $ 697.

União Valenciana, l'une des meilleures petites lignes de cette zone. — Concédé pour 90 ans en 1866, ce chemin fut exécuté en 1869 et ouvert à l'exploitation en 1871 jusqu'à Valença. La compagnie obtint alors de le prolonger jusqu'à la rive droite du Rio Preto, à la ville de ce nom dans Minas (1877). Ce prolongement fut mis en exploitation en 1882. Il y a aussi quelques haltes établies aux frais de particuliers : Souza Barros kilom. 22, Guimarães kilom. 48, Souza Lima kilom. 59, et Ventura entre kilom. 60et61. La compagnie a donné à ses actionnaires des dividendes de 8 0/0 en 1874, 10 0/0 en 1875, 8 0/0 en 1876, 7 0/0 en 1877, 8 0/0 en 1878, 7 0/0 en 1879, 6,5 0/0 en 1880, 6 0/0 en 1881, 35 1/12 0/0 en 1882. De 1878 à 1882, elle les a payés en actions; les excédents nets de 1883-1884, 1885 n'ont pas été distribués, mais appliqués de par la décision des actionnaires à la consolidation du capital de la compagnie, qui avait dû emprunter 742,200 $ à la banque du Brésil, pour construire son prolongement.

Les récoltes moindres de café, durant les dernières années, ont un peu fait fléchir les recettes. En voici les chiffres :

	Recettes.	Dépenses.
1884	241.333$444	218.525$293
1885...........	217.044 031	206.403 299
1886...........	207.478 946	188.689 204
1887...........	168.065 599	166.400 400
1888...........		

Le province de Rio possède 1,350 actions de cette ligne, qui malheureusement subit la concurrence de celles de Santa Isabel du Rio Preto et du Rio das Flores, toutes trois courant parallèlement dans une zone de 30 à 40 kilomètres, bien que vers des objectifs différents. La fusion de ces diverses entreprises s'impose, si on veut qu'elles se développent fructueusement.

Santa Isabel du Rio Preto. — Cette ligne traverse une zone très fertile et très bien cultivée : Le capital était de 3,800 contos, avec 7 0/0 de garantie d'intérêts pendant 30 ans, accordés par la province de Rio Janeiro, et celle-ci payait directement l'intérêt aux actionnaires. Le privilège est de 90 ans. Au 31 décembre 1887, la dépense d'établissement se montait à 4,510 contos. Pour cette année 1887, la recette avait été de 129,623 $ 340, la dépense de 178,968 $ 005 et le déficit de 49,344 $ 336.

Rio das Flores. — Ce petit chemin, fort mal conçu parce qu'il est tracé dans la zone de l'União Valenciana, a coûté assez cher. Évalué à 1,678,780 $ 754, il a occasionné une si grande dépense que ses entrepreneurs, qui s'en étaient rapportés aux évaluations de la compagnie, ont suspendu les travaux, alors qu'ils étaient presque achevés, et ont judiciairement obtenu l'usufruit de la ligne. L'exploitation n'en est guère florissante.

Pirahyense. — Celui-ci part de Sant' Anna, traverse le Ribeirão da Sacra Familia, remonte la rive droite du Pirahy, qu'il traverse au kilom. 37 sur un pont de 40 mètres, et se développant sur le versant du Morro do Frade, suit le Ribeirão de Sam Sebastião jusqu'à la dépression de la Serra à l'extrémité orientale de ce même Morro, où est la fazenda da Gloria; il continue ensuite par le plateau qui s'étend jusqu'aux sources du rio Barra Mansa et de ses affluents, où la ligne est généralement de niveau.

De Passa Tres, elle doit se prolonger jusqu'aux limites de S. Paulo, à un endroit appelé Banco de Areia, à 55 kilomètres de Sant' Anna.

Le capital, fixé à 1,400 contos, jouissait d'une garantie d'intérêts de 7 0/0. Le privilège est de 70 ans. L'exploitation paraît en être assez bonne, mais je n'ai trouvé aucune statistique; elle sera encore meilleure quand ses rails seront allés gagner Bananal dans S. Paulo. La recette a été pour 1887 de 118,175 $ 878.

Juiz de Fóra a Piáu. — Jouit d'une garantie provinciale de Minas de 7 0/0, pendant 10 ans, sur un capital maximum de 800 contos, qui a été élevé en 1883 à 1,400 pour prolonger la ligne jusqu'à Sant' Anna.

Celle-ci traverse des terrains difficiles, il a fallu adopter des courbes de 82 mètres et des rampes de 2,2 0/0. On avait estimé le coût des 52 kilomètres qui étaient étudiés en 1882 à 1,510 contos, soit à 20,079 $ 787 par kilomètre. Le 7 février 1885, le premier tronçon avait déjà mangé tout le capital garanti, 1,400 contos.

L'autorisation de poursuivre sa ligne jusqu'à Rio Novo, depuis Sant'Anna, accordée le 12 juillet 1886, fit élever le capital garanti de la compagnie à 1,800 contos et compléta sa longueur à 60 kilom. 791.

Je n'ai pu trouver de données sur les résultats de l'exploitation qui s'étend sur 52 kilomètres.

Minas and Rio Railway ou du Rio Verde. — Le privilège de cette voie fut concédé le 22 février 1875 par une loi provinciale de Minas à MM. José Vieira Couto de Magalhães et le baron de Mauá, avec garantie de 4 0/0 sur un capital maximum de 14,000 contos. Le 23 juin, le gouvernement général ajoutait 3 0/0 additionnel, et le 12 septembre 1887 il accordait la garantie de 7 0/0 sur le capital additionnel de 2,150 contos, ce qui élevait le capital garanti à 16,150 contos. Les travaux commençaient le 21 avril 1881 et, le 14 juin 1884, les 170 kilomètres de la ligne étaient livrés à l'exploitation. On avait dépensé 15,495,253 $ 085 ou 91,148 $ 520 par kilomètre.

Cette ligne, construite par une compagnie anglaise, organisée en 1880, part de la station de Cruzeiro, sur le D. Pedro II, ramal de Sam Paulo; elle entre aussitôt dans Minas et se développe par un contrefort de la Mantiqueira, suit la vallée du rio Passa Quatro jusqu'au point de confluence, côtoie ensuite le rio Verde et s'arrête à Tres Corações, desservant les cantons de Campanha, Baependy, Christina, Pouso-Alegre, Itajubá, Tres Pontas et Alfenas.

Elle traverse ainsi l'une des meilleures contrées de Minas, aussi son trafic est-il intéressant à étudier et à décomposer.

Voici d'abord les résultats financiers :

	Recettes.	Dépenses.	Solde.
1884. .	232.831$960	216.416$860	46.415$100
1885. .	446.807 120	373.453 160	73.353 960
1886. .	495.253 890	454.241 520	41.012 370
1887. .	729.192 170	498.506 800	230.085 870

Il faut noter que, pour 1884, l'exploitation porte seulement sur 6 mois et 17 jours.

Diverses réductions de tarifs, spécialement sur les produits de la laiterie, ont contribué dernièrement à accroître le trafic.

Pour 1887, il se décompose ainsi :

Voyageurs	22.773	91.400$200
Bagages.	211 tonnes.	14.262 220
Animaux	61.544 —	188.638
Marchandises	18.642 tonnes.	413.538 350

De celle-ci, 9,521 tonnes figurent à l'importation et 9,121 à l'exportation.

La progression pour les marchandises ressort des chiffres suivants :

	1885	1886	1887
Animaux.	5.888	21.460	61.544
Sel	449.446 kg.	4.164.371 kg.	4.651.515 kg.
Lard	1.806.274	2.192.864	2.614.812
Tabac.	1.671.166	1.318.980	2.303.363
Café.	393.864	624.153	1.181.144
Fromages	64.153	118.810	198.597
Diverses.	4.165.464	5.042.239	7.693.203

Le transport du bétail favorisé par la Compagnie s'est singulièrement développé comme on voit ; en 1884, pour 6 mois, il n'avait porté que sur 2,180 têtes.

Cette ligne doit être prolongée sur 54 kilomètres, d'abord jusqu'au Salto de Matuca, sur le Rio Verde, en pleine zone productive, et au point où la navigation peut s'effectuer franchement sur le fleuve et sur le Sapucahy, pendant au moins 150 kilomètres.

L'État a dépensé en 1887, pour la garantie d'intérêts, 1,666,670 $ 069, et depuis la création de la ligne 6,972,760 $ 057.

Ligne du Sapucahy. — Puisque je traite de cette partie de Minas, il convient de signaler ici plusieurs lignes en construction et qui avant peu seront ouvertes au trafic.

Le 15 juin 1886, l'Assemblée législative de Minas autorisait la concession pour 50 ans d'une ligne ferrée à voie de un mètre qui, partant de la Minas and Rio, irait terminer à Poços de Caldas, en passant par Christina, Itajubá et Pouso-Algere. La loi n'offrait ni subvention kilométrique, ni garantie d'intérêts.

Depuis une compagnie s'est formée le 15 mai 1888, au capital de 3,000 contos. Elle a acheté leur concession à ceux qui avaient soumissionné en 1887 à l'adjudication publique, puis elle a fait étudier le tracé par l'ingénieur en chef A. Morsing, qui en huit mois a achevé les études.

Un peu auparavant, le 30 janvier 1888, les ingénieurs

C.-A. Mourão de Valle et Americo D. Viveiros, chargés d'explorer la région sud de Minas, consignaient dans leur rapport à la direction des observations intéressantes.

Ils proposaient comme point de départ de la ligne la station de Carmo, pour aller droit sur Christina, en passant par la localité de Carmo, suivant les ruisseaux du Carmo et du Lambary, sans autre difficulté qu'un petit col à franchir.

Le tracé définitif n'a changé que peu de choses à ce projet. Il part de Soledade, au kilom. 90 de la Minas et Rio, traverse le Rio Verde, côtoie son affluent de gauche le Ribeirão du Carmo, très sinueux, le franchit par cela même à diverses reprises, passe devant la *Freguezia* ou bourg du Carmo, au kilom. 14,700 et à la cote 892^{m},40. Il était à la cote 837 mètres à Soledade.

Il remonte le Carmo jusqu'à ses sources, dans le col du Pinheirinho, franchit celui-ci au kilom. 29, à la cote 1,080 mètres et descend la vallée d'un affluent du Lambary, remonte ce dernier, le traverse au kilom. 37 et passe sur sa rive gauche, devant la ville de Christina, au kilom. 38,600 et à la cote 990 mètres. Il gravit alors la vallée du Lambary, jusqu'aux sources, dans la gorge du Chico-Campos, franchit le col, partage des eaux du Rio Verde et du Sapucahy, au kilom. 51 et à la cote 1,304 mètres. Puis il descend en côtoyant le Rio S. João, jusqu'à son confluent avec le Lourenço Velho, traverse ce dernier au kilom. 76,540 et à la cote 842 mètres et, passant par la gorge de la Capetinga, atteint la ville d'Itajubá, au kilom. 85,740 et à la cote 840 mètres.

Descendant toujours ensuite jusqu'auprès de l'embouchure du Sapucahy-Mirim, il s'éloigne alors du Sapucahy, remonte la rive droite du Sapucahy-Mirim, qu'il traverse au kilom. 162,300, puis au kilom. 166 atteint Pouso Alegre, à la cote 813^{m},87.

Les stations jusqu'à ce point sont :

SOLEDADE (B.)	Kilom.	0
Carmo	—	14 700
Christina	—	38 600
Serra	—	57 300
Itajubá	—	85 900
Vargem Grande	—	98 600
Alegre	—	117 400
Santa-Rita	—	137 300
Pouso Alegre	—	166 300

La seconde section va de Pouso Alegre au Rio Eleutherio, limite de la province de S. Paulo.

Voici comment elle a été arrêtée le 22 février 1889, lors de l'inauguration solennelle des travaux.

Après avoir longé les versants de gauche du Rio Mandú, le tracé, remontant toujours, quitte le Mandú, au confluent du Rio Anhumas, et remontant sur la rive gauche de ce rio, qu'il traverse au kilom. 176,970, il suit une plaine qui sépare ce cours d'eau du Mandú. Quand il en atteint l'extrémité, il traverse le Mandú au kilom. 177,280, à la cote 852^{m},87, en face du bourg de Borda da Matta; il continue à remonter le Mandú, puis le quitte à la bouche du Corrego dos Juncos, kilom. 205,230, et remontant la vallée de cet affluent, il traverse plusieurs de ses sources jusqu'à ce qu'au kilom. 208,390, il gravisse la Garganta des Juncos, à la cote 968^{m},87. Ce col partage les eaux du Sapucahy et celles du Mogy.

Dès lors, il descend sur la rive droite du Corrego du Mandassaia jusqu'à son confluent avec le Ribeirão de Santa-Isabel, qu'il franchit au kilom. 210,190, puis, descendant par la droite de ce dernier, il le retraverse et revient sur sa rive gauche au kilom. 211,826. Descendant alors par cette rive jusqu'au kilom. 218,456, il franchit une troisième fois le Ribeirão de Santa-Isabel, pour remonter un de ses affluents jusqu'aux sources dans la Garganta du Pinhal, qu'il franchit au kilom. 220,830 et à la cote 925^{m},47. C'est le point de partage des eaux du Ribeirão de Santa-Isabel et de celui du Ribeirão de Ouro Fino.

Le tracé poursuivant descend le Corrego da Tabatinga jusqu'à son confluent avec le Ribeirão de Ouro Fino, passe à la ville de Ouro Fino, au kilom. 226 et à la cote 858^{m},87, puis, descendant par la rive gauche du Ribeirão do Ouro Fino, il le franchit au kilom. 227,460 à la cote 855^{m},47. Ensuite, il remonte par un affluent du Ouro Fino jusqu'aux sources dans la Garganta du Ouro Fino, traverse celle-ci au kilom. 231,620, et à la cote 928^{m},87. Il continue en descendant la vallée du Corrego du Tanque jusqu'à la jonction avec le Ribeirão de S. Pedro, au kilom. 235,730, descend celui-ci par la gauche jusqu'à sa jonction avec le Rio Mogy, et traverse ce dernier au kilom. 245,950, à la cote 828^{m},87.

Descendant alors par la rive gauche du Mogy, jusqu'auprès du Corrego de Jacutinga, il quitte le Mogy, franchit le Jacutinga, passe à la bourgade de Santo Antonio du Jacutinga, kilom. 259 à la cote 833^{m},87, puis remonte un petit affluent du Corrego de Jacutinga, et franchit la Garganta de Jacutinga, point de partage du Mogy et des eaux du Rio Eleutherio, au kilom. 258,310 et à la cote 850^{m},87. Là il prend la vallée du Corrego du Angola, qu'il traverse, en descendant à plusieurs reprises, jusqu'à son confluent avec le Rio Eleutherio, où il abandonne ce Corrego, pour descendre par la rive droite du Rio Eleutherio et aller terminer au kilom. 271,176, à la cote 678^{m},87; c'est là que sera jeté le pont qui reliera la ligne du Sapucahy au prolongement du ramal da Penha du Rio du Peixe, de la Compagnie Mogyana.

Les stations de cette deuxième section sont :

Borda da Matta	Kil.	195	110
Santa Isabel.	—	209	590
Ouro Fino.	—	226	600
Forquilha	—	247	970
Jacutinga	—	257	290
ELEUTHERIO.	—	269	450

De celle-ci partira le ramal de raccordement avec l'embranchement da Penha de la Mogyana, qui aura une longueur de 28 kilom. 237. Voici la description de ce tracé, en partant de Penha, au kilom. 19,100 et à la cote 615m,60; il descend le Ribeirão da Penha, atteint la cote 596m,40 au kilom. 2,100, où il gagne la vallée proprement dite du Rio du Peixe. Il remonte celui-ci par la gauche jusqu'au kilom. 11,840, où il le franchit, puis le remontant encore par la droite, il arrive à la bouche du Corrego du Barreiro, au kilom. 13,300 et à la cote 605 mètres. Ensuite, remontant la vallée de celui-ci par la gauche, jusqu'au kilom. 17,840, il passe sur la rive droite, la remonte jusqu'au haut du Barreiro, à l'altitude de 732 mètres, au kilom. 21,740; c'est le point de partage entre le Rio du Peixe et le Rio Eleutherio.

En poursuivant, il descend par la gauche un des formateurs du Corrego das Tres Barras, suivant toujours la vallée de ce dernier jusqu'à sa jonction avec le Rio Eleutherio; là il franchit le Corrego, kilom. 26,260, pour remonter la vallée proprement dite du Rio Eleutherio, par la gauche jusqu'au kilom. 28,237, où il le franchit à la cote de 668 mètres. Ce pont fera la jonction dont j'ai parlé tout à l'heure.

Un embranchement partant de Vargem Grande, près du confluent du Piranguinho et du Sapucahy, suivant une vallée franchement ouverte, ayant tout au plus à franchir le col de la Serrinha par un tunnel de 100 mètres, ira desservir la ville de S. José du Paraiso, avec les cantons de Jaguary et de Capivary. Il sera plus tard inévitablement relié à la ligne pauliste qui va aboutir au port d'Ubatuba.

La zone de cette ligne est privilégiée au point de vue climatérique; les deux ingénieurs précités qui l'ont explorée en décembre, en plein été, par un temps excessivement sec, n'y ont vu le thermomètre osciller à l'ombre qu'entre 16 et 23° centigrades. L'altitude, qui varie de 800 à 1,500 mètres, explique sans doute ce phénomène dont l'action s'exerce puissamment sur la fécondité du sol. Il y a des parties, comme à Christina, sujettes à la gelée, où l'on fait peu de café, mais il en est d'autres, comme Vargem Grande, S. José du Paraiso, Borda da Matta, Jacutinga, où les terres sont excellentes pour ce genre de culture, qui s'y est déjà répandue sur une grande échelle.

La production du tabac, l'élevage du bœuf et du porc, avec les produits qui en dérivent, sont actuellement les plus grands facteurs du commerce de cette région sud de Minas, commerce qu'avait atrophié l'absence de routes et l'extrême lenteur comme l'excessive cherté des transports. A Pouso Alegre, le vignoble se développe déjà, ainsi que la culture du thé et quelques essais de cultures européennes.

La ligne du Sapucahy sera complétée par un embranchement allant de Soledade à Baependy, et desservant les eaux de Caxambú; la longueur du tracé est de 33 kilom. 300. — D'autre part, elle est autorisée à se raccorder avec la ligne également en construction de Jacutinga à Lavras, prolongeant celle de Santa Isabel du Rio Preto; le point de raccord sera à Ayuruocá. Elle est également obligée par le contrat qu'elle a passé avec le gouvernement provincial, le 4 janvier 1889, de diriger un petit embranchement sur la station thermale de Lambary. Le capital de la Compagnie est élevé à 10,000 contos et jouit d'une garantie d'intérêts de 7 0/0 durant 20 ans. La concession est de 50 ans.

Ligne de Lavras, par Jacutinga. — Ligne concédée par une loi provinciale de Minas, du 24 septembre 1881, avec garantie de 7 0/0 sur le capital maximum de 4,000 contos, et contractée le 19 octobre 1882; puis la concession en a été transférée le 15 décembre 1885 à la Compagnie *União Valenciana*; d'après les études faites par celle-ci, elle devait avoir 225 kilomètres, mais celle-ci laissa décheoir ses droits, qui furent repris par la Compagnie de Santa Isabel du Rio Preto.

Le 29 décembre 1887 seulement, après bien des péripéties, les actionnaires de celles-ci ratifièrent le contrat d'acquisition, en élevant le capital de la Compagnie à 6,000 contos.

La ligne nouvelle prolonge celle de Barra du Pirahy à Santa Isabel, passant à Santa Rita de Jacutinga, par Ayuruocá, et ira rejoindre à Lavras, sur le Rio Grande, la station terminale de l'Oeste de Minas. Ainsi prolongée, la Santa Isabel aura 355 kilomètres et sa gare terminale sera par Barra du Pirahy à 464 kilomètres de Rio.

Les travaux de construction ont été commencés le 15 janvier 1889.

LE RÉSEAU DE LA LEOPOLDINA

COMPAGNIE LEOPOLDINA. — Venons-en à la plus importante entreprise de chemin de fer du Brésil entier, compagnie dont les rails s'étendent sur les deux provinces de Rio de Janeiro et de Minas.

L'histoire de cette entreprise est assez longue, bien qu'elle date seulement de 1872, où le 27 mars fut concédé à l'ingénieur Antonio Paulo de Mello Barreto le privilège d'une ligne ferrée entre Porto-Novo da Cunha et Santa Rita de Meia Pataca, aujourd'hui Cataguazes. Constituée au capital de 2,400 contos, la Compagnie fut autorisée à fonctionner et ses statuts approuvés le 5 juin 1872. Le 21 août suivant, elle optait pour une garantie de 7 0/0 sur 2,400 contos, au lieu d'une subvention kilométrique de 9 contos, entre lesquelles la loi provinçiale lui laissait le choix, et son objectif devenait, le 3 mai 1875, la ville de Leopoldina, qu'elle devait atteindre par un court embranchement.

Les travaux de cette première section furent commencés en 1873, et en juin 1875 le tronçon de 105 kilomètres jusqu'à Cataguazes était ouvert au trafic, ainsi que le petit *ramal* de Leopoldina, soit un total de 117 kilom. 256.

Le gouvernement général avait concédé à M. Nominato José de Souza Lima et Cie une ligne allant à Ponte Nova et partant de Cataguazes, où terminait la Leopoldina.

Cette concession datait du 12 décembre 1876, et la Compagnie était approuvée le 4 mai 1878. Mais bientôt un litige était soulevé qui la dépossédait et par décret du 31 octobre 1878, le gouvernement accordait à la Leopoldina le privilège de la ligne en question, qui de Cataguazes s'étendait jusqu'à Sam Geraldo, sur 98 kilom. 360. Celui-ci fut ouvert entièrement au trafic le 28 février 1880.

La Compagnie avait, par une loi du 27 novembre 1875, obtenu du gouvernement provincial la concession pour 50 ans, avec 7 0/0 de garantie sur 20,000 contos, d'une ligne entre Porto Novo et le point navigable du Jequitinhonha, dans le canton d'Arassuahy, ligne qui devait traverser les territoires de Santa Barbara, Itabirá, Conceição, Serro, S. João Baptista et Minas Novas.

Il est bon de remarquer au passage combien cette contrée offre d'avantages à une voie ferrée et combien de bonne heure on l'avait senti. Cette concession en est la preuve. Le contrat passé fut annulé par la loi du 25 décembre 1883, et une loi nouvelle accordait 7 0/0 sur 7,000 contos au maximum pour la construction d'une ligne de S. Geraldo à Itabirá do Matto Dentro (274 kilom.), passant par Ponte-Nova, corrigeant ainsi les vices des tracés primitifs dans la zone de la *Matta*. (C'est le rapport du directeur des travaux publics de Minas, M. José de Castro Teixeira de Gouvéa, qui s'exprime ainsi.)

Bref, le 13 août 1884, quand la Leopoldina acheta la ligne de Piáu et Rio Novo, elle avait déjà 102 kilomètres en construction très avancée de S. Geraldo à Ponte Nova, à la suite d'un contrat passé avec le gouvernement général à la date du 27 janvier 1883, et qui stipulait le retour à l'État, après 70 ans, du tronçon de S. Geraldo à Itabirá.

Il y eut là un gros conflit entre Minas et le gouvernement général. Finalement, la Leopoldina l'a emporté, et ses rails sont arrivés à Saude, d'où elle va les pousser sur Itabirá, car les études sont déjà terminées.

Par voie de fusion, elle s'est incorporée, avec l'approbation du gouvernement mineiro, l'embranchement du Pirapetinga, 31 kilom. 250, pour lequel la province a payé en subvention 281,250 $, concédé le 14 juillet 1876 au major Antonio Alves Pereira da Silva, avec 9 contos de subvention kilométrique, et qui fut ouvert au trafic en 1879. La ligne va de Volta Grande à Santa Anna du Pirapetinga.

Le ramal du *Alto* ou Haut Muriahé avait été, le 11 août 1879, concédé à M. Custodio José da Costa Cruz; il partait du Recreio et se dirigeait vers S. Francisco de Assis du Capivára. Il avait le choix entre 9 contos de subvention kilométrique ou 7 0/0 d'intérêt garanti sur 2,600 contos au maximum. Ici encore des conflits se sont élevés parce que le tracé, pour aller au Manhuassú, devait entrer un peu sur le territoire de la province de Rio de Janeiro et singulièrement s'approcher de la zone privilégiée de la Carangola. Mais tout s'arrangea et la ligne de la Leopoldina put gagner Tombos du Carangola, en projetant de Patrocinio un petit embranchement sur S. Paulo du Muriahé, de 17 kilom. 700: la bifurcation est à 2 kilom. 700 avant d'arriver à Patrocinio.

Le 12 août 1885, en vertu d'une autorisation de la loi du 24 octobre 1884, la Compagnie fut autorisée à prolonger ce *ramal* vers la vallée du Manhuassú avec 7 0/0 de garantie sur 3,000 contos; le tracé, qui était précédemment imposé par S. Francisco da Gloria fut modifié; le nouveau passait par Patrocinio et Tombos du Carangola, puis, par Santa Luzia du Carangola et Divino, il se dirigeait vers S. Lourenço du Manhuassú. Ses rails sont en ce moment à Santa Luzia, et pour le reste la Compagnie cherche à se rapprocher de Espirito Santo; peut-être ira-t-elle jusqu'à Natividade, au-dessous des cataractes du Rio Doce, car elle s'est accordée à ce sujet avec l'entreprise concessionnaire d'un chemin non construit encore de Ponte Nova à ce point.

Ce qu'on appelle aujourd'hui le *ramal* de Serraria a une histoire très compliquée. Il suffira de dire ici qu'une intelligence très défectueuse des conditions de vitalité d'une ligne ferrée avait amené le pouvoir législatif provincial d'une part, et de l'autre l'entreprise concessionnaire par suite de la loi du 13 juin 1876, à un conflit, résultant d'une concurrence désastreuse, qui eut pour solution le rachat de la ligne déjà construite et exploitée depuis Serraria jusqu'à Guarany (109 kilom. 560) et la revente de cette ligne à la Leopoldina, qui en prit possession le 1er novembre 1884.

Le ramal du Rio Novo ou Piáu avait été également acquis par elle.

Au 21 mai 1887, selon le magistral rapport de M. J. de C. T. de Gouvêa, que je suis en ce moment, la Leopoldina avait en trafic 724 kilom. 516, ainsi répartis exclusivement sur le territoire de Minas.

Ligne du Centre (Porto Novo à Saude).	368k,927
Ramal Alto Muriahé (jusqu'à Tombos) .	110 016
— de Leopoldina	12 284
— de Pirapetinga.	31 022
— de Serraria.	109 560
— de Rio Novo	6 881
— de Pomba.	27 196
Sous-Ramal du Muriahé	17 762
Ligação ou raccord de Guarany à Pombense.	40 858
Total	724 516

On construisait le tronçon de 35 kilom. 878 de Tombos à Santa Luzia, et 59 kilm. 780 d'études étaient approuvés en avant de cette dernière station vers le Ribeirão da Faina jusqu'aux sources dans la Serra de Jequitibá, partage des eaux entre le Rio S. João et le Rio José Pedro.

Les études étaient assez avancées au delà de Saude, sur la ligne du centre, vers Itabirá.

A cette date, la province de Minas garantissait 7 0/0 sur un capital de 25,000 contos et avait payé 2,236,998 $ de subventions kilométriques.

Mais, depuis cette époque, la Leopoldina a acheté à la province de Rio la ligne de Cantagallo avec la branche Rio Bonito, qui va de Porto das Caixas à Macahé ; puis pour raccorder les lignes de Minas avec celles de la province de Rio, elle a construit l'embranchement du Sumidouro qui vient à Nova Friburgo, relier tout le réseau

Mineiro à la ligne de Cantagallo ; c'est ainsi qu'elle a transporté sa tête de ligne à Nitherohy, de l'autre côté de la baie de Rio, et pour ainsi dire en face de la gare centrale du D. Pedro II. De cette façon elle vient directement à la mer sur ses propres rails, depuis les extrémités les plus lointaines de son exploitation, Saude d'une part et Santa Luzia de l'autre.

D'après le rapport de la Compagnie, au 11 mars 1889, son réseau comprenait 1,181 kilomètres dont 764 dans la province de Minas et 417 dans celle de Rio. Pour 1888, la recette brute, y compris les garanties d'intérêt,

a été de	5.107.800$774
la dépense de.	2.622.656 682
le revenu net de.	2.485.144$091

C'est le 27 septembre 1887, que la Leopoldina a pris possession des lignes achetées à la province de Rio de Janeiro, soit de 253 kilomètres nouveaux.

Avant cette adjonction, voici quel avait été son mouvement financier :

	Recettes.	Dépenses.	Excédents.
1884	1.427.610$045	763.429$872	664.183$173
1885	2.402.921 688	1.264.791 389	1.138.130 308
1886	2.497.324 110	1.399.929 140	1.097.394 370
1887	2.687.034 839	1.707.674 284	979.369 555

C'est le 30 janvier 1889 que le raccord du Sumidouro a établi le lien entre les fractions si diverses de cet ensemble considérable. Depuis lors tout le service d'exploitation, qui avait auparavant pour base le point de départ à Porto Novo, a été remanié en prenant Nitherohy pour point de départ. C'est de cette façon que j'ai établi le tableau détaillé des stations du réseau.

La ligne ainsi constituée part de Santa Anna du Maruhy, faubourg de Nitherohy, sur le rivage de la baie, passe près de S. Gonçalo et va au port de Villa Nova, sur le rio Macacú, à la cote 2m,58 au-dessus du niveau de la mer ;

jusqu'à la *raiz* ou le pied de la Serra de Nova Friburgo, son tracé n'a rien de remarquable. A ce point appelé Cachoeiras, l'altitude est de 48m,220. La ligne suit dans toute sa longueur le rio Macacú dont elle remonte doucement la vallée, avec une déclivité maxima de 0m,013 dans une seule rampe et une courbe unique du rayon de 182m,27.

Depuis Cachoeiras, elle suit ce rio presque jusqu'en haut de la montagne, section de la serra do Mar; ce haut s'appelle Bôa Vista ; la ligne y atteint 1,080m,58 au-dessus du niveau de la mer, puis elle commence à descendre sur Nova Friburgo, qui est encore à la cote 851m,51, en suivant la vallée du rio Santo Antonio. — Tout d'abord dans cette section montagneuse, entre Bocca do Matto et Alto da Serra, sur une longueur de 13k,333 on appliqua dans l'exploitation le système Fell ; on employait encore le rail central comme moyen de sécurité sur divers tronçons d'un ensemble de 1,353 mètres ayant des déclivités non supérieures à 0m,033 et des courbes de 60 mètres de rayon mininum.

Aujourd'hui les locomotives Fell sont remplacées par la traction ordinaire au moyen de puissantes machines à simple, mais énergique adhérence, construites par les usines *Baldwin Locomotives Works*, de Philadelphie aux Etats-Unis. C'est à ces machines qu'on a donné la préférence dans toutes les lignes brésiliennes très accidentées.

L'ancienne ligne de Cantagallo poursuit au sortir de la gare de Nova Friburgo en coupant la principale rue et la place Isabel dans cette ville, et longe sur la rive droite le rio das Bengalas, qu'elle franchit à 2 kilom. 200 de la station ; parvenue sur la rive gauche, elle abandonne cette vallée pour entrer dans celle du Rio Grande, affluent de droite du Parahyba, elle gravit le col de passage à Lagôa Secca, à 9 kilom. 200 de Nova Friburgo, 19 mètres tout au plus au-dessus du Rio Bengalas, mais 142 mètres au-dessus du Rio Grande. La descente vers ce dernier a offert de grandes difficultés à la construction, mais moins considérables encore, que celle qu'il a fallu vaincre dans la vallée même au lieu appelé

Banquete, à la distance de 5,500 mètres. La différence de niveau sur ce parcours est de 130 mètres que les eaux rachètent par de hautes chutes, en sorte que la directrice de la ligne, restant toujours beaucoup au-dessus d'elles, a dû être menée à travers les contreforts continus de la montagne, composés pour la plupart de rochers. Sous le rapport technique, c'est la section la plus importante de la ligne.

Laissant la vallée du Rio Grande à la distance de 27^k,585 de Nova Friburgo, et suivant son affluent, le rio Bom Jardim jusqu'aux sources, sur 6^k,400, le tracé franchit le col de partage avec le Macuco et suit ce dernier jusqu'à Cachoeira dos Paulinos. Ici il quitte les bords de ce rio, en cherchant un plus grand développement pour vaincre la différence de niveau de 96 mètres que ce rio rachète par des chutes de différentes hauteurs, il le traverse à 3,230 mètres de la Cachoeira dos Paulinos ; évitant ensuite les grands détours que présente ce rio, il franchit une *garganta* peu élevée et va de nouveau se développer sur ses rives, en le traversant plusieurs fois jusqu'à 59^k,703 de Nova Friburgo.

De ce point qui est au-dessous de la fazenda de S. Martinho, dans le canton de Cantagallo, le tracé abandonne le rio Macuco et cherche le versant du *Corrego* da Varzea, affluent du rio Negro; il descend jusqu'aux rives de celui-ci et passe de là à un affluent du Macuco qu'il franchit, puis se développe parallèlement à la direction générale du rio, entre dans le canton de Santa Maria Magdalena et vient terminer au-dessous du confluent du Macuco et du Dourado, au point où est bâtie la station de Macuco, terminale de cette ligne. — La voie est de 1^m,10.

Mais revenons à Nova Friburgo et dirigeons-nous vers le Parahyba et les lignes de Minas, par le chemin du Sumidouro. Celui-ci n'a été achevé que le 30 janvier 1889.

Il part de la station de Conselheiro Paulino, au kilomètre 115,306 (Nova Friburgo est au kilomètre 108,622), et monte vers le col du Pecegueiro qu'il franchit par de longues tranchées au kilomètre 118,500 et à la cote 915, traverse le torrent du França, puis suspendu à une grande hauteur, sur un énorme remblai tout maçonné et par d'importantes tranchées, il gagne la rive d'un tributaire du Rio Grande, puis celle de ce rio lui-même, tourne à gauche et atteint la halte de Donna Isabel, à la suite de laquelle il coupe sur près d'un kilomètre une roche vive et compacte.

Il franchit alors le Rio Grande au kilomètre 126,419 sur un viaduc solide de 2 arches de 25 mètres et haut de 24 mètres, à la cote 926m,40. Il traverse de grandes tranchées et de hauts remblais, puis descend le cours du Rio Grande, remonte le long du torrent de Escorcio, en décrivant des courbes qui laissent voir de grandes sections de roches nues très inclinées; il suit un petit torrent affluent du Escorcio, et atteint alors son point culminant, 1,050 mètres au-dessus de la mer.

La tranchée où est ce point franchit la *garganta* da Matta, col de partage des eaux qui vont au Rio Grande, tous deux d'ailleurs tributaires du Parahyba. — La ligne descend la vallée d'un confluent du ruisseau da Gloria, puis gagne celle de ce dernier, dont elle rachète les courbes par des alignements droits plus ou moins longs; elle le franchit pour passer sur sa rive gauche, et passe à la station de Donna Marianna, au kilomètre 138,970. Elle pénètre dans la vallée du ruisseau Vermelho, le franchit au kilomètre 140, puis s'accotant au contrefort du col de ce rio, elle arrive à un tunnel de 101 mètres percé dans la roche vive, 900 mètres plus loin entre sous un second tunnel de 74 mètres ouvert également dans la roche, passe par un viaduc haut de 7 mètres au-dessus du chemin de la fazenda de Santa-Cruz, atteint un troisième tunnel (19m,50 de longueur), au kilomètre 136 et à la cote 780. Elle descend le versant du contrefort de séparation des bassins du Rio Grande et du Paquequer, atteint la station de Murinelly, au kilomètre 150,687, franchit le torrent du Coqueiro, et passant au milieu des caféières par des tranchées et des remblais d'un grand aspect, elle atteint un contrefort secondaire, le franchit au col de Dona Cherubina, descend la pente de ce contrefort et passe sur le viaduc de Bôa Fé, qui a 8 arches hautes de 10 mètres, d'un effet superbe.

La voie tourne ensuite à droite, contournant une haute crête, jusqu'auprès de la fazenda de M. le baron de Aquino. Elle descend ensuite la rive du torrent de Santa Monica, franchit le Coqueiro une seconde fois au kilom. 159,661 sur un ponceau de 3 mètres d'ouverture, suivant de grandes tranchées et des remblais, dont quelques-uns enumérés, qui du confluent du Coqueiro vont jusqu'au versant du rio da Conceição. La voie effectue alors au kilom. 163,110 une courbe en S pour descendre et offre dans ce lacet trois passages en ligne droite ; elle atteint la station du Baron de Aquino au kilom. 163,257. Elle franchit aussitôt sur un ponceau avec remblai haut de 15 mètres, le rio da Conceição, dont elle descend la vallée jusqu'à son confluent avec le Paquequer. Elle franchit celui-ci sur un pont en fer de 10 mètres d'ouverture, à la cataracte de Bôa Vista, au kilom. 168,851, puis en descend la rive droite jusqu'à la station de Sumidouro, au kilom. 173,591.

Jusqu'ici le trajet a fourni au voyageur des vues ravissantes : les cascades de Bôa Vista, du Conde d'Eu (80m de hauteur), formées par le Paquequer, celle de Dona Isabel, formée par le Rio Grande qui a des chutes successives de 20 mètres de hauteur ; les lacets en S du baron de Aquino, le versant de la serra depuis Murinelly jusqu'au col du Vermelho, et enfin les splendides panoramas du col du Pecegueiro, et surtout celui dont on jouit du haut du Vermelho jusqu'à la station Baron de Aquino, si vaste et si surprenant. Sur beaucoup de points de la ligne, du reste, de ce côté, la vue embrasse des sections variées de la voie à diverses hauteurs.

La station de Sumidouro est située dans le village de ce nom. Elle couvre une superficie de 270 mètres, sans parler des magasins et des remises. Elle est à 348m,293 au-dessus du niveau de la mer. La ligne descend ensuite sur le flanc du versant du Paquequer, mais beaucoup au-dessus du cours d'eau, effectue une grande courbe, franchit la vallée d'un torrent, à la fazenda du Pamparrão, remonte ce torrent et atteint la rive du Paquequer, au kilom. 176,894; elle le suit presque de niveau, franchissant le petit torrent indiqué tout à l'heure et arrive à la station de Bella-Joanna au kilom. 180,434. — A 400 mètres de distance de Sumidouro, où la vallée du Paquequer se rétrécit entre des rochers imposants et souvent perpendiculaires, la ligne n'est plus qu'à une faible altitude, et cette circonstance permet au voyageur d'admirer un fait curieux : les eaux du Paquequer, après avoir formé de jolies cascades, dont la beauté est encore mise en relief par la nature romantique des rives, disparaissent complètement sous les rochers pour revenir à la lumière 600 mètres plus bas. La station de Bella Joanna est encore sur la rive droite du Paquequer et à 272^{m},350 d'altitude.

La ligne va ensuite franchir le Parahyba, après avoir traversé les stations de S. Francisco, Carmo, et Paquequer, et elle s'embranche sur l'ancienne ligne du centre, venant de Porto Novo da Cunha, à une station qu'en l'honneur de son président, la Compagnie a appelé Mello-Barreto, au kilom. 207,894. De là elle remonte vers le nord-ouest, traverse le rio Pardo, le rio da Pomba, le rio Novo, le rio Formoso, qui arrosent des territoires extrêmement fertiles, toute la *Matta mineira*, productrice de café, de canne à sucre, de tabac et de céréales.

Jusqu'à la fin de juin 1886, cette ligne après avoir traversé Ubaense, s'arrêtait à S. Geraldo au kilom. 425,152. L'empereur vint en personne inaugurer le prolongement et parcourir le réseau. C'est dans cette section nouvelle, que le tracé offre des particularités notables, parce qu'alors il atteint le grand contrefort qui se détache de la Mantiqueira au nœud orographique de Barbacena, à l'*arraial* de Mello do Desterro.

S. Geraldo, qui est au pied de la serra de ce nom, partage des eaux du Parahyba et du Rio Doce, n'est qu'à l'altitude de 308 mètres. La ligne devant franchir le col de passage à 692m30, on a racheté cette différence de niveau par l'établissement d'une série de paliers et la déclivité maxima est encore de 2°/o. Ce développement en lacets a utilisé les vallées des Corregos ou torrents das Posses, de Coimbra et de Santa Anna jusqu'au kilom. 443; le tracé abandonne ensuite le flanc de la serra et au kilom. 445 atteint le point appelé Alto da Serra; au kilom. 447, il arrive à la *garganta* ou col général, cote 676,366 et 4 kilomètres plus loin atteint la station de Coimbra, kilom. 451,337 et à la cote 661m,365, située en face de l'arraial du même nom, lequel est déjà dans le bassin du Rio Doce.

La ligne suit le torrent sorti de cet arraial et qui, au kilom. 452,852 se grossit d'un des affluents du Rio Turvo; elle le traverse au kilom. 455,952. Pour éviter les nombreux replis du Turvo, elle l'abandonne et gravit le col dos Valentes au kilom. 458,852 et à la cote 617m, le suivant jusqu'à la station de Viçosa, au kilom. 473,402 et à la cote 580m, éloignée de 6 kilom. à l'est de la ville de Santa Rita de Viçosa. Elle poursuit jusqu'au kilom. 477,652 où est le confluent du Turvo et du torrent Santiago (à 1 kilom. de distance de la fabrique de tissus de ce nom); elle côtoie celui-ci jusqu'au torrent dos Teixeiras, où est placée la station de ce nom au kilom. 488,822 et à la cote 580.

Avant d'y arriver, la voie traverse au kilom. 474,272 le torrent S. Joaquim et 380 mètres plus loin le torrent Fundo, tous deux affluents du Turvo, franchissant en outre le col dos Teixeiras au kilom. 484,052 et arrivant à l'arraial après une descente de 4,000 mètres.

Côtoyant le ruisseau des Teixeiras, elle traverse le torrent des Bernardinos au kilom. 490,206, gravit le col du Pocaugo qui divise les eaux de ce torrent de celles du Bom-jardim, kilom. 494,052, cote 616m. Pour arriver au bord du Vaúassú, elle franchit le col de ce nom, au kilom. 500 et à la cote 609, suit la rive du corrego das Flores jusqu'au kilom. 511,152, atteignant alors le rio Vaúassú et la station de ce nom au kilom. 512,352, à la cote 481m. Cette station se trouve à 150m du confluent du torrent de l'Onça avec le

Vaúassú, et, pour l'atteindre, il a fallu cinq fois traverser des torrents depuis le dernier col.

Longeant la vallée du ruisseau jusqu'au kilom. 516,152, elle la laisse pour se diriger au sud de Ponte Nova, gravissant la garganta de Quebras-Potes, au kilom. 519,902 et à la cote 458^{m}. Suivant les sources du torrent Ciganos, elle arrive au rio Pyranga, qu'elle franchit sur deux ponts métalliques, l'un de 40 et l'autre de 17 mètres, reliés par un remblai de 47 mètres de longueur, entre les deux bras du Pyranga ; elle atteint la station de Ponte-Nova au kilom. 527,012, à la cote 337^{m},400, et 29^{m},400 au-dessus du niveau de S. Geraldo. Longeant ensuite le Pyranga, elle atteint la station du même nom, au kilom. 544,452 et à la cote 292, après avoir traversé les corregos Severino, Santa Cruz, Fustão, Magalhães et Pyranga. Pour y arriver, elle a gravi la garganta das Minhocas au kilom. 547,052 et à la cote 327 et celle du Piranguinha au kilom. 548,492 et à la cote 321. Cette station du Pyranga, séparée par le rio de la ville de ce nom, est à peine distante de 540 mètres du confluent des rios Pyranga et Carmo, dont la jonction forme le lit du majestueux Rio Doce, qu'on franchit là sur un pont de 72 mètres d'écartement.

La station du Rio Doce, au kilom. 563,852 et à la cote 312, est située juste en face du bourg de Santo Antonio du Rio Doce. Au kilom. 564,112, la ligne traverse le torrent de Lages et au kilom. 570, abandonne sa vallée pour traverser au kilom. 573 la petite gorge du Felismino, partage des eaux du Lagos et du Jaracatiá. Le lit de la voie dans ce col est à la cote 510.

Le tracé descend ensuite par le torrent S. Jorge, gagnant le flanc droit de la vallée du Fundão, jusqu'au point où il franchit la gorge du Jacaré, au kilom. 580,72 et à l'altitude de 5[illegible] mètres. Celle-ci partage les eaux du Jacaré et du Duarte, que suit la route d'Itabirá.

De cette garganta, la ligne descend la vallée du Duarte, puis gravit le col du Totó, au kilom. 584,722 et à la cote 520, d'où elle descend finalement dans la vallée du rio du

Peixe. Au kilom. 590,472, elle traverse cette rivière sur un pont de 45 mètres d'ouverture, divisée en trois arches de 15 mètres chacune, avec superstructure métallique; 400 mètres plus loin, elle atteint la station da Saude, à la cote 430, kilom. 590,872.

Le passage de la vallée du Rio Doce dans celle du rio du Peixe s'effectue sur un parcours de 28 kilom. et dans cette section, où le terrain offre de hautes arêtes, les travaux ont été très difficiles, principalement sur les 11 derniers kilomètres. Le réservoir d'eau est au kilom. 590,712.

Cette station de Saude a seulement été ouverte au trafic le 20 février 1887; elle est située à l'arraial de ce nom, dans le canton de Marianna, et à 112 kilom. encore de distance d'Itabirá de Matto Dentro, qui est le terminus indiqué de cette ligne du centre.

Le RAMAL ou rameau de SERRARIA, ancienne UNIÃO MINEIRA, part de la station de ce nom du D. Pedro II. Il a aujourd'hui 150 kilom. 520, y compris la *Ligação* ou ligne de raccord qui, de son ancien terminus Guarany, va gagner la ligne du centre au kilom. 378,487, un peu avant d'arriver à Ubaense. Il traverse les riches cantons de Juiz de Fóra, Mar de Hespanha, Rio Novo et Pomba; il se relie à celui-ci par un petit embranchement dont je parlerai tout à l'heure.

Pour racheter une différence de niveau et éviter un ouvrage d'art difficile, dès les premiers kilomètres, l'ingénieur en chef de l'*União Mineira*, M. Pedro Betim Paes Leme, a construit un zig-zag avec deux aiguilles et un retour de 800 mètres, qui a donné de très bons résultats, car il n'offre pas de difficultés sérieuses à l'exploitation et a amené une grande économie dans la construction.

Ce rameau côtoie le rio Kágado et en partie le rio da Pomba, traverse divers ruisseaux importants et des torrents d'un petit volume. Il a 4 ponts simples en fer, dont un sur le Rio Novo au kilom. 93, mesurant 42 mètres; les autres sont aux kilom. 13, 16 et 39; le plus long a 26^{m},80. On compte en outre 28 ponceaux.

Les quatre serras les plus accidentées sont celles du Macáco, du Lima, das Bicas et du Descoberto ; les plus accessibles sont celles de Santa Helena, de S. João et du Ribeirão de Kágado.

La pente dans les premières est de 2 1/2 à 3 0/0 ; dans celle de Santa-Helena et du Ribeirão du Kágado, elle va jusqu'à 2 0/0, dans celle de S. João à 2 1/2 0/0.

La ligne de raccord, la plus intéressante, part de Guarany au kilom. 110, traverse le Pomba sur un pont à superstructure métallique de 35m,20 d'ouverture libre et le côtoie jusqu'au kilom. 114. Elle franchit le Paraopeba au kilom. 142 et arrive à la source de son affluent S. Domingos de Ubá, puis de ce point à la ligne du centre, 5 kilom. 400 en avant d'Ubaense et à la cote 369m,500. Dans tout ce trajet, elle franchit la garganta das Posses, du Fialho do Gonzagua, dans laquelle on a uniquement employé les rampes de 2 0/0.

Elle laisse dans son passage le torrent de Bóa Esperança, le ruisseau du Macaco, la vallée das Posses et celle du S. Domingos. Sa longueur est de 40 kilom. 720 d'un tracé en général facile ; elle a deux stations en briques couvertes de tuiles, celle de Piraúba au kilom. 126 et celle de Tocantins au kilom. 143,240, qui desservent les cultures de S. Domingos, Posses, Alto-Macaco, Serra du Bomjardim, Alto Paraopeba, Tocantins et Pedra Branca. Il y a un réservoir d'eau à Piraúba.

Le sous-embranchement de Pomba part également de Guarany, et côtoyant toujours le rio Pomba, traverse le Formoso au kilom. 22 sur un pont à superstructure métallique de 22 mètres d'ouverture libre. Il a une longueur de 27 kilom. 340 jusqu'à la ville de Pomba ; le tracé est plus ou moins laborieux, avec des déclivités de 2 0/0. Il parcourt la vallée du torrent S. Luiz jusqu'au col de Marianno Furtado, côtoie le torrent S. Mathias, traverse le ruisseau de Passa Cinco et les gargantas du Carvalho, de João Velho et de Néca-Alves. Ses deux stations Passa Cinco, au kilom. 17,750 et Pomba au kilom. 27,340 (celle-ci à la cote 426m500), desservent les localités de Pomba, Merces, Dores, S. Manoel et Tijuco.

Le RAMEAU DU MURIAHÉ a un grand avenir, par la fertilité extrême des contrées qu'il traverse et dessert. J'ai néanmoins peu de données nouvelles à fournir, en dehors de celles qu'on a trouvées à la nomenclature des stations. Il semble que l'importance de cette ligne ait été surtout aperçue quand elle a atteint la province de Rio dont elle traverse un lambeau, après Patrocinio; une fois résolu, le conflit qu'avait suscité cet envahissement par un chemin exclusivement mineiro du territoire de la province voisine, on s'est préoccupé de la direction qu'il devait prendre pour donner une issue à la région du Manhuassú. La question est encore pendante, et il n'est pas sûr que la Leopoldina ne s'arrête pas à Santa Luzia du Carangola, puisque la ligne de Benevente en construction, va justement ouvrir la sortie par Espirito Santo, et même par le port de Victoria, outre celui de Benevente.

Je crois utile toutefois de spécifier les conditions des derniers kilomètres du tracé, car en Europe lorsqu'on s'est occupé de la Benevente, on paraissait peu fixé sur la topographie de son point terminus.

De Patrocinio, la ligne quitte le Muriahé pour remonter un affluent de gauche, le Gavião, dont elle s'éloigne bientôt. à partir de la station d'Antonio Prado, au kilom. 90,894. pour gravir la serra du Gavião, qu'elle franchit au kilom. 91 ; elle en descend l'autre versant jusqu'au kilom. 97,500 avec une pente de 2 0/0 et un palier de 400 mètres, traverse le ruisseau da Perdição, le longe jusqu'au kilom. 105, avec de faibles rampes et à niveau; là elle traverse le Rio Carangola près du village de Santo Antonio du Carangola, remonte ensuite le Cahelé par sa rive droite avec des rampes de 1 1/2 à 2 0/0 jusqu'à ses sources au kilom. 14,500, un peu avant Tombos du Carangola, continue en remontant un petit affluent qui débouche un peu au-dessous des grandes cachoeiras ou chûtes du Carangola, et entre dans le village de Tombos, où la station se trouve située au kilom. 113,806 et à 274m,920 au-dessus du niveau de la mer.

Cette station a été ouverte au trafic le 12 décembre 1886. En janvier 1887, était inaugurée celle de Faria-Lemos, au kilom. 131,408, sur le Rio Sam Matheus, affluent de tête du Carangola ; la ligne remonte ensuite ce ruisseau, le traverse au kilom. 134 sur un pont remarquable, puis gagne la gorge de Monte-Verde au kilom. 139, son point le plus élevé, 386 mètres. Au kilom. 142, elle suit de nouveau la vallée du Carangola où l'on jouit d'un panorama magnifique et au fond de laquelle se montre la chute du Berto, qu'on aperçoit, grâce aux courbes, de tous les points de la voie. La station au kilom. 150,298, est sur le Rio Carangola, en face de la ville de Santa Luzia, à la cote 300 mètres.

Plus loin, si la ligne est prolongée, elle se dirigera vers le Rio S. João, source de l'Itabapoana, et remontant cette rivière, s'accotera à la serra du Caparão, gagnera de là les sources du rio José-Pedro dont elle descendra la vallée, puis celle du Manhuassú, dans lequel il se jette, jusqu'à Sam Lourenço du Manhuassú. On voulait jadis qu'elle poursuivit la descente de cette grande rivière jusqu'à son confluent avec le Rio Doce, près de Natividade, dans Espirito Santo, où ce dernier fleuve devient navigable. Il y aurait encore de cette façon 300 kilomètres à construire.

Ce territoire, à vrai dire, est déjà assez peuplé et exploité. Dès 1887, après l'inauguration de la station de Santa Luzia qui eut lieu le 14 août, on signalait l'existence de quelques noyaux de colons suisses, venus de Cantagallo et de Friburgo, par les vallées des rios S. Luiz et Jequitibá, affluents, plus occidentaux que le José Pedro, du Manhuassú. Dans les derniers mois, quand s'avançaient vers Santa Luzia les rails de la Leopoldina, un grand nombre de propriétaires, abandonnant la province de Rio, avaient émigré vers ces *mattas*, suivis par beaucoup de familles de travailleurs brésiliens. Les premiers y avaient acheté des terres soit à l'État, soit aux particuliers ; les autres s'étaient répandus dans les forêts, et par la hache ou le feu avaient défriché le sol, préparant l'établissement de petits centres coloniaux. C'est d'ailleurs une habitude bien prise par cette catégorie de Brésiliens, de défricher tant bien que mal de semblables terrains, puis de vendre, non pas le sol qui ne leur appartient pas et qu'ils ne considèrent pas non plus comme leur propriété, mais les *bemfeitorias*, les améliorations qu'ils y ont réalisées. Circonstance heureuse pour les immigrants étrangers peu aptes à ces premiers travaux préparatoires du terrain.

Un autre ramal d'un grand avenir que la *Leopoldina* a acheté à la province de Rio, en même temps que la ligne principale de Cantagallo, c'est celui qu'on appelle du RIO BONITO, et qui n'est autre que la ligne de Nitherohy à Macahé. C'est aussi une ligne à voie de 1^m,40. Elle part de Porto das Caixas, au kilom. 34,480, et se dirige vers la ville de Rio Bonito, en remontant cet affluent du Macacú, dont elle traverse plusieurs tributaires de gauche, dont le rio dos Indios, franchit cet affluent, puis le rio Cassarebú, pour suivre la vallée de son tributaire de droite le Rio Bonito, et atteint la gare de ce nom à 63 kilom. 626 depuis Nitherohy. La ville est située en face sur une jolie petite colline.

La voie, qui est là à la cote 50^m,20, commence à s'élever jusqu'à ce qu'elle gravisse à la cote 64 le col de la ligne de partage des eaux du Rio Bonito et de la rivière Posse ou Bacaxá, ligne qui sépare les deux grands bassins du rio Macacú et du S. João. C'est de celui-ci que le chemin de fer coupe transversalement les plus importants cours d'eau sur une longueur de 81^k,300, depuis celle da *Bocaina* jusqu'à celle du Purgatorio, qui sépare les eaux du S. João de celle du rio Macahé.

En sortant de Rio Bonito, la voie passe pendant 1 kil. à travers les jardins de la ville et des terrains de l'État, elle suit le rio jusqu'au kilom. 65,626, le laisse sur sa gauche au kilom. 66,426, atteint le col de partage du Rio Bonito et de la Posse, puis descend à la cote 42^m,03, à laquelle elle traverse le Rio da Posse dans une droite de près de 2 kilom.;

c'est au kilom. 71,966. De nouveau la voie s'élève pour franchir au kilom. 74,626 la garganta des créoles (*dos crioulos*), partage des eaux de la Posse et du Capivary, tous deux affluents du S. João, et dans laquelle nait le ruisseau du même nom, que la voie suit jusqu'au kilom. 77,626. Elle redescend jusqu'au delà de Capivary, au kilom. 95,626, où sa cote n'est plus que de 9 mètres. Le terrain est là extrêmement bas, et la voie passe devant le lac Juturnahyba. Pendant cette longue descente, la voie a dû traverser quelques contreforts séparant les affluents du Capivary; par exemple, le col du Chico Fereira à l'entrée du Campo das Eguas (des juments) ou du Ribeiro; celui da Cruz, où est la station de Cesario Alvim, kilom 81,326, à l'extrémité dudit Campo das Eguas, et enfin celui de Donna Edwiges, où l'on a pratiqué une tranchée haute de 7 mètres.

Au kilom. 90,046, la ligne atteint la ville de Capivary, et un peu plusloin franchit le rio de ce nom au kilom. 91,886.

A partir du kilom. 95,626, elle gravit la garganta da Ilhota, qu'elle traverse au kilom. 96,926, à la cote 13^{m},4, descend jusqu'à la cote 8 et, pour arriver à la vallée du S. João, est obligée de franchir plusieurs contreforts des monts de cette localité appelée Ilhota, entre autres les gargantas Quinca Carvalho, kilom. 105,626, et Estanislão kilom. 106,626. Pour mieux servir les intérêts de S. Vicente de Paula, Araruama, et autres bourgs de ce canton, la ligne touche au superbe lac de Juturnahyba, au bord duquel est située la station de ce nom, au kilom. 100,407. Elle s'est dans ce but allongée de 3,840 mètres sur sa direction normale.

Arrivée au S. João, kilom. 108,326, dont sont tributaires tous les rios traversés, sauf le Rio Bonito, à une extrémité et le Jundiá à l'autre, la ligne se dirige vers un point indiqué par son importance actuelle, le Indayassú. Pour l'atteindre, il fallait chercher une direction, qui, sans s'écarter du plan général, demeurât assez économique au double point de vue de la construction et de l'entretien de la voie. Après avoir franchi le S. João au kilom. 108,626, elle passe au milieu des campos do Madruga, sur lesquels est située la station du Poço d'Anta, kilom. 110,166, qui dessert la localité de ce nom, et quelques autres comme Bananeira et Correntezas; elle passe ensuite par des terrains beaucoup plus hauts que ceux de sa droite, qui sont de vrais marécages, et que la carte de la province désigne même sous le nom de Pantanos (marais) du S. João, incultes d'ailleurs et éloignés de la zone productrice, tout entière située sur la gauche. De S. João à Indayassú, la ligne traverse les rios Agua Preta, kilom. 115,626, Capoeira, kilom. 116,626, Aldea Velha, kilom. 118,626, et Ipiabas, kilom. 121,626.

Sur une grande étendue, ces vallées n'offrent que des différences de niveau insignifiantes. Dans ce tronçon, la voie s'élève graduellement jusqu'à l'Indayassú, dont la cote est 27. Au sortir de la station d'Indayassú, kilom. 126,522, elle s'éloigne un peu de la direction générale, cherchant la pointe sud d'un grand contrefort de la Cordillière qui traverse la province du sud-ouest au nord-est. Ce contrefort, appelé serra de S. Braz, s'avance d'une façon prononcée vers le sud, coupant la directrice de la ligne; on a dû, en conséquence, imprimer à celle-ci la déviation angulaire que l'on remarque entre Indayassú et la Fazenda da União. De Indayassú au Rio Dourado, la voie descend graduellement jusqu'à la cote 13, à laquelle elle franchit cette dernière rivière. Comme dans les tronçons précédemment décrits, la ligne va toujours franchissant de petites gargantas, qui séparent les torrents et ruisseaux qu'elle traverse; entre autres le Boa Vista au kilom. 125,626, le Indayassú au kilom. 12,6626, le Lontra au kilom. 132,626, le S. Braz au kilom. 138,626, le Agua Negra au kilom. 139.626, et le Alambique au kilom. 140,626.

Franchissant le rio Dourado sur un pont de 16 mètres d'ouverture, à la cote 13, elle suit la vallée de son affluent de gauche, le Ribeirão do Riachão; elle la monte, par de grands alignements droits et de petites déclivités, le traversant trois fois jusqu'au kilom. 144,626 où elle abandonne sa vallée pour suivre celle d'un petit tributaire de gauche, par laquelle elle continue de monter jusqu'au kilom. 146,626, point culminant d'une petite garganta divisant les eaux du Rio Dourado de celles qui vont au bas-fond voisin du Rio S. João. Par la vallée d'un petit torrent et rongeant les ramifications qui descendent de la serra, elle se développe ensuite jusqu'au col de partage du S. João et du Rio Macahé, au kilom. 147,626 et à la cote 32.

Ce col est franchi par une tranchée dont le palier a plus de 100 mètres de long; la voie descend ensuite le ravin d'un petit torrent tributaire de droite du Ribeirão do Purgatorio, — ce sont déjà des eaux du Macahé, — suit ce torrent jusqu'à son confluent avec ce Ribeirão et traverse celui-ci à la cote 22 et au kilom. 150,626, sur un pont d'une ouverture de 6 mètres. Les eaux de ce ruisseau s'endiguent normalement et constituent jusqu'à son déversement dans le Macahé les marais appelés Purgatorio.

La voie arrive aussitôt après à la station Rocha Leão, kilom. 150,995, cote 22,5, laquelle est à 3 lieues environ de la ville de Barra de S. João, qu'elle doit desservir, en même temps que les exploitations agricoles des pentes de la serra du Iriry et de la serra do Mar, dans les localités appelées Bom Successo, Carreira Cumprida, Goiabal, Sanna et Cachoeiras.

Au delà de la station de Rocha Leão, le tracé traverse encore des marais qui constituent des bras du Purgatorio et cherche le versant de la serra du Iriry, sur lequel il se développe avec une pente maxima de 1 0/0 jusqu'à ce qu'il franchisse la garganta de ce nom, où la ligne passe par une tranchée longue de 324 mètres et d'une hauteur moyenne de 8,75. Cette tranchée est au kilom. 154,629 et à la cote 37. La ligne passe à ce point du bassin du rio Macahé dans celui du rio das Ostras.

De là, elle passe dans la vallée du rio Jundiá, tributaire du dernier et descend jusqu'à la plaine qu'elle traverse avec de grands alignements droits, laissant à sa droite la serra du Iriry, et longeant le cours du rio Jundiá, qu'elle franchit ensuite à la cote 20 et au kilom. 157,626 sur un pont de 12 mètres d'ouverture; elle suit un de ses petits affluents de gauche jusqu'au point de partage des eaux de ce rio et de celle du Ribeirão de Santo Antonio ou Imboassica, tout près de la station de California, kilom. 160,403, cote 23,6.

Cette station dessert l'importante bourgade das Neves, du canton de Macahé, et une grande partie du canton de Barra de S. João, dans la vallée du Rio das Ostras.

Après la station de California, la ligne descend par la vallée du ruisseau de Santo Antonio qu'elle traverse au kilom. 162,126 à la cote 17, laisse aussitôt cette vallée, pour abréger la distance et, franchissant d'abord une petite garganta au point de partage de deux petits affluents, elle traverse ensuite le col appelé Santo Antonio, par une tranchée haute de 8 mètres, à la cote 27 et au kilom. 164,626. Dès lors, elle se développe à la base de la montagne de Santo Antonio et atteint un petit torrent, qui se jette dans la lagune de Imboassica, le traverse, franchit une nouvelle garganta au kilom. 167,826, à la cote 160, et descend jusqu'à la station d'Imboassica, kilom. 168,833, cote 5,60, au bord de la lagune du même nom.

Alors, toujours pour abréger la distance, la ligne abandonne la rive du lac, coupe de petits contreforts des montagnes qui le bordent sur la gauche, et revient à la rive du lac au kilom. 172,626, à la cote de 4 mètres. Là, sur de longs remblais et par des alignements droits, elle traverse non seulement deux bras du lac, jusqu'au kilom. 174,626, mais elle s'en éloigne pour gagner le tertre sablonneux du rivage maritime, où elle est à la cote 7m,60. Elle suit ces dunes jusqu'au kilom. 177,626, longeant la plage, puis descend jusqu'à la cote 3m,30 dans le bassin où est bâtie la ville de Macahé. Au kilom. 179,626, elle croise le chemin de fer de Macahé à Campos, puis le suit parallèlement jusqu'à la gare de Macahé, au kilom. 180,833.

La cote de cette gare n'est que de 2 mètres.

La plupart des travées métalliques des ponts de cette

ligne ont été fournies par l'usine française de Fives-Lille.

De Rio Bonito jusqu'à Macahé, cette ligne n'est ouverte au trafic que depuis le 3 novembre 1888. On ne saurait donc encore produire de statistique de son exploitation pour les 118 kilomètres qui séparent ces deux points.

Macahé et Campos. La Compagnie de ce nom s'est fait un petit réseau par cette ligne qu'elle a construite, en vertu d'une concession du gouvernement provincial de Rio de Janeiro, sans subvention ni garantie d'intérêts, et par l'achat des 2 lignes de Santo Antonio de Padua et de Campos S. Sebastião.

Sa ligne principale a été achevée le 13 juin 1875.

Elle part de Imbetiba, port de mer situé un peu au sud de Macahé, et où est installée ce qu'on peut appeler la gare maritime de cette ville, et prenant la direction générale du nord-est, touche à cette ville et se développe par des pentes très douces sur des plaines qui s'étendent jusqu'à Campos.

Dans sa plus grande longueur, elle est construite sur des marécages et des terrains noyés, mais son lit a été parfaitement et soigneusement consolidé; il traverse trois cours d'eau; le rio Macahé sur un pont en fer de 52 mètres d'ouverture, le rio Macabú sur un pont en fer à pilliers, de 48 mètres, le rio Ururahy qu'il franchit deux fois.

Au port d'Imbetiba, il y a deux estacades où accostent les navires; un brise-lames dirigé du nord au sud, de 94 mètres, protège l'entrée. Cet ouvrage en bois, sur chevalets, a été prolongé de 66 mètres.

A la station de Macabú, au kilom. 47, est l'embranchement du baron de Araruama sur la gauche, et la ligne agricole de l'usine centrale sucrière de Quissaman sur la droite. Tous deux sont à voie de $0^m,95$ comme la ligne à laquelle ils se raccordent. D'Ururahy, part une petite ligne desservant l'usine sucrière de Cupim, distante de 7 kilomètres.

D'Imbetiba à Campos, la longueur de la ligne est de 96 kilom. 500.

La ligne appelée du Baron de Araruama, au sortir de la bifurcation de Macabú, dans le canton de Macahé, remonte la vallée du rio Macabú, franchit cette rivière, et pénètre dans le canton de Santa Maria Magdalena; elle s'était arrêtée après 40 kilom. 500 à Triumpho, au pied de la Serra de Santa Maria Magdalena; elle traverse jusque-là des terrains unis et extrêmement fertiles, très grands producteurs de café surtout.

Mais elle ne pouvait demeurer ainsi écourtée et la loi budgétaire de 1889 a accordé une garantie de 6 0/0 sur le coût kilométrique maximum de 30,000 $ pour la prolonger à travers la Serra par la vallée du Macabú jusqu'à ce qu'elle se raccorde avec la ligne de Cantagallo, à Macuco, ligne qui fait maintenant partie du réseau de la Leopoldina. Ce prolongement qui est en construction, part de Triumpho, terminus de la section exploitée, suit le versant de la Serra du Macabú, qu'il franchit au kilom. 66 avec une différence de niveau de 633 mètres; ensuite il pénètre dans le village de S. João Evangelista da Ventania, situé aux sources du Rio Imbé. Jusqu'au kilom. 70 il reste sur le plateau de la Serra, puis il descend par le torrent du Barro-Alto et le Ribeirão das Neves, dans la direction du Rio Grande, qu'il atteint au kilom. 90, après une descente de 420 mètres.

De ce point, où s'opère le confluent du Ribeirão das Neves et du Rio Grande, la ligne suit le cours de celui-ci jusqu'au kilom. 91, après l'avoir franchi 2 kilomètres auparavant; s'éloignant de la rivière, elle gagne la Serra de S. Sebastião, dont elle coupe divers contreforts et qu'elle franchit au kilom. 107 par la garganta basse de la Tocaia, qui sépare cette Serra de celle de « Deus me livre »; l'altitude y est de 156 mètres.

Pénétrant alors dans la vallée du torrent dos Indios, affluent du Rio Negro, elle le franchit au kilom. 117, après avoir descendu 176 mètres; elle entre ensuite dans la vallée du torrent de S. Joaquim, affluent du Rio Macuco, et le traverse au kilom. 121 avec une rampe constante de 3 0/0.

Elle continue sur la rive gauche jusqu'au *Alto* ou haut

de Menezes, où elle pénètre dans les eaux du Rio Macuco et atteint la station de ce nom, au kilom. 137, laquelle se trouve ainsi reliée aux villes de Campos et de Macahé, éloignées la première de 178 et la seconde de 187 kilom.

La première section est due à une entreprise particulière. Le kilom. a coûté tout compris 18,550 $. La recette varie de 15 à 18 contos, la dépense de 5 à 6 contos par mois. C'était une exploitation fort rénumératrice, mais la seconde section plus difficile changera un peu cette situation. Toutefois la zone desservie est si productive que ces frais supplémentaires seront promptement couverts par l'accroissement des recettes.

Il y a une petite ligne appelée RAMAL DE CANTAGALLO, qui est le prolongement de la grande ligne dite de Cantagallo; elle part de Cordeiro, bifurcation de celle-ci au kilom. 159,308. Elle passe par la ville de Cantagallo, kilom. 6,590, sur le Rio Negro, franchit celui-ci et le descend sur sa gauche, jusqu'à la fazenda de Santa Rita, dans le village de ce nom, puis gagne la fazenda das Larangeiras, en franchissant la serra de Agua Quente; de là, elle passe à Batatal, à Passagem, puis va terminer à Barbado ou Barra du rio das Areias, au confluent de celui-ci avec le Parahyba. Il suffit maintenant de construire un pont sur le Parahyba pour relier cette ligne, qui est comme dans une impasse, avec celle de Santo Antonio de Padua, dont la station de Tres-Irmãos est en face, de l'autre côté du fleuve.

Concédée en 1874 au baron de Nova Friburgo, dont elle était la propriété, elle a été par lui vendue en juillet 1888 à la compagnie de Macahé et Campos, pour une somme de 1,500,000 $. Cette dernière compagnie a entrepris aussitôt la construction du pont dont je viens de parler; le trafic de la zone descendra ainsi le Parahyba pour aller chercher à Campos le tronc principal de la ligne de Macahé, en utilisant la navigation fluviale de S. Fidelis à Campos, tant que ne sera pas construit le raccord entre ces deux points sur la rive gauche du fleuve.

La petite ligne de CAMPOS A S. SEBASTIÃO, achetée aussi par la Macahé, n'a que 20 kilomètres environ. Elle part de Campos et va jusqu'à Mineiros au sud-est de la ville, traversant un terrain constamment plat, qui n'a offert aucune difficulté à la construction; mais la zone parcourue est extrêmement fertile, c'est un district à sucre et à céréales; les usines sucrières y foisonnent. Elle est raccordée en chemin avec celle de S. Gonçalo, près du kilomètre 10. Celle-ci s'appelle S. *José* et appartient à MM. João Ribeiro de Azevedo et Cie. Elle produit en 113 jours de travail 14,000 arrobes ou 210,000 kilogrammes de sucre. Sa capacité est de 5,250 kilogrammes par jour. Elle possède pour son service 1 locomotive, 56 wagons et 4 ½ kilomètres de chemins de fer agricole.

La ligne de SANTO ANTONIO DE PADUA part de S. Fidelis, ville située sur la rive gauche du Parahyba, remonte la vallée de ce fleuve pendant 34 kilomètres, en traversant de petites localités comme Pedra d'Agua, Coqueiros, Vallão d'Antas et Tres Irmãos. Elle laisse le Parahyba sur sa gauche à ce dernier point, pour remonter sur la gauche son grand affluent le rio da Pomba, traverse le village das Frecheiras, la ville de Santo Antonio de Padua, le village de Brotos, et termine présentement à Miracema, avec une longueur de 92 kilom. 740, en pleine serra das Frecheiras, à la limite des provinces de Minas et de Rio de Janeiro. Toute cette zone est éminemment fertile; elle produit plus spécialement la canne à sucre et les céréales. Les usines y sont nombreuses.

On me permettra d'extraire ici quelques passages d'une lettre publiée au commencement de 1888 par M. le baron de S. Geraldo, président de la Compagnie Leopoldina :

« Dans la rapide visite que nous venons de faire aux lignes convergeant vers Campos, cette pittoresque cité, nous avons eu l'occasion de visiter les usines et sucreries de Quissamã et Pureza. Je n'ajouterai rien à ce que l'on sait de la première, œuvre de la force, de volonté et de la famille Quissamã. Pureza est la propriété de la maison de commerce Furquim Joppert et Cie et de Raphaël Sanches. Située à 16 kilomètres de la station de Luca (ligne de S. Fidelis), elle est placée en face de Pureza, sur la rive du Parahyba, où les transports sont faits sur des bateaux à roues. Le Parahyba a là 400 mètres de large.

« En octobre 1884, les propriétaires de l'usine ont acheté la fazenda des Marinhas, avec une contenance de 477 alqueires (de 75 brasses carrées) pour 80 contos. Ils y ont construit l'usine Pureza; ils l'ont inaugurée en octobre 1885. A côté de l'usine, d'une construction élégante, on trouve une chapelle sur une éminence, une maison de commerce bien garnie, une boulangerie fournissant les travailleurs, une maison d'habitation (l'ancienne de la fazenda) contenant les bureaux et la résidence de l'ingénieur-gérant, puis les maisons des ouvriers et des travailleurs. Voici le mouvement de cette usine :

En 1885, elle a broyé	2.321	tonnes de cannes.
1886	—	7.051	—
1887	—	25.000	—

« Cette année elle espère broyer 35,000 tonnes. Sur les terres de sa propriété, elle a une colonie et possède 26 kilomètres de rails et 24 raccordements (4 kilomètres) pour faciliter le chargement de la canne.

« Ces lignes sont ainsi réparties : 13 kilomètres à la colonie, 2 à Pomar et 11 à Boaia. Les deux premières servent aux colons et aux planteurs de cannes des terres de l'usine; celle de Boaia dessert la fazenda de ce nom.

« L'usine broie 200 à 230 tonnes par vingt-quatre heures. Les propriétaires ont préféré acheter cette dernière fazenda pour s'assurer le grand nombre des bras libres qui s'y trouvaient disponibles. M. Louis Fortier, l'ingénieur-gérant, nous a appris que sur les 25,000 tonnes broyées cette année, 15,000 sont le produit du travail libre et 10,000 du travail esclave. Le système adopté est celui-ci : le colon défriche le bois, plante la canne et ensuite la livre aux embranchements de la ligne, faisant lui-même le chargement des wagonnets : il reçoit 4 $ par tonne de cannes, de façon que l'usine réglant à 6 $ la tonne pour les planteurs de ses terres, le colon reçoit 2 $. Les cannes sont amenées à l'usine sur des charrettes traînées par des bœufs, quand il faut descendre des monticules où il n'y a pas de rails. Les maisons des colons sont frustes, à peine closes, couvertes de tuiles; l'usine fournit les tuiles et le bois, et les colons les construisent à leur guise: ils ne touchent aucune indemnité quand ils s'en vont. Ils ont la faculté de planter des céréales pour leur propre alimentation dans les champs de cannes ou ailleurs, sans aucune redevance à l'usine.

« Il en est aussi qui prennent une plus grande étendue de terrain pour recevoir de l'usine les 4 $ par tonne, et qui y entretiennent des travailleurs à leur compte, moyennant un salaire mensuel de 20 à 24 $. Les travailleurs doivent être au travail dès l'aurore jusqu'à la tombée de la nuit; ils ont deux heures de répit pour manger; on leur fournit la nourriture, café le matin, à midi et le soir déjeuner et dîner avec haricots, viande sèche et bouillie de farine de maïs. Ces colons sont très mêlés : il y a des étrangers résidant en ce pays depuis des années, Suisses, Portugais, quelques Français et beaucoup d'indigènes. »

Campos a Carangola. Cette ligne appartient à la Cie de Carangola, qui jouit d'une garantie de l'État de 7 % sur un capital de 7,000 contos. Elle part de la rive gauche du Parahyba, en face du centre de la ville de Campos, à laquelle la relie un beau pont en fer, ainsi que des tramways et les rails de raccord de la Cie de Macahé; puis elle prend la direction du sud au nord qu'elle conserve jusqu'à Santo Eduardo, sur la rive droite du rio de ce nom, affluent de l'Itabapoana, limite des provinces de Rio de Janeiro et de Espirito Santo.

Ce tracé est celui de la direction vers l'Itapemirim.

Mais à partir de Murundú, au kilom. 50, celui de la ligne dite de Carangola se dirige à l'ouest à travers la serra da Onça vers le Muriahé, qu'il atteint à Cachoeira, au kilomètre 73,801. Il remonte ce cours d'eau jusqu'à la barre du Carangola, remonte la rive gauche de ce dernier, jusqu'à Santo Antonio de Carangola, au kilom. 163,906, 35 kilomètres environ après avoir dépassé la station de Porto-Alegre du voisinage de laquelle part (Retiro) l'embranchement de Patrocinio. Celui-ci longe le Muriahé qu'il remonte jusqu'à Poço Fundo, à la limite de la province de Minas, en face de Patrocinio, gare du ramal du Muriahé de la Leopoldina, à laquelle il se raccorde. Il traverse le village de Nossa Senhora da Lage et n'a que 38 kilomètres.

La station de Porto Alegre est en face du bourg de S. José de Avahy; Santo Antonio de Carangola, le terminus actuel de la ligne alors que son objectif décrété est Tombos, est une importante localité assez commerçante et prospère, sur le rio, au point où celui-ci reçoit le ruisseau da Perdição.

J'ai déjà dit que le RAMAL DE L'ITABAPOANA, se dirigeant tout droit au nord, s'arrête actuellement à la rive droite du rio Santo Eduardo, dans la localité de ce nom, deux lieues au-dessus de la ville de Limeira, l'objectif primitivement fixé; de là, franchissant l'Itabapoana, il doit être prolongé de 84 kilomètres environ sur Cachoeiro de Itapemirim, dans la province de Espirito Santo.

Au 1er janvier 1888, les 223 kilomètres de la Cie de Carangola avaient coûté pour leur établissement 6,466,507 $ 431, soit en moyenne 29,010 $ 019 par kilomètre. Le capital de la compagnie est de 10,000 contos, dont 6,000 jouissent de la garantie de 7 % de la part de l'État. Il a été réalisé pour 2,543,600 $ en actions et pour 4,616,256 $ 669 en obligations, dont 3,188,666 $ 669 émises à Londres, de 5 1/2 %, et 1,477,600 $ émises à Rio de Janeiro, de 6 1/2 %, les unes et les autres subissant l'amortissement annuel de 1 1/2 %. Il reste sur ce capital à consolider 2,840,133 $ 331.

En 1887, la Cie avait transporté 56,602 voyageurs, 350 tonnes de bagages, 3,091 animaux et 30,010 tonnes de marchandises, dont 8,505 de café, 2,309 de sucre, 605 de céréales, 47 de tabac, 977 de sel et 17,567 d'articles divers.

Le mouvement financier avait été celui-ci durant ces dernières années :

	Recettes.	Dépenses.	Excédents.
1884	490.931$891	386.696$240	104.235$651
1885	681.229 330	425.318 044	255.911 286
1886	503.641 820	330.176 899	183.464 921
1887	456.331 049	403.011 741	93.310 308

Le décroissement des recettes est dû à la concurrence du ramal du Muriahé de la Leopoldina et à la pauvreté des récoltes de café.

Puisque je traite en ce moment des chemins de fer de cette région, je crois utile d'ajouter quelques mots sur la petite ligne de l'Itapemirim dans Espirito Santo, appelée aussi Cachoeiro á Alegre.

Elle a été inaugurée le 15 septembre 1887 et part de Cachoeiro du Itapemirim, le point initial de la navigation sur ce petit fleuve, pour aller gagner Alegre, 45 kilom. 500 plus loin, sur le rio Alegre, affluent de droite de l'Itapemirim ; au kilom. 21, à la station de Mattosinhos, elle détache un embranchement qui va au nord en remontant le Castello, affluent de gauche, sur 21 kilomètres.

Cette ligne jouit d'une garantie de 7 % de la province d'Espirito Santo sur un capital de 1,250,000 $. Au 31 décembre 1887, la Cie dont était président M. le comte de S. Salvador de Mattosinhos (João José dos Reis), le directeur propriétaire du journal *O Paiz*, avait reçu du trésor provincial une somme totale de 97,563 $ 861 et la Compagnie avait dépensé en tout 1,571,466 $ 910 ou 22,290 $ 310 par kilomètre.

Pour l'année 1887, la recette était de . .	22.266$650
Et la dépense	28.643 039
Laissant un déficit de.	6.376$389

Si l'on veut bien maintenant jeter un coup d'œil sur toute la région que je viens d'étudier, on verra que la viabilité commence à s'y dessiner d'une façon rationnelle. Seul l'extrême ouest de Minas est dépourvu encore, mais cette lacune sera promptement comblée. Une Compagnie construit une ligne allant de Pitanguy à Santo Antonio dos Patos presqu'à la limite de Goyaz : on étudie le prolongement du ramal d'Ouro-Preto par Marianna jusqu'à Itabirá do Matto-Dentro, vers le nord-est. La Bahia-Minas complètera le réseau de ce côté. Au sud, les mailles se resserrent et, vers le sud-ouest, la *Mogyana* sera avant peu au Paranahyba, avec ses rails projetés à travers le triangulo mineiro.

Qu'on y joigne la navigation fluviale dont j'ai déjà parlé et l'on verra que bientôt la plus grande partie de ce beau territoire ne laissera plus grand chose à désirer sous ce rapport. L'heure de la pleine mise en valeur approche donc rapidement [1].

1. Il est peut-être utile de donner ici une idée des prix auxquels on voyage sur les chemins de fer brésiliens et auxquels on se loge et se nourrit dans les hôtels des localités du réseau.

En général on peut calculer qu'on paie près de 50 reis par kilomètre en 1re classe, 25 reis en 2me classe. La plupart des lignes n'ont pas de 3me classe.

Par exemple de Rio de Janeiro à Juiz de Fóra, 276 kilom., le voyage coûte 14 $ 800 en 1re, 7 $ 600 en 2me ; 22 $ aller et retour.

De Rio à S. João d'El Rei, 464 kilom. 29 $ en 1re, 16 $ 700 en 2me.

Sur la Leopoldina, le tarif était légèrement plus élevé. De Porto Novo à Ponte Nova, 306 kilom. 16 $ 280 en 1re, 11 $ 220 en 2me.

Quant aux hôtels, les prix varient naturellement selon le luxe ou le confortable de l'établissement, selon la concurrence, sa situation plus ou moins écartée des centres d'approvisionnement et de ravitaillement. Tout à fait dans l'intérieur, la vie n'est pas chère, en revanche le confortable est assez rare. Mais dans les localités desservies par les chemins de fer ou les diligences qui en effectuent la correspondance, l'on trouve beaucoup plus de ressources ; il en est même où l'on peut sans crainte faire la comparaison avec beaucoup d'établissements européens renommés, comme ceux des villes d'eaux, et autres. Je ne puis naturellement que citer quelques exemples, afin qu'on se rende compte à peu près de ce qu'est un voyage dans l'intérieur : *Grand Hôtel Renaissance*, à Juiz de Fóra, en face la gare du D. Pedro II, très moderne, très complet, avec service de bains chauds et froids, bonne cuisine française, 4 $ par jour.

Hôtel Boa Vista, à S.-João d'El Rey, en face de la gare de l'Oeste de Minas, tenu par son propriétaire, 3 $ par jour.

Hôtel do Escorregu, à Serraria, à la bifurcation du D. Pedro II et du ramal de la Leopoldina, précieux surtout pour ceux qui, changeant de ligne, sont obligés d'attendre leur train; on a généralement 2 h. 10 pour déjeuner et 1 h. 20 pour diner : 1 $ diner sans vin, 1 $, 500 avec vin : idem pour le déjeuner; 3 $ la *diaria* ou la pension quotidienne sans vin, 4 $ avec vin.

C'est là le prix des 1res classes.

Il y a en outre la table dite des secondes; 500 reis pour le diner comme pour le déjeuner.

On y trouve des voitures et des animaux à louer pour promenades ou courses au dehors; billards, coiffeur, etc.

Hôtel S. Martinho à Rio Novo, bon et bien monté aussi. 3 $ par jour.

Dans Rio de Janeiro même, quoiqu'il y ait des maisons pour toutes les bourses, les prix ne sont pas excessifs. Au *Grand Hôtel de Santa Theresa*, par exemple, situé sur la colline de ce nom, dans une position superbe, très connu, le déjeuner coûte 2 $, le diner 3 $, quand on mange en dehors de la table d'hôte; celle-ci est bonne et moins chère.

Si l'on veut maintenant un exemple pris dans une localité lointaine, voici tout à l'extrémité de Minas, l'*Hôtel du Cass[illegible]*, à Uberaba, très honnêtement tenu; pension 3 $ par jour; déjeuner 1 $, diner 1 $ 500; bain 500 reis, lit 500 reis. De Pará à Porto-Alegre et à Rio Grande du Sud, ces prix sont les plus ordinaires dans toutes les villes brésiliennes.

XII

SAN PAULO

De Rio de Janeiro à Santos. — La vieille S. Vicente. — Le port et la ville de Santos. — Montée de la Serra, plans inclinés. — S. Paulo, la capitale, la province, description, ressources, statistique financière et commerciale. — Les chemins de fer paulistes et les zones qu'ils desservent ; exploration des réseaux. — L'industrie, l'agriculture de la province. — La viticulture. — Colonies naissantes, immigration.

On peut aujourd'hui faire le voyage de Rio de Janeiro à S. Paulo dans la même journée. De la gare centrale du D. Pedro II à la gare du Nord de S. Paulo, il y a 497 kilomètres, qu'on franchit en 12 heures. On peut partir le matin de Rio à 6 heures et à 6 heures 10 du soir l'on arrivera à S. Paulo.

Si l'on préfère la voie de mer, on emploiera 18 heures par les petits paquebots de la Compagnie nationale, 12 à 14 heures par les paquebots transatlantiques : Royal Mail, Chargeurs Réunis, United States and Brasil Mail, Hambourgeoise, pour se rendre à Santos d'où le chemin de fer de la Compagnie anglaise conduit en moins de 3 heures à la capitale de la province.

Prenons, si vous le voulez bien, cette dernière route, qui nous permettra d'examiner la côte et de nous faire de la contrée une idée plus exacte, car en y pénétrant après avoir quitté le paquebot, nous n'aurons pas l'esprit assiégé par les visions successives des paysages de la province de Rio de Janeiro.

La côte offre ici un aspect plus accidenté que dans tout le reste du Brésil. Les serras de Jacarépagua et du Bangú en courant perpendiculairement à la côte, y viennent mourir par la pointe de Guaratiba, contrefort véritable des chaines qui entourent Rio de Janeiro et qui n'a pas moins sur le rivage de 800 pieds de hauteur. Continuant la côte droit à l'ouest, l'autre côté de l'embouchure du rio Cabussú, s'allonge, étroite, basse, couverte de palétuviers, l'île sablonneuse de Marambaia, mais qui, à son extrémité occidentale, forme une colline haute de 700 pieds. L'Ilha Grande, 13 kilomètres plus loin, continue sensiblement la même ligne, qui se termine, à 20 kilomètres au delà de cette île, à la pointe de Joatinga, contrefort en retour de la Serra do Mar et dont le pic final n'a pas moins de 1,091 mètres de hauteur.

Au dedans de la ligne ainsi déterminée, le continent se creuse et forme l'immense baie d'Angra dos Reis, large d'environ 135 kilomètres, entre Guaratiba et Paraty. L'Ilha Grande où est le lazaret de Rio de Janeiro est triangulaire et fort élevée. La serra qui la traverse de l'est à l'ouest a au moins 1,000 mètres. Elle a 17 milles en ce sens et 7 1/2 du nord au sud.

La province de S. Paulo commence dès que l'on a dépassé Paraty, dont l'eau-de-vie de canne a ici la réputation de celle de Cognac en France. Le rivage est constamment serré de près et dominé à une grande hauteur par la Serra do Mar, dont les falaises abruptes sont littéralement baignées par le flot. On range Ubatuba, joli port dans une anfractuosité de cette serra, puis l'Ilha dos Porcos Grande, dotée d'un bon mouillage et de terres appropriées à diverses cultures, et enfin quand on se heurte à un contrefort puissant de la serra qui s'avance en cap dans l'Océan, on voit s'en détacher, séparée par le petit détroit de Toque-Toque, l'île de S. Sebastião, oblongue, ou plutôt carrée au nord avec deux branches divergentes au sud-est, de même taille que l'Ilha grande, couvertes de forêts que ses montagnes élèvent jusqu'à 1,301 mètres, remplies de cascades, et fort riche par la variété de ses productions.

La côte devient encore un peu concave, en gardant son même aspect farouche et verdoyant; puis de la pointe de Sapituba de l'île S. Sebastião, en suivant presque exactement vers l'ouest le 24e parallèle, à la pointe Manduba de l'île de Santo Amaro, on arrive à la barre donnant accès dans la baie de Santos, qui s'étend à l'ouest jusqu'à la pointe de Taipû, sur le continent. Cette baie est l'avant-port de Santos; elle offre aux plus grands navires des fonds de vase avec 16 à 40 mètres d'eau. Le port n'est que l'estuaire de divers rios descendus de la serra et dont le principal est le rio Cubatão. L'anse autour de laquelle est bâtie Santos appartient à l'île de S. Vicente, jadis appelée *Morpion* par les aborigènes, et en occupe la partie nord-est, tandis que l'ancienne ville coloniale de S. Vicente est au sud-sud-ouest. De l'autre côté de la Barra Grande, est l'île de Santo-Amaro, à l'est, séparée de la terre ferme par le canal da Bertioga: cette île a 30 kilomètres de long sur 20 de largeur minima; elle s'appelait jadis Guahyba, du nom du canal qui la sépare de Santos à l'ouest, et constitue la Barra Grande.

São Vicente fut l'objet d'une tentative de colonisation dès l'année 1502; elle devint le siège d'une grande capitainerie; dès 1553, les Jésuites y avaient un collège et, l'année suivante, ils inauguraient entre les rivières Tamanduatehy et Anhangabaû celui qu'ils appelèrent S. Paulo, et qui est devenu la capitale de la province, en lui donnant son nom.

João Ramalho et quelques autres Portugais naufragés s'étaient établis sur ce littoral, tant à S. Vicente qu'à Piratininga et avaient épousé des femmes indiennes; de ces unions est sortie la race métisse des *Mamelucos*, bouillante, énergique, entreprenante et indomptable: c'est à cette race qu'appartenaient ces *Sertanejos* de Sam Paulo qui ont pris dans l'histoire du Brésil une place légendaire quand leurs *bandeiras* (expéditions) se répandirent dans tout l'intérieur du pays, des rives du Paraná à celles de l'Amazone, conquérant chemin faisant les provinces, découvrant les mines d'or, les gisements de pierres précieuses et soumettant tout le Brésil à l'autorité du roi de Portugal. Ces *bandeirantes* ont merveilleusement exploré toute cette immense contrée ; on retrouve à chaque pas leurs traces et leurs créations. La race *caboclo* ou *mameluco* qui est le vrai fond de la population à l'intérieur n'est autre chose que celle qu'ils ont créée et dont ils ont fait un groupe ethnique absolument spécial. Même aujourd'hui les *Paulistas* sont fiers de descendre de ces rudes *Sertanejos mamelucos* ; leur chauvinisme en tire grand orgueil et leurs actes ont prouvé que cet orgueil est bien souvent légitime. (Mameluco vient de *membyruca*, fils de femme indienne.)

La petite ville de Sam Vicente, fondée sur les conseils du Portugais indianisé, João Ramalho, par Martim Affonso, capitaine général, au sud-sud-ouest de l'île *Engaguassú* ou *Morpian* fut promptement emportée par la marée. On la déplaça de la plage d'Itararé, où elle avait été bâtie d'abord, à l'endroit où elle est aujourd'hui. Elle fut découronnée de son titre de capitale en 1681 ; S. Paulo hérita de ce rang, et la ville plus nouvelle de Santos attira dans ses murs tous ses éléments d'activité et de développement.

Actuellement S. Vicente a un peu plus de 1,800 âmes. Ce n'est plus qu'une bourgade qui a conservé ses franchises de ville plutôt par le respect de la tradition historique qu'en raison de son importance. Elle renaît un peu depuis 1875, époque à laquelle on a ouvert un tramway de 9 kilomètres qui la relie à Santos. Ce tramway qui est traîné par des locomotives, a fait de S. Vicente le Botafogo des Santistas. Beaucoup y demeurent et prennent le bond pour aller en ville à leurs affaires ; ce mouvement a renouvelé l'aspect de S. Vicente, qui est maintenant une jolie bourgade, bien tracée, bien bâtie, entourée de beaux jardins, où s'épanouissent les splendeurs de la flore tropicale : station de bains de mer, fort connue, à laquelle on envoie les convalescents, tous ceux qui ont besoin d'un air pur, sec et constamment renouvelé par la brise de mer.

Santos, à l'extrémité nord-est de la même île, est séparé de S. Vicente par diverses serras, dont la principale s'appelle Montserrate. Le port, choisi par son fondateur, Braz Cubas, en 1543, est un repli du *lagamar* ou lac maritime formé par l'estuaire des petits rios débouchant en avant des îles. Cet endroit était bien nommé par les indigènes *Engaguassú* ou grand mortier, car c'est un véritable entonnoir dont les montagnes délimitent les contours. La ville est dans une vaste plaine, sur laquelle elle étend ses rues larges, droites, parfaitement alignées. Il reste toutefois encore quelques anciennes ruelles tortueuses pour lui garder un cachet propre. Ses places sont la plupart plantées en jardins; certaines voies, la rue Octaviana entre autres, sont bordées de jolies villas demi-cachées par les plantes grimpantes et les fleurs.

Au Brésil, on dit volontiers que Santos est un séjour peu salubre. Certes il y fait bien chaud, et la situation de la ville au fond de l'entonnoir que j'indiquais tout à l'heure, fait comprendre cette température élevée. S. Vicente est comme Santos borné au nord, à l'ouest et à l'est, par le grand cirque de montagnes, mais au sud-est et au sud, il est largement ouvert sur la mer, dont la brise le rafraîchit régulièrement. Du côté de l'Océan, Santos a derrière lui les *outeiros* de l'île *Engaguassú, Morpian* ou S. Vicente, comme on l'a successivement appelée, en sorte que la brise n'y peut arriver qu'en remontant le fil de l'eau dans la Barra Grande. Si cette circonstance abrite admirablement contre tous les vents les navires ancrés dans son port, elle permet au soleil tropical d'échauffer fortement les eaux de ce dernier et de causer aux Santistas une impression, ou plutôt une oppression d'étouffement très désagréable.

Tout cela prouve que c'est une cité d'affaires, d'où il y a peut-être plus d'agrément à s'éloigner, le travail fini, pour changer d'air et se reposer ; les Anglais assez nombreux ont introduit cette habitude londonienne, comme j'ai déjà dit qu'ils l'avaient fait à Rio, et les Portugais, un peu déroutés tout d'abord, n'ont pas tardé à trouver que cette manière de vivre avait du bon et l'ont adoptée pour leur compte également. En fait, c'est devenu une habitude générale ; avec les ondées fréquentes, la proximité de S. Vicente et de la jolie plage de *Embaré*, près du canal de la Barra, Santos est très habitable. Ce n'est pas toutefois un séjour à recommander aux arrivants au débotté.

La population du canton, formé de la ville et de sa banlieue, doit approcher de 20,000 habitants. Le recensement de 1886 lui en attribuait 15,605.

Entrepôt commercial de la province, port journellement fréquenté par les bâtiments d'un grand nombre de lignes de navigation transatlantique, ou des entreprises brésiliennes, Santos a un mouvement annuel de plus de 730 navires. Tous les chemins de fer y aboutissent et lui apportent l'afflux de leur trafic, aussi son exportation directe s'est-elle montée en 1886-87 à 76,929,718 $ 393 avec destinations de Hambourg, le Havre, Liverpool, Brême, Anvers, Gênes, Marseille, Trieste, Amsterdam et New-York. L'importation directe de l'étranger et par cabotage dépasse 20,000 contos. Je donnerai plus loin les éléments de ce commerce, car, à vrai dire, il comprend presque tout le mouvement de la province. Cette importance commerciale a fait de Santos la résidence de la plupart des consuls, même de celui de France, bien qu'il y ait aujourd'hui tendance à transporter leurs bureaux à S. Paulo même.

Il va de soi que les compagnies de navigation dont Santos est une escale ont ici une agence ; le commerce de détail est assez actif et ses établissements sont nombreux dans les diverses branches. Au commencement de l'année, on trouvait dans la ville les banques suivantes ou leurs succursales : *Banco da Lavoura, Banco do Minho, Banco commercial de S. Paulo, Banco mercantil de Santos, Casa Bancaria da Provincia de S. Paulo, English Bank of Rio et London and Brazilian Bank.*

LA VILLE DE S. PAULO.

Le *Sam-Paulo Railway*, plus connu sous le nom de chemin de fer de Santos à Jundiahy ou tout simplement de *via ingleza*, voie anglaise, part du nord de la ville ; il longe vers l'ouest le *lagamar* intérieur, franchit le rio Cubatão et se met en devoir de grimper la serra du même nom. L'ingénieur anglais Brunless a adopté à cet effet le système des plans inclinés. Il y en a quatre qui se succèdent, d'une longueur d'environ 2 kilomètres chacun. Cubatão sur le rio est à la cote 3m,100 ; Alto da Serra, au haut de la montée est à celle de 800m,300 ; pour vaincre cette énorme différence, il n'y avait que 8 kilomètres. Grâce au *Staff system*, l'exploitation est régulière et offre une grande sécurité aux voyageurs. Je n'y relève qu'un détail ennuyeux, vexatoire ; les voyageurs sont enfermés à clef dans les wagons; pourquoi perpétuer cette précaution surannée et qui peut devenir si dangereuse en cas d'accident.

Le reste du chemin n'offre pas d'intérêt, mais quand l'atmosphère est dégagée des brumes, quel magnifique panorama s'offre au regard, changeant toutes les 5 minutes, à la montée de la serra.

Après 79 kilom. on arrive à S. Paulo, capitale de la province. C'est aujourd'hui une grande ville, qui compte au moins 60,000 à 65,000 habitants, et qui bientôt en aura 100,000, tant son développement est rapide. Ce chiffre embrasse les paroisses urbaines, les faubourgs et tous les environs formant le territoire cantonal, Consolação, Braz, S. Bernardo, (N. S. da) Expectation do O' et Penha.

La ville ancienne, dont tout à l'heure j'ai indiqué l'origine dans le collège élevé par les Jésuites sur la colline située entre les rios *Tamanduatehy* et *Anhangabahú*, dominant les campos de *Piratininga*, est à l'extrémité septentrionale de cette colline, centre de la cité, entourée à l'est de la plaine bordant la rive droite du Tamanduatehy ; au delà le terrain s'élève progressivement, jusqu'à ce qu'on aperçoive, formant le fond du tableau, se profiler à l'horizon les cimes de la serra da Cantareira qui offrent au spectateur un panorama des plus appréciables. Mais depuis longtemps les constructions ont franchi ces limites, qu'elles ont considérablement débordé dans tous les sens.

La ville ancienne a conservé le cachet colonial ou portugais, qu'on me permettra de trouver franchement abominable. Ici, comme à Rio, à Bahia, à Pernambuco, etc., on ne saurait rien imaginer qui jure aussi fort avec le bon goût, le sentiment esthétique, le climat, le cadre de la nature ambiante. On se prend, en contemplant ce défi jeté au bon sens par ces routiniers sans intelligence, à souhaiter qu'un cataclysme, un incendie monstre, vienne effondrer radicalement ces amas de bâtisses malsaines, incommodes, dont le joug pèse si lourdement sur l'hygiène des villes brésiliennes, et l'on se reproche à peine un tel souhait en l'amendant par cette condition que, grâce à une sorte de miracle, les habitants ne souffriraient pas de cet accident démolisseur.

Déjà on a vu à Rio l'énorme différence entre les quartiers situés dans la montagne et ceux de la cité coloniale ramassés dans un bas-fond, sans air, presque sans lumière, foyer de prédilection des épidémies, gîte incomparable d'endémies naguère encore inconnues. A S. Paulo, le contraste, pour être moins brutal, n'est pas moins saisissant. La ville moderne est beaucoup mieux conçue, mieux comprise; les rues sont spacieuses, les constructions aérées, les maisons y ont un air d'aisance et de confortable; les édifices publics, un aspect luxueux en rapport avec la situation éminemment prospère de la province. La plupart des rues sont pavées, quelques-unes sont bordées d'arbres, les places sont disposées en jardins; le gaz a été installé partout, en même temps que les rails des tramways, la canalisation des eaux et des égouts; à cette heure, on construit le superbe viaduc de *Chá*, pour relier la ville à ce quartier.

Des tramways partent du centre de la cité et vont dans les faubourgs de Liberdade, Moóca, Braz, Marco de Meia-Legua, Legua, Luz, Santa-Cecilia et Consolação. Leur mouvement annuel dépasse 1,500,000 voyageurs; le prix est de 200 reis indistinctement.

L'eau potable vient de la Serra da Cantareira: les barrages forment dans la montagne deux énormes réservoirs, contenant chacun 50 millions de litres. La conduite aboutissant au réservoir de distribution a 14 kilomètres et demi; celui-ci est établi au point le plus élevé du faubourg da Consolação, à 2 kilomètres de la cité; il contient 6 millions de litres; le réseau de distribution qui en sort n'a pas moins de 50 kilomètres de tuyaux. C'est la Société anglaise *Cantareira e Esgotos* qui est chargée de ce service, mais sans subvention du Trésor public.

Elle a employé pour les égouts le système de la circulation continue; du « tout à l'égout », et déverse le contenu dans le rio Tieté, un kilomètre en amont du Ponte Grande. Jusqu'à présent, ce système n'a donné lieu à aucune critique sérieuse.

Cependant, je maintiens ce que j'ai déjà dit pour Rio de Janeiro; le « tout à l'égout » n'est pas prudent en pays chaud et humide. Je connais plusieurs amis à moi, habitant les quartiers neufs de S. Paulo, qui sont récemment venus à Paris, se traiter des accès d'impaludisme que leur a causé le séjour dans ces belles habitations en apparence si perfectionnées.

Les édifices notables de la capitale paulista sont : le palais du Gouvernement, établi dans l'ancien collège des Jésuites (*Sam-Paulo de Piratininga*), donnant sur une jolie place récemment transformée en jardin anglais; la cathédrale, rebâtie pour la 2e fois à la même place et commencée en 1745; l'Hôtel de ville, siége de la municipalité et de l'Assemblée provinciale, sur une place également disposée en jardin; la Recette générale, monument d'un grand style, et enfin le monument de l'Ypiranga, œuvre d'art d'aspect grandiose élevée sur la colline voisine, dominant le petit rio de ce nom, où fut poussé le cri libérateur du Brésil; par une pensée originale et louable, ce monument orne un bâtiment qui va devenir un établissement d'instruction supérieure. Il y aurait divers autres édifices à citer, comme le théâtre S. José, les gares centrales des chemins de fer, mais surtout l'hôtellerie des immigrants et leur hôpital spécial, constructions sévères d'aspect, mais fort bien entendues.

S. Paulo possède l'une des deux Facultés de droit de l'Empire, sans parler de ses 80 écoles publiques primaires, de son cours secondaire, de son séminaire épiscopal superbement aménagé pour 400 élèves, de son lycée des arts et métiers, de son école normale, etc. C'est un titre fort estimé que celui de *bacharel em direito* formé à S. Paulo. Sans vouloir entrer ici dans aucune discussion à ce sujet, il faut bien constater que les Brésiliens vantent la profondeur des études juridiques qu'on fait à cette Faculté, et qu'ils les estiment bien supérieures à l'enseignement qui est distribué par nos Facultés similaires de France. Je crois que cet orgueil est justifié.

L'évêque de S. Paulo a sous sa juridiction toute la province, le sud de celle de Minas et toute celle du Paraná.

La Cour d'appel ou *relação*, composée de 7 *desembargadores*, comprend également dans son ressort la province du Paraná.

Dans S. Paulo, elle exerce sa juridiction sur 47 *comarcas* de juges de droit, 77 *termos* de juges municipaux et 171 districts paroissiaux de juges de paix. Le nombre des municipes ou cantons municipaux est de 122.

J'ai déjà rappelé qu'au temps de la première installation des Portugais au Brésil, ils avaient trouvé en débarquant à S. Vicente, un des leurs, João Ramalho, matelot naufragé, devenu le gendre du chef indien Tibyriçá dont il avait épousé la fille Bartira, comme Diogo Alvares Caramurú avait fait à Bahia en épousant Paraguassú. Tibyriçá était chef de la nombreuse tribu des *Goyanazes*. Sur le conseil de son gendre, au lieu d'assaillir les arrivants, il fit alliance avec eux et les servit. Ce précurseur de la catéchèse s'était installé à Santo-André da Borda do Campo, où est aujourd'hui la localité suburbaine de S. Bernardo. Thomé de Souza, le premier gouverneur général du Brésil, lui donna en 1553 le rang de ville, et dès l'année suivante, Nobrega, l'illustre jésuite venu avec lui à S. Vicente, transportait le collège déjà établi dans cette île, sur le plateau de la Serra, où un plus vaste champ s'offrait à l'apostolat de ses missionnaires. José de Anchietá, l'apôtre de l'Amérique, qui était à la tête des nouveaux venus, choisit l'emplacement définitif dans les campos de Piratininga, et le 25 janvier 1554, jour de la conversion de saint Paul, il célébrait la messe dans un rustique abri élevé sur la colline, où s'est bâtie ensuite la ville qui a gardé le nom de S. Paulo.

Sur leur invitation, Tibyriçá vint avec son monde s'installer là où est aujourd'hui le couvent de S. Bento. Il fut imité par Cayabi, chef de la confédération des *Carijós* et des *Tupys*, habitants du littoral. Bientôt la cité naissante s'accrut, au point de supplanter tout à fait celle de S. André et, en 1560, Mem de Sá, gouverneur général, lui conféra la qualité de ville sous le nom de S. Paulo de Piratininga. En 1681, le marquis de Cascaes en faisait le chef-lieu de la capitainerie; en 1711 elle était érigée en capitainerie séparée et devenait en 1745 le siège d'un évêché. Enfin en 1815, quand le Brésil fut déclaré constituer un royaume, S. Paulo devint capitale de la province, et le 7 septembre 1822, le prince régent Pedro de Alcantara poussa sur la colline d'Ypiranga le cri devenu la devise nationale : « l'Indépendance ou la mort! » au moment où lui parvenait un courrier annonçant que les Cortes de Lisbonne avaient décrété d'accusation le ministère brésilien et voulaient ramener le Brésil à l'état de colonie.

Telles sont les origines de la florissante cité qu'est aujourd'hui S. Paulo. Centre intellectuel assez actif, orgueilleuse de ses traditions et du passé de la province, qui en a fait la tête du progrès dans l'Empire, elle est sans nul doute un champ très bruyant aux ébats des politiciens. Nulle part on ne parle plus volontiers, ni plus haut de république, voire de séparatisme. Au fond de toute cette agitation, il y a une chose que l'observateur démêle clairement, c'est que les Paulistes ne veulent être devancés au Brésil sur aucun terrain; ils aspirent à la primauté intellectuelle, à la suprématie économique, à la prépondérance politique.

Et cette prétention est assez justifiée par les progrès accomplis; c'est à eux que l'immigration doit son essor actuel, à eux qu'on doit le pas décisif qui a entraîné la suppression de l'esclavage. Ils avaient cependant encore, avant le 13 mai 1888, 107,329 esclaves adonnés au travail forcé, mais ils avaient de longue date reconnu la disparition de ce travail forcé comme inévitable, et ils s'y étaient préparés en favorisant l'immigration des bras étrangers. En moins de trois ans ils ont introduit chez eux plus de 150,000 colons européens, disséminés aujourd'hui dans toutes les exploitations agricoles, sur divers centres de colonisation par la petite propriété, et dans les occupations de la petite industrie ou du petit commerce des villes.

Mais ce point vaut que je m'en explique avec plus de précision, j'y reviendrai ailleurs.

Avant de poursuivre ma route, il convient d'embrasser d'un coup d'œil d'ensemble les éléments constitutifs de la province, dont j'étudierai ensuite en détail les principales régions, en suivant ses lignes ferrées, puisqu'ici cette faculté de voyager m'est offerte et que l'orientation même des lignes contribue à jeter plus d'ordre et de clarté dans le groupement des localités.

MONTS ET COURS D'EAU.

Située entre 19° 54' et 25° 15' de latitude méridionale, entre 56' et 10° 18' de longitude occidentale (de Rio de Janeiro), elle est coupée par le tropique du Capricorne, qui traverse le territoire du canton de sa capitale; du Rio Grande au ruisseau de Ararapira, au sud de Cananéa, direction nord-sud, elle mesure 1,000 kilomètres; de l'est à l'ouest, du Pirahy, tributaire du Parahyba, au confluent du Paraná et du Paranapanema, elle en mesure 1,188 environ; son littoral, de la barre du rio Cachoeira da Escada à celle du Varadouro, un peu plus bas que Cananéa, a une longueur de près de 600 kilomètres. Sa superficie, non mesurée encore, est évaluée par Macedo, à 456,850 kilomètres carrés, par l'exposé officiel à 290,876 et par la statistique provinciale à 300,000.

Ce qui explique ces divergences un peu fortes, c'est que plusieurs de ses limites sont encore à l'état de contestation. Elle confine au nord par le Rio Grande avec Minas, et à l'est par la Mantiqueira, au nord-est avec Rio de Janeiro, au sud avec l'Océan et le Paraná, à l'ouest avec Goyaz et Matto Grosso.

Si l'on considère son territoire à vol d'oiseau, il apparait comme nettement partagé en deux régions fort différentes : celle qui est riveraine de l'Océan, et celle qui, commençant en haut de la Serra maritime, s'infléchit doucement d'une façon illimitée vers l'ouest. La première n'est qu'un ruban qui, à sa formation au nord d'Ubatuba, mesure 5 kilomètres de large, qui s'augmente graduellement jusqu'à se développer sur une largeur de 132 kilomètres dans le bassin de la Ribeira d'Iguape, à l'extrême sud de la province. La seconde, le grand plateau, pénètre dans l'intérieur, ici couvert d'une luxuriante végétation, là se développant sur des campos énormes légèrement ondulés, constamment sillonnés par des rios, des ruisseaux et des filets d'eau, fertilisant son sol.

De la mer, on voit se dresser à 800 ou même 1,000 mètres de hauteur, presque bordant la plage, cette serra do Mar, que nous avons rencontrée depuis Espirito Santo, mais ici bien plus rapprochée du rivage. Ses pentes abruptes et rouges présentent de grands rochers escarpés, se dressant au milieu d'une végétation puissante, laissant filer dans leurs plis ou leurs échancrures des torrents ou des ruisseaux qui vont se déverser dans l'Océan. Puis, quand on gravit cette chaîne, le spectacle change soudain: aux forêts de la Serra succèdent de hautes plaines doucement inclinées, striées çà et là, généralement dans le sens de l'est à l'ouest, par les contreforts, détachés soit de la Mantiqueira, ceux-ci de l'est au nord-ouest, soit de la Serra do Mar, ces derniers plus spécialement de l'est au sud-ouest, ou même isolés et gardant des directions parallèles, mais toujours allant en déclinant vers la grande dépression où coule le Paraná.

Cette simple indication permet déjà de voir que S. Paulo jouit de climats très divers, car les altitudes, généralement assez fortes dès qu'on est dans la région de la *serra acima*, varient beaucoup néanmoins. On le constatera en parcourant la liste des cotes que je fournirai tout à l'heure pour le tracé des chemins de fer où elles ont été forcément le plus exactement relevées. Mais, pour mieux nous en rendre compte, examinons brièvement l'orographie et l'hydrographie générales de la province.

Deux grandes chaînes principales sillonnent la province de S. Paulo : la serra do Mar et la Mantiqueira.

La serra do Mar y pénètre par le canton de Bananal, connue sous les noms locaux divers dos Orgãos, de Cubatão et de Paranapiacaba. Longeant le rivage de l'Océan, elle se projette du nord-est vers le sud-ouest, jusqu'au canton d'Apiahy, où elle entre dans la province du Paraná, et prend le nom de Serra Geral. Dans ce parcours, son élévation moyenne est d'environ 700 mètres; son élévation maxima atteint 937 mètres.

C'est elle qui partage le territoire en deux grandes sections, qu'on appelle ici : celle du *Beira-mar* et celle de la Serra-Acima. Je les ai caractérisées tout à l'heure. A son entrée dans la province, en face de l'Itatiayá, elle s'élargit pour se ramifier vers le nord-ouest ; et ensuite reprendre la direction du sud-ouest ; la brisure très caractéristique forme une dépression ; l'escarpement semble s'ouvrir de façon à présenter comme un cratère, une grande bouche, qui facilite l'accès au plateau supérieur ou *Chapada*. C'est ce qu'ici et en d'autres parties du Brésil, on nomme *Bocaina*. Le plateau supérieur contient les célèbres *campos da Bocaina*, à 1,600 mètres de hauteur, région délicieuse, comme l'appelle le baron Homem de Mello, arrosée par des eaux abondantes et pures, s'ouvrant dans un vaste horizon de paysages pittoresquement accidentés. Des terres fertiles, une grande étendue de campos naturels entremêlés de forêts, des ruisseaux puissants, un climat agréable et très sain, une température toujours modérée, rendent cette zone la plus appropriée à l'industrie pastorale et agricole.

C'est un peu en avant vers l'ouest que se dresse le *Morro do Chapéo* à 1,800 mètres, mesuré par M. Glaziou, notre compatriote, et à quelque distance que sourdent les sources du Parahyba. Les petits rivelets, véritables larmes d'eau, qu'on voit poindre sur le sol, à 10 kilomètres à peine de l'Océan, ne vont s'y réunir qu'après un parcours de plus de 1,000 kilomètres.

Cette courbe si curieuse du Parahyba, dont j'ai déjà dit un mot dans le chapitre VIII, est précisément causée par la brisure de la serra do Mar ; la masse de celle-ci, infranchissable aux eaux qui y naissent, les rejette dans la dépression dont elle est bordée au nord et vers l'ouest ; mais la ramification qui se dresse au nord allant vers l'ouest, incline la vallée dans cette dernière direction ; elle s'appelle au centre Serra do *Quebra Cangalhas* (brise-bâts des mulets), et vers son extrémité occidentale, serra do Itapéva : elle a la forme d'un grand dos oblong sellaire. Tout à sa naissance, elle-même détache vers le nord un contrefort qui, sous les noms de Morro do Frade, Serra Formosa et Serra de Sant'Anna, va rejoindre la rive droite du Parahyba, près de Queluz et Sant'Anna. La dépression s'accentue à l'extrémité de la Serra do Itapéva, près d'Escada, et brusquement fait tourner le Parahyba, au nord d'abord, et puis, aussitôt qu'il est parvenu de l'autre côté de la ramification, à Jacarehy, elle s'incline encore et l'entraîne vers le nord-est, direction qu'il garde jusqu'aux environs de Santo Antonio de Padua, à l'autre bout de la province de Rio de Janeiro, resserré entre la Mantiqueira au nord et les divers escarpements de la Serra do Mar.

En réalité, le Parahyba est formé des eaux réunies du Parahytinga et du Parahybuna, tous deux descendus de la Serra da Bocaina. Son parcours, dans la province de S. Paulo, est de 600 kilomètres, longueur qui s'explique si l'on a bien compris par ce qui précède, qu'en réalité il se double en opérant sa courbe, et que, grâce à elle, il coule parallèlement et en sens opposés. Son courant est assez rapide, sauf entre Escada et la ville de Bocaina (Cachoeira), où le fleuve se prête convenablement à la navigation. Il est très poissonneux et ses terres riveraines, très fertiles, bien arrosées par de nombreux affluents, produisent presque toutes les denrées cultivées dans le pays.

Une autre ramification se détachant de la serra do Mar, va terminer au rivage de la mer, près de la pointe d'Itaipú, à la barre de Santos après avoir séparé les cantons d'Itanhaém et de S. Vicente : c'est la serra du Mongaguá; on doit encore noter celle des Itatins qui se dirige au sud; celle de S. Francisco qui va vers le nord jusqu'à la rive du Tieté, près d'Una; enfin les rameaux qui, à l'ouest, vont former les limites de la province du Paraná : serras du Taquary et du Tapinhoacapa, limitant au sud le bassin du Ribeira de Iguape. Celui-ci est enveloppé au nord par la serra de Paranapiacaba, qui, divergeant au sud-ouest, va dans la province du Paraná soutenir le grand plateau central, mais vers le sud, quantité de contreforts enserrent les ravins par lesquels descendent ses affluents méridionaux : Mãe Captiva et Cavoca son prolongement, Serra Negra, das Cadêas ou du Cadeado qui, par deux branches, va au littoral, celle de Ariraria qui se dresse entre le Ribeira et le Mar Pequeno. Cette Ribeira, appelée Rio Ribeira d'Iguape a ses nombreux formateurs tous puisés dans les plis de ce système si ramifié et coule du sud-ouest vers le nord-est, puis dès qu'elle a reçu le rio Juquiá, né à l'angle où se détache de la serra do Mar celle du Paranapiacaba, elle va au sud-est se déverser dans l'Océan, 30 kilomètres à l'est de la ville d'Iguape et avec un développement d'environ 500 kilomètres, dont près de 400 sont navigables.

La serra da Mantiqueira, jadis appelée *Jaguamimbaba*, pénètre dans la province par le canton de Pinheiros, un peu avant Bocaina, elle court parallèle à la serra do Quebra-Cangalhas, séparant S. Paulo de Minas, tout d'abord dans la direction du nord-est au sud-ouest, mais arrivée à un point appelé serra do Lopo, qui lui sert de nœud, elle tourne brusquement vers le nord avec une légère inclinaison sur le nord-ouest, jusqu'à ce qu'elle bute perpendiculairement la serra de Caldas et, se courbant ensuite vers l'ouest, monte au nord-ouest jusqu'au Rio Grande près de Jaguára ; la chaîne principale est le plus souvent en territoire Mineiro, mais elle projette dans S. Paulo, quantités de branches allant soit vers l'ouest, soit vers le nord-ouest, et qui enserrent les vallées où coulent vers le Paraná toutes les rivières arrosant le plateau ou serra acima de S. Paulo.

La plus méridionale de ces branches est la serra da Cantareira, qui joue un rôle hydrographique important, parce qu'elle constitue le raccord avec la serra do Mar, séparant les bassins du Tieté et du Parahyba. Elle se rattache à la serra do Mar, en face de Parahybuna, dont elle porte le nom, s'allonge entre le rio Parahybana et le rio Tieté, vers l'ouest, jusqu'au point où le Parahyba opère sa courbe. Là se trouve d'une part Santa Isabel, à 30 kilom. environ de Jacarehy qui est sur la rive droite du Parahyba, à la fin de sa courbe. Santa Isabel est traversée par le petit ruisseau Araraquára, qui va au nord-est se réunir au Parati-y, affluent du Jaguary, tributaire lui-même du Parahyba, dans lequel il entre par la gauche, au-dessous de Jacarehy. Si l'on remonte l'Araraquára à 13 kilom. plus haut que Santa Isabel, on arrive à *Pedro da Pedra*, qui est le point de partage des deux bassins. En effet, en contreversant de l'Araraquára, naît un peu à l'ouest le rio Bacurubú, qui se jette dans le Tieté par la droite, un peu au-dessus de Concciçâo dos Guarulhos. De ce point de partage à l'Arujá, autre affluent du Tieté, il y a 3 kilom. A cet endroit, il faut une grande attention pour s'apercevoir que l'on passe d'un bassin dans un autre; il n'y a pas de *serrote*, ni d'accident physique signalant cette séparation. Au contraire, au sud d'Escada d'une part, et au nord de Mogy das Cruzes de l'autre, se dresse l'escarpement du *serrote* de Itapety, au pied duquel coule le Tieté; le point de partage est ici bien en relief, car presque à la porte de la ville de Mogy, naît le Guararema qui va au Parahyba. La serra n'est plus qu'un plateau assez étendu.

Par son autre extrémité, celle du nord, cette serra da Cantareira se rattache à la Mantiqueira, près du nœud déjà indiqué, le morro do Lopo. A peine s'en est-elle distinguée en allant à l'ouest, qu'elle se divise en deux branches, s'ouvrant en quelque sorte pour faire un passage à la vallée du rio Juquery; la branche nord prend le nom de ce cours d'eau, celle du sud garde celui de Cantareira (remise des *cantaros*, vases ou jarres à garder l'eau). En passant au-dessus de la capitale, à une distance d'à peine 12 kilom., elle dresse le morro du Jaraguá, son point culminant, qui offre un point de vue remarquable et des mines d'or jadis exploitées. Le Juquery va joindre le Tieté, quelques pas en amont de Pirapora, et la serra de Juquery, ébréchée par le fleuve, lui occasionne un saut assez raide, puis se relevant sur sa gauche rejoint à travers le canton de S. Roque la serra de S. Francisco, par celle de la Cutia, et se relie ainsi à la serra de Paranapiacaba ou do Mar.

Le Tieté est une des principales rivières de S. Paulo. Né dans le massif de la serra do Mar, en contreversant du Parahyba, il prend franchement dès sa source la direction de l'ouest, qu'il garde sensiblement durant tout son cours de 1,300 kilomètres, s'inclinant seulement un peu vers le nord-ouest à son extrémité, avant de se réunir au Paraná. Son lit extrêmement tortueux ne permet pas la navigation comme le voudrait le volume de ses eaux; il est encombré de chutes, de rapides et autres obstacles produits par la nature granitique du sol qu'il creuse. C'était cependant l'antique chemin par lequel les explorateurs *bandeirantes* s'en allaient sur des barques à Matto Grosso. Ces expéditions, gênées par le grand saut de Ytú ou Itú, s'embarquaient en aval à un point qui a pris, de cette circonstance, le nom de Porto Feliz.

Plus que tous les autres rios peut-être, le Tieté est poissonneux; parmi les espèces qu'on y pêche, il faut citer pour leur qualité supérieure : *dourados*, *pira canjubas*, *surubys*, *jahús*, *bagres*, etc.

On connait déjà plusieurs de ses affluents, le Bacurubú, l'Arujá, le Juquery, par sa droite; le Tamanduatehy, le rio dos Pinheiros par la gauche; — à 6 kilom. en amont du saut de Itú, lui vient de droite le Jundiahy, 100 kilom. plus loin, du même côté, lui arrive le Capivary, et 12 kilom. au-dessus, par la gauche, il reçoit le Sorocaba, venu de la serra do Mar et réuni à l'Ipanema ; en aval, à 100 kilom. environ, débouche par la droite le Piracicaba, formé de l'Atibaia et du Jaguary, venus de la Mantiqueira ; ce Piracicaba est navigable jusqu'à son confluent, depuis la ville à laquelle il donne son nom et où il forme une cataracte superbe. Plus bas le Tieté offre une largeur considérable, et il est régulièrement parcouru par les vapeurs fluviaux de la Cie du chemin de fer *Ituana*, qui vont jusqu'au port de Lençóes, au confluent du rio dos Lençóes, venu par la gauche.

Désormais, nous sommes sur un terrain peu connu; c'est le grand Sertão qu'habitent les Indiens sauvages: on sait cependant qu'avant de s'unir au Paraná, le Tieté reçoit encore à droite le Jacaré-pipira-mírim, le Jacaré-pipira-guassú, le ribeirão de S. Lourenço, le rio dos Porcos, etc., car je ne cite que des affluents qui font figure de fleuves. De Porto Feliz au Paraná, il y a 41 rapides, 2 grands sauts et un petit, sans parler du saut exceptionnel de Itú. Auprès du confluent, il y a une colonie militaire, Itapura, qui garde le dernier saut du Tieté, d'une hauteur de 2m,80.

Un autre grand cours d'eau pauliste est le Paranapanema, né dans la serra de Paranapiacaba, à une altitude de plus de 800 mètres, et qui coule presque droit de l'est à l'ouest jusqu'au Paraná, dont il est un des plus gros tributaires. La vallée, creusée dans la partie supérieure du grand plateau qui, des cimes de la serra do Mar, descend doucement vers l'ouest, où le thalweg du Paraná constitue la ligne la plus profonde, l'axe du grand bassin par lequel s'écoulent toutes les eaux descendues soit des Andes, soit des serras brésiliennes, présente un dénivellement total d'environ 554 mètres, compté de ses sources au niveau des eaux du Paraná, lequel reçoit le Paranapanema à l'altitude de 246 mètres. Cette grande différence de niveau, sur un cours d'une longueur d'environ 800 kilomètres, produit dans le Paranapanema de fortes déclivités, un courant puissant et de notables irrégularités de son lit.

Mais, comme le grand plateau s'incline par étages, le cours du fleuve se trouve naturellement divisé en plusieurs sections :

1° Du confluent de l'Itapetininga (rive droite) à la chute (Cachoeira) du Jurú-Mirim, 200 kilom. sur lesquels 120, de la barre du Guareby (rive droite) à la fin de la section, sont parfaitement navigables à toute époque de l'année. Le rio traverse là une région de grés et de schistes mous, tantôt sinueux entre les hauts rochers taillés à pic, tantôt coulant entre des berges d'élévation modérée et couvertes de luxuriantes forêts. Il a en moyenne une largeur de 75 mètres, 2 à 5 mètres de profondeur dans les biefs libres, $0^m,60$ au minimum aux basses eaux dans les parties obstruées par les chutes.

2° De la chute du Jurú-Mirim au Salto-Grande; cette section de 120 kilom. est totalement obstruée. Le fleuve coule entre des collines hautes de 120 à 200 mètres, resserré entre des roches, tantôt se précipitant de grandes hauteurs en cascades splendides, tantôt passant par d'étroits corridors avec une violence impétueuse.

3° Du Salto-Grande à la barre du Tibagy, 110 kilom.; la région est moins accidentée, mais le lit du fleuve est encore très inégal. Pour une navigation régulière à vapeur, il faudrait des travaux d'amélioration fort dispendieux; toutefois, à l'époque des pluies, on le navigue aisément.

4° De la barre du Tibagy au Paraná, section totalement et en tout temps navigable. Ici le rio est large de près de 300 mètres, parfois de 1,000, profond de 7 mètres; il est parcouru par des *batelões*, grands canots faits d'un seul tronc d'arbre gigantesque, ayant 12 à 15 mètres de long sur 1 mètre à $1^m,20$ de large, calant 45 à 60 centimètres, sous une charge de 3,000 kilogrammes, sans compter l'équipage, généralement composé de 4 hommes armés de rames ou de longues perches, et d'un pilote. Les canotiers sont des Indiens *mansos* de la colonie Jatahy sur le Tibagy ou du Pirajú; ces gens sont infatigables, et personne n'oserait comme eux affronter une cataracte.

Les affluents du Paranapanema valent au moins d'être nommés : l'Itapetininga (rive droite) dans la Serra Queimada, partie de la Paranapiacaba, à côté des sources du Sorocaba; rio profond, très tortueux, accessible aux grandes barques à la remonte jusqu'à la ville d'Itapetininga, large de 40 mètres; il a 120 kilom.; — le Apiahy (rive gauche), né dans la serra maritime près de la ville d'Apiahy, formé des deux branches. Apiahy-Guassú et

Apiahy-Mirim, coule à travers des campos presque tout droit au nord-ouest sur 120 kilom., large de 32 mètres, mais impraticable à la saison des basses eaux, débouche 24 kilom. en aval du précédent ; — le Guarehy (rive droite), sorti de la crête qui partage les bassins du Tieté et du Paranapanema, à 20 kilomètres nord-ouest de la ville d'Itapenitinga, coule au sud-ouest sur des campos, débouche 12 kilom. au-dessous de l'Apiahy ; — le Santo Ignacio, de même allure, vient du nord-est au sud-ouest, débouche aussi par la droite 4 kilom. plus bas ; — le Taquary (rive gauche), né aux environs de la ville de Faxína, coule au nord-est, et débouche quelques lieues au-dessus de S. Sebastião du Tijuco Preto ; — le Itararé, limite entre S. Paulo et la province de Paraná, né dans les campos de Faxina, coule au nord-est, se grossit du Rio Verde et de l'Itararé-Mirim, et débouche par la gauche 38 kilom. au-dessous de la ville de Tijuco-Preto ; il a beaucoup d'eau même pendant les sécheresses, mais les cataractes s'opposent à la navigation ; — le Rio Pardo (rive droite) naît aux environs de Botucatú, coule à l'ouest, reçoit le Santa Clara, le Turvinho, le Capivára, le Turvo et débouche 6 kilom. en amont du Salto-Grande ; il traverse des terrains excellents, couverts de grandes forêts, a beaucoup d'eau, mais n'est pas navigable par la sécheresse ; — le Rio das Cinzas (rive gauche), les rios Pary et Capivára (rive droite) ; — le Tibagy (rive gauche), le plus grand de tous les affluents, vient de la province du Paraná, débouche à 101 kilom. au-dessous du Salto-Grande. C'est son confluent qui est le point terminus indiqué du prolongement du chemin de fer de la Compagnie Sorocabana.

Toutes les autres eaux qui arrosent le territoire de Sam Paulo, vont par le Mogy-Guassú se jeter dans le Rio-Grande, dont la jonction avec le Paranahyba forme le Paraná. Les diverses sources de tête sont en territoire Mineiro, sur le versant oriental de la Mantiqueira, entre le Morro do Lopo et la Serra de Caldas. Le rio récepteur coule du sud-est au nord-ouest jusqu'au Rio-Grande où il entre par la gauche après un cours de 305 kilomètres comptés de la station de Porto Ferreira. Le fond de son lit n'est presque que de la pierre, sauf dans la région marécageuse appelée des *Pantanaes*, où il est de sable; sa largeur moyenne est de 80 mètres. Les berges sont généralement hautes, couvertes d'un épaisse végétation, car dans les *Pantanaes*, qui vont du kilom. 33 au kilom. 130 au-dessous de Porto Ferreira, les rives sont encore hautes de plus d'un mètre, couvertes de forêts et noyées seulement lors des crues.

Le Mogy-Guassú franchement navigable est aujourd'hui parcouru régulièrement par les bateaux à vapeur de la compagnie Paulista, qui a adopté à cet effet le type Jarrow, à roue unique à l'arrière et à calaison de 45 centimètres; ils vont de Porto Ferreira à Pontal.

Le seul obstacle un peu sérieux est en amont du confluent du Rio Pardo, dans le rapide de Escaramuça, 35 kilomètres environ au-dessous de Porto Ferreira; ce rapide a 800 mètres et une dénivellation de $1^{m},89$; le courant y est de 2 mètres par seconde.

Au-dessous de la barre du Rio Pardo qui entre sur la droite, 200 kilom. au delà de Porto Ferreira, et qui est son affluent le plus considérable, le Mogy-Guassú a encore quelques *cachoeiras* et rapides, dont celle de S. Bartholomeo, haute de $2^{m},42$, a dû être rectifiée.

Le Rio Grande que nous connaissons fort bien pour l'avoir suivi dans son immense parcours à Minas, sert de limite entre cette province et S. Paulo, dans le canton de Santa Rita du Paraiso, à l'extrémité septentrionale de S. Paulo. Là, il abandonne sa direction sud-est-nord-ouest pour prendre celle d'est-ouest, et va se réunir au Paranahyba après 650 kilom. pendant lesquels il a servi de frontière aux deux provinces. Un peu au-dessous du confluent du Mogy-Guassú, il forme le grand et célèbre saut de l'Urubúpunga.

Le Paraná le continue en limitant S. Paulo au nord-ouest; sa rive occidentale, qui appartient à Matto Grosso est généralement basse; sa rive orientale, qui est à S. Paulo, est ordinairement élevée; toutes deux sont couvertes d'épaisses et grandes forêts. Le lit du fleuve est large sans grandes sinuosités; le courant est calme, à moins que le vent n'y soulève des vagues. Il va de soi que depuis le saut de l'Urubúpunga, il est navigable même pour de forts bateaux jusqu'à la formidable cataracte de Guayra, soit sur au moins 900 kilomètres.

Entre le bassin du Mogy-Guassú et celui du Tieté, le partage des eaux se fait par une chaîne qu'on dit séparée, indépendante, la Serra de Araraquára dont les ramifications très nombreuses se projettent dans divers sens; nous en retrouverons plus tard les sections principales. Entre le Tieté et le Paranapanema, la serra de Botucatú joue le même rôle. Une étude géologique, comme celle qu'effectue actuellement M. Orville A. Derby, permettra seule de décider si ces serras sont réellement indépendantes, ou la simple continuation des contreforts détachés de la Mantiqueira, se poursuivant au delà de l'échancrure qu'ont produite les eaux des rios pour se frayer un passage.

CLIMAT, PRODUCTIONS NATURELLES.

Le climat de S. Paulo est plus connu que celui de toutes les contrées dont j'ai déjà parlé, précisément parce que c'est la province qui a le plus tôt et le plus vivement fait appel à l'émigration européenne. Il a été bien discuté et controversé. Il est puéril de dire que le nord en est chaud et le sud plus tempéré parce que ces deux parties sont traversées par le tropique du Capricorne. La latitude n'est que le moindre des éléments déterminant la nature d'un climat. J'ai déjà dit qu'il fait chaud à Santos; je pourrais répéter les mêmes choses que j'ai écrites sur ce canton. à propos des territoires bordant la mer, vers le nord, au pied de la serra et jusqu'à la province de Rio. Cette zone très étroite n'a, pour la soulager de l'échauffement solaire, que la brise de mer, et il est vrai que rien ne gêne l'accès de celle-ci. Dans l'autre région maritime, le bassin du rio Ribeíra d'Iguape, il fait plus humide, peut-être, mais les vents du sud-ouest qui ont traversé les Pampas et les serras des grands campos sont singulièrement frais. Ce *Pampeiro* joue dans ce pays le *Mistral* de Provence.

Le reste de la province a pour lui une altitude qui varie de 500 à 600 mètres, et son inclinaison vers la plaine platéenne, d'où lui viennent les courants d'air rafraîchis ou même refroidis par les neiges des Andes. Aussi quand ces courants soufflent avec persistance, la gelée n'est-elle pas rare. Voilà en deux mots pour la température moyenne : quant au reste, c'est une affaire de circonstances locales, comme partout ailleurs. C'est du bon sens.

Si l'on veut maintenant des indications plus précises, plus scientifiques, en voici tout d'abord : à S. Paulo, comme dans tout le Brésil, il n'y a vraiment que deux saisons : l'hiver et l'été; l'hiver où le thermomètre descend rarement au-dessous de 0, l'été où il ne dépasse pas 35°; il monte en moyenne à 23° sur le littoral et à 19° dans la région haute. Les observations météorologiques ont confirmé ces indications. Pendant 12 ans, le P. Germain d'Annecy a constaté que le thermomètre ne s'est jamais élevé à l'ombre à plus de 30°. La quantité moyenne des pluies a été pendant 10 ans de 1,500 millimètres par an. C'est en somme la température de notre midi d'Europe, mais sans extrême en froid ou en chaud.

La pluie est naturellement plus considérable sur le littoral, où il en tombe par an 2 à 3 mètres; on en constate même 4 mètres dans la Cordillière maritime; la *S. Paulo Railway* y a consigné une fois 188 jours de pluie dans un an, 187 millimètres dans un jour et 42 millimètres dans une heure. En général, il pleut beaucoup plus en été qu'en hiver. En effet, le continent s'élevant à partir de la côte, le plateau intérieur fortement échauffé, quand le soleil s'approche du tropique du Capricorne, occasionne une dislocation de l'air vers les lieux élevés, et ces courants ascendants chargés de vapeurs d'eau, les condensent en s'élevant et les résolvent en pluie en été. En hiver, c'est le contraire, le plateau intérieur est plus frais que l'Océan et le courant d'air s'établit plus volontiers de l'intérieur vers la côte. Pour mieux fixer les idées du lecteur européen il pleut ici quand il neige en Europe, et il y fait sec quand le soleil darde ses plus chauds rayons chez nous.

J'ajouterai que la variole est volontiers périodique sur les rives de quelques cours d'eau, dans des régions basses ou noyées; à part cela, assure-t-on, ni épidémies, ni endémies. La mortalité n'est que de 2 0/0.

Tout cela, à mes yeux, n'est pas bien sérieux. Évidemment le pays n'est pas malsain, c'est le fait incontestable. Quiconque y veut vivre avec sagesse, avec bon sens, s'y portera aussi bien, sinon mieux qu'ailleurs. Mais si l'on se néglige, si l'on dédaigne l'hygiène, si l'on méprise des soins de propreté ou de précaution, qui sont nécessaires partout, vienne un courant morbide et l'on sera le premier atteint, peut-être très gravement, peut-être mortellement. A S. Paulo, plus que dans n'importe quel pays, on n'a inventé encore le moyen de défier toutes les maladies et de porter impunément un constant défi aux lois de la nature.

Faut-il maintenant développer ce sujet, tant rebattu, des richesses naturelles de S. Paulo ? Elles sont considérables, très variées, comme dans tout le Brésil, plus qu'en d'autres régions. Je sens fort bien que ces énumérations, si succinctes qu'on les fasse, deviennent singulièrement fastidieuses. Pourtant, je ne puis passer sons silence ce qui caractérise les productions naturelles de S. Paulo. Elles ont trop d'importance d'une part, et de l'autre diffèrent déjà sensiblement de ce que j'ai pu développer jusqu'ici.

Géologiquement parlant, la province peut se diviser en trois grandes régions : celle des montagnes, parallèle au littoral et voisine de lui, celle qui occupe le centre et partie de la bande orientale, puis la région occidentale.

La région montagneuse est surtout formée par le gneiss. La chaîne maritime (*serra do mar*) est composée de roches cristallines, où le gneiss prédomine, fortement mélangé toutefois de granit et de syénite. Outre ces roches, la chaîne présente une importante série de schistes, de grès, de calcaires métamorphiques. C'est là naturellement, dans la série des schistes, des quartzites surtout, que se trouvent les plus grandes richesses minérales : magnétites d'Ipanema, du morro de Boturema près de Pirapóra, de Jacupiranguinha du côté d'Iguape, etc. ; mines d'or de la Ribeira et du Tieté supérieur, marbres des voisinages de S. Paulo, S. Roque, Sorocaba, Apiahy, etc.

Le sol provenant de la décomposition de roches en grande partie feldspathiques est généralement argileux, de couleur jaunâtre, et se prête admirablement à divers genre de culture, y compris celle du café, sur les points non sujets à la gelée.

La seconde région peut être considérée comme ayant une élévation moyenne de 600 mètres, profondément accidentée par des vallées très creusées, qui descendent à 100 et 200 mètres au-dessous du niveau général. Cette zone est constituée par des couches horizontales de grès et de schistes mous, avec des calcaires siliceux intercalés, appartenant probablement à la période carbonifère.

C'est au milieu de ces formations qu'on a reconnu quelques couches de charbon, sans qu'on puisse encore dire s'ils constituent des gisements utilisables. Cette région est occupée par de nombreuses et grandes *dikes* (couches) de diabase dont la décomposition a produit la fameuse *terra roxa* si recherchée pour la plantation du caféier. Le sol où prédomine le grès, est généralement sablonneux, sec et pauvre, couvert d'une végétation agreste. Là où prédominent les schistes, le terrain est argileux, jaunâtre et bon, tantôt vêtu de forêts, tantôt de la végétation caractéristique du campo. Cette zone comprend les cantons de Itapetininga, Tatuhy, Tieté, Sorocaba, Itú, Porto-Feliz, Limeira, Piracicaba, Capivary, Rio Claro, Campinas, Mogy-Mirim et Casa Branca au centre de la province; S. Paulo, Mogy das Cruzes, Jacarehy, S. José dos Campos, Caçapava, Taubaté, S. Luiz, Pindamonhangaba et Lorena dans sa partie la plus orientale, qu'habituellement on appelle le « nord de la province ».

La troisième région forme un plateau plus élevé que la précédente, dont la face orientale est occupée par une série d'élévations d'environ 900 à 1,000 mètres, connues sous le nom de serras de Botucatú, Araraquára, Ribeirão Preto, Batataes, etc.

Les vallées sont profondes et les rives des cours d'eau escarpées. La constitution géologique de cette zone est peu différente des autres. Il y prédomine un grès rouge avec intercalation de *dikes* et de couches de porphyrites, celles-ci formant une roche éruptive de nature et de constitution très semblables à la diabase mentionnée tout à l'heure et comme elle produisant une *terra roxa* ou terre rouge d'excellente qualité. Son âge géologique est indéterminé; on suppose toutefois qu'elle appartient au terrain triasique. Le haut des crêtes, formant des plateaux allongés, est généralement couvert d'une végétation campestre, que le sol soit sablonneux, provenant des grès, ou qu'il soit de terre rouge produite par la décomposition des porphyrites, tandis que les pentes sont revêtues d'épaisses forêts. On ne connaît sur la richesse minérale de cette zone rien de notable; à peine sait-on qu'elle abonde en agates plus ou moins précieuses. Cette région comprend les cantons de S. Sebastião du Tijuco Preto, Rio Novo, Campos Novos, S. Barbara, Botucatú, Lençóes, Jahú, Dous Corregos, Brotas, S. Carlos de Pinhal, Araraquára, Ribeirão Preto, Batataes, Franca, etc. [1].

On a jadis exploité l'or au morro de Jaraguá, près S. Paulo; et naguères on a expérimenté les cailloux du Ribeirão do Areado, du Morro do Ouro, du Ribeirão do Fria, Santa Rita et Samambaia, dans le canton d'Apiahy;

1. *Statistique de S. Paulo*, 1888.

les essais au laboratoire ont donné plus de 100 grammes à la tonne.

On rencontre le plomb argentifère à Iporanga et Itapirapuan, dont la teneur est de 920 grammes d'argent à la tonne. Mais le minerai le plus abondant est le fer. Les montagnes d'Araçoiaba sont des masses de magnétite qui alimentent la fabrique gouvernementale d'Ipanema. La magnétite et une pyroxénite très riche se trouvent également à Jacupiranguinha. Elle s'allie à l'oligiste au Morro do Ouro, près Apiahy; on la signale aussi à S. João da Bôa Vista ; sur les confins du canton de S. Amaro, un peu au delà du rio des Pinheiros, on trouve de l'oxyde de fer que, du temps de la domination espagnole, on traitait dans une petite fabrique.

Les calcaires fournissent de bonnes pierres de construction et de la chaux, aussi bien que des pavés pour les chaussées des rues. Ils sont répandus dans de nombreux cantons. On exploite près d'Itú un schiste qui fournit des lamelles d'ardoise. Quant au granit, il y en a des carrières en grand nombre. Près d'Ipanema, on retire de beaux blocs de grès pour pierre de taille ; la céramique rencontre de vastes dépôts d'argile plastique : seule la faïencerie n'a pu encore en tirer parti.

On a découvert quelques gisements de houille. Le terrain carbonifère a une étendue considérable dans les vallées du Tieté et du Sorocaba. Les géologues l'étudient pour déterminer si l'exploitation en peut être tentée; on n'a pas rencontré encore le pétrole, mais on exploite près de Taubaté des schistes bitumineux pour la fabrication du gaz, des huiles à brûler et de l'acide sulfurique.

D'une façon générale, on peut dire que la flore est aussi abondante que vigoureuse, offrant un printemps perpétuel, très variée grâce aux différents climats de la contrée. Toutes nos céréales y font bon voisinage avec la canne à sucre, le café, le riz et le maïs ; les légumes avec les plantes comestibles du tropique; les plantes médicinales y foisonnent, les bois s'y montrent aussi beaux, aussi divers que dans les provinces déjà parcourues; ceux que l'on a vus au pavillon du Champ de Mars peuvent en donner une faible idée. Les fruits indigènes sont très beaux, et les fruits d'Europe acclimatés par les colons ont donné de superbes produits.

La faune est également assez complète : les chasseurs y trouvent encore un gibier varié qui vaut la peine et les fatigues de la recherche; la pêche surtout est fructueuse, elle a à sa disposition au moins 200 espèces d'eau douce et autant de poissons de mer. A noter que les salmonides et les siluriens sont abondamment représentés.

La population de la province de S. Paulo peut être évaluée à 1,600,000 d'habitants. Dans un recensement opéré en 1886, on avait constaté le chiffre de 1,221,394, qui, comparé à celui de 1872, accusait un accroissement de 50 0/0 en près de 14 ans.

L'immigration qui s'est si vivement développée ne tardera pas à arrondir ce chiffre à 2 millions.

Les proportions des diverses races donnent 67,7 0/0 à la race blanche, 8,4 0/0 aux cabocles, 13,5 0/0 aux mulâtres et 10,4 0/0 aux nègres. Au point de vue des nationalités, il y avait en 1886 environ 67,000 étrangers, parmi lesquels dominaient les Italiens et les Portugais, mais aujourd'hui ce chiffre doit être de 220,000 au moins, dont plus de 115,000 Italiens. On estimait à 214,279 le nombre des feux sur les 1,221,394 habitants en 1886.

SITUATION FINANCIÈRE

CONTRIBUTION DE S. PAULO AU BUDGET GÉNÉRAL.

	Recettes.	Dépenses.
1884-85.	9.728.090$962	2.844.608$648
1885-86.	10.762.467 054	2.830.183 933
1886-87.	16.146.297 962	2.402.324 257

Dans les dépenses, ne sont pas compris les dépôts qui se sont élevés respectivement à 618,892$966, 681,441$041 et 1,564,375$261.

BUDGET PROVINCIAL.

	Recettes.	Dépenses.	Solde.
1880-81	3.520.594$	3.426.068$236	+ 94.525$764
1881-82	4.014.688 381	3.744.679 546	+270.008 835
1882-83	3.625.332 333	3.789.095 375	—163.763 042
1883-84	3.785.791 485	3.792.846 849	— 7.055 364
1884-85	4.397.453 165	4.329.375 155	+ 74.778 010
1885-86	3.802.109 858	4.480.729 521	—678.619 663
1886-87	5.700.937 620	5.461.742 189	+239.195 431

DETTE EN 1888.

Consolidée	1.153.000$	à 6 %
Flottante	3.903.916 404	
Totale.	5.056.916$404	

REVENUS MUNICIPAUX.

1884-85.	1.145.004$938
1885-86.	1.213.096 522

Mais ces totaux sont incomplets et le chiffre probable de 1885-86 est 1,400,000 $.

COMMERCE.

1883-84.	Importation.	Exportation.	Total.
Long cours.	12.059.428$632	46.204.505$548	58.263.934$180
Cabotage. .	3.836.916	885.606 310	4.722.522 310
Totaux. .	15.896.344$632	47.090.111$858	62.986.456$490
1884-85.			
Long cours.	10.415.586$263	47.207.124$344	57.602.710$607
Cabotage. .	3.940.631 284	1.028.156 990	4.968.788 274
Totaux. .	14.356$217$547	48.225.281$334	62.571.498$881
1885-86.			
Long cours.	12.497.966$710	35.868.615$066	48.366.581$776
Cabotage. .	4.670.785 160	682.753 360	5.353.538 520
Totaux. .	17.168.751$870	36.551.368$426	53.720.110$296
1886-87.			
Long cours.	16.302.337$048	74.199.731$823	90.502.068$871
Cabotage. .	6.944.868 130	2.729.986 570	9.674.854 700
Totaux. .	23.247.205$178	76.929.718$393	100.176.923$571

Je suis fort empêché de donner les tableaux de détail, comme je l'eusse voulu. Il est toujours extrêmement difficile au Brésil de se procurer ces statistiques, et quand on demande des documents, on vous les promet facilement, mais il est bien rare qu'on vous les fasse parvenir.

La statistique de la province de S. Paulo elle-même n'est pas bien complète; je vais toutefois tirer des matériaux que j'ai sous les yeux tout le parti utile.

COMMERCE INTERNATIONAL DE S. PAULO

VALEUR OFFICIELLE DE LA DOUANE.

Nations.	1885-86 Importation de :	Exportation pour :
Allemagne	2.556.362$322	7.986.943$646
Autriche	235.378 424	4.628.619 378
Belgique	1.140.517 571	4.378.243 716
Chili	—	3.630
République Argentine	104.164 282	27.205 460
Danemark	1.843 333	—
Uruguay	174.690 665	42.460 430
États-Unis	1.531.034 896	6.813.020 442
France	1.637.840 038	10.117.835 854
Grande-Bretagne	3.940.873 002	503.709 634
Espagne	57.850 480	216.026 365
Hollande	25.891 966	214.487 233
Italie	421.076 945	569.417 812
Portugal	637.237 453	302.156 270
Suède	32.205 333	4.829 826

Nations.	1886-87 Importation de :	Exportation pour :
Allemagne	3.091.949$356	20.544.218$029
Autriche	287.159 141	6.237.742 820
Belgique	854.121 495	8.057.840 160
République Argentine	27.777 767	172 300
Uruguay	147.800 035	5.773 800
États-Unis	1.579.721 682	15.748.484 728
France	2.148.592 541	16.942.452 080
Grande-Bretagne	6.302.980 263	4.819.146 760
Hollande	46.832 655	20
Italie	382.774 938	834.603 750
Norwége	21.426 666	5.085 300
Portugal	1.237.027 376	865.110 426
Suède	—	158.647 228
Russie	—	400

En examinant les chiffres pour les cinq années de 1882-83 à 1886-87 inclusivement, on constate que l'importation allemande n'a pas subi de grandes variations; mais que l'exportation en Allemagne a plus que doublé en deux ans; le mouvement d'affaires avec l'Autriche tend à s'augmenter, mais surtout sous le rapport de l'importation qui a triplé en trois ans; les États-Unis ont surtout augmenté leurs demandes à S. Paulo, et y ont importé presque constamment la même valeur; pour la France, en 1883-84 elle avait demandé à S. Paulo pour 21,043,188$; nos importations ont légèrement augmenté, elles viennent au troisième rang après celles d'Angleterre et d'Allemagne; l'Italie avait diminué ses achats comme ses ventes, surtout ses achats qui en 1884-85 s'étaient montés à 4,406,222$.

Prenons maintenant les spécifications de l'importation française. Voici des chiffres qui remontent un peu haut, mais ce sont les seuls dont j'ai pu disposer :

IMPORTATIONS DE FRANCE A SANTOS.

Articles.	1884	1885
Animaux vivants et desséchés.	43.119$200	—
Plumes et poils.	113.870 165	16.591$400
Cuirs et peaux	79.916 605	31.819 050
Viande, matières animales . .	112.683 824	76.155 458
Coraux, perles et écailles . . .	63.605 232	4.067 580
Pâtisserie, confiserie, fruits secs.	39.793 333	8.506 500
Légumineux, farineux	48.395	15.123 750
Plantes, fleurs, fruits, semences	46.081 699	9.120 250
Sucs, extraits végétaux, boissons	407.671 913	129 284 865
Parfumerie	31.293 333	26.580 580
Produits pharmaceutiques. . .	147.781 138	178.733 479
Objets en bois	39.040 265	48.520 575
— en osier, bambou, joncs.	2.543 866	—
Sparterie, objets en paille . . .	1.208 886	9.667 866
A reporter.	1.176.993$160	624.171$353

Report	1.176.999$160	524.171$353
Tissus de coton	62.375 888	140.304 073
— de laine	93.127 865	114.095 230
— de lin	92.175 815	24.168 450
— de soie	93.006 805	114.808 600
Papier et applications	51.613 398	45.059 920
Pierres, terres et minéraux	723 333	26,876 090
Faïences, porcelaines, verres	15.140 899	25.729 362
Cuivre et alliages	5.057 333	7.769 100
Plomb, étain, zinc	5.870	271
Fer et acier	54.369 700	43.485 28[illegible]
Armurerie	55.454 400	792
Coutellerie	12.026	5.893 833
Horlogerie	90.720 066	40.702 600
Carrosserie	14.430	2.702 500
Instruments de mathématiques	137.300	48.431 850
— de musique	9.600	24.489 [illegible]
— de chirurgiens et dentistes	—	148.669 800
Machines, outils en fer divers	32.215 333	11.691 900
Articles divers	41.651 092	70.758 016
Or et platine	28.924 980	57.364 000
Totaux	2.072.782$367	1.453.284$777
Ou bien au change moyen de 400 reis	5.181.956fr.	3.633 212fr.
Sur une importation totale de	30.148.583fr.65	26.237.140fr.82

IMPORTATION TOTALE.

Articles.	1886	1887
Animaux vivants et desséchés	822$333	1.466$[illegible]
Plumes et poils	30.620 697	68.950 [illegible]
Cuirs et peaux	401.531 440	254.259 417
Viande, matière animales	543.307 685	652.576 [illegible]
Coraux, perles et écailles	20.352 131	23.525 101
Pâtisserie, confiserie, fruits secs	73.618 698	107.807 002
Légumineux, farineux	886.949 731	1.090.354 127
Plantes, fleurs, fruits, semences	277.243 273	239.268 400
Sucs, extraits végétaux, boissons	1.434.358 108	1.388.076 [illegible]
A reporter	3.268.804$596	3.926.258$[illegible]

Report	3.368.804$596	3.826.283$874
Parfumerie	506.709 215	1.751.864 256
Produits pharmaceutiques. . .	488.988 853	713.605 810
Objets en bois	207.850 711	344.851 669
— en osier, bambou, joncs.	41.595 032	7.884 036
Sparterie, objets en paille. . .	35.739 528	36.398 699
Tissus de coton	952.927 936	1.759.945 728
— de laine.	648.058 948	661.895 840
— de lin.	717.566 529	982.779 495
— de soie	453.845 949	222.482 857
Papier et applications, ...	486.460 964	257.782 896
Pierres, terres et minéraux . .	820.017 274	704.299 475
Faïences, porcelaines, verres.	23.141 843	372.001 848
Cuivre et alliages	408.829 867	186.075 530
Plomb, étain, zinc.	34.973 799	49.329 598
Fer et acier.	2.141.426 022	1.364.386 992
Armurerie.	79.958 462	440.656 663
Coutellerie.	43.993 231	46.636 764
Horlogerie.	86.343 665	191.967 665
Carrosserie	50.881 932	141.017 800
Instruments de mathématiques	38.490 638	55.040 065
— de musique	63.978 631	2.606 200
— de chirurgiens et dentiste	6.103 900	6.198 200
Machines, outils en fer divers.	734.903 089	1.443.391 916
Articles divers	909.799 596	986.303 490
Or et platine	72.346 806	475.811 200
Métalloïdes	3.996 950	1.468 000
Totaux.	12.497.133$711	16.302.337$048
Ou	31.244.834fr.30	40.755.842fr.65

EXPORTATION DIRECTE DE SANTOS POUR L'ÉTRANGER

VALEURS OFFICIELLES.

Articles.	1886	1887
Eau-de-vie de canne.	248$624	170$560
Coton en branche.	5.056 086	—
Riz décortiqué.	48	—
Sucre	25 200	24
Café.	35.719.006 396	74.412.838 285
Cuirs salés	116.213 618	52.914 680
A reporter.	35.840.597$924	74.465.947$525

Report.	35.840.597$924	74.165.947$523
Pâtisserie.	159 600	—
Nattes et doublures	6.870	—
Farine de Manioc	9 600	—
Fruits secs et confits.	2.419	—
Tabac et préparations. . . .	11.862 400	4.452
Mulets, porcs, bœuf.	1.550	—
Gomme élastique	610 200	—
Bois en billes.	36	—
Légumes, haricots.	10 500	—
Bois de construction	—	206 440
Pierres diverses	1.910	16.806 200
Cornes.	2.497 645	3.694 310
Vins divers	—	130
Articles divers	291 500	8.495 398
Totaux	35.868.615$066	74.499.731$823
Ou bien	89.671.527fr.70	185.499.329fr.60

Ce mouvement d'échanges avec l'étranger s'effectue naturellement par la voie maritime. Voici les chiffres relatifs au port de Santos :

ENTRÉES :

	Long cours.		Cabotage.	
1885				
Vapeurs	352	591.079 ton.	151	80.201 ton.
Voiliers	222	85.964	126	9.159
Totaux	574	677.043	277	89.360
1886				
Vapeurs	290	341.193	177	96.561
Voiliers	161	48.385	131	5.050
Totaux	451	389.578	308	101.611
1887				
Vapeurs	228	308.180	212	116.414
Voiliers	190	75.400	154	10.644
Totaux	418	383.580	366	127.058

SORTIES :

	Long cours.		Cabotage.	
1885				
Vapeurs	259	379.383 ton.	147	77.600 ton.
Voiliers	34	14.344	120	8.446
Totaux	293	379.383	267	86.046

1886				
Vapeurs	195	254.675 ton.	13	15.606 ton.
Voiliers	92	30.387	489	29.905
Totaux.	287	285.052	202	45.511
1887				
Vapeurs	235	317.518	216	118.335
Voiliers	178	70.436	158	10.290
Totaux	413	387.954	374	12a.625

LA PART DES PAVILLONS RESSORT DU TABLEAU SUIVANT POUR 1887.

Nations.	Cabotage.	Long cours.	Total.
Allemagne.	9	305	214
Autriche	—	20	20
Belgique	—	9	9
Brésiliens	657	32	689
Danemarck	2	5	7
France	—	89	89
Hollande	16	2	18
Angleterre	42	231	273
Italiens.	—	26	26
États-Unis	1	29	30
Norvège	14	167	181
Portugais	4	8	12
Russie	—	4	4
Suédois.	8	12	20

Dix grandes compagnies maritimes y ont leur succursale et avant peu, une grande compagnie nationale transatlantique, y aura sa maison principale :

Chargeurs Réunis, du Havre, 3 voyages réguliers par mois, dont Santos est le point final.

Liverpool Brasil and River Plate Steam Ship, de Liverpool, service hebdomadaire, touchant à Anvers et au Havre.

Norddeutscher Lloyd de Bremen, 1 voyage mensuel, par Hambourg, Anvers et Brême.

Royal Mail Steam Packet, de Southampton, 1 voyage mensuel.

Hamburger Sudamericanische Dampf Schiffsfahrts gesellschaft, de Hambourg, 4 voyages mensuels.

Lloyd Austro-Hungarian, de Trieste, 1 voyage par mois, par Marseille, Gênes.

Navigazione generale Italiana, de Gênes, 1 par mois, mais peu régulier.

Transports maritimes, de Marseille, 1 ou 2 voyages par mois, par Rio.

Companhia Nacional de Navegação a Vaper, de Rio de Janeiro à Montevideo ou à Porto Alegre, 4 voyages par mois.

Plus la compagnie *Dampfsee Schiffsfahrts gesellschaft Kosmos*, dont les navires faisant la route du Pacifique touchent fréquemment à Santos.

Je ne vois pas d'utilité à donner des détails spécifiques sur les échanges par cabotage, qui tous portent sur les produits du pays.

Il convient maintenant de faire observer que le commerce d'échanges ne se fait pas seulement par le port de Santos, mais encore par le chemin de fer de Rio de Janeiro. La part qui revient à cette dernière voie ne peut être chiffrée qu'approximativement.

M. Enrique Perrod, vice-consul d'Italie à S. Paulo, calculait ainsi pour 1885 le commerce total de la province :

Port de Santos, exportation .	1900.95.055 kil.	425.148.923 fr.
— importation.	147.027.000	39.534.349
Port de Rio de Janeiro, exportation	47.504.689	12.527.179
Port de Rio de Janeiro, importation	14.960.470	3.344.975
Soit au total à l'exportation .		437.676.102
— l'importation.		42.879 324
Total des échanges. .		480.555.426

Pour 1887, nous avons vu déjà que l'on peut compter pour le seul :

Port de Santos exportation. . . .	185.499.329 fr. 60
— importation . . .	40.755.842 fr. 65
Soit un total de.	226.255.172 fr. 25

Les banques qui prêtent leur concours à ce mouvement sont déjà assez nombreuses :

Succursales du *Banco do Brasil*, du *English Bank of Rio de Janeiro*, du *London and Brazilian Bank* ; puis *Credito Real de S. Paulo*, au capital de 5,000 contos, en 100,000 actions de 40 $ et qui a distribué en 1887, 11 0/0 de dividende ; les actions sont cotées 55 $ et le fonds de réserve est de 110,714,443 (déc. 1887) ; — *Banco da Lavoura*, au capital de 1,000 contos en 5,000 actions de 200 $, dont moitié versés, cotées à 75 $, fonds de réserve 1,750 $ dividende 3$500 ; — *Banco Commercial de S. Paulo*, au capital de 2,000 contos en 10,000 actions de 200 $, dont moitié versés, cotées 80 $, fonds de réserve 3,724$420 et dividende de 3 $; — *Banco Mercantil de Santos*, au capital de 1,000 contos en 5,000 actions de 200 $, entièrement versés, fonds de réserve 500 contos, cote 270 $, dividende 10 $.

Celles qui font le plus d'affaires sont les deux anglaises et le *Banco Mercantil* de Santos. Il y a encore la *Casa Bancaria de S. Paulo*, plus quatre à cinq nouvelles qui ont à peine eu le temps de fonctionner.

Le mouvement du bilan trimestriel au 30 juin 1886, pour les sept banques de S. Paulo, se chiffrait à *l'actif* par 40,939,875$085, dont 8,631,617$017 effets à recevoir, 17,428,454$754 prêts sur garantie, 1,599,375$884 biens et lettres hypothécaires, 4,951,460$785 au comptant, 8,328,976$645 valeurs diverses ; — au *passif*, par 40,939,875$085 dont 9,399,640$136 effets à payer, 12,729,672$072 dépôts en comptes courants, 5,048,280$ émissions, 11,180,966$539 capital et fonds de réserve, 2,521,316$337 en valeurs diverses.

Pour faciliter ce mouvement financier et commercial, S. Paulo a de bonne heure songé à se procurer l'outillage économique perfectionné nécessaire. Elle tient la tête, sous ce rapport comme sous bien d'autres, au Brésil. La première, elle a su adapter aux conditions particulières de son sol les formules de viabilité accélérée écloses dans le vieux monde, et, sans s'arrêter à examiner si dans l'absolu la solution qu'elle leur a donnée est la meilleure, si même dans l'avenir elle sera la préférée, avec son bon sens pratique, elle a choisi celles qui, pour le présent, convenaient le mieux à l'état actuel de ses industries et de sa production; la navigation fluviale s'est alliée au chemin de fer, ici le prolongeant, lui formant des affluents de tête, là comblant ses lacunes, reliant ses tronçons; pour cette navigation, elle a adopté le type de bateau le plus approprié, celui-là même que les Anglais ont dû inventer pour remonter le Haut-Nil, pour trafiquer sur leurs rivières de l'Inde, au régime si variable, et généralement au tirant d'eau si restreint.

Quant aux chemins de fer, presque tous sont paulistes, c'est-à-dire créés, construits par les capitaux de la province, pour les intérêts particuliers de ses producteurs; le gouvernement n'a guère eu occasion d'intervenir, sauf quand il s'est agi d'élargir le cercle d'action de ces voies et de les transformer en lignes d'intérêt général. Alors il lui a fallu exercer son contrôle, exciter les capitaux par des garanties d'intérêt, et provoquer des abaissements de tarifs qui, d'ailleurs, répondaient aux besoins créés par le fonctionnement des voies ferrées elles-mêmes.

Je vais maintenant, en les suivant, parcourir les régions de la province qu'elles desservent, notant au passage les caractéristiques de chacune en consignant les résultats connus de l'exploitation, suivant le plan que j'ai adopté jusqu'à présent.

LIGNE ANGLAISE

J'ai laissé la *S. Paulo Railway* à la ville de S. Paulo, qu'elle atteint au kilomètre 79. Je ne sais si j'ai dit que sa construction, décrétée en 1856, fut achevée en 1867 et l'exploitation inaugurée le 8 septembre 1868 sur toute la longueur de ses 139 kilomètres. Le privilège, accordé au marquis de Monte Alegre, au vicomte de S. Vicente et au baron de Mauá, avait été cédé à la compagnie anglaise actuelle, dont la concession fut portée à 90 ans de durée, et qui obtint 7 0/0 de garantie d'intérêts sur le capital de 2,650,000 livres sterling.

Le capital réalisé se compose de 2 millions liv. sterling en 100,000 actions de 20 livres et de 750,000 livres en obligations 5 0/0, mais sur lesquels 100,000 livres ne jouissaient pas de la garantie. Le gouvernement a payé en tout de ce chef 6,607,427 $ 464 jusqu'au 1er janvier 1888. Mais, depuis 1874, la garantie d'intérêts n'avait plus exigé la contribution du Trésor brésilien. Au contraire, la compagnie ayant un dividende de plus de 8 0/0, partageait par moitié l'excédent avec le Trésor, et au 1er janvier 1888, les sommes qu'elle lui a ainsi remboursées s'élevaient à 573,486 liv. st. — Aujourd'hui ce remboursement est complété et la compagnie a notifié sa résolution de renoncer à la garantie d'intérêts. — En 1888, le produit net de l'exploitation a été de 493,098 liv., — soit 18,6 0/0 du capital garanti, — soit 6 0/0 d'un capital de 600,000 contos.

C'est, entre toutes les lignes brésiliennes, l'une des plus florissantes. Voici son mouvement depuis 1884 :

	Recettes.	Dépenses.	Produit net.
1884	5.813.700$580	1.880.076$	3.932.642$490
1885	6.174.741 740	2.782.780 500	3.391.961 210
1886	6.799.226 970	2.938.847 420	3.860.379 550
1887	6.378.976 190	2.881.919 600	3.497.056 590
1888	6.800.781 890	2.417.684	4.383.097 890

Le mouvement de 1888 est composé de 436,283 voyageurs, dont 156,277 immigrants; 418,843 tonnes de marchandises (contre 360,669 en 1887), dont 253,270 à l'importation et 165,553 à l'exportation, 2,485 tonnes de bagages et 9,269 animaux divers.

Les 360,669 tonnes de 1887 se répartissaient ainsi : 99,048 tonnes de café, 19,670 de sucre, 40 de coton, 222 de tabac, 17,105 de sel, et 224,634 d'articles divers.

En 1886, il y avait eu 340,692 tonnes, sur lesquelles 1,768 de bagages, 130,906 de café, 785 de lard, 280 de tabac, 13,737 de sucre, 21,690 de sel et 97,273 d'articles divers.

Il y avait eu 280,452 voyageurs en 1887 et 175,997 en 1886.

Cette ligne, comme le D. Pedro II, et les premières construites à Pernambuco et à Bahia, est à voie large de 1m,60, avec rampes de 2 1/2 0/0 et rayon minimum de 300 mètres. J'ai déjà parlé de son parcours de début; de Santos à Raiz da Serra, kil. 22, il traverse diverses plaines en partie noyées par les rios Casqueiro, Cubatão, Mogy, Quilombo et autres, dont les eaux se réunissent en des directions diverses avant de se jeter à la mer. Longeant jusqu'au kilomètre 12,500 l'ancienne route de terre, il traverse les trois premiers rios sur des ponts métalliques supportés par des colonnes de fer. J'ai expliqué déjà ce que sont les quatre plans inclinés successifs, d'une longueur respective de 1,948, 1,080, 2,697 et 2,140 mètres par lesquels on gravit jusqu'en haut la serra. Ils sont séparés par des paliers longs de 76 mètres, à côté desquels fonctionnent des machines fixes.

Au commencement du quatrième plan est le viaduc de *Grota Funda*, superbe construction en fer sur des piliers de maçonnerie. Il a 214m,80 de longueur et 48m,80 de hauteur. On marche sur ces plans inclinés à raison de 9,660 mètres par heure; il y passe 4 trains par heure.

A partir du haut ou alto de la serra, la ligne suit la vallée du Rio-Grande, d'où elle passe dans celle du Tamanduatehy, affluent du Tieté, par laquelle elle se prolonge au delà de S. Paulo pendant près de 12 kilomètres. De la vallée du Tieté, elle gagne le diviseur des eaux de celui-ci et de son affluent, le Jaguary, puis de cette dernière vallée passe dans celle du Jundiahy, après avoir franchi le partage des eaux sous un tunnel de 591m,30 de longueur.

Pour monter la serra, le train se fractionne en petits convois de quatre voitures; parvenu à l'altitude terminale d'environ 800 mètres, il se reconstitue et court sur Jundiahy remorqué par une locomotive du système ordinaire : il fait ordinairement 50 kilomètres quand il est spécial aux voyageurs, et 35 à l'heure quand il est mixte.

Au kilomètre 76.450, est la station de Braz, où se raccorde et s'embranche la ligne de S. Paulo à Rio-de-Janeiro : au kilomètre 78,500 est celle da Luz, la gare principale de la compagnie, et d'où part vers la gauche la ligne de Sorocaba. Ces deux gares sont toutes les deux dans la ville de S. Paulo. Depuis celle-ci jusqu'à Jundiahy, le chemin n'offre de notable que le pont sur le Tieté à 9 kilomètres de S. Paulo et le tunnel de Jundiahy de 345 mètres ouverts en pleine roche, et 246 mètres revêtus de maçonnerie. Les ateliers sont près de la gare da Luz à S. Paulo.

Le profil du tracé peut s'apprécier d'après les données suivantes :

Stations.	Distances Km.	Altitudes m.
SANTOS	0	2.500
Cubatão	12	3.100
Raiz da Serra.	22	21.100
Alto da Serra	30	800.500
Rio Grande	41.150	748.700
Ribeirão Pires.	45	751.740
S. Bernardo.	60.350	743.800
S. Caetano.	67	736.650
Braz.	76.450	728.900
S. PAULO (LUZ) (B).	78.500 (79)	737.700
Agua Branca.	84.450	723.400
Pirituba	90	730.900
Perús.	101.300	738.100
Caieiras	106.500	720.180
Juquery	111	—
Belém.	117.550	772.600
CAMPO LIMPO (B)	129.500	739
JUNDIAHY (B)	139	707.500

La ville de S. Paulo est baignée, comme on le sait, par l'affluent du Tieté, appelé Tamanduatehy, l'ancien rio Piratininga des Indiens aborigènes, du côté est et du côté nord. Le rio Grande qui, à l'exemple du précédent, se déverse par la gauche dans le Tieté, est appelé Rio-Grande dans le commencement de son cours. C'est celui que traverse le chemin de fer. Parmi les autres rios du canton de S. Paulo, l'Ypiranga mérite au moins d'être retenu; il se jette dans le Tamanduatehy par la gauche et passe à 3 kilomètres au sud de la cité. C'est sur la colline qu'il borde que fut, le 7 septembre 1822, poussé par Pedro Ier le cri libérateur : *Independencia ou morte!* L'Anhangabahú, affluent aussi de gauche du même rio, traverse la ville.

Le canton de S. Paulo est peut-être principalement viticole. Cela est de date toute récente, mais en 1887, on y a produit 10,500 hectolitres ou 2,500 pipes de vin.

Le commerce y est fort actif et déjà importe directement de l'étranger sur une échelle assez vaste les articles dont il fournit les cantons de l'intérieur et une partie des cantons limitrophes. Les magasins de demi-gros et de détail y abondent, pour tous les genres de produits. L'industrie elle-même s'y développe : deux fabriques de tissus de coton, une d'indiennes, une de glace, de saindoux, deux fonderies de métaux, une de gaz d'éclairage, une d'allumettes, cinq usines sciant et préparant le bois, deux fabriques de chapeaux, une de meubles, deux d'objets mobiliers, une de garnitures de vêtements, vingt-six de boissons diverses, cinq de pâtes alimentaires, quatorze raffineries de sucre, dix fabriques de voitures et de chariots, deux de savons et de bougies, soixante-six huileries, cinq moulins divers, deux tanneries, etc.; cette énumération permet de se faire une idée de la variété de l'activité industrielle.

Le canton qui le touche, en allant au nord, est celui de Conceição dos Guarulhos, ancien *aldeamento* d'Indiens *Guarulhos*, de la nation *Goyanaz*, bâtie dans une jolie petite plaine au pied d'une colline. Avec Juquery, son autre *freguezia* ou paroisse, ce canton a 7,000 habitants, répartis à peu près par moitié dans ces deux agglomérations. Toute l'activité de cette population est sous la dépendance de la ville de S. Paulo.

En gagnant par la serra da Cantareira, la vallée du

Juquery, et par la serra du Japy, celle du Jundiahy, le chemin de fer anglais dessert le canton de Parnahyba, ancienne cité située sur la rive gauche du Tieté, à l'O.-N.-O. de S. Paulo, et comptant environ 5,000 habitants; population principalement adonnée à la culture des céréales et à l'élevage du bœuf, du cheval, du mulet et du mouton. Le calcaire, très abondant, y est exploité pour faire de la chaux; la station du chemin de fer a même pris le nom de ces fours à chaux, à la fazenda de *Caieiras*.

En débouchant par un tunnel de la serra du *Japy* (oiseau au plumage noir et au ventre incarnat), la voie ferrée suit un ruisseau qui descend se jeter dans le Jundiahy, puis va se terminer à la ville de ce nom, nœud des chemins de fer des compagnies *Anglaise*, *Paulista* et *Ituana*. Le canton est généralement montagneux surtout vers le nord, et très bien arrosé. Le mot Jundiahy signifie *rio des bagres*, et il est justifié par l'abondance de ces poissons que les Indiens appelaient *jundias* dans la rivière qui baigne la ville. Celle-ci est assise sur une belle colline, d'où l'on jouit d'un charmant panorama; ses rues sont larges, droites, bordées de belles constructions. Le canton compte de 10 à 12,000 habitants, appliqués spécialement à la culture du café, dont ils exportent au moin 2,000 tonnes. Celle de la vigne s'y développe rapidement et l'on y trouve quelques petites propriétés agricoles qui sont exclusivement consacrées au vignoble. Le vin obtenu est déjà très potable. L'immigration européenne y a augmenté la production des céréales et des denrées alimentaires. Tout en soignant les caféiers pour le compte d'autrui, les colons, les Italiens surtout, tirent leurs plus grands bénéfices de la vente de ces denrées sur les marchés voisins de Jundiahy, S. Paulo et Campinas. Le principal établissement industriel est la fabrique de tissus de coton *Industrial Jundiahyana* où sont employés 150 ouvriers des deux sexes.

LIGNE BRAGANTINA

Avant d'arriver à Jundiahy, son terminus, la ligne anglaise a vu se détacher d'elle à Campo-Limo, kilomètre 129,500, la petite ligne *Bragantina*, qui va à Bragança par Atibaia. Elle a eu bien du mal à s'établir. Décrétée en 1872, contractée le 15 septembre 1873, il a fallu que la province vint au secours de la compagnie constituée en 1877, en autorisant l'élévation du capital garanti de 1,800 à 2,320 contos, garantie de 7 0/0 pendant 30 ans; la construction fut alors rondement menée et le 15 août 1884, l'exploitation commençait sur toute la ligne, qui a une longueur de 52 kilomètres et qui est à voie de 1 mètre.

Elle passe de la vallée du Jundiahy dans celle du Fundo, affluent de l'Atibaia, par les petits contreforts de la serra da Cantareira, descend dans la vallée de l'Atibaia qu'elle franchit à la ville de ce nom, puis gagne la vallée du Jaguary, dans laquelle elle s'arrête à la ville de Bragança, située sur un petit ruisseau tributaire de gauche.

Voici le profil de son tracé . . .

Stations.	Distances Km.	Altitudes m.
Campo Limpo (B).	0	739
Campo Large	46	852.920
Atibaia	31	744.510
Tanque.	40	791.310
Bragança.	52	815.310

Un jour ou l'autre, elle sera prolongée jusqu'à Jaguary au sud de Minas et reliée à la ligne en construction du Sapucahy. Au 31 déc. 1887, elle avait coûté 5,500 contos et la province avait payé pour la garantie un total de 721,985 $ au 31 décembre 1886.

Pour cette dernière année les recettes s'étaient élevées à	121.105$204
Les dépenses à	96.306 170
Avec un produit net de	24.799 034

Elle avait transporté 15.278 voyageurs et 11.176 tonnes de marchandises, dont 104 de bagages, 5.354 de café, 102 de lard, 41 de tabac, 1,149 de sucre, 748 de sel et 3,500 d'articles divers, plus 1,471 animaux.

Elle n'avait encore rien remboursé à la province qui avait dû, cette même année, verser 162.175$ pour la garantie d'intérêts.

Atibaía, le premier canton qu'elle traverse en se dirigeant vers le nord-est, est un territoire montagneux, très boisé à l'est et au sud, assez plat à l'ouest et au nord ; il est traversé par le rio Atibaia qui va avec le Jaguary former le Piracicaba ; très salubre, d'un climat recherché par les malades et convalescents, il est surtout producteur de café, mais on y cultive aussi les céréales et le coton et l'on y élève le bœuf, le mulet, le cheval, le porc et le mouton. Il comprend 10,000 habitants, dont 7,000 pour le chef-lieu (S. João Baptista de) Atibaia et 3,000 pour la paroisse de Campo Largo. Le chef-lieu est bâti sur le bord de l'Atibaía sur une colline, à gauche de la Serra du Itapetinga ; la paroisse est située sur une colline au-dessus du rio Fundo, affluent de l'Atibaia.

Bragança y confine et s'étend jusqu'aux limites de Minas, en remontant la vallée du Jaguary, qui arrose tout le canton, de compagnie avec le Camandocaia, le Jacarehy, et une foule de ruisseaux : les principales cultures sont le café et le coton, mais on produit également la canne, le raisin et le tabac ; la production des céréales est assez abondante pour qu'il y ait de l'exportation, celle du café monte à 3,750 tonnes et le coton à 15,000 kilos. L'élevage se concentre particulièrement sur le porc. Il y a déjà beaucoup de colons étrangers.

La ville, de 16,214 habitants, occupe une colline allongée, dont les pentes sont tournées à l'est, à l'ouest et au nord, où se trouve le ruisseau de Lavapés. Les rues s'étendent larges et longues sur le dos de la colline, en s'inclinant vers le nord. Les maisons sont assez propres et ont bon aspect ; un certain nombre présentent un cachet moderne. A la sortie de la ville, au sud, s'élèvent de grandes masses granitiques, qui ont donné à ce coin pittoresque le nom *As Pedras*.

LIGNE PAULISTA

Revenant à Jundiahy, nous allons remonter vers le nord, longeant la province de Minas. La *Compagnie Paulista* de chemins de fer et de navigation fluviale possède la ligne ferrée dite *Paulista*, qui commence à Jundiahy et va à Rio Claro avec embranchement sur Belém du Descalvado. — Constituée en 1868, un peu après l'arrivée des rails de l'anglaise à Jundiahy, avec des capitaux exclusivement paulistes, elle se donna le but de poursuivre plus avant l'œuvre commencée. — La section de Jundiahy à Campinas appartenait par concession à la Compagnie anglaise, qui refusa de la construire en dépit des sollicitations naturelles dont elle était l'objet de la part des intérêts agricoles de la région et du gouvernement. L'assemblée provinciale prit l'initiative d'accorder à cette fin une garantie de 7 %, mais les Anglais voulaient la garantie du gouvernement et non celle de la province. Les *fazendeiros* paulistes répondirent à l'appel de leur assemblée provinciale et du président d'alors Joaquim Saldanha Marinho et la Compagnie Paulista fut formée, au capital de 5,000 contos, avec concession de 90 ans, obtenant des Anglais qu'ils se désistassent de la préférence à laquelle ils avaient droit. — C'était le 29 mai 1869; le 11 août 1872, la locomotive arrivait à Campinas et l'exploitation commençait. La Paulista ayant gardé le type de la voie anglaise, large de 1m,60, les wagons de celle-ci purent circuler sur les rails de la première.

Le 12 mai 1873, la compagnie Paulista élevait son capital à 10,000 contos et se chargeait de la ligne de Campinas à Rio Claro, pour laquelle elle avait une concession de 90 ans, mais pas de garantie d'intérêts. Le 26 juin, son capital étant réalisé au chiffre de 10,000 contos, elle commençait les travaux, et le 11 août 1876, elle livrait au trafic la station terminale de Rio Claro.

Par le même contrat du 12 mai 1873 avec le gouvernement provincial, la *Paulista* avait obtenu la préférence pour construire le prolongement de sa ligne et des embranchements, en particulier celui qui devait chercher le Mogy-Guassú, aux abords de Belém du Descalvado, qui toutefois avait antérieurement fait l'objet d'une concession au baron du Tieté. Elle dut racheter celle-ci pour 40 contos en février 1876, et fit procéder aux études, terminées le 9 novembre suivant. « En raison, dit M. J. P. Passos, de la facilité de la construction, des inconvénients du changement de largeur de la voie sans motifs graves, de la nécessité d'ateliers spéciaux au point d'embranchement, et surtout des incontestables avantages offerts par la voie large à une ligne assurée d'un immense trafic dans un avenir très rapproché, la direction technique proposa et la compagnie accepta, avec approbation du gouvernement, l'adoption du type normal de 1m.60 pour l'embranchement. Le devis portait pour celui-ci une dépense de 3.450 contos et de 3,000 pour la voie de 1 mètre. Les travaux commencèrent en mars 1876 et le 15 janvier 1880 l'exploitation atteignait le port de João Ferreira, sur le Mogy-Guassú.

Dès le 12 juin 1887, les trois entreprises étaient fusionnées parfaitement et la compagnie renonçait à la garantie d'intérêts dont elle jouissait pour les 5,000 contos afférents à la section de Jundiahy à Campinas.

L'exploitation a été, dès le début, extrêmement fructueuse ; le produit net a dépassé souvent 60 % de la dépense et les dividendes 20 et même 22 %. J'en donnerai tout à l'heure les éléments détaillés.

Partant de la station anglaise de Jundiahy, la ligne *Paulista* se dirige vers Campinas, en franchissant le Jundiahy et en coupant les sources du Capivary, au moyen de divers ponts peu considérables. Au delà de Campinas elle poursuit sensiblement dans la même direction nord-ouest, jusqu'à la ville de Rio Claro, touchant au passage à celle de Limeira, toutes deux centres de cultures magnifiques de café. De Campinas à Limeira, elle utilise la vallée du

Quilombo, affluent de gauche du Piracicaba, la vallée même du Piracicaba sur une petite étendue, et ensuite celle du Tatú, affluent de droite de ce dernier. Elle a franchi le Piracicaba sur un pont de 45^m,75 d'ouverture libre avec une arche d'accès sur les deux berges, traversé diverses tranchées ouvertes dans la roche en descendant dans la vallée du Piracicaba par le Quilombo. De Limeira à Rio Claro, le tracé suit encore la vallée du Tatú, qu'il abandonne pour franchir le partage des eaux de celui-ci et du Ribeirão Claro, le long duquel il se développe jusqu'à ce qu'il le traverse près de la ville de ce nom, située sur le plateau de séparation du Ribeirão Claro et du Corumbatahy.

De la station de Cordeiros, au kilomètre 117,500 (17 kil. 750 avant Rio Claro, 71 kilomètre au delà de Campinas), se dirige vers le nord la ligne du Mogy-Guassú qui passe par la ville de Pirassununga (68 kilomètres de Cordeiros) et qui est maintenant terminée jusqu'à Belém du Descalvado. Elle a utilisé la vallée du torrent da Agua Branca jusqu'à ses sources, puis a gagné celle du torrent do Remanso, par une longue et basse tranchée dans le col du même nom, qui partage les bassins du Tieté et du Mogy-Guassú; plus loin elle traverse les vallées de divers affluents de ce dernier jusqu'au port de João Ferreira. La facilité de construction est remarquable.

La région que traverse la Paulista et que je vais décrire est la plus productive de la province; la dépense d'entretien est peu élevée; d'autre part elle reçoit à Campinas tout le trafic de la *Mogyana*, c'est-à-dire la production du Nord, qui s'augmente chaque année dans des proportions inouïes : autant de circonstances qui expliquent ses prodigieux bénéfices.

Voici le profil de la ligne et de l'embranchement :

Stations.	Distances Km.	Altitudes m.
JUNDIAHY (B)	0	706.10
LOUVEIRAS (B)	15	665.80
Rocinha	23	706.60
Vallinhos	31	660.30
CAMPINAS (B)	45	693.20

Stations.	Distances Km.	Altitudes.
Boa Vista.	53	837
Rebouças.	70	548.40
S. Barbara.	82	528.80
Tatú.	94	513.30
Limeira.	106	542.10
Cordeiros (B)	117.500	632.40
S. Gertrudes	125	575.28
Rio Claro (B	134	612.40
Cordeiros (B)	0	632.40
Remanso.	9	692.80
Araras	18	591.50
Guabiroba	28	594
S. Bento	30	642.80
Leme	42	640.40
Pirassununga	66	637.30
Porto Ferreira (B).	89	531.50
Descalvado.	108	642

La ligne complète a coûté 16.394.689$756 soit 67.746$652 le kilomètre.

Pour étudier le tableau suivant, il faut se rappeler les dates d'ouverture à l'exploitation des sections dont j'ai fait l'histoire tout à l'heure.

ANNÉES	RECETTES	DÉPENSES	PRODUIT NET
1872 . . .	311.448$940	186.262$224	124.886$716
1873 . . .	639.687 263	269.823 154	369.864 109
1874 . . .	746.573 787	283.510 724	463.063 063
1875 . . .	880.053 782	365.360 766	514.693 016
1876 . . .	1.126.489 660	484.649 218	614.540 542
1877 . . .	1.541.836 645	567.456 781	974.679 864
1878 . . .	2.195.525 850	687.074 060	1.508.451 790
1879 . . .	1.297.935 790	747.796 839	1.559.138 954
1880 . . .	2.085.239 370	771.861 267	1.313.378 103
1881 . . .	2.514.466 020	877.816 909	1.636.650 011
1882 . . .	2.880.373 995	918.392 621	1.961.981 374
1883 . . .	2.739.948 200	1.119.230 851	1.620.717 340
1884 . . .	2.586.301 750	1.267.930 192	1.318.371 558
1885 . . .	2.812.352 950	1.155.201 514	1.657.151 436
1886 . . .	2.997.410 510	1.266.121 925	1.711.288 585
1887 . . .	2.922.222 793	1.256.820 440	1.665.402 245
1888 . . .	3.577.121	1.474.410	2.102.710

Le capital actuel de la compagnie est de 20,000 contos, dont 17,244 réalisés en actions et 2,756 non consolidés encore. Les 441,172$701, payés par la province jusqu'en 1873 pour garantie d'intérêts, lui ont été intégralement remboursés depuis le 12 mai 1882.

En 1888, elle a transporté 363,482 voyageurs, sur lesquels 64,836 immigrants à titre gratuit, contre 168,538 en 1884 et 248,081 en 1887. Le tonnage des marchandises transportées s'élevait à 162,283 tonnes en 1881, à 179,917 en 1887 et à 243,022 en 1888. Le trafic pour les voyageurs a plus que doublé en 5 ans, et pour les marchandises il a doublé en 5 ans à l'importation et augmenté de 35 % à l'exportation. La somme affectée au dividende pour 1888 a été de 1,396,764 $ correspondant à 16 $ 300 par action de 200 $.

La fraction de ligne de Porto Ferreira à Descalvado est une ligne agricole. Une autre ligne particulière a été favorisée dans son établissement par la compagnie, de Porto Ferreira à Passa Quatro (Sta. Rita do), longue d'environ 30 kilomètres. De même un peu avant Pirassununga, elle a construit une ligne agricole de 28 kilomètres, allant dans l'intérieur de sa zone privilégiée jusqu'à la fazenda de Santa Veridiana, propriété du conseiller Antonio Prado, naguère ministre, située à 6 kilomètres au nord est de la ville de Santa-Cruz das Palmeiras.

Enfin, pour en terminer avec une question qui agite beaucoup les esprits dans l'intérieur de S. Paulo, elle a sollicité du gouvernement l'autorisation d'établir une nouvelle ligne allant directement de Campinas à Santos, comme le réclamait déjà la Mogyana. Pour satisfaire aux besoins de celle-ci, elle offre d'installer un troisième rail sur la ligne nouvelle depuis Campinas jusqu'à la bifurcation servant de point de départ, car la Mogyana est à voie de 1 mètre. La ligne nouvelle serait du même type, alors que la Paulista est à voie large de 1m,60.

Sa requête à ce sujet constate que le commerce d'importation et d'exportation de S. Paulo a triplé en 10 ans.

que grâce à l'expansion du courant d'immigration, on pourra sous peu, sans exagération aucune, évaluer à 1 million de tonnes le mouvement des marchandises entre le littoral et l'intérieur; elle insiste sur l'insuffisance de la locomotion funiculaire employée par la compagnie anglaise pour franchir la Serra do Mar, avec ses coûteux et dangereux plans inclinés. Elle indique comme point de départ de la nouvelle ligne, la station de Louveiras, à 15 kilomètres de Jundiahy, et cette ligne passerait par les villes de Cabreuva, Araçariguama, Cotia et Itapecerica; elle traverserait six cantons nullement desservis à cette heure par des moyens perfectionnés de transport.

Le premier canton que traverse la *Paulista* en quittant Jundiahy, est celui d'Itatiba, assez montagneux et boisé à l'ouest et au nord, où abondent des caféières, composé de terrains ondulés, plaines et coteaux, au sud et à l'est, où prospèrent diverses cultures et l'élevage. Il est arrosé par l'Atibaia et le Jaguary, qui le traversent de l'ouest à l'est et par les divers ruisseaux qui par chaque rive en sont les tributaires. C'est une prolongation de la Serra do Tenque qui sépare les deux bassins et se termine à l'ouest par le Morro das Cabras. La désagrégation des roches porphyroïdes, des granulites et des pygmatites, qui forment ces collines, a fourni les excellentes terres *Massapé* et *Salmorão*, si propices à la culture du café et des céréales. La tradition locale veut que l'origine de cette ville d'Itatiba soit un refuge de criminels, assagis par la vie des bois. Elle ne remonte même pas à 80 ans. L'histoire de son développement est fort curieuse, mais dépasserait par trop mon cadre. Elle est située à environ 2 kilomètres de l'Atibaia, sur une jolie colline, qui s'élève en amphithéâtre depuis le bord du ruisseau da Cachoeira; ses rues sont droites, bien alignées, le plus souvent larges et pavées. Quoique presque toutes en rez-de-chaussée, les maisons n'y manquent pas d'une certaine élégance. Sa population est de 9,400 habitants, surtout occupés à la culture du café, dont la production moyenne est de 5,600 tonnes, et à celle de la vigne dont ils tirent 40,000 litres de vin. Bien qu'abondent le kaolin et l'argile plastique, je n'ai pas vu qu'ils soient utilisés industriellement. Les colons étrangers sont assez nombreux et les Italiens au moins 2,050.

Le 19 mai 1887, le gouvernement provincial a concédé une ligne ferrée partant de Louveiras, kilomètre 15 de la *Paulista*, et allant à la ville d'Itatiba et les travaux ont commencé presque aussitôt. Cette ligne n'a que 19 kilomètres et a été par l'entrepreneur soumissionnée au prix de 432 contos dont 22 en actions au pair de la compagnie. Il y a 2 stations, Passarinhos et Tapera Grande, et un beau pont-viaduc sur le Capivary. L'ouverture date du 1er août 1889.

Campinas, qui suit Itatiba, au nord-ouest, est un canton un peu montagneux et assez irrégulier d'aspect : quoique fréquents, les accidents de terrain y sont peu sensibles. D'immenses plantations de café couvrent le sol, et pourtant on y trouve encore des forêts vierges à quelque distance des centres de population, aussi bien que d'excellents pâturages pour les troupeaux. Tous les ruisseaux qui l'arrosent sont tributaires de l'Atibaia et du Jaguary, formateurs du Piracicaba. Campinas est vraiment la métropole agricole de S. Paulo, et en dépit de l'épidémie qui y a si cruellement sévi l'été dernier, au commencement de 1889, apportée du dehors, il jouit d'un climat excellent. La ville seule est moins bien partagée, grâce à l'effroyable incurie de son édilité et à des routines inconciliables avec les impérieuses exigences d'une grande agglomération d'hommes.

Cette cité qui, en 1886, comptait 41,253 habitants, qui en compte maintenant près de 50,000, rivale de la capitale par ses édifices, son activité commerciale et manufacturière, qui lui est supérieure par son importance agricole, remonte à environ 1773, où une chapelle y fut érigée par quelques colons qu'avait attirés l'extraordinaire fertilité de la terre. Ce sont eux qui ont imprimé à la vieille ville appelée encore aujourd'hui *Campinas Velhas*, son cachet fruste et archaïque, auquel on n'a rien changé, dans laquelle, comme dit tristement la statistique officielle, « le progrès a été nul ». La ville est située au milieu d'une vaste campagne, d'où elle tire son nom. Ses rues nombreuses déjà se coupent à angles droits, et les constructions, bien que la plupart en simple rez-de-chaussée, ne manquent pas d'une certaine élégance, néanmoins elle compte de belles maisons particulières, confortables et riches, bâties à la moderne. Son église-mère (*Matriz*) est l'orgueil de la jeune architecture brésilienne. Occupant le centre de la cité, sur une superficie de 2,073 mètres carrés, elle a une nef maîtresse, large de 18m,50, avec un transept large de 8 mètres. — Le style est tout à fait classique; on y a réuni et superposé les divers ordres antiques d'une façon assez curieuse et avec un grand succès. — Le frontispice a une hauteur de 59 mètres et la forme d'une tour assyrienne. Commencé en 1897, ce temple a été terminé en 1885 : les frais en ont été faits par des dons particuliers et par le produit d'un impôt municipal spécial rapportant par an environ 80 contos. Les travaux étaient en dernier lieu dirigés par l'ingénieur Francisco de Paula Ramos de Azevedo. L'architecte brésilien n'existe pas.

Campinas a des tramways, l'éclairage au gaz et même à l'électricité, mais, hélas! jusqu'en mai dernier, elle n'avait pas d'égouts, ni de canalisation d'eau potable. C'est seulement maintenant, après les ravages de l'épidémie, aux développements de laquelle cette grave lacune a énormément contribué, qu'on s'est enfin décidé à mettre la main à l'œuvre. On va réparer avec fièvre le temps perdu et l'on fera bien, car c'eût été grand dommage d'arrêter le développement de cette belle cité.

L'industrie n'y est guère représentée que par les petits métiers desservant les besoins d'une grande ville. Le commerce surtout y est florissant et nombre de maisons y entretiennent des relations directes avec l'Europe; d'autres alimentent l'intérieur sur une vaste échelle, étendant leurs affaires jusqu'en Goyaz et Matto Grosso. On y compte pourtant 3 fonderies de machines agricoles, les ateliers des compagnies *Paulista* et *Mogyana*, des fabriques de voitures, de chapeaux, de bas, de tissus, de chemises, de poterie et de faïence, des tanneries. Presque toutes ces fabriques emploient la vapeur comme moteur et occupent un personnel d'environ 2,000 ouvriers.

Campinas a surtout à cœur de passer pour la capitale intellectuelle de S. Paulo, voire du Brésil. On y a un goût très vif pour les beaux-arts, qui se manifeste par des associations, — c'est à l'une d'elles qu'on doit le théâtre S. Carlos, — par les instituts d'éducation supérieure, et qui a trouvé son expression dans la *Matriz Nova* dont je parlais tout à l'heure, temple unique, assure-t-on, en son genre, dans l'Amérique du Sud. Quand elle n'en est pas l'initiatrice ou le siège, Campinas participe à toutes les expositions provinciales; elle a fourni un contingent notable sous tous les rapports à la participation brésilienne à l'Exposition universelle de 1889. Celle de 1885, d'un caractère régional, a été une merveille et une révélation, pour les habitants de la région surtout, qui ne se pensaient pas si riches, ni si avancés, et qui refusaient d'en croire leurs yeux. Ce progrès paraît surtout dû à l'influence de l'élément étranger, écossais, allemand, anglais, qui a provoqué et obtenu dans le traitement du café lui-même, la culture indigène par excellence, des perfectionnements énormes. Mac-Hardy, Arens, Lidgerwood, sont des noms devenus Campinistas, mais qui ont conquis leur naturalisation à force d'exemples éminemment suggestifs.

Le café, la culture presque exclusive du canton, donne pour une exportation annuelle de plus de 10,500 tonnes. Il en a été produit jusqu'à 22,500 tonnes, valant près de 10,000 contos. Le sucre qui, jadis jusqu'en 1850, faisait travailler 100 usines, a cédé le pas au café. La vigne seule a pris à côté de lui quelque faveur. L'élevage n'y est guère pratiqué que pour la consommation locale et il est loin d'y suffire.

Une station agronomique, dirigée par un spécialiste allemand, M. F. W. Dafert, a été, sur l'initiative de M. Antonio Prado, établie dans le quartier de Guanabara.

Bien que le canton comptât à peu près la moitié d'esclaves dans le nombre de ses habitants, l'abolition n'y a pas provoqué le bouleversement économique que l'on redoutait. Les *fazendeiros* avaient eu le bon sens de s'adresser au colon étranger et, quand l'esclave a retrouvé sa liberté, ils ont fait un appel gigantesque à l'immigration européenne. Aussi l'immigré y est-il comme chez lui et sa présence a-t-elle donné à Campinas un cachet tout cosmopolite.

Trait particulier, cette ville qui est à l'avant-garde du progrès, est un foyer ardent de l'idée républicaine au Brésil.

Je dois, pour éviter des confusions, suivre jusqu'au bout le tracé de la Paulista, qui s'écarte ici de sa direction sud-nord, et s'infléchit à l'ouest-nord-ouest. Tout à l'heure je poursuivrai ma route le long des limites de Minas.

La ligne *Paulista*, au sortir de Campinas, dessert bien le canton de Monte-Mór, par la station de Rebouças, mais ce territoire appartient surtout à la zone de l'*Ituana*. Je donnerai, en décrivant celle-ci, les détails qui le concernent.

Le canton qui suit est celui de Santa Barbara, à peine légèrement ondulé au sud-ouest, partout ailleurs d'un aspect de plaine, arrosé principalement par l'Atibaia et son affluent le rio Toledo, tous deux encombrés de chutes et susceptibles par là même de fournir en bien des points une précieuse force motrice. La ville est située sur la rive droite du Toledo et en partie assise sur des terrains élevés. Ses 5,110 habitants sont adonnés surtout à la culture de la canne et des céréales. Le café n'est guère produit que pour la consommation locale, de même que le coton. L'exportation moyenne comprend 225 tonnes de sucre, 1,470 hectolitres d'eau-de-vie, et beaucoup de céréales. L'élevage donne une exportation de 500 bœufs, celui du porc est pratiqué sur une large échelle.

La ligne atteint ensuite le canton de Limeira, assez montagneux et boisé, bien arrosé et pourvu de campines, d'un climat agréable, d'une grande fertilité. Un grand gisement de calcaire est exploité pour la fabrication de la chaux ; la culture est diversifiée ; café, canne, céréales s'y trouvent voisins, toutefois le café domine et l'on en exporte 3,000 tonnes. On y produit aussi du maïs et du riz, surtout les colons italiens qui sont là au nombre de plus de 4,000. La ville, unique paroisse du canton, comptant 16,000 habitants, est bâtie sur une éminence dominant le ruisseau Tatú. Ses 35 rues, bien alignées, offrent quelques édifices d'assez bon goût. Son aspect général est fort agréable et, du reste, elle passe pour une des plus riches de la province.

Je n'ai pas besoin, je pense, de répéter ici une observation souvent faite, à propos du chiffre des habitants des diverses localités au Brésil. Il s'applique à l'agglomération urbaine, à ses faubourgs, à ses hameaux et écarts, et à ces nombreuses habitations que, selon leur importance, on nomme ici *fazendas, fazendolas* ou *sitios*.

Traversant les villages de Ibicaba, Cordeiros, Sam Lourenço, nous arrivons à Rio Claro, tête d'un canton au sol assez inégal, relevé sur quelques points par le Morro Grande et la serra du Barbosinha, ailleurs ondulé, et offrant çà et là des *campos*, entre autres ceux de la fazenda Angelica, celui du Coxo et ceux de Itaquery, qui sont les plus étendus. C'est la serra d'Itaquery qui forme la base de son système de hauteurs ; le principal cours d'eau est le Corumbataky, affluent de droite du Piracicaba.

Le sol très fertile doit surtout le développement de ses cultures au sénateur Vergueiro, et à la colonie qu'il fonda dans la fazenda d'Ibicaba. Le café exporté aujourd'hui atteint 9,000 tonnes : on produit aussi abondamment la canne, le tabac et les céréales. La ville de S. João do Rio Claro, chef-lieu, est bâtie sur le ruisseau Rio Claro, dans une vaste plaine un peu en pente et ses 26 rues droites, larges, sont réparties en quartiers parfaitement égaux. Les places sont plantées d'arbres et l'une d'elles disposée en jardin. Il y a de fort jolies maisons d'un goût tout moderne; la ville est éclairée par l'électricité. Le quartier de Santa Cruz, sorte de faubourg, séparé d'elle par un ruisseau, est absolument neuf. On y jouit, grâce à son altitude un peu supérieure, d'une vue superbe sur la côte, sur les caféières des environs, les poteries et les fabriques de chaux, auxquelles le sol fournit en abondance l'argile plastique et le calcaire nécessaires. La ville chef-lieu compte 17,141 habitants ; avec les 2,892 de l'autre paroisse (N.-S. da Conceição de) Itaquery, le canton comprend une population de 20,133 habitants.

Arrêtons-nous pour l'instant dans cette direction et prenons à Cordeiros l'embranchement de Descalvado; à quelques kilomètres seulement de Limeira, nous atteignons Araras, gentille cité bâtie sur une colline, au milieu d'un canton d'une fertilité prodigieuse et d'un excellent climat, dont le sol très accidenté au sud s'abaisse au nord vers le Mogy-Guassú qui le sillonne. Elle compte 9,600 habitants, qui cultivent surtout le café, la canne et les céréales; le premier se développe beaucoup et la production s'en élevait déjà à 7,500 tonnes. L'élevage du bœuf, du cheval et du porc est assez pratiqué. Les colons étrangers y sont nombreux et ont fort bien réussi.

Aussitôt après, le train nous conduit à Pirassununga, canton entouré par deux longues serras, à gauche et à droite du Mogy-Guassú : la première se relie à la chaîne de partage du bassin de ce rio et du Tieté, la seconde à la chaîne de séparation du Mogy et du rio Pardo. Entre elles s'étend une plaine de campos naturels propres à l'élevage, tandis que leurs pentes offrent d'excellentes terres à la culture du café, qui est prédominante. Le chef-lieu est situé entre le Mogy-Guassú dont il est éloigné de 9 kilomètres, et la serra de gauche dont j'ai parlé. Ses rues s'étendent longues et toutes parallèles sur le penchant d'une colline qui s'abaisse sur le torrent das Pires. Sa population est de 11,162 âmes et celle de l'autre paroisse Conceição de Santa Cruz, de 4,751, soit pour le canton 15,913 habitants. Outre les fazendas de café, fort nombreuses et florissantes, on y trouve deux usines sucrières et fabriques d'eau-de-vie très bien outillées.

« Coupé du sud au nord et de l'est à l'ouest par le chemin de fer *Paulista*, qui, se bifurquant à 6 kilomètres de la ville, projette une de ses branches sur la localité appelée Cachoeira et une autre vers celle appelée Porto (João) Ferreira, sur le Mogy-Guassú, où elle se raccorde à la ligne de navigation fluviale à vapeur de la même compagnie, aucun canton de la province n'est aussi favorisé en communications faciles. En outre, il est entouré à l'est par le chemin de fer de la Cie *Mogyana*, distant à peine de 15 kilomètres de ses limites et au sud-ouest par celui de la compagnie *Rio Claro*, qui n'est pas à plus de 12 kilomètres de ses frontières.

« Ses produits s'écoulent par la station fluviale de Porto Ferreira, par les stations de Cordeiros, Cachoeira, Pirassununga, Leme et Guabirobas, de la *Paulista*, Lage et Corrego Fundo, de la *Mogyana*, et Morro Grande, de *Rio Claro*. Une foule de routes ordinaires traversent en tous sens ses terres extraordinairement productives et de facile aménagement pour toutes sortes de cultures : ce canton est dans des conditions exceptionnellement favorables à l'établissement des immigrants, qui y rencontreront, en outre d'un placement commode, la plus complète facilité de transports pour les produits de leurs industries, et par-dessus le marché l'avantage de pouvoir aider aux cultures voisines dans la récolte du café. »

Ces lignes du rapporteur de la statistique officielle sont absolument justes. L'expérience a démontré que les colons ainsi établis ont admirablement prospéré.

Je ne puis laisser Pirassununga sans mentionner l'abondance du poisson dans le Mogy-Guassú, au point que ses riverains, à Cachoeira, en exportent 15,000 têtes après avoir alimenté la consommation, et sans signaler les chutes de ce rio, à 9 kilomètres de la ville, et la longue bande de *coqueiros* qui s'étend sur la rive gauche; ces *baguassú*, comme on les nomme ici, ne se retrouvent nulle part ailleurs dans la province; on les attribue aux aborigènes, qui ont en outre laissé comme traces de leur passage des *igaçabas* ou vases d'argile, des ossements humains, des haches de pierre et autres instruments.

Le canton de Belém du Descalvado termine de ce côté la ligne Paulista. Il est en général montagneux, formé des deux chaines ou serras Cuscuzeiro et Descalvado, d'environ 800 mètres d'altitude, la première dans le bassin du Tieté, la seconde dans celui du Mogy-Guassú. Les terres, toutes très fertiles, ne sont pas sujettes à la gelée, les basses sont peu productives. Le nom de *Descalvado* provient de l'absence de végétation sur la serra. Les 8,260 habitants du canton cultivent le café, la canne et le tabac. Ils possèdent au moins 7 millions de pieds de caféiers, disséminés dans plus de 100 exploitations agricoles, petites et grandes. On évalue la production annuelle à 6,250 tonnes de café, 50 tonnes de sucre et 15 tonnes de tabac. C'est une des régions où le colon immigrant s'est le mieux établi. En 1887, M. Enrique Perrod, vice-consul d'Italie, y comptait 1,590 de ses compatriotes, et vantait le tabac local; le meilleur de la province, disait-il, est vendu sous le nom de *Tomaz Ferreira e Descalvado*. C'est du reste le même qui déplore de voir ces colons réduits à vivre de haricots, de riz et de lard, et à l'obligation de travailler sérieusement pour amasser une épargne de quelques mille francs! Il est bien connu que les prolétaires agricoles en Italie sont mieux nourris à moins de frais et avec moins de peine! Les plus maltraités mettaient de côté 400 francs par an, après avoir vécu sans souffrir, d'après leur aveu. Ceux qu'il appelle les artisans gagnaient dans les fazendas 6 fr. 67 à 8 fr. 88 par jour, et devaient payer eux-mêmes leur nourriture. Voilà certes des gens à plaindre ! — La ville de Descalvado est sur la rive droite du torrent da Prata : elle est très active et, grâce à l'immigration précisément, devenue très commerçante en ce qui concerne le détail. Le port de João Ferreira appartient à ce canton, où à 6 kilomètres de Descalvado l'on trouve le saut renommé de Pantano, tranchée à pic dans la roche vive, d'une hauteur de 41m.80 et d'où tombe avec un étourdissant fracas toute la masse d'eau du ruisseau de Pantano. Il viendra bien quelqu'un qui utilisera cette superbe force motrice.

La Compagnie *Paulista* a ici sa station terminale, plus celle de Porto Ferreira, 18 kilomètres auparavant. Toutes deux ont un grand mouvement, celle de Porto Ferreira en particulier, par suite de la navigation fluviale établie par cette compagnie sur le Mogy-Guassú et qui commence à cet endroit même. Les vapeurs circulent de ce point jusqu'au confluent du rio Pardo, au grand profit des cantons de Descalvado, Passa-Quatro, S. Simão, S. Carlos de Pinhal, Araraquára, Jaboticabal et Ribeirão Preto, qui tous ont une station sur le fleuve ; il y en a 4 dans le canton de Descalvado.

C'est en effet cette compagnie qui a donné au Brésil le bon exemple de compléter ses lignes de rails par le prolongement de la navigation fluviale, partout où elle pouvait s'effectuer, même au prix des sacrifices nécessaires pour régulariser ou améliorer le lit des cours d'eau.

L'expérience a démontré la valeur de cette idée : durant le 1er semestre de 1887, le poids des marchandises transportées par eau s'était augmenté de 58 %. Les bateaux à fond plat et roue unique à l'arrière, vont de Porto Ferreira sur le Mogy-Guassù au confluent du Rio Pardo, où est la station de Pontal, la douzième de celles desservies au passage. La simple comparaison des chiffres du tonnage rend évidente l'accroissement de la production provoqué par cette nouvelle facilité du transport :

Articles.	1er semest. 1886	2e semest. —	1er semest. 1887	2e semest. —
Café et exportation.	684 ton.	1.553 ton.	1.490 ton.	2.813 ton.
Sel	111	345	1.312	1.448
Articles divers. . . .	63	87	266	444
	858	1.966	2.978	4.705

Le sel est vendu par la Cie à l'extrémité du parcours de ses bateaux. En 1887, elle en a importé dans cette région reculée **61,018** sacs.

Pour le 1er semestre de 1887 :

La recette fut de	90.768$737
La dépense de.	63.050 040
Le produit net de.	27.718 690

qui correspond à 4, 6 °/₀ du capital 1,200 contos.

La compagnie emploie à ce service 5 bateaux : *Conde d'Eu, Conselheiro A. Prado, Nicolào Queiroz. E. Chaves, Rio Bonito*, qui brûlent du bois comme combustible, sauf le *Conde d'Eu* qui emploie du charbon pour remonter les grands rapides du Escaramuça, du Gaviãosinho et dos Patos.

LIGNE RIO CLARENSE

De Rio Claro. part une ligne prolongeant la Paulista, vers Araraquára d'une part, et de l'autre sur Jahú, devant rejoindre le Tieté et la colonie militaire d'Itapura : elle appartient à la *Cie de Rio Claro*, la première qui s'est constituée dans la province, sans faire d'aucune façon appel au Trésor public, et aussi l'une des meilleures au point de vue du produit net de l'exploitation. Elle vient d'être achetée à ses actionnaires pour 8,000 contos par une société anglaise.

Voici son itinéraire et son profit :

Stations.	Distances Km.	Altit. m.
Rio Claro (B).	0	612.40
Morro-Grande.	14	668
Corumbataby.	27	575

Stations.	Distances Km.	Altit. m.
Cuscuzeiro	41	688.20
Oliveira	44	588.20
VISCONDE DO RIO CLARO (Feijão) (B).	56	753
Colonia	65	741.96
S. Carlos do Pinhal	77	823.66
Visconde do Pinhal	94	829
Fortaleza	107	656.50
ARARAQUARA (B)	127	650.90

EMBRANCHEMENT.

VISCONDE DO RIO CLARO (B)	0	753
Morro Pellado	13	751.70
Campo Alegre	28	751.20
Brotas	47	643.20
Santa-Maria	77	776
Ventania	94	758
Dous Corregos	104	689
Don Pedro II	114	648
Banbarão	124	637
JAHÚ	137	628

Les 264 kilomètres en exploitation au 31 décembre 1887 avaient coûté 4,793,906 $ 101, soit 18,158 $ 735 par kilomètre. Le capital de la Cie était de 5,000 contos, entièrement réalisé en actions. Mais pour construire la branche de Jahú, le capital a été élevé à 7,000 contos. Le dividende distribué pour 1887 avait été de 8 $ par action, soit 8 % pour le second semestre. Le 19 février 1887 avait été inauguré le dernier tronçon, de D. Pedro II à Jahú.

Une concession provinciale du 6 avril 1887 a autorisé la Cie à prolonger la ligne de Jahú au bourg de Sapé, sur le Tieté et de là à la colonie militaire de Itapura, près de l'embouchure dans le Paraná de ce même Tieté. La Cie a également étudié le prolongement de l'autre branche d'Araraquára à Jaboticabal, que les Anglais vont certainement exécuter.

L'exploitation a commencé à la fin de 1882, les travaux n'ayant été entamés que le 15 octobre 1881, et tout d'abord seulement de Rio Claro à S. Carlos.

Voici les résultats jusqu'à présent :

Années.	Recettes.	Dépenses.	Produit net.
1883.	179.658$195	97.154$260	82.503$935
1884.	310.500 810	149.023 600	111.457 210
1885.	485.675 780	228.766 865	256.908 915
1886.	625.900 353	262.947 720	362.952 633
1887.	748.611 810	399.684 848	348.927 762

En 1887, la Cie *Rio Clarense* avait transporté 97,908 voyageurs, 5,199 animaux, 1,437 tonnes de bagages, et 22,672 tonnes de bagages, et 22,672 tonnes de marchandises, dont 14,862 de café, 926 de sucre, 1,080 de sel et 5,804 d'articles divers.

En quittant Rio Claro, la ligne remonte la vallée du Corumbatahy, entre les serras du Cuscuzeiro et de Bôa Vista, et pénètre dans le canton de S. Carlos do Pinhal, lui aussi, d'aspect varié par des ondulations montagneuses et des plaines, arrosé par quantité de ruisseaux affluents du Jacaré, tributaires du Tieté, et par ceux des Aguas Turvas, des Negros et du Quilombo, affluents du Mogy-Guassú, producteur distingué de café, dont il exporte 1,000 tonnes, mais dont les terres très fertiles sont exploitées également sur une moindre échelle pour la culture des céréales et de la canne. Le chef-lieu, S. Carlos do Pinhal, est sur la rive gauche du ruisseau Monjolinho; c'est une ville de 16,104 habitants, très active, assez commerçante, fort agréable et bien bâtie : elle a énormément fait de progrès depuis 1871, où tout le canton comptait seulement 7,000 âmes.

En traversant des dépressions de la grande serra de Araquára, la ligne atteint le chef-lieu du canton de ce nom, arrosé par le Mogy-Guassú, et d'un autre côté par le Tieté et son tributaire le Jacaré-pepira, sans parler d'une foule de torrents et de ruisseaux. La ville d'Araraquára est bâtie sur un long plateau entre le ruisseau das Cruzes, le torrent de la Servidão et celui du Ouro. Ses quatre rues principales, coupées par d'autres moins importantes, vont terminer au torrent da Servidão, sur lequel un grand pont de bois les fait communiquer avec le quartier de la station. Ce n'est pas précisément un type d'élégance, que cette cité qui a conservé son cachet ancien, un peu attardé. Le canton compte 9,600 habitants, répartis dans l'agglomération urbaine, dans la paroisse de S. Bento et dans celle de Bôa Esperança. Les colonies militaires de Avanhandava et de Itapura, sur le bas Tieté, en dépendent. Par l'ouest, il touche au Sertão, un territoire peu connu qu'habitent encore des Indiens chasseurs et parfois peu endurants.

De la station de Visconde do Rio Claro, jadis appelée Feijão, sur le rio de ce nom, affluent du Jacaré-pepirá, se détache l'embranchement de Jahú, qui, longeant les hauteurs de la serra de Itaquery, traverse le canton de Brotas, où à l'est s'étendent d'immenses campines extrêmement favorables à l'élevage; au sud et à l'ouest, il présente des terrains assez élevés, bons pour la culture du café et des céréales. Ce canton compte 6,600 habitants, avec trois agglomérations, Brotas, le chef-lieu, Ribeirão Bonito et Dourado (S. João Baptista du). Il possède 1,200,000 pieds de café, et produit beaucoup de maïs, de riz, de haricots et de tabac; on y élève aussi beaucoup de bœufs et de porcs dont on exporte un grand nombre. A quelque distance de Brotas, le Jacaré, déjà volumineux, s'écoule à travers un terrain très accidenté, formant une série de sauts et de cascades charmantes. Près du Dourado, il y a aussi une *Agua Virtuosa*, source à laquelle la population attribue des vertus médicinales. L'eau jaillit avec une grande force et un fracas qu'on entend de fort loin.

Le canton voisin dans lequel pénètre le chemin de fer est celui de Dous Corregos, long plateau, entre deux serras qui entourent une partie de son territoire, comme de celui de Brotas et de Jahú, parsemé de forêts, de *cerrados*, de vastes champs de *sapé*, arrosé au sud par le Tieté et le Piracicaba, et par le Jahú, qui va se jeter dans le premier après avoir traversé le territoire de la bourgade de Sapé, où il prend le nom de Jacaré-pepira mirim.

La population est aujourd'hui d'environ 9,000 âmes; en 1870, le canton ne comptait que 1,000 habitants, et la localité quelques maisons seulement. Deux ans plus tard on en avait construit plus de 200 nouvelles. Ce progrès rapide est dû en bonne partie aux colons, cultivateurs de café et de tabac.

Jahú, qui sait et pour le moment termine l'embranchement, est un canton assez accidenté, dont le territoire est aux trois quarts encore couvert de forêts vierges; les hauteurs, comme *Banharão*, *Curralinho*, *Bocaïna*, sont plutôt des plateaux élevés, que des montagnes. Outre le Jahú, ou Jacaré-pepira mirim, qui l'arrose au sud, le Jacaré-pepira-Guassú le sépare au nord du canton d'Araraquára; les bords du Tieté qui réunit ces cours d'eau ne sont pas peut-être très salubres dans l'état actuel. La ville de Jahú, siège de *comarca*, est située sur une colline de terre rouge, à la base de laquelle coule le rio Jahú et dont la cime porte la station terminale du chemin de fer. Cette ville, qui date de 1848 à peine, a au moins 16,000 âmes; elle est réellement fort jolie, possède de belles rues et des maisons élégantes. Le canton compte, en outre, le bourg de Sapé, où il y a 3,000 âmes à peu près; sa population totale est donc de 19,000 habitants.

Grâce à la constitution du sol tout entier formé de la fameuse *terra roxa*, sa fertilité est admirable; on s'en aperçoit au premier abord à la luxuriante végétation qui le couvre, à la vigueur et à l'exceptionnelle productivité des caféiers, qui donnent en moyenne 2,250 kilos par 1,000 pieds et parfois jusqu'à 4,500 kilos. Outre le café, la richesse principale, dont la production moyenne est de 5,250 tonnes, le canton cultive encore la canne, donnant 150 tonnes de sucre environ et 75 tonnes de tabac. L'élevage des différentes espèces de bétail peut s'évaluer par une production annuelle de 8,800 têtes.

LIGNE MOGYANA

Revenons maintenant à Campinas et reprenons la direction du nord. Nous entrons sur le réseau de la *Compagnie Mogyana*. Celle-ci a son origine dans la loi provinciale du 21 mars 1872, accordant une garantie d'intérêts de 7 % sur un capital de 3,000 contos, pour la construction d'un chemin de fer allant de Campinas à Mogy-Mirim. La compagnie était approuvée le 13 novembre 1862, et le 19 juin 1873 était passé le contrat accordant la concession pour 90 ans de la ligne principale et d'un embranchement sur Amparo, et la concession, sans garantie d'intérêt, du prolongement de la ligne principale jusqu'à la rive du Rio Grande, par Casa Branca et Franca, prolongement qui toutefois obtint le 14 avril 1875 une garantie de 7 °/₀ sur un capital de 2,500 contos.

Le capital de 5,000 contos fut souscrit dans la province même en actions de 200 $. Les intérêts des actionnaires du prolongement furent d'abord séparés de ceux du tronc, pendant la durée de la construction, et fusionnés après l'ouverture au trafic de ce prolongement. La compagnie est tenue de partager avec la province la moitié du produit net de l'exploitation, dès qu'il dépasse 9 % du capital social, jusqu'à payement complet des sommes avancées à titre de garantie d'intérêts.

Les études furent commencées le 2 décembre 1872; le 3 mai 1875, on livrait à l'exploitation la 1re section de Campinas à Jaguary; le 27 août suivant la 2e section de Jaguary à Mogy-Mirim, et le 15 novembre suivant l'embranchement de Jaguary à Amparo, soit au total 106 kilomètres. Les études du prolongement commençaient en mai 1875 et les 97 kilomètres de la ligne étaient ouverts au trafic le 1er janvier 1878. Le 29 juillet 1882, il en était de même pour l'embranchement de Penha du Rio du Peixe, le 23 novembre 1883, pour le prolongement de Casa Branca à Ribeirão Preto; voilà pour la première période de 10 ans, 368 kilomètres construits et exploités.

Le 17 février 1883, un décret impérial accordait à la *Mogyana* une garantie de 6 % sur un capital de 7,000 contos, pour le prolongement de Ribeirão Preto au Rio Grande et la construction d'un embranchement sur *Poços de Caldas;* c'était faire pénétrer ses rails au delà de la Mantiqueira et les projeter d'autre part au dela du Rio Grande, dans la province de Minas. Les travaux commencèrent le 10 mars 1885; en octobre 1886, l'empereur en personne inaugurait cet embranchement, et la section du prolongement de Ribeirão Preto à Batataes. Le 6 mars 1888, la seconde section de Batataes à Jaguára, y compris le pont franchissant le Rio Grande, complétait les 270 kilomètres exploités de ce prolongement.

Enfin, en vertu d'une loi provinciale de Minas Geraes, la compagnie Mogyana avait traité le 10 octobre 1884 pour le prolongement en territoire Mineiro de Jaguára à la rive gauche du Paranahyba, par Uberaba. Elle en recevait de ce chef une garantie provinciale de 7 % sur le capital maximum de 5,000 contos. La ligne projetée aura environ 281 kilomètres jusqu'à la frontière de Goyaz. Les travaux de la section d'Uberaba ont été commencés en octobre 1887 et le 23 avril 1889, ont été inaugurés les 102 kilomètres de Jaguára à Uberaba.

Voici donc quelle était au commencement de mai, la situation du réseau de la Mogyana :

EN EXPLOITATION.

Campinas à Jaguára	511 kil.	
Jaguára à Uberaba	102	
Jaguary à Amparo.	30	
Cascavel à Caldas.	27	
Mogy-Mirim à Penha.	20	
Casa-Branca à S. José	20	
	775	775

EN CONSTRUCTION.

Amparo à Monte Alegre.	18	
Amparo à Silveiras.	22	
Mogy-Guassú à Pinbal.	37	
S. José à Mocóca.	30	
	107	107

EN ÉTUDES.

Uberaba au Paranahyba.	186	
Pedreiras à Aréa-Branca.	18	204
	204 kil.	1.085 kil.

Toutes ces lignes sont à voie de 1 mètre, sauf la petite ligne agricole de Amparo à Silveiras qui est à voie de 60 centimètres.

Voici le profil et les parcours de ces différentes lignes :

Stations.	Distances Km.	Altitudes.
Campinas (B).	0	693.20
Anhumas	10	614
Tanquinho.	20	608.20
Matto Dentro		
Jaguary (B)	35	642.80
Ressaca.	54	604
Mogy-Mirim (B)	76	613
Mogy Guassú (B).	85	590
Estiva.		
Matto Secco.	117	738
Cascavel (B).	129	655
Engenheiro Mendes	134	628
Casa Branca (B).	173	720
Lage	190	706
Corrego Fundo.	222	737
Serra Azul.		
S. Simão.	255	635.50
Cravinhos	287	786
Ribeirão Preto	318	520
Visconde do Parahyba (Rio Pardo)	336	500
Batataes	367	894
Sapucahy Mirim	396	651
Franca	428	994

Stations.	Distances. Km.	Altit. m.
Canôas (Indaia).	458.500	1.050
Monte Alto		
Rifania.	503	540
JAGUÁRA	511.500	559
Sacramento (Cipó)	522	
Conquista	536	
Engenheiro Lisboa (Cascavel) . . .	564	
Paineiras.	586	
UBERABA	613.610	

RAMAL DO AMPARO.

JAGUARY (B)	0	612.80
Pedreiras	10	585
Coqueiros	20	658
AMPARO (B).	30	658
MONTE ALEGRE.	48	
AMPARO (B).	30	658
Silveiras	52	

RAMAL DA PENHA.

MOGY-MIRIM (B)	0	613
Penha.	20	627
RIO ELEUTHERIO.		

Se reliant avec la ligne Mineira du Sapucahy en construction.

RAMAL DE CALDAS.

CASCAVEL (B).	0	655
S. João da Boa Vista	30	738
Raiz da Serra (Rio da Prata). . . .	43	819
Alto da serra (Cascata).	59	1.280
Poços de Caldas	77	1.189

RAMAL PINHALENSE.

MOGY-GUASSÚ (B).	0	590
Conselheiro Laurindo (Anhaia) . .		
Nova Louzan		
Motta Paes (Villa Verde)		
Espirito Santo do Pinhal.	38	810

RAMAL DE MOCOCA.

Stations.	Distances. Km.	Altit. m.
Casa Branca.	0	720
Villa Costina.	19	
S. José do Rio Pardo	35	
Engenheiro Gomide		
Mococa.	65	

De Campinas à Casa Branca, à partir de la gare centrale de la *Paulista*, la ligne *Moyyana* suit une direction générale du sud au nord, avec légère courbe sur la droite. Toutefois son tracé est extrêmement sinueux surtout entre Campinas et Mogy-Mirim, car il lui faut traverser dans toute leur étendue les vallées de l'Atibaia, du Jaguary, du Camandocaia et de nombreux affluents secondaires. Au delà de Mogy-Mirim ses conditions techniques s'améliorent : de longs alignements droits se succèdent, reliés par des courbes à grands rayons, presque sans interruption jusqu'à Casa-Branca, bien que la ligne ait à traverser les vallées du Mogy-Guassú. du Urisanga (Orissanga), du Rio das Pedras, de l'Itupeva, du Jaguary-Mirim et de divers affluents.

L'embranchement d'Amparo qui remonte le Jaguary par sa rive droite ne l'abandonne que près de la station de Coqueiros, d'où inclinant à gauche, il franchit le point de partage entre le Jaguary et le Camandocaia, et se prolonge jusqu'à la ville d'Amparo. Entre le Jaguary et le Camandocaia, il traverse un tunnel elliptique de 110 mètres de longueur, tout revêtu de maçonnerie.

De Casa-Branca, la ligne coupe les serras de Agudos et de Arrependidos, franchit le rio Tombahú, près duquel est située la fazenda de Santa Veridiana, de M. Antonio Prado, et suivant la crête de partage des eaux du Mogy-Guassú et du rio Pardo, arrive à S. Simão. Jusqu'à Ribeirão Preto, elle suit le pied de cette chaîne, mais au delà, elle doit franchir le rio Pardo, sur un pont de trois arches ayant chacune 41 mètres d'ouverture et deux culées de maçonnerie, à superstructure métallique. La section qui suit a été des plus difficiles, en raison des hautes serras dont il a fallu traverser les ramifications terminales. C'est ainsi que le chemin de fer s'élève jusqu'à l'altitude de 1,050 mètres à la station de Indaia. La gare de Jaguára est à 559 mètres et le niveau du Rio Grande à la cote 508. Le pont qui le traverse est l'une des plus belles œuvres de ce genre qui soient au Brésil. Il a une longueur de 476 mètres, en y comprenant la partie d'une île qu'il coupe; il compte 28 arches, dont la plus grande a une ouverture de 42 mètres et les autres une ouverture uniforme de 12 mètres.

Au delà du Rio Grande, sur le territoire de Minas, la ligne a dû traverser de petits affluents du Rio Grande, le rio da Farinha Podre, le rio da Ponte Alta, le rio dos Dourados; la construction n'a pas offert autrement de difficultés.

Les études se poursuivent actuellement pour atteindre la rive gauche du Paranahyba, qui forme la frontière de Goyaz; la ligne devra franchir ce fleuve et de là remonter un affluent pour aller gagner la chaîne centrale de partage des bassins de l'Amazone et du Paraná, et pénétrer dans la vallée de l'Araguaya.

Du train dont elle marche, cette Compagnie ne mettra pas bien longtemps à remplir ce magnifique programme et à s'assurer l'avenir qu'il mérite.

La *Mogyana*, pour appeler à elle des sources de trafic, a suivi l'exemple de la *Paulista* et pris à sa charge l'organisation de la navigation régulière à vapeur sur le Rio Grande. Elle l'a pratiquée d'abord depuis la station de Jaguára, jusqu'à Ponte Alta, sur une étendue de 51 kilomètres. Elle a privilège pour la pousser jusqu'à la bouche du Sapucahy-Mirim, mais il lui faut exécuter quelques travaux de désobstruction, dont le seul un peu difficile est celui de la *cachoeira* du Junqueira. Les stations fluviales installées sont celles du Jaguára, Bocca Grande, et Ponte Alta.

Cette navigation a nécessité l'emploi de vapeurs à roue unique à l'arrière, du système *Stern-Wheel*, de Jarrow et Cie. On fait aisément 14 kilomètres à l'heure en remorquant trois grands bateaux chargés.

L'embranchement le plus important part de la station de Cascavel ou Descalvado, au kilomètre 129 ; il traverse de nombreux torrents et le Jaguary-Mirim, mais sans exiger jusque-là aucun ouvrage important. Pour gravir la Serra, les choses changent d'aspect ; il a fallu ouvrir dans la roche vive un tunnel de 100 mètres, qui, à l'entrée et à la sortie, a un revêtement de maçonnerie ; ce tunnel est au kilomètre 54 et à 1,282 mètres d'altitude. On a construit également deux importants viaducs, au kilomètre 55 et au kilomètre 73, tous deux en courbe de 80 mètres de rayon et composés de cinq arches de 12 mètres, avec piliers en maçonnerie et poutres en fer.

D'après le rapport présenté le 7 avril dernier, à l'assemblée générale des actionnaires, le mouvement du trafic était supérieur pour le semestre à celui correspondant de 1887.

Le produit net, bien que dépassant celui du semestre de 1887, ne lui était pas proportionnellement supérieur, en raison non seulement des dépenses extraordinaires qu'a exigées le développement de la ligne, mais à cause de l'exploitation peu fructueuse de la branche du Rio Pardo (1,517,164 $ 630 en recettes, 725,580 $ 923 en dépenses : produit net 791,564 $ 698.)

« L'extension croissante de nos lignes et embranchements, y lit-on, le développement normal de l'agriculture et du commerce dans les zones desservies par notre compagnie, quand ils arriveront à contribuer plus efficacement à l'accroissement des recettes, comme on doit l'espérer, nous permettront de réaliser le plus grand *desideratum* de l'administration, c'est-à-dire la réduction des tarifs déterminés par l'excès des recettes. »

Les tableaux statistiques montrent que la moyenne du revenu net et du dividende distribué pour la ligne du tronc en y comprenant la section de Ribeirão Preto durant la période quatriennale de 1884 à 1887 est de : produit net : 485,458 $ 388, dividende distribué 12,41 0/0.

En ajoutant le produit net du trafic à celui du bureau central, et en défalquant les dépenses, continue le rapport, on obtient un solde liquide de 864,382 $ 828 qui permettra de distribuer un dividende de 15,30 0/0, soit 15 $ 300 par action, en réservant une somme de 4,125 $ 826 pour les dividendes à venir. La moyenne pour 1887 est donc de 13 $ 400 par action. Le fonds de réserve est de 366,431 $ 107.

L'exploitation des 368 kilomètres de Campinas à Ribeirão Preto, qui forment le réseau provincial de S. Paulo et actuellement ne jouissent plus d'aucune garantie, a donné les résultats comparés suivants :

Années.	Recettes.	Dépenses.	Produit net.
1883. . . .	1.407.634$775	811.771$324	595.863$651
1884 . . .	1.620.781 282	854.781 046	768.000 236
1885 . . .	1.955.505 837	920.945 358	1.034.560 479
1886 . . .	2.046.899 275	944.073 853	1.102.825 422
1887 . . .	2.090.715 950	1.112.135 660	970.580 286

Pour le 1er semestre de 1889, la recette s'est montée à	1.489.493$170
La dépense à.	747.485$315
Le produit net à.	742.008$155

Ces chiffres sont empruntés au rapport ministériel qui ajoute : La province de S. Paulo a payé à la Compagnie pour la garantie d'intérêts accordés à la ligne de Casa Branca et au ramal de Amparo, de 1872 à 1878, sur un capital de 5,400 contos, la somme totale de 430,098 $ 244. Mais la compagnie l'a totalement remboursée depuis le 3 mai 1886, et elle a le 22 décembre 1887 renoncé à la garantie provinciale de S. Paulo.

Quant aux sections garanties par l'État, à 6 0/0 sur 7,000 contos, Ribeirão-Preto à Jaguára et ramal de Caldas, l'État a payé depuis 1883 une somme totale de 700,658 $ 003, dont 408,598 $ 863 en 1886-87. L'exploitation fournit les sommes suivantes :

Années.	Recettes.	Dépenses.	Solde.
1886	89.438$880	52.104$708	37.334$172
1887	342.833 350	321.396 974	21.529 376

La ligne principale a transporté en 1887, 14,860 voyageurs, 349 animaux, 82 tonnes de bagages, et 18,077 tonnes de marchandises, dont 973 de café, 346 de sucre, 24 de coton, 190 de tabac, 3,308 de sel et 13,227 d'articles divers. Le *ramal* de Caldas a transporté 11,910 voyageurs, 261 animaux, 137 tonnes de bagages et 4,025 tonnes de marchandises, dont 1,540 de café, 316 de sucre, 12 de coton, 5 de tabac, 460 de sel et 1,692 d'articles divers.

La section de Campinas à Ribeirão-Preto a la même année transporté 182,430 voyageurs, 1,013 tonnes de bagages, et 93,456 tonnes de marchandises.

Le coût kilométrique de construction n'a pas dépassé pour celle-ci 22 contos; pour les autres sections, il est descendu entre 14 et 15 contos.

En quittant Campinas, le premier canton qu'atteint la ligne *Mogyana* est celui d'Amparo, qui commence de ce côté au Jaguary : elle y détache son embranchement de Jaguary à Amparo. La liste des cotes du profil du chemin de fer témoigne suffisamment que ce canton est montagneux; le chemin doit même franchir en tunnel la Serra de Caragoatá, ramification de la Serra Negra, entre les stations de Pedreiras et de Coqueiros, à la cote 686 mètres. Ce canton est arrosé par les rios Jaguary, et Camandocaia; celui-ci né dans les campos du Ribeirão Fundo, à Minas, traverse le territoire de Socorro, puis parcourt celui d'Amparo en décrivant de nombreuses sinuosités; il se jette plus loin dans le Jaguary. Les 17,325 habitants de ce canton s'étaient adonnés surtout à la culture des céréales et à l'élevage du porc. Ils s'étaient livrés à la plantation du cotonnier, mais la baisse du coton les obligea à le délaisser pour se consacrer au café, dont en 1886 ils ont récolté 14,000 tonnes. Ce chiffre énorme prouve la fertilité et l'excellence du sol. La ville d'Amparo (Nossa Senhora do est sur le bord du Camandocaia.

A 14 kilomètres au nord-est, est Serra-Negra, canton montagneux, encore partiellement couvert de forêts; et arrosé au nord par le rio du Peixe, affluent du Mogy-Guassú; renferme beaucoup de richesses minérales, même de l'or qui fut jadis un peu exploité. La ville (N. S. do Rosario da) Serra Negra, est dans un pli de la montagne, à un peu plus de 900 mètres d'altitude. La population. de 9,148 habitants, s'adonne aussi à la culture du café. dont elle produit 3,000 tonnes; elle cultive de la canne, mais spécialement pour la fabrication de l'eau-de-vie, 21,000 litres par an; elle a essayé avec succès la vigne américaine, et l'on dit que le vin qu'elle en récolte est passable.

Touchant également à Amparo, est le canton de Socorro, lui aussi montagneux et boisé, en pleine Mantiqueira, arrosé par le rio du Peixe, et le Camandocaia : on y trouve les *lavras de cima* et les *lavras de baixo*, antiques exploitations de mines d'or : territoire à café, 600 tonnes par an, à céréales, et d'élevage du porc (3,000 têtes exportées). La ville de Socorro, située sur la rive gauche du rio du Peixe, compte 8,693 habitants.

La ligne Mogyana traverse le canton de Mogy-Mirim dès qu'elle a franchi le Jaguary : territoire ondulé, couvert de forêts et de *cerrados* au nord et à l'est, tout de campos unis à l'ouest, entremêlé de campos et de collines boisées au sud ; arrosé par le Mogy-Guassú et ses affluents Mogy-Mirim, Pirapetinguy, Camandocaia, do Peixe et Jaguary; producteur surtout de café, puis de coton, de cannes, de tabac, de céréales, et aussi un peu d'élevage. Peuplé de 14,935 habitants, il est assez actif; très soucieux de son développement industriel et intellectuel, il compte nombre d'écoles publiques très fréquentées et le *collegio Mogyano* d'instruction secondaire, sans parler des sociétés diverses et de 2 journaux. La ville de Mogy-Mirim, fondée vers 1700 par les chefs des *bandeiras*, est bâtie sur un terrain à forte pente, près du confluent du Mogy-Mirim et du rio S. Antonio, qui la séparent en deux quartiers. Elle est devenue fort jolie, et ses places sont plantées d'arbres, comme aussi la rue Baron de Parnahyba qui conduit à la gare. Elle se développera davantage encore quand sera terminée la prolongation du ramal da Penha qui va au rio Eleutherio se raccorder avec la ligne mineira du Sapucahy.

Ce ramal part de Mogy-Mirim dans la direction de l'est et s'arrête pour le moment à Penha du rio du Peixe, aux confins de Minas.

C'est un territoire assez montagneux encore à l'est, mais déjà plus uni à l'ouest, dont l'altitude générale est d'environ 600 mètres; il est néanmoins un foyer de malaria. La population de 9,709 habitants cultive le café, la canne, le tabac et les céréales; la production moyenne est de : 2,259 tonnes de café, 15 de sucre et 7 et demie de tabac. La ville, l'unique paroisse, est sur une colline, sur la rive gauche du ruisseau da Penha, elle a environ 500 maisons réparties dans 14 rues, généralement d'un aspect peu agréable.

En poursuivant vers le Nord, le chemin de fer traverse le canton de Mogy-Guassú, assez montagneux vers l'est, où sont les *mattas* et les *cafesaes*, beaucoup plus uni dans les autres directions, mais toujours riche en bois. Il est arrosé par le Mogy-Guassú, le Jaguary-Mirim, l'Itupéva et le rio Orissanga. La pierre de construction et l'argile à briques y abondent, on a trouvé de l'or, à Lavrinhas, près du Mogy-Guassú. Les terres très fertiles, produisent du café, du coton, de la canne, du tabac et des céréales; on élève un peu de bétail et des chevaux et l'on fabrique des fromages sur une assez grande échelle. Le café est l'objet d'une exportation assez considérable. La ville de Mogy-Guassú, fondée au milieu du XVIIe siècle par des chercheurs d'or, doit son développement aux plantations de céréales qu'ils y firent pour alimenter les *bandeirantes*. Elle est sur la rive gauche du rio du même nom, dans une assiette assez irrégulière, avec des rues macadamissées; elle compte 4,800 habitants.

De Mogy-Guassú part l'embranchement *Pinhalense* qui va à Espirito-Santo do Pinhal, canton situé entre deux contreforts de la Mantiqueira, lui aussi limitrophe de Minas; il compte 10,515 habitants, dont 704 étrangers; canton où l'on cultive un peu de café, mais qui est surtout pastoral.

La ligne du *tronco* pénètre ensuite dans le canton de Casa Branca, à peine ondulé, presque entièrement plat, baigné par le rio Tombahú, affluent du Pardo, et par le Cocáes, affluent du Jaguary, abondant en pierres de construction, qui possède une source de pétrole et de l'eau sulfureuse, et peut-être des gisements de houille, insuffisamment étudiés jusqu'à présent. Son nom lui vient d'une petite maison blanchie à la chaux, qui fut élevée près d'un *rancho* bâti par ses fondateurs en 1820, sur le chemin de Mogy-Mirim à Franca, et qui servait d'auberge aux voyageurs allant à Minas, Goyaz ou Matto-Grosso. Tout d'abord on y faisait surtout du lard et du fromage, jusqu'à ce qu'en 1864, M. Martinho da Silva Prado y ayant acheté une *fazenda*, y commença la plantation du café, en fournissant des ressources à la plus grande partie des cultivateurs. Le progrès a dès lors été rapide.

Aujourd'hui la population dépasse 9,000 âmes; elle exporte par an plus de 4,500 tonnes de café; elle produit de la canne pour sa consommation de sucre et des céréales. Il y a au moins 160 fázendas de café, de sucre et d'élevage; celui-ci donne chaque année 600 bœufs, 200 chevaux, 50 mulets et 1,000 porcs. On fabrique du fromage pour la consommation locale et des cantons voisins. La ville de Casa Branca, est située à l'altitude de 720 mètres, sur le bord d'un affluent du Rio Pardo. Elle compte un peu plus de 408 maisons, distribuées dans 26 rues et 7 places.

De Cascavel, part le ramal de Caldas, qui dans S. Paulo dessert le canton de S. João da Bôa Vista, fort montagneux à l'est et au nord, moins accidenté à l'ouest, contenant de grandes forêts et aussi des campines appelées de *Embirussú, Campo Triste, Itupéva* et *Vargem Grande*. C'est une ramification de la Mantiqueira, la serra do Caracol, qui lui donne cet aspect; les parties en sont connues sous les noms de serras da Cachoeira, do Alegre, da Prata, do Paiol, da Bôa Vista (celle-ci la plus élevée) et da Fartura. Presque tous les cours d'eau appartiennent au bassin du Jaguary, quelques-uns du Rio Pardo et un, l'Itupéva, du

Mogy-Guassú. La ville de Bôa Vista est sur la rive droite du Jaguary-Mirim, adossée à deux collines. Vargem Grande, qu'on appelle ici un quartier (*bairro*) de la ville en est à 30 kilomètres au nord. Celle-ci compte 290 maisons et le bairro 50; il est bâti dans une campine ravissante. La population du canton est de 9,555 habitants, adonnés principalement à la culture du café dont ils exportent 2,250 tonnes, puis à celle de la canne, des haricots, du riz, du tabac, des pommes de terre et du manioc; ces derniers articles font également l'objet d'une certaine exportation, ainsi que les fromages et le beurre.

Le ramal qui part de Casa Branca, un peu plus loin, monte directement au nord et dessert le canton de S. José du Rio Pardo lui aussi fort montagneux (serra da Bocaina) et bien arrosé par le Rio Pardo et tous ses affluents; ce canton est d'hier, mais les progrès de son développement ont été rapides, grâce à la fécondité du sol, à la douceur du climat. La ville de 4,380 habitants est sur la rive gauche du rio Pardo sur le flanc d'un contrefort de la serra de Caldas, et d'où l'on jouit d'une très belle vue sur les nombreuses cascades de la rivière, se précipitant à travers l'opulente végétation des forêts. On exporte en moyenne 3,000 tonnes de café, mais les nombreux *cafesaes* nouveaux vont accroître beaucoup cette production. On y essaie la plantation de la vigne.

Le même aspect se retrouve dans le canton voisin de Caconde qui est de ce côté limitrophe de Minas : ce n'étaient que montagnes et forêts vierges, qu'il a fallu défricher pour la culture ou le pâturage; il est aussi arrosé par le rio Pardo; en raison de la fraîcheur très agréable de son climat, il est réputé aussi salubre que celui de Caldas. Célèbre il y a plus d'un siècle déjà par ses richesses minérales, on y trouve de l'or en abondance sur les bords des torrents du Bom Jesus, de S. Matheus, Conceição, Bom Successo et autres, où subsistent une foule de traces des anciennes exploitations. La serra de S. Matheus dont l'autre versant est dans Minas, est extrêmement riche en fer oligiste d'une teneur énorme : la pierre de construction et l'argile plastique se rencontrent fréquemment, et on a recueilli de magnifiques spécimens de cristal de roche dans les serras de S. João et da Apparição. Le canton compte 9,477 habitants, dont 5,075 à Caconde et 4,102 dans la *freguezia* de Espirito Santo du Rio du Peixe (celui-ci est un petit affluent du Pardo). Le chef-lieu Caconde est bâti à 3 kilomètres du Pardo, sur un plateau aride, dans un désordre de rues pittoresque : à 3 kilomètres sur le bord du torrent du Bom Jesus est le faubourg de Silvas, habité par les descendants des mineurs d'autrefois. C'est encore le café qui est la principale culture ; mais celle-ci n'empêche pas les céréales, le tabac, la canne, la vigne, ni l'élevage du bœuf et du porc. Ce territoire est desservi par le ramal du Rio Pardo, auquel le relient diverses routes allant soit à S. José, soit à Mocóca.

Ce dernier canton est celui où s'arrête le ramal venant de Casa Branca ; il n'est déjà plus montagneux et boisé qu'au sud. La ville de Mocóca est à 13 kilomètres de la rive droite du Rio Pardo, entourée de quatre collines et traversée par le ruisseau Mocóca. Elle a 5,255 habitants, adonnés sur des terrains d'une prodigieuse fertilité à la production du café, dont ils exportent 1,400 tonnes, du tabac dont ils exportent 21 tonnes. On y trouve 21 fazendas d'élevage et leur production annuelle se chiffre par 4,500 bœufs, 1,300 chevaux, 4,000 porcs et 800 moutons.

Immédiatement au nord est le canton de Cajurú, très montagneux, traversé par une chaine qui porte les noms de Serra da Loja, Monte-Alegre, Carqueja, et vient mourir au *bairro* ou quartier des *Moreiras*. Le petit rio Araraquára, qui se jette dans le Pardo, passe pour être diamantifère. La ville de Cajurú, sur le bord du ruisseau de ce nom, est bâtie en terrain élevé à l'extrémité de la serra du Cubatão, qui traverse le canton au sud. Elle compte 6,497 habitants : le sol est constitué par la *terra roxa* de première qualité, et par conséquent d'une fécondité exceptionnelle ; la production moyenne comprend 2,000 tonnes de café, 3,000 de sucre, 42 de coton, 70 de tabac et 200 hectolitres d'eau-de-vie; la vigne a très bien réussi et déjà fournit une quantité de vin assez sérieuse. On estime à 3,000 têtes, la production annuelle de l'élevage.

La ligne principale de la Mogyana touche en sortant de Casa Branca le canton de Santa Cruz das Palmeiras, situé à l'ouest et un peu au nord, arrosé par le Cocaes et son affluent, le torrent das Palmeiras, qui baigne la ville et dont les eaux vont au Jaguary-Mirim. Il compte 5,650 habitants; son sol presque partout de *terra roxa*, produit avec une abondance extraordinaire le café, les céréales, la canne à sucre et le tabac. La ville de Santa-Cruz das Palmeiras est à 6 kilomètres de la station de Lage.

Voisin au nord, est le canton de Santa Rita de Passa Quatro, sur les rives d'un affluent du Mogy-Guassú; au nord et à l'ouest, offrant des campos d'élevage légèrement ondulés, quelques serras boisées ou couvertes de *cafesaes* ; à l'est et au sud, montagneux et contenant d'épaisses forêts ; entouré par la serra du *Descalvado*, et arrosé par les rios Claro et Bebedouro, et par le Mogy-Guassú, dont la navigation fluviale de la Cie Paulista le dessert par la station de Prainha. La ville est en haut de la serra du même nom, assez florissante et déjà comptant un élément important de colonisation immigrée; elle possède 4,713 habitants; le sol, en grande partie de *terra roxa*, est très fertile, principalement consacré à la culture du café, qui n'exclut pas celle de la canne et des céréales, et qui produit en moyenne 3,750 tonnes.

En poursuivant sa route, la *Mogyana* longe la base septentrionale d'une chaine assez longue, celle du Arrependido, dans le bassin du Rio Pardo, traverse le Corrego Fundo et arrive à S. Simão, sur le torrent de ce nom, ville de 6,367 habitants, chef-lieu d'un canton assez plat, très boisé, et contenant de vastes pâturages. Les terres de culture sont de l'espèce *terra roxa* si prisée à S. Paulo et, sur les hauteurs principalement, produisent beaucoup de café. L'élevage y est très florissant.

C'est Ribeirão Preto qui lui succède au nord, traversé par les serras du Lageado, Azul et autres moins importantes, arrosé par divers tributaires du Mogy-Guassú ou du Pardo, souvent couvert de forêts dans les parties montagneuses, qui toutes sont d'une fertilité admirable et en grande partie consacrées à la culture du café. Cette localité date seulement de 1856, mais elle s'est rapidement peuplée et développée, grâce à l'immigration des Mineiros et des Italiens. Son exportation de café dépasse 10,000 tonnes; le coton, la canne et les céréales ne sont pas toutefois négligés. La population du canton, est de plus 12,000 habitants.

Batataes commence dès que le chemin de fer a franchi le Rio Pardo; du nord au sud et du sud à l'ouest, ce canton est encadré par diverses serras et d'épaisses forêts; au centre un notable plateau établit la séparation des eaux du Pardo et du Sapucahy-Mirim; il commence près de la bourgade de Matto-Grosso et va finir près du Rio Grande après 115 kilomètres d'étendue, où se succèdent les plus agréables paysages, les campines vertes et ondulées, çà et là diaprées d'oasis fertiles, que l'on appelle *Capões*. A gauche de la serra de Matto-Grosso, dans le bassin du Rio Pardo, s'allonge une profonde vallée sablonneuse. Les terrains de cette serra, située à une altitude de 1,000 mètres, sont très favorables au café. La couche superficielle est de l'argile rouge entremêlée de sable siliceux; elle repose sur des couches calcaires. Il est arrosé à ses extrémités par le Rio Grande et le Rio Pardo Mirim, tous deux navigables par des vapeurs et par le Sapucahy-Mirim, avec plusieurs ruisseaux affluents, notamment le Ribeirão das Batataes; il y a des lacs nombreux et souvent assez considérables le long des rios Pardo et Sapucahy, qui ont bien l'air d'être les restes des anciens lits de ces rivières; ce phénomène est d'ailleurs reproduit dans plusieurs des cantons que j'ai parcourus déjà, mais il y est peut-être moins caractéristique qu'ici.

Ce canton est assez doué sous le rapport minéral, la

Mogyana y a trouvé pour ses ponts toutes les pierres de construction désirables; le granit cendré et rosé, le porphyre noir et verdâtre, le silex prismatique, le grès siliceux, le grès argileux, les schistes, abondent dans les roches observées. Les marais et les lagunes présentent des terrains tourbeux, où l'on trouve en quantité l'argile plastique; dans les terrains d'alluvions modernes, il y a des diamants, des cristaux, de la tourmaline, etc. La population du canton comprend 15,621 habitants, répartis entre quatre agglomérations : le chef-lieu, Espirito Santo, 1.309 habitants; Sant-Anna dos Olhos d'Agua, 2,999; Piedade de Matto-Grosso 1,642. La ville chef-lieu, Bom Jesus de Canna Verde de Batataes, 7,980 habitants, est pittoresquement assise sur deux collines séparées par un torrent, entourées de vastes et jolies campinas, encadrées par de majestueuses forêts et ornées de pittoresques *capões*. Le vaste horizon dont elle jouit embrasse toutes les serras lointaines du nord-ouest de S. Paulo et du sud-ouest de Minas. On cultive dans ce canton le café, la canne, le tabac et toutes espèces de légumes; le vin qu'on y produit déjà est excellent, mais les vastes campines sont surtout exploitées par l'industrie pastorale; chevaux et bœufs de ce cru sont justement réputés; l'exportation du lard est depuis des années l'aliment principal du commerce; le mulet et le mouton n'y sont pas négligés : la production moyenne est de 8,000 bœufs pour l'élevage, et celle du café de 1,500 tonnes.

Le canton de Jaboticabal, à l'ouest, touche au *sertão desconhecido*, à ce grand territoire encore sauvage qui réserve tant de surprises à un prochain avenir; de cette immense contrée, on connait à peine la serra de Jaboticabal qui se dirige du sud-est au nord-ouest, commençant près de la ville et terminant au bord du Rio Grande; elle a environ 400 kilomètres; les bords des grands rios sont des vallées offrant d'excellents pâturages. Ces rios sont le Mogy-Guassú, le Pardo, le Rio Grande et le Tieté, où se déversent une foule de tributaires, dont le Turvo peut passer pour une vraie rivière en raison de sa longueur et de son volume d'eau. On dit les richesses minérales de ce territoire énorme très diverses; le fer, l'argent, le diamant, l'or, l'argile plastique, les eaux sulfureuses en sont les éléments les mieux connus. Il y a en particulier une argile si compacte et si sonore que jadis on en faisait des cloches pour les églises. Le nom de la ville, Joboticabal vient du nombre de jaboticabeiras, qui existaient à cette place; celle-ci s'appelait auparavant Pontal du Rio Pardo; elle est à 13 kilomètres de la rive gauche du Mogy-Guassú, sur un terrain élevé et sec, entièrement environnée par de puissantes forêts; le canton possède 26,226 habitants, répartis entre Carmo de Jaboticabal, le chef-lieu, 15,721, et les freguezias de S. José do Rio Preto, 5,333, et E. S. dos Barretos, 5,170; sans parler de Ribeirãosinho et de Pitangueiras, qui attendent l'effectivité de leur érection en *freguezias*. Ce qu'on connait du sol, est tout *terra roxa* de première qualité, et se prête à la culture du café, de la canne, du tabac, du coton et des céréales. En outre des grandes forêts, il y a de verdoyants pâturages très favorables à l'élevage du bœuf et du cheval. Les premiers habitants, venus de Minas, devant la difficulté des transports et l'absence de bonnes routes, ne songèrent pas au café, ils se livrérent exclusivement comme on le fait encore aujourd'hui sur une grande échelle à l'élevage du bœuf et du cheval, mais à mesure que s'approchaient les chemins de fer, de Rio Claro vers Araraquára, de la *Mogyana* vers Ribeirão-Preto, on commença à cultiver la canne, le café et le tabac. Les fermes agricoles y sont aujourd'hui nombreuses. La navigation de la Cie Paulista qui atteint actuellement Pontal, au confluent du Mogy et du Pardo, a rendu les plus grands services à l'agriculture de la vallée du Mogy; sa prolongation jusqu'au Rio Grande, quand on aura désobstrué les chutes provoquera un développement considérable. Sur le Tieté au sud, la navigation de la Cie Ituana, dont je parlerai tout à l'heure ne sera pas moins utile: c'est sur ce fleuve que dans le canton on trouve les superbes et grands sauts de Avanhandava, de Itapura, et ceux de Marimbondo sur le Rio Grande. Bien que la culture soit toute récente, elle exporte déjà plus de 600 tonnes de café, et produit 220 tonnes de sucre, 84 de tabac et 70 de coton. On dévaste les forêts pour y planter en masse du maïs avec lequel sont engraissés les porcs, grand article d'exportation. La production annuelle est de 40,000 porcs et de 20,000 bœufs. Il y a 14 *engenhos* ou moulins à canne.

Barretos, dont on vient de voir le chiffre de population, doit constituer un canton séparé avec ses trois villages : Bebedouro, Prata et S. Vicente de Paula. Il est bâti au milieu des *campos*, accoté à de grandes forêts. Il est desservi par la navigation du Mogy Guassú.

Celui-ci forme avec la serra du Rio Grande et le Rio Grande un vaste triangle que traverse la *Mogyana* du sud au nord ; celle-ci, dès qu'elle a franchi le Sapucahy-Mirim, pénètre dans le canton de Franca do Imperador, constitué dans sa plus grande partie par de vastes et belles campines, appelées vulgairement *chapadas*, arrosées par les rios des Bagres et Cubatão au pied de la ville, par le Ponte Nova, le Sapucahy, et les torrents de Santa Barbara et de Macahubas, qui passent tous pour être diamantifères. Du côté de Minas s'élèvent les serras du Morro Sellado et des Aráras; au nord celles du Tamanduá. La recherche des diamants y a donné naissance aux villages de Canôas et de Patrocinio du Sapucahy; aujourd'hui elle produit 400 oitavas (358 gr. 60) par an, valant 30 contos. Le procédé d'extraction est très primitif, néanmoins on a recueilli des pierres d'une bonne dimension, qui se recommandent par la pureté de leur eau. Le torrent des Bagres en roule également.

La haute altitude de Franca, 1,010 mètres, rend la région extrêmement salubre, et Saint-Hilaire y avait déjà admiré de nombreux exemples de longévité; en 1838, selon Pierre Muller, sur 10,664 habitants, on comptait 56 individus de 90 à 100 ans. Il y a maintenant encore des centenaires.

Avant le commencement du siècle, l'emplacement de

chef-lieu, Conceição da Franca, était appelé *Sertão do capim mimoso*, nom qui dit bien quels excellents pâturages offre la contrée. Le plateau incliné sur lequel elle est assise est baigné par les deux torrents des Bagres et Cubatão. La ville est régulière, agréable, possède de larges et droites rues, des places spacieuses. Son forum, l'unique de la province, fait l'orgueil de ses 10.000 habitants. Sur la place da Alegria est un cadran solaire en marbre de Carrare, œuvre remarquable d'un mathématicien, le religieux Germano de Annecy. On produit dans le canton 900 tonnes de café, 60 de sucre et 37 et demie de tabac. L'élevage donne une production annuelle de 12,000 bœufs, 3,000 têtes des autres espèces. La route de Franca aux ports de Ponte Alta et Barreirinho, sur le Rio Grande, servait au transport d'au moins 8,000 colis d'importation dirigés sur Minas, Goyaz et Matto-Grosso. Le sel figure dans ce transit pour au moins un million de litres.

On a détaché du canton un territoire au nord-ouest pour former celui de Santa Rita du Paraiso, presque partout montagneux et boisé, et contourné sur trois côtés par le Rio Grande, sur la rive gauche duquel est située la ville chef-lieu, peuplée de 4,713 habitants; une autre bourgade, Santo Antonio da Rifaina, en compte 2,925, ce qui donne pour le canton une population de 7,638 âmes. — L'aspect est sensiblement le même que celui du canton de Franca et la production aussi.

Patrocinio du Sapucahy a, lui aussi, été démembré de Franca; il compte à peine 2,500 âmes. Il touche au sud à un autre canton de création nouvelle, Santo Antonio de Alegria, comptant 4,300 habitants environ, et détaché de Batataes, dont je parlais tout à l'heure : cette localité était jadis appelée Cuscuzeiro, à cause de sa situation sur un plateau en forme de marmite à cuire le *cascuz*, ou de cône tronqué.

A gauche de Franca et un peu au nord, est le canton de Carmo da Franca, devenu, lui aussi, autonome depuis la fin de 1885; son territoire est presque partout uni, couvert d'épaisses forêts entremêlées de jolis campos, et bien arrosé. Le sol est de la terra roxa de première qualité, et la production annuelle comporte 8,000 hectolitres de riz, 4,000 de haricots, 100,000 de maïs, 30 tonnes de sucre, 15 de coton et 60 de tabac. L'élevage produit annuellement 10,000 bœufs d'une excellente race. Carmo, la ville chef-lieu, est sur la rive gauche du ruisseau Corrente, affluent du Sapucahy-Mirim; ce canton a pour le desservir les deux ports fluviaux da Espinha et du Junqueira. Il compte 4,585 habitants dans l'unique paroisse de Carmo da Franca.

Ici se termine la zone paulista desservie par la Mogyana. A 9 kilomètres de Rifaina elle atteint le pont de Jaguára qui la fait pénétrer dans le triangulo Mineiro. Tous les cantons que je viens de décrire sont ses clients forcés, et par les détails qu'on a lus, on peut se faire une idée du prodigieux avenir de cette zone et des résultats fructueux de cette entreprise de transports qui lui apporte l'instrument indispensable du progrès, on pourrait dire l'élément vital.

LIGNE ITUANA

Si nous revenons sur nos pas jusqu'à Jundiahy, et que nous nous dirigions vers l'ouest, nous sommes sur un nouveau réseau, celui de la compagnie Ituana.

Elle date du 30 juin 1870, où la compagnie fut constituée pour construire et exploiter la ligne autorisée par la loi provinciale du 24 mars précédent, allant de Jundiahy à Itú.

La concession fut donnée pour 90 ans, avec garantie provinciale d'intérêts de 7 0/0 sur le capital de 2,500 contos et comportant les embranchements de Itaicy à Piracicaba, puis de Capivary à Tieté, mais ceux-ci sans garantie. Le 20 octobre suivant la province s'engageait par contrat à prendre 1,000 contos en actions de lacompagnie, celle-ci recevant des titres de la dette provinciale portant intérêt à 6 0/0. La zone privilégiée était de 31 kilomètres de chaque côté de l'axe de la ligne.

Le 19 avril 1873 étaient ouverts à l'exploitation les 75 kilomètres de Jundiahy à Itú. La dépense kilométrique avait été d'environ 36,700 $. Le 23 octobre 1875 était inauguré le *ramal* de Itaicy à Capivary, et le 20 février 1876, la seconde section, de Capivary à Piracicaba, était également livrée au trafic, avec un développement total de 92 kilomètres.

Elle en demeura là pendant quelques années, mais elle reprit bientôt son élan et porta ses rails à 61 kilomètres plus loin jusqu'à Sam Pedro. Cette dernière section fut ouverte le 2 novembre 1886. Elle acquit ensuite tout le matériel et les droits de la compagnie *Fluvial Paulista*, afin d'exploiter la navigation sur les rios Piracicaba et Tieté.

Afin de tirer tout le parti utile de cette accession, la compagnie *Ituana* acquit en outre la ligne ferrée appartenant à l'usine centrale de Piracicaba et le droit de la prolonger jusqu'à la station de João Alfredo, sur le bord même du rio Piracicaba, qui est ainsi devenu le point initial d'une navigation s'étendant jusqu'à Lençóes. Cette ligne subsidiaire, une fois achevée, aura 18 kilomètres.

L'*Ituana* a entrepris, en outre, la construction d'une ligne économique, d'un parcours de 40 kilomètres, entre le port Martins, sur le Tieté, et le bourg très florissant de Sam Manoel, dans le riche municipe de Botucatú.

L'ensemble de ces lignes donne à l'Ituana 281 kilomètres de voies ferrées et 200 de voies fluviales, au total 481 kilomètres.

Au 31 décembre 1886, la province avait payé pour la garantie d'intérêts un total de 1,592,596 $; le capital garanti étant réduit exactement à 2,048,702 $. Le coût de premier établissement se montait à 10,665 contos, soit à 46,169 $ par kilomètre, ce qui est bien cher pour une ligne comme l'Ituana, à voie de un mètre.

L'exploitation a donné des excédents dès les premiers jours; je n'ai pu, malheureusement, rencontrer de données statistiques récentes. Je me contente de relever dans le rapport officiel de S. Paulo les résultats suivants :

Années.	Recettes.	Dépenses.	Solde.
1882	559.074$	420.032$	139.042$
1883	624.737	403.941	220.796
1884	647.620	401.100	246.520
1885	646.391	446.437	199.954
1886	660.767	454.888	205.979

Durant cette dernière année, la Cie avait transporté 84,000 voyageurs et 44,212 tonnes de marchandises, dont 11,000 de café; et environ 1,000 de sucre.

Voici les conditions du parcours et du profil de la ligne :

Stations.	Distances Km.	Altitudes m.
JUNDIAHY (B).	0	706.10
Itupéva	24	650
Quilombo	35	601
ITAICY (B)	46	513
Salto	62	483
ITÚ	70	513
ITAICY (B)	0	513
Indaiatuba	16	546
Monte-Mór.	27	517
CAPIVARY (B).	46	463
Mombuca	61	486
Rio das Pedras.	76	565
PIRACICABA.	92	477
Costa Pinho	105	441.60
Paraiso	119	464.80
Charqueada	130	547
S. PEDRO (B)	153	585
PORTO MARTINS	0	
SAM MANOEL.	18	
S. PEDRO.	0	
João Alfredo	5	

L'embranchement de Capivary à Tieté, 75 kilomètres, est resté encore à l'état de projet.

Partant de la gare de la ligne anglaise à Jundiahy, la ligne *Ituana* suit la vallée du Jundiahy jusqu'à son confluent avec le Tieté, auprès du Salto, un peu au-dessus duquel elle traverse le dernier pour le suivre jusqu'à la ville d'Itú. Le terrain n'a offert aucune difficulté à la construction.

Le *ramal* part d'Itaicy (kilomètre 46), touche à la ville d'Indaiatuba, et abandonnant la vallée du Jundiahy, gravit les hautes terres qui la séparent de celle du Capivary, touche à la bourgade de Monte-Mór et par la vallée du Capivary atteint la ville du même nom; il suit la vallée d'un affluent de droite jusqu'à ses sources, en touchant à mi-chemin Mumbuca, gravit le point de partage des eaux du Capivary et du Piracicaba, et coupant les affluents de ce dernier arrive à la florissante cité de Constituição ou Piracicaba, entrepôt du commerce de cette vallée et d'une grande partie du bassin du Tieté.

Au delà, il se continue par l'embranchement du canal Torto, acheté à l'usine centrale de Piracicaba, longeant la vallée du rio de même nom sur la gauche, puis le franchissant un peu avant d'atteindre Sam Pedro, qui est sur la droite.

C'est un peu plus bas sur le Tieté, au port de Martins, que part le petit embranchement allant au sud et gagnant S. Manoel du Paraiso, aux sources du rio de Lençoes.

Le matériel fluvial acheté à la *Paulista* se compose de cinq vapeurs et de vingt-quatre bateaux plats. Sous ce rapport son privilège pendant cinquante ans s'étend : sur le Piracicaba, depuis le canal Torto, fin du chemin de fer, jusqu'à son confluent avec le Tieté : sur le haut Piracicaba, depuis la ville de ce nom jusqu'à Cachoeiro du Funil, et sur le Tieté de N. S. dos Remedios jusqu'au saut de Avanhandava.

En 1887, le service a donné les résultats que voici :

Recettes	120 891$
Dépenses	125.791 459
Déficit	4.900 450

Il est vrai que la compagnie n'a pas éprouvé de préjudice, car en maintenant la circulation de ses bateaux sur le fleuve, elle a attiré sur ses rails un fret qui serait certainement allé trouver ceux de la *Sorocabana* ou de la *Rio Clarense*. Le bateau part tous les trois jours.

Le canton de Itú ou Ytú confine à Jundiahy; au sud il est montagneux et boisé, le reste est formé de terrains ondulés partiellement boisés; les hauteurs appartiennent aux serras Anhanguéra et Guaxanduva, ramifications de celle du Japy. Le Tieté y forme le saut célèbre de Itú, au-dessous duquel il est navigable; d'autres rios encore l'arrosent.

On y a trouvé un schiste lamelleux, bleuâtre et fragile, dont on a pu toutefois faire des dalles, des réservoirs et des ardoises fortes : on a pu même en employer certaines variétés à la lithographie. La ville remonte à 1652; elle fut assise sur le plateau de Pirapetinguy, fermé au loin vers l'est par un groupe de mornes, appendices de la serra de S. Francisco, située entre deux torrents sans importance. Son nom vient du mot itúguassú, grande cataracte, et se rapporte au saut magnifique que forme le Tieté à 6 kilomètres et demi, à l'endroit où s'élève le village Salto de Itú. La cité, qui fut un berceau de l'indépendance et à qui Pedro Ier donna le titre de *fidelissima*, est fière de ses places *arborisées*, de la régularité de ses rues parallèles, de sa superbe canalisation d'eau. Elle possède deux collèges renommés, celui de *S. Luiz Gonzaga*, fondé par les jésuites et aujourd'hui encore dirigé par eux (c'est le seul au Brésil): il compte au moins quatre cents élèves et a fourni à l'Empire bon nombre de ses hommes notables, ce qui, d'ailleurs, explique l'énorme influence qu'a eue ensuite sur la conduite des affaires l'influence cléricale. L'internat de *N. S. do Patrocinio*, tenu par les sœurs de Saint-Joseph, est destiné aux jeunes filles; il y a deux cents internes, parmi lesquelles quarante orphelines gratuites. L'externat gratuit qui y est adjoint reçoit en moyenne 270 élèves.

La population du canton est de 18,000 habitants, dont 14 mille pour la ville et le reste pour le village Salto de Itú, où le Tieté se précipite de douze mètres de hauteur. Itú a gardé de ses principaux créateurs, les jésuites, un cachet religieux et intellectuel spécial; on y respire l'encens et l'étude. Outre les collèges précités, il y a encore l'Institut Nouveau-Monde, fondé en 1875 par J. C. Rodrigues, qui possède une bibliothèque de mille vingt-deux volumes, et compte environ cent cinquante élèves, sans parler d'autres cours publics de latin et de français: cette population scolaire dépasse mille élèves.

La production agricole comprend 700 tonnes de café, 550 de sucre, 200 de coton, un peu de tabac et de thé, et 500 hectolitres de vin. L'élevage n'arrive pas à fournir la consommation locale. L'industrie s'y est assez bien dévéveloppée naguère; elle a plusieurs fabriques de tissus de coton et alimente l'usine sucrière de Capivary. C'est un des points sur lesquels l'immigration européenne s'est le plus tôt et le mieux répandue. Elle y a un bel avenir dans la vigne qui vient avec facilité, donne au bout de deux ans et produit un vin excellent. J'ai bu du vin blanc d'Itú, qui peut rivaliser avec le marsala, et que quelques soins mettraient vite à la hauteur du fameux *zucco* de M. le duc d'Aumale.

Les diverses *lugares* ou *sitios* du canton sont, après Salto de Itú, Olhos d'Agua, Jacuhú, Cabreuva, Potribú, Taquaral, Gramma, Pedregulho. — Cabreuva, au nord et le long de la serra du Japy, forme aujourd'hui un canton de 4,000 habitants.

Indaiatuba, où pénètre le chemin de fer en sortant de Itaicy, ne possède de terrains montagneux que vers le nord: son territoire, fort salubre, est arrosé par le Capivary-Mirim et par le Jundiahy qui, à 6 kilomètres de la ville, forme une chute importante qu'on a utilisée comme force motrice des moulins à sucre. Le nom de la ville lui vient de *indaya*, palmier rampant fort abondant dans les campos de ce canton; située sur un plateau pittoresque, cette petite ville est assez coquette avec ses rues droites et ses habitations de bon goût. Elle compte 4,655 habitants. Le sol, étant du *massapé-vermelha* et du *massapé-pedregulhosa*, s'est prêté à la culture du café qui est dominante: la production moyenne est de 30,000 tonnes: celle des céréales est assez abondante pour fournir l'objet d'un commerce intercantonal très actif.

Monte-Mór, où pénètre ensuite la ligne *Ituana*, a le même aspect; c'est le Capivary et ses ruisseaux affluents qui l'arrosent. Jadis appelée Agua-Choca, la ville est sur la rive droite du Capivary, le long duquel elle étend ses rues tortueuses étroites, et sur lequel elle possède un joli pont. Elle compte 4,700 habitants. Elle produit en moyenne 420 tonnes de café et 150 de sucre, et fait un peu d'élevage dans les terres du sud et de l'est du canton. La station du même nom est à 13 kilomètres du chef-lieu.

Capivary, qui le suit à l'ouest, offre l'aspect d'un vaste amphithéâtre d'un pittoresque remarquable, grâce à la crête de partage entre les rios Capivary et Piracicaba, qui l'entoure au nord. Le rio Capivary l'arrose et, dans les crues, monte à plus de 5 mètres au-dessus de son niveau ordinaire; né près de Campinas, il se jette presque à sa sortie du canton dans le Tieté. Le climat de Capivary est excellent et le sol très fertile : deux raisons qui y attirèrent à la fin du siècle ses fondateurs, habitants de Itú. La ville est sur la rive droite du rio Capivary, d'aspect agréable, à l'altitude de 468 mètres; la population du canton est de 10,500 habitants, surtout adonnés à la culture du café, dont ils produisent 1,400 tonnes, et de la canne, d'où ils tirent 840 hectolitres d'eau-de-vie; on fait aussi du tabac, du coton et du vin.

Sur la route que je suis, se trouve le bourg naissant de Villa Raffard, ainsi nommé en souvenir de son créateur Henri Raffard; il se compose d'une vingtaine de maisons et de la station de Mombuca, qui dessert la grande usine centrale sucrière fondée par une compagnie anglaise.

Piracicaba était encore au début du XVIIIe siècle une vaste forêt, traversée par le rio de ce nom, et où l'on trouvait des arbres si gros qu'on en pouvait faire des pirogues de 10 mètres de longueur, sur 2 de large et 1m,40 de profondeur. La fertilité des terres occupées par les indigènes y attira les défricheurs. Ils s'étaient installés d'abord un peu au-dessous du *Salto*, sur la rive du Piracicaba, où est aujourd'hui le pâturage de la fazenda de Sam Pedro, à M. Estevão de Rezende et voisine de son *engenho*, mais dès le 7 juillet 1784, le capitaine général Francisco da Cunha Menezes ordonnait au capitaine-*mór* de Itú, le célèbre Vicente da Costa Taques Góes e Aranha et au capitaine Antonio Corrêa Barbosa, appelé le *Povoador*, de transférer la population sur la rive gauche, dans un endroit plus propice à son développement. « Le 31 du même mois, dit la chronique, en présence du capitaine-mór, du capitaine-procureur, et de nombreux habitants, après avoir entendu la messe, tous se dirigèrent avec le prêtre au lieu désigné, et là, au centre de l'esplanade qui s'élève entre le torrent de Itapira et la berge du rio, ils délimitèrent une place de 46 brasses (1.012 mètres) de face, pour y édifier l'église nouvelle, et le long de cette place les terrains nécessaires aux constructions particulières. Le terrain fut donné par le capitaine-*povoador* : il comprenait les terres depuis la barre du Itapeva, un peu au-dessus du pont sur celui-ci et à droite jusqu'à ses sources et en revenant à droite jusqu'à la berge du rio. »

C'est là que se développa la localité qui, en 1821, reçut du gouvernement provisoire de S. Paulo le nom de *Villa nova da Constituição*, pour perpétuer la mémoire de la nouvelle constitution portugaise promulguée cette même année. Mais son nom antique et pittoresque de Piracicaba a triomphé dans les usages aussi bien que dans les formules officielles, car il lui fut restitué par la loi provinciale du 13 avril 1877; ce nom veut dire : *endroit où se réunit le poisson.*

Placée sur la rive gauche de la rivière à l'altitude de

517 mètres, la ville de Piracicaba est une des plus belles de la province, et l'une des mieux distribuées sous le rapport des rues; celles-ci très régulièrement tracées, ont 13 mètres de large et se croisent à angle droit formant des carrés de 88 mètres de face : ce plan géométrique, dû au sénateur Vergueiro, a été exécuté par José Caetano Rosa. Les 36 rues comptent 1,300 maisons et 10,000 habitants; on y trouve trois églises, un théâtre, le *Collège Piracicabense*, un autre tenu par les sœurs de Saint-Joseph et succursale de celui de Itú, la fabrique de tissus de S. Francisco. une grande usine centrale sucrière; une société y a entrepris la canalisation d'eau potable. Deux grands ponts sur le Piracicaba, et un jardin public sur la place de l'Église principale (*matriz*) complètent les particularités notables.

En haut de la ville, le Piracicaba forme une chute remarquable, dont la force a été utilisée par plusieurs usines pour mettre leurs machines en mouvement. Dans toute la largeur du lit, les eaux se précipitent sur des roches disposées en degrés, et dessinent une perspective ravissante. L'empereur actuel, Pedro II, visitant en 1886 cette cataracte, déclara qu'après le Niagara, il n'en avait pas vu de plus belle. Elle ne vaut pourtant ni celle de Paulo-Affonso (S. Francisco) qu'il avait vue, ni celle de Guayra (Paraná) qu'il n'a pas eu l'occasion d'admirer. On a fait de cette chute le point de reprise des eaux qui alimentent la ville. Sur une île, au milieu de la rivière, ont été construits de grands travaux, qui sont aussi beaux que ceux que l'on peut citer parmi les plus remarquables en ce genre.

Le canton de Piracicaba, qui compte 23,000 habitants n'a pas d'autre agglomération qualifiée que celle de son chef-lieu. Son territoire d'environ 50 lieues carrées, est presque totalement couvert d'une très vigoureuse végétation, et c'est très rarement qu'on y trouve des campos *natifs* impropres à la culture. Le sol est formé de cette *terra roxa*, si vantée, sur des lieues d'étendue, de terres sablonneuses ou argileuses, qui se prêtent à la culture de café chaque fois qu'elles sont hautes et non sujettes à la gelée, et dans tous les autres cas, à celle du coton, du tabac et des denrées alimentaires. Il y a encore des forêts vierges où l'on trouve des *jequitibás* de 2 mètres et plus de diamètre et des *perobas* de 16 à 18 mètres de hauteur. Les accidents du sol ne sont que de faibles ondulations, où parfois se dressent des crêtes en éperon plus ou moins considérables. Au nord-ouest, à 33 kilomètres de la ville, court vers le nord-ouest la serra successivement appelée de Araraquára, de Brotas et aujourd'hui de Sam Pedro, nom de la ville située dans un de ses plis. Au sud-ouest, à 20 kilomètres, existe un groupe de hauteurs, la serra du *Congonhal* (où abonde la *Congonha*, l'arbuste à maté ou *ilex paraguayensis*), d'une fertilité notable, et qui contient beaucoup de fazendas de café. Au sud, courent les hautes croupes du *Serrote* et de la Milhan, dont les eaux descendent dans le canton. Le rio Piracícaba qui coule entre la serra de S. Pedro à droite et le Serrote et celle du Congouhal à gauche, est formé 33 kilomètres au-dessus de la ville par la réunion de l'Attibaía et du Jaguary ; il se jette dans le Tieté, 92 kilomètres au-dessous du chef-lieu. La production annuelle du café est de 4,500 tonnes, celles du sucre de 1,050. Les denrées alimentaires fournissent la consommation locale et l'excédent est exporté à S. Paulo.

La navigation fluviale y commence, et établit des communications régulières avec S. Pedro, Dous Corregos, Jahú, sur la droite, avec Botucatú, S. Manoel et Lençóes, sur la gauche.

Le canton voisin au nord-ouest, S. Pedro, a été détaché de celui de Piracícaba ; il compte à peu près 6,000 habitants, de préférence appliqués à la culture de la canne pour la fabrication de l'eau-de-vie, du coton et des céréales. Ils exportent sur un pied assez sérieux les bois de constructions et de menuiserie, fournis par les épaisses forêts de la serra de S. Pedro.

En descendant un peu le Piracicaba, on arrive au canton

de Lençôes, déjà arrosé par le Tieté, grossi du premier rio, et confinant par l'ouest à ce grand espace qu'on appelle, même officiellement « territoires inconnus ou peu connus, habités par les Indiens sauvages »; canton assez accidenté, sans être montagneux, contenant des campos extrêmement vastes, de grands marais aux bourbiers formidables, qui disséminent dans les eaux une quantité considérable de matières organiques en suspension et en décomposition. Les forêts s'y étendent sur des kilomètres. La serra dos Agudos, d'où descendent presque toutes les eaux, qui vont au Tieté, longe au nord le territoire. Le climat y présente des extrêmes rares à S. Paulo : très chaud en été; très froid, sec et sain en hiver, avec des pluies très abondantes dans la saison propre. La population, un peu plus de 10,000 âmes, s'est développée depuis quelques années; elle produit du café, surtout sur les versants des Agudos, puis du maïs, du riz, de la canne et un peu de vin. Le centre caféier est malheureusement éloigné de 33 kilomètres de la ville de Lençôes, qui n'a autour d'elle que des campos d'élevage; les produits des fazendas de café se dirigent sur le chemin de fer de Jahú, et la fertilité de cette région y a provoqué la création d'une localité, Bahurú, dont le progrès atrophie la ville de Lençôes. L'élevage, considérable, porte sur le bœuf, le porc et le cheval. La ville, Lençôes, est sur la rive gauche de l'affluent du Tieté, portant le même nom de Lençôes; elle forme une paroisse, N. S. da Piedade de Lençôes, comptant 6,000 âmes; elle n'est pas bien agréable et sent le besoin d'un vigoureux réveil. L'autre paroisse, Espirito Santo da Fortaleza, compte environ 4,000 âmes.

Les communications avec le dehors sont principalement faites par les bateaux à vapeur du Piracicaba et du Tieté.

LIGNE SOROCABANA.

Nous allons maintenant parcourir le bassin, voisin par le Sud, du Paranapanema, mais pour cela il nous faut revenir sur nos pas, sur la ligne *Ituana*, jusqu'à Jundiahy et sur la *Paulista*, jusqu'à S. Paulo, d'où part vers l'ouest-nord-ouest la ligne *Sorocabana*, appartenant à la Compagnie du même nom. Celle-ci s'est constituée en 1871 (elle fut approuvée le 24 mai), pour exploiter une concession provinciale des 24 mars 1870 et 20 mars 1871, accordant 7 % de garantie d'intérêts à un capital de 4,000 contos, élevé le 5 avril 1872 à 5,800, pour la construction d'une ligne d'Ipanema à S. Paulo par Sorocaba et S. Roque et d'un *ramal* sur Villa Bella de Cotia. Le 18 juillet 1871, elle avait contracté avec le président de la province, obtenant avec la garantie précitée le privilège pour 90 ans sur une zone de 32 kilomètres de chaque côté de l'axe de la voie. Les études entre S. Paulo et Sorocabana, approuvées le 5 juin 1872, étaient aussitôt mises à exécution le 13 du même mois et, le 18 juin suivant, celles de Sorocaba à Ipanema étaient également approuvées.

Dans le but d'aider plus efficacement à la construction entre Sorocaba et Ipanema, par décret du 26 décembre 1874, le gouvernement général accordait une *fiança* ou caution de 7 % sur 600 contos, du capital total garanti par la province et en plus de 7 % sur 400 contos portant ainsi le capital garanti de la compagnie à 6,200 contos, à la condition expresse que la section précitée serait construite dans le délai d'un an. La responsabilité du gouvernement général est de 30 ans, à dater du commencement des travaux entre Sorocaba et Ipanema.

En 1874, la Compagnie emprunta 1,464,504 $ 273, au taux de 7 % à la *Deutsche Brasilianische Banck* de Rio de Janeiro, et la Compagnie qui, le 10 juillet 1875, avait inauguré le trafic entre Sorocaba et S. Paulo, n'ayant pas rempli les conditions stipulées par le décret du 26 décembre 1874, le gouvernement annula ce dernier en 1876. Les travaux qu'ils concernaient avaient bien été commencés en 1871, mais ce n'est que le 31 décembre 1876 que la ligne fut ouverte à l'exploitation jusqu'à Ipanema.

Jusqu'à cette date, le capital dépensé était de 7,176,746$821.

La compagnie avait distribué un dividende de 7 % en actions d'elle-même, employant ainsi son produit net à former son capital. En 1877, elle essaya de vendre sa ligne à Londres, mais sans y parvenir. Le directeur de la Banque allemano-brésilienne s'offrit de tenter la même opération par l'entremise de cette même banque en liquidation à Hambourg; la direction de la Compagnie contracta avec cette banque l'émission de 4,000 obligations de 50 livres st. à 85 % et 6 % d'intérêt, payables par semestre, et avec amortissement annuel de 1 %. Les obligations furent prises par la *New London and Brazilian Bank*, comme solde de son compte avec la *Deutsche Brasilianische Bank*, la Compagnie se réservant la faculté d'émettre des obligations (*debentures*) de 100 $ dans des conditions identiques à celles des titres de 50 livres. Le payement des intérêts des obligations de 100 $ s'effectue les 1er mars et septembre à la New London and Brazilian Bank, à Rio de Janeiro, ou aux bureaux de la Compagnie à S. Paulo, et celui des titres de 50 livres, les 30 mars et septembre, à la même banque à Londres et à Rio de Janeiro.

Le 20 novembre 1878, la Compagnie traitait avec le gouvernement provincial pour la prolongation de sa ligne jusqu'à Bacaetava, dont les travaux commençaient dès le 1er décembre suivant et jusqu'à Boituva le 27 décembre 1879, puis le 25 novembre 1881, la Compagnie obtenait la concession pour prolonger sa ligne jusqu'à Tieté.

Le 13 mars 1882, une loi provinciale autorisait la concession de Boituva à Itapetininga par Tatuhy, et accordait à cet effet à la Compagnie une garantie de 6 % sur le capital maximum de 800 contos durant 10 ans. Le 16 juillet suivant, était livrée au trafic la section entre Ypanema et Bacaetava, et le 1er août suivant celle de Bacaetava à Boituva. Le trafic était inauguré jusqu'à Tieté le 1er janvier 1883.

Une lutte qui se prolongea cinq ans, éclata avec la Compagnie *Ituana* sa voisine, au sujet des tracés de leurs lignes respectives, des zones et des objectifs de ces lignes. C'est le Paranapanema que toutes deux voulaient. Le litige fut tranché par l'Assemblée provinciale et par le président, vicomte de Parnahyba, en 1887 : il attribua le Tieté à l'*Ituana* et le Paranapanema à la *Sorocabana*.

Au 31 décembre 1886, la *Sorocabana* avait en exploitation 208 kilomètres ainsi répartis : 128 de S. Paulo à Villeta, 72 de Villeta à Laranjal, 8 pour le petit ramal de Cerquilho à Tieté. La section de Villeta à Laranjal avait été ouverte le 24 juillet 1886. (Depuis le 25 septembre 1882, la Compagnie s'était par contrat obligé à construire le prolongement de Cerquilho à Botucatú, et, le 14 janvier 1884, l'embranchement de Tijuco Preto.)

En 1887, l'excès des pluies n'avait pas permis de pousser l'exploitation plus loin que Conchas, 22 kilomètres en plus.

Les 128 kilomètres de S. Paulo à Villeta jouissent de la garantie provinciale de S. Paulo ; les 94 de Villeta à Conchas et les 8 du raccord avec Tieté, ne jouissent pas de la garantie.

Au 31 décembre 1887, le rapport du conseil d'administration accusait 70 kilomètres construits sur le prolongement jusqu'au pied (*raiz*) de la serra de Botucatú et 39 en construction. « de ces 39, 17 appartiennent à la section de la serra, et n'exercent aucune influence sur l'importance économique de la ligne, parce que tout le mouvement des marchandises à transporter converge vers la station de Raiz da Serra, en raison de sa situation spéciale. Aussi, avons-nous la pleine conviction que la production de S. Manoel sera transportée par les rails de la *Sorocabana*, malgré les efforts faits pour l'en détourner (par l'*Ituana* qui a sa petite ligne de S. Manoel au port de Martins sur le Tieté.)

« Les 22 kilomètres restant appartiennent au ramal de Tatuhy ; nous espérons, comme les 17 premiers, les voir terminés en 1888, car ils sont fort avancés.

« Aux termes de la loi provinciale de 1887, qui a déterminé la zone de notre ligne, nous avons signé avec le gouvernement provincial le contrat pour le prolongement jusqu'à la bouche du Tibagy, sur le Paranapanema. Il le fallait bien pour en finir une bonne fois avec les prétentions qui lésaient nos droits. »

Ce prolongement, pour quiconque est un peu familier avec la carte du Brésil, change soudainement l'aspect de la Sorocabana et en fait une ligne d'intérêt général, de vaste pénétration, car il est la route de l'intérieur inexploré, et, par le Paraná, conduit au sud de Matto-Grosso.

D'un autre côté, la *Sorocabana* va encore jouer un rôle analogue; sa branche de Tatuhy étant prolongée sur S. Sebastião du Tijuco Preto, va aller, par Faxina, aux limites de la province du Paraná et de celle-ci à la rencontre, sur un point encore à déterminer, par Sainte-Catherine, de la ligne de Porto Alegre à Uruguayana.

Depuis le 1er janvier 1888, sur la ligne du *tronc*, la Compagnie a inauguré successivement les stations qui séparent Laranjal (Conchas, Pirambora, Alambary et Victoria) de Antonio Monteiro, à la *raiz* de la serra. Celle-ci a été ouverte en juin 1888.

En même temps, elle avait construit une ligne circulaire de raccord entre ses rails et ceux de la *Sam Paulo et Rio*.

Je reviendrai tout à l'heure sur l'avenir et le présent de cette compagnie. J'en veux donner tout de suite le profil et les parcours, et étudier la zone.

Stations.	Distances Km.	Altitudes m.
S. Paulo (B)	0	736.38
Cotia	—	719.80
Barnery	28	720.80
S. João	49	782.80
S. Roque	67	794.30
Piragibù	89	756.30
Sorocaba	111	835.30
Villeta	128	593
Ipanema	132	547.80
Bacaetava	145	527
Boituva (B)	162	630
Cerquilho (B)	178	560
Tieté	186	497.80

Cerquilho (B)	0 (186)	(de S. Paulo)
Laranjal	22 (200)	—
Conchas.	44 (222)	—
Paramboia	71 (249)	—
Alambary	93 (271)	—
Victoria.	115 (293)	—
Antonio Monteiro.	120 (298)	—
Botucatú	137 (310)	(ouvert le 20 avril 1889).
Boituva (B).	0	
Tatuhy	22	(ouvert le 25 juillet 1889).
Itapetininga	64	(études remises en mai 1889).

En quittant Sam Paulo, à la gare da Luz (de la Compagnie anglaise), la ligne prend la direction de l'ouest par la vallée du Tieté, jusqu'aux approches de la station de Baraery, d'où elle continue par un affluent de ce rio, passe par les sources du rio Sorocaba, et touchant au point de partage des eaux à la ville de S. Roque : traversant ensuite divers cours d'eau et leurs crêtes de séparation, elle atteint la ville de Socoraba, après avoir vaincu de sérieuses difficultés. De Sorocaba, elle se dirige sur Ipanema, où est la grande usine métallurgique, puis atteint la ville de Bacaetava, sans que, dans ce parcours, son tracé ait été bien pénible.

De là, le tracé s'inclinant au nord-ouest, se rapproche du Tieté, de façon à détacher à Cerquilho, sur la ville de ce nom, un petit ramal, puis traversant le rio Sorocaba, il aborde la serra de Botucatú, par un plateau assez étendu : il la descendra ensuite pour aller, par Rio Novo probablement, longer le Rio Pardo et atteindre Santa Cruz du Rio Pardo, d'où il poursuivra vers l'ouest, longeant, à quelque distance, le Paranapanema sur la rive droite, selon les dispositions du terrain, jusqu'au-dessous du confluent du Tibagy, qui arrive de la province du Paraná par la gauche. De ce point, la navigation sur le Paranapanema et sur le Paraná est franche sur un immense parcours.

D'autre part, à Boituva, se détache une nouvelle branche qui se dirige par Tatuhy, sur l'Itapetininga, et par le bassin du Fundo, l'Itapucú, sur Itapeva da Faxina, puis de là à l'Itararé, limite de la province. Cette année même, en vertu du crédit accordé par la loi budgétaire du 24 décembre 1888, l'ingénieur João Teixeira Soares, a étudié la jonction de cette ligne prolongée vers le chemin de fer Rio-Grandense de Porto-Alegre à Uruguayana. A la date du 15 mars, ces études étaient déjà dans les mains du conseiller de Paula Mayrink, président du conseil d'administration de la Sorocabana ; la zone explorée s'étend de la ville de Castro dans le Paraná au rio Itararé sur la limite de S. Paulo.

Des bords de l'Itararé, le tracé se dirige vers la vallée du Jaguaricatú jusqu'au confluent du ruisseau des Bugres ; il gagne les sources de celui-ci et la vallée du rio Jaguariahyva, qu'il suit jusqu'à la bouche du Capivary ; il suit la vallée de celui-ci jusqu'au col de la Serra das Furnas, son point culminant, puis traversant, près de sa source, le rio das Cinzas, il entre dans la vallée du Pirahy, qu'il accompagne jusqu'à la ville de Castro. Là, il se soude à l'embranchement décrété du chemin de fer de Paraná, et, empruntant ses rails, il atteindra l'autre côté du plateau des *Campos geraes*, l'Iguassú, soit près de Lapa, ou à Rio Negro, soit plus bas au port da Lapa. Restera encore à traverser tout Sainte-Catherine pour joindre la ligne de Rio Grande du Sud.

Il ne s'agit pas là d'un accroissement moindre de 800 kilomètres, qui forme de la Sorocabana une ligne stratégique de premier ordre et d'intérêt éminemment national, en établissant des relations directes par l'intérieur entre la capitale de l'Empire et Uruguayana ou la frontière argentine d'une part, avec Matto-Grosso et le Paraguay de l'autre. (Ce raccord s'effectuera probablement avec la ligne de Quarahim à Itaquy prolongée dans la direction de Castro. La concession en est déjà sollicitée.)

Pour réaliser cette vaste entreprise, la Compagnie avait besoin de l'appui du gouvernement. La loi budgétaire pour 1889 a autorisé celui-ci à lui accorder une garantie d'intérêt de 6 % sur un coût kilométrique maximum de 30 contos. Cette garantie a été concédée et, au moment où j'écris, les deux parties cherchent à se mettre d'accord sur les études déjà effectuées des premières sections de ces grandes lignes.

La première partie de la ligne, celle qui jouit de la garantie de S. Paulo, a exigé un certain nombre de travaux d'art, en particulier 3 tunnels : celui de Pinheiros, long de 145 mètres à la cote 892m,30 ; celui de Pantojo, long de 180 mètres à la cote 756,30, et celui de Piragibú, long de 30 mètres, ouvert en roche vive, mais sans revêtement, tandis que les deux autres en ont eu besoin. Trois ponts, du Pinheiros à la cote 717,80, de 60 mètres de long ; du Cutia long de 18 mètres à la cote 719,80, et du Sorocaba à la cote 535 mètres et long de 28 mètres, tous trois en bois, du système Howe. Au delà de Sorocaba, un autre pont sur le rio Ipanema, à la cote 532,80 et long de 40 mètres.

Le 31 décembre 1886, quand le trafic s'arrêtait à Laranjal (208 kilomètres compris le ramal de Tieté), le matériel roulant se composait de 12 locomotives, 15 voitures à voyageurs et 100 wagons ; 1,918 trains, en 1886, avaient remorqué 19,434 voitures. Les locomotives étaient d'abord belges, de la Société de Saint-Léonard, à Liège, à 6 roues conjuguées, essieu moteur au centre, cylindres extérieurs et boîtes de graissage disposées dedans. La vitesse maxima était de 22 kilomètres à l'heure.

Un an plus tard, ce matériel s'était augmenté naturellement : il comportait 16 locomotives, 13 voitures de voyageurs de 1re classe, 16 de 2e classe, 4 fourgons à bagage et de poste, 135 wagons. — Sur ce total, 2 voitures de 1re classe, 2 de seconde, 2 de bagages et 20 wagons ont été construits à S. Paulo même, par la *Companhia Constructora*, le reste vient de Fives-Lilles. — 2,326 trains avaient parcouru 287,247 kil., faisant en moyenne par kilomètre 2 $ 683 de recette et une dépense de 1 $ 750.

En 1886, le parcours avait été de 244,908 kilomètres et le produit net kilométrique inférieur de 169 reis. C'est seulement en 1887 que fut établie la station de Cutia et le raccord dans S. Paulo avec la ligne du nord allant à Rio de Janeiro.

Sans entrer dans plus de détails, voici le tableau des produits de l'exploitation depuis l'ouverture de la ligne.

Années.	Kil.	Recettes.	Dépenses.	Produit net.
1876..	111	295.197$730	288.288$092	6.909$638
1877..	132	297.449 950	278.238 240	19.211 710
1878..	—	282.064 570	265.863 666	16.200 904
1879..	—	339.403 140	294.962 234	44.140 906
1880..	—	331.101 480	285.217 212	45.884 268
1881..	—	388.755 910	329.974 457	58.781 453
1882..	—	362.134 210	318.979 705	43.154 505
1883..	162	444.764 060	368.196 750	76.564 910
1884..	186	504.339 130	361.070 470	143.268 660
1885..	—	535.581 620	353.366 350	182.215 270
1886..	200	693.887 890	450.115 640	243.772 169
1887..	222	770.573 960	502.631 700	267.942 260
1888..	293	1.772.196 692	770.845 753	1.001.050 849

Pour les 128 kilomètres de S. Paulo à Villeta, la province avait, au 30 juin 1888, payé à la *Sorocabana*, en garantie d'intérêts, la somme de 4,081,995 $ 015. Le détail de ces prestations annuelles montre que le subside provincial est allé s'amoindrissant considérablement à mesure que s'allongeait la ligne exploitée. En 1876, il dépassait 518 contos pour 111 kilomètres : en 1884, pour 186 kilomètres, il avait fléchi à 235,731 $ 040, et, en 1887, il n'était plus que de 143,614 $ 700. — (Cette année, la province ne perdra rien.

La section garantie a coûté 42,968 $ 750 le kilomètre : globalement, les 208 exploités en 1886 (y compris les 8 kilomètres du raccord de Tieté), avaient coûté 9,221,412 $ soit 44,334 $ le kilomètre.

J'ai déjà dit que la Compagnie transformait ses excédents ou du moins la partie qu'elle en affectait au dividende, en actions nouvelles, de sorte qu'elle employait ses plus-values à la construction de ses prolongements. Son capital-actions primitif de 5,500 contos est arrivé ainsi à valoir au commencement de mai 1888, 15,000 contos, il s'était triplé. Pour faire face à ses besoins, la Compagnie résolut d'émettre, en janvier 1888, une nouvelle série de 63,000 obligations de 100 $, à 6 %. Achetées à Paris à 64 %, déjà en mai, après coupon d'avril payé, elles valaient 66 1/2 % et d'autre part, avant le 1er janvier, elle avait distribué 20,000 actions, représentant des titres libérés de 20 %, soit de 40 $, et équivalant aux dividendes non distribués.

Autorisé par l'assemblée générale de la fin d'année 1888, le conseil d'administration devant faire face aux énormes dépenses que va nécessiter la construction des grands prolongements et pour lesquels l'État a accordé une garantie de 6 %, a élevé en mars dernier le capital à 38,000 contos, divisé en 190,000 actions de 200 $; dont 60,000 déjà émises représentent le capital des lignes en exploitation, et 130,000 forment le capital additionnel.

Par cette mesure, le réseau de la Sorocabana s'est trouvé partagé en deux sections indépendantes, ayant chacune leur économie autonome : la première va de S. Paulo à Botucatú, de Boituva à Tatuhy et de Cerquilho à Tieté ; ce sont les 318 kilomètres qui figurent dans la liste des parcours donnés plus haut : la seconde comprend les prolongements de Botucatú au Paranapanema et de Tatuhy à l'Itararé et à Castro.

Le partage sera fait à leur capital d'après les deux contrats passés avec la province et avec l'État. Au-dessus d'un bénéfice net de 8 %, moitié de l'excédent pour les lignes garanties par l'État, au-dessus de 10 %, moitié du bénéfice pour celles garanties par la province ; tout partage cessant dès que les garanties auront été remboursées.

La *Sorocabana* est à voie de 1 mètre et, bien que le D. Pedro II soit de 1m,60, il y aura possibilité de venir par elle, sans transbordement, du sud de l'Empire jusqu'à Rio de janeiro, car il sera aisé depuis Cachoeira, où commence la branche occidentale du Pedro II, d'intercaler un troisième rail pour éviter la rupture de charge.

Voici maintenant la décomposition du trafic en 1887 : 56,437 voyageurs, 254 tonnes de bagages, 28,771 tonnes de marchandises, sur lesquelles 4,039 de café, 3,338 de sucre, 520 de coton, 466 de tabac, 2,693 de sel et 18,015 d'articles divers.

Le grand avenir de cette ligne, indépendamment de l'élément de spéculation qui ne manque pas plus au Brésil qu'ailleurs, a déterminé naguère une hausse considérable de ses titres, qu'explique sans doute l'approche d'un grand emprunt, et a provoqué, à l'adresse des porteurs européens, une série de diatribes destinées à les effrayer. J'ai tâché très loyalement de mettre sous leurs yeux, pour aujourd'hui et pour demain, des données qui me paraissent suffire à les éclairer.

Ils le seront tout à fait, s'ils veulent parcourir avec moi la région desservie par la *Sorocabana* et jeter un coup d'œil sur celle qu'elle desservira une fois achevée.

En descendant à la station de Baruery, la première qui se présente en sortant de S. Paulo, une bonne route conduit, huit kilomètres plus loin, à Parnahyba, chef-lieu d'un canton principalement montagneux et boisé, entre les serras du Japy et des Crystaes au nord et celle de Cutia à l'ouest, détachant en plusieurs sens divers mornes ou *morros*, Voturuna, Botucavarú, Vaccanga, Votorantim, Votoparim et autres, arrosés par le Tiété et le Juquery-guassú, et leurs petits affluents. Il renferme des gisements de marbre au morro Branco (propriété de M. Joaquim André de Oliveira Castro), du fer et surtout les granits et les calcaires célèbres de Caieiras, appartenant au colonel Antonio Proost Rodovalho, sur lesquels je reviendrai plus loin.

Le premier établissement des habitants remonte au moins à 1580; la ville est située sur la rive gauche du Tieté et ne brille pas par la beauté de ses maisons, presque toutes de simples rez-de-chaussées d'un cachet plutôt antique; elle est toutefois fière de son église, placée au centre de la cité sur une hauteur d'où elle est visible dans toutes les directions. Bien que le canton forme une seule paroisse, il y a plusieurs chapelles plus ou moins centres de hameaux, Bom Jesus de Pirapóra, Santa Cruz de Taboão, Conceição de Votoruna, et le village de N. S. da Escada de Baruery. Pirapóra est un pèlerinage, fréquenté surtout les 5, 6 et 7 août, par près de 10,000 fervents, qui y laissent au moins 20 contos d'offrandes. Pour bien recevoir cette foule, les habitants se sont mis en frais, et la maison dans laquelle ils les hébergent est assez confortable ; on trouve là des fontaines, un pont en fer sur le Tieté, voire la lumière électrique, au moins pendant les fêtes du pèlerinage. La population totale est de 5,000 âmes ; ses cultures produisent annuellement 200,000 litres d'eau-de-vie de canne, 15 tonnes de café, 20.000 hectolitres de maïs, 7,500 de haricots et 1,000 de riz, sans compter l'élevage, dont l'accroissement annuel, en bœufs, chevaux, mulets et moutons, peut se monter à 1,200 têtes.

A quelque distance de la ville, le Tieté forme une longue et bruyante chute, qui se divise en nombreuses ramifications, laissant entre elles de petites îles couvertes d'une épaisse végétation, et où l'on rencontre des orchidées superbes de forme et de couleur. Fleurs, verdures, rochers et eaux jaillissantes, se mêlant dans un mouvement plein de fracas, produisent un effet absolument saisissant. Une de ces îles n'est qu'une roche plate, qui l'a fait nommer *Itapéra* (pierre plate), elle semble servir de digue de retenue aux eaux écumantes qui se précipitent en cataracte jusqu'à sa base. Un autre saut du Tieté, plus considérable, est à 2 kilomètres environ de Pirapóra.

Sur la gauche, le chemin de fer dessert simultanément le canton de Cutia, traversé par la serra et par le rio de même nom ; celui-ci, venu du sud, se jette au nord dans le Tieté par la gauche, un peu au-dessus du village de Baruery; la tradition attribue la fondation de ce centre à la famille Godoy; elle remonte en tous cas à 1662, et s'appelait alors *Acutia*; la ville est bâtie sur la rive gauche du Cutia, sur une hauteur assez mal choisie, si l'on en juge par ses pentes trop raides. Elle est d'ailleurs peu agréable d'aspect. Les 7 à 8,000 habitants du canton produisent 130 tonnes de tabac, beaucoup de maïs, de riz, de haricots et un peu de café; depuis l'apparition en nombre des Italiens, la viticulture s'y est développée. La terre y est d'ailleurs propice. Les campos, fréquents au nord et à l'est, permettent une production annuelle de 500 bœufs. La station de Cutia, nouvellement établie à l'endroit appelé *Capitão-Vieira*, dessert la ville et le canton.

S. Roque, qui suit vers l'ouest, est aussi couvert des ondulations provenant des ramifications de la serra da Cantareira, d'où se détache à l'ouest le Morro du Sal..., qui se dresse sur sa large base à une hauteur de plus de 1,000 mètres. Il est à 13 kilomètres de la ville. Les eaux qui arrosent ce canton se dirigent vers le grand ruisseau Potribú, affluent de gauche du Tieté, tels le Piragibú, le Carambehy, l'Aracahy; la production agricole annuelle comprend 75 tonnes de café, 15 de sucre, 15 de coton, 4 et demi de tabac, 6,000 hectolitres de maïs, 600 hectolitres de vin. La viticulture y est de date récente, mais elle se développe au point que bientôt peut-être elle sera prédominante; le terrain, d'ailleurs, lui est propice, comme le prouvent l'abondance et l'excellente qualité du raisin. Les campos qui s'étendent au sud et à l'ouest sont utilisés par un élevage dont on évalue la production annuelle à 1,000 bœufs, 300 chevaux, 200 moutons, 2,000 porcs et 500 chèvres. La seule paroisse, S. Roque, ancienne fazenda de culture fondée au milieu du XVIIe siècle, est située sur la rive gauche du ruisseau Aracahy et entourée au sud par le ruisseau Carambehy qui, devant la ville, vient se réunir au précédent. La population est de 5,500 habitants.

Je parlerai plus loin de ses beaux gisements de marbre, mais je veux signaler ici, à 3 kilomètres de la ville, dans le bairro appelé Guassú, une superbe cataracte, la plus belle peut-être de la province et située de façon à produire la force motrice pour une industrie quelconque.

Dépendant encore de la station de S. Roque, éloigné de 13 kilomètres, est le canton d'Araçariguama, à l'ouest des serras du Japy et des derniers rameaux de celle de S. Francisco, où se dresse le morro du Japy, haut d'environ 1,000 mètres, baigné par le Tieté, tout obstrué sur ce point par des rapides et des chutes: la population, de 2,500 âmes, est adonnée aux cultures suivantes, dont la production annuelle indique les proportions : 288 tonnes de café, 58 de sucre, 115 de coton, 14 ou 15 de tabac, 400 hectolitres d'eau-de-vie; elle pratique aussi un peu d'élevage. La ville est sur la rive gauche du ruisseau Araçariguama, sur un terrain en partie plat, en partie montueux. Mais, outre la paroisse unique, N. S. da Penha, il y a 7 kilomètres au nord, la chapelle de N. S. da Apparecida, et 4 kilomètres au sud, celle du Collegio, qui, à en juger par les vestiges du passé, paraît avoir été un des plus riches morceaux de l'architecture jésuite.

Toujours dans la zone de la *Sorocabana*, dès que la ligne s'écarte un peu du Tieté, se trouve le canton d'Una, futur point de bifurcation de la voie ferrée qui ira sûrement chercher tout droit la mer à Iguape. Il est tout à fait sur le plateau supporté par les serras de S. Francisco et de Paranapiacaba, dont les ramifications projetées en tous sens sont couvertes de vastes forêts vierges, et déjà arrosé par le Sorocaba et ses petits affluents de tête : le Sorocamirim, le Sorocabossú et l'Una, dont la réunion forme le rio, qui aussitôt descend par une grande cataracte d'une grande beauté. — L'or, le fer, la pierre appelée *olho de sapo*, sont abondants sur ces montagnes; quelques sources minérales ont été découvertes et l'une d'elles, qui a la forme d'un temple, de 3 mètres carrés et demi, sortant d'un rocher colossal, a déjà reçu plus de 20,000 visiteurs dans une seule année.

Le canton, qui est de 8,200 habitants, ne compte que la paroisse de son chef-lieu, N. S. das Dôres de Una, bâtie sur la rive droite de l'Una et sur la gauche de Sorocabossú, au penchant d'une colline qui s'élève gracieusement en plateau vers S. Roque et Piedade. Elle est assez proprette et agréable. Le territoire très fertile est partiellement soumis aux gelées, en raison de sa haute altitude, aussi le café, la canne et le coton n'y réussissent-ils pas partout : en revanche, les céréales y donnent avec vigueur, surtout dans le *bairro das Furnas*; le maïs y produit 150 pour 1 ; le tabac vient parfaitement et la qualité en est fort appréciée dans la province de Sainte-Catherine où on l'exporte. Sur place, on le vendait naguère 30$ l'arrobe de 15 kilogrammes. La *Congonha* ou *herva mate*, qui y est indigène, vaut celle du Paraná. Quant au vin, il promet de devenir un crû : J'en ai goûté et déclare qu'entre les mains d'un vigneron expérimenté, il occuperait vite l'un des premiers rangs de la viticulture sud-américaine. Déjà, il a été primé dans les expositions locales. Le lin y donne aussi, surtout en graines, avec une abondance phénoménale. On a essayé avec le même succès le blé, l'orge, le seigle, le houblon. — Les grottes foisonnent dans la serra, et quelques-unes de dimensions telles que les pèlerins s'y réfugient pour passer la nuit au nombre de 100 à 300.

Le canton de Piedade, qui touche au précédent et à celui de Sorocaba, a beaucoup le même aspect. Moitié de son territoire est encore *sertão*, et en partie *devoluto*, c'est-à-dire libre, du domaine de l'État. Occupé par les ramifications de la serra de S. Francisco, et par la serra Negra, il est arrosé par quantité de rivières : Sorocaba, Lavras, Ribeirão Grande, Turvinho, Turvo, Claro, Bonito, Jurupará, Sarapuhy, Pirapóra, etc., presque tous formant des chutes utilisables pour l'industrie. L'origine du peuplement de ce canton est une histoire qui s'est répétée souvent : au commencement de ce siècle, divers cultivateurs, à l'étroit dans la *Serra abaixo*, sur le versant maritime, franchirent la crête et entreprirent de mettre en culture le versant nord de la *Serra acima*. L'un d'eux, Vicente Garcia, en défrichant la forêt au bord du rio Pirapóra, y rencontra une statue de Notre-Dame-de-la-Pitié (*Piedade*). Enflammé du zèle ardent qui caractérisait à cette époque toute la population des *Sertanejos* (et qui les anime souvent aujourd'hui encore), il fit une collecte auprès de tous ses compagnons, les *matteiros* (c'est le nom que portaient ces défricheurs), pour édifier une chapelle à la Vierge et donna pour sa part le terrain qu'il possédait. La population ainsi fondée s'accrut rapidement et aujourd'hui compte plus de 7,000 âmes. Grâce à l'excellence du climat, elle est très robuste et la longévité y est chose très commune. La culture se répartit sur divers produits, comme le montre les chiffres suivants de la moyenne annuelle : 15 tonnes de café, 45 de coton, 15 de tabac et 4,000 litres de vin ; mais la production dominante est celle des céréales, qui sont exportées sur les marchés d'Itú, de Sorocaba et de S. Paulo. L'élevage est peu développé ; sa production est d'environ 1,000 bœufs, 150 chevaux, 5,000 porcs et 50 mulets.

Le chemin de fer dessert directement le canton de Sorocaba, qui lui a donné son nom ; accidenté au sud sur les dernières pentes de la serra de S. Francisco ; au centre, au nord et au nord-ouest, sur les deux tiers du territoire, formé de l'immense plaine qu'arrosent le rio Sorocaba et ses petits tributaires, creusant leur lit dans un sillon généralement inférieur d'une dizaine de mètres au niveau général des terres. Les flancs de la serra se relèvent en abruptes murailles de granit, profondément creusés par les rios qui s'y ouvrent passage. Vue de Sorocaba, cette serra, haute de 990 à 1,000 mètres, ressemble à une gigantesque muraille de rempart sans solution de continuité, et embrassant un quart de l'horizon. Le rio Sorocaba la coupe pourtant du sud-est au nord-ouest, mais la grande brèche qui forme son lit y est profonde, étroite, si bien que l'aspect général de la serra reste celui d'un massif uniforme.

La serra de Inhoahyba semble d'abord un prolongement de celle de S. Francisco vers le nord-ouest, mais elle est d'une constitution toute différente. Une croupe de hautes terres, formées de schistes antiques, court parallèlement au massif granitique de la serra de S. Francisco, s'élevant presque tout près d'elle et laissant à peine dans l'intervalle un sillon profond et étroit, où coulent de petits ruisseaux. Le terrain montagneux et bouleversé se prolonge ainsi depuis ces serras jusqu'aux environs de la ville de Sorocaba.

Le territoire est donc formé de terrains en partie granitiques et en partie composés de grès et de schistes. Les premiers embrassent toute la serra de S. Francisco et s'étendent en faisceau dans la direction de la ville de Sorocaba, d'où ils rétrogradent avec une largeur de 5 à 6 kilomètres, dans la direction du village de Apparecida et vont se relier aux granits de la serra du Varejão. Ce granit, appelé vulgairement ici *olho de sapo,* contient de grands cristaux de feldspath, il est généralement grossier et dur; sa décomposition produit une grosse rocaille qui, d'ailleurs, est assez fertile. Le chemin de fer coupe ce faisceau depuis le lieu appelé Passa Tres jusque près de la ville. Dans la serra de S. Francisco, où les forêts demeurées encore attestent la fertilité de la terre provenant de la décomposition du granit, la roche est tout à fait affleurante, elle forme fréquemment des précipices escarpés où la végétation ne peut pénétrer. Au sommet, on rencontre très fréquemment de grands blocs aux formes arrondies, superposés dans un ensemble pittoresque.

Les terrains de grès et de schistes prédominent dans la partie la plus basse du canton, néanmoins les schistes se présentent aussi dans les terres hautes de la serra de Ipanema. Le grès apparait sur les berges du ruisseau Ipanema et dans la ville de Sorocaba, près du pont; le long du chemin de fer, il y a plusieurs tranchées pratiquées dans cette roche, où souvent l'on a rencontré des quartiers d'autres roches plus dures et plus anciennes, comme le granit, le porphyre, la diabase, etc. Ce grès est en général mou, d'un travail facile, il se prête parfaitement aux ouvrages de maçonnerie soignée.

Les schistes peuvent être rangés en deux catégories : horizontaux et anciens : très troublés, en courbes approchant de la verticale. Les schistes horizontaux ou légèrement inclinés prédominent entre les ruisseaux Itanguá et Ipanema : ils sont verts ou bruns, très fragmentés ; leur décomposition produit une argile rouge et dure, où pousse la végétation propre des *campos* et des *cerrados*. On n'y a rencontré aucun fossile et sans nul doute ils sont plus modernes que les schistes troublés prédominant du côté de l'Est. Ceux-ci avoisinant la serra de S. Francisco forment une tache entre deux faisceaux de terrain granitique et semblent avoir subi par leur contact avec ce dernier une certaine action métamorphique. Ils sont durs, de couleur rosée ou cendrée, entremêlés de veines de quartz laiteux et orientés généralement au N. 50° E. parallèles à la serra de S. Francisco, au pied de laquelle ils se trouvent en couches presque verticales. Le chemin de fer coupe leur zone depuis Passa Tres jusqu'au delà du tunnel de Piragibú, creusé comme celui de Inhoahyba, dans des roches de quartzite qui sont là, semble-t-il, en stratification concordante avec les schistes. On n'y a pas trouvé de fossiles, mais ils appartiennent très probablement aux premiers terrains d'origine sédimentaire. Les terres hautes d'aspect arrondi, aux flancs abrupts, dénuées de végétation arborescente, que, dans la localité, on appelle serra de Inhoahyba, sont toutes formées de ces schistes anciens.

Le calcaire se rencontre aussi sur divers points à la base de la serra de S. Francisco ; c'est une roche foncée, amorphe, en stratification concordante avec les schistes, et qui est considérée comme excellente pour la fabrication de la chaux, ainsi que le prouvent les nombreuses *caieiras* (carrières) établies près de la serra et qui donnent des résultats fort encourageants.

Le climat du canton de Sorocaba est généralement agréable ; la ville même jouit sous ce rapport d'une réputation justifiée. Elle est à l'altitude de 560 mètres et la température y est presque toujours douce ; on n'y éprouve pas les brusques variations qui sont parfois si gênantes dans la ville de S. Paulo ; aussi cette égalité de climat la fait-elle rechercher par les convalescents.

La localité remonte à 1600, où fut fondé le *bairro* Itapebussú, aujourd'hui Itavuvú, sous le nom de ville de S. Felippe, mais cette création disparut bientôt. En 1654, un Pauliste, Balthazar Fernandes Mourão et deux Espagnols, ses gendres, quittaient Parnahyba pour s'établir avec leurs familles à 3 lieues du Morro de Biraçoyaba, maintenant Araçoyaba, y bâtissant une chapelle dédiée à N. S. da Ponte, et donnant au village naissant le nom de Sorocaba. Celui-ci se développa au point d'être déjà une cité en 1842. C'est là que fut le foyer de l'insurrection de cette même année que réprima très aisément le baron de Caxias. La ville est construite en amphithéâtre sur une colline haute de 30 à 40 mètres au-dessus du rio Sorocaba, dont le niveau à cet endroit est à la cote 530. Les rues sont forcément par cette situation un peu tortueuses, mais elles sont larges et bien entretenues, bordées de maisons bien bâties, parmi lesquelles les bâtiments neufs sont nombreux. La population dépasse 20,000 habitants.

Les terrains de campo, présentant le plus souvent le caractère de *cerrados*, vastes, bien arrosés, couverts de graminées abondantes, passablement ombragés, sont utilisés par l'élevage du cheval et du bœuf. Jadis ils avaient provoqué à Sorocaba la tenue d'une énorme foire aux bestiaux, qui alimentait pour ainsi dire le Brésil entier. C'est là que, de toutes parts, on venait se fournir de mules et de mulets. En 1887, on y a encore présenté 70,000 animaux.

M. Georges Otterer a essayé, sans grand succès, dans ses campos de la Utinga, sa propriété, l'élevage du mouton. Malgré la richesse des forêts en essences précieuses, il a fallu les défricher pour l'agriculture, mais ces terres ont été vite fatiguées, *cansadas*, et la *capoeira* y a succédé aux plantations. Ces garrigues donnent au paysage, quand on le traverse en chemin de fer, un air assez triste ; situation qui changerait promptement si la petite culture venait à s'emparer de ces propriétés abandonnées. On cultive encore le coton, le café, la canne et surtout les céréales, mais l'activité s'est surtout portée vers la fabrique et le commerce. Une manufacture de tissus, assez prospère, des tanneries, diverses tuileries, une fabrique de chapeaux, commencent à donner à cette ville un caractère industriel. La viticulture complète cette évolution, elle a réussi à produire du vin qui est accepté avec faveur par le marché. De plus, Sorocaba est devenue l'entrepôt de l'Ouest, et quand le chemin de fer pénétrera au Paraná, son importance commerciale en fera une place de premier ordre.

Je ne puis quitter ce canton sans dire un mot des célèbres chutes du Sorocaba. Elles sont deux, le saut de *Tupararanga* et celui du *Votorantim*. Même dans le pays, on parle peu du premier, parce que bien peu l'ont vu de près. Il est en effet perdu au milieu des forêts et de roches formidables, et par suite le voyageur, qui gravit la serra par le bairro du Cubatão, aperçoit du haut de l'escarpement une crevasse très profonde, mais cherche vainement l'endroit d'où l'eau se précipite avec un grand fracas dans cet abîme que les sauvages primitifs appelaient Tupararanga. On m'assure que le rio Sorocaba, en traversant la serra, s'y précipite dans une grotte extrêmement profonde, taillée dans le granit, où les eaux se tordent en un énorme tourbillon, projetant dans l'espace de blanches écumes couronnées de légères vapeurs.

Quant au Votorantim, plus pittoresque et plus accessible, il n'a pas la grandeur sauvage du premier saut. Il est à environ 6 kilomètres en amont de la ville de Sorocaba, au S.-O. Le ruisseau de Cubatão vient de se réunir au rio Sorocaba, et les eaux se précipitent par un étroit couloir, sur plusieurs degrés. La chute principale a 24 mètres de hauteur, mais, au-dessus d'elle, on trouve une série de cascades formant une véritable échelle hydraulique ; à 300 mètres plus loin, on rencontre encore les jolies chutes das Ilhas, de 10 mètres. De cette sorte, dans un parcours de 350 mètres, la rivière se précipite d'une hauteur de $34^m,50$. Si l'on réduit aux formules mécaniques l'énorme force qui résulte de cette chute et si l'on attribue à la rivière le volume minimum constaté de 5 mètres cubes par seconde, on aura une force motrice absolue d'au moins 2,000 chevaux. Les abords et les côtés de la cataracte sont admirablement ombragés par une luxuriante végétation.

C'est sur la limite de ce canton de Sorocaba, que coule le rio Ipanema, au-dessous du mont Araçoiaba, et qu'est située l'usine métallurgique d'Ipanema, dont les terrains appartiennent pour une partie au canton de Sorocaba et pour la plus grande à celui de Campo Largo. Ce dernier contient le massif ferrugineux dont le minerai alimente l'usine. J'y viendrai tout à l'heure. La ville de Campo Largo est dans une plaine continuant les campos auxquels elle doit son nom, à 8 kilomètres en amont de la fabrique. Les 6,400 habitants du canton cultivent surtout le coton (750 tonnes par an), puis un peu de café (90 tonnes), de tabac (9 tonnes), de cannes et des céréales. Tout leur commerce se fait par la station du chemin de fer à Ipanema.

Le canton de Sorocaba touche par le nord, comme celui de Campo Largo à Porto Feliz, qui dépend réellement de la Sorocabana, ne serait-ce que par ses rapports fluviaux avec Tieté. Territoire encore accidenté, assez boisé, contenant dans l'intervalle quelques campos d'élevage, traversé dans toute son étendue par le Tieté, dont il forme le port le plus célèbre, celui dans lequel jadis s'embarquaient les *bandeirantes* allant au Paraná et à Matto-Grosso, moyennant un voyage pénible et fertile en incidents, sinon en accidents, de quatre ou cinq mois.

La ville a eu pour origine ce port d'embarquement, jadis nommé *Porto de Ararytaguaba;* son nouveau nom de Porto Feliz lui vient d'une église placée sous l'invocation d'une Notre-Dame des Hommes qu'on priait pour le succès de ces aventureux voyages. Elle est sur la rive droite du Tieté, dans un terrain qui s'incline en sens inverse du fleuve ; elle compte près de 6,000 habitants. Aujourd'hui, c'est surtout un centre sucrier. L'usine centrale de la *Companhia assucareira de Porto Feliz*, avec son outillage perfectionné, a développé dans tout le canton la culture de la canne qui produit annuellement 1,200 tonnes. Les cultures accessoires sont le coton (450 tonnes), autrefois presque exclusif, le café (150 tonnes), le tabac 7,500 kilogrammes, la vigne qui donne 100 hectolitres de vin, — on fait naturellement aussi beaucoup d'eau-de-vie. Un petit remorqueur à vapeur, au service de l'usine sucrière, navigue sans cesse sur le fleuve et va chercher la canne des plantations éparses le long de ses rives.

C'est dans les terres de Porto Feliz qu'un prêtre belge, l'abbé Vanesse, a essayé, il y a deux ans, de créer une colonie de ses compatriotes. Bien qu'il ait reçu du gouvernement brésilien des secours pécuniaires considérables, l'affaire ne va pas bien : l'abbé directeur manque, paraît-il, des qualités pratiques nécessaires pour occuper ce poste délicat. L'entreprise n'est pas toutefois abandonnée, et un autre après lui en tirera sans doute meilleur parti.

Le canton est desservi par les stations de Bacaetava et de Boituva.

Le chemin de fer entre aussitôt ensuite dans le canton de Tieté, très boisé, un peu ondulé, et très arrosé par le fleuve de ce nom, comme par ses affluents, le Sorocaba et le Capivary, qui se réunissent un peu au-dessous de son chef-lieu. Celui-ci est relié, par un grand pont de bois, à une sorte de presqu'île formée par une gracieuse et longue courbe du Tieté. Cette *peninsula* a 10 kilomètres sur 880 mètres ; on la cultive en café, en cannes, et elle contient déjà au moins 6,000 pieds de vigne.

La ville, jadis simple écart de Porto Feliz et appelée S. S. Trindade de Pirapóra de Corueá, est sur la rive gauche du Tieté, au penchant d'une faible éminence, mais elle s'est récemment établie au delà du fleuve sur la rive droite, à laquelle la relie un pont, et ce faubourg n'en est pas le moins beau quartier. Pourtant la vieille ville elle aussi s'embellit chaque jour et prend une physionomie toute moderne. Sa population est de 13,000 âmes. La production du canton consiste en coton, café, canne et céréales, mais la vigne prend assez rapidement la première place. Le vin y est chaud et a un petit goût de pierre à fusil, qui n'est pas désagréable. Il rappelle nos vins forts d'Alsace. Il y en avait en 1888 au moins 200,000 pieds. — Le sujet est intéressant, et l'on me permettra de citer ici ce qu'en dit la statistique officielle :

« Deux variétés sont surtout cultivées pour faire du vin : la rouge et l'américaine. Les terres les plus favorables sont les rocailleuses, la rouge sèche et, en général, la terre ordinaire ; toutefois il y a, dans le canton, des vignes plantées en terre rouge choisie, de fer ou siliceuse, et le résultat n'en a pas été meilleur. Le sol du canton n'est pas uniforme quant à la qualité des terres, il est formé de plaques diverses, mais il se prête presque tout entier à la culture de la vigne... Le bénéfice obtenu par les premiers planteurs a été tel que la nouvelle culture fait chaque jour des progrès énormes en étendue. La viticulture, outre les avantages qu'elle trouve sur le marché, où la vente du produit est prompte, offre celui de pouvoir être pratiquée avec beaucoup de facilité. Une alqueire de terre (242 hectares) comporte 2,500 à 3,000 ceps, qu'une seule personne peut soigner et qui produisent jusqu'à 20 pipes de vin, donnant au prix actuel un résultat brut de 4 contos de reis. La taille se fait de juin à août et la floraison commence en octobre. De janvier à février, a lieu la vendange, à laquelle, autre avantage, on peut employer les femmes et les enfants. On fait deux espèces de vin, le blanc et le rouge. »

Si nous continuons vers Botucatú et l'objectif final de la *Sorocabana* à l'ouest, nous rencontrons d'abord le canton de Tatuhy, auquel je reviendrai dans un instant, puis ceux de Guarehy et du Rio Bonito.

Guarehy est déjà sur le plateau de la serra de Botucatú : si le terrain est souvent accidenté et boisé, il est, dans sa plus grande étendue, formé de terres hautes, arrosées par le rio Guarehy et ses affluents, ensemble tributaires du Paranapanema. La population, de 3,500 habitants, est groupée sur la rive gauche du Guarehy, où le chef-lieu est bâti sur des terrains assez élevés. Les principales cultures sont le café, le coton, le sucre, le tabac, la vigne, le maïs, le riz, la *batatinha*, le froment, les haricots : puis l'élevage qui donne annuellement 1,500 bœufs, 150 chevaux, 300 moutons et 4,000 porcs.

Rio Bonito, un peu au nord de Guarehy, a 3,700 habitants ; il est sur la même serra ; jadis c'était la capella ou chapelle de Samambaia, devenue, depuis 1880, une ville, avec ce nom de Rio Bonito ; même culture et même élevage.

Espirito Santo da Bôa Vista lui touche au sud, par son côté complètement montagneux et boisé, alors qu'il est tout plaines et campos à l'ouest du côté de Bom-Successo et de Faxina ; il est, lui aussi, principalement arrosé par le Guarehy, dont les abords semblent être aurifères. La ville, l'ancienne Palmital,est sur un terrain élevé qui, du côté de l'est, s'aperçoit d'au moins 10 kilomètres ; d'où son nom de Bôa Vista. La population compte 4,090 habitants ; le sol, très fertile, est propre à toutes les cultures ; mais on s'y est attaché principalement au café, dont il y a 350,000 pieds, à la canne et aux céréales. La serra du Palmital ou du Ribeirão Grande est encore couverte de *mattas* qui, défrichées, feront des *cafesaes* superbes. La vigne, tout récemment essayée, y a donné des résultats splendides.

On va voir, à 13 kilomètres au nord-est de la ville, la *carapucuba*, arbre curieux dont les branches sont disposées de manière à former avec le tronc une croix parfaite. Il a 4 mètres de haut, et il est entouré, au milieu de la forêt, de quantités d'autres moins grands, ayant la même architecture.

Botucatú est d'aspect mixte, comme le canton précédent : montagnes boisées et campos d'élevage s'y succèdent en occupant chacun à peu près la moitié de la superficie. La serra, très allongée de l'est à l'ouest, très inégalement large, détache des rameaux dans diverses directions d'où les eaux descendent au nord dans le Tieté, et au sud vers le rio Pardo, tributaire du Paranapanema; climat éminemment salubre, recherché par les poitrinaires. Ses *mattas*, furent défrichées vers 1840 par des fugitifs qui avaient eu des démêlés avec la justice et qui vendirent leurs *roças* à des émigrants de Minas ; depuis, la région s'est peuplée et développée, cultivant avec plein succès le café, la canne et les céréales ; il y a aujourd'hui plus de 100 fazendas de café, et environ 20 d'élevage du bœuf, du porc et du cheval. La population du canton compte 16,000 habitants, dont 4,153 à Remedios da Ponte du Tieté, 1,824 à Apparecida d'Agua da Rosa et plus de 10,000 au chef-lieu, Dôres de Botucatú, bâti au sommet de la serra de ce nom, à 790 mètres d'altitude, ville déjà fort développée, assez commerçante et fort bien pourvue d'écoles, même d'enseignement secondaire. Depuis le 20 avril dernier, elle est le terminus du chemin de fer de la *Sorocabana*, qui y a inauguré en même temps un hôtel des plus confortables.

Dès que l'on sort vers l'ouest du canton de Botucatú, on tombe dans l'immense partie inconnue de S. Paulo, réserve de l'avenir. Ce désert boisé et d'une extrême fertilité touche au nord à Jaboticabal, au centre à Lençóes ; dans la comarca de cette dernière ville, se trouvent les cantons de Campos Novos du Paranapanema, Espirito Santo du Turvo, Santa Cruz du Rio Pardo, Santa Barbara du Rio Pardo.

Santa Cruz du Rio Pardo a été peuplé tout récemment par l'initiative de Manoel Francisco, un *sertanejo* vaillant qui tenait à s'entourer de compagnons pour résister aux attaques des Indiens. Le sol, étant très fertile, fut promptement apprécié et les ranchos primitifs rapidement remplacés par des habitations moins frustes. A cette heure, c'est une des plus jolies bourgades *sertanejas*. Le canton compte en outre S. Pedro dos Campos Novos du Turvo, avec son annexe, l'important et populeux hameau de

Salto Grande du Paranapanema, appelé à être bientôt un centre des plus actifs. Cette paroisse a 2.300 âmes et le chef-lieu Santa Cruz, 6,500. Celui-ci est sur la rive droite du ruisseau de S. Domingos, affluent du Rio Pardo, tributaire du Paranapanema. La production principale est celle du sucre et du tabac, 300 tonnes, accompagnée de plantations nombreuses de maïs, haricots, cannes, de luzerne et de *capim* pour l'élevage, car il n'y a presque pas de pâturages naturels, tout le territoire étant formé de forêts vierges.

Campos Novos du Paranapanema lui aussi date d'hier; c'est une des plus récentes conquêtes sur le *Sertão desconhecido*. Les vastes et excellents terrains baignés par le Rio Pardo y ont attiré quantité de défricheurs, qui d'abord y vécurent de la vie demi sauvage dans de grossières habitations. Le canton précédent, celui-ci et le suivant, ont été ainsi fondés. L'opulence de la nature et la richesse du sol ont récompensé au centuple ces efforts, et la conquête pied à pied sur les indigènes sauvages. Les hameaux, les villages, des villes même ont surgi sous les pas de ces rudes paulistas. Depuis 1885, S. José dos Campos Novos est devenue, à son tour, de modeste chapelle de hameau, ville et tête de canton. Les cartes mêmes n'en font pas encore mention, et cependant elle compte près de 4.000 habitants et l'on peut dire d'elle qu'elle est l'avant-garde paulista dans la région inconnue. Aussi attend-elle avec anxiété le prolongement de la *Sorocabana*. M. Jaguaribe fils, le distingué député du Ceará, qui est en même temps fazendeiro à S. Paulo et député à l'Assemblée législative de cette province, réclamant, le 24 février 1888, des routes pour cette région à peine ouverte, disait : « Cette florissante localité aurait eu un développement bien plus rapide, quoique fondée d'hier, si les routes qui y donnent accès étaient meilleures. Il les faut, puisqu'elle a besoin de locomobiles, de machines, de quoi outiller et développer ses industries, et tout cela exige de bons chemins. La voie de Botucatú au Salto Grande doit passer par Campos Novos, et se prolonger jusqu'au confluent du Tibagy. C'est la grande route vers l'Ouest et Matto-Grosso et le Paraná. » Ce désir va être satisfait et cette magnifique région de l'ouest absolument ouverte.

Tijuco Preto (S. Sebastião du) qui touche le précédent canton au sud-est, appartient déjà à la comarca de Faxina, mais sa situation le place dans la zone naturelle du prolongement de la *Sorocabana* que j'étudie ; il avait même été décidé qu'il serait traversé par lui. Au nord et à l'est, son territoire ondulé est formé de plateaux inclinés descendant de la serra de Botucatú vers le Paranapanema. Au sud, le terrain se relève pour former le partage entre ce dernier et son affluent de gauche, l'Itararé ; l'ouest aussi est montagneux, mais partout le sol est couvert de forêts. La serra du Barão et da Fartura, prodigieusement fertile, se prête admirablement à la culture du café . Paranapanema avec ses affluents de gauche, l'Itararé et le Taquary, arrosent abondamment ce canton qu'ils traversent. La ville est sur la rive gauche du Paranapanema, assise au penchant d'une petite colline, ayant devant elle une plaine ravissante, où elle se développera sans obstacle. La population est de 10,500 habitants. Dans l'état actuel, la production est en moyenne par an de 240 tonnes de sucre, 180 de café, 30 de tabac, mais celle du café se développe beaucoup sur ces excellentes terres de *Massapé* brune et rouge. L'élevage est assez actif ; il exporte déjà plus de 30,000 porcs.

Santa Barbara du Rio Pardo, plus au nord et à l'est, nous ramène dans le bassin des affluents de droite du Paranapanema et dans la région de la serra de Botucatú : ce canton compte 3,300 habitants et son chef-lieu Santa Barbara, sur le Rio Pardo, n'a guère que 10 ans. Il avait été déplacé d'un endroit qui figure encore sur les cartes sous le nom de S. Domingos. — Le touchant au nord-est est le canton de Espirito Santo du Turvo, traversé par la serra dos Agudos, ramification de celle de Botucatú, et dont les eaux vont au Rio Pardo du Paranapanema ; le principal cours est le rio Turvo, près duquel est bâtie la ville, peuplée d'environ 2,000 âmes.

En revenant vers l'est, sur nos pas, le canton qui confine est Rio Novo, appartenant à la comarca de Botucatú, se développant au sud de la serra de ce nom sur le grand plateau qu'elle supporte. Le terrain est si bon dans cette serra qu'il y a plus d'un million de pieds de café, sans parler d'immenses plantations de cannes à sucre. On affirme qu'il y a de la houille et de l'or dans la fazenda José Floriano de Freitas. La ville est à droite du Paranapanema, sur la gauche des rios Novo et Pardo; elle compte 8,706 habitants; outre les plantations déjà citées, il y a 15 fazendas d'élevage.

Tatuhy est le canton que l'on trouve en sortant de Tieté, au sud duquel il s'étend, en longeant au sud également celui de Botucatú. Son territoire ondulé par la Serrinha est entièrement planté de caféiers; il est arrosé par le Sorocaba, le Sarapuhy et le Rio du Peixe, qui lui servent de limites, par les rios Tatuhy, Guarapó et Alleluia qui le traversent. La ville de Tatuhy, sur le rio de ce nom, s'étend dans une grande plaine. Elle a 21 rues larges, droites, bien alignées et quatre belles places, bordant plus de 800 maisons, en général assez mal construites : elle est fière de son théâtre de *S. João* et de son élégant cabinet de lecture, ainsi que de son marché municipal. Elle compte 19,368 habitants; avec les 5,298 de la paroisse de Pereiras, le canton en comprend 24,936. La production du coton se monte au moins à 2,500 tonnes, mais celle du café la dépassera bientôt. Il y a déjà dans la ville un commerce assez actif, notamment de machines à décortiquer le coton, à scier le bois, de bougies, de cire; il y a une fabrique de bière et un excellent tissage de coton de Manoel Guedes Pinto de Mello, qui produit des étoffes de qualité supérieure; c'est un établissement de premier ordre. — Le ramal de la Sorocabana, allant au Paraná, y est arrivé le 25 juillet 1889.

Ce chemin de fer doit se poursuivre au sud-ouest par le canton de Itapetininga, d'un territoire assez uni, arrosé par les rios Itapetininga, Turvo, Alambary, etc., jouissant d'un des meilleurs climats que puissent désirer les malades. On a trouvé un gisement d'or au bairro du Turvo, dans la *freguezia* de S. Miguel, et, au bairro du Capão Alto, presque à fleur de terre, des gisements de schistes bitumineux. On dit que la ville a pour origine une aldée d'Indiens catéchisés par les Jésuites ; toujours est-il qu'elle date de 1770 et qu'elle s'étend à droite du ruisseau Itapetininga, à gauche de celui da Serra, affluents du rio Itapetininga (à 6 kilomètres et demi de lui), sur un joli plateau haut de 622 mètres au-dessus du niveau de la mer. Elle est entourée de campines qui permettent de l'apercevoir à 6 kilomètres de distance. Sur ses 18 rues larges et droites, une, celle de D. Lino, est plantée de superbes palmiers. Les trois places de la Chambre, de l'église (*matriz*) et du Rosario, sont également *arborisées*, la 1re avec de beaux palmiers. La population du canton est de 15,362 habitants, répartis ainsi : au chef-lieu N.-S. dos Prazeres de Itapetininga, 6,854, à S. Miguel Archanjo 2,698 et à Bom Jesus de Alambary, 3,000. Les terres excellentes, en général de *mattas*, où il y a beaucoup de bois précieux, páo d'alho, jangadabrava, caviuna, gurupiá, ortigueira, cabreuva, páu ferro, etc., sont consacrées au coton, au blé, au tabac, et, sur les nombreux points de *terra roxa*, au café et à la canne. La production annuelle comprend 940 tonnes de coton, 500 de tabac, 170 de café, 30 de sucre. Le vin, produit récent, est parfait et offre un grand avenir, dès qu'il viendra des vignerons experts. La production de l'élevage est de 15,000 porcs, 5,000 bœufs, 800 chevaux et 150 mulets.

Sarapuhy termine au sud-est la zone de la Sorocabana, touchant au précédent canton; sa population est de 5,500 habitants répartis entre la ville chef-lieu (Dôres de Sarapuhy et la *freguezia* de (Bom Jesus do) Pilar. Les terres de ce canton sont excellentes; elles produisent abondamment le coton, la canne, le tabac et les céréales. Leur situation sur le versant septentrional de la Serra do Mar ou de Paranapiacaba, les rend déjà peu propres au café.

Le canton que desservira directement le chemin de fer en sortant de Itapetininga est celui de Faxina, au delà du Paranapanema, vers le sud; pays de plaines et qui se trouve vigoureusement boisé dans les dépressions des serras le contournant au sud. Ces dépressions ont une forme irrégulière, spéciale, qui leur a valu dans le pays le nom de *tembés*. Cette région, très arrosée par divers cours d'eau tributaires du grand rio Paranapanema, contenant disséminés une foule de petits lacs poissonneux, est tout à fait embaumée par l'odeur du sapin, l'*araucaria brasiliensis*, qui abonde dans ses forêts. Son sol, à l'est et au sud, contient beaucoup d'or et de galène de plomb; le diamant est commun sur les bords du Rio Verde, où il en a été trouvé de grande valeur. Itapeva da Faxina est aussi une ancienne aldée d'Indiens fondée par les Jésuites, dans un site comme ces religieux les savaient choisir sous le rapport du climat et de la fertilité. Toutefois ce point est ce qu'on appelle actuellement la *Villa-Velha*, sur la rive gauche du Apiahy-guassú. La cité actuelle a été bâtie un peu plus loin, entre trois collines et sur la pente de l'une d'elles, à petite distance du rio Verde. Le territoire possède d'excellents terrains, une grande étendue de *terra roxa* et de *massapé preta*, c'est-à-dire noire, mais la culture, faute de bons chemins pour l'exportation, s'est plutôt réduite qu'augmentée. Les 17,000 habitants du canton s'occupent surtout de l'élevage du bœuf et du porc. L'exportation annuelle de celui-ci dépasse 30,000 têtes. Les plus belles fermes d'élevage de la province se trouvent ici; l'industrie principale des campagnards est l'engraissement des bœufs achetés au Paraná et revendus dans les cantons de l'est et du nord; il en est assurément exporté par an plus de 11,000 têtes. La production agricole exportée est de 180 tonnes de café, 150 de sucre. Le canton comprend : Santa-Anna de Itapéva da Faxina, son chef-lieu; Santo Antonio da Bõa Vista et Conceição das Lavrinhas.

Il touche à droite à un canton appelé Capão Bonito du Paranapanema, généralement uni, formé de campos amènes, suavement ondulés, bordés de petites forêts ou de *capões*. Au sud seulement, dans la montagne, la Serra de Paranapiacaba (section locale de la Serra do Mar), apparaissent les grandes forêts vierges; de nombreux rios traversent du sud au nord ce territoire charmant : le Paranapanema naissant, le Turvo, le das Almas, le Apiahy-Mirim; il est assez riche en minéraux, or, calcaire, pierre de construction et argile plastique, etc. Ancien campement de mineurs, chercheurs d'or, la localité a maintes fois changé de place; celle qu'occupe la ville actuelle est sur la rive gauche du rio das Almas, au haut d'une éminence qui la fait visible à 33 kilomètres. On y compte 14 rues se coupant à angle droit, néanmoins les maisons y sont très modestes. Les 8,000 habitants du canton se répartissent entre cette ville, Capão Bonito, et la paroisse de S. José. Le sol peut tout produire, en particulier les céréales, blé. orge, lin, coton, café; la vigne y a très bien réussi et le moscatel y fournit des grappes plus grandes et d'un goût plus fin qu'en Europe. On récolte surtout beaucoup de maïs pour l'engraissement des porcs, d'ailleurs assez peu productif dans l'état actuel. Il s'exporte 30,000 de ces animaux, plus 1,500 bœufs, 900 mulets et 1,200 chevaux. — A l'endroit appelé *Freguezia Velha*, à 20 kilomètres de la ville et à 3 de la rive droite du rio das Almas, se trouve une petite montagne, remplie de curiosités naturelles fort intéressantes, dont la plus importante est une grotte de 60 mètres de profondeur, divisée en 3 étages : le plus élevé a 25 mètres sur 12, celui du milieu 8 sur 5 et 4 de hauteur. Au fond de l'étage supérieur, existe un massif en forme d'autel; dans l'étage du milieu, dont l'entrée est pratiquée de côté dans la roche, on trouve pendant du toit en voûte deux grandes roches à pointes aiguës; l'une d'elles rend un son de cloche très vibrant, si on la frappe avec un marteau; dans l'étage supérieur, un petit ruisseau passe et se précipite d'une grande hauteur, par une ravissante cascade. Cette grotte abonde en stalactites et en stalagmites; elle contient aussi des puits d'une profondeur d'abîme.

Bom Successo est un peu au nord et à l'ouest, touchant longuement à Faxina. Il est traversé par une ramification de la Serra de Botucatú, et par divers rios affluents du Paranapanema; la ville est à 2 kilomètres de la rive gauche de ce fleuve, sur une colline ; elle ne contient pas 50 maisons. Le canton possède 3,000 habitants, adonnés à la culture du café, de la canne et du tabac: leur production annuelle est de 103 tonnes de sucre, 15 de tabac, 74 de café et 420 hectolitres d'eau-de-vie. L'élevage fournit 3,000 bœufs et 800 poulains, les uns et les autres de demi-sang. L'hiver on engraisse 10 à 12,000 bœufs achetés au dehors.

Le dernier canton de S. Paulo limitrophe avec le Paraná, est S. João Baptista du Rio Verde, territoire encore presque entièrement couvert de forêts, qui s'étendent sur les Serras da Fartura, du Desejo, dos Indios et de Manoel Lopes, autant de contreforts venant de la chaine maritime du sud.

Entre ces contreforts, coulent au Paranapanema, l'Itararé, limite provinciale de l'ouest, le rio Verde, le Vermelho, le Forquilha, le rio da Fartura, etc. On dit que le Verde est diamantifère et qu'il y a du charbon de terre sur les bords du rio da Fartura. Ancienne aldée d'Indiens émigrés du Paraná sur les bords du Rio Verde, la ville a pour origine une chapelle dédiée à S. Jean-Baptiste par un missionnaire. Elle est à 10 kilomètres environ du confluent du Verde avec l'Itararé et entre les deux. Une partie est bâtie sur des terrains élevés d'où la vue s'étend sur un immense horizon, et l'autre sur une plaine descendant au Rio Verde. Les rues sont fort belles et les maisons, sans doute parce qu'elles sont récentes, assez confortables. La population est de 7,000 âmes, en y comprenant l'autre paroisse Dôres da Fartura. Les terrains de cette dernière surtout sont extraordinairement fertiles; la culture est encore rudimentaire, car on défriche de grandes étendues de bois, on y met le feu, qui dévore tout, pour semer un peu de maïs afin d'engraisser des animaux. La plantation du café, à peine commencée, donne déjà 375 tonnes dont 300 pour Fartura seulement. Celle-ci compte 1 million de caféiers jeunes qui ne produisent pas encore. La production de l'élevage, bœufs, porcs et moutons, est de 20,000 têtes.

Quand le chemin de fer venant de Tatuhy à l'Itararé, sera arrivé dans ce canton, ce sera l'un des plus gros exportateurs de S. Paulo.

Tels sont, dans S. Paulo, les territoires que dessert ou que va desservir la *Sorocabana*. Mais son rôle doit être beaucoup plus considérable encore. Voici comment le précisait M. Antonio Prado (mars 1887), dans le plan général de viabilité ferrée qui a prévalu et que ce ministre de l'agriculture a fait adopter par le Parlement :

« Les rios, qui ont leur origine à la tête du plateau de Botucatú et portent leurs eaux au Paranapanema, comprennent dans leurs vallées des terrains d'une grande fertilité, qui sont progressivement occupés et cultivés, car déjà l'on compte dans cette région 11 populations florissantes. Le désert est chaque jour vaincu et les plantations de café s'étendent rapidement jusqu'aux rives même du Paranapanema.

« La *Sorocabana* terminant à Botucatú, et ne pouvant se prolonger plus avant sans le secours de l'Etat, je crois que celui-ci doit faire procéder aux études pour la construction d'une ligne ferrée qui, de la ville de Botucatú, se dirige par les vallées des rios Pardo et Paranapanema au confluent de celui-ci avec le Tibagy, point à partir duquel la navigation est franche par des vapeurs sur une longueur de 192 kilomètres jusqu'à l'embouchure dans le Paraná.

« Ce fleuve, l'Invinheima et le Brilhante se prêtent également à la navigation jusqu'au port de Santa Rosalina.

environ 750 kilomètres depuis la bouche du Tibagy, d'après les affirmations des ingénieurs Keller.

« Du port de Santa Rosalina à celui de Nioac, sur le Mondego, on compte environ 120 kilomètres, et là commence la navigation régulière de ce rio qui passe sous la ville de Miranda, située à 180 kilomètres de Nioac, et se relie à Cuyabá, la capitale de Matto-Grosso, par voie fluviale.

« Ainsi avec la construction de deux lignes ferrées, l'une de Botucatú à Tibagy, d'environ 350 kilomètres, et une autre de 130 kilomètres de Santa Rosalina à Nicao, la capitale de l'Empire se trouverait en communication directe avec la partie méridionale de Matto Grosso.

« Cette amélioration aussi importante qu'urgente n'intéresse pas seulement cette dernière province, mais encore celles de S. Paulo et du Paraná, puisqu'elle se lie à la navigation du rio Paraná au-dessus du Paranapanema et au-dessous de l'Invinheima et de ses affluents l'Ivahy et le Pardo.

« Un autre projet qui, selon moi, doit retenir votre attention, est celui de la liaison des chemins de fer de la province de S. Paulo au réseau de Rio Grande du Sud, au moyen du prolongement de la branche (*ramal*) de Itapetininga, de la ligne *Sorocabana*, à travers la province du Paraná.

« Cette ligne centrale, outre qu'elle servira des intérêts stratégiques, donnera également satisfaction à des besoins politiques et administratifs, en plaçant en communication directe, rapide et sûre, la ville de Rio de Janeiro avec toutes les provinces méridionales de l'Empire et avec les frontières qui les séparent de la République Argentine. Coupant des terrains d'une notable fertilité, d'après les descriptions de voyageurs illustres qui les ont parcourus, et devant se relier à l'Océan par les prolongements des lignes déjà construites qui y ont leur point de départ, la grande artère centrale du sud, ouvrant de nouveaux horizons à l'immigration, pourra concourir puissamment au développement des zones qu'elle doit traverser. »

Quant à cette belle vallée du Paranapanema et à l'avenir qui lui est réservé, je veux emprunter quelques indications à diverses notices de M. Nogueira Jaguaribe, déjà cité, ainsi qu'à une communication faite par un cultivateur de la région au *Diario Mercantil* de S. Paulo. — Louis Couty, ce Français si savant, si travailleur, qui avait voué au Brésil une affection si profonde et que la mort a trop tôt ravi à sa patrie d'adoption comme à sa patrie d'origine, proclamait bien haut, en 1884, que l'arrivée du colon européen devenant propriétaire des grandes fermes de café cultivées et morcelées à son intention, ferait refluer au loin, sur les territoires neufs encore, les fazendeiros qui lui auraient vendu leurs propriétés. Trois ans après qu'il écrivait ces choses, elles se réalisaient déjà, comme on va le voir, et dans des conditions qui permettent d'assurer que le peuplement des territoires du Paranapanema sera fructueux et rapide, parce que ses exploitants y apportent en même temps leurs capitaux et l'expérience du pays.

« Les terrains situés au bord du Paranapanema, du côté de S. Paulo comme du côté du Paraná, sont tous de *terra roxa* de qualité supérieure, constamment sillonnés par des eaux abondantes et magnifiques; la flore luxuriante et superbe se compose presque exclusivement des essences considérées par les cultivateurs indigènes comme la preuve que la terre est excellente pour la culture du café : páo d'alho (célèbre par la grande quantité de potasse qu'il contient), Figueira branca (colossal), Jaracatiá, Jangada brava (abondant), Jaborandy pintado (medicinal), Cambará-guassú (abondant), Ortigão (*urtiga*, abondant), Imberussú (abondant), Taquara branca (id.), Crissiuma (en *cerrados*), Trapoeisava, Palmito branco, etc., etc.

« La gelée, terreur et fléau des planteurs de café, est presque inconnue ici. Sur la rive pauliste les crêtes qui descendent vers le fleuve en sont absolument libres, en raison de leur hauteur et de l'évaporation du fleuve, qui est rapide et considérable (l'altitude n'est que de 400 à 500 mètres et la latitude est à peu près celle de Rio de

Janeiro) ; sur la rive paranaense, les terrains sont d'une fertilité égale, mais incontestablement supérieurs pour la culture du café. Leur formation beaucoup plus accidentée rend impossible l'accès de la gelée : leurs contreforts mamelonés partent d'un *serrote* très élevé, qui court parallèle au fleuve et arrête les vents du Sud, générateurs de la gelée. Ces mamelons commencent à 2 et 3 lieues et viennent, avec une déclivité de 5, 10 et 15 0/0, mourir obliquement sur la rive. En fait, il n'y a jamais gelé, même en 1871, 1879 et 1886 (les plus grandes gelées de la province).

« L'évaporation des eaux de cette masse liquide impétueuse contribue de son côté à l'accroissement de la chaleur, et dissipe ainsi toutes les causes de gelée.

« Cette importante circonstance, constatée et comprise par de gros agriculteurs de l'Ouest, qui ont acheté ici des terrains, peut être appréciée par les plus *laïques* en la matière, en examinant certains arbres, les Jaracatiás, Embaúvas brancas, Urtigas et autres, très sensibles à l'action de la gelée et qui conservent ses traces sur l'écorce de leurs troncs; ici ils trouveront cette écorce intacte, même sur les pentes des bas contreforts.

« La configuration du sol est la plus propice au développement de la culture, tant pour la facilité de la répartition que par les conditions climatériques, appropriées à la plantation de la riche rubiacée.

« Au point de vue de la salubrité, le Paranapanema possède encore une supériorité incontestable : les grands rios de S. Paulo, comme le Tieté, le Mogy-Guassú, le Pardo et autres, coulent à travers des terrains bas, formant après les crues de grands marais qui en février, mars et avril, empoisonnent l'atmosphère de miasmes paludéens et provoquent des fièvres intermittentes, ces *maleitas* que les cultivateurs redoutent avec tant de raison. Le Paranapanema coule sur un lit rocailleux, entre de hautes berges ; les *espigões* (crêtes et contreforts) qui viennent mourir dans ses eaux sont de pure *terra roxa*, circonstance qui le rend plus salubre encore, car, les crues passées, les eaux rentrent dans son lit sans laisser sur ses bords ces lagunes tant redoutées.

« Les primitifs habitants d'ici, en gens qui ne possèdent pas la moindre notion d'hygiène, habitent presque tous le bord du fleuve, dans des cabanes de pieux, dont les parois ne sont pas garnies de glaise; il ne vivent que de pêche et de chasse, mal nourris, mal vêtus, et cependant, même dans ces conditions, ils sont rarement attaqués par les *maleitas* et celles-ci sont si bénignes que cette année (1887) il n'y a pas eu un seul cas fatal dans une population qui dépasse déjà 1,000 âmes.

« Cette zone qui certainement sera dans un prochain avenir le centre agricole le plus considérable du Brésil, à cause de l'excellence de ses terres et des mesures prises par les autorités publiques pour en faciliter l'accès, se peuple rapidement. Depuis septembre 1886, 22 agriculteurs de Lorena, Cruzeiro, Guaratinguetá, Campinas, Passa Quatro, São-Simão, Pindamonhangaba, Dous Corregos, Minas, Pouso Alegre et Rezende, ont acheté chacun au moins 500 alqueires (1,210 hectares) dans le haut, tous disposant des moyens d'organiser de grandes exploitations; il me serait impossible d'énumérer les petits cultivateurs qui viennent cultiver avec leurs seuls bras, car le nombre en est déjà considérable. D'ici à octobre 200 fazendeiros de l'ouest et du nord auront acheté des terres.

« Cette rapide affluence d'acheteurs prouve par elle-même l'excellence de ces terrains pour la plantation de café; autrement ces grands fazendeiros de l'ouest ne seraient pas venus ici et n'auraient pas prescrit déjà d'y commencer les exploitations.

« Il est dommage que ce territoire magnifique qui va atteindre le chemin de fer (Salto-Grande du Paranapanema, population déjà riche et florissante, n'est qu'à 24 lieues de la gare de Botucatú), ne soit pas mieux connu des malheureux agriculteurs du nord de S. Paulo et de la province de Rio de Janeiro. Tandis que les riches planteurs de l'ouest abandonnent leurs magnifiques *lavouras* (cultures) aux colons en sacrifiant leur commodité et s'intéressent ici à la recherche d'un avenir meilleur encore pour leurs enfants, ces imprévoyants persistent à employer un grand nombre de bras en cultures d'un rendement négatif, et attendent impassibles le coup qui fatalement les ruinera. (Il s'agissait de l'extinction attendue de l'esclavage; depuis, la transformation s'est opérée et la présence de l'immigrant va changer les choses.)

« La culture du café dans la province de Rio et le nord de S. Paulo, faite presque entièrement sur des terrains ingrats, doit infailliblement disparaître, parce que son revenu entier en suffit pas au colon. L'esclave disparu, les affranchis viendront à S. Paulo chercher une meilleure rémunération de leur travail; les colons viendront ici également, parce qu'en Europe ils savent que seul S. Paulo leur convient, et ainsi est assurée la disparition des grandes propriétés de Rio et du nord de S. Paulo, dont les *cafesaes* ne produisent pas assez pour le colon, encore moins pour le propriétaire.

« Ces considérations ne signifient pas que l'agriculture disparaîtra complètement dans ces régions, la petite culture y suffira probablement, mais les grands *cafesaes* qui actuellement constituent la richesse de cette zone disparaîtront complètement. » (Tout cela est exact, sauf le doute émis, quant au succès de la petite culture du café, car en tout ceci il s'agit uniquement de cette production; l'expérience a prouvé que même dans les terrains moins bons de la zone en question, le colon d'Europe a obtenu des rendements supérieurs, triples mêmes, en quantité et en qualité.)

Le calcul suivant fait par mon auteur est assez intéressant pour que je saisisse l'occasion de le faire connaître.

« La culture pauliste donne en toute sécurité, en prenant pour base une période de cinq ans, 100 arrobes (1,500 kilos) par 1,000 pieds de café, le colon reçoit 10 $ par *carpa* et

1 $ par 100 litres cueillis ou 15 kilos; il fait régulièrement 5 *carpas* (nettoyage complet du terrain à l'*enxada* ou bèche): il reçoit donc 100 $ pour la cueillette et 60 $ par *carpa*, ce qui représente 800 $, parce qu'un seul colon à S. Paulo peut traiter 5,000 pieds de café et effectuer la cueillette avec l'aide de sa famille. Le colon obtenant ce résultat très rémunérateur, sans parler des céréales qu'il peut récolter pour lui, celui qui revient au propriétaire est bien supérieur, car vendant le produit de ses 5,000 pieds (500 arrobes ou 7,500 kilos) à 5 $ l'arrobe, il aura pour lui 1,700 $; s'il ne les vend qu'à 4 $, il aura encore un produit net de 1,200 $ et le colon s'enrichira encore. »

Ces conditions ne se retrouvent pas dans la zone de Rio où la terre est moins féconde, le rendement inférieur, la culture plus pénible, plus difficile. Il est prouvé par l'expérience que celle du café peut encore être très fructueuse pour le colon travaillant sa petite propriété; elle l'est beaucoup moins pour le grand propriétaire, quoique l'emploi du colon et de son travail intelligent, actif, ait déjà singulièrement accru le rendement.

Quoi qu'il en soit de ces différences, il n'en reste pas moins certain que toute cette zone de la *Sorocabana* prolongée a devant elle un magnifique avenir.

LA RÉGION MARITIME

Si de Faxina ou de S. João Baptista du Rio Verde, nous remontons l'Itararé jusqu'à ses sources et que nous franchissions la serra de Paranapiacaba, nous pénétrons dans le bassin du Rio Ribeira d'Iguape, où nous rencontrons tout d'abord à l'extrême ouest le canton d'Apiahy, sur le revers méridional de la serra maritime, tout montagneux, mais comprenant deux régions bien distinctes : la zone riveraine baignée par le Ribeira de Iguape, qui est basse, et la zone de la Serra, qui s'élève à 1,200 mètres au-dessus du niveau de la mer. On voit combien est profonde la vallée du Ribeira, qui née dans le Paraná près de Ponta Grossa est déjà très considérable à son entrée dans S. Paulo, et se prête assez bien à la navigation. Le petit rio Apiahy qui a donné son nom au canton naît sur le versant nord de la chaine et va au Paranapanema. L'Itapirapuan est le contreversant de l'Itararé; tous deux servent de limites à S. Paulo et au Paraná.

Les roches des serras diverses, contreforts de la grande, semblent appartenir au terrain de transition : des roches éruptives, principalement des diorites et des granits, qui se dressaient sur divers points du territoire, ont transformé les couches, les tordant, modifiant leur inclinaison et les métamorphosant de toutes manières.

D'après les observations faites, les couches se succèdent ainsi : calcaire blanc cristallin (marbre), schistes foncés, conglomérats, schistes talqueux, grès blanc ou jaune, schistes clairs argileux, calcaire noir, schistes jaunes, grès rouge.

Dans un filon près des sources du ruisseau Rocha, de même qu'au confluent de l'Itapirapuan, on trouve du sulfure de plomb. Il y a également en abondance du fer, du calcaire noir, diverses qualités d'argiles supérieures, avec lesquelles on fabrique de la céramique de forme grossière.

La grande importance minéralogique des terrains de Apiahy ne vient pas des métaux cités, mais des mines d'or qui s'y rencontrent fréquentes. On peut affirmer que, dans un espace de deux lieues tout autour de la localité, il n'y a pas une place qui n'ait été creusée et retournée par les mineurs, lesquels se sont déplacés dès que l'or n'était plus assez abondant. On rencontre encore de grandes excavations et du caillou lavé. Cependant les antiques mineurs n'ont pas épuisé les richesses aurifères de ce canton. Dans le ruisseau qui coule au pied du Morne do Ouro, on trouve encore, par le lavage à la bâtée, 4 grammes d'or à la tonne de gravier.

A peu de distance de la localité, dans un endroit nommé Areado, on est parvenu à obtenir par le lavage 240 grammes d'or du mètre cube de gravier, toutefois ce cas est exceptionnel. Ce gisement occupe environ 2 hectares de terrain. Le registre de l'or extrait dans le canton accuse 420 arrobes (6,168 kilos 96), mais on peut affirmer que ce chiffre est inférieur à la réalité. Autrefois, les dames de Apiahy, n'ayant pas de bijoux à porter, les remplaçaient en poudrant leurs cheveux avec de l'or.

L'histoire même de cette exploitation aurifère prouve qu'Apiahy ne date pas d'hier. Il paraît avoir été fondé par un François Xavier Rocha, qui, fuyant la justice, y vint s'établir de Minas Geraes avec 150 esclaves. Son campement s'appela ensuite Santo Antonio das Minas de Apiahy, mais la ville a au moins trois fois changé de place. L'installation primitive s'appelle aujourd'hui Villa Velha do Peão, à quelques kilomètres de la cité actuelle; la seconde était au pied du Morro do Ouro, dont un éboulement, dû à des excavations trop profondes, la fit déménager encore. La dernière enfin s'est faite au milieu des pentes de la serra do Mar; elle comprend les trois rues do *Commercio, do Fundão* et *Nova da Matriz*, la première tortueuse, les deux autres bien droites. Elles s'étendent entre la rive droite du Rio Palmital et la rive gauche de l'Agua Branca.

Par ces rivières, elle communique avec le Ribeira où est son port et par ce fleuve avec Iguape et la mer.

La population est de 7 à 8,000 habitants, disséminés dans le chef-lieu Apiahy et la *freguezia* de Ribeira. La principale culture est la canne à sucre, accompagnée d'autres: maïs, haricots, tabac, puis sur un pied moindre, manioc, froment, coings, batates, vigne et riz. La zone élevée produit parfaitement les plantes cultivées en Europe, et celle du bas est bonne pour le café. La production exportée comprend : 45 tonnes de sucre, 1,050 de cassonade, 108,000 mesures d'eau-de-vie, 520,000 hectolitres de maïs, 150 tonnes de tabac, 60,000 hectolitres de haricots. L'évage fournit 1,500 chevaux, 150 mulets, 1,000 bœufs et 20,000 porcs.

A l'est, confine le canton de Iporanga, d'aspect analogue et placé dans les mêmes conditions orographiques, arrosé par le même fleuve, déjà large de 120 mètres, et des tributaires nombreux, très riche lui aussi en minéraux, parmi lesquels abondent la roche de schiste, excellente pour le pavage, la *roliça* ou *capote* bonne pour la construction, le calcaire ou *taimbé*, le silex, le cristal de roche, le calcaire blanc, la *taquatinga* de couleurs diverses; il y a de riches mines d'or, de plomb, d'étain et de fer. Celles de plomb s'étendent sur des lieues de longueur et vont jusqu'à la province du Paraná. L'argile plastique n'est pas moins commune. La localité, fondée comme la précédente par des chercheurs d'or, est sur la rive gauche du rio Ribeira, près de la barre du ruisseau Iporanga, occupant un demi-cercle de 2 kilomètres entre les deux cours d'eau. Le sol en est assez ondulé, les rues droites, bien pavées, et il y a 4 escaliers de pierre servant de port d'embarquement sur le Ribeira. La population est de 3,000 âmes environ. Ses principales cultures sont la canne, le maïs, le riz, les haricots et le manioc. On produit avec grand succès sur les terres riveraines du Ribeira le café, les fruits et les légumes, ainsi que la vigne. Le sol partout excellent n'attend que des colons.

En descendant toujours vers l'est le rio Ribeira, on entre dans le canton de Xiririca, encore montagneux au nord, mais formé de belles plaines boisées au sud; le Ribeira y a un cours très lent et la navigation à vapeur y est des plus aisées; ses nombreuses iles très fertiles sont cultivées ou utilisées pour le pâturage. Une foule de ruisseaux tributaires sont utilisés pour mouvoir les moulins à riz et à canne et les scieries. Des lacs ou étangs en grand nombre remplis d'une eau limpide, d'ailleurs courante, sont poissonneux. Une grande partie du territoire est aurifère : les gisements se trouvent dans les affluents du Ribeira : Pilões, Nhungara, Ivaporanduva, Batatal, Pedro

Cubas et Salto. Le platine s'y trouve mélangé. Près des mines de fer de Jacupiranguinha et Turvo, le fer abonde, de grandes roches de marbre multicolore se trouvent sur le Batatal et à S. Christovão, accompagnées en ce dernier endroit de grandes roches de cristal. Ancien village d'Indiens Xiriricas, catéchisés par les Jésuites, la ville a été créée ensuite par les chercheurs d'or. Elle est sur la rive droite du Ribeira, bâtie en partie sur le bord du fleuve, en partie sur une petite colline où toute la population se réfugie à la moindre menace de débordement.

La population du canton est de 7.000 habitants, répartis dans le chef-lieu, N. S. da Guia do Xiririca et divers hameaux, comme Jaguary, aussi sur la rive gauche du Ribeira, tout nouvellement bâti, et qui promet de bien se développer, Ivaporanduva, rive gauche du Ribeira, qui, fondée au siècle dernier, va au contraire en décroissant. La principale production agricole est le riz, qui vient d'une façon réellement admirable; l'exportation se monte à 6,300 hectolitres; le maïs à 2,400, l'eau-de-vie de canne à 25,200, le sucre à 30 tonnes et le café à 90. Cette dernière culture ne fait que commencer. Tout le trafic se fait par le fleuve et le port d'Iguape, distant par terre de 116 kilomètres et par eau de 184.

Iguape termine la zone maritime du Ribeira de son nom. A l'est de la localité s'élèvent deux montagnes allongées, entre lesquelles s'étend une vaste plaine sablonneuse, la *Enseada*, formant une baie, dont l'extrémité se termine par la barre du Icapara, par où montent les navires qui se dirigent vers le port. Au sud, se déploie un grand bas-fond, et près de la ville est le canal qui met en communication le Ribeira avec le Mar Pequeno. D'une façon générale, le terrain est uni et sillonné par de nombreux rios. Tout le littoral est baigné par le bras de mer appelé Mar Pequeno, qui est assez profond pour que de grands bâtiments y puissent mouiller.

Avec les cantons de Xiririca et de Cananéa, celui de Iguape est compris dans la grande courbe que fait la

Serra do Mar, depuis le Parahyba jusqu'à Paranaguá. Elle détache la cordillière des Itatins qui se dirige à travers le canton, du nord au sud : les morros sont nombreux et remarquables ; le Morro da Fonte, au nord-est, a une hauteur considérable.

Très riche en minerais, on y trouve, dans la vallée du fleuve, beaucoup de plomb, d'argent, d'antimoine, de bismuth et de fer. Dans les *bairros* de Jacupiranguinha et Turvo, le fer se montre à fleur de terre, sur une épaisseur de 10 à 20 centimètres et en grottes. La population remonte au moins avant 1600 ; c'était déjà une ville en 1638. La ville est au bord du Mar Pequeno, dans un site agréable qui lui permet d'être constamment balayée par les brises de la mer, en sorte que sa température en est très adoucie. Elle compte 480 maisons de simple rez-de-chaussée et 30 à un étage, espacées le long de 12 belles rues et de 4 places. Les édifices ne sont pas bien remarquables, quoi qu'en pensent les Iguapenses ; en revanche, le jardin public est joli. A 5 kilomètres est le Porto du Ribeira, auquel conduit une large route, sans parler du canal qui, par le sud, relie la ville au Mar Pequeno. La ville compte 10,000 habitants. Le canton en comprend 18,000. Les 8,000 de différence sont répartis, 1,200 à (Dôres da) Prainha, 4,200 à Jacupiranga, 2,300 à Juquiá et le reste à Sete Barras.

La culture prédominante est celle du riz dont on exporte 50,000 sacs de 60 kilos ; viennent ensuite les haricots, le café, la canne, le maïs, le manioc, les batates, le cacáo, la vigne et le coton.

La canne, bien abandonnée aujourd'hui, ne sert plus qu'à la production de l'eau-de-vie, dont l'exportation annuelle est de 1,200 hectolitres.

Le commerce est fait par d'innombrables barques et petits bâtiments, par les vapeurs *S. Pedro* et *S. Paulo*, que la province subventionne de 18 contos par an, et par deux canots à vapeur. Un vapeur fait deux ou trois fois par mois le service de Iguape à Xiririca, en remontant le Ribeira. Un chemin de fer, la ligne de *Vergueiro*, est projeté entre Iguape, par la vallée du Juquiá, et la ligne Sorocabana, soit par Una, soit par Piedade, soit par tous deux.

Au sud d'Iguape, communiquant avec cette ville par le Mar Pequeno et tout à fait à l'extrémité de celui-ci, est Cananéa ; très montagneux au nord-ouest, ce canton a une grande section maritime. Celle-ci est composée de diverses îles ; l'île do Mara 80 kilomètres de long sur 7 au plus de large : entre elle et le continent est une autre île longue parallèle, l'île de la Ville, à l'extrémité méridionale de laquelle est bâtie Cananéa sur la baie de son nom ; elle a 40 kilomètres sur 7, et possède dans la mer de Aririaia, bras parallèle au Mar Pequeno qui la sépare de l'île do Mar ou Comprida, un port excellent, celui de Colonia, accessible aux plus grands navires. La baie d'entrée, Tarapandé, donnant accès aux deux bras de mer et aux ports soit de Cananéa, soit de Colonia, a au moins 18 kilomètres de large. Vers le nord, les deux bras réunis sortent par la barre de Icapára, qui donne accès au port d'Iguape. Les navigateurs reconnaissent l'entrée de la baie de Cananéa au mont Cardoso, situé dans l'île de ce nom, en pleine mer, à l'extrémité méridionale de la baie, et par l'île de Bom Abrigo, portant un phare, toute voisine à l'est. Ce mont Cardoso a deux sommets, l'un de 620 mètres d'altitude, l'autre de 820. Il paraît d'origine volcanique; à sa base sud existe une grande grotte au fond de laquelle on trouve des ossements d'animaux étranges, non classifiés encore. Dans l'île, est un lac d'eau salée et un escalier en pierre, œuvre de la nature seule. Les petits rios qui descendent du mont offrent des cascades magnifiques, dont plusieurs dépassent 10 mètres de hauteur. Elle est couverte de forêts remplies de superbes bois de construction.

Le morne de S. João domine la ville de Cananéa au sud de l'île de ce dernier nom : les maisons sont bâties sur ses flancs : la ville est pittoresque et coquette, sous ses murailles de pierre rechampies à la chaux. C'est de ce port que partit la première *bandeira* vers l'intérieur, à la cherche des métaux précieux ou... à la chasse des Indiens. Cette expédition qui se composait de 80 hommes ne reparut plus jamais. Son histoire est d'ailleurs une série de légendes qui se combattent et se contredisent. A cette heure, Cananéa est une gentille cité, jouissant d'un climat très doux et des aromes de la brise marine que rien n'empêche de passer, car au nord et à l'ouest, la plaine s'étend à plus de 40 kilomètres. Si ses rues sont tortueuses, elles sont très larges. Sa population est d'environ 5,400 habitants.

Le canton renferme, dans ses montagnes, des mines d'or, des gisements de marbre, de charbon de terre, de plomb, de cuivre, de schiste bitumineux et de soufre. Les principaux produits de la culture sont le riz, le sucre, le café, le tabac, les haricots et le maïs. — Le port de Cananéa, par lequel se fait surtout le commerce, est un des meilleurs du littoral.

A l'autre extrémité d'Iguape, vers le nord, s'étend jusqu'à S. Vicente le canton d'Itanhaen, très accidenté, dès que l'on quitte le rivage de l'Océan, et la petite plaine qui l'avoisine, laquelle est, pour ainsi dire, un demi cercle entouré par les crêtes de la Serra do Mar et ses divers contreforts. Les eaux qui en descendent vont tout droit à la mer; le principal rio, l'Itanhaen, reçoit une foule de petits affluents; sa barre n'a que 2 mètres de profondeur à la basse mer et 3 à la marée haute.

Ancien village d'Indiens, la ville fut fondée en 1549 par João Rodrigues, Espagnol, et Christovão Gonçalves, Portugais ; le capitaine-mór Francisco de Moraes lui donnait déjà le rang de ville en 1561 ; de 1624 en 1679, elle fut même passagèrement le chef-lieu de la capitainerie de S. Vicente. Elle est située dans une grande plaine, sur la rive gauche du rio Itanhaen, où ses maisons s'étendent le long de rues très droites On y compte 2,000 habitants peut-être, et à peu près 800 au bairro de Perahybe. Les terres, couvertes d'humus, dès qu'on s'écarte de la mer, jusqu'au pied des montagnes, sont propres à toutes les cultures et à l'élevage : on produit du manioc, des haricots, du maïs, du tapioca, du café et de la canne; tout cela va à Santos; la fertilité des terres, l'abondance des bois de construction et de menuiserie, la grande quantité de poissons de toutes qualités, la navigabilité des rios par de petits vapeurs et des canots, la courte distance où l'on est, par une serra d'accès facile, de la capitale de la province, et enfin le prix infime d'achat de la terre, offrent les plus grands avantages pour y établir un important centre colonial européen.

On visite, au commencement de la plage qui conduit à Peruhybe, un réservoir muré qu'on dit avoir été construit par le Père José d'Anchietá, jésuite, pour enseigner l'art de la pêche aux indigenes et leur faire perdre l'habitude de se nourrir de chair humaine.

Quand, remontant le Ribeira d'Igeape, on prend son affluent le Juquiá, que doit suivre le chemin de fer *Vergueiro,* on arrive bientôt au col de rattachement de la Serra Paranapiacaba et de la Serra du Cubatão, et l'on pénètre dans le canton d'Itapecerica, sur le chemin de la ville de S. Paulo: c'était aussi un campement d'Indiens fondé par les Jésuites et dédié à N.-S. dos Prazeres; une colonie allemande, créée en 1827, le transforma, et bientôt Itapecerica devenait une ville, alors que le hameau voisin (Rosario de) M'Boy était élevé au rang de *freguezia.* La ville est sur une colline, à 870 mètres d'altitude, elle compte 5,663 habitants; M'Boy, sa *freguezia,* en compte 750, sur la rive du rio de ce nom, qui coule d'ailleurs entre les deux localités avant de se réunir au rio Cutia. La population cultive surtout des céréales; son exportation est de 720 hectolitres de haricots, 720 de farine de maïs, 7,200 de maïs et 4,520 de batates.

Santo-Amaro, qui suit, n'est qu'à 13 kilomètres de S. Paulo, à laquelle la relie un tramway à vapeur: elle en est devenue un véritable faubourg. Ancien campement d'Indiens *Guyanazes,* sous le nom de Ibirapocra, et création du Père jésuite Anchietá, elle devint vite une bourgade de Portugais venus de S. Vicente; elle est ville depuis

1832. Située sur la rive droite du rio Jurubatuba (corruption du nom primitif Gerybatyba), venu de la Serra du Cubatão, dans une gracieuse campine un peu élevée, elle a de belles et larges rues, aux maisons anciennes mais solides, et une spacieuse église, puis deux beaux ponts sur le rio. Elle compte 6,300 habitants, pour la plupart producteurs de céréales et de légumes, qu'ils apportent au marché de S. Paulo avec beaucoup de bois, de charbon et de pierres à bâtir.

Les autres cantons qui me restent à parcourir appartiennent à la zone d'action du chemin de fer de S. Paulo à Rio de Janeiro, même ceux situés dans la haute vallée du Parahyba. Cependant, sur le rivage, entre la Serra do Mar et l'Océan, il est plusieurs cantons qui sont encore de la zone maritime, bien qu'à l'est de Santos. Ce sont S. Sebastião, Villa Bella, Caraguatatuba, et Ubatuba.

Il me paraît utile de les étudier rapidement tout d'abord.

S. Sebastião (qui touche à Santos) est baigné de trois côtés par l'Atlantique, qui par le canal de *Toque-Toque*, large de 6 kilomètres et demi, le sépare de l'île S. Sebastião, laquelle forme le canton de Villa Bella. Il est absolument montagneux ; mais la bande étroite du rivage forme deux bons ports, S. Francisco, au nord du canal, et S. Sebastião vers le sud. Celui-ci, large et profond, est un abri sûr ; il est le point de passage des paquebots de la *Compagnie Nacional*, venant de Rio de Janeiro et se dirigeant vers le sud. La ville, située sur le rivage, dans une plaine longeant la serra, est en face de l'île que Martim Affonso de Souza, en y débarquant le 20 janvier 1532, nomma S. Sebastião. Elle compte treize rues et deux grandes places, en général spacieuses et droites ; pourtant quelques-unes ont gardé leur caractère archaïque et une direction tortueuse. La population du canton est de 5,200 habitants, dont une partie seulement est dans la cité, et dont le reste est disséminé dans une quantité de *bairros*, écarts ou hameaux qui en dépendent : Juqueryqueré, Enseada, Quilombo, Praia do Barro, S. Francisco, Bairro do Partido, Praia da Baleia, Cambory, Boyssucanga, Praia de Santiago, Toque-Toque-Pequeno, Calhetas, Toque-Toque-Grande et Barekessaba. A S. Francisco est le couvent de N. S. du Amparo, fondé en 1639 par Antonio Coelho de Abreu ; ce majestueux édifice tombe malheureusement en ruines. Le territoire du canton, très fertile, produit abondamment canne, café, tabac, coton, céréales, fruits et légumes ; il alimente de ces derniers le marché de Santos. C'est avec le tabac de Quilombo que l'on fait le tabac à priser très répandu sous le nom de *cangica*. L'exportation : 2,100 hectolitres d'eau-de-vie, 12,000 kilos de tabac et 9,000 de café, légumes et céréales, se monte certainement à une valeur de plus de 200 contos.

Villa Bella n'est autre que l'île de S. Sebastião, avec celle da Victoria ou des Bazios ; la première est en partie formée de montagnes qui, sur un point, s'élèvent jusqu'à 1,301 mètres et ailleurs présentent de gracieux plateaux, comme ceux de Piraiqui, Pequiá, etc. Elle a 22 kilomètres sur 8 à 11, et se trouve entièrement entourée de plages ravissantes. Son meilleur port est celui du Sombrio, mais le canal fournit en tous temps un abri sûr. La Villa Bella da Princeza, son chef-lieu, est au bord de la mer, à une extrémité de l'île, sur un petit plateau qui s'élève doucement vers l'intérieur. Elle compte près de 7,000 habitants. Le territoire de l'île est très fertile, surtout dans la zone basse ; les grands plateaux que forme celle-ci et les pentes adjacentes sont cultivés en café, en canne, en manioc, en céréales et en vignes ; les fruits de toute espèce y sont produits en quantité pour les marchés voisins. On exporte en moyenne 10,000 hectolitres d'eau-de-vie et 60 tonnes de café.

Tout de suite au nord de cette île, dans un golfe produit par la grande serra, est la ville de Caraguatatuba, chef-lieu du canton de ce nom, qui compte à peine 2,000 habitants. Leur production agricole consiste dans 28 tonnes de café.

5 et demi de tabac, 2,700 hectolitres d'eau-de-vie de canne, 414 de farine de manioc et 110 de haricots; ils pêchent beaucoup et vendent leur poisson à Santos.

Le dernier canton côtier est celui d'Ubatuba, qui a pour voisin à l'est celui de Paraty, de la province de Rio de Janeiro. La bande de terre qui borde le rivage maritime du rio Cachoeira da Escada au nord-est, jusqu'au Tabatinga au sud-ouest, est plus large. Çà et là elle est coupée par des croupes nées dans la serra qui entoure le canton dans toute sa longueur par l'ouest, et une foule de petits rios découlant de la serra, la sillonnent, sous une végétation luxuriante. Les plages y sont le plus souvent belles; six ports au moins s'y rencontrent, dont le principal est dans la baie d'Ubatuba, abritée des vents du sud et du sud-ouest, d'un mille et demi de large, de trois de longueur, avec des fonds de dix à vingt mètres. Du côté de la Ponta Grossa, péninsule qui la ferme en partie, la baie offre un bon mouillage aux navires de haut bord. Sept îles longent le rivage, dont une, Ilha Grande dos Porcos, constitue une freguezia avec son église de Bom Jesus; sa population augmente rapidement. Ubatuba (qui en *tupy* veut dire beaucoup de canots ou beaucoup de bois d'arc) était un centre de réunion des Indiens dans leur résistance aux Portugais envahisseurs; leurs *ubás* s'y réfugiaient en hâte et en grand nombre. Il était alors habité par des Tamoyos. Plus tard on en fit un village dédié à l'Exaltation de la Sainte-Croix de Ubatuba; la ville est sur la rive droite du rio appelé Grande et sur la gauche du rio Lagôa, tout près de la mer. Elle a bon aspect, avec ses belles places, et surtout celle de sa *Matriz*, entourée de palmiers et de constructions très correctes. Elle compte 7,000 habitants et l'île dos Porcos environ 900. Les roches des serras présentent des traces de fer, des croûtes de marbre; mais la minéralogie de la rivière est encore peu étudiée. L'an dernier on affirmait qu'un ingénieur français avait, dans ses recherches, découvert une mine de zinc.

L'agriculture a surtout utilisé les terres fertiles de ce

canton pour la canne à sucre. Jadis c'était pour le café, mais le terrain paraît fatigué pour cette production, et à cette heure de nombreuses fazendas négligées paraissent être autant de ruines. On m'affirme que cette décadence est due surtout aux courants commerciaux détournés par les chemins de fer. On peut donc espérer que la ville va renaître, avec la ligne en construction d'Ubatuba à Taubaté et à S. Bento du Sapucahy. On fabrique encore par an 2,100 hectolitres d'eau-de-vie de canne.

LIGNE S. PAULO ET RIO DE JANEIRO.

Elle est contemporaine de la *Mogyana*. L'idée du chemin de fer de S. Paulo à la capitale de l'Empire date de 18[illegible], et la concession en avait été accordée en 1840 à M. [illegible]chrane, mais j'ai dit déjà, à propos du D. Pedro II, comment tous les projets de ce dernier furent annihilés. [illegible] que les rails du Pedro II s'allongèrent à côté du lit du Parahyba, les Paulistes songèrent à s'y relier. Ils avaient d'abord pensé à une ligne mixte de navigation et de voie ferrée (on a déjà vu suffisamment combien cette combinaison est chère aux esprits brésiliens, quoiqu'elle ne soit pas toujours la plus propice) : en vertu d'une loi provinciale du 19 mai 1862, l'ingénieur Daniel Makinson F[illegible] étudia une ligne entre la station de Rio Grande de la Compagnie anglaise (entre S. Paulo et le haut de la Serra du Cubatão) et le bourg de Escada du canton de Jacarehy, d'où on aurait utilisé la navigation du Parahyba jusqu'à Cachoeira. Mais ultérieurement on décida judicieusement que la ligne devait partir de S. Paulo, et la loi du 21 avril 1863 autorisa le gouvernement à contracter l'exécution des travaux; le privilège fut accordé au vicomte de Mauá et à João Ribeiro dos Santos Camargo, qui ne réussirent pas à constituer une compagnie.

La loi du 24 avril 1865 prescrivit de faire de nouvelles études pour un tracé terminant, non plus à Escada, m[illegible] à Jacarehy ; le privilège ainsi modifié fut transféré à MM. João da Costa Gomes Leitão et Joaquim Floriano de Godoy, depuis sénateur. Toutefois la navigation fluviale n'inspirant pas la moindre confiance cette fois encore fut un obstacle à la constitution de la compagnie, jusqu'à ce que la loi provinciale du 24 mars 1871 décrétât, moyennant une garantie d'intérêts de 7 0/0, la construction d'une ligne allant de S. Paulo jusqu'au raccordement avec le D. Pedro II.

Par contrat du 2 mars 1872, la construction fut adjugée à Angelo Thomaz do Amaral et à D. Moitinho, avec garantie de 7 0/0 pendant quatre-vingt-dix ans sur le capital de 10,655,000 $, contrat que les concessionnaires passèrent, par écriture publique, le 8 mai 1873, à la compagnie actuelle de S. Paulo et Rio de Janeiro. Les statuts de celle-ci avaient été approuvés le 7 août 1872. Le capital resta le même et les travaux furent contractés *in globo* avec M. Domingos Moitinho pour 9,000 contos, y compris les stations, le matériel roulant, les ateliers, etc.

Commencés le 31 mars 1873, à la station de Braz, dans la ville de S. Paulo, les travaux furent successivement entamés sur toute la ligne, en sorte qu'en octobre suivant on travaillait simultanément de S. Paulo à Guaratinguetá, sur environ 200 kilomètres.

Après avoir reconnu l'impossibilité de recueillir tout le capital au Brésil, car elle avait à grand'peine au 31 décembre 1873 émis 6,658 actions pour une valeur nominale de 5,331,600 $, la direction sollicita du gouvernement général la caution de l'État pour la garantie provinciale, qu'elle obtint pour une période de 20 ans, le 25 avril 1874. Avec cette caution, la compagnie fit un emprunt à Londres, offrant en garantie les 26,667 actions à émettre. Le 5 janvier 1875, grâce aux efforts du directeur M. Jean-Frédéric Russell, la compagnie traita avec les banquiers Louis Cohen et Sons de Londres, pour un emprunt garanti par ces 26,667 actions, de 600,000 livres sterling à 96 0/0, à intérêt annuel de 6 0/0 et amortissement de

1 0/0, pour le liquider en 30 ans, et en rachetant ces actions d'accord avec le service d'amortissement.

Cet emprunt s'accrut d'un autre additionnel de 164,200 livres st. fait en août 1879, donnant comme garantie aux obligations émises 7,302 nouvelles actions, de celles que la compagnie retenait, soit parce qu'elles étaient tombées en annulation, soit comme caution de l'entrepreneur Moitinho. C'est donc 764,200 liv. st. qu'a empruntées à Londres la compagnie ; au 31 décembre 1879, elle avait déjà amorti 33,600 liv. correspondant à 1,493 actions ; au 31 décembre 1886, elle avait amorti 1,145,683 $ 818 sur un total de 6,793,800 ; il ne lui restait d'obligations que pour une somme de 5,648,116 $ 182. La partie du capital de 10,665,000 $, réalisée en actions, se montait à 3,871,200 $.

La province de S. Paulo a payé pour garantie :

En 1872-73.	6.900$470
1873-74.	89.328 162
1874-75.	86.384 230
Total.	182.612$862

qui ne sont pas encore remboursés.

Depuis cette date, l'État a payé jusqu'au 31 décembre 1887, une somme totale de 6,502,548 $ 434. Je ne donne pas le détail des quantités annuelles, qui ont varié de 500 à 640 contos, parce que dans l'ensemble la situation s'est maintenue à peu près la même depuis sept ou huit ans. On s'en rendra compte par la comparaison des recettes et des dépenses.

Cette année seulement, quand a été liquidé l'exercice 1888, pour la première fois, la compagnie a eu un produit net dépassant les 7 0/0 garantis. Le revenu ayant été supérieur de 27,805 $ 067 au 8 0/0 de dividende accordé, par le contrat, cet excédent a été partagé par moitié entre la compagnie et l'État. Ceci pour le 2e semestre de 1888 ; pour le 1er semestre, l'État avait dû encore contribuer et le total de ses subsides s'était par là élevé à 6,589,078 $ 474.

Voici d'ailleurs les résultats de l'exploitation depuis 10 ans :

Années.	Recettes.	Dépenses.	Produit net.
1878.	1.019.066$380	613.935$620	405.130$760
1879.	1.157.968 870	790.537 973	367.430 897
1880.	1.256.826 410	926.776 342	330.030 068
1881.	1.302.159 340	1.132.572 958	169.586 382
1882.	1.202.309 880	1.067.829 695	134.480 184
1883.	1.262.780 330	1.035.911 383	226.868 947
1884.	1.187.602 130	1.066.578 646	121.023 484
1885.	1.234.625 920	980.785 954	244.939 966
1886.	1.375.109 700	1.057.010 762	318.098 938
1897.	1.328.869 505	898.551 211	430.218 294
1888.	1.549.160 435	828.277 925	720.882.510

Quant au mouvement des articles produisant ces recettes, je n'ai pas sous la main le détail de celui de 1888, mais celui de 1887 comprenait 208,397 voyageurs (17.134 de plus qu'en 1886); 61,544 animaux (1,254 de moins qu'en 1886); 1,594 tonnes de bagages, et 58,801 tonnes de marchandises dont 10,989 de café (8,880 de moins qu'en 1886), 1,554 de sucre, 139 de coton, 1.786 de tabac, 2,596 de sel et 43,826 d'articles divers.

La ligne pour ses 232 kilomètres a coûté 10.665 contos, soit 45,969 $ 741 le kilomètre. La voie est à 1 mètre d'écartement entre les rails.

Le tracé part de S. Paulo à la station appelée *do Norte* ou du Nord, en contact avec celle de Braz de la compagnie anglaise de Santos à Jundiahy. Il suit la vallée du Tieté qu'il remonte et qu'il franchit à 52 kilomètres environ de S. Paulo, près de la ville de Mogy das Cruzes ; gravit aisément le point de partage des eaux du Tieté et du Parahyba, laissant sur la droite la Serra da Cantareira (point méridional extrême de la grande chaîne de la Mantiqueira) et par la vallée du Guararema, tortueuse et accidentée, descend dans celle du Parahyba, qu'il traverse aux environs de la ville de Jacarehy ; il suit alors la rive droite de ce fleuve jusqu'à Cachoeira, en touchant les villes de Jacarehy-S. José dos Campos, Caçapava, Taubaté, Pindamonhan, gaba, Guaratinguetá et Lorena. C'est surtout la vallée de Guararema qui a exigé de nombreux ouvrages d'art en maçonnerie, peu considérables isolément, mais d'un ensemble très important. Du pont sur le Jacarehy à la ville de ce nom, on traverse un tunnel de 220 mètres, sous le morro de Itupéva et comme dans cette section la vallée du fleuve est très accidentée, il a fallu pratiquer de hautes et longues tranchées. Après Jacarehy, on a coupé divers contreforts de la Serra du Quebra Cangalhas et contourné la fondrière de Resaca, longue d'environ 90 kilomètres et large de 6, qui, en beaucoup de points, n'offre pas de fond à la sonde à 10 mètres. La ligne compte 66 ponts dont le plus grand est de 166 mètres sur le Parahyba.

Tout le matériel est américain pour les locomotives et les voitures à voyageurs; seuls les wagons sont de provenance anglaise.

Voici le tableau du parcours et du profil de la ligne en partant de S. Paulo :

Stations	Distances Km.	Altitudes m.
Norte (B)	0	729
Penha	7	737
Lageado	24	774
Mogy das Cruzes	49	743
Guararema	73	556
Jacarehy	92	560
S. José dos Campos	109	596
Caçapava	133	564
Quiririm	146	646
Taubaté (B)	154	582
Pindamonhangaba	171	558
Roseira	188	546
Apparecida	198	544
Guaratinguetá	203	527
Lorena	216	537
Cachoeira (B)	231	517

Le premier canton qu'aborde ce chemin de fer en quittant S. Paulo, est celui de Mogy das Cruzes, tout entouré de montagnes, que j'ai décrites en étudiant la séparation des bassins du Tiete et du Parahyba, arrosé par le Tieté qui y a sa source et par une foule de rios descendant des Serras, présentant beaucoup de Mattas et de beaux champs d'élevage, parmi lesquels est très remarquable par son étendue celui de Santo Angelo, à 13 kilomètres de la ville, recherché par les poitrinaires et les gens de constitution délicate pour l'aménité de son climat. Jadis on y exploitait de l'or à Baruel, et l'on a retrouvé une importante mine de fer qui paraît avoir été exploitée aussi.

La bourgade est une ancienne fazenda de culture de ce Braz Cubas, qui fut le fondateur de Santos : elle s'appelait alors *Bugy*, transformé depuis en Mogy, auquel on ajouta das Cruzes, parce qu'il y avait trois crucifix dans le parvis de l'église. C'est une ville depuis 1611 ; elle est située sur un plateau formé par les vallées du Tieté, du ruisseau da Cima et du ruisseau Ipiranga, pourvue de larges rues assez droites que bordent des maisons bâties avec goût, ornée de cinq belles places *arborisées* ; elle compte 12,325 habitants pour la paroisse du chef-lieu, Sant'Anna de Mogy das Cruzes; le canton comprend trois autres paroisses, (N. S. da Ajuda de) Itaquaquecetuba, 2,503 ; (N. S. da) Escada 2,795 ; (Bom Jesus do) Arujá, 1,830 ; au total, 18,854. La principale culture est celle de la canne à sucre, avec laquelle on fabrique de l'eau-de-vie qui est vendue dans la capitale et le reste de la province. Il y a vingt ans, on s'adonnait au coton, que la baisse des prix a fait abandonner; le café n'est planté que par quelques fazendeiros qui s'y consacrent exclusivement. Depuis peu les environs de la ville se sont couverts de vignes, qui ont donné de magnifiques résultats. Le domaine (chacara) de M. Antonio Mendes da Costa, qui en contient 70,000 pieds, a produit, en 1887, 160 pipes de vin rouge qui ont trouvé acheteurs à 200 $ la pipe (de 480 litres). Malheureusement les ceps sont de l'espèce Isabel, qui ne vaut pas cher. Il est probable que l'arrivée des colons européens en 1888 aura exercé une grande influence sur cette branche agricole. Le terrain de cette région se prête admirablement à la création d'un vrai vignoble. Les cultivateurs qui habitent la zone extérieure aux versants du Parahyba, plantent du maïs, des haricots, du riz, du manioc et des batates, pour alimenter les marchés de S. Paulo et de Santos.

Les bois de construction fournissent actuellement de beaux revenus. Les forêts qui, suivant la Serra do Mar, s'étendent depuis la station de Rio Grande, sur la ligne anglaise, jusqu'aux confins de S. José du Parahytinga, ont commencé à être exploitées par leurs propriétaires dès l'ouverture du chemin de fer de S. Paulo à Rio de Janeiro; les bois sont depuis lors exportés dans la capitale et les villes voisines.

La station de Guararema dessert S. José du Parahytinga, voisin de Mogy das Cruzes, au sud-est. Ce canton renferme les pentes des Serras formant le nœud orographique de raccord avec la chaîne maritime. Le rio Parahytinga qui, dans ses sinuosités, enlace tout le canton, va encore rejoindre le Tieté; la ville est sur la rive gauche, adossée à une colline, qui en rend les rues assez mouvementées. Elle compte 6,200 habitants dont l'exportation agricole moyenne comprend 300 tonnes de tabac, 450 de café et 15 de *mel de fumo*, c'est-à-dire de macération de tabac. La production de porcs est de 8,000 têtes.

Le canton de Jacarehy, où pénètre ensuite la voie ferrée, est très accidenté dans tout son pourtour et renferme au centre de vastes plaines malheureusement sujettes aux inondations du Parahyba, qui traverse le territoire et le divise en deux parties presques égales. Les forêts y sont rares, mais il y a beaucoup de terrains incultes, recouverts d'une épaisse couche d'humus. La ville, fondée en 1652 par Antonio Affonso, et appelée par lui *Jacaré-ig*, rivière des caïmans, est sur la rive droite du Parahyba, où elle s'étend sur un plateau d'une faible élévation; elle a l'aspect ancien, bien que ses rues soient assez larges, courtes et bien alignées. Son église *matriz* est assez remarquable et se indigènes y admirent beaucoup un vieil ostensoir en argent massif, d'un travail d'orfèvrerie fort artistique, qui est une véritable curiosité historique sans qu'on ait pu en préciser exactement l'origine. Le pont en fer sur le Parahyba est assurément l'œuvre la plus remarquable de la ville. La population est de 10,545 habitants, adonnés à la culture du café et des céréales; ils exportent 840 tonnes au moins du premier: toutefois, je l'ai déjà dit tout à l'heure, c'est ici la région où cette culture donne moins, où le terrain semble épuisé en ce qui regarde cette rubiacée, et les habitants découragés émigrent dans l'ouest plutôt que d'adopter d'autres cultures rémunératrices, comme la vigne par exemple, dont les essais ont fourni un résultat excellent. On trouve à Jacarehy une fabrique de bas occupant 30 ouvriers et assez bien outillée, puis une distillerie qui produit avec les appareils Egrott de l'alcool rectifié, du trois-six, de l'alcool absolu et diverses liqueurs; elle appartient à M. José Pinto Pereira Bastos.

C'est à Jacarehy qu'aboutissent les routes venant du haut Parahyba, soit par le fleuve que peut utiliser la petite navigation jusqu'à Escada, soit par terre.

Le premier canton dans cette direction est celui de Santa Branca, au sud, resserré dans l'étroite vallée du fleuve et très accidenté; la ville est sur la rive gauche dans un site escarpé, dont la partie supérieure a l'aspect d'un amphithéâtre. Elle a 6,020 habitants, qui produisent principalement du café et de la canne, puis en moindre proportion du coton, du tabac, et un peu de vin: l'exportation est de 450 tonnes de café, 840 hectolitres d'eau-de-vie de canne; par la route de terre, elle est à 15 kilomètres de Jacarehy.

Au nord de celui-ci et au nord-ouest, le rio Jaguary, affluent du Parahyba, arrose plusieurs cantons qui viennent encore chercher Jacarehy, comme leur centre naturel de passage ou de communications.

C'est d'abord Santa Isabel, canton entièrement montagneux, placé entre la Serra da Cantareira et le *serrote*

Itapety, d'où partent diverses ramifications; la ville est aux sources du ruisseau Mandiú, formateur du Jaguary, peuplée de 6.441 habitants. Les terres de ce canton, très fertiles, produisent en abondance les céréales, les légumes, les batates ou pommes de terre de toutes qualités, les carás (ignames), le manioc, le café et la canne. La petite culture fournit S. Paulo, Jacarehy et Mogy das Cruzes, de maïs, de riz, haricots, manioc et batates. La grande cultive le café dans une zone restreinte qui produit bien et la canne qui sur tous les points est très productive, raison pour laquelle elle est devenue la culture principale. On l'utilise à la fabrication de l'eau-de-vie, dont on exporte au moins 2,520 hectolitres.

Nazareth, qui confine au nord-ouest, est tout aussi montagneux, comme on l'a vu dans la description des chaînes de partage. Il est baigné par le rio Atibaia qui va à l'ouest et sur la rive gauche duquel s'élève la ville de N. S. de Nazareth, épandue sur une colline abrupte; diverses chapelles sont devenues les centres d'autant de hameaux comme Bom Jesus dos Perdões, Santa Luzia au bairro de Atibaia Acima, Santa Cruz à celui de Pião, et encore une autre Santa Cruz à celui de Ribeirão Acima. La population totale est de 6.740 habitants, qui exportent beaucoup de maïs et de haricots à S. Paulo, de la farine de maïs, 280 tonnes de café, et de l'eau-de-vie de canne. On a commencé la vigne avec succès.

A l'est de Nazareth, et confinant à Jacarehy, est Patrocinio de Santa Isabel, tout plein de montagnes et de forêts, arrosé par le Jaguary et le Peixe, son tributaire, au confluent desquels on a trouvé un gisement aurifère, qu'on avait naguère essayé d'exploiter. La ville de Patrocinio compte 4,900 habitants, qui produisent 30 tonnes de café et 1,200 hectolitres d'eau-de-vie de canne.

Le chemin de fer en quittant Jacarehy traverse le canton de S. José dos Campos, montagneux et boisé au nord, où s'abaissent diverses ramifications de la Mantiqueira, puis au sud, sur le versant de la Serra du Quebra-Cangalhas; au centre sont les plaines ondulées du Parahyba, arrosées par des ruisseaux qui s'y perdent, campos très étendus entremêlés de *capões* et de *mattas*. C'est dans ces *varzeas* que le Parahyba opère sa grande courbe par laquelle il se replie, revient en quelque sorte sur ses pas et au lieu de se diriger du sud-est au nord-ouest, coule du sud-ouest au nord-est. Il reçoit une foule de petits tributaires qu'il serait fastidieux d'énumérer. Le climat de ces campos est remarquable par la sécheresse et la pureté de l'air, constamment agité par la brise. C'était au milieu du XVIe siècle une aldée d'une fraction de la tribu des Indiens Guyanazes, émigrés de Piratininga, qu'avait fondée ici encore le jésuite José de Anchieta, en haut du rio Comprido, et dont les restes s'appellent aujourd'hui Villa Velha. La ville actuelle, S. José dos Campos, est à 3 kilomètres de la rive droite du Parahyba, sur un plateau qui domine le fleuve d'environ 30 mètres, et qui lui permet de s'étendre à volonté dans les meilleures conditions hygiéniques. Les 18,000 habitants du canton cultivent principalement le café, dont l'exportation moyenne est de 3,750 tonnes, puis la canne, le tabac et les céréales; ils élèvent également le bœuf, le cheval, le mouton et le porc, celui-ci simplement pour la consommation locale.

Caçapava, qui le suit vers l'est, est encore un canton montagneux, au nord occupé par la Serra du Buquirá, et au sud par le *serrote* ou Serra du Jambeiro; où l'on a trouvé des gisements de charbon de terre, alors que la première abonde en minerais de fer. Cette ville a aussi changé de place, et les restes de la première fondation sont ce qui constitue aujourd'hui Caçapava Velha; la ville actuelle est sur une colline, le long du chemin de fer, à 2 kilomètres du Parahyba, sur la droite. Elle compte 11,613 habitants, qui produisent surtout du café, des haricots, du maïs et de la canne à sucre.

Sur la gauche du Parahyba, relié par une assez bonne

route à Caçapava, est Buquira, nouvellement érigé en canton; il est en pleine Mantiqueira, couvert de belles forêts, arrosé par le Buquira-Grande; la localité qui compte la seule paroisse de (N. S. da Piedade do) Buquira, possède 4,786 habitants, principalement appliqués à la culture du café. Elle est à 30 kilomètres de Caçapava.

Sur la droite du Parahyba, à 18 kilomètres de Caçapava, est Jambeiro, canton assis sur la serra de ce nom, qui en approchant de S. José dos Campos y est connue sous la dénomination de *Serrote*, arrosé par les rios Capivary et Piraby, tout pleins de cascades. Jadis la localité était un *bairro*, écart dépendant de Caçapava et appelé Capivary. C'est en 1876 qu'elle s'est assez développée pour passer au rang de ville, et en 1879 qu'on l'a baptisée Jambeiro, en raison de l'abondance de cet arbre dans les environs (jambosier, myrtacée); elle est sur le Capivary qui la traverse, de sorte que la partie de droite est bâtie en plaine et celle de gauche sur un sol très ondulé. L'altitude est de 780 mètres. Sa population de 4,714 habitants, cultive surtout le café, dont elle exporte une moyenne de 900 tonnes; ses terrains boisés, très fertiles, produisent abondamment le tabac, la canne et les céréales.

Tout aussitôt après Caçapava, le chemin de fer traverse le canton de Taubaté, dont le nord est occupé par les pentes de la Mantiqueira, le sud par celles de la Serra da Quebra-Cangalhas, et le centre forme la plaine du Parahyba. On le dit fort riche en minéraux. Le schiste bitumineux y constitue la matière première du très important établissement industriel appelé *Fabrica de gaz e oleos mineraes de Taubaté;* il y forme des gisements inépuisables. Cette fabrique en tire le gaz qui éclaire la ville, des huiles à brûler et à graisser, du goudron, de la paraffine et de l'acide sulfurique. Elle fournit au moins 4,000 litres de ce pétrole par jour. Son gaz revient à la ville à 220 reis par bec et par nuit, aux particuliers à 280 reis le mètre cube.

Primitivement existait là une aldée d'Indiens Guyanazes.

appelée Itaboaté: ils avaient, sur le conseil des jésuites, émigré de Piratininga, quand on y transporta la localité installée à Santo André, émigration qui leur suggéra une haine très prolongée contre leurs compatriotes de S. Paulo et dont ils donnèrent maintes fois des preuves sanglantes, à l'occasion de la découverte des mines d'or. Des colons portugais y bâtirent ensuite une église à S. Francisco das Chagas, et l'agglomération qui s'éleva à l'entour fut successivement appelée, par une corruption graduelle du premier nom indigène, Taboaté, Tabaté, Tahubaté et enfin Taubaté. Elle est devenue la plus importante de toute la vallée du Parahyba. C'est de là que partirent jadis les plus intrépides découvreurs des *bandeiras*, explorateurs audacieux des serras inconnues, navigateurs téméraires des fleuves les plus périlleux, semant partout au passage le germe des populations et des villes futures. Ce sont eux qui ont fondé Ouro Preto, la capitale de Minas, pénétré dans Goyaz, dans le haut du Piauhy et du Maranhão, et parcouru jusqu'aux affluents de l'Amazone.

La ville de Taubaté est dans une plaine, sur la rive gauche du ruisseau Corrêa, à 6 kilomètres et demi de la rive droite du Parahyba: bien qu'elle ait beaucoup de maisons modernes, élégantes et confortables, elle a dans son ensemble conservé un grand cachet antique. Elle possède de nombreuses églises et chapelles, sans parler de celles qui sont disséminées dans le canton. La population de celui-ci qu'on disait approcher de 25,000 âmes a été ramenée à 19,501 habitants par le recensement de 1886. Elle possède des tramways urbains et un petit tramway à vapeur qui la met en communication avec Tremembé, village situé au bord même du Parahyba et qui lui sert de port. Le commerce est assez actif dans toutes les branches du détail. — Outre de nombreuses écoles primaires, il y a des établissements d'instruction secondaire, parmi lesquels le collège de *Bom Conselho*, tenu par les sœurs de Saint-Joseph, puis l'*Institut Taubatense* d'agriculture, d'arts et métiers, inauguré au début de cette année, et organisé pour recevoir 500 élèves. Le café a succédé à la canne comme culture principale, l'exportation s'en élève à 4,500 tonnes. On produit aussi en grande quantité des céréales et du tabac.

Cette ville va devenir plus importante encore par le chemin de fer en construction qui part du port d'Ubatuba, et viendra à Taubaté, y amenant tous les produits de la vallée supérieure du Parahyba, offrant à ceux de la vallée haute une sortie directe sur la mer, chemin que l'on prolongera d'ailleurs au nord vers le sud de Minas, par S. Bento du Sapucahy et S. José du Paraiso.

Ce dernier canton est comme un coin que la province de S. Paulo enfonce dans celle de Minas. Il est déjà presque en entier situé au nord de la Mantiqueira, dont les plateaux du sommet lui constituent d'excellents campos, célèbres ici sous le nom de *Campos do Jordão*. Du haut de la croupe de l'Itapéva, on découvre un vaste horizon, dans lequel s'étale toute la vallée du Parahyba, de Jacarehy à Bocaina. Le Sacupahy-Mirim, le plus important des cours d'eau qui l'arrosent, coule ensuite dans Minas et va rejoindre le Rio Grande, formateur du Paraná. La ville de S. Bento, sur la rive droite de ce cours d'eau, est au centre d'un cirque de montagnes. Elle compte 13,099 habitants; l'autre paroisse. Santo Antonio do Pinhal, située sur le Piranguassú, affluent du Sapucahy, en compte 4,074, ce qui donne pour le canton une population totale de 17,173 habitants. La principale culture est celle du tabac, dont l'exportation est considérable; viennent ensuite café, maïs, haricots, riz, cannes; on élève bœufs, porcs, chevaux et mulets.

A l'extrémité des *Campos du Jordão*, que la médecine recommande chaudement à toutes les poitrines faibles ou endommagées, se dresse un rocher aux dimensions énormes, auquel sa forme a valu le nom de *Pedra do Bahú*. Il vente si fort aux alentours que l'ascension en est presque impossible. Son altitude doit être de 1,800 mètres; on aperçoit cette roche gigantesque, non seulement de tous les points de la Mantiqueira, mais aussi de la plupart des autres serras. Taubaté est à 49 kilomètres de S. Bento, qui est éloigné à pareille distance de Pindamonhangaba, où aboutit la route terrestre.

D'après l'autorisation concédée par la loi budgétaire pour 1889, le gouvernement a, le 5 janvier dernier, accordé à Francisco de Moura Escobar et Victoriano Eugenio Marcondes Varella, la concession pendant 60 ans d'un chemin de fer de Ubatuba à Taubaté, passant par S. Luiz du Parahytinga, et pour 30 ans une garantie de 6 % d'intérêts sur le capital, à raison d'un coût kilométrique maximum de 30 contos. Le contrat de construction a été signé en février par leur représentant, M. Philadelpho de Souza Castro. Il leur donne le droit d'acquérir au prix légal minimum (1 real la brasse carrée ou 4m,84), les terres domaniales riveraines, à condition d'y établir des immigrants en lots alternés, de façon que l'un appartenant à l'entreprise, l'autre demeure réservé à l'État.

Il me parait opportun de jeter un rapide coup d'œil sur la zone que cette voie va desservir.

Redempção, immédiatement au sud de Taubaté, est un ancien village d'Indiens, qu'on appelait Paiolinho, au pied de deux montagnes appartenant à la Quebra-Cangalhas et sur son versant méridional; il est sur le rio Palmital, affluent du Parahytinga. Santa Cruz da Redempção, — c'est le nom du bourg actuel, chef-lieu du canton, — compte 7,445 habitants, cultivant un peu de tout, mais principalement du café, dont l'exportation monte à 1,800 tonnes. Elle est à 30 kilomètres de Taubaté.

Parahybuna, qui lui confine au sud, comprend le bassin du rio de ce nom, sorti de la Serra do Mar, dans les Campos da Bocaïna. A 2 kilomètres de la ville, le Parahybuna se réunit au Parahytinga, venu à peu près du même point, et leur jonction forme le Parahyba. Il y a eu autrefois des recherches qui prouvent dans ce territoire l'existence de minerais d'or et de plomb. La ville, de 11,159 habitants, est sur la rive gauche du Parahybuna, où elle est en partie basse et en partie sur des terrains élevés. Sa *Matriz Nova*, dédiée à Santo Antonio, passe pour une des plus belles églises de la province. Les terres, partout de bonnes qualités, produisent café, riz, haricots, manioc, maïs, vin et blé. On exporte également du lard et des cuirs. Une particularité à signaler dans la jonction du Parahybuna et du Parahytinga. Les eaux du premier sont noires, comme troubles, celles du second parfaitement limpides ; une fois réunies elles cheminent quelque temps parallèles sans se mêler, conservant leur aspect distinct. Le nom de Parahybuna est une corruption de *pirá*, poisson, et *hybuna*, eau sombre ; celui de Paratinga a le même radical et sa terminaison *hytinga*, signifie eau claire. La ville est à 56 kilomètres de Taubaté et à 50 de S. Luiz du Parahytinga.

Cette dernière ville est chef-lieu du canton que la Serra du Quebra Cangalhas sépare de celui de Taubaté, et qui est centre de quelques autres qu'il desservira fatalement, dès que le chemin de fer y aura apporté ses rails. Son territoire montagneux est coupé d'étroites vallées et couvert de *capoeiras*, car il subsiste bien peu de lambeaux des anciennes forêts vierges défrichées pour la culture. Au centre, cotoyée par le rio Parahytinga et par le ruisseau du Chapéo, s'étend la petite Serra du Chapéo, qui a son point culminant au Morro du Pico Agudo, où se trouvent des campos naturels, tout comme sur la Serra do Mar. Les terrains de cette serra, longue de 33 kilomètres, sont excellents pour le café. Cette région fertile en centenaires, tant la longévité y est commune, est assez riche au point de vue minéralogique. La pierre à aiguiser et celle de construction abondent ; sur les limites de Taubaté sont de grands dépôts de pierres calcaires ; il y a des gisements aurifères dans le Sertão de Ubatuba ; la tradition rapporte même qu'autrefois de vieux nègres *quilombados* (fugitifs ou réfugiés) allaient de l'autre côté de la Serra vendre à Ubatuba et à Paraty l'or en poudre qu'ils avaient trouvé ici. La ville eut pour origine quelques cultures rudimentaires commencées un peu avant 1700. Elle ne s'est développée qu'il y a une trentaine d'années. En 1873, elle a obtenu le titre d'*Imperial*. Elle est sur la rive gauche du Parahytinga, dans une vallée étroite, fréquemment inondée et entourée de hautes collines. Les maisons les plus modestes, par une étrange bizarrerie, sont bâties sur un point élevé. Elle possède une importante fabrique de tissus de coton, appelée *Santo Antonio*. La population du canton, qui forme d'ailleurs une seule paroisse, est de 12,348 habitants. Ses principales cultures sont le café, 450 tonnes, et le coton, autant; celui-ci est entièrement absorbé par la fabrique de *Santo Antonio*. Viennent ensuite le tabac et les céréales. L'élevage est absolument domestique. En droite ligne Taubaté est à 48 kilomètres.

Au sud-est, vient immédiatement le canton de Natividade, qui confine à S. Luiz et à Ubatuba, tout montagneux, couvert de forêts, pénétré par les serras de Mocóca et d'Ubatuba, ramification de la grande chaine maritime, arrosé par divers ruisseaux tributaires du Parahybuna. Localité qui date de 1853, située à 3 kilomètres de ce dernier rio, dans une plaine entourée de hauteurs, elle est encore peu développée. Elle compte 3,651 habitants, et l'autre paroisse, Conceição du Bairro Alto, 2,873, ce qui donne 6,524 âmes au canton. Celui-ci exporte 150 tonnes de café, 112 de tabac, 800 hectolitres d'eau-de-vie de cannes et un peu plus de 800 porcs. La distance de Parahybuna est de 33 kilomètres de S. Luiz, elle est la même.

A l'est de S. Luiz, en remontant le Parahytinga, se trouve le canton de Lagoinha, généralement montagneux et boisé, lui aussi; localité fondée en 1863, comptant aujourd'hui 5,000 habitants; la ville de (Conceição da) Lagoinha, assise au fond d'une vallée entre de petites montagnes, est assez pittoresque, mais elle est trop resserrée. On y cultive surtout des céréales et de la canne, puis du café et du tabac pour la consommation locale. Elle est à 24 kilomètres de S. Luiz et à 33 de Cunha.

Cunha me parait terminer la zone d'attraction de la ligne en construction de Taubaté à Ubatuba [1]. Il est en effet au sommet de l'angle formé par le nœud de jonction de la Serra do Mar et de celle du Quebra Cangalhas, nœud qui est la Serra da Bocaina et en même temps la source de tous les formateurs du Parahyba. Les rios qui l'arrosent sont le Parahytinga et un affluent de droite, le Jacuhy, grossi du Ithaym; cette région abonde en sources minérales ferrugineuses ; celle appelée *Virtuosa da Serra* a été analysée, elle contient de la magnésie, du soufre, de la chaux, et parait produire d'excellents effets dans les maladies de peau et d'estomac. — Cunha, l'ancienne *Facão* ou *Falcão*, doit son existence à la halte qu'y faisaient jadis les *bandeirantes*, chercheurs d'or, en allant vendre leurs trouvailles à Paraty ; ils firent la route qui y passe et établirent là une hôtellerie ou plutôt un hameau de refuge, de dépôt. Elle est située à plus de 1,000 mètres d'altitude. Elle compte une population de 10,850 habitants, en y comprenant ceux de l'autre *freguezia* du canton, N. S. dos Remedios de Campos Novos. Comme il gèle souvent pendant l'hiver à cette hauteur, le café n'y est guère possible. Le coton y a donné beaucoup pendant la guerre de Sécession, mais il est bien tombé depuis. La vigne et le tabac sont aujourd'hui les cultures qui réussissent le mieux et qui y seraient les plus fructueuses. Le verger à l'européenne y a un avenir magnifique assuré.

Reprenant notre route à Taubaté, le chemin de fer nous conduit immédiatement à Pindamonhangaba, canton qui s'étend comme le précédent entre la Mantiqueira au nord et la Quebra Cangalhas au sud, que traverse dans toute son étendue le Parahyba, dans un lit bas et très encaissé. La ville, fort ancienne déjà, est une des plus opulentes de

1. Le tracé de la ligne en question, arrêté par les ingénieurs Cox et Normanton, le fait passer au sortir de Taubaté, par Registro, Santa Luzia, Ribeirão das Almas, Redempção, S. Luiz, Rio do Peixe, Ubatuba.

la province. Elle est, sur la rive droite de Parahyba, adossée à une verdoyante colline, d'où l'aspect qu'elle offre est vraiment fait pour impressionner. Ses édifices publics comme la plupart des habitations particulières ont quelque chose de cossu, de sévèrement bourgeois ; on sait que de bonne heure ses habitants ont voulu paraître à la hauteur de leurs ambitions. Sans parler de ses huit églises ou chapelles richement ornées, de son hôtel de ville spacieux et dont le rez-de-chaussée est occupé par la prison ; elle possède un joli théâtre et un bel hôpital. La population est de 17,811 habitants. La culture principale, le café, fournit une exportation de 3,000 tonnes ; la canne, 840 hectolitres d'eau-de-vie. Le commerce de détail est fort actif.

Le chemin de fer aborde ensuite le canton de Guaratinguetá, exactement pareil au précédent, dont il est la continuation orientale. La ville, qui a commencé par un hameau de chercheurs d'or, en 1646, est sur la rive droite du Parahyba, où s'étendent ses 35 rues larges, droites, macadamisées, bordées de maisons basses pour la plupart, dont quelques-unes pourtant sont à étages et élégantes : elle a de belles églises, un hôtel de ville un peu ancien, le joli théâtre *Carlos Gomes*, un vaste collège et un hôpital situé dans un faubourg très agréable et admirablement compris au point de vue hygiénique. A 5 kilomètres, dans la freguezia de Apparecida, est une église de la Vierge, objet d'une grande vénération et qui est certainement l'un des temples les plus riches du Brésil. — La population du canton, qui ne forme qu'une seule paroisse, est de 25,700 âmes, au lieu de 40,000 comme on le croyait avant le recensement de 1886. Leur exportation de café est de 5,250 tonnes ; la canne, produite en grande quantité, est traitée dans les petits moulins locaux ou vendue à la grande usine centrale de Lorena. Bien que la vie commerciale et intellectuelle soit assez intense, je n'y ai pas découvert même un commencement d'industrie manufacturière.

Le canton voisin, à l'est, est celui de Lorena; lorsqu'on est au centre de cette ville, on voit se dérouler la vallée du Parahyba en sinuosités gracieuses, et jusqu'à atteindre les cimes bleues de la Mantiqueira, du Quebra Cangalhas et de la Bocaina. Au fond de cette vallée s'étendent des plaines semées de lacs; à la distance de 5 kilomètres s'élèvent des mornes couverts de bosquets, tapissés de caféiers ou d'autres plantations, et à 18 kilomètres, de chaque côté du fleuve, se dressent les flancs des serras encore revêtus de forêts séculaires. Le climat, très sain, très agréable, a fait de ce canton un séjour qu'apprécient beaucoup les colons européens, Belges et Français, qui y sont installés, au *Nucleo das Cannas*.

L'origine de la localité est un campement (*arraial*) appelé *Porto do Hepacaré*, qui en tupy signifie endroit de *goiabeiras*. Et, en effet, la plaine est remplie de ces arbres fruitiers. A 3 kilomètres environ, au-dessous du pont actuel, était le gué du Parahyba, appelé encore maintenant *Porto Velho;* un hameau y fut fondé en 1705 par des habitants de Guaratinguetá, qui, en 1788, fut érigé en ville par le capitaine général Bernardo José de Lorena, et il en prit le nom.

La ville de Lorena est assise sur la rive droite du Parahyba, au confluent du ruisseau Taboão, dans une vaste plaine sablonneuse, sèche et haute. Ses rues sont assez larges pour qu'y circulent, sans gêner les passants, les tramways circulaires de l'usine sucrière centrale. Bien que les constructions se modernisent rapidement, je n'en vois aucune à signaler par son importance exceptionnelle. Le canton a 10,333 habitants, dont 6,693 pour la ville de Lorena et 2,641 pour la *freguezia* de Piquete, située à 3 kilomètres au nord-ouest.

La production annuelle du café est de 750 tonnes; celle du sucre, 400 tonnes, et de l'eau-de-vie, 1,200 hectolitres. Un chemin de fer agricole, appartenant à l'usine centrale, conduit des berges du Parahyba au *bairro* de Santa Lucrecia, avec un parcours de 9 kilomètres

Le canton de Bocaina est celui où termine le chemin de fer de S. Paulo à Rio de Janeiro. D'un aspect analogue à celui voisin de Lorena, un peu moins enserré peut-être par les montagnes, il est devenu depuis trois ans très sucrier, parce qu'il fournit ses cannes à la grande usine de Lorena. Ses terres sont d'excellente qualité et fournissent en moyenne 500 tonnes de café, 3,000 kilos de tabac et 420 hectolitres d'eau-de-vie. Le chef-lieu, plus connu sous le nom de Cachoeira, nom que garde la gare terminale du chemin de fer D. Pedro II et de la ligne pauliste, a pris depuis 1880 celui de Bocaina. Il est bâti sur une jolie colline, dominant la rive gauche du Parahyba, d'où l'on découvre le beau pont du chemin de fer sur ce fleuve, et la grande gare, la plus belle peut-être du D. Pedro II, sinon la plus considérable.

L'EXTRÊME NORD-EST

A Cachoeira ou Bocaina, puisque ces deux noms représentent la même localité, si l'on veut aller jusqu'à Rio de Janeiro, il faut changer de train. La voie pauliste est de 1 mètre d'écartement; celle du D. Pedro II est de 1m,60; les trains ne peuvent donc passer de l'une à l'autre.

Cependant S. Paulo ne finit pas encore ici; le Pedro II en traverse un lambeau important et y donne naissance au chemin du Rio Verde, que j'ai étudié à Minas. C'est précisément dans le canton voisin de Cruzeiro que se présente cette bifurcation.

Cette localité s'appelait naguère encore Embahú, comme on l'avait nommée en 1781. C'est en 1871 qu'on en a fait une ville et qu'elle a reçu son nom de Cruzeiro : elle est sur la rive droite du ruisseau Embahú, affluent de gauche du Parahyba, qui sépare ce canton de celui de Lorena. La population est de 5,421 habitants. Le territoire, très montagneux et boisé aux abords de la Mantiqueira, présente de larges vallées, très fertiles, où coulent les ruisseaux qui descendent au fleuve. Il n'y a de campos, et sur une faible étendue, que le long de ce dernier. On cultive surtout le café, 900 tonnes par an, et le tabac, 30 tonnes, qui sont exportés, puis des céréales pour la consommation de la région et du voisinage.

Le Pedro II passe ensuite à Lavrinhas, station qui dessert avec la précédente et même celle de Queluz. Le canton de Silveiras, situé sur les pentes septentrionales toutes boisées de la Serra da Bocaina et vers le nord sur les dernières ondulations de la Mantiqueira : le Parahyba le traverse avec beaucoup d'autres petits rios qu'il reçoit, notamment le ruisseau des Silveiras, affluent du Guedes, tributaire du Itagaçaba. La ville, (N. S. da Conceição) de Silveiras, est dans une vallée, accotée à la Serra da Bocaina, baignée par le ruisseau de son nom, qui la divise en deux parties; elle est dans la zone même des superbes campos célèbres da Bocaina et jouit d'un climat des plus renommés pour sa salubrité. Elle a 8,985 habitants; l'autre paroisse, (N. S. da Piedade du) Sapé, en a 15,605, et qui donne un total de 24,590 pour le canton. — Presque toutes les terres en sont très fertiles. M. Geles, un ingénieur canadien, qui a visité la partie appelée Sertões dos Macacos, dit qu'on y trouve des indices de riches mines de cuivre et de charbon de terre. Les terrains des vallées du Itagaçaba et du rio Bocaina sont excellents pour le café et la canne; ceux de la vallée du Macaco pour le tabac et les céréales. La *batate* ou pomme de terre y est native. La plupart des produits sont dérivés par les négociants établis aux stations du chemin de fer, Lavrinhas, Queluz et Cachoeira; toutefois on peut évaluer l'exportation à 1,000 tonnes de café, 840 hectolitres d'eau-de-vie, 2,642 kilos de tabac, 750 hectolitres de maïs, 365 de haricots et une cinquantaine de batates.

De l'autre côté du Parahyba, au nord de Silveiras, et voisin à l'est de celui de Cruzeiro, est le canton de Pinheiros, presque tout montagneux et couvert d'épaisses forêts. On y a trouvé de l'or et même des brillants dans les ruisseaux qui coulent de la Mantiqueira. La ville est située sur la rive gauche du Parahyba, mais bâtie sur un terrain élevé; elle compte 5,318 habitants, dont la principale culture est celle du café; l'exportation monte à 1,300 tonnes. Ils font aussi du tabac, des céréales et du vin, mais celui-ci n'est encore qu'à l'état d'expérience. Les stations de Lavrinhas et de Queluz sont à égale distance.

Queluz est le dernier canton pauliste de l'est, traversé par le D. Pedro II. Il est resserré entre la pente de la Mantiqueira et celles de la Serra de Santa Anna, du morro de la Fortaleza, prolongements extrêmes de la Serra da Bocaina. Toutes ces montagnes abondent en granit et en argile céramique. — Ancien village d'Indiens *Puris*, la ville de Queluz (S. João Baptista de) est traversée par le Parahyba; ses rues sont tortueuses, étroites, sans chaussée; la population est de 6.455 habitants, qui produisent en moyenne 1,800 tonnes de café, puis des céréales.

Un peu au sud-est de Queluz, il reste deux cantons formant comme une pointe d'avant-garde pauliste dans la province de Rio de Janeiro : Arêas et S. José do Barreiro. Tous deux sont au delà, au nord-est du nœud orographique de la Serra do Mar et de celle de la Bocaina, arrosés par des ruisseaux qui en descendent et se jettent, après un mince parcours, dans le Parahyba.

Arêas est, en réalité, sur les dernières pentes de ce massif, pentes boisées sur les croupes, cultivées dans leurs plis; la ville, située dans une petite vallée, sur la gauche du ruisseau Vermelho, au confluent avec le João Paulo, est entourée de hauteurs, a 6,788 habitants, cultivant la canne dont ils fabriquent 840 hectolitres d'eau-de-vie et le café dont ils exportent 1,500 tonnes, puis du tabac, un peu de vigne, comme essai, et faisant un peu d'élevage. Le commerce se fait actuellement par les trois stations de Queluz, Bôa Vista et Itatiayá, également distantes de 12 kilomètres. Mais un embranchement partant de Suruby, sur le D. Pedro II, et allant jusqu'à Formoso à 29 kilomètres doit être prolongé de 22 kilomètres jusqu'à Rodeio, dans

S. Paulo. Il justifiera ainsi son nom de *Ramal de Rezende a Areias*. M. José Carlos Rodrigues a acquis la concession de M. Albert Cartes, de Londres, et a fondé une compagnie au capital de 800 contos à cet effet.

La même ligne desservira S. José do Barreiro, canton limitrophe et qu'atteignent déjà ses rails à la station frontière de Estalo. Celui-ci est plus sur le nœud orographique dont je viens de parler, et les eaux qui y naissent se dirigent déjà sur divers bassins, ou plus exactement sur le Parahytinga au sud et sur le Parahyba à l'est. Toutes se rejoignent, comme on voit, mais les premières seulement après l'immense courbe qu'opère le Parahyba autour du Quebra Cangalhas. La ville est sur la rive gauche du rio du Barreiro et compte 7,070 habitants, qui, sur les terres fertiles de ce territoire, produisent 2,0[illegible] tonnes de café, sans parler de la canne, du tabac, des céréales, du riz et des haricots, et des fruits du verger : coings, poires, pommes, pêches, prunes, raisins, olives, qui tous ont été essayés avec un succès tel qu'ils peuvent dispenser d'en demander à l'Europe.

Un dernier canton, celui de Bananal, au sud du précédent, pénètre dans la province de Rio; lui aussi est relié, depuis le 1er janvier 1889, au D. Pedro II, par le *Ramal Bananalense*, qui part de la station de Saudade, et vient par Rialto, à 12 kilomètres, par Tres Barras, à 17 kilomètres, terminer à Bananal après 29 kilomètres.

Au sud et à l'ouest, ce canton est occupé par la Serra de Carioca, celle du Ramos et autres sections de la grande Serra do Mar; des rios qui le sillonnent, le principal est le Bananal, qui descend de la Serra du Retiro et va au Parahyba. La plus grande partie de la ville est à droite du rio Bananal, à l'altitude de 560 mètres. Ses rues sont tortueuses, mais très larges; les places, bien plantées, donnent à la cité un aspect pittoresque. La population est de 17,654 habitants. Le café était naguère encore presque leur unique produit, qu'ils exportaient à Rio de Janeiro, soit par le port d'Angra dos Reis, soit récemment par l'embranchement

ment *Ramal Bragantense* du Pedro II. « Dans la partie haute du canton, dit la statistique de S. Paulo, toutes les plantes du sud de l'Europe s'acclimatent de la façon la plus satisfaisante. Parmi les nombreuses espèces végétales qui croissent spontanément et qui pourraient beaucoup être utilisées, se trouve l'*indigofera anil*, qui vient par tout le territoire. Quant à la production agricole, le canton était autrefois par sa fertilité le plus important de la province : aujourd'hui toutefois que ses grandes forêts sont dévastées, il se ressent de la décadence générale de la région nord-est, non que lui manquent des terrains d'une grande fécondité, propres à tous les genres de culture, mais uniquement parce que les *cafesaes* anciens ne produisent déjà plus la même quantité de fruits que les nouveaux. On cultive dans ce canton les variétés de café suivantes : *Maragogipe, Amarello* ou *Botucatú, Java, Moka, Ceylon, Bourbon, Liberia* et *Egypte*, mais les deux dernières ne viennent pas bien. »

L'élevage du cheval a été assez soigné par des croisements avec des animaux de race pure. Il y a beaucoup de moutons de race *Southdown*, qui se sont mal acclimatés et dégénèrent.

Me voici parvenu à l'extrémité de la province S. Paulo, que j'ai tenu à décrire minutieusement en dépit de la longueur et de l'aridité du travail, parce qu'elle se dit et qu'elle est en réalité la plus avancée du Brésil, que tous la donnent aux autres comme un modèle. Il m'a paru excellent de montrer en détail ce qu'elle est et d'indiquer sincèrement où elle en est. Grâce au rapport de la commission de statistique, composée de MM. Elias Antonio Pacheco e Chaves, Domingos José Nogueira Jaguaribe fils, Joaquim José Nogueira de Carvalho, l'ingénieur Adolpho Augusto Pinto, et Abilio Aurelio da Silva Marques, aux indications fournies par M. Orville A. Derby, de la commission géologique instituée jadis par M. João Alfredo Correia de Oliveira, quand il administrait la province, cette tâche m'a été singulièrement facilitée. J'ai puisé à bien d'autres sources, contrôlant les documents les uns par les autres, de façon à présenter la situation telle qu'elle est réellement au moment où j'écris (août 1889). Je ne pourrai évidemment renouveler un travail semblable pour les autres provinces que j'ai encore à parcourir. Mais leur importance actuelle moindre, leur avancement moins accentué, n'exigent pas un tel effort, et ce que j'en dirai plus succinctement suffira à les montrer sous un jour exact. Quant à S. Paulo, il fallait prouver en Europe que les bras, les intelligences et les capitaux qui y sont venus apporter leur activité, y ont rencontré un champ des plus fertiles. Quand on aura eu la patience de lire ce qui précède, je crois que la conviction du plus récalcitrant sera faite.

EXPLOITATIONS INDUSTRIELLES. — USINES.

Avant de quitter cette belle province, il convient cependant de jeter encore un coup d'œil sur certains grands services, sur certaines grandes branches de son activité.

L'industrie d'abord, car elle y a eu des débuts brillants, et, sous ce rapport, elle lutte à un bon rang avec la capitale même de l'Empire. On attend avec impatience la superbe et rigoureuse exploration scientifique entreprise sur l'ordre de l'administration et aux frais du Trésor provincial, par commission géologique que dirige M. Orville A. Derby et dont font partie MM. T. Sampaio, F. de Oliveira et A. Lœfgren. C'est la première province au Brésil qui ait pris l'initiative d'un semblable travail. A Minas, M. Henri Gorceix, notre compatriote, a fait de son chef, avec ses collaborateurs de l'Ecole des mines, bien des recherches de cette nature; il n'a pu encore obtenir des pouvoirs publics les moyens d'organiser une exploration méthodique et suivie, de façon à pouvoir dresser une carte géologique complète de Minas, le rêve de toute sa vie. Pourtant, on l'a vu, on extrait des minerais de fer.

des schistes, des pierres de construction et du calcaire, spécialement pour faire de la chaux, et de l'argile qui sert à fabriquer des briques, des tuiles, de la poterie, de la faïence commune.

La métallurgie est brillamment représentée par l'usine d'Ipanema, propriété et entreprise d'Etat. J'ai dit au passage que le mont d'Araçoiaba, au pied duquel elle est installée, est une véritable montagne de fer, que ce minerai, d'une teneur prodigieuse, 67 0/0, se trouve presque partout à fleur de terre, qu'on y a sous la main le calcaire pour la fonte, la matière réfractaire pour la construction des fourneaux, de grandes forêts remplies des essences produisant le meilleur charbon de bois désirable, un cours d'eau, le rio Ipanema, qui traverse le gîte et l'usine, fournissant de la force motrice, et enfin un chemin de fer qui établit une communication facile avec la capitale de la province et par elle avec le reste du pays, avec la mer et le monde entier : cette situation privilégiée devrait rendre l'usine métallurgique un établissement hors pair.

Assurément, les produits qui en sortent sont excellents par la qualité, mais à quel prix ils reviennent, les déficits du budget de l'usine seuls peuvent le dire. On fabrique peu et l'on fabrique cher; ce n'est pas tout, les produits ne peuvent lutter pour le prix avec ceux qu'on fait venir à grands frais de l'étranger.

Tous les ans, quand le ministre expose dans son rapport la situation de l'usine, il est obligé de constater que son exploitation, si économique qu'on ait essayé de la rendre, et on l'a toujours essayé, se traduit par une différence énorme en faveur des dépenses. Pour 1887, d'après le rapport de M. Joaquim de Souza Mursa, son directeur, la dépense d'entretien fut de 210,417 $ 178, inférieure de 21,822 $ 522 à celle qu'avait prévue le budget; la production atteignit une valeur de 211,073 $, mais la vente des produits ne donna que 66,316 $. Dans un mémoire de M. Léandre Dupré, ingénieur des mines de l'école d'Ouro Preto et directeur-adjoint, on trouve l'histoire et la description très complète de cette usine. Fondée en 1810 par le métallurgiste suédois Hedberg, elle fut dirigée par Varnhagen, aidé du baron d'Eschwege, de 1815 à 1822. Depuis la retraite de Varnhagen, elle fut livrée à des hommes incompétents; enfin en 1875, reprise par le gouvernement et confiée au colonel du génie, Joaquim de Souza Mursa, qui la dirige encore. En 1878, le ministère de l'Agriculture la prit dans ses services et résolut de l'outiller de façon à porter sa production quotidienne à 20 tonnes de fonte et à 10 tonnes de fer battu et d'acier.

La production de 1887 a été, pour les deux hauts fourneaux en activité, de 790 tonnes de fonte, le nouveau haut fourneau perfectionné en fournira 10 tonnes par jour; les forges de raffinage, du système Styrien, ont fourni 294 tonnes de fer malléable, 133 tonnes de fer battu en loupes et 56 tonnes de fer laminé; le procédé de cémentation a fourni 7 tonnes d'acier.

D'après le rapport du directeur au ministre, les causes du déficit financier se résument dans ce fait que l'usine ne se trouve pas dans des *conditions commerciales*. Etablissement d'État, soumise aux règles étroites de la comptabilité publique, elle ne peut faire les crédits qui sont d'usage entre particuliers; elle n'a pas d'agents qui la représentent, placent ses produits, leur fassent la réclame nécessaire, et se chargent des recouvrements. Les transports sont une difficulté plus grande encore. Une tonne, d'Ipanema à Santos, paie autant que pour venir de Liverpool et beaucoup plus pour aller à Rio de Janeiro. De plus, l'usine n'a même pas pour clients les services publics, qui se fournissent souvent à l'étranger. Dans ces conditions, le directeur confesse que, si on veut la voir entrer dans une voie vraiment industrielle, il vaut bien mieux la mettre dans les mains d'une entreprise particulière.

Il n'est pas besoin d'aller au Brésil pour faire des constatations analogues au sujet des entreprises industrielles d'État.

Sur les bords du Jacupiranguinha, affluent du Ribeira

d'Iguape, existent des gisements encore plus considérables de la même magnétite de fer. Sa teneur va de 86 à 90 0/0 de fer. L'exploitation en avait été entreprise en mai 1887, sous la direction d'un ingénieur français, M. Dupré, par la *Compagnie des mines de fer de Jacupiranguinha*, organisée au capital de 500 contos. Au commencement de 1888, cette compagnie s'est fusionnée avec la *Siderotechnia Nacional*, sous le nom nouveau de *Companhia de Minas, Forjas e Laminadores de S. Paulo e Rio de Janeiro*. Son but est de créer des hauts fourneaux sur les rives du Jacupiranguinha et du Turvo, son affluent, pour la fabrication de la fonte et des laminoirs à Porto das Neves (Nitheroby, près Rio de Janeiro) pour la fabrication des rails et pièces en fer forgé et laminé. Elle est au capital de 800 contos.

La *Companhia de gaz e oleos mineraes de Taubaté*, à laquelle un décret impérial a accordé la concession d'exploiter les combustibles minéraux le 31 décembre 1881, a prouvé ce que vaut l'initiative privée en cette matière. En 1883, après études faites, elle s'est constituée au capital de 225 contos et en septembre 1884 ses usines à gaz et à huiles étaient prêtes. Elle éclaire au gaz la ville de Taubaté, comme je l'ai dit, et fabrique 3,000 litres d'huile par jour.

A quelques kilomètres d'Itú, on exploite diverses carrières de schistes durs, lamelleux, très semblables à l'ardoise. On les extrait en grandes dalles et on les utilise pour paver les passages et les trottoirs des rues des villes voisines.

Le calcaire est très abondant. Un peu partout on en fait de la chaux. Mais les fours les plus importants sont ceux du Pantojo et de Caieiras.

A Pantojo, près de S. Roque, il y a des marbres bitumineux et talqueux. Les premiers comptent deux variétés : le noir sans aucune tache, égal à celui que les Romains nommaient *Marmor Luculleum*, et que les marbriers français appellent *Drap mortuaire ;* c'est un carbonate de chaux presque pur, combiné avec 2 à 3 0/0 de bitume ou de particules d'anthracite. Ses strates affectent une direction sensiblement parallèle à la Serra do Mar, du nord-est au sud-ouest, et présentent une inclinaison de 75 à 80°. Les bancs varient d'épaisseur de 1 à 4 mètres. Ce marbre est compact, à grain très fin, et susceptible d'un beau poli. L'autre marbre bitumineux, superposé au précédent, est veiné de blanc; ces veines sont d'autant plus larges que les bancs sont plus éloignés des marbres bitumineux noirs. Tous deux donnent une chaux plus ou moins hydraulique, mais ils se prêtent surtout aux arts, à l'industrie, à l'ornementation et à la construction des maisons.

Les marbres talqueux forment de grands gisements de la variété appelée *vert antique* : c'est une serpentine compacte avec des veines calcaires d'un blanc laiteux ou d'un vert foncé. C'est un Français, M. Eusèbe Steveaux, qui a monté et exploite l'établissement industriel qui extrait ces marbres, les débite en les sciant.

Caieiras, sur la ligne anglaise de Santos à Jundiahy, qui y a une station au kilomètre 106, est un grand établissement industriel appartenant à M. le colonel Antonio Proost Rodovalho, qui emploie plus de 700 ouvriers, la plupart des immigrants italiens. Il y a un gisement de calcaire, qu'on extrait à diverses fins et qui est transporté à la gare par un tramway à chevaux d'un parcours de 4 kilomètres dont 720 mètres du système funiculaire semblable à celui du Vésuve avec des pentes de 13 à 14 0/0.

La fabrique de chaux comprend deux sections : dans l'une fonctionnent deux fours périodiques et un four continu, produisant 100,000 hectolitres par an. C'est de là que part la petite voie funiculaire. L'autre section possède deux fours intermittents produisant annuellement 30,000 hectolitres. La chaux de la première est hydraulique; toutes deux sont exportées dans le reste de la province; la chaux vierge est vendue à 37 reis le kilo, la chaux éteinte à 17 reis le litre.

A côté de sa production de chaux, Caieiras entretient

une grande fabrique céramique. Cette section comprend quatre grands baraquements pour le dépôt des produits, le pavillon des machines, cinq pour les ateliers. Une turbine met en mouvement le masseur composé de cylindres horizontaux et les machines à fabriquer les tuiles, du système français (ce sont les tuiles appelées ici de Marseille, très appréciées; celles de Caieiras sont de même qualité et un peu moins lourdes). On y produit, outre les tuiles, des briques simples, modelées, peintes, et divers articles de poterie. La production annuelle est de 2 millions de briques et de 1 million de tuiles, d'une valeur totale de 200 contos. La tuile se vend 120 $ le mille et la brique de 30 à 40 $ le mille également.

Une grande écluse, construite sur le rio Juquery, y fait une reprise d'eau qui fournit la force motrice.

Cet établissement de Caieiras est un microcosme. Son propriétaire qui avait employé à sa fabrique de chaux et de céramique un capital de 600 contos, largement rémunéré par ses bénéfices, vient de consacrer 500 autres contos à la construction d'une papeterie, bâtie sur le bord du Juquery, de façon à utiliser la force produite par l'écluse. Cette nouvelle usine est dotée d'un outillage égal à celui de nos plus belles fabriques européennes. Tout le matériel a été acheté en Allemagne. Il y a deux machines pouvant fournir du papier de toutes les qualités, à écrire, d'impression, d'emballage, d'enveloppe, de soie, de tenture, etc. Elle emploie comme matière première les fibres végétales du Brésil et occupe 500 ouvriers.

Une autre fabrique de papier vient d'être installée au Salto de Itú, par MM. Melchert et Cie. Elle est au capital de 250 contos et pourra fournir 6 tonnes de papier par jour en occupant 36 ouvriers. Elle est actionnée par 3 turbines de 250, 300 et 400 chevaux de force. L'eau est amenée du Tieté par un canal large de 4 mètres et long de 350, ouvert presque en entier dans la roche vive et profond d'environ 3 mètres. Il a coûté environ 100 contos, avec l'écluse en maçonnerie qui dévie l'eau du fleuve. La chûte est de 17 mètres. L'usine a cinq pavillons, destinés à la préparation de la matière première, bois, *sapé*, chiffons, à sa cuisson par la vapeur, au lavage et à la trituration, au blanchiment, aux machines à cylindres, et le dernier aux turbines.

Le jour de l'inauguration (16 septembre dernier), le papier fabriqué était de *sapé* avec 25 0/0 de chiffons. Essayé aussitôt par les journaux de S. Paulo, il leur a à tous paru supérieur à celui d'importation qu'ils consomment habituellement. Tout l'outillage mécanique a été acheté aux États-Unis aux constructeurs Rice-Barten et Field.

Le commanditaire de l'entreprise est M. Manuel Lopes de Oliveira, riche capitaliste de S. Paulo.

La céramique, dont je me suis un peu écarté, compte en outre dans la province de nombreuses petites fabriques. Il n'est pas un canton qui n'en ait une ou deux, produisant surtout des tuiles et des briques. Autour de la capitale, on en trouve au moins une dizaine.

Quatre villes sont éclairées au gaz : S. Paulo, Campinas, Santos et Taubaté. Celle-ci utilise le gaz d'huile minérale dont j'ai parlé. Les autres villes ont des usines employant la houille. Celle de Campinas distribue 10 0/0 de dividende.

Les ateliers de forge et de travail du fer, de taillanderie et de quincaillerie sont assez répandus; outre ceux annexés à l'usine d'Ipanema, on peut citer ceux de la *S. Paulo Railway*, de la *Cie de S. Paulo et Rio*, de Lacerda, Camargo et Cie, et Adolpho Sidow dans la capitale même; des Cies *Paulista* et *Mogyana*, Lidgerwood et Cie; Mac-Hardy et Cie; Arens et frères, veuve Faber et fils, à Campinas. Les petites forges particulières sont nombreuses, et toute cette fabrication ne sort pas de la consommation provinciale.

La filature et le tissage du coton comptent 12 fabriques : 2 à S. Paulo, 4 à Itú, une dans chacun des cantons de Piracicaba, Jundiahy, S. Barbara, Tatúhy, Sorocaba, S. Luiz du Parahytinga. Elles représentent ensemble un capital

4,000 contos, comptent 1,200 métiers, fabriquent 12 millions de mètres de différentes qualités pour une valeur d'environ 4,000 contos et emploient à peu près 1,600 ouvriers. Le coton employé par elles se monte de 7 à 9,000 tonnes valant 1,100 contos.

A S. Paulo, il y a une fabrique d'indiennes et calicots au capital de 425 contos, qui produit par an 320,000 mètres avec 70 ouvriers, pour une valeur de 400 contos.

Si l'exportation du coton brut diminue, celle des tissus de coton s'augmente considérablement.

Le sciage et le débit du bois comptent de nombreux établissements plus ou moins considérables. La capitale seule en possède 4, dont le plus important est celui de M. Elias A. Pacheco, créé en 1882; il scie les billes des bois indigènes, exécute des travaux de charpenterie et de menuiserie, et fait le commerce des bois étrangers : sapin, chêne, noyer, etc. Ses 26 machines-outils emploient 78 ouvriers. Les trois autres fabriques emploient chacune 30 à 40 ouvriers.

La fabrication des meubles n'est guère jusqu'ici que de la petite industrie. Un seul grand établissement existe, celui de José Domingos Martins, c'est la fabrique *Santa Maria* de S. Paulo, qui a 32 machines-outils, mues par une machine à vapeur de 20 chevaux, et emploie 100 ouvriers, dont les salaires varient jusqu'à 4 $ 500 par jour. Elle emploie surtout les bois du pays et ses meubles sont très beaux. La fabrique Guillaume Witte, fondée en 1881, fait surtout des meubles d'osier; elle importe la matière première de Hambourg, et d'ailleurs ses produits ne sont que des articles de fantaisie.

La fabrique d'allumettes *suédoises*, d'Eisenbach et Cie, établie à Villa Marianna, faubourg de S. Paulo, en 1886, emploie 120 ouvriers et produit par jour 250,000 boites valant 4 contos (4 francs le 100). Depuis qu'elle fonctionne, toute importation a cessé; les allumettes indigènes ou *nationales*, comme on dit ici avec un peu d'emphase, ont chassé les autres auxquelles elles sont supérieures, car elles coûtent moins cher et... elles prennent très bien! (Médaille d'argent à l'Exposition universelle, Paris, 1889.)

Autre fabrication qu'on a appréciée au Champ de Mars, cette année, celle des chapeaux. Il y a deux fabriques à S. Paulo : João Adolpho Schritzmeyer et Guillaume Auerbach et Cie.

La première vient d'obtenir une médaille d'or à l'Exposition de 1889. Elle est établie sur la place ou *Largo da Memoria*, n° 11, occupant une superficie de 10,500 mètres carrés. Fondée en 1851, elle a une machine à vapeur de 30 chevaux, actionnant 14 machines diverses. Elle produit par jour 500 chapeaux, d'une valeur annuelle de 500 contos. Son capital est de 480; le personnel est de 170 individus, dont 20 femmes et 150 hommes, qui perçoivent par mois 8 à 9 contos de salaires, soit un salaire quotidien moyen de 2 $ 170.

L'autre fabrique, dans la rue José Bonifacio, n° 18 (elle n'a pas exposé à Paris), fut créée en 1879 au capital de 80 contos. Elle a une machine à vapeur de 6 chevaux que va remplacer une autre de 10 chevaux, la première étant insuffisante. Elle fait par an 60,000 chapeaux mous et durs pour hommes et pour enfants, avec des poils de lièvre, de lapin et de castor, pour une valeur de 180 contos. Elle emploie 75 ouvriers dont 58 hommes et 17 femmes, qui touchent chaque mois 4 $ 800 à 5 contos de salaires, soit 2 $ 564 par jour en moyenne. Ces deux fabriques importent d'Europe la matière première.

Près de la station d'Agua Branca de la ligne de Santos à Jundiahy, kilom. 84, dans le voisinage de la capitale, est installé un important établissement industriel, *Antarctica Paulista*, fabrique de saindoux et divers produits tirés du porc. C'est assurément le premier en ce genre dans tout le Brésil. Créé en 1884 au capital de 200 contos, il s'est rapidement agrandi de façon à pouvoir abattre par jour 200 porcs, préparer 400 jambons, 8,000 kilos de saindoux et 200 de saucisson.

En annexe, une fabrique produit par jour 15 tonnes de glace, dont 5 sont consommées par les appareils frigorifiques de l'établissement et le reste est vendu au public.

INDUSTRIES AGRICOLES

Les *engenhos* ou usines sucrières sont très nombreux. Il n'est guère de localité cultivant la canne qui n'ait son moulin, plus ou moins primitif, et presque toujours accompagné de la distillerie, rudimentaire elle aussi, où se fabrique l'*aguardente de canna*, qui est le plus souvent de la *cachaça*, et non du tafia ou du rhum. Cependant celui-ci devient de plus en plus une production courante, et c'est merveille de voir certains alambics, singulièrement rustiques, fournir une excellente eau-de-vie, qui, son goût empyreumatique disparu, vaut infiniment mieux que les rhums et tafias jetés dans le commerce de détail en Europe.

Toutefois, ici encore, le vrai progrès a été l'usine sucrière centrale. En 1888, S. Paulo en possédait quatre, situées dans les cantons de Lorena, Piracicaba, Capivary, Porto Feliz.

L'usine de Lorena est installée au bord du rio Parahyba et du chemin de fer de S. Paulo à Rio de Janeiro. Montée au capital de 500 contos, avec garantie d'intérêt de l'État de 7 0/0, avec un outillage mécanique fourni par la maison Brissonneau Frères de Nantes, elle a commencé à travailler en 1884. Organisée de façon à traiter 240 tonnes de canne en 24 heures, elle en a à peine broyé la 1re année 495 tonnes; dans sa 2e campagne, elle en a traité 4,892, et dans la 3e, celle de 1886-87, la fourniture de la matière première s'est élevée à 7,130 tonnes, d'où on a extrait 487 tonnes de sucre, équivalant à un rendement de 6,83 0/0 et 720 hectolitres d'eau-de-vie.

Quant à la campagne de 1887-88, le rapport de l'ingénieur du contrôle, M. José Gonçalves de Oliveira, fait l'éloge des améliorations introduites dans l'établissement, et de la petite voie ferrée agricole de la Compagnie. La 1re section de celle-ci, longue de 5 kilomètres, va de la fabrique au *sitio* de Taboão, où est établie une station inaugurée le 28 novembre 1887. La seconde section, du *sitio* de Taboão à la *fazenda* Zephyrino Simões, dans la vallée du ruisseau de Santa-Lucrezia, mesure 4,200 mètres, et la compagnie a étudié un embranchement par la vallée de Taboão, où sont situées les propriétés liées à l'usine par un contrat de fournitures de cannes. Ce *ramal*, d'une longueur de 2 kilomètres, paraît devoir être éminemment utile, plus même que le prolongement de la ligne principale par la vallée du ruisseau Santa Lucrezia à Pedroso, son objectif.

« Durant la campagne en cours, dit l'ingénieur, la fabrique a broyé 6,679 tonnes de cannes, dont 628 fournies par la compagnie, qui les a récoltées en première feuille de l'essai de culture tenté en 1886 sur les terrains contigus à l'usine. La superficie totale des terrains prêts à donner la seconde feuille ou la première recoupe (des cannes déjà repoussées après la coupe) est de 101,716 mètres carrés, soit un rendement de 61,5 tonnes à l'hectare. Ce résultat de la culture, remarquable sur des terrains faibles à l'altitude de 537 mètres, confirme tout ce qu'ont dit les savants au sujet de l'aération du sol. Les terrains en question ont été retournés à la charrue en sillons unis et parallèles, et la plantation s'est faite à la bêche. Dans cet essai, on emploie les engrais, mais sur une faible partie de l'aire cultivée et en des conditions qui n'ont pu influer sur le résultat total. Cela suffit pour apprécier l'avantage que l'on peut retirer de la culture de la canne dans les bons terrains du canton de Lorena. — Un autre précepte scientifique observé dans cet essai, c'est la culture isolée, corollaire de la rotation des cultures, et dont la pratique profondément enracinée dans les habitudes des cultivateurs routiniers est la négation complète. La Compagnie a planté seulement de la canne, tandis que le cultivateur de Lorena sème du maïs dans les intervalles des rangs cannes. La canne et le maïs sont des graminées, et la seconde est une des plus absorbantes de celles que l'on cultive. Tandis que dans ce district la canne demande 18 mois pour fournir une récolte, dans le poids de laquelle entrent, pour une proportion d'environ 88 0/0, des substances qui ne sortent pas de la terre (l'eau des pluies et l'acide carbonique de l'air), le maïs tire du sol en trois mois un contingent énorme, avec lequel il constitue les parties qui, tout en n'étant pas utilisables, forment cependant le plus fort du poids de la plante ».

Au 31 décembre 1887, la fabrique avait produit 496,5 tonnes de sucre; l'extraction en premier jet avait rendu 5,72 0/0.

L'usine centrale de Piracicaba, montée sur un pied moindre, n'a broyé en 1887 que 10,000 tonnes environ: sa production en sucre et en eau-de-vie avait une valeur de 240,645 $ 230. Elle ne jouit pas de la garantie d'intérêt.

Celle de Capivary l'a obtenue le 5 janvier dernier, à raison de 6 0/0 sur le capital de 550 contos, effectivement dépensés. Elle doit pouvoir traiter 300 tonnes en 24 heures. Celle de Porto Feliz a obtenu, le 5 avril, une égale garantie de 6 0/0 sur le capital de 400 contos et doit pouvoir traiter par 24 heures 150 tonnes de cannes, pendant une campagne évaluée à 100 jours.

La canne fut introduite à S. Paulo, dès les premiers temps de la conquête portugaise; en 1532, Martim Affonso fit venir des plants qu'il distribua aux premiers colons et fit établir le premier moulin, l'*engenho de Sam Jorge*, qui ait existé au Brésil. La culture se développa très vite dans des proportions considérables, que réduisit seule la recherche de l'or, en la privant des bras les plus robustes, et qui reprirent plus tard, de telle sorte qu'en 1827, la province comptait 570 *engenhos* produisant par an 795,363 arrobes de sucre et 247,939 barils d'eau-de-vie.

Le café, introduit vers 1820 dans les districts de l'est, relégua graduellement la canne à l'ouest, et quand la concurrence de la betterave vint provoquer la crise générale sucrière qui dure toujours, la culture de la canne tendit plutôt à se restreindre. La production sucrière actuelle est estimée à 6,000 tonnes, et ne suffit guère à la consommation de la province qui importe chaque année du sucre du nord pour une somme très considérable.

On peut cultiver la canne sur tous les points de S. Paulo, et quoiqu'elle préfère la *terra roxa* et le *massapé preto*, elle se développe fort bien même sur les terrains siliceux, où, si la plante ne croît pas aussi grande, elle rend en revanche du jus à 12° Baumé. Ce qui importe surtout, c'est de déterminer les variétés les mieux appropriées à la nature de chaque sol, puis les engrais qui, en favorisant son développement, augmentent la proportion de saccharose.

C'est dans le but d'étudier scientifiquement et pratiquement ces questions, que, sur l'initiative de M. Antonio da Silva Prado, alors ministre de l'agriculture, on a créé en 1886 une station agronomique à Campinas, confiée à la direction de M. Dafert, professeur étranger, spécialement engagé à cette fin. Cette station a commencé à travailler sérieusement cette année; il ne m'est pas encore possible de porter une appréciation sur les résultats acquis.

Dans l'état présent des choses, avec une sélection très imparfaite des variétés, sans application des procédés mécaniques de la culture économique, la plantation de la canne occupant les soins d'une seule personne et une superficie d'une *alqueire*, 2,42 hectares, produit en moyenne 2,000 arrobes ou 30,000 kilos de cannes, qui, au prix de 9 $ la tonne, payé récemment par les *engenhos*, valent 270 $.

Le roi de l'agriculture pauliste, comme de toute la zone centrale du Brésil, c'est le café, dont la production est appelée à s'étendre beaucoup plus, soit dans la région où elle est déjà dominante, soit dans beaucoup d'autres où elle n'a pas encore pénétré.

Il a été introduit un peu après 1820 dans la région dite du Nord, et qui est réellement celle de l'est, là où j'ai constaté tout à l'heure que les plantations vieillies paraissaient épuisées. En 1825, le port de Santos en exportait déjà 2,000 tonnes; en 1867, cette exportation était de 30,000 et en 1887, vingt ans après, elle se montait à 150,000; elle avait quintuplé.

C'est que c'est de toutes les cultures la plus rémunératrice. Aucune autre ne peut sous ce rapport lui être comparée, qu'elle soit pratiquée sur de grands domaines, ou sur une petite propriété. Le colon européen a prouvé, ces dernières années, qu'il faisait mieux, qu'il produisait meilleur, plus beau et davantage que le nègre asservi.

Je n'entrerai ici dans aucun détail; les traités spéciaux abondent, et les calculs auxquels il faudrait se livrer dépasseraient trop le cadre où je dois me renfermer.

Ce qu'il importe et suffit de dire ici, c'est que le café du Brésil, celui de S. Paulo en particulier, a conquis triomphalement sa place sur les grands marchés, qu'on l'y recherche aujourd'hui sous son nom, au lieu de l'affubler comme naguère de provenances imaginaires pour flatter le goût d'une clientèle mal informée et prévenue. Le café est bon, il est de mieux en mieux préparé, de façon à développer toutes ses qualités intrinsèques. Il obtient donc un excellent prix. D'ailleurs, comme le Brésil, S. Paulo spécialement produit toutes les variétés estimées, moka, martinique, bourbon, java, etc., etc. C'est dans cette voie qu'il reste des progrès à accomplir et du profit à réaliser. Le café rend au moins le triple des meilleures cultures européennes.

J'ai montré déjà ce que les manufactures naissantes consomment de coton; cette production ne pourra que s'augmenter avec les progrès de l'industrie, et si l'élevage d'une race de moutons bien choisie après une intelligente sélection vient fournir de bonne laine, avant même qu'on ne songe à l'exportation étrangère, la consommation intérieure offrira des revenus sérieux et certains aux producteurs de ces deux articles. Il en est de même de la soie, dont on commence à s'occuper avec succès.

Le tabac, le manioc, le haricot, le riz, le maïs, la batate, la pomme de terre dite anglaise, les céréales européennes suffisent à peine à l'alimentation locale qui souvent doit demander un supplément aux provinces du Sud ou à l'importation étrangère.

LA VITICULTURE

Mais une culture de grand avenir, sur laquelle il convient d'insister, est celle de la vigne. Elle date à peine de quelques années, et déjà, en 1886, elle a fourni plus de 12,600 hectolitres de vin. On a vu tout à l'heure combien lui étaient propices les terrains des *cafesaes* anciens que leurs propriétaires sont tentés d'abandonner, dans presque toute la zone du chemin de fer de S. Paulo à Rio de Janeiro, sans parler d'étendues voisines beaucoup plus considérables et peut-être plus favorables encore par les conditions d'altitude et d'exposition, aussi bien que par la constitution du sol. Le Tieté donne des vins blancs, muscats secs, qui méritent l'estime des dégustateurs; Itatiba et Sorocaba, des vins rouges déjà fort potables; Una, Tatuhy, S. Simão, S. Roque, Cajurú, font de même.

Un homme qui s'est beaucoup occupé pratiquement et techniquement de cette nouvelle branche agricole à S. Paulo, et qu'on peut appeler un agronome, un viticulteur, M. Luiz Pereira Barreto, a longuement exposé dans un remarquable rapport destiné au gouvernement, en date du 10 mars 1888, où en était la vigne dans la province.

C'est le cépage américain, en sa variété la plus mauvaise, la *Vitis Isabella*, du groupe Labrusca, qui tout d'abord a été planté avec une sorte de fougue sauvage par les Paulistes. Cette variété est très robuste, très féconde, mais le vin est extrêmement acide, incolore, dépourvu de tannin et de sels organiques; ce n'est qu'une misérable piquette. Telle quelle cependant, les *caipiras* de S. Paulo l'ont trouvée préférable à l'eau pure, et son usage un peu vulgarisé a déterminé un sensible abaissement de la consommation abusive de l'eau-de-vie.

Le gros défaut de l'Isabelle, c'est qu'elle perd ses feuilles prématurément, que la grappe, exposée sans aucune protection aux rayons du soleil tropical, se recuit et devient absolument impropre à fournir du vin. Au Brésil, — c'est l'hémisphère sud, où l'ordre des saisons est inverse, qu'on ne l'oublie pas, — le fruit mûrit trop tôt, fin janvier ou au commencement de février, alors que la température estivale est encore à son maximum d'élévation, et y persiste jusqu'en avril, parfois même en mai. La fermentation est fatalement ainsi tumultueuse ; le sucre ne se développe pas bien en alcool, et celui-ci, entraîné dans ce tourbillon, se décompose en acide acétique et en hydro-carbure, de mauvais goût.

Il a donc fallu chercher une variété dont la maturation moins précoce coïncidât avec l'abaissement de la température en automne. La *Norton's Virginia*, adoptée par quelques-uns a donné en effet de meilleurs résultats. Elle fait partie du groupe *Æstivalis*, le meilleur des vignes américaines. Le vin qu'elle donne est irréprochable, il a du corps, il est riche en tannin, possède un bon bouquet, un bon goût et une belle couleur. Toutefois sa grappe, elle aussi, mûrit précocement, en février, et le cep se reproduit difficilement par bouture, on ne peut guère le multiplier que par la greffe, culture éminemment délicate pour des gens aussi peu expérimentés comme vignerons que les Brésiliens.

Dans le Tieté, on a adopté une autre variété du groupe *Æstivalis*, la *Delaware*, dont le produit est le meilleur qui soit venu sur le marché : d'une saveur très délicate, son vin est malheureusement blanc ; il manque de tannin. Les ceps fournissent peu et de très petites grappes. En revanche, ils donnent un excellent raisin de table. Il reste à voir, si dans des terrains spéciaux, riches en humus, ils ne fourniraient pas davantage, comme aux Etats-Unis. En tout cas, ils sont très rustiques et résistent bien aux pluies torrentielles du climat.

Plus récemment, depuis 5 ans, on a essayé des variétés

américaines nouvelles, appartenant au même groupe, *Æstivalis*, notamment le *Jacquez*, le *Herbemont* et le *Black July*. (Les deux premiers ont donné à Bouffarik, en Algérie, des résultats très remarquables en 1886.) Ils sont à la fois robustes, rustiques, abondants en fructification, donnent de grosses grappes, d'une grande richesse saccharine, d'un fort rendement en vin et d'une sérieuse valeur œnologique. Point capital, leur fruit ne mûrit qu'en mars ou avril : la vendange peut s'en effectuer après la période des grandes pluies et à l'entrée de l'hiver.

Le *Herbemont* et le *Black July* sont absolument robustes quand on les plante dans une terre riche et rouge, où domine l'oxyde de fer. Le *Jacquez* exige un terrain sec, perméable, mais surtout une colline abritée ; sa résistance au phylloxera est prouvée.

Telles sont les variétés américaines qui offrent un avenir assuré ; beaucoup d'autres ne valent rien, quelques-unes comme l'*Othello*, le *Bacchus*, le *S. Sauveur* n'ont pas encore été assez expérimentées, pour qu'on puisse se prononcer.

Et nos cépages d'Europe, et nos excellentes vignes françaises, me dira-t-on ? Il y a quelques jours, j'ai rencontré, à quelques heures d'intervalle, un ami, viticulteur fort distingué, qui a une expérience complète du vignoble d'Algérie, et un jeune savant brésilien, élève distingué de nos écoles d'agriculture de Grignon et de Montpellier, qui, depuis la fin de ses études, séjourne dans les divers vignobles de France et d'Europe, pour suivre de ses propres yeux les phases de la production. Tous deux me parlant du Brésil, — et en général des pays de climat similaire, — me disaient qu'il y fallait hardiment conseiller l'emploi des bons cépages français, choisis avec un soin rigoureux et la plus grande prudence.

De fait, l'expérience du Chili et de l'Australie, si brillants tous deux à l'Exposition universelle cette année devant les dégustateurs, prouve hautement en faveur de ce conseil. Avec les cépages cités plus haut, on obtient et on peut obtenir de bons vins *ordinaires* : il n'est nullement prouvé qu'on en tirera mieux.

J'ai vu avec plaisir M. Barreto se prononcer pour l'adoption de nos cépages d'Europe, et attester que la plus grande difficulté de leur acclimatation à S. Paulo — au Brésil en général de même, — est dans l'absence d'instruction spéciale, technique et pratique, des planteurs. Il appelle de tous ses vœux la venue de colons d'Europe, déjà expérimentés, à l'esprit largement ouvert, et la création d'un enseignement viticole brésilien, qui étudie l'application des lois scientifiques connues au sol brésilien. Certains essais ont déjà démontré que ces cépages européens ont témoigné au Brésil d'une robustesse et d'une fécondité inconnues en Europe, et que leurs fruits y sont parvenus au degré le plus complet de maturation.

Dans la pépinière qu'il a formée et qui compte 410 variétés, dont 350 européennes et 60 américaines, M. Barreto a constaté une excellente rusticité chez le *Cabernet*, la *Syrah*, le *César* ou *Romain*, le *Trousseau*, l'*Altesse*, le *Jacquire*, le *Corbeau*, le *Mócho*, la *Maisanna*, la *Boussauna*, la *Mendossa*, le *Gamay* (Beaujolais), le *Brégin* ou *Rougin*, tous français, et enfin chez le *Bastardinho*, la *Donzellinha do Castello* et le *Alvarilhão*, portugais. « Tous ces cépages, dit-il, sont parfaitement adaptables à notre climat, tous peuvent amplement rémunérer le travail du vigneron, et constituer pour le budget de la province une de ses meilleures sources de revenus. »

Je ne puis suivre ce distingué Pauliste dans les développements par lesquels il met en lumière la nécessité d'une école de viticulture dans la province et d'une instruction scientifique plus répandue parmi la jeunesse pauliste, trop exclusivement formée par l'École de droit. Ces fortes pages sont admirables; leur mâle vigueur donne une haute idée de la virilité d'intelligence du penseur qui les a écrites. Mais elles sont adressées à des Brésiliens, pour lesquels l'auteur a estimé qu'il fallait frapper fort. Dans ce livre, elles auraient un caractère d'exagération ; nous ne politiquons pas ici avec les nativistes du Brésil, nous parlons sincèrement de leur pays à ceux qui ne le connaissent pas.

Toutefois je suis heureux de trouver, sous la plume de cet homme distingué, cette juste pensée : « La viticulture, ennoblie par la science, sera une cuirasse contre la nostalgie de l'immigrant et une forte garantie de la stabilité de l'ordre social. » Paroles profondes que les Brésiliens doivent méditer et que les colons d'Europe devront regarder comme un précieux conseil.

Le colon, en venant au Brésil, se heurte matériellement à un obstacle parfois fort pénible ; une énorme différence dans le genre de vie. Nourriture et boisson constituent pour lui un brusque changement trop radical. Un peu de bon sens et de prévoyance suffisent à modifier ce régime en ce qui concerne la nourriture ; au Brésil maintenant, on peut facilement avoir du pain, se procurer de la viande fraîche, des légumes et des fruits. Mais le vin était plus rare et fort cher. C'est au colon que l'on doit de le voir plus répandu, à un prix abordable, et c'est lui encore qui le fera bon, qui lui donnera de la valeur, et en fera une source de fortune pour lui-même comme pour le pays auquel il a apporté son intelligente activité.

Car le Brésilien du terroir, celui qui n'est pas sorti de son trou, ne sait guère ce que c'est que le vin. Il le connaît ou par ouï-dire, ou par les mixtures diverses qu'un commerce malhonnête importe chez lui sous ce nom. Il en est même qui ont vécu longtemps en Europe et qui n'apprécient pas le Bourgogne, qui tout au plus aiment dans le Bordeaux une boisson rouge et plate qu'on leur présente sous ce nom. Tout ce qui dans le vin est généreux, fort, vif, réconfortant, tout ce qui éveille la joie au cœur et fait des muscles, leur fait peur. Ils n'ont pas goûté la sentence de l'Écriture : *Bonum vinum lætificat cor hominis.*

Aussi les planteurs font-ils dans leurs réponses au questionnaire du ministre des efforts amusants pour se convaincre que le vin de la variété *Isabelle* et, en général, de tous les cépages américains, est le meilleur et que les copages d'Europe sont d'un traitement trop difficile, ou d'un revenu trop incertain au Brésil.

C'est que, comme le dit avec tant de force M. L. P. Barreto, si la *vitis labrusca* ou *æstivalis*, l'espèce américaine, pousse sans trop de peine pour qui la cultive, s'accommode volontiers comme le café du travail machinal de l'esclave ou du *caipira*, la *vitis vinifera*, l'espèce européenne, exige du vigneron des soins, de la sollicitude, de l'initiative, de la science; c'est qu'elle nécessite un effort pour jeter de côté la routine, cet oreiller si commode aux gens alourdis par la lymphe coloniale portugaise, et qu'elle entraine une véritable révolution dans ces habitudes déjà séculaires et dont l'atavisme a fait le tempérament de ces hommes, pourtant si vigoureux, de la *roça*.

C'est qu'avec cette vigne, par exemple, d'ici longtemps, le propriétaire du domaine aura besoin d'acquérir tout d'abord par lui-même l'instruction technique et pratique nécessaire, puis surtout de s'occuper personnellement du labour, de la taille, des binages, de toutes ces opérations délicates, variables selon le sol, le cep, l'état atmosphérique, que nécessite la culture intelligente pour être fructueuse; c'est qu'à vrai dire, la vigne nécessite un effort perpétuel vers le progrès, c'est une étude continuelle de sélection, étude attachante, passionnante, mais qui changera singulièrement le genre de vie des fazendeiros.

C'est elle surtout qui amènera la petite propriété, le vigneron d'Europe cultivant son modeste domaine et arrivant par son travail, secondé par le grand propriétaire, à faire un *crû* de la région où s'exerceront leurs activités combinées. Le vigneron européen est l'initiateur obligé des planteurs brésiliens; il l'est bien davantage encore pour la fabrication, le traitement et la conservation du vin, dont ces derniers ignorent jusqu'au premier mot.

Il convient néanmoins de constater qu'il ressort des réponses faites par les Paulistes au questionnaire ministériel, la réalité de très grands efforts déployés pour introduire dans la province un choix considérable de variété de cépages, d'une sincère ardeur à établir cette nouvelle culture, et des résultats fort encourageants déjà obtenus. Si les planteurs ne se sont pas rendu un compte exact des méthodes à suivre, ils ont manifesté et prouvé une entière bonne volonté.

Je n'entrerai pas dans plus de détails. Sous l'impulsion de M. Luiz Pereira Barreto et de M. Antonio da Silva Prado, qui lui-même est un planteur résolu et s'efforce à des essais comparatifs, le ministre de l'agriculture, M. Rodrigo Silva, Pauliste lui aussi, a décidé la création d'une station œnologique à S. Paulo. En même temps, il chargeait M. Emilio Goldi, membre de la commission philloxérique en Europe, qui est attaché au *Museum Nacional*, de visiter les plantations de S. Paulo, afin de vérifier si le phylloxera les avait atteintes ou les menaçait. L'inspection rapide de ce délégué a permis d'affirmer que jusqu'à présent il n'y avait pas trace de l'insecte destructeur. Mais M. Goldi ne s'en est pas tenu là. Il a voulu élargir la commission qui lui était confiée et indiquer ce que devaient faire les cultivateurs. Se prononçant contre toute variété de *vitis labrusca*, contre la Isabelle en particulier, à l'exemple de tout le monde d'ailleurs, il a résolument déclaré sa préférence pour le groupe *aestivalis*, en particulier pour les variétés *Cynthiana* et *Norton's Virginia*, puis subsidiairement pour le *Jaquez*, le *Herbemont*, etc., toutes d'origine nord-américaine, et a déconseillé les vignes du groupe *vinifera*, c'est-à-dire d'origine européenne, sous prétexte qu'elles sont sujettes à diverses maladies et spécialement au phylloxera.

M. Joseph Watzel, engagé à Vienne par le gouvernement brésilien pour diriger la station œnologique dont la création à S. Paulo est décidée, est arrivé dans cette province au moment où M. Goldi procédait à ses investigations. Ils ont de compagnie visité les vignobles et tous deux ont paru s'accorder dans les conseils que je viens de relater. M. Watzel s'est même montré fort surpris de l'ardeur avec laquelle les Paulistes se lancent dans la culture de la vigne. Ni l'un ni l'autre ne connait à fond le sol de la contrée, ses conditions climatériques, encore moins ses habitudes routinières que combattait M. Luiz Pereira Barreto, dont la compétence pratique s'appuie sur une longue expérience, sur la connaissance profonde du milieu physique et moral dans lequel il vit. Cependant, en moins de huit jours, ces deux savants avaient déjà posé leurs conclusions.

Ce sont des hommes sérieux. dont le savoir est prouvé; une telle hâte en apparence si superficielle à conclure, ne s'explique que par une circonstance, c'est que tous deux sont des disciples, des admirateurs et des amis du baron Babo, l'éminent œnologue viennois. Le baron Babo est enthousiaste des cépages nord-américains du groupe *æstivalis,* dont il a vu nombre de bons résultats en Europe, et il se prononce hautement en leur faveur pour l'Amérique, leur patrie.

Je n'ai pas qualité pour contester l'autorité du baron Babo, je n'en ai aucunement le désir. Je veux simplement au passage faire une observation qui a son poids.

Le Brésilien apprécie le vin de Portugal, le vin d'Espagne, d'Italie, de Hongrie, mais il le boit comme une liqueur, en petits verres, à la fin d'un repas dans lequel il n'a bu que de l'eau. Le vin qu'il veut à table, *vinho da Mesa, vinho de Pasto,* c'est celui qu'il pourra boire comme nous à grands verres, mélangé ou non avec de l'eau, selon sa force. Quand l'importation de ces vins : bordeaux, bourgogne, médoc, narbonne ou midi coupés et autres analogues, s'est développée et qu'elle est restée à la fois abondante et... honnête, il y a pris goût, il les a constamment réclamés. Seuls des émigrants de provenance italienne, autrichienne, portugaise ou espagnole, ont recherché des vins analogues à ceux de leur pays, et cela dans une mesure très faible. On sait d'ailleurs quelle mince quantité ces travailleurs en consomment chez eux, comparée à celle qu'absorbent les campagnards des pays vraiment vignobles, et qu'ils n'apprécient pas moins, lorsqu'il leur est donné d'en consommer, nos bons vins de France. Les Brésiliens natifs ont ceux-ci comme idéal.

Or, il semble un peu étrange qu'au moment où il s'agit d'imprimer la première direction autorisée à la viticulture naissante du Brésil, on soit allé demander cette direction à la science allemande, qui est fort respectable sans doute, mais qui, même en Autriche, en matière œnologique, n'est peut-être pas assez complètement servie par son champ d'observation. Elle connaît le sol allemand, le sol austro-hongrois, elle ne connaît que par ouï-dire le sol de France, d'Italie et d'Espagne, au point de vue viticole, bien entendu; elle ignore totalement celui du Brésil, et cependant elle tranche instantanément, pour ainsi dire, avec un aplomb qui inspire des doutes légitimes sur la valeur de ses appréciations.

Il y a mieux; après un mois de séjour à S. Paulo, M. Watzel avait à son sentiment assez vu les faits pour être en état d'organiser sa station. Il élabora un plan qu'il soumit au ministère de l'agriculture et qui lui valut un superbe rappel au sens commun. Je crois que M. Rodrigo Silva s'était aperçu déjà que la caution scientifique du baron Babo n'était peut-être pas à la hauteur de la situation.

Il fit observer à M. Watzel que le temps n'était pas encore venu d'organiser au Brésil une haute école d'agronomie viticole, pour laquelle on ne trouverait assurément que bien peu d'élèves, et peut-être même aussi peu de professeurs, mais que ce dont on a besoin actuellement, en premier lieu, c'est d'une école normale pratique de *maîtres vignerons*. C'est absolument juste.

Eh bien ! j'ai dans l'idée que M. Watzel saura difficilement s'acquitter d'une tâche aussi restreinte. Il eût été un brillant directeur de cours transcendants de chimie agricole, toute théorique, je n'en doute pas. Je le vois mal montrant par son exemple la science de la viti-viniculture appliquée aux Brésiliens de bonne volonté.

Il y a quelques mois que le ministre a jeté sur son

ardeur à faire grand ce sceau d'eau froide et depuis on n'entend plus parler des travaux de M. Watzel !

Je n'ai pas l'intention ni le droit d'apporter ici un conseil au gouvernement brésilien; je lui signalerai simplement un fait. Au Chili, en Australie, à la Plata, au Mexique, on a eu à lutter sensiblement contre les mêmes difficultés qu'éprouve la viticulture au Brésil; on y a cependant cultivé les cépages d'Europe et de France plus spécialement. L'examen comparé de leurs vins au Champ de Mars de Paris, cette année, a causé une véritable admiration au jury et aux dégustateurs : le Chili et l'Australie venaient hors pair, et tous leurs bons vins proviennent de plants pris à Bordeaux, en Charente, dans nos bons vignobles du sud. Ils n'ont pas de phylloxera.

Le pays où les difficultés du climat ressemblent le plus à celui qu'offre le Brésil à la viticulture, c'est l'Algérie : eh bien! aujourd'hui l'Algérie produit beaucoup de vins, de bons vins acceptés partout, sous leurs noms, ou sous des noms d'emprunt (comme cela s'est passé pour le café du Brésil sur les marchés extérieurs), elle a même déjà des crûs. Cela prouve que la lutte, la patience déployée, les efforts développés, ont peu à peu triomphé de ces difficultés. Est-ce que le bon sens n'indique pas qu'il conviendrait de demander à un vigneron émérite, expérimenté et instruit d'Algérie, de venir faire l'éducation pratique des vignerons débutants du Brésil ?

Je crois qu'habitué à voir se dresser constamment des obstacles sur sa route, un tel homme, dont l'esprit est sans cesse en éveil, dont la faculté d'observation a pris par l'exercice une acuité extrême, vaudrait mieux qu'un théoricien, si savant et si classé qu'il soit dans les Instituts. A tout le moins ferait-il œuvre utile, en opérant à côté de ce dernier. Ceux qui ont si bien réussi en Australie pourraient rendre les mêmes services. Si l'on veut profiter de l'expérience des autres, il va cependant de soi que cette expérience doit exister, non pas vague, incertaine, mais appliquée aux conditions les plus rapprochées possibles de celles du terrain sur lequel on est appelé à opérer.

L'IMMIGRATION ET LA COLONISATION.

On me pardonnera cette digression, je pense, si l'on est convaincu, comme je le suis, de l'importance de cette question pour les pays d'immigration européenne, où elle est capitale, et si l'on veut bien remarquer que ce que je viens de dire s'applique, à quelques différences près, à l'ensemble du Brésil. D'ailleurs, les indigènes de celui-ci le méconnussent-ils, que les colons venus d'Europe ne l'oublieront pas. Et en fait, c'est à eux en grande partie qu'est dû l'essor pris à S. Paulo par cette nouvelle branche agricole. Leur présence a donné une physionomie nouvelle et caractéristique à cette province déjà si énergique, si amoureuse des initiatives hardies.

A la fin de 1886, on comptait que les colons de nationalités diverses figuraient pour plus de 5 0/0 dans la population totale de S. Paulo, 62,000 sur 1,221,000; mais, en 1887, il en est venu 33,000; en 1888, près de 95,000; c'est donc aujourd'hui 200,000 colons européens au moins qui travaillent à S. Paulo (plus de 20,000 y sont encore entrés depuis le commencement de 1889). Ils forment plus du dixième de la population et, disséminés comme ils le sont, ils ne peuvent manquer d'exercer sur elle une influence considérable.

J'ai eu souvent l'occasion d'expliquer comment s'est produit ce courant d'immigration. Il a eu pour cause efficiente la claire vue qu'ont eue de bonne heure, et les premiers, les propriétaires de S. Paulo, que l'esclave ferait promptement défaut, et que, pour ne pas se trouver aux prises avec des embarras formidables, pour éviter d'être ruinés à fond, il leur fallait prendre les devants et appeler à eux les bras libres des travailleurs intelligents d'Europe. Moins raisonneurs et plus pratiques que beaucoup d'autres de leurs compatriotes brésiliens, ils ont couru au plus pressé, se réservant de modifier leurs procédés, leurs allures, selon que l'expérience le leur indiquerait. Tout d'abord, ils ont cherché des bras, pour remplacer ceux que l'esclavage ne fournissait plus avec assez d'abondance et qui bientôt leur seraient supprimés peut-être tout à fait, — du moins ils le supposaient, d'accord en ce point avec tous ceux qui ratiocinaient et vaticinaient sur ce problème de la transformation du travail.

Bons enfants, habitués à compter, ayant l'intuition de ce qui servait réellement leurs intérêts, ils ont volontiers usé, vis-à-vis du colon, de procédés bienveillants et larges; ils l'ont traité plus en camarade qu'en maître, et le colon s'est accommodé d'eux, de leurs habitudes, qui pourtant étaient mal faites pour lui convenir. De part et d'autre, on y a mis du sien, et alors les Paulistes ont reconnu qu'il fallait cesser au plus vite de voir dans le colon le succédané de l'esclave, qu'il convenait de le traiter en homme libre. Oubliant les clauses d'une loi draconienne de location des services, qu'aujourd'hui on n'applique plus, mais qui n'est pas encore abrogée, ils ont eu foi dans l'efficacité d'une parole loyalement échangée. Bien des modes d'engagement du colon ont été pratiqués : la tâche, le salaire, le métayage (*parceria*) ou colonage, etc.; selon les tempéraments des parties contractantes, ils ont plus ou moins réussi à chacune d'elles, mais au total on s'est parfaitement tiré de ce noviciat de la réorganisation du travail; les échecs individuels n'empêchent pas que, dans l'ensemble, la transformation ne soit un vrai succès.

Et à mesure que cet emploi du colon se propage, les idées se sont élargies. S. Paulo a, la première de toutes les provinces, compris qu'il faut, à côté du salariat même très rémunéré, offrir au colon la possibilité de l'acquisition de la petite propriété; c'est la condition absolue de sa stabilité, le seul moyen de lui inspirer la volonté de demeurer après pécule réalisé; c'est l'avenir du peuplement et du progrès sous toutes les formes. Et, au lieu de lui offrir, comme on a trop souvent fait ailleurs, par une sorte de naïve dérision, inconsciente du reste, des terres excellentes peut-être, mais impossibles à exploiter par leur état de sauvagerie, puisqu'on les lui offrait vierges, telles que la nature les présente à l'explorateur, par leur éloignement des voies faciles et rapides de communication, par leur isolement des marchés d'importation et d'exportation, elle a constitué pour l'immigrant, désireux d'être propriétaire et de travailler pour lui-même, soit qu'il arrive avec une petite mise de fonds ou avec ses seuls bras et sa bonne volonté, soit qu'il ait déjà par le salariat amassé des économies, des centres coloniaux composés de terrains situés près des villes et des chemins de fer, provenant de fazendas en culture qu'on a morcelées à cet effet.

Et, à cette heure, la tendance qui rapidement domine les esprits, est de céder aux colons les domaines anciens ainsi assolés, pour s'en aller, avec les capitaux provenant de cette excellente combinaison, mettre en valeur des terres nouvelles, vierges, mais qui promettent un avenir opulent.

Je suis de ceux qui préconisent le plus ardemment en cette matière la constitution de la petite propriété, mais je n'ai cessé d'écrire, et je n'ai cessé de répéter verbalement quand on m'est venu demander des renseignements et des conseils, — cas qui se réalise presque chaque jour, qu'en débarquant, le colon dépourvu de capitaux, ou n'ayant qu'une toute petite épargne, fera bien de s'employer chez les grands cultivateurs du pays. Quelques années passées ainsi au service de ces *fazendeiros* lui suffisent pour amasser un pécule, ou pour grossir celui qu'il a apporté, et en même temps *pour apprendre le pays*, son sol, son climat, ses ressources, ses besoins, ses méthodes, le milieu moral, intellectuel, industriel et commercial, toutes notions indispensables au bon choix à faire de la spécialité à laquelle le colon devra se consacrer, du site où il s'installera et des moyens qu'il appliquera dans exploitation. Ce noviciat lui permet d'acquérir l'expérience *gratuitement*, c'est-à-dire aux dépens des autres.

C'est bien là ce qui en fait se réalise. Je vais le montrer succinctement par quelques chiffres. Cela ne veut pas dire, comme on le va voir aussi, que le colon au débarqué ne peut s'installer immédiatement dans une des colonies organisées et s'en tirer à son avantage. Le contraire est prouvé, mais cela signifie seulement que, dans l'état présent des choses, il n'y a pas de place prête pour un grand nombre de colons de cette dernière catégorie, et qu'en thèse générale, le noviciat, que je viens de définir, garde une utilité d'une supériorité incontestable.

De 1882 à 1887 inclusivement, il était entré dans la province 56,253 immigrants, dont 37,618 Italiens, 12,327 Portugais, 1,736 Espagnols, 26 Nord-Américains, 65 Russes, 411 Suédois, 399 Belges, 920 Autrichiens, 919 Allemands, 192 Français, 123 Suisses, 33 Anglais, 24 Turcs, 975 Danois, 12 Hollandais, 15 Grecs, comprenant ensemble 29,790 hommes, 13,239 femmes et 13,224 enfants âgés de moins de douze ans.

Le service de la statistique ne remonte pas plus haut que 1882. Toutefois, avant cette date, les rapports présidentiels accusent, de 1827 à 1855, l'entrée de 5,329 colons, dont 2,052 Allemands, 1,512 Portugais, 602 Hambourgeois, 439 Suisses-Allemands, 160 Suisses-Romans, 131 Suisses et Portugais, 129 Français et 304 de nationalités diverses.

En 1888, il est entré dans la province directement par le port de Santos, 74,777 immigrants, dont 67,592 Italiens, 4,575 Portugais, 1,757 Espagnols, 209 Allemands, 128 Napolitains, 124 Cearenses, 40 Autrichiens, 28 Français, 10 Belges, 8 Suisses et 6 Russes, sur lesquels 369 sont repartis pour diverses localités des provinces brésiliennes du sud. Il y avait parmi eux 26,951 époux, 41,593 célibataires, 3,603 veufs.

En ajoutant les colons venus de Rio de Janeiro par chemin de fer, nous avons un chiffre total pour cette province de 92,086 entrées en 1888. — Si nous tenons compte des mêmes adjonctions depuis 1882, il en résulte un chiffre total d'entrées de 152,768 au 1er janvier 1889. — On peut compter qu'avant 1882, il y avait environ 30,000 colons déjà établis; avec les 20 ou 22,000 venus cette année, la population d'immigrants de S. Paulo doit s'élever approximativement aujourd'hui à 210,000.

Il ne me semble d'aucune utilité à cette heure de retracer les divers modes adoptés pour introduire ces colons : le gouvernement leur a payé le voyage, et les a transportés après leur débarquement à la destination adoptée; le plus grand nombre s'étant engagés dans les *fazendas* de particuliers, ont accepté un arrangement qui a été en général à peu près celui-ci : le propriétaire leur avançait de quoi s'entretenir avec leur famille, durant les premiers temps jusqu'après la récolte; il leur fournissait gratuitement une maison d'habitation, du pâturage pour un cheval et une vache, et deux hectares pour leurs plantations de céréales ou de légumes; pour le traitement annuel de mille pieds de café à lui appartenant, y compris le sarclage, la replantation des manquants, le nettoyage des arbres, 50 $, et en outre 300 reis pour cinquante litres de café récolté. Un individu pouvant facilement soigner deux mille caféiers, arrive à gagner 200 $ par an, dont 100 $ pour la cueillette. Ce profit est net, car pour son entretien le produit de ses plantations propres suffit. — Ce sont là d'ailleurs des moyennes bien souvent dépassées, car elles ont été établies à une époque de singulier fléchissement des salaires par suite de l'insignifiance de la récolte, — et quand l'esclave existait encore.

Néanmoins les résultats de cette organisation étaient excellents. Malgré son désir de trouver le Brésil et les Brésiliens en faute, à la date du 2 août 1887, M. Enrique Perrod, vice-consul d'Italie à S. Paulo, calculait déjà que les propriétés acquises par ses compatriotes à S. Paulo se montaient à 5,233,518 francs (2,364,008 $), estimées d'après les déclarations des intéressés en regard de l'impôt, pour le seul canton de S. Paulo. Les chiffres pour les autres cantons étaient à l'avenant.

Mais tout cela est trop vague, et je veux reproduire ici un tableau fourni par M. Martinho Prado, pour la colonie établie dans sa fazenda de *Campo-Alto*, canton de Araras (comarca de Limeira), et relatif à l'année 1888. Il faut noter que tous ces colons sont entrés au service de la fazenda, les uns au commencement de 1888, les autres en mai, et ceux que le tableau présente en *débit*, tout à fait à la fin de l'année. Ils ont dû en conséquence tout acheter, n'ayant rien à eux, et lutter contre les difficultés qu'éprouvent tous les nouveaux arrivés, changement de climat, etc.

Ceci bien entendu, voici le tableau dont il ressort que certains ont gagné en un an ce qu'ils n'auraient pu obtenir en Italie en vingt ans, car ce sont tous des Italiens, et tous sont arrivés s'établir dans la fazenda en 1888.

Les noms sont disposés par numéros d'ordre selon l'époque de l'entrée des colons.

COLONS	DOIT	AVOIR	SOLDE EN FAVEUR	
			DU PROPRIÉT.	DU COLON
Domenico Favarin . .	214$130	303$300	—	179$170
Luigi Ceccato	345 000	1.082 500	—	737 500
Enrico Morellato . . .	173 965	323 700	—	149 735
Collante Giaron	251 985	536 400	—	284 415
Luigi Barco	392 780	742 000	—	349 220
Angelo Andreata . . .	260 790	668 500	—	407 710
Giorgio Marini.	381 210	760 850	—	379 640
Andrea Bevilaqua. . .	305 390	639 000	—	333 610
Pietro Baggio	304 380	690 900	—	386 520
Vincenzo Dalgé	346 670	1.151 150	—	804 480
Carlo Cristoni.	186 400	490 900	—	304 500
Tomaso Maragno . . .	370 420	970 400	—	599 980
Giuseppe Favaretto. .	257 210	462 250	—	205 040

COLONS	DOIT	AVOIR	SOLDE EN FAVEUR DU PROPRIÉT.	SOLDE EN FAVEUR DU COLON
Davide Favarotte . . .	205 610	361 800	—	156 190
Pietro Zambon	270 675	576 500	—	305 825
Giuglio Gandolti. . . .	173 750	320 020	—	146 270
Angelo Zancani	450 690	1.107 450	—	656 760
Antonio Ciarotto . . .	181 380	820 900	—	639 520
Luigi Bizello.	241 425	378 450	—	137 025
Luigi Pinton.	481 030	545 000	—	63 970
Luigi Sealon.	263 330	610 400	—	347 070
Luigi S. Felice.	210 970	329 860	—	118 890
Caetano Pasini.	220 245	466 550	—	246 305
Gaetano Cezziotti . . .	254 470	606 820	—	352 350
Giovane Zancani . . .	72 730	155 400	—	82 670
Luigi Eagliari.	238 720	415 750	—	177 030
Luigi Debatisti.	27 900	—	27$900	—
Abrano Eagliaro. . . .	317 515	592 000	—	274 485
Ollessio Barbieri. . . .	409 770	887 900	—	478 130
Giuseppe Girotto . . .	406 960	922 750	—	515 790
Angelo Del Zotti. . . .	788 860	1.841 950	—	1.053 090
Domenico Zambon . .	351 980	761 000	—	409 020
Graccomo Eonetti. . .	394 850	624 700	—	229 850
Marco Eoccheton . . .	539 005	766 300	—	227 295
Giovani Marcellini. . .	200 660	395 680	—	195 020
Luigi Buvileri	213 915	416 800	—	202 885
Luigi Palmini	148$640	172$000	—	23$3[illegible]
F. Miglioranzi	223 705	463 620	—	151 865
Antonio Beneditti. . .	311 665	489 960	—	178 300
Armete Peubini	275 265	311 380	—	36 115
Luccio Scanavini . . .	271 630	281 820	—	10 190
Rosa Ceccato.	49 580	—	49 580	—
Piedro Eesser	178 790	131 600	47 190	—
Inocentre Zago	97 675	103 500	—	5 825
Giovani Zanardo . . .	150 155	239 290	—	85 135
Luigi Zanardo.	83 310	85 400	—	2 090
Luigia Dalto.	53 415	69 100	—	15 685
Gaetano Colombini . .	175 430	43 920	131 510	—
Pietro Franchini. . . .	79 883	90 840	—	10 95[illegible]

COLONS	DOIT	AVOIR	SOLDE EN FAVEUR DU PROPRIÉT.	SOLDE EN FAVEUR DU COLON
Fortunato Brancher. .	44 955	17 380	—	27 575
Giuseppe Marchiori. .	18 000	—	—	18 000
Giovani Bovo	33 560	—	—	33 560
Benedetto Bovo	30 480	—	—	30 480
Marco Manprin	16 520	—	—	16 520
Luigi Scanavini. . . .	30 545	—	—	30 545
Giuseppe Maccanti . .	56 755	—	—	56 755
Francesco Archioli . .	56 905	—	—	56 905
Teresa Sabatini	36 885	—	—	36 885
Rafaele Begnami . . .	51 465	—	—	51 465
Alberto Guidotti. . . .	29 030	—	—	29 030
Angelo Soldati	38 012	—	—	38 012
Gaetano Baraldi. . . .	66 410	—	—	66 410
Giuseppe Grandi. . . .	69 920	—	—	69 920
Valeriano Poggi. . . .	87 130	—	—	87 130

Voici un autre tableau fourni par le fils du précédent propriétaire, M. Martinho Prado Junior, le même qui a fondé la société promotrice de l'immigration de S. Paulo.

Il concerne la colonie *Albertina*, établie dans la fazenda de Ribeirão Preto; l'auteur de ce compte-courant note que l'année 1888 a été d'une récolte insignifiante, par où l'on peut apprécier ce que les colons ont dû gagner en 1889, où la récolte a été très abondante.

« Beaucoup de ces colons, ajoute-t-il, possèdent des économies leur rapportant intérêt, et presque tous possèdent des chevaux, des porcs, des oiseaux de basse-cour, sans parler de provisions alimentaires en abondance. Nous pouvons presque garantir qu'à la fin de 1889, aucune de ces familles n'aura pas économisé moins de 500 $, et que d'autres auront une épargne liquide de 2 à 3 contos. Cela suffit à démontrer que le colon sérieux qui veut travailler, trouve chez nous une situation enviable. Je voudrais que tous les propriétaires de S. Paulo adoptassent ce système de publicité, pour mettre en évidence la vraie situation des colons agriculteurs à S. Paulo. Les colons qui se trouvent en *débil* vis-à-vis du propriétaire sont entrés à son service seulement dans les derniers mois de 1888. »

Les noms des colons sont rangés dans le même ordre qu'au tableau précédent :

COLONS ANCIENS	DOIT	AVOIR	SOLDE EN FAVEUR	
			DU PROPRIÉT.	DU COLON
Angelo Camolese . . .	257$254	663$267	—	406$013
Antonio Camolese. . .	213 996	654 470	—	440 474
Antonio Pivetta. . . .	358 648	416 345	—	57 697
Benedicto Parro. . . .	218 898	407 845	—	188 947
Carlos Vecchi	145 494	163 785	—	18 291
Domingos Peruk. . . .	320 756	393 385	—	72 629
Francisco Poliselli . .	401 664	737 485	—	335 821
Francisco Zanin. . . .	167 401	935 887	—	768 486
João Ernica	190 000	780 517	—	590 517
João Parro.	358 350	770 710	—	412 360
João Pivetta.	181 835	462 535	—	280 700
José Camolese.	341 499	764 780	—	423 281
José Parro	196 700	870 430	—	673 730
José Peruk.	142 000	435 675	—	293 675
José Sussolotti.	244 107	393 584	—	149 477
Luiz Camolese.	202 697	858 295	—	655 598
Luiza Moretto.	123 265	352 217	—	228 952
Luiz Poliselli	303 512	376 775	—	73 263
Magdalena Parro . . .	483 790	1.116 180	—	632 390
Pedro Moretto.	105 325	323 017	—	217 692
Santo Marin	200 136	364 095	—	163 959
Antonio Fontana . . .	160 861	601 890	—	441 029
Benjamin Gabrielli . .	234 348	403 855	—	169 507
Benjamin Giacomelli.	186 652	362 715	—	176 063
Conrado Fontana. . .	190 500	959 900	—	769 400
Domingos Nobili . . .	253 816	321 100	—	67 284
Domingos Vrek. . . .	11 000	548 910	—	537 910

COLONS ANCIENS	DOIT	AVOIR	SOLDE EN FAVEUR DU PROPRIÉT.	SOLDE EN FAVEUR DU COLON
Jacomo Brak.	279 027	619$755	—	515$755
Jacomo Donda.	11 200	296 895	—	203 668
Jacomo Vrek.	26 000	712 555	—	670 555
João Dominico.	110 200	439 615	—	255 031
João Durbin.	277 027	378 995	—	102 296
José Bais.	166 000	347 215	—	134 563
José Delmaso	125 065	313 265	—	196 849
José Maulin	105 000	302 360	—	135 360
José Ranut.	136 326	507 622	—	201 800
José Sacchiero. . . .	104$900	502 785	—	375 185
José Valentin	93 227	399 955	—	130 255
José Vrek.	13 000	353 750	—	220 250
Lazaro Fontana. . . .	184 584	163 730	61$132	—
Pedro Narduci.	276 699	419 205	—	274 057
Ricardo Dalmaso . . .	212 652	401 730	—	66 910
Valentin Martinelli. .	116 416	268 330	—	25 330
Virgilio Fontana . . .	167 000	1.041 195	—	1.025 195
Anselmo Gennaro. . .	305 822	144 245	—	92 145
Benedicto Turlaneto .	127 700	847 500	—	736 250
Biagio Mogno	[illegible] 700	1.048 755	—	1.018 855
J. Baptista Raminelli.	133 500	810 080	—	702 880
João Gobbo	224 882	630 625	—	226 578
João Moi.	145 148	393 740	—	128 333
Josué Martarelli. . . .	334 820	275 445	—	129 145
Luiz Martarelli	243 000	1.449 040	—	1.234 040
Valentim Marian . . .	90 000	336 339	—	110 330
Vicente Battistetti. . .	52 400	759 313	—	443 487
David Parro	111 250	869 200	—	590 473
Fernando Battistetti .	21 800	350 775	—	539 775
Jacono Brochetti. . . .	107 200	665 670	—	639 670
J. Baptista Colognas.	404 047	681 495	—	502 295
Agostinho Giorgetti. .	265 407	427 200	—	150 473
Angelo Crivello	146 407	639 730	—	493 750
Angelo Turlaneto. . .	215 000	370 060	—	244 995
Angelo Rizzato	215 940	507 570	—	402 570
Angèlo Spessotto . . .	315 826	663 765	—	527 439

COLONS	DOIT	AVOIR	SOLDE EN FAVEUR DU PROPRIÉT.	SOLDE EN FAVEUR DU COLON
Antonio Mian.	217$150	286$850	—	69$700
Antonio Trevisan. . .	145 900	341 240	—	195 340
Antonio Vettoretti . .	680 684	500 300	180$384	—
Bento de Abreu Faria.	314 750	1.135 940	—	821 190
Domingos Dotta. . . .	105 500	530 236	—	424 736
Fernando Barbieri . .	64 640	204 890	—	140 250
Francisco J. Pereira .	242 500	978 140	—	735 640
Francisco Violin . . .	109 000	398 815	—	289 815
Jacintho Pivetta. . . .	216 382	505 695	—	289 313
Jacono Pinsan.			—	—
Joao d'Almeida . . .	459 044	455 000	4 044	—
Joao Provatto.	114 330	206 025	—	91 695
J. Estevam Santanna.	400 357	823 465	—	423 108
Joao Spessoto.	96 843	319 475	—	222 632
José Craveiro			—	—
J. Antonio Delgado. .	259 900	999 590	—	739 690
José Giacomini	449 661	595 485	—	145 824
José Moretto.	175 400	482 015	—	306 615
José Provedello	118 340	387 330	—	268 990
Luiz Cagnin.	257 800	736 880	—	561 080
Luiz Trevisan.	211 600	909 796	—	698 196
Manoel Caetano. . . .	243 300	669 880	—	426 580
Manoel Soares.	175 040	1.071 200	—	896 160
Marcos Vivian.	309 680	461 895	—	153 115
Marian de F. Isabel .	357 100	1.547 000	—	1.289 900
Miguel Turlanetto. . .	50 000	404 425	—	354 425
Pedro Sasso.	221 443	285 430	—	63 987
Pedro Vendramin. . .	536 443	515 595	47 848	—
Seraphin Alesandro. .	1 8062	272 875	—	83 255

Colons entrés au cours de 1888

COLONS	DOIT	AVOIR	DU PROPRIÉT.	DU COLON
Angelo Mazzucco. . .	98 140	28 000	70 140	—
Antonio Bellusso . . .	123 250	275 723	—	152 473
Antonio Benassi. . . .	113 990	33 460	80 530	—
Antonio Maino.	49 040	6 874	39 161	—

COLONS	DOIT	AVOIR	SOLDE EN FAVEUR	
			DU PATRON.	DU COLON
Bortolo Dalmaso . . .	4$000	34$875	—	30$875
Caetano Cavallare. . .	175 103	39 910	80$520	—
Carlos Nalesso.	80 700	4 500	39 166	—
Domingos Nogrin. . .	81 410	43 600	—	—
Jacono Brunello. . . .	33 910	8 112	135 193	—
Jacono de Nicolo . . .	43 250	147 365	79 250	104 115
José Manchetta	85 000	147 660	37 810	60
Justo Munari.	43 389	7 450	25 798	—
Luiz Guan.	124 820	28 260	—	—
Luiz Trazza	117 500	387 659	—	220 159
Natal Petri.	94 500	243 580	38 150	249 080
Nicolao Casagrande. .	45 700	2 415	96 300	—
Paule Fusinato.. . . .	7 200	150 400	—	142 900
Pedro Angeli.	48 000	97 100	—	49 100
Pedro Benetti	45 000	16 700	29 700	—
Rosa Rizzetto	19 730	6 124	11 606	—
Virgilio Craveiro . . .	5 500	31 440	—	27 940

Si l'on veut se donner la peine d'étudier ces chiffres, on verra qu'en effet, ces colons ne sont pas malheureux. S'il en fallait une preuve nouvelle, je pense que celle-ci suffirait. Je l'extrais de la *Lombardia* de Milan, qui, au commencement de septembre dernier (1889), annonçait ceci, qu'en 1888, il est venu sur les places de Gênes, Milan Lucques, 5,670,089 francs pour le compte des Italiens résidant au Brésil; 1,225,000 francs sur cette somme ont été expédiés à Lucques par les Toscans résidant à S. Paulo. Il faut, dit ce journal, ajouter à ces 5 millions et demi les importantes sommes envoyées à Naples par l'entremise du *Banco di Credito Meridionale*, à Gênes par celle du *Banco di Credito Mobiliare* et en diverses autres parties de l'Italie, par l'intermédiaire de la *Banca Générale*, sans compter l'argent expédié par les maisons particulières qui font traite sur l'Italie. — Dans ces sommes, n'est compris le montant d'aucune opération commerciale; elles représentent exclusivement le fruit des épargnes faites par les émigrants et dont une petite partie seulement a été expédiée à leurs parents demeurés en Italie.

L'éloquence de ces chiffres se passe de tout commentaire.

Quant aux colonies ou noyaux coloniaux, *Nucleos*, comme on les appelle ici, S. Paulo en compte quelques-uns.

Appliquant une loi provinciale du 29 mars 1884, loi très libérale et très prévoyante, à laquelle Louis Couty applaudissait avec enthousiasme un peu avant de mourir, le président de la province, autorisé par une décision ministérielle du 20 décembre 1887, a acheté deux fazendas pour les allotir et établir sur ces lots des colons.

L'une des colonies ainsi créée est celle *das Cannas*, d'une étendue de 4 kilomètres, près du chemin de fer de S. Paulo et Rio, entre Piquete et Lorena, sur le Parahyba, navigable en ce point, et à 12 kilomètres de l'usine centrale de Lorena, à laquelle elle expédie toutes les cannes qu'elle cultive et auxquelles elle doit son nom. Il me paraît piquant de citer, dans toute sa naïveté, la lettre suivante écrite par un des colons belges installés dans cette colonie à la fin de décembre 1886 :

Nucleo Colonial das Cannas, Lorena,
21 septembre 1887.

Chers frère et sœur,

En réponse à votre lettre, je vous annonce que nous avons reçu les deux paquets de journaux et les semences, mais que nous n'avons pas encore reçu les caisses.

Chers frère et sœur, je vous fais savoir que nous sommes tous en bonne santé et nous espérons qu'il en est de même de vous. Je voudrais vous auprès de nous; ça va très bien grâce à Dieu nous vivons ici comme nous n'avons jamais vécu en Belgique. Les récoltes vont également bien; les haricots, le riz, le maïs, la canne à sucre, les pommes de terre, ainsi que les légumes. Les céleris que tu m'as envoyés sont déjà replantés et tous les légumes belges produisent beaucoup plus ici qu'en Belgique. Aie la bonté de m'en envoyer des semences avec des résédas doubles pour ma femme, tu me feras grand plaisir, ou plutôt apporte-les toi-même. Viens au Paradis, ne reste plus en Enfer. Ne crains rien quand même tu n'aurais pas d'argent en arrivant; tu peux être sûr d'avoir à manger; aies toute confiance en moi et ma famille qui t'attendons les bras ouverts. Si tu veux faire du commerce, apporte tout ce que tu peux, ainsi que semences et outils de travail, pierres à repasser les outils, ustensiles de cuisine; tout cela coûte très cher au Brésil; pantalons de couleur, sabots, etc..., enfin tout ce que tu peux apporter.

Demande à M. Maigret le prix d'une charrue à un cheval, d'un stulbuteur et des ferrements d'un rouleau, car nous allons nous monter de tout cela. Nos récoltes vont être expertisées par la Compagnie et nous aurons de l'argent à l'avance. Tu sais que l'on ne fait pas l'homme en un jour. J'ai acheté un second lot de terrain et ai fait le premier paiement du premier lot. Tu diras à M. Quinet qu'il n'oublie pas mon fils pour le tirage au sort, et tu me diras si M. Colonval est content de remplir les fonctions pour son cher ami qui parle de lui tous les jours. Louis est revenu de Rio de Janeiro; on nous fait deux écoles pour filles et garçons. Nous avons une société de musique, ils en font partie tous les trois; ils y vont pendant la chaleur, et le soir ils vont à l'école. Le chef de musique est belge, et toute la colonie est belge. On est en train de faire une station au chemin de fer qui est à 700 mètres, et ont fait les fondations d'une église pour laquelle le comte Das Cannas donne un million; il est président d'honneur de la musique. Si tu veux venir aux noces de ma fille, il faut te dépêcher, car on attend le père du jeune homme qui est en Espagne. Nous sommes bien placés, entre deux villes, dont l'une est à deux lieues et l'autre à une. Le terrain est plat et très fertile; nous travaillons quatre heures le matin et deux heures l'après-midi; nous sommes notre maître et on ne peut mieux. Si tu veux en profiter, cher frère, viens et tu seras comme nous, tu ne seras pas obligé de vendre tes effets pour manger. Maintenant les enfants parlent le brésilien, principalement Louis et Léa.

Chers frère et sœur, je vous attends avec impatience et vous ferez des compliments à la famille; à la femme de Parent et à A. Malacordi et à Cavaignac, auquel tu diras de m'envoyer une grosse hache. Tu lui diras aussi qu'on l'attend de jour en jour. Compliments à tous les voisins. La femme Jacot doit venir; si elle vient et que tu ne viennes pas, donne-lui ce que tu peux. Si tu as des amis, amène-les, il fait bon.

En attendant de vos nouvelles le plus tôt possible, tu embrasseras ta fille pour ta sœur Marie-Louise.

HENRI BRONCHIN,

Nucleo Colonial das Cannas, par Lorena, province de S. Paulo, Brésil.

Cette lettre rend mieux compte que tout ce que je pourrais dire de la situation des immigrés dans les colonies; celui qui l'a écrite n'était arrivé que depuis 10 mois. Il y avait 78 lots ruraux à *Cannas* et 120 lots urbains, avec autant de maisons prêtes pour les colons, à la fin de 1887. Quand le président Rodrigues Alves ouvrit la session législative provinciale de 1888, la situation générale de cette colonie était prospère. Les 72 lots ruraux étaient occupés par 38 familles brésiliennes, 15 italiennes, 14 portugaises et 16 belges. On avait réservé 4 lots contenant les bois nécessaires à la colonie, où l'on cultive la canne et les céréales.

La seconde colonie est *Cascalho* (canton de Rio Claro).

située près du chemin de fer *Paulista*, à 14 kilomètres de la ville de Limeira, à 17 de Rio Claro et à 18 d'Araras. Elle a été divisée en 69 lots ruraux, 52 suburbains et 124 urbains. En janvier 1887, 31 lots ruraux seulement étaient occupés. En 1888, il y en avait 59 d'occupés par 212 personnes. La culture, à ses débuts, portait sur les céréales, avec quelques essais de vigne, de seigle, d'orge et un peu de café.

Indépendamment de ces colonies provinciales, des colonies privées établies dans les fazendas des particuliers, comme celles de Ribeirão Preto, et d'Araras, dont on a vu les comptes tout à l'heure. S. Paulo possède un certain nombre de colonies créées par l'Etat, par le gouvernement général. J'en dirai seulement quelques mots pour indiquer leur situation au 1er janvier 1888.

S. Bernardo, dans le canton de S. Paulo, fondée le 2 juillet 1877, inaugurée le 3 septembre de la même année, a 334 lots, dont 109 étaient occupés; se compose des anciennes fazendas de S. Bernardo (*Velho et Novo*) et de Jarubatuba achetée par l'Etat à l'ordre des Bénédictins; superficie 1,959, 37 hectares. Le siège ou chef-lieu est à 6 kilomètres de la station de S. Bernardo de la ligne anglaise de Santos à Jundiahy. La population était de 1,295 habitants, adonnés à la culture des céréales et de la vigne: production valant 59,298 $.

S. Caetano, fondée le 28 janvier 1877, dans une fazenda appartenant aux Bénédictins, à 10 kilomètres de S. Paulo: superficie, 1,087 hectares; 85 lots délimités dont 15 attribués et occupés par 326 habitants, adonnés surtout à la culture de la vigne. Ils ont produit, en 1887, 33 pièces de vin valant 4,950 $; production totale valant 25,756 $.

Sant'Anna, sur un domaine de l'Etat, à 6 kilomètres de S. Paulo, à 4 et demi de la station de Luz, inaugurée le 1er juillet 1877, avait 236 habitants; possédait 69 lots délimités, sur 84 hectares; 20 étaient occupés; horticulture et industrie des transports : production valant 3,385 $.

Pariquera-Assú, créée en 1887 dans le canton de

Iguape; 27 lots délimités occupés par 341 habitants (le lot a 26 hectares).

Senador Antonio Prado, fondée le 3 juin 1887 par l'installation de 9 colons allemands dans les terrains de la fazenda nationale de Ribeirão Preto; comptait 111 habitants tous étrangers, 239 lots de 100 à 12 hectares pour les ruraux et de 2 hectares et demi pour les urbains. Il y a quelques Français et quelques Belges.

Baron de Jundiahy, à 3 kilomètres de la ville de Jundiahy, à la station appelée *Fazendinha*, du chemin de fer anglais : superficie 515 hectares, 87 lots délimités : 99 habitants tous Italiens.

Rodrigo Silva, près de Porto Féliz, sur des terres acquises par l'État; superficie 1,601 hectares; lots de 25 hectares. Occupée par 50 familles belges, groupées par un prêtre belge, l'abbé Vanesse; lesquelles ont apporté chacune 1,000 francs au moins pour subvenir aux premiers frais. Installés au commencement de 1888, ces Belges n'ont cessé de se plaindre de leur directeur qui, sans doute, s'est laissé guider par des sentiments trop autocratiques. Ils sont restés toutefois et trouvent le pays excellent.

Depuis lors, plusieurs *nucleos* ou noyaux ont été créés ou sont en voie de création, entre Jacarehy et Taubaté, entre Roseira et Cruzeiro, — le premier est dans la fazenda de Bôa Vista, achetée par la province. — Sans parler des colonies que le ministre actuel, M. Lourenço de Albuquerque pousse les associations d'initiative privée à fonder, par le morcellement de grandes propriétés en rapport et pour lesquelles il accorde des subventions aux organisateurs.

M. Ed. de Grelle, ministre de Belgique à Rio de Janeiro, a adressé au sujet de l'immigration et de la colonisation à S. Paulo, un rapport à son gouvernement publié à la fin de 1888. Il venait de visiter personnellement fazendas et colonies. Les renseignements qu'il affirme avoir recueillis et contrôlés sur place, confirment ce que j'ai dit; ils sont même plus flatteurs, car les chiffres des bénéfices qu'ils citent pour le travail d'une année sont supérieurs aux miens. Mais cette différence que j'avais fait prévoir tient aux variations des récoltes et à ces circonstances ambiantes qui sont de tous les pays. Je ne retiendrai que la conclusion de M. de Grelle :

« En effet, le voyage d'exploration que je me suis décidé à entreprendre dans la province de Saint-Paul a eu, je le répète, pour résultat de modifier l'opinion assez défavorable qui s'était formée dans mon esprit à la suite de rumeurs pessimistes circulant sur le sort réservé aux émigrants.

« Les Belges que j'ai rencontrés dans les grands centres coloniaux m'ont déclaré qu'ils n'avaient à se plaindre de rien, au point de vue matériel de leur condition.

« Ils disposent de ressources suffisantes pour leur subsistance et pour l'entretien de la famille. Ils ont, de plus, la perspective de devenir en peu d'années propriétaires d'un terrain d'une étendue minimum de 10 hectares et de faire une petite fortune par les bénéfices ultérieurs de leurs cultures.

« Les commencements, il est vrai, sont difficiles, étant donnée l'inexpérience avec laquelle débute l'étranger, principalement l'homme du Nord, dans un pays si différent de celui qu'il vient de quitter.

« Il y a aussi à vaincre le mal engendré par l'isolement sur un si vaste territoire, le manque de relations avec des congénères, l'ignorance de la langue portugaise ou italienne, la dissemblance des us et coutumes, la privation des distractions habituelles après le labeur quotidien, enfin, le cuisant regret de la patrie absente qui porte à la mélancolie et au découragement sous le plus beau ciel du monde.

« Ces mêmes Belges m'ont affirmé qu'il n'y avait rien de fondé dans les plaintes qui m'étaient parvenues au sujet des mauvais traitements dont auraient été victimes plusieurs de leurs camarades, de l'indigence à laquelle ces derniers se disaient avoir été réduits.

« Ceux qui ont quitté la province, non pas en s'enfuyant, mais librement, sont tous connus de leurs compatriotes.

« La plupart d'entre eux s'étant figuré, sur des promesses trop séduisantes d'agents d'émigration, qu'ils allaient trouver ici, sans peine, ni labeur, les moyens d'existence qui leur manquaient ailleurs, n'ont pas voulu se mettre sérieusement à l'œuvre.

« Leurs ressources épuisées, ils sont partis pour Rio, où, par des récits imaginaires, ils ont apitoyé les autorités de leur pays afin d'en obtenir secours et rapatriement.

« Il convient de faire observer, à ce propos, qu'il se fait dans le nord de l'Europe, un choix peu judicieux des éléments rassemblés pour fournir au Brésil les bras réclamés par l'agriculture. »

Le diplomate conclut avec raison qu'il y a place au bon soleil du Brésil, pour tout homme de bonne volonté qui ne craint pas le travail.

Il y a encore, ainsi que je l'ai dit, beaucoup d'Indiens sauvages à l'ouest et au nord-ouest de S. Paulo, sur le bas Tieté et sur le bas Paranapanema. Suivant une habitude fâcheuse, les premiers *sertanejos* qui poussent une pointe en défricheurs vers leurs forêts, les attaquent et les massacrent trop souvent. Il en résulte des représailles terribles qui sont extrêmement difficiles à éviter autrement que par l'extermination totale. La catéchèse a été reprise naguère par quelques religieux et avec succès, malheureusement avec trop peu de ressources. Le Parlement n'est pas assez large pour les crédits de ce genre. M. Jaguaribe affirmait, le 5 mars de l'an dernier, à l'Assemblée provinciale, en réclamant à cet effet un crédit plus fort, que la tribu des Chavantes ou Guatós, ses voisins, car il habite Santa-Cruz du rio Pardo, à côté de Campos Novos du Paranapanema, est entièrement soumise, docile et très aisée à civiliser.

Il est certain que les Paulistes n'ont pas besoin de massacrer ces pauvres diables, et qu'avec un peu de bonne volonté ils arriveront à les adjoindre à la population régulière. C'est un contingent de main-d'œuvre précieux pour les premiers travaux de la mise en valeur du *sertão desconhecido*.

Je me suis attardé sur cette magnifique province de S. Paulo. Je l'ai cru nécessaire pour faire entrevoir ce que sera le Brésil dès qu'une action intelligente et une initiative hardie voudront entreprendre méthodiquement la mise en valeur des magnifiques éléments qu'il possède avec tant d'abondance et de diversité. Bien qu'elle soit la province la plus avancée, on a pu voir combien il reste encore à faire, puisque tout ce qui est réalisé n'est qu'un début. Bras et capitaux y ont encore un avenir dont il serait singulièrement téméraire aujourd'hui de vouloir fixer le terme.

XIII

LE PARANA ET SAINTE-CATHERINE.

La baie de Paranaguá. — Apect physique, limites, superficie, montagnes et rivières de la province du Paraná. — La cataracte de Guayrá ou des *Sete-Quedas*. — Le chemin de fer de Curytibá. Morretes, Antonina, localités traversées. — Le climat de la région. — Caractéristiques des campos. — Les diverses vallées. — Les pâturages. — La *estrada geral*. — Les campos de Palmas. — Colonisation et production.
La province de Sainte-Catherine. — Coup d'œil général. — Éléments constitutifs. — La zone des campos. — La houille de Tubarão. — Le chemin de fer de Theresa Christina. — Les colonies et leur production.

De Rio de Janeiro, où j'étais revenu, le vapeur postal de la Compagnie nationale conduit en deux jours à Paranaguá; une seule escale à Santos, de quelques heures, empêche la marche directe, qui autrement demanderait à peine vingt-quatre heures. Ces bateaux partent le 5, le 11 et le 24 du mois. Nous connaissons déjà la côte jusqu'à Santos, et plus loin même, jusqu'à Cananéa. Une longue île succède à celle de Cardoso, qui est en face de cette dernière ville, et va terminer à la partie septentrionale de la grande baie de Paranaguá.

Celle-ci s'enfonce à plus de 40 kilomètres dans les terres, avec une largeur approchant de 20 kilomètres, sans compter les replis et les anses; elle est parsemée d'îles; l'entrée en est masquée par les îles do Mel et das

Peças; la barre du sud, entre l'île do Mel et le continent, est appelée d'Ipobetuba ou encore Barra-Falsa: elle est hérissée d'écueils entre lesquels n'osent pénétrer que des pirogues. La barre du nord est appelée de Superaguy; quoiqu'elle semble fort large, elle est de même également rétrécie par des obstacles semblables. — La barra Grande ou du Centre est la véritable entrée maritime, large d'un mille environ et accessible aux plus grands navires. Le canal intérieur, appelé du *Varadouro*, entre la grande île d'Ararapira, établit pour les barques une communication en quelque sorte intérieure entre la baie de Paranaguá et celle de Cananéa. Ce canal débouche au sud dans un bras de mer dit *Bahia dos Pinheiros*.

Trois beaux ports se présentent dans cette grande baie, où débouchent quatre-vingts rios plus ou moins considérables : Paranaguá, au sud, immédiatement derrière les îles prolongeant l'entrée, Guarakessava au nord, à la pointe méridionale de la terre ferme qui fait face à l'île das Peças, et Antonina, tout au fond, dans l'anse septentrionale qui forme l'estuaire du rio Cachoeira.

L'entrée du port de Paranaguá est signalée par le phare das Conchas, élevé à la partie occidentale de l'île do Mel, sur le monticule du même nom, et par un *pharolete* ou fanal placé dans la forteresse de la même île, à l'extrémité du *morro* da Baleia.

On débarque le plus souvent à l'estacade du bassin appelé Porto de D. Pedro II, qui est la gare maritime. La ville est à 2 kilomètres au sud, près de l'embouchure du rio Itiberé, entre une grande forêt venant du sud et la longue île da Cutinga, qui lui fait face, lui supprimant souvent les effets utiles ou dangereux des vents marins. Elle a bien un port aussi, mais qui est passablement obstrué et peu commode. De l'Itiberé part vers l'ouest un canal, le *Furado*, dont la rive est entièrement couverte de palétuviers (*rhizophorus mangle*), et où se trouve la petite église du Rosario do Rocio, objet d'un pèlerinage annuel très joyeux, reste de l'antique *Festa da Cavallaria*, car jadis on s'y rendait à cheval. La ville est le chef-lieu du canton de Paranaguá, qui ne compte pas, d'ailleurs, d'autre paroisse. Elle peut avoir 10 à 12,000 habitants. Le panorama dont on y jouit sur la baie est vraiment admirable, et je comprends la tradition qui prétend que l'excédent de la population de S. Vicente et de Cananéa, trop à l'étroit, ayant cherché dans ses grandes barques de pêche un site plus favorable, s'arrêtèrent, ravis, à l'entrée de cette baie. « Surpris, ajoute-t-elle, de se voir entourés de tant de cabanes d'Indiens Carijós, et redoutant de leur part une trahison, ils s'arrêtèrent dans l'île de la Cutinga, juste en face de l'île Rasa. S'y jugeant en sûreté, ils y commencèrent la construction de leurs demeures, pensant sans doute qu'entourés par la mer de tous côtés, la défense leur serait plus aisée en cas d'attaque des indigènes. Mais les Indiens domestiqués qui leur servaient d'interprètes et quelques cadeaux leur conquirent promptement l'amitié dévouée des Carijós, et ils échangèrent la position stratégique de la Cutinga pour celle de Paranaguá, sur les terres moins faciles à défendre, mais plus étendues du continent.

« Ils choisirent la côte du côté droit, celle qui longe la barre du sud ; tout d'abord ils se mirent à explorer le pays, remontant les rios Almeidas, Correâs et Guaragussú ; ils y découvrirent de nombreuses mines d'or connues ultérieurement sous le nom de mines de Paranaguá. Ce nom générique s'appliqua à toutes les mines découvertes plus tard dans les alentours, y compris celles de Assunguy, Serra Negra, Tagassaba, Faisqueira, Pinto, Cubatão et Guaramby. La population, groupée autour de l'église de N. S. du Rosario de Paranaguá, s'accrut assez vite, et, dès le 29 juillet 1648, João IV lui accordait le rang de ville. Dès 1640, elle possédait déjà une potence, signe de son autonomie et de son droit de haute justice. Jusqu'en 1812, c'était la ville la plus importante de la province, dont Curityba devint la tête et en 1854 la capitale, quand la province fut séparée de S. Paulo. »

Le Paraná fut en effet jusqu'alors une simple division judiciaire (*comarca*) et administrative de S. Paulo, c'était le district de Paranaguá et de Curitybá. Il ne constitua une province séparée qu'après l'indépendance du Brésil, en vertu de la loi du 29 août 1853, et son premier président s'installa le 19 décembre suivant : c'était M. Zacharias de Góes e Vasconcellos. La loi du 26 juillet 1854 lui donna pour capitale Curitybá.

Comprise entre 22°45' et 26°29' de latitude sud, entre 4°45' et 11°53' de longitude occidentale de Rio de Janeiro, ayant 440 kilomètres du nord au sud, de la rive gauche du Paranapanema à la rive droite de l'Iguassú, 550 jusqu'à celle de l'Uruguay, et 800 de l'est à l'ouest de l'embouchure du ruisseau Ararapira jusqu'au confluent de l'Iguassú et du Paraná, cette province aurait, selon Macedo, une superficie de 355,000 kilomètres carrés, de 221,319 selon les publications officielles, de 335,412 d'après la notice officielle du bureau de colonisation (1875), et de plus de 400,000 d'après l'*Esquisse géographique* de M. Sebastião Paraná. (Rio, Pinheiro, 1889.)

Ces différences d'évaluations tiennent à ce que les limites de la province sont un peu indécises et même contestées. Avec S. Paulo, elle a pour frontières l'Itararé et le Paranápanema; le canal et l'isthme du Varadouro au nord-est sur le littoral, jusqu'à l'embouchure de l'Ararapira dans le golfe de Superaguy. A l'ouest, le Paraná la sépare de Matto Grosso. C'est au sud qu'elles sont incertaines : vers le sud-ouest est le territoire des Missions, contesté encore avec la République Argentine, et, vers le sud-est, la province de Sainte-Catherine réclame une bande qui a près de deux degrés de latitude en largeur, et comprend les campos de Palmas avec le territoire du Rio Negro. Les Paranáenses rejettent la limite des rios Negro et Iguassú que veulent les Santa-Catharinenses.

En fait, les premiers sont restés maîtres du terrain.

N'étaient les serras qui se dressent au milieu de la ligne de partage des eaux, le Paraná, vu à vol d'oiseau, ferait l'effet d'une île énorme, car l'Itararé, le Paranapanema, le Paraná et l'Uruguay qui, avec l'Océan, en baignent les quatre faces, ne permettent, pour ainsi dire, aucune communication terrestre avec les régions voisines.

Dans l'ensemble, le terrain est plutôt uni que montagneux, encore qu'il soit accidenté par des dépressions et des hauteurs culminantes, qui forment des divisions climatériques fort nettes. La serra do Mar, plus ou moins parallèle à la côte, partage la province en deux régions bien distinctes : la *Marinha* ou *Beira-Mar* et la *Serra-Acima*. Dans la première, le terrain est étroit, bas, en grande partie humide ; dans la seconde, il est énorme, assez élevé au-dessus de la mer. On y trouve d'immenses forêts, où la nature montre toute sa sauvage sublimité, des *campos* magnifiques, revêtus d'une luxuriante végétation et arrosés par de puissantes rivières, navigables, poissonneuses.

Dès que l'on commence à gravir les contreforts de la serra maritime, qui, des terrains bas du rivage élevés à peine de 8 à 10 mètres au-dessus du niveau de l'Océan, montent à plus de 900 mètres, on atteint l'entrée du plateau, la haute plaine paranáense, où soudainement la végétation change avec la constitution du sol d'alluvion qui la produit. De grandes masses basaltiques, granitiques et calcaires, superposées, dénoncent par leur amoncellement disloqué l'action volcanique qui a présidé à la formation des gigantesques bases de ce plateau, et qui, se prolongeant jusqu'à son centre, vont constituer la splendide région des *Campos Geraes*, que Geoffroy Saint-Hilaire appelait « le paradis du Brésil ». Après avoir décrit l'excursion qu'il y fit en 1851, ce célèbre naturaliste ajoute : « De toutes les parties de cet empire que j'avais parcourues jusqu'alors, il n'en est aucune où l'on peut établir avec plus de succès une colonie de cultivateurs européens ; ils y trouveraient un climat tempéré, un air pur, les fruits de leur pays, un terrain où, sans des efforts extraordinaires, ils pourraient se livrer à tous les genres de culture auxquels ils sont accoutumés. »

Ce que sont ces campos, le grand voyageur va nous le dire : « Les campos sont certainement une des plus belles contrées que j'ai parcourues depuis que je suis en Amérique; ils ne sont pas assez plats pour avoir la monotonie de nos plaines de Beauce, mais les mouvements de terrain n'y sont plus assez sensibles pour mettre des bornes à la vue. Aussi loin que celle-ci peut s'étendre, on découvre d'immenses pâturages; des bouquets de bois, où domine l'utile et majestueux *Araucaria*, sont épars çà et là dans les enfoncements et contrastent par leur teinte rembrunie avec le vert charmant des gazons. Quelquefois, à fleur de terre, se montrent des rochers sur le penchant des collines et laissent échapper des nappes d'eau qui se précipitent dans les vallées; de nombreux troupeaux de juments et de bêtes à cornes paissent dans la campagne et animent le paysage. »

Les sapins du Brésil, cette essence précieuse de l'*Araucaria brasiliensis*, y pullulent en effet, tantôt formant des bois épais, tantôt disposés en groupes qui semblent des îles dans l'étendue solennelle des *coxillas*.

Ce nom de *coxilla* ou *cochilla*, qui apparaît ici pour la première fois, se retrouve à mesure qu'on avance dans le Sud-Amérique, jusque dans la Patagonie et au Chili. Il désigne les chaînes de collines, ramifications prolongées des grandes serras ou cordillières. Il correspond assez bien à ce que, dans l'est de la France, nos paysans appellent des côtes, et ces côtes ne sont pas à dédaigner, car les Vosges mêmes sont ainsi désignées par eux.

La serra do Mar prend diverses dénominations locales : da Bocaina, Negra, de Ararapira, de Cavóca, de la Mãi Cathira, da Graciosa, de Itupava, du Arraial, da Prata, de S. Miguel, du Ikiririm, de Araracuára, etc. La serra da Prata est celle qui longe directement au sud la baie de Paranaguá. L'amiral Mouchez y a mesuré des pics de 430 à 960 mètres; le Morro du Murumby, le plus élevé, a 1,430 mètres, et sert de balise aux navigateurs. La serra do Mar, qui donne naissance à l'Iguassú d'une part et de l'autre aux rivières qui se déversent dans les baies de Paranaguá et de Guaratuba, forme le premier degré de l'échelle orographique, par laquelle on monte aux plateaux supérieurs.

Le second degré est formé par la Serrinha ou serra dos Capados; elle se détache, en formant un cercle oblong, de la serra do Mar, au point où celle-ci prend le nom de serra de Paranapiacaba; elle se brise en deux rameaux pour laisser passer le rio Ribeira d'Iguape et termine en allant presque droit au sud à la rive septentrionale de l'Iguassú. Elle est encore parallèle au littoral; son point le plus élevé est à l'altitude de 1,215 mètres. Elle soutient la seconde terrasse du plateau et sert de *divortiam aquarum* entre le Ribeira d'Iguape et les affluents du Paraná.

Le troisième degré est la chaine de la Esperança, qui s'élève jusqu'à l'altitude de 1,365 mètres, et du haut de laquelle on découvre les vastes campos de Guarapuava. Elle se dirige bien encore du nord au sud, mais du nord-ouest au sud-est, au lieu de la direction nord-est sud-ouest que gardaient les deux premières. Les plateaux que ces trois chaines supportent sont, au sud, reliés par un contrefort plus bas devant la dépression assez faible où coule l'Iguassú; au nord la ligne des crêtes est peu sensible, et il n'y a que de minces ondulations entre les sources de l'Iguassú et celles des divers formateurs du Ribeira d'Iguape.

Près de Castro est le nœud orographique d'où à la jonction de la Serrinha et de la serra de Paranapiacaba, part vers le nord-ouest la serra das Furnas, continuée par celle dos Agudos, qui va jusqu'au Paranapanema, séparant les bassins du Rio das Cinzas et du Tibagy; celle de la Ribeira, prolongée par celle de Apucarana et dos Cinco Irmãos, s'allonge entre le Tibagy et l'Ivahy, dans le même sens. — La serra da Ribeira forme une sorte de degré intermédiaire avant de franchir le dernier, qui est la serra da Esperança; entre elles deux coule le rio dos Patos, affluent de l'Ivahy; les serras de S. João, da Pitanga, do Cavernoso, do Gandory, se détachent au sud de celle da Esperança et s'enfoncent vers l'ouest, en inclinant dans diverses directions; elles paraissent moins considérables que les précédentes.

Tout au sud, un grand rameau de la serra do Mar, séparant les bassins de l'Iguassú et de l'Uruguay, la serra do Espigão, forme la limite de Sainte-Catherine.

Dans la zone maritime ou Marinha, les rios descendus de la serra do Mar et se jetant directement dans l'Atlantique n'ont qu'un cours restreint et un volume limité; on rencontre, du nord au sud, les rivières Ararapira, Guarakessava, Serra-Negra, Assunguy, se déversant au nord de la baie de Paranaguá; Cachoeira, Nhandiaquára, Sagrado, Embuguassú, Itiberé, Guaraguassú, se déversant à l'ouest et au sud de cette même baie; le Cubatão, le Cubatãosinho, le S. João, le Cannavieiras, dans celle de Guaratuba.

De la Serrinha, au nord du plateau de Curityba, descendent, traversant les fertiles terrains de la serra Azul, une chaîne intermédiaire, les divers rios formant le Ribeira de Iguape, comme le Pardo, l'Assunguy, le Ribeirinha, le Turvo.

De la serra das Furnas au nord, de celle de Paranapiacaba à l'ouest, descendent directement au Paranapanema divers grands affluents de gauche : Iguaricatú, Jaguariahiva, rio das Cinzas. — L'Itararé naît à la limite même de ce bassin, et, depuis la serra de Paranapiacaba qui contient ses sources, il forme la frontière de S. Paulo. J'en ai indiqué, dans le chapitre précédent, les disparitions souterraines et les curieuses particularités.

Immédiatement au sud coule le Tibagy, descendu de la Serrinha, et qui, lui aussi, se jette encore directement dans le Paranapanema. Il est fort long et assez considérable. Large de 100 mètres aux eaux basses, de 900 aux pleines, très poissonneux, diamantifère, il reçoit nombre de tributaires inutiles à énumérer ici; son cours présente d'assez nombreux rapides et trois sauts : Aparada, Agúdo et

Porto da Cima. De Jatahy à son confluent, il est franchement navigué sur douze lieues et demie, et les bateaux continuent sur le Paranapanema pendant trente-cinq lieues jusqu'au Paraná. Ce que j'ai dit à S. Paulo de la vallée du Paranapanema s'applique avec une exactitude absolue aux vallées de ses affluents de gauche, comme à celles de droite.

L'Ivahy naît dans la serra da Esperança, et son gros affluent de tête par la droite, le rio dos Patos, descend du versant ouest de la serra da Ribeira; après un cours de cent trente lieues, dont vingt-deux navigables, après s'être grossi du Corumbatahy, son principal affluent de gauche, il se jette dans le Paraná même. Je reviendrai plus loin sur le caractère de sa vallée.

Le Piquiry débouche directement, lui aussi, dans le Paraná et juste en face de l'Iguatemy, à 25 kilomètres environ en amont du célèbre saut de Guayra ou des Sept Chutes. Il naît dans la serra de S. João; son cours est peu connu encore; d'après le capitaine Nestor Barba, il est très poissonneux, les territoires qu'il arrose très giboyeux, et les terrains paraissent très fertiles. Non loin de son confluent se trouvent les ruines de la célèbre *Ciudad Real* des Espagnols, capitale de l'antique province de Guayra.

L'Iguassú naît près de Curitybá, au nord de la ville, et après 1,200 kilomètres de cours de l'est à l'ouest, se jette dans le Paraná, grossi d'une multitude de tributaires, dont les principaux sont, à droite, Arêa, Jordão, Cavernoso; à gauche, Espingarda, Jangada, Iratym, Negro, Chopim et Santo Antonio; il est navigable depuis le Salto de Caia-Canga, près de Palmeira, jusqu'au Porto de União da Victoria, dans Palmas, sur une étendue de 350 kilomètres. Le Negro, navigable sur plus de 230 kilomètres, est surtout utilisé à la remonte, car les produits de sa vallée s'écoulent par le port voisin de S. Francisco, dans Sainte-Catherine.

Les explorations de l'Iguassú sont toutes récentes; elles

continuent encore de la part de la commission mixte chargée d'étudier sur le terrain la question des limites du territoire des Missions. En 1871, le capitaine de frégate M. R. da Cunha Couto, qui venait d'en visiter le confluent, le décrivait ainsi : « L'Iguassú débouche dans le Paraná par la gauche au 25°34′ de latitude sud et au 11°26′ de longitude ouest de Rio. Au confluent, il est large de 400 à 440 mètres et profond de 8 mètres aux basses eaux; 12 kilomètres en amont commencent les rapides et de forts courants, produits par le fameux saut qui est à 19 kilomètres plus haut. On y remonte cependant en partie avec un canot. Par ce que nous avons vu, ce rio vient chercher la rive du Paraná, dans la direction du sud, avant de faire le saut; il a des rives basses et couvertes d'épaisses forêts; à 40 kilomètres environ du confluent, il commence à tourner au N.-N.-O., se déployant sur une largeur énorme, coulant entre des îles et des rochers, et formant de petites chutes. En complétant son détour, il subit la plus forte et la dernière, qui est de cent trente pieds de hauteur, embrassant toute la courbe de la rive gauche, qui est peut-être longue de plus d'un mille. La différence de niveau des eaux, du lit d'en haut à celui d'en bas, est évaluée à 58 mètres. Le lit d'en bas, au pied du saut, forme un bassin assez spacieux, où les eaux paraissent en repos après avoir été roulées par une telle chute, mais le rio se rétrécit aussitôt considérablement, ses eaux courent avec une vitesse de 15 à 18 milles par heure, en faisant des voltes plus ou moins prononcées soit au nord, soit au sud, entre des berges hautes de 70 à 100 mètres et s'en vont lentement se déverser au Paraná dans la direction de l'ouest. »

L'Uruguay, qui naît dans Sainte Catherine, sert surtout de communication entre les Campos Geraes et les villes de Itaquy; S. Borja, Uruguayana, dans Rio Grande du Sud.

Le fleuve, père des autres, est le Paraná, qui a donné son nom à la province, dont cependant il ne forme que la frontière. De sa source dans la Mantiqueira, à son embouchure dans l'Atlantique, sous le nom de Rio de la Plata, il mesure un cours de 4,290 kilomètres, inférieur seulement à celui de l'Amazone, supérieur à ceux du reste du monde. Martin de Moussy l'évalue à 4,500, d'autres à 4,600 environ. Au sud du Brésil, il joue le même rôle que l'Amazone dans le nord. C'est lui qui reçoit tous les rios de Minas, tous ceux de S. Paulo et de la province du Paraná nés à l'ouest de la Mantiqueira et de la serra do Mar, sans parler des gros affluents qui lui viennent à droite de Goyaz, Matto Grosso, du Paraguay et de la République Argentine. Il est donc le récepteur d'un bassin immense.

Voici comment on le partage en sections et l'étendue de chacune d'elles :

1° De sa source dans la Mantiqueira, à sa jonction avec le Paranahyba, où il perd le nom de Rio Grande. kil.	1.438
2° Du confluent du Paranahyba à celui de l'Iguatemy.	555
3° Du confluent de l'Iguatemy à celui de l'Iguassú. .	178
4° Du confluent de l'Iguassú à Candelaria.	186
5° De Candelaria à Tranqueira du Loreto.	156
6° De Tranqueira du Loreto à Tres Boccas (confluent du Paraguay	222
7° De Tres Boccas à Buenos-Aires	1.466
8° De Buenos-Aires à la pointe de Maldonado, où il prend le nom de Rio de la Plata	389
Longueur totale du Paraná.	4.290

Mes lecteurs connaissent déjà le cours supérieur de ce beau fleuve, dont j'ai décrit tous les affluents, en parcourant Minas-Geraes et S. Paulo.

Le Paranahyba, sur lequel j'ai le moins insisté, nait à l'ouest de la serra das Cannastras, en contreversant du S. Francisco, et coulant de l'est à l'ouest, reçoit à droite, S. Marcos qui vient du nord au sud, à gauche le Dourados qui vient du sud au nord : — un peu plus loin, à gauche, le volumineux rio das Velhas, coulant vers le nord-ouest et grossi d'innombrables petits tributaires : plus bas encore, à droite, le rio Verissimo, coulant vers le sud-ouest depuis sa sortie de la serra dos Cristaes : du même côté, il reçoit ensuite le puissant Corumbá, qui nait dans Goyaz, à la serra des Pyrinéos, en contre-versant du Tocantins : coulant d'abord vers l'est et ensuite au sud-est, il recueille le S. Bartholomeo à gauche, prend la direction du sud jusqu'à ce qu'il rejoigne le Paranahyba, s'adjoignant encore à gauche le rio da Palmeira, et à droite, un peu en amont, le Tutubatuba, en aval, les rios du Peixe et Piracajuba. Le Corumbá est plus violent que le Paranahyba à ces hauteurs, il a assez de profondeur et de rapidité, et au passage de la route de S. Paulo à Goyaz, sa largeur est de 297 mètres aux environs de Catalão.

Au-dessous du confluent du Corumbá, le Paranahyba reçoit encore beaucoup d'affluents sur ses deux rives : à droite les rios Meia Ponte, dos Bois grossi du Verde, (par le rio dos Bois on peut en bateau entrer dans le rio dos Anicuns jusqu'à 18 lieues en avant du village de ce nom) ; à droite encore, les rios Claro, Verdinho, Corrente et Aporé ou du Peixe ; à gauche, le rio da Prata dont les tributaires sont le Tijuco et le Babylonia ; depuis le confluent du S. Marcos, le Paranahyba sert de limite à Minas et à Goyaz, jusqu'au rio Correntes ; depuis ce point, à Minas et Matto Grosso jusqu'à sa jonction avec le Rio Grande, et au-dessous à S. Paulo et à Matto Grosso. — La navigation du Paranahyba est interrompue par deux cataractes : celle de S. Simão, au-dessous de la bouche du rio dos Bois, et celle de Santo André, cinq lieues en amont de la jonction avec le Rio Grande ; d'autre part son lit est souvent obstrué par des roches, mais qui laissent des canaux suffisants. Sa largeur, comme celle du Rio Grande, varie beaucoup, de 100 à 1,000 mètres, et plus encore au moment de la crue des eaux.

Le fleuve formé du Paranahyba et du Rio Grande, appelé désormais Paraná, coule vers le sud-ouest jusqu'à la barre du Invinheima, et en aval vers le sud. En territoire brésilien, il reçoit à droite le Cururuhy ou rio dos Cayapós, le Sucurici, 13 kilomètres au-dessous du saut de l'Urubú-pongá; le Verde, le Pardo composé du Sanguesuga et du Vermelho, navigable sur 70 lieues, l'ancienne route de Matto Grosso (le Pardo reçoit à droite le Andarahy-guassú, qui augmente beaucoup son volume avant le confluent dans le Paraná); suivent, l'Invinheima, né au versant oriental de la serra de Anambahy et qui se déverse entre des iles en formant 5 bouches, il est lui-même la réunion des rios Vaccaria et Brilhante, celui-ci déjà grossi à droite du rio dos Dourados; l'Invinheima coule d'abord au sud-est, ensuite au sud jusqu'à sa dernière barre, mais devant chacune d'elle revenant à la direction de l'est; il est d'une navigation facile pour les plus gros bateaux jusqu'au Brilhante; celui-ci peut recevoir des bateaux un peu moindres, parce qu'il est très sinueux, a peu de fond et de largeur jusqu'à ses 7 *voltes;* en amont de ce point, il devient plus étroit et plus difficile, sans toutefois opposer de chutes au passage.

Le Paraná reçoit encore par la droite l'Anambahy qui vient de la serra de ce nom, coulant de l'ouest à l'est, l'Iguatemy, venant de la même serra dans la direction nord-sud, puis ouest-est et prenant celle du sud un peu avant son déversement, à quelques lieues au-dessus de la grande cataracte de Guayra. L'Iguatemy dans cette région forme la frontière entre Matto Grosso et la République du Paraguay.

Le saut de l'Urubú-Pongá est à 6 kilomètres environ au-dessous du confluent du Tieté; de ce saut à la cataracte de Guayra, sur une distance de près de 600 kilomètres, le Paraná est navigable pour les plus forts bateaux. Il est parfois large de 3 kilomètres, même au-dessus de l'Urubú-Pongá, mais il se rétrécit beaucoup aux approches de la seconde cataracte. Il a toujours au moins 6 mètres de profondeur et il est parsemé d'îles dont quelques-unes ont une longueur énorme, comme la Comprida qui a 40 kilomètres et une autre qui en a 50.

« Cette étendue de 600 kilomètres n'est qu'une section de cet immense fleuve. Dans toute sa longueur, disent les ingénieurs du chemin de fer projeté vers Matto Grosso, qui l'explorèrent en 1873 et 1874, la formation géologique est encore du grès, interrompu à intervalles par des *dikes* de basalte. Au-dessous du confluent de l'Ivahy, on voit, aux bords de celui-ci, l'extrémité de la serra des Dourados, qui se présente comme un rocher escarpé haut de plus de 30 mètres, d'une couleur très curieuse; le Paraná, à la base de ce rocher, n'a pas une profondeur moindre de 22 mètres.

« Environ 4 kilomètres plus bas commence l'île du saut de Guayra ou des Sete Quedas, longue de 80 kilomètres et qui divise le Paraná en deux bras immenses. Lorsqu'ils se réunissent au-dessous de l'île, leur largeur est de 5 kilomètres. A partir de là, le lit du fleuve s'incline rapidement jusqu'à ce qu'il atteigne l'endroit où la serra de Maracajú se vient baigner dans le Paraná.

« Là le grès disparaît pour faire place au basalte, qui semble former le massif du prodigieux saut des Sete Quedas, où il nous fut possible de pousser l'exploration. Malheureusement il n'entrait pas dans notre plan d'étudier de plus près cette immense cataracte, peut-être la plus inconnue des merveilles naturelles du Brésil.

« L'expédition, dirigée par l'ingénieur Hunt, faute de ressources et de vivres, dut à son grand regret renoncer à visiter la fameuse cataracte; après 14 jours de voyage et d'efforts, elle dut laisser à des explorateurs plus heureux le bonheur de revoir cette merveille, qui depuis Azará, il y a un siècle, paraît n'avoir plus été contemplée par aucun homme civilisé.

« Pour donner une idée de la grandeur de cette merveille naturelle du Brésil, nous noterons qu'à 100 kilomètres de la cataracte, la largeur du Paraná est de 1,500 mètres, sa profondeur moyenne, au temps des eaux, de 12 mètres, la rapidité du courant de 1 mètre, et par conséquent le volume des eaux qui tombent en une seconde de 18,000 mètres cubes.

« Au nord du confluent de l'Ivahy jusqu'à celui de l'Invinheima, la navigation du Paraná est complètement franche; ses berges ne sont pas bien hautes, sauf entre le point situé vis-à-vis de la bouche de l'Ivahy et la rive méridionale de la barre de l'Invinheima, où se dresse un *taboleiro* de grès. A part cette exception, et deux autres pareilles sur la rive orientale, on peut dire que le Paraná a des rives assez basses, mais présentant toutefois une épaisseur du sol suffisante pour la culture.

« Nous avons observé un dépôt carbonifère imparfait sur la côte de l'île que forme l'Invinheima, en se divisant en deux bras pour entrer dans le Paraná. Un peu plus haut apparaissent au milieu du fleuve des îles de forme conique constituées par des blocs de basalte; elles sont dépourvues de végétation parce qu'elles sont submergées lors des crues. A cet endroit, sur les deux rives du Paraná, on voit de hauts rochers de grès.

« Au-dessus de l'Invinheima reparaissent les éruptions basaltiques; la plus intéressante est celle du Chupador, près du confluent du Rio Verde: elle forme un *dike* de basalte allant d'une rive à l'autre; le Paraná n'a pas d'îles ici et sa largeur ininterrompue est de 1,500 mètres environ. Sur la rive orientale, ce *dike* émerge de 2 mètres et demi au-dessus du niveau des eaux basses, formant un passage en circuit de 100 mètres au plus de largeur.

« C'est également de basalte que sont formés les sauts de l'Urubú-Pongá, à 6 kilomètres en aval de la bouche du Tieté, et de l'Itapura, dans le lit même du Tieté. Ces deux sauts ont chacun 10 mètres de hauteur. »

Cette fameuse cataracte de Guayra ou *Salto das Sete Quedas* n'est guère connue, car tout le monde s'en rapporte à son égard à la description de Felix Azara, qui la visita en 1788, lorsque, avec Alvear, il était commissaire pour la démarcation des limites de territoire entre le Portugal et l'Espagne.

Il est intéressant de relire ce qu'il en écrivait :

« Imaginez une immense cataracte, digne d'être décrite par les poètes, car elle est formée par le majestueux Paraná, qui, même à cet endroit, à 470 lieues de son embouchure, a plus d'eau que presque tous les plus grands fleuves de l'Europe réunis et une largeur de 4,200 mètres à l'endroit où il va commencer à se précipiter.

« Ce fleuve, d'une si grande puissance, se rétrécit soudain à un canal de 60 mètres dans lequel les eaux se précipitent avec une furie indescriptible. Elles ne tombent pas verticalement, mais par un plan incliné sous un angle de 50 degrés, qui produit une chute verticale de 17 mètres.

« Le brouillard produit par le choc des eaux contre les rives de ce canal de granit et contre les rochers qui se dressent au milieu du courant, forme une colonne de vapeur qu'on aperçoit à des lieues de distance et dans laquelle le soleil dessine de nombreux arcs-en-ciel. Une pluie perpétuelle, due à la condensation de la vapeur d'eau, humidifie les forêts environnantes. Le fracas de la cataracte s'entend à 33 kilomètres de distance et dans le voisinage on se prend à croire que la terre tremble. »

En 1876, cependant, un Paranaense, M. le capitaine Nestor Borba, put rapidement au moins visiter les sept chutes. Voici un extrait de son récit :

« Le fleuve précipite ses eaux avec une indomptable furie par le grand canal. Par d'autres canaux moindres des torrents s'élancent avec une furie égale : leur choc produit un énorme tourbillon, dont le fracas est effrayant. Dans cette effroyable lutte, des colonnes d'eau se dressent à une hauteur extraordinaire, se décomposant en nuée d'une beauté fascinante, non seulement par les couleurs de l'arc-en-ciel qu'elle présente généralement, mais par l'effet du soleil qui, se réfléchissant dans les gouttes d'eau éparses en l'air, fait de ces gouttes une éternelle pluie de diamants.

« Ces colonnes tantôt se dressent au milieu du canal, tantôt s'élèvent au-dessus des rochers, à la façon de la mer déferlant sur les falaises de la côte. Le bruit des eaux bouillonnantes dans la lutte, uni au fracas des chutes, produit un résonnement formidable qui semble faire osciller la terre aux alentours. L'homme contemple avec respect et surprise ce prodige de la nature. Chacun des sauts ou chutes mérite en particulier l'admiration; aussi voit-on que les Sete Quedas ne sont pas seulement une grande merveille, mais un ensemble de merveilles qui emplissent le spectateur charmé d'un respect profond devant cette œuvre splendide du génie créateur.

« La première impression ressentie est celle de l'effroi. Un camarade, qui nous accompagnait, homme rude et naturellement insensible aux beautés de la nature, après avoir quelques instants, bouche bée, contemplé ce tableau, dit avec un geste qui lui est familier et qui exprime la plus grande admiration : « *Eh! puxa... diabo!* (Eh! c'est le diable qui la pousse!) »

Les crues de ce puissant fleuve paraissent mal déterminées encore; M. Cunha Couto, qui a étudié le mouvement de ses eaux depuis le commencement de la guerre du Paraguay en 1865 jusqu'en 1869, déclare n'y avoir pu parvenir, malgré des notes quotidiennement prises. Il sait toutefois qu'elles sont occasionnées par les abondantes pluies de l'été dans la région des sources, et c'est le régime de ses plus grands affluents; les plus fortes crues ont donc lieu, c'est chose reconnue, en janvier, février et mars et les plus fortes baisses en août, septembre et octobre. Durant les autres mois, il n'éprouve que de faibles crues, appelées *reponses;* celle de juin est presque certaine et, certaines années, elle acquiert les proportions d'une crue complète, mais elle s'effectue toujours rapidement.

Entre les pleins et les maigres, la plus grande différence de niveau est de 8 mètres : elle s'augmente parfois légèrement au-dessus de Candelaria.

L'ingénieur William Lloyd, dont je citais tout à l'heure le récit sur les conditions de navigabilité du fleuve, a résumé ainsi sa pensée dans l'introduction de son rapport :

« On peut affirmer avec confiance, qu'à une certaine distance des confluents de l'Ivahy et de l'Invinheima et sur un point où arrive encore le bruit de la cataracte de Guayrá, le Niagara du Brésil, il se fondera tôt ou tard une des plus importantes villes centrales de l'Empire, sous l'impulsion du chemin de fer qui reliera les provinces du Paraná et de Matto Grosso.

« Tout ce qui est nécessaire à l'existence, cette cité le possédera; chasses et pêches abondantes, gibier et poisson s'y rencontrent en quantités illimitées; elle jouira d'un climat délicieux; elle possédera le gage certain de sa prospérité et de sa grandeur futures dans l'excellence de sa position, sous le rapport administratif comme au point de vue stratégique.

« Ce ne sont pas là des utopies ni un jeu d'imagination. Pour se faire cette conviction, il suffit d'étudier la carte du Brésil et de reconnaître que la position dont nous parlons est presque à distance égale de Curitybá, de Miranda et d'Assuncion, la capitale du Paraguay.

« A partir du point, où nous imaginons que sera cette ville, l'Ivahy est navigable sur 250 kilomètres; l'Invinheima et le Brilhante sur 430; le Paraná sur 600 et le Tieté sur 500; le Paranapanema et le Tibagy sur 300.

« Cette position prédestinée sera donc le centre d'une navigation fluviale, d'une étendue totale de 2,080 kilomètres. »

Les Jésuites, ces admirables fondateurs et éducateurs de peuples, avaient bien compris ces avantages. C'est sur les bords du Paraná et de ses affluents qu'ils avaient fondé leurs plus importantes réductions; la province de Guayrá ou de Guayará, leur création, ne comptait pas moins de 200,000 Indiens civilisés et amenés à la vie sociale. Plusieurs grandes villes s'y étaient développées, et entre elles Ciudad Real del Guayrá, la capitale, un peu au-dessus du confluent du Piquiry, précisément au point indiqué par l'ingénieur Lloyd. Aujourd'hui on n'y trouve que des broussailles géantes couvrant des ruines.

Près du confluent de l'Iguassú, à côté du grand saut, se trouvent les ruines d'une autre ville de même origine, Santa Maria du Iguassú; près de celui du S. Francisco avec le Paraná, on découvre encore les restes de Ontiveros, cité fondée en 1554. Cindad Real, bâtie en 1557, fut abandonnée dès 1631. A la bouche du Curumbatahy, dans l'Ivahy, se dressent également les restes de Villa Rica du Espirito Santo, importante bourgade espagnole fondée en 1576 et abandonnée en 1631. Ils se trouvent sur une éminence, où l'on voit encore de vieux orangers, des citronniers et des bananiers. En explorant l'Ivahy, les ingénieurs allemands Keller l'ont visitée : « D'après ce que sont ces ruines, disent-ils, on voit que la ville avait été régulièrement construite, avec des rues bien alignées et se croisant à angles droits. Les maisons, pour la plupart au moins, étaient en pisé, couvertes de tuiles, dont les nombreux fragments encombrent l'intérieur des rectangles formés par les murailles, aujourd'hui réduites à des monticules d'un mètre de hauteur, avec des talus de terre éboulée. Sur les ruines de l'Église, dans un angle de la place centrale, les monticules de pisé ont une hauteur double des autres et un énorme *monjoleiro* a poussé sur eux. A l'entrée de Villa Rica, on rencontre des scories et d'autres indices d'une fonderie de fer, minéral très abondant dans les environs. Les terres, fort riches en humus, sont excellentes pour la culture; voilà qui, joint à la richesse des minerais de fer et même à la présence du cuivre dans les roches formant les écueils du fleuve, explique le choix fait par les Espagnols de ce lieu pour une bourgade, malgré la difficulté des communications. »

Il y a bien d'autres ruines de ce genre qui prouveraient, à elles seules, la bonté de ce pays, une fois que le peuplement en serait dirigé avec intelligence.

Il y a deux ans, en 1887, je dois le mentionner au passage, deux explorateurs ont de nouveau visité la cataracte de Guayrá.

Ce sont MM. le capitaine Sandalio Sosa, officier argentin, et le docteur de Bourgasse, membre de diverses sociétés scientifiques de France. Ces messieurs ont remonté le Jejuy Guassú, affluent du Paraguay, traversé tout le territoire de cette République, descendu l'Iguatemy, et sont parvenus dans le Paraná à la bouche du Piquiry. Ils ont, chemin faisant, découvert et exploré deux nouveaux rios importants, l'Ipytá et l'Ihoby, et toute la constitution géologique du territoire, soit au Paraguay, soit au Brésil.

Ils ont rencontré beaucoup de tribus indiennes et visité avec empressement leurs *tolderias* ou campements ; ils les ont trouvés *mansos*, apprivoisés et bien disposés. Toutefois les tribus sont divisées entre elles par des rivalités très vives. Ils cultivent le tabac, le maïs, le feijon (haricot) et le coton. Ils savent tisser d'excellents ponchos, des *chiripás* et des écharpes.

Sur le trajet exploré et plus bas que la zone occupée par les *Caingangs* et les Guaranys, les voyageurs ont rencontré une tribu dont on ignorait encore l'existence : c'est celle des Indiens *Apytéré* (habitants du centre). Ce sont les plus intelligents de tous ceux qu'ils ont vus. Ils font de la musique avec leurs flûtes rustiques et savent travailler la terre cuite.

Arrivés à la bouche de l'Iguatemy, les explorateurs sont entrés dans les eaux du Paraná, qu'ils ont descendu jusqu'au superbe courant formé par la réunion des divers bras du fleuve, à la sortie de l'archipel intérieur de Guayrá. Jusqu'à l'extrémité sud de cette énorme masse d'eau, disent-ils, on aperçoit à plus d'une demi-lieue les vapeurs aqueuses de la grande cataracte; ces vapeurs montent à une belle hauteur, mais non dans les proportions affirmées par certaines descriptions. Le capitaine Sosa dit qu'il ne s'agit pas d'un spectacle unique et imposant, ni d'une chute verticale comme la cataracte du Niagara.

« C'est, affirme-t-il, un gouffre indescriptible, formé de rapides, de cascades, de sauts, dont les eaux convergentes vont s'engloutir dans un canal unique, par où doivent passer 15 à 20,000 mètres cubes par seconde. La hauteur totale de la chute est environ de 100 mètres. L'eau, pulvérisée par des chocs si terribles et si répétés, convertie instantanément en vapeur, s'élève de ces abimes; elle est encore visible à plus de 100 mètres de hauteur. Je n'ai pas eu le bonheur d'y admirer l'arc-en-ciel dont parle Azara, mais cette rosée incessante pénètre tout et vivifie la végétation exubérante de ces régions enchantées ».

Dans un cours de près de 150 kilomètres après ces chutes, le Paraná reçoit à droite l'Iguarchy ou Igurú, le Pozuelos, l'Itaimby-guassú, le Vara-guassú, l'Acarahy-guassú, le Monday, le Pirapitai, le Vagarunguá (en territoire paraguayen), et à gauche, en territoire brésilien, l'Itatú, le S. Francisco, le Jejuhy-guassú, le rio da Guabirova et enfin l'Iguassú, formé dans les replis de la serra do Mar par le rio Curitybá.

Il tourne alors de l'est à l'ouest, pendant 500 kilomètres, recevant des deux côtés d'innombrables petites rivières, jusqu'à Tres Boccas, où il reçoit le Paraguay et d'où, reprenant sa première direction, il coule droit au sud sous son nom, jusqu'à ce que, devant Buenos Aires, ses eaux se mêlent avec celles de l'Uruguay dans le vaste estuaire qui porte le nom de Rio de la Plata.

Dans tout cet énorme trajet, il porte des paquebots et il a porté des cuirassés pendant la guerre du Paraguay.

LE CHEMIN DE FER DU PARANÁ

Par décret impérial du 1er mai 1875, le gouvernement brésilien concédait avec garantie d'intérêts de 7 0/0 pendant 30 ans, sur un capital de 7,000 contos, un chemin de fer reliant la baie de Paranaguá à la ville de Curitybá.

En 1879, autorisée par décret du 12 août se constituait la société française, appelée *Compagnie générale des chemins de fer brésiliens*, au capital de 10 millions de francs, divisé en 20,000 actions de 500 francs, libérées de moitié : elle établissait pour son représentant au Brésil, M. Francisco Pereira Passos, ancien directeur général du chemin de fer D. Pedro II.

En 1880, elle complétait son capital par l'émission de 51,646 obligations de 500 francs, à 5 0/0. Le capital jouissant de la garantie d'intérêts était alors de 32,500,000 francs.

Le 23 mai 1882, l'Assemblée générale autorisait, s'il y avait lieu, la création d'obligations nouvelles ; la somme octroyée par le gouvernement brésilien étant 2,275,000 francs, 1,670,925 seulement étaient affectés au service de la 1re émission d'obligations, et le reste revenait aux actions. Dans le cas de nouvelles obligations, c'est sur la partie de la garantie réservée aux actions qu'on prélèverait le service des titres nouveaux.

Le gouvernement avait autorisé la Compagnie à faire d'un seul coup l'émission de tous ses titres, à condition que le produit en fût versé à la banque Rothschild de Londres, qui a le dépôt des fonds de la délégation du Trésor brésilien ; la Compagnie jouit des intérêts garantis depuis le jour de ce versement. Elle a également obtenu le droit d'émettre, en *obligations*, la majeure partie du capital nécessaire à la construction.

Par un décret du 20 août 1882, elle était autorisée à effectuer les études de divers prolongements, vers le Paraná, vers Castro et sur Lapa, puis du raccordement de Morretes à Antonina.

En vertu d'une décision prise par l'Assemblée générale des actionnaires, le 17 décembre 1883, le Conseil d'administration a émis, le 5 mars 1884, une série de 18,960 obligations nouvelles, afin de se créer des ressources pour l'achèvement des travaux. Les 604,875 francs réservés aux actionnaires sur le total de la garantie, soit 2,275,000 francs.

étaient affectés au service de ces nouveaux titres, rapportant 5 0/0.

L'assimilation des deux séries de ces obligations était décrétée par le gouvernement, qui soumettait l'emploi des derniers fonds à son contrôle, comme déjà l'étaient les premiers par le décret du 12 août 1879, concédant l'annuité de 2,275,000 francs, dont 1,670,925 francs affectés exclusivement au service de la 1re série d'obligations.

Les travaux, commencés en 1880, ont été terminés le 15 septembre 1881 pour la 1re section, longue de 41 kilomètres et finissant à Morretes. Cette section était inaugurée et livrée à l'exploitation le 18 novembre 1883. La seconde section, très difficile, longue de 45 kilomètres, terminée en mai 1884, a été inaugurée le 26 juin suivant. La 3e section, longue de 24 kilomètres de Piraquára à Curitybá, a été livrée à l'exploitation avec les 111 kilomètres de la ligne totale, le 8 février 1885.

Ces travaux, dont l'exécution avait été confiée dès le début à la Société de travaux Dyle et Bacalan, présentaient de grandes difficultés. Reconnaissant promptement les conditions spéciales du sol brésilien, dans une région énormément accidentée comme celle-ci surtout, la Compagnie se décida à appeler à son aide les lumières et l'expérience pratique des ingénieurs brésiliens, mieux à même que ceux d'Europe, fussent-ils Anglais, de lutter avec les rudes obstacles de cette nature grandiose. Elle en confia la direction à M. l'ingénieur João Teixeira Soares, dont la superbe traversée de la serra maritime est l'œuvre méritoire.

On le verra tout à l'heure au passage de ces défilés si malaisés.

Les résultats de l'exploitation depuis son début sont présentés par le tableau suivant :

Années.	Recettes.	Dépenses.	Solde.
1883	4.400$350	13.934$361	— 9.534$011
1884	30.082 580	141.156 681	— 111.074 101
1885	338.351 120	364.638 785	— 26.087 665

	Recettes.	Dépenses.		Solde.
1886	450.211 568	450.101 001	+	110 567
1887	675.443 750	531.849 983	+	143.593 767

On vient de voir que la ligne a été terminée seulement en 1885, mais elle ne possédait pas encore de matériel roulant en quantité suffisante, et ses tarifs étaient d'une élévation exorbitante, surtout en ce qui concerne le mate, le principal produit d'exportation. En 1886, des inondations à la suite d'ouragans interrompirent le trafic pendant deux mois, de janvier à mars, et la concurrence de la route terrestre de Graciosa causa un préjudice considérable à la compagnie, sans parler des grosses dépenses nécessitées par la réparation des dégâts dans la Serra. — C'est en 1887 seulement que la ligne, depuis son ouverture complète, a été exploitée dans des conditions normales. Toutefois la dépense a encore été énorme, par suite de l'exécution de divers et importants travaux de consolidation et de réparation des ouvrages de la voie, qu'il était indispensable d'effectuer, notamment la construction du tunnel au kilom. 65. D'après l'ingénieur du contrôle, la recette de 1887 représente le montant que les conditions normales actuelles de l'entretien permettent de réaliser; la dépense au contraire excède de 80.000 $ le montant de celle que l'on doit considérer comme normale dans les mêmes conditions.

En 1888, le chiffre des recettes s'est monté à 2.467,668 francs, contre 1.946.985f.40 en 1887.

Le transport des marchandises est le principal élément de ce chemin de fer; elles constituent 89 0/0 de la recette totale. Pour 1886 et 1887, les articles qui ont été les plus considérables, sont ainsi indiqués par le contrôle :

	1886		1887	
Articles.	Tonnes.	Produit.	Tonnes.	Produit.
Mate	10.476	246.483$260	15.791	393.222$975
Bois	2.891	14.473 565	5.476	25.370 366
Sel	1.468	21.454 544	2.213	42.947 928
Céréales	558	5.318 008	863	8.130 414
Sucre.	1.639	15.592 381	2.493	21.436 301

La simple lecture de ce tableau montre bien que la concurrence de la route de terre se maintient ; le transit a été en 1887 aussi considérable par Graciosa qu'en 1886. Le total du mate exporté s'est élevé à 23,072,000 kilos, dont 15,701,500 par le chemin de fer et 7,370,500 par la route terrestre. Si les voitures à bœufs avaient été plus nombreuses, la ligne n'eût même pas atteint ce chiffre. En 1887, l'exportation du mate a été exceptionnelle, car en temps ordinaire on ne peut guère compter sur plus de 17,000 tonnes ; grâce aux tarifs en vigueur, 10.000 seulement peuvent passer par le chemin de fer, les 7,000 autres sont le lot des voituriers. Une réduction à 20 $ du tarif pour toute la longueur de la ligne, attirerait tout ce fret sur les rails, de même qu'elle annihilerait la concurrence de la route terrestre à l'importation, concurrence qui peut s'évaluer au moins à 3,000 tonnes. Cette évaluation des tarifs, tout compté, n'entrainait pas moins de 170.000 $ de diminution dans les recettes de la ligne, au jugement du même fonctionnaire.

Il avait raison, car divers abaissements ayant été consentis en 1888 pour le mate et les bois, spécialement pour le sapin (*araucaria*), la recette s'est tout de suite sensiblement accrue, et elle croît encore, comme le démontre ce tableau :

	1888	1889
Janvier.	150.351f,69	211.331f,35
Février.	138.306 29	202.222 22
Mars	103.375 20	208.215 21
Avril.	241.245 22	184.462 70
Mai.	166.967 50	167.231 12
Juin	157.168 68	175.705 67
1er semestre	957.414f,58	1.152.257f,47

En 1886-87, l'État avait payé 1,378,818$054 pour le contrôle et la garantie d'intérêts, et depuis 1875 une somme de 6,428,701$922.

La grosse question est celle des prolongements de cette ligne, dont beaucoup ont été étudiés. Une décision est maintenant prise et la Compagnie a obtenu la concession avec garantie d'intérêt de 6 %, sur une dépense kilométrique maxima de 30 contos, du prolongement de Curitybá au point d'où partira l'embranchement qui passant par Lapa ira au Rio Negro, et de l'embranchement raccordant Antonina à Morretes. Après beaucoup de péripéties, les études ont été approuvées dans les premiers jours de septembre (1889).

Le prolongement, modifié selon les désirs du contrôle, doit éviter la traversée trop difficile et trop coûteuse de la Serrinha ; il la contourne, au contraire, pour se rapprocher du port de Amazonas sur l'Iguassú, navigable à vapeur de là au port União da Victoria à Palmas ; c'est environ une adjonction de 100 kilomètres. Quant au *ramal* de Antonina, étudié par M. Passos, dès longtemps, il n'a guère que 16 kilomètres. Ce dernier est nécessaire par l'afflux de marchandises et de denrées que doit fournir le canton fort riche d'Antonina, mais surtout parce que en cas d'inondation, on suppose cette nouvelle section moins sujette à être interceptée que la première construite sur un terrain mouvant, peu consistant, peu solide, qui a exigé de nombreux travaux de consolidation, à tout instant affouillés par les eaux.

Au 31 décembre 1887, le capital garanti à 7 % par l'État était de 11,492,942 $ 707, et la partie non garantie de 6,136,034 $ 093. Le total était donc de 17,658,076 $ 800, dont 3,535,000 en actions et 14,122,076 $ 800 en obligations. Les 111 kilomètres avaient coûté un total de 17,658,076 $ 800 (le même), soit 159,081 $ 973 par kilomètre. La voie est de 1 mètre ; le matériel roulant se composait de 10 locomotives, 13 voitures à voyageurs, 1 de service, 200 wagons. Sauf les locomotives dont 6 viennent de France et 4 des États Unis, tout ce matériel vient de Belgique. En 1887, il avait transporté 25,521 voyageurs, 282 animaux, 196 tonnes de bagages et 34,171 tonnes de marchandises.

Voici les conditions du parcours et du profil de la ligne :

Stations.	Distances.	Altitudes.
PARANAGUÁ . . . . . Kilom.	0	6m,441
D. Pedro II.	2.200	5 190
Alexandra	46.180	11 660
MORRETES (B)	40.940	10 659
Piraquara	87.350	198 071
S. José	102.169	886 810
CURITYBA.	110.120	899 020

Comme je l'ai dit déjà, le tracé part de la ville même de Paranaguá, mais la vraie gare centrale est à 2 kilomètres plus loin, au port D. Pedro II, créé exprès pour remplacer celui de Paranaguá ensablé, presque impraticable, et qui est le point où accostent steamers et navires. C'est le vrai port du Paraná et la gare maritime.

Les bâtiments de celle-ci occupent une superficie de 2,538 mètres carrés. Les terrains que suit la voie sont tous d'alluvions, d'une consistance insuffisante. Il a fallu quantité de travaux d'art, pour lesquels on a été obligé d'aller chercher la pierre fort loin : 38 aqueducs, 34 ponceaux et 20 ponts. La station qui suit D. Pedro II, est Alexandra, desservant une petite colonie fondée par l'Italien Sebastiano Tripoti. On y trouve d'excellentes terres à café, à coton et à cannes, sur le domaine de l'État, le long de la route carrossable qui va de Paranaguá à Morretes. Elle comptait, au 1er janvier 1888, 257 habitants, dont la principale culture est le maïs, puis la canne et le café. Quelques capitalistes de Paranaguá possèdent non loin de là la petite colonie de Euphrasina, qui est dans les mêmes conditions.

Morretes, la station suivante, est une ville de 8,000 habitants, bâtie au bord du rio Nhundiaquára, qui parfois l'inonde au moment des crues et lui cause d'assez grands dégâts. C'est un grand centre de préparation de la herva mate pour l'exportation. Les terres du canton produisent le maïs, les haricots, la canne à sucre et le café ; bananes, goyaves et jaboticabas y croissent presque spontanément. On y trouve une fabrique de bière, une usine sucrière complétée par une distillerie de tafia, distante de 2 kilomètres. Vers le sud, à 5 kilomètres, est le village de Anhaya, célèbre par la fécondité de ses terres ; une bonne route de voiture y conduit. Un peu plus loin, à 8 kilomètres dans la même direction, est Rio Sagrado, dont les terres produisent abondamment la canne à sucre. Bareiros est à 6 kilomètres à l'est, à l'embouchure même du Nhundiaquára : il communique avec Morretes par ce rio et par la route.

En continuant vers la Serra, le chemin de fer passe, mais sans s'y arrêter jusqu'ici, 6 kilomètres plus loin vers le nord-ouest, devant Porto da Cima. Son nom lui vient de sa destination primitive. Jadis la route reliant le plateau de Curitybá à la zone maritime était très mauvaise et les marchandises devaient franchir la serra à dos d'homme ou de mulets, pour s'arrêter à Morretes, d'où de grandes barques les emportaient à la baie de Paranaguá. Quelques commerçants eurent l'idée d'établir un point d'embarquement plus rapproché de la serra, et choisirent le point où est Porto da Cima, qui prit naturellement ce nom, puisqu'il est au-dessus de Morretes. La route s'étant un peu améliorée, les voituriers y purent passer et l'on y créa une barrière avec un receveur chargé de percevoir l'impôt du péage sur les animaux qui montaient ou descendaient la serra. A partir de 1835, on y monta des *engenhos* de mate qui, possédant dans l'eau de la localité une abondante force motrice et se trouvant plus rapprochés de la contrée de production, prospérèrent assez vite. En 1872, la population se voyait conférer le rang de ville.

Jusqu'en 1872, elle était restée l'entrepôt du mate, mais elle commença à décliner dès que ces *engenhos* furent fondés à Curitybá et que fut ouverte la route de voitures de Graciosa. Néanmoins, cette industrie y existe toujours. Dans le but de développer la culture, en 1876, le président Caminha Lins y essaya la création de divers noyaux coloniaux, connus sous la dénomination générale de Nova Italia, qui compte aujourd'hui 890 habitants, dont la production par ordre d'importance consiste en maïs, farine de manioc, eau-de-vie, haricots, pommes de terre et café. Le Nhundiaquára qui traverse le canton est formé dans la Serra do Mar par les rios Itupava et Mãe Cathira. La ville est à 1 kilomètre au plus du pied de la serra, au-dessus de laquelle se détache le pic imposant de Marumby.

A 7 kilomètres de Porto da Cima, sur le rio Sam João da Graciosa, affluent du Nhundiaquára, se trouve le village de Graciosa, qui a donné son nom à la meilleure route carrossable de la province. La population du canton ne dépasse guère 2,000 âmes.

Antonina va bientôt être reliée au chemin de fer par un *ramal* venant à Morretes. L'origine de cette cité est une chapelle élevée, en 1714, à la Vierge, dans la fazenda da Graciosa, appartenant au sergent-chef Manoel do Valle Porto ; le 6 novembre 1797, cette *povoação* de Graciosa fut élevée au rang de ville, sous le nom d'Antonina, en hommage au prince Dom Antonio de Portugal. Elle est bâtie à l'extrémité occidentale de la baie de Paranaguá, entre les rios Nhundiaquára et Cachoeira. Son climat est meilleur que celui de Paranaguá, bien qu'assez chaud aussi. Son port excellent a assez de fond pour des navires calant 15 pieds anglais, ou 6ᵐ50, selon le baron de Teffé. C'est là surtout qu'à toute époque venaient charger les bâtiments exportateurs de mate à la Plata dans le Pacifique. La population du canton est de 7 à 8,000 âmes. Les terres sont extraordinairement fertiles, surtout dans la magnifique vallée du rio Cachoeira, où croissent avec une vigueur extrême toutes les plantes intertropicales. La canne à sucre s'y est développée dans des proportions surprenantes ; une fois plantée, elle y dure longtemps et il est des terres où, en huit à dix mois, elle est bonne à couper pour le broyage. Néanmoins, l'industrie sucrière à Antonina, comme dans le reste de la province, est restée à l'état d'embryon.

Les légumes, les fruits et les fleurs de jardin viennent à profusion et aujourd'hui l'on y rencontre assez de caféiers, quelques moulins à décortiquer le riz et des distilleries d'eau-de-vie. Les bois les plus importants sont : le peroba, le cedre, l'oleo, les canellas, etc.

Un superbe gisement de fer, d'une qualité analogue à ceux de S. Paulo, est à 20 kilomètres de la ville. La teneur en fer des blocs est de plus de 70 %. Le rio, qui borde cette mine, en facilite l'exploitation, car il permet d'amener le minerai par eau, jusqu'à l'anse du Corisco, où peuvent atteindre de grands navires.

La fameuse route da Graciosa, l'une des meilleures de tout le Brésil et due aux efforts du regretté ingénieur Antonio Rebouças, a son point de départ à Antonina, qui y voit passer plus de 1,000 grosses voitures traînées par 6 à 7 chevaux chacune. Des diligences pour les voyageurs montent à Curityba les jours impairs et en descendent les jours pairs. Une petite colonie d'Allemands a été installée sur des terrains de l'État, à un endroit nommé Turvo, desservi par une rivière navigable et une bonne route de voitures. Elle est à 3 lieues ou 20 kilomètres environ de la ville.

De Morretes à Piraquára, il y a près de 47 kilomètres ; de 10 mètres on passe à l'altitude de 898, mais auparavant on est monté jusqu'à 956. C'est ici que se sont dressées ces énormes difficultés qui ont tant retardé les travaux, et qui ont rendu la victoire si glorieuse pour les ingénieurs brésiliens. L'étendue totale en alignements n'est que de 22 kilomètres ; celle des courbes est de 23 kilomètres 479, dont le rayon minimum est de 100 mètres sur 11 kilomètres 693. La déclivité maxima est de 30 % sur une longueur de près de 24 kilomètres. Le point culminant de la voie est à l'altitude de 956 mètres, dans la grande tranchée d'approche du tunnel de Roça Nova. On n'avait qu'un développement de 39 kilomètres pour vaincre une telle différence de niveau.

Le mouvement des terres a été de 30 mètres cubes et demi par mètre courant, la pierre et la roche entrant pour moitié environ dans cette quantité. Les travaux d'art y sont énormes : 32 drains (*boeiros*), 165 aqueducs, 37 enrochements, dont celui du Cary d'un volume de 1,480 mètres cubes, 101 murs de soutènement d'un développement total de 3,064 mètres, dont les hauteurs sont pour la plupart de 10 mètres de face visible au-dessus des fondations : 30 ponceaux ayant ensemble 61,6 mètres de travée, 41 ponts et viaducs à superstructure métallique, offrant ensemble 972,32 mètres de travée libre, 15 tunnels ayant une extension totale de 1,689ᵐ79 avec des relèvements de 746ᵐ70, tels sont les éléments techniques de ce colossal travail. Le plus grand nombre se trouvent concentrés entre les kilomètres 58 et 66, le tronçon le plus important de la ligne.

La montée de la serra commence au kilomètre 42,400, où l'on est à la cote 12,50. En passant sur le grand mur de soutènement qui domine Porto da Cima, l'œil embrasse un vaste horizon : la mer à une extrémité, des montagnes géantes à l'autre ; à nos pieds, les villes de Morretes et de Porto da Cima qui s'allongent paresseusement au milieu d'une végétation puissante. Un grand remblai en courbe, Volta Grande, supporte un réservoir où les machines font de l'eau et tout aussitôt se présente le viaduc de Taquaral déjà entrevu de loin ; ses trois travées de 12 mètres en accompagnent une centrale de 25 ; la voie n'est encore qu'à 25 mètres au-dessus du sol de la vallée. Devant nous, les lacets qu'elle a dû décrire pour s'élever, apparaissent très distincts comme dans un panorama. Suit le petit tunnel du Taquaral, ouvert en roche vive, puis le viaduc « Présidente Carvalho », et le tunnel du Rochedo.

Les piliers de ce viaduc sont assis sur une plate-forme creusée dans le flanc escarpé de la montagne ; quand on regarde par la portière des voitures, on se croit au-dessus d'un abîme au fond duquel on entend le murmure des eaux. L'admiration ne va pas sans quelque frayeur. Au delà du tunnel du Rochedo, on découvre au flanc de la serra une ligne de murs de soutènements et de viaducs interrompus par des tunnels et des tranchées profondes. Je ne puis mieux comparer ce trajet qu'à celui de Clermont-Ferrand à Nimes, dans la traversée des Cévennes.

Au kilomètre 62,410 se présente le viaduc de S. João, le plus considérable ; placé entre deux pics énormes, il franchit un espace de 110 mètres à la hauteur de 58 mètres au-dessus du fond du ravin, où coule le rio S. João da Graciosa. Il est composé d'une travée centrale de 70 mètres, et de 3 travées de 12 mètres qui lui servent d'arcs-boutants, toutes reposant sur des piles métalliques. La solidité le dispute ici à l'élégance, et nos ingénieurs des ponts et chaussées, si amoureux du luxe et de la pureté des lignes dans leurs constructions, peuvent reconnaître dans M. J. Teixeira Soares un rival digne d'eux.

Un peu plus loin, il faut encore franchir l'Ypiranga, sur le viaduc da Grota Funda ou *dos tres vinte*, car il est divisé en trois travées de 20 mètres. De grandes tranchées d'approche précèdent le tunnel de Roça Nova, le plus long, kilomètre 80, où est le point culminant de la ligne, à la cote 956.

Dans ce trajet, la voie semble le plus souvent accrochée aux flancs de granit des pics, et quelques centimètres séparent les rails du bord des précipices. Sur bien des points, l'on a dû suspendre à des cordes les ouvriers qui, le pic à la main, ouvraient dans la roche nue, au-dessus de l'abime, les trous de mine.

Dès que le col de Guaigava est franchi, la ligne atteint promptement la section de Piraquára, et n'a plus qu'à gravir doucement les hauts plateaux. A peine a-t-on franchi la dernière rampe que le paysage se transforme subitement. Aux grandes et majestueuses forêts vierges, aux cascades bruyantes et aux rochers redoutables, succèdent d'immenses prairies s'étendant à perte de vue. La tumultueuse végétation tropicale fait place aux grands araucarias, dont le tronc droit et régulier est surmonté de branches disposées horizontalement en parasol et qui se terminent par un mince bouquet de feuilles allongées, d'un vert sombre.

Ce brusque changement cause au voyageur une profonde surprise. Le calme et la sérénité du tableau produisent une impression intraduisible. Ces plaines vertes sont coupées çà et là par de gracieuses corbeilles formées par des arbustes de toutes espèces, du milieu desquelles s'élancent superbement trois ou quatre araucarias. Ces arbres atteignent, en général, de très grandes dimensions. Les travaux de cette dernière section de la voie n'ont pas présenté de difficultés extraordinaires. La station terminale, Curitybá, occupe une superficie totale de 2,999 mètres carrés.

Elle est précédée au kilomètre 102, de celle de S. José.

Piraquára n'est encore qu'un insignifiant groupe de maisons ; S. José dos Pinhaes, dont la station suivante porte le nom, est une petite ville, située sur un *chapadão* assez relevé, près de la rive gauche du Iguassú qui passe à peu près à 2 kilomètres ; les ruisseaux qui sillonnent le plateau vont tous alimenter ce rio ; c'est un canton où les *campinas* sont semées de forêts de sapins et où l'arbuste du mate, *ilex paraguayensis*, se rencontre en abondance. Dans un écart nommé Ambrosios il y a des mines d'or fort riches ; le fer et les bois de construction s'y trouvent également. Épars sur le territoire, divers centres coloniaux d'immigrants le transforment assez vite : Alfredo Chaves, Inspector *Carvalho*, Muricy, Novo Tyrol, Thomaz Coelho, Zaccarias et Baron de Taunay.

Curitybá est assise à 897 mètres d'altitude, dans un creux du plateau ; elle a 12,000 habitants dans le périmètre urbain et 20,000 dans tout son canton. Le ruisseau ou *arroyo* Belém qui la traverse et serpente même gracieusement dans le *Passeio Publico*, la promenade publique que les Curitybanos doivent à l'initiative de M. d'Escragnolle-Taunay, leur président de 1886 (aujourd'hui vicomte de Taunay et sénateur de Sainte-Catherine), va se déverser dans l'Iguassú par le rio Curitybá.

C'est aujourd'hui une ville très coquette, qui possède plusieurs édifices assez remarquables. Mais ce qui frappe surtout le voyageur à première vue, c'est l'air d'aisance que respirent toutes les habitations, même les plus humbles. Les rues sont larges et bien alignées, se coupant à angles droits et bordées d'excellents trottoirs. On y rencontre bon nombre de magasins de belle apparence. Les habitants y sont notablement hospitaliers.

Les environs étaient autrefois très boisés, mais ils sont aujourd'hui dénudés, ce qui a fâcheusement modifié le paysage et, chose plus grave, a annihilé la bienfaisante tamisation de l'air respirable. Heureusement on a replanté un peu, et les rues elles-mêmes se bordent d'arbres. Depuis une quinzaine d'années, c'est le goût allemand qui prédomine dans l'architecture des maisons. La rue de l'Impératrice, la principale, est vraiment jolie.

Les terrains immédiatement voisins ne sont pas très fertiles ; la base de la formation du sol, d'après M. Antonio Rebouças, y est encore le granit, recouvert de couches d'alluvions, d'âges différents, où se rencontrent aussi des grès et quelques schistes. La terre arable est presque généralement de l'argile sablonneuse et, en quelques points, alluvionnaire, grâce à l'humidité des anciennes forêts qui y ont déposé quelques couches d'humus.

La récolte du maté, la culture du maïs et des haricots occupent ici de vastes espaces ; elles constituent la meilleure ressource de la population rurale. La gelée empêche les plantes tropicales de s'y développer. Les immigrants du voisinage cultivent avec grand profit la vigne, les pommes de terre, les céréales et tous les produits du maraîchage. C'est à leur présence surtout que Curityba doit son développement constant, son caractère, sa physionomie très moderne ; c'est à eux que la province devra son avenir.

Celle-ci, qui dépend de la cour d'appel ou *relação* de S. Paulo et de l'évêché de cette ville, comprend neuf comarcas et 27 municipes de cantons groupés en 15 *termos* de juges municipaux. Elle a un sénateur et deux députés au Parlement général ; son assemblée législative se compose de 24 députés provinciaux. Il y a quarante *freguezias* ou paroisses, mais 27 seulement sont canoniquement instituées.

La situation financière se résume dans les données suivantes :

BUDGET (1886)

	Recettes.	Dépenses.
Général.	553.796$600	879.324$094
Provincial.	826.176	993.212$979
	1.379.972$600	1.872.537$073

DETTE EN 1888

Consolidée.	730.600$	à 8%
Flottante.	872.381 832	
Totale.	1.602.981$832	

COMMERCE.

1883-84.	Importation.	Exportation.	Total.
Long cours. . .	381.683$	2.459.768$	2.841.451$
Interprovincial.	2.111.000	157.300	2.268.300
Totaux. . . .	2.492.683$	2.617.068$	5.109.751$
1884-85.			
Long cours. . .	368.348$	2.453.354$	2.821 702$
Interprovincial.	2.495.400	123.200	3.618.600
Totaux. . . .	2.863.748$	2.576.554$	6.440.302$
1885-86.			
Long cours. . .	410.420$	2.344.132$	2.754.552$
Interprovincial.	2.598.800	190.800	2.789.600
Totaux. . . .	3.009.220$	2.534.932	5.544.152$
1886-87.			
Long cours. . .	802.413$	3.378.909$	4.181.322$
Interprovincial.	3.182.230	566.072	3.748.302
Totaux. . . .	3.984.643$	3.944.981$	7.929.624$

La façon la plus pratique et la plus claire d'étudier rapidement la province est, je crois, de parcourir les différentes vallées de ses grands cours d'eau énumérés tout à l'heure. C'est un voyage qui n'est pas aisé précisément, et qui demande beaucoup de temps et de fatigues. Pays encore tout à fait neuf et inexploité, sur l'immense majorité des points, le Paraná n'a pour ainsi dire été visité que par des explorateurs, des savants, comme en 1851 Geoffroy Saint-Hilaire, ou des ingénieurs étudiant des voies de communications rapides, chemins de fer ou rivières navigables. Naturellement l'attention de ceux-ci s'est portée spécialement sur les facultés de productions et la capacité économique. On peut donc les suivre avec quelque confiance. Comme depuis un temps déjà lointain, on a préconisé cette région pour l'introduction des colons d'Europe, la question du climat a pris naturellement une importance énorme. Voyons nous-même ce qu'il en est, sauf à indiquer ensuite les détails, particuliers aux localités, qui auraient été omis dans ce coup d'œil sommaire.

Si l'on examine le profil du terrain, à partir de la côte vers l'Ouest, en suivant le tracé imaginé par les promoteurs de chemin de fer de Paranaguá à Miranda, dans Matto-Grosso, projet qui est repris actuellement par le gouvernement pour une route stratégique, on distingue clairement les régions suivantes :

1° La *Marinha*, ou zone maritime, entre le rivage et la serra, d'une altitude de 3 à 30 mètres;

2° La Serra do Mar, avec ses contreforts, et des pics s'élevant jusqu'à 1,500 mètres;

3° La zone des plateaux de Curitybá, des *Campos Geraes* et de Guarapuava, qui forment trois *taboleiros* énormes, dont l'altitude va de 900 à 1,000 mètres;

4° Un autre plateau correspondant à la colonie *Thereza*; à l'altitude de 400 mètres (sur le haut Ivahy);

5° Le plateau suivant de la section non-navigable du Ivahy, à l'altitude d'un peu plus de 300 mètres;

6° Le plateau final de la partie navigable du Ivahy, altitude de 256 à 296 mètres.

Chacune de ces six régions a son climat distinct, et ces climats sont pour ainsi dire gradués, depuis le plus chaud, celui de la *Marinha* ou du *Beira-mar*, jusqu'au plus froid, celui du plateau de Curitybá, qui est à l'altitude de près de 1,000 mètres; depuis le plus humide, celui de la Serra do Mar, où les vapeurs de l'Atlantique se viennent condenser en s'y heurtant comme à une muraille froide et se résolvent en pluies très fréquentes, jusqu'au plus sec, celui des points les plus élevés du plateau de Curitybá.

Dans son rapport sur l'expédition au bas Ivahy, l'ingénieur Antonio Rebouças, qui a très longtemps habité la province du Paraná, définit ainsi ses conditions climatériques si spéciales :

« Le climat du plateau de Curitybá ne ressemble déjà plus à celui de la zone torride; les pluies n'y sont plus fréquentes comme dans le bas de la Serra do Mar, contre le rempart duquel viennent se condenser les vapeurs apportées par les vents marins. Sur ce plateau le thermomètre monte rarement au-dessus de 25°; la moyenne en été ne dépasse pas 20°; les matins de gelée, je l'ai vu déjà baisser à 2° au-dessous de zéro; la moyenne de l'hiver est de 15°. La base de la formation du sol est encore le granit, couvert toutefois d'alluvions d'âges divers, où abondent lesgrès, plus ou moins solides, et où se rencontrent aussi les schistes et les calcaires.

« Les plantes des tropiques résistent difficilement aux gelées blanches qui tombent en hiver; en revanche, les forêts et les céréales de la zone tempérée rencontrent dans ces conditions météorologiques et dans le sol des éléments excellents pour pousser et produire avec un extrême profit.

« Quand, après la traversée des *Campos de Curitybá*, la ligne quittant la capitale, se dirige toujours de l'est à l'ouest, elle traverse beaucoup de campos et de campinas, entremêlés de forêts, actuellement utilisées pour l'hivernage des troupeaux, mais dont les terres sont propres à la culture des céréales d'Europe; c'est en terrain analogue qu'elle touche à Campo Largo et atteint le bas de la Serrinha, second degré qu'il faut gravir pour entrer dans le vaste et riche plateau des *Campos Geraes*. Sur ce dernier, les conditions et le climat sont les mêmes que ceux des *Campos de Curitybá*, à cette seule différence près que le climat y est plus uniforme, moins pluvieux, et que *Campos* et *Mattas* passent pour y être plus fertiles. »

Campo Largo est à 33 kilomètres de Curitybá, sur la *estrada* ou route da Graciosa. Siège de comarca et du municipe cantonal, cette ville remonte à la fin du siècle dernier. Elle doit son existence à un brave Portugais, le colonel Antonio Luiz Tigre, qui fit cadeau de terres à ceux qui y voudraient fonder une population, cadeau ratifié par son héritier, le capitaine José Antonio da Costa, qui réussit à exécuter cette création. — Depuis elle est devenue une cité de 6.000 habitants. A Tamanduá, un peu au sud-est, est une chapelle fondée par des Carmes et qui est devenue village. — Un peu au nord de celui-ci, à 25 kilomètres à l'ouest de Campo Largo, est la freguezia de S. Luiz du Poruná, au pied même de la Serrinha et au point qu'aurait dû toucher le chemin de fer, s'il avait continué à l'Ouest dans cette direction. Un autre État, très rapproché du chef-lieu municipal, est Itaquy, un peu au sud-est; Antonio Rebouças, Santa Christina, Alice et Mendes de Sá sont autant de centres coloniaux compris dans ce canton, dont l'industrie principale est celle du mate, et dont la population totale dépasse légèrement 12,000 âmes.

Dès qu'on a dépassé la Serrinha, la route traverse Palmeira, 66 kilomètres plus loin que Campo Largo; Palmeira est déjà dans les *Campos Geraes;* ce n'est qu'une bourgade, située sur le ruisseau Púga, affluent de tête du Tibagy, au penchant d'un *coxillão* découvert, dans un territoire composé de forêts, et de grandes *campinas* semées de *capões,* tout pleins de fleurs et de perdrix.

La *estrada,* tournant au nord nord-ouest, descend la vallée du Tibagy, la traverse au confluent du Cára-Cára, et atteint Ponta-Grossa, située plus avant dans les Campos-Geraes, déjà à 145 kilomètres de Curitybá. Ses maisons s'étagent au dos d'une longue *coxilla* qui la rendent visible de fort loin, d'où son nom de *ponta-grossa ;* elle est à l'altitude de 947 mètres. Son territoire possède beaucoup de charbon de terre, des bois de construction et de menuiserie et de nombreuses variétés d'arbres fruitiers indigènes, comme les *jaboticabeiras,* dont le fruit sert à faire du vinaigre. On cultive principalement le haricot et le maïs, bien que les terres soient excellentes pour le tabac, le manioc, les pommes de terre et les céréales. Les habitants s'occupent aussi du mate et de l'élevage du bœuf, que favorisent des prairies vêtues de verdoyantes et épaisses graminées, arrosées par des rios et des ruisseaux sans nombre, et abritées par de magnifiques forêts. Ils sont environ 8,000.

En passant par Pitanguy, sur le rio de ce nom, qu'elle franchit, la *estrada* allant droit au nord atteint 43 kilomètres plus loin que Ponta Grossa, à 185 de Curitybá, la ville de Castro, sur les deux rives du Yapó ou Japó, un des plus gros affluents de droite du Tibagy; Castro doit son origine à des Indiens qui y avaient établi leur aldée sur la rive gauche, et qui bientôt furent remplacés par des colons, quand on connut l'excellence du territoire pour le pâturage. Cette *freguezia* du Yapó devint en 1779 la ville neuve de Castro, en l'honneur du ministre des Affaires d'outre-mer d'alors, Martinho de Mello e Castro. Sur la rive droite, et sur un plan incliné, est le *bairro* ou quartier de Santa Cruz, relié à la ville par un pont en bois long de 220 mètres. Les bords du Yapó sont en grande partie bordés de *Cambuhi* (*Eugenia tenella,* myrtacée), arbuste délicat et fructifère. Le climat est aussi doux que le sol est fertile dans ces superbes *Campos Geraes.*

D'énormes dépôts de basalte, enclavés dans des chapes de silice calcaire et de grès, coupent à une profondeur variant de 25 à 70 mètres, les pentes ondulées de ces Campos, dont les couches protectrices courant horizontales sur la surface du sol, empêchent l'infiltration rapide des eaux pluviales, et donnent naissance à une série considérable de *ollhos d'agua*, trous d'eau ou citernes, formant dans le sol les divers ruisseaux qui arrosent et fertilisent cette vaste région. Ce fait, qui détermine une assez grande évaporation et rend l'atmosphère assez humide, ne devient pas cependant nuisible aux habitants, car l'immense quantité des opulents bosquets, où croît prodigieusement l'*Araucaria*, absorbe la plus grande partie de cette humidité, purifiant ainsi l'air et le rendant meilleur pour l'homme. C'est ainsi seulement que se comprennent la croissance et le développement du sapin sur ce sol composé en grande partie de terrains d'alluvions, où abondent l'argile, le grès, le silicate de chaux, pimenté sur quelques points tout au plus de protoxyde de fer, croisé par d'innombrables et noires couches de résidus volcaniques qui, en d'autres régions, produisent une végétation rachitique, alors qu'ici poussent de façon surprenante, conifères, légumineuses, farinacées, tuberculeuses, etc.

Les immigrants établis le 23 juillet 1884 dans le centre colonial, *Brasilio Machado*, cultivent là le maïs, les haricots, les pommes de terres, le seigle, la vigne et les légumes. Le blé et le coton y prospèrent, ainsi que le thé. Un petit établissement apicole y fabrique beaucoup d'excellentes bougies de cire. La principale exportation de Castro est le bœuf, expédié à Curitybá et à S. Paulo, puis viennent le lard, le tabac, le mate et des fromages renommés. Un bouvillon, du temps qu'y voyageait S. Hilaire, se vendait déjà 4 à 5 $.

Dans le *Sertão de la Ribeirinha*, à 40 kilomètres de Castro et à 16 environ du *bairro* du Lago, est la célèbre grotte découverte par des chasseurs qui poursuivaient une bande de *Caetetús* ou pécaris (*dycotilus labiatus*) : *Grota Santa* ou *Grotá do Monge*, ainsi appelée parce qu'il y a quelques années, vivait là en ermite un individu qui lisait une vieille Bible et se disait envoyé de Dieu. On y trouve une galerie d'au moins 1,500 mètres et des escaliers étonnants avec une infinité de degrés et des sortes de lanternes à la voûte qui produisent un singulier effet. Les curiosités naturelles abondent dans les nombreuses salles de cette grotte, y compris les pierres sonores, les concrétions et les pétrifications de toutes formes, les stalactites et les stalagmites, d'albâtre sans doute, car elles ont la blancheur et la translucidité de la cire. — Le canton de Castro a environ 20,000 habitants.

Mais laissons un instant la vallée du Tibagy, que nous redescendrons tout à l'heure, pour continuer vers l'ouest. Au sortir de Ponta Grossa, le chemin, et il n'est pas brillant, passe par les villes de Conchas et Santo Antonio du Imbituva pour atteindre le troisième degré de l'échelle orographique, la Serra da Esperança, haute de 1,365 mètres et d'où l'on découvre l'immense plateau de Guarapuava.

Conchas, à 20 kilomètres de Ponta Grossa, est encore dans la haute vallée du Tibagy; son territoire est arrosé par lui et ses affluents, surtout par l'Imbituva qui opère sa jonction à 1 kilomètre de la ville. On y trouve de l'or, de l'alun, etc., même quelques diamants, ce qui n'a rien de surprenant, car tous les terrains riverains du Tibagy sont diamantifères. Les terrains très fertiles sont consacrés à l'élevage, à la culture du maïs, du tabac, des céréales.

Santo Antonio du Imbituva, à 30 kilomètres au delà, sur le rio de ce nom, ne date que de 1871. Son territoire cantonal est au nord et au sud couvert d'épaisses forêts, riches en mate, en bois de construction et en sapins; au sud-est et à l'est on rencontre de grands campos, au nord-est et au nord, de beaux pâturages. La partie montagneuse est formée par la Serra da Ribeira qui vient des sources de l'Imbituva et va à l'ouest jusqu'au bord du rio dos Patos. On y trouve du charbon de terre, du schiste bitumineux et beaucoup d'autres minéraux utilisables. L'exportation consiste en mate, bœufs, porcs, cuirs et lard. La population est de 4,000 âmes.

Quand on a franchi la serra da Esperança, le chemin rencontre les sources du rio Jordão et suit cet affluent du Iguassú, à travers les campos de Guarapuava, jusqu'à cette ville qui est sur la rive droite.

« L'altitude de 1,100 à 1,200 mètres, supérieure de 200 à 300 à celle des plateaux de Curitybá et des Campos Geraes, dit encore M. Antonio Rebouças, donne à celui de Guarapuava un climat comparativement plus froid, et par conséquent plus favorable aux cultures européennes, tandis que dans les vallées du Ivahy et du Iguassú qui limitent ces mêmes campos, le climat et le sol se prêtent admirablement aux productions des tropiques, grâce à la latitude et à l'abaissement du terrain de la première vallée et à la faible élévation de la seconde. Ainsi, dans la colonie Thereza, située sur l'Ivahy à 90 kilomètres au nord de la ville de Guarapuava, on cultive généralement la canne à sucre, le riz, le coton ; dans la vallée du Iguassú, il s'est formé, depuis quelques années, des établissements agricoles, qui groupent près de 300 âmes, colonie spontanée d'indigènes, attirés là par la fécondité des terres et par la culture du coton, de la canne et du riz.

« Le principal groupement de ces cultivateurs, appelé *Districto Algodoeiro*, est sur la rive du Iguassú, près du gué Athanagilde, entre les bouches du Rio Jordão et du Rio Cavernoso ; de cette colonie à Guarapuava, il y a 108 kilomètres environ dont 96 sont en plaine et 12 seulement en forêts, en descendant la serra qui s'abaisse jusqu'au rio Iguassú.

« Pour se faire une idée du profit énorme que les produits des climats chauds, principalement le sucre et l'eau-de-vie, peuvent donner au marché de Guarapuava, il suffit de considérer que tous ceux qui se consomment dans cette région proviennent du littoral. Ils sont, pour la plupart, grevés des frais du transport maritime, depuis les ports du nord et surtout par ceux du transport terrestre sur une longueur de 360 kilomètres et plus, à travers des chemins peu praticables. Les mêmes articles, venant soit du Ivahy, soit du Iguassú, peuvent être vendus à Guarapuava sans autres frais que ceux de la production et du transport, soit 90 kilomètres pour l'une, et 108 pour l'autre de ces provenances. »

Ces campos sont, en vérité, au point de vue agricole, une région qui a peu de rivales, même au Brésil. L'ingénieur William Lloyd appréciant à son tour les climats comparés du Paraná, s'exprime avec non moins de netteté :

« Curitybá, située à 25°,25' de latitude sud, est à 900 mètres d'altitude en chiffres ronds; elle est coupée par deux petits tributaires du rio Iguassú. La situation en est avantageuse et salubre. Les terrains qui l'entourent sont des plaines découvertes, un peu ondulées et très fertiles. A cette altitude, le climat n'est pas sujet à de grandes variations de température. Excellent pour le développement de l'*araucaria brasiliensis*, il est aussi le plus favorable aux céréales et aux patates. Les fruits européens, comme les pommes, les poires, les pêches, les fraises, etc., y donnent également avec abondance.

« Le bœuf et le mouton prospèrent dans cette région; le bœuf n'y manque pas, mais le mouton pourrait s'y montrer en bien plus grand nombre; cette lacune est due à l'inexpérience des éleveurs, à diverses autres causes encore, mais étrangères aux conditions climatériques, identiques ou à peu près à celles du Chili central, où les moutons sont très abondants et prospèrent très avantageusement.

« Le même climat de Curitybá prédomine dans toutes les régions des *Campos Geraes* jusqu'à ce qu'ils s'abaissent vers les vallées de l'intérieur, soit sur près de 250 kilomètres du chemin de fer projeté du Paraná à Matto Grosso. Sur tout ce plateau prédomine la même végétation, les sapins plus ou moins développés.

« Il y neige quelquefois pendant l'hiver, et c'est au milieu de cette saison seulement que le pâturage vert manque un peu au bétail; mais dès le printemps et au début de l'été, l'aspect des *Campos Geraes* est splendide : de longues et vastes plaines, çà et là des collines aux sommets couronnés de roches de grès fantastiques; des dépressions couvertes de bouquets de sapins; des pentes revêtues d'un beau gazon donnent à ces campos l'apparence d'un immense parc de style anglais, presque toujours extraordinairement beau.

« En descendant de ce grand plateau dans la vallée de l'Ivahy, on obtient une différence de niveau d'environ 500 mètres, mais la dépression thermométrique n'est pas aussi forte qu'on pourrait le supposer. A la colonie *Thereza*, la plus basse température observée a été de 1° et la plus élevée n'a jamais dépassé 37°5 et elle atteint rarement à midi 30°.

« On peut attribuer en grande partie ce phénomène à l'humidité des forêts environnantes et à la rapide évaporation qui leur est particulière. Toutefois, cette petite différence de température suffit pour modifier profondément la nature de la végétation qui, sur les bords du Ivahy, devient presque tropicale. La canne à sucre et le riz n'y croissent pas aussi prodigieusement que dans les zones plus chaudes, mais les orangers, les bananes y produisent avec abondance. Néanmoins quelques oiseaux et quelques animaux y dénoncent la nature tempérée du climat; on y trouve des oiseaux au plumage brillant et aux couleurs variées, mais on y rencontre en grand nombre aussi les perdrix, les bécasses, les pluviers, les coqs de bruyère, les jacús, les lièvres, les lapins, etc., etc.

« Dans cette région, les pluies sont plus ou moins continuelles durant toute l'année, plus fréquentes toutefois en mai, juin, juillet, en décembre et janvier. La température la plus froide observée fut celle du 15 juin 1874 : 0°.

« Si l'on descend l'Ivahy jusqu'au niveau le plus bas de la section centrale du chemin de fer projeté et des lignes de navigation s'y rattachant, niveau qui est à la cote de 254 mètres, on aperçoit clairement le changement du climat devenu tout à fait tropical. Ici les fleurs et les oiseaux sont parés avec magnificence de couleurs étincelantes, et les arbres atteignent des proportions colossales. »

Donc le canton de Guarapuava est baigné par beaucoup de rios : celui dos Patos qui, en aval de la Barra Vermelha, prend le nom d'Ivahy, l'Iguassú, le Piquiry et son tributaire le rio du Cobre, le Cavernoso, le Jordão, etc. La population, d'environ 9,000 âmes, s'occupe de la culture du maïs et des haricots, de la préparation du mate et surtout de l'élevage, qui est son industrie préférée. Un petit *aldeamento* appelé des *Marrecas*, sert beaucoup à apprivoiser les Indiens et à les amener doucement au travail.

La *Colonia Thereza*, plus haut citée, a été fondée en 1847 par un savant médecin belge, le docteur Jean-Maurice Faivre, dans le haut Ivahy, au confluent de ce fleuve et du Ivahysinho. Vers 1875, elle fut émancipée du régime colonial et érigée en *freguezia* et reçut son nom actuel de Therezina. Bien que située dans un territoire admirable, elle est trop isolée encore pour se développer. Elle attend, comme tout le reste du Paraná, des voies de communication faciles et surtout bon marché.

On peut dire que présentement il n'y a que le vide, à l'ouest, jusqu'au Paraná. C'est sans contredit le meilleur du territoire, comme aussi nous le verrons tout à l'heure pour Sainte-Catherine, c'est la réserve de l'avenir, quand la navigation fluviale organisée et les chemins de fer en faciliteront l'accès comme la sortie.

A cette heure, seule la vallée du Tibagy est un peu peuplée. Palmeiras, Castro, Conchas, Ypiranga, Ponta-Grossa, que nous avons déjà vues, sont autant de localités qui en font partie. Plus bas, on trouve encore Tibagy, sur la rive gauche du fleuve, près du confluent du Yapó, à 66 kilomètres de Castro, à 79 de Ponta Grossa, adossée vers le sud à la serra da Pedra Branca, d'où elle tire de bonnes pierres à aiguiser. Son territoire très fertile, où la végétation est véritablement « pompeuse », comprend des sertões, de grands campos où abondent l'arbuste à mate. la *herva-mate*, les sapins et une foule d'autres beaux bois. On y a trouvé de précieux échantillons d'or, de fer, de soufre, de quartz, de topazes et des diamants. Il produit le café et la canne, comme le riz, les patates et les céréales. De grandes estancias pratiquent l'élevage du bœuf et produisent du beurre et surtout des fromages. Il y a un peu plus de 7,000 âmes, en comprenant les habitants de Jatahy et de S. Jeronymo.

Dans le canton de Tibagy, on trouve, en effet, une vingtaine de *povoados* ou hameaux, sans parler d'un campement ou *toldo* d'Indiens Caingangs-venherés (aux cheveux coupés), situé à l'endroit appelé Barra-Grande. C'est ce qui figure sur les cartes sous le nom de *Coroados*, désignation appliquée également à ces Indiens, à cause de leur habitude de se tonsurer la tête à la façon des capucins. Ils n'aiment pas toutefois entendre ce sobriquet et ne se montrent pas bien rebelles à accepter les habitudes de la civilisation.

Entre Tibagy et Castro, sur le bord d'un petit tributaire du Yapó, est Pirahy, où passe la route de S. Paulo, continuation de la *estrada da Graciosa*. Le territoire fertile, comme les précédents, paraît également riche en minerais, en étain, etc. Les habitants du *bairro* du Fundão, s'emploient à la culture du maïs, du haricot, des patates, du manioc et du tabac supérieur. La principale industrie de Pirahy est l'élevage qui malheureusement ne dispose pas d'assez de bras et qui aurait besoin d'une expérience un peu plus éclairée.

Cette même route, en traversant la serra das Furnas, donne accès dans les vallées du Rio das Cinzas et des petits affluents de l'Itararé, tous tributaires du Paranapanema. A 53 kilomètres de Pirahy, elle atteint Jaguariahyva, sur le rio de ce nom, tributaire de l'Itararé. Ce canton a quatre *povoados* : Cerrado, Barra-Mansa, Agua Clara et celui de Cinza. Tous s'adonnent en même temps à la culture et à l'élevage, de même que les habitants du chef-lieu. Les forêts abondent en plantes médicinales : Ipecacuanha, quina, jatobá, jápecanga, althé, alcaçúz, tahúba (*morus tinctoria*, urticacée). Le territoire produit le café et la canne, aussi bien que le tabac, le coton et les céréales.

40 kilomètres plus bas sur la route et sur le S. José, affluent du Jaguariahyva, est S. José da Boa Vista, ancienne mission. Le sol de ce canton est très accidenté, couvert de forêts magnifiques et bien arrosé. S. José do Christianismo, ancienne mission, est à quelques kilomètres plus bas, ainsi que Sant'Anna ou Barbozas, sur la route de Rio Verde, dans S. Paulo. On y fait surtout l'élevage du bœuf et des porcs, car les bras font défaut pour l'agriculture et les communications sont trop difficiles. L'industrie domestique y produit, comme dans le canton voisin de Thomazina, de fins tissus de coton et de laine, fabriqués avec des métiers à la main.

Thomazina est sur la rive droite du rio da Cinza ou das Cinzas, l'un des plus beaux du Paraná. On y cultive un peu de café, de canne, de tabac et les denrées alimentaires les plus nécessaires.

De Jaguariahyva part un chemin qui, franchissant au sud-est la serra de Paranapiacaba, ramène dans le bassin du rio Ribeira de Iguape. Il touche d'abord à l'ancienne colonie d'Assunguy, devenue une ville et depuis 1885 appelée Serro-Azul. Elle est sur la rive droite du rio Ponta Grossa. Grâce à son climat et à l'excellence de ses terres, cette ville sera un centre très producteur dès que la question de viabilité sera résolue. La culture des céréales, des racines alimentaires, des plantes maraîchères, de la canne et du café, y rend avec profusion. On y trouve seulement quelques *engenhos* de canne, d'un très vieux modèle, faisant du sucre et de l'eau-de-vie. Le fer, les argiles plastiques, l'argent, l'antimoine, le plomb, l'étain, le kaolin, abondent dans ce haut bassin du Ribeira. L'exportation actuelle consiste en maïs, haricots, lard, tabac, cassonnade, fruits et d'excellentes patates. Il y a environ 3,000 habitants.

Votuverava est sur la même route, mais au pied de la serra de Sant'Anna, qui sépare le rio Assunguy du rio Capivary Guassú, deux gros affluents du Ribeira : elle est éloignée d'environ 47 kilomètres de Curitybá. Les 8,000 habitants de ce canton cultivent les céréales et pratiquent l'élevage du porc. Eux aussi possèdent à 35 kilomètres de Curitybá la grotte merveilleuse de *Taperussú*, analogue à celles dont j'ai indiqué les principaux traits.

Le dernier canton du bassin du Ribeira et le plus rapproché de la capitale est celui d'Arraial Queimado, ville située sur la rive gauche du rio Capivary et près de ses sources. Le sol y est encore très boisé et l'on n'y fait guère actuellement que du mate.

CAMPOS DE PALMAS.

Il ne nous reste plus pour terminer cette visite de la province qu'à parcourir les campos situés au sud de Curitybá et appartenant au bassin du rio Iguassú.

La route da Graciosa, après avoir traversé Campo Largo, s'incline vers ce rio, qu'elle atteint au port de Amazonas. De là, elle détache, comme le va faire le chemin de fer, une branche sur Lapa, l'ancienne Principe, située sur un plateau élevé, d'un aspect froid et mélancolique. Mais à 3 kilomètres de distance, une sorte de rempart naturel, le *Alto da Lapa*, ménage au visiteur une vue superbe des campos et des pampas, au milieu d'un air dont on savoure la pureté avec plaisir. Il fait assez humide à Lapa, en raison des couches stratifiées de cailloux qui rendent le sous-sol imperméable. Les terrains revêtus d'une légère couche d'humus sont excellents pour les céréales, pour la production des fruits et l'élevage. On en exporte surtout du mate, des cuirs et un peu de bétail. Lapa est à 72 kilomètres de Curitybá.

Plus au sud, est le canton du Rio Negro sur cet affluent du Iguassú, ancienne colonie d'Allemands ; près de la ville, à 3 kilomètres, est le noyau colonial João Alfredo, sur la rive gauche du ruisseau Passa Tres. Rio Negro est à 44 kilomètres de Lapa et la route qui traverse ces campos est carossable.

Un immense territoire de 200 lieues brésiliennes de superficie, s'étend vers l'ouest, toujours sur la rive gauche et au sud du rio Iguassú ; ce sont les célèbres Campos da Palma, entre l'Iguassú et l'Uruguay, et qui vont se perdre dans ce beau territoire des Missions, encore contesté entre la République Argentine et le Brésil.

La ville de Palmas est à 20 lieues, soit 133 kilomètres au sud-ouest du port de la União da Victoria sur le rio Iguassú. Elle contient à cette heure 3,000 maisons. Son immense canton comprend en outre les *povoados* ou hameaux de União da Victoria, sur le port précité ; N. S. da Luz da Bôa Vista, les colonies militaires du Chapecó et du Chopim, les hameaux da Mangueirinha, Passo do Carneiro, S. João. On y trouve en outre des habitations disséminées, particulièrement sur les points connus par les noms de Campos Eré, Formigas, Collectoria Velha do Chapecó et Campina do Gregorio, où il y a des villages d'Indiens appartenant à la tribu Dorin. Sur tout cet immense espace, la population ne s'élève guère qu'à 7,000 habitants.

C'est encore la flore tropicale qui y domine malgré la latitude, et ces vastes campos ondulés, bien arrosés, se prêteraient admirablement à la culture de la canne et du café. Çà et là on y trouve des étangs et des marais dont il est prudent de fuir le voisinage. En 1888, la température y a donné le minimum de 6° au-dessus de zéro et le maximum de 32°.

Actuellement, c'est un désert sans routes. Les rares habitants vivent isolés, tant les distances sont énormes et les voyages pénibles pour aller d'un point à un autre. L'État y construit pour les soldats de l'armée une route de terre allant du port União à Palmas, mais ce travail avance bien lentement.

Ces campos doivent leur nom de la *Palma* ou de *Palmas*

à l'abondance des *butiaciros* (*cocculus cineraceus*) qu'on y voit disséminés. L'histoire de leur découverte ne manque pas de quelque saveur. C'était en 1836 : l'abbé Ponciano José de Araujó, vicaire de Palmeira, entreprit de faire en barques l'exploration du rio Iguassú inférieur. Il organisa dans ce but une *société* dont fit partie José Joaquim de Almeida, qui vit encore à Palmas même. Il prétendait découvrir à droite du Iguassú les véritables campos de Guarapuava, que les routiers ou itinéraires en sa possession lui disaient être différents de ceux déjà peuplés sous ce nom. Ayant descendu le Iguassú pendant soixante et quelques lieues, ils s'arrêtèrent quelque temps dans l'île dite da Grâça, d'où partirent diverses bandes pour explorer les sertões à droite du rio. N'obtenant cependant aucun résultat, ils poursuivirent leur route jusqu'au point où le fleuve leur opposa des obstacles insurmontables.

Découragés, perdant l'espoir de trouver les campos désirés sur la rive droite, ils eurent l'idée d'explorer celle de gauche et de voir s'ils atteindraient les campos de Palmas, dont à Palmeira ils avaient appris l'existence par des gens de Guarapuava, auxquels elle était connue depuis 1810. Ils débarquèrent à la bouche d'un affluent, qu'ils appelèrent rio da Espinguarda, pénétrèrent dans la forêt et après un jour et demi de marche, ils atteignirent le bord d'un autre rio, qui ne leur parut pas guéable. Ils s'occupèrent alors de construire un radeau ou *jangada* pour le franchir, ce qui donna à ce cours d'eau le nom de rio Jangada sous lequel on le désigne encore aujourd'hui.

Ils continuèrent leur exploration fatigante, gravirent une serra qu'ils appelèrent Serro Frio et ne s'arrêtèrent qu'en s'apercevant que les vivres allaient leur manquer et qu'ils n'avaient plus pour manger d'autre ressource que la chasse. Ils décidèrent donc de revenir au Iguassú et par lui à l'île da Grâça, d'où ils enverraient des barques à Palmeira chercher des vivres. A l'arrivée de ceux-ci, tous recommencèrent de nouvelles explorations. Déçus enfin de ne rencontrer de campos ni à droite, ni à gauche du Iguassú, ils rentrèrent à Palmeira et, après un court répit, s'en furent à Guarapuava. Trouvant cette localité assez animée déjà, n'y découvrant plus de terrain pour s'y tailler un domaine, l'abbé Ponciano et ses compagnons pensèrent à entrer dans le sertão à la recherche des campos de Palmas, dont les gens de Guarapuava affirmaient l'existence avec certitude. Ils débouchèrent ainsi dans des campos qu'ils appelèrent da Lagôa et s'y établirent sur un point qu'ils nommèrent Abarracamento. On voit que les colonisateurs indigènes ne se mettent pas sous ce rapport en frais d'imagination. Rien n'est plus naturel que de dire : nous allons au baraquement; ce qui devient gênant, c'est que plus tard, on continue de répéter la même chose, alors qu'il y a sur un espace restreint six, dix baraquements analogues; de là des confusions malaisées à débrouiller pour le géographe.

Il est bon de noter ici que les sauvages, considérant les campos de Palmas comme un refuge favorable, quand une de leurs escapades soulevait contre eux la colère du commandant de Guarapuava, prenaient toutes les précautions pour que ces campos restassent ignorés; au besoin, ils recouraient à l'assassinat, au vol, à la trahison. Ponciano et ses compagnons rentrèrent néanmoins à Guarapuava pour y chercher du bétail et les diverses choses dont ils avaient besoin, mais au moment d'en sortir, ils apprirent qu'un certain Pedro de Siqueira Côrtes, qui précédemment avait refusé d'être des leurs, s'était ravisé sur le conseil du capitaine Domingos Ignacio de Araujo, et qu'il avait formé une seconde expédition avec Hermogenes Carneiro Lobo, Antonio Ferreira dos Santos, Joaquim de Camargo et autres.

On ne sait pas où ceux-ci quittèrent le rio Iguassú, mais ce qui est certain, c'est que la première *société* en rentrant dans les campos da Lagôa, aperçut de loin des traces manifestes de l'incendie du Campo, attribué d'abord aux Indiens, mais qu'il fallut bientôt reconnaître avoir été allumé par les gens de Pedro de Siqueira, déjà en excursion dans ces campos.

En arrivant au susdit Abarracamento, les deux troupes se heurtèrent et faillirent en venir aux mains, car chacun réclamait la priorité de la découverte des campos. La prudence et le tact de l'abbé Ponciano conjurèrent cette lutte regrettable et l'on convint de soumettre le litige à des arbitres que chaque troupe choisirait. Ils s'occupèrent de se préserver des sauvages, et le site ne leur paraissant pas favorable, ils se transportèrent sur un autre point connu aujourd'hui sous le nom de Freguezia Velha. En 1839 ils répandirent du bétail dans ces plaines, en dépit des embarras causés par le manque de routes, mais la question du droit de premier occupant restait indécise, elle devenait de jour en jour plus difficile, parce que chaque partie cherchait à s'établir où le terrain lui semblait le plus favorable; seulement un peu plus tard de nouveaux arrivants ne respectant aucun de ces arrangements, internaient leur bétail où il leur plaisait, et quand il y avait conflit, recouraient aux armes pour le trancher.

Inquiets finalement de cet état d'anarchie, tous résolurent de confier à deux arbitres la mission de mettre un terme à ce désordre. On choisit João da Silva Carrão et Joaquim José Pinto Bandeira, tous deux de Curityba, chargés de diviser le territoire entre les intéressés. Ils arrivèrent le 28 mai 1840 aux campos, après avoir eu à lutter en chemin contre les sauvages. Au passage à Guarapuava, ils eurent la fortune de rencontrer le chef de la principale horde des Indiens, qui occupaient Palmas, nommé Condá, plus deux individus avec leurs familles, comprenant 12 personnes, dont trois jolies *caboclas*, appelées Chaneré, femme du cacique, Macãa et Vangre. Un des Indiens parlait correctement portugais parce qu'il avait été élevé à Guarapuava, d'où il s'était enfui au Sertão.

Enivrés par les flatteries prodiguées par les habiles commissaires, les Indiens décidèrent de les accompagner jusqu'à destination, où ils demeurèrent deux mois, après lesquels ils regagnèrent leur aldée. Les commissaires eurent assez de mal à s'acquitter de leur mission; pourtant ils y réussirent. Il leur fallut d'abord calmer les esprits surexcités de chaque *société* et les séparer par un sentier pavé, qui fut nommé *Lageado das Caldeiras*.

Durant les trois mois que dura ce partage des campos, on fit quelques explorations. C'est alors qu'on découvrit d'autres campos au bord de l'Uruguay, comme le Campo Eré, etc. En chemin les explorateurs rencontrèrent un village d'Indiens, commandés par le cacique *Viri*, qui persuadés que les nouveaux dominateurs avaient assassiné Condá, prirent une attitude hostile, mais la vue d'un des explorateurs que l'un de ces sauvages avait connu enfant, arrêta le combat prêt à s'engager; il leur affirma que Condá vivait et qu'ils étaient ses bons amis.

Quand le partage fut terminé, M. Carrão revint par le chemin pris pour venir, mais l'autre commissaire préféra suivre une *picada* ou sentier, récemment ouverte vers le Iguassú, afin de reconnaître cette voie de communication.

Ce n'est pas avec ses 200,000 habitants que la province de Paraná peut mettre en valeur ces immenses et magnifiques territoires, actuellement encore si lointains; il lui faut des colons venus du dehors et des routes pour les conduire à ces vastes étendues. Seul, un propriétaire, M. Amazonas de Araujo Marcondes, a établi un service de communication sur le rio Iguassú, du port nommé Amazonas, près de Palmeira jusqu'au port de la União da Victoria. — J'ai sous les yeux le récit détaillé de l'excursion que fit du 3 au 9 mars 1886, sur un petit vapeur, le *Cruzeiro*, M. Alfredo d'Escragnolle-Taunay (aujourd'hui vicomte de Taunay), alors président du Paraná. Il fourmille de détails pittoresques, qui inspirent le désir de recommencer le voyage, mais auxquels je ne saurais m'arrêter sans allonger démesurément ce travail. J'y puiserai seulement quelques données intéressantes.

Parti le 3 mars à 5 heures du matin, M. Taunay arrivait en voiture à 8 h. 1/2 à Campo Largo; reparti à 10 heures, il s'arrêtait à Itaqui, 6 kilomètres plus loin environ, et à 1 h. 1/2 arrivait à S. Luiz, où il visitait l'école;

reprenant sa route à 2 h. 1/2. et après avoir parcouru 80 kilomètres 1/2, parvenue à Restinga Secca, la voiture quitta la *estrada geral* et prenait à gauche le chemin conduisant à la *fazendola* de M. Conrado Buhres, à 2 kilomètres environ du port Amazonas. C'est là le tracé que va suivre le prolongement du chemin de fer Paranaguá-Curitybá.

Cette propriété est située dans un endroit nommé Portão.

Le président y passa la nuit, et le 4, à 5h 3/4, il en partait arrivant 20 minutes plus tard au port Amazonas, consistant alors en trois maisons bâties à l'extrémité d'un campo mamelonné. A la suite d'une forte pente, se présente la berge d'où l'on voit le rio Iguassú d'un volume déjà considérable.

A 9 heures, le petit vapeur *Cruzeiro* se mettait en marche, s'arrêtant de temps à autre pour charger du bois, afin d'alimenter le foyer de sa chaudière. A 2 heures et demie, il atteignait la barre du rio du Pato, d'où part la route de Lapa et de Rio Negro, route que suivra l'embranchement en construction du chemin de fer précité. A 9 heures, il mouillait à la berge de S. Matheus pour y passer la nuit. C'est à peu près à mi-chemin de Amazonas à União.

Reprenant sa course le 5 à 3h 1/2 du matin, trois heures plus tard, il passait devant la barre formée par l'entrée du Rio Negro, l'égal en volume du Iguassú. On perdit un peu de temps à remonter le Timbó, un affluent de gauche, et à 5h 1/4 du soir, on arrivait au port União da Victoria.

La bourgade naissante, à gauche du Iguassú, est bâtie sur deux petites collines, reliées par un fond souvent inondé.

Le lendemain 6 mars à 12h 1/2, le vapeur partait pour revenir à Amazonas qu'il atteignait après 44 heures 30 minutes, en marchant jour et nuit. — La distance parcourue est évaluée par MM. Keller à 55 lieues et demie, soit 369 kilomètres 630.

En revenant à la côte, dans le *Parana*, nous retrouvons deux grands cantons, écartés de la route que j'ai suivie : Guaratuba au sud et Guarakessava au nord.

Guaratuba est sur le rivage méridional de la baie de ce nom, où débouche le rio Cubatão. C'est un territoire encore tropical, qui produit le maïs, le manioc, les haricots ou *feijões* (feijons), le riz, la canne et le café. Il contient au moins 25,000 âmes. Une partie de cette population s'adonne à la pêche côtière, très fructueuse.

Guarakessava est bâtie vis-à-vis de Paranagua, mais sur la rive septentrionale de la baie, sur l'un des bras de débouché du rio Ararapira. Son territoire est inégal, élevé ici, plus loin bas et humide. La population, d'environ 10,000 âmes, préfère à l'agriculture la pêche en mer qui l'alimente à moins de frais. Les 40 rios, la plupart navigables pour des barques, qui sillonnent ce canton, bordent des forêts riches en bois de grande valeur. On en exporte un peu, avec de l'eau-de-vie, de la farine de manioc, des fruits, des nattes et les produits agricoles à Paranagua.

L'ancienne colonie Superaguy, dont le siège est au sud-est de l'île das Peças, comprend cette île, la péninsule et les derniers contreforts de la serra maritime qui y aboutissent. Si le Varadouro, ce canal dont j'ai déjà parlé, coupant l'isthme dos Pinheiros, s'achève, la sortie sur Cananea sera très utile à cette région où le café et la vigne ont donné d'excellents résultats.

COLONISATION ET PRODUCTIONS.

Ces colonies sont le meilleur élément de progrès pour la province du Parana. Curityba doit à celles qui lui font comme une ceinture, son développement, son air d'aisance, d'élégance et de propreté. On y trouve les centres suivants : Abranches, 200 habitants, Santa Candida, 302 ; Lamenha, 672 ; Santa Gabriella, 433 ; Antonio Prado, 248 ; Presidente Faria, 98 (créé en 1887) ; Santo Ignacio, 271 ;

Dom Augusto, 208 ; Rivière, 523 ; D. Pedro, 404 ; Orléans, 34 ; Thomaz Coelho, 1,947 ; Novo Tyrol, 300 ; Zacharias, 106 ; Inspector Carvalho, 59 ; Muricy, 387 ; Alfredo Chaves, 529 ; Assunguy (nouvelle de ce nom), 208 ; Antonio Rebouças, 244 ; Clemente Pereira, 179 ; S. Luiz, 66 ; S. Lourenço, 43 ; Santa Leopoldina, 169 ; Santa Christina, 274 ; Alice, 48 ; Sinimbu, 661 ; Pilarzinho, 32 ; Alexandra, 257 ; Nova Italia, 899, constituant une population totale de 9,842 personnes au 1er mars 1888, selon le tableau de l'ingénieur auxiliaire du service, M. Joaquim Saldanha Marinho fils. Cette population comprend des individus de toute nationalité, où cependant les Allemands, les Italiens et les Slaves sont les plus nombreux. Il y a toutefois quelques centaines de Français.

Malheureusement ces centres, presque tous groupés autour de la capitale, manquent un peu d'espace. On n'a pas taillé assez largement, et la production principale est restée celle du maraîchage. C'est bien, mais ce n'est pas suffisant. Cette année, le gouvernement a concédé des contrats pour une grandiose entreprise de colonisation. On cherche en ce moment à grouper les capitaux nécessaires à leur exécution.

La production principale du Paraná est le maté, dont l'exportation depuis 1867 oscille de 12 à 20 et 22 mille tonnes. Cette production s'augmentera énormément, si les débouchés s'accroissent. Pour cela, il faudrait que l'Europe adoptât cette boisson saine, fortifiante, savoureuse, parfumée. Bien des gens s'y emploient et n'y ont pas encore réussi. Le maté n'est plus inconnu, mais il a beaucoup de peine à se faire accepter. Aussi ses producteurs feraient-ils bien de le présenter sous un aspect un peu plus engageant et de chercher à combiner un procédé d'infusion plus pratique, plus coquet, que celui dans l'usage duquel on prétend que l'herbe merveilleuse développe toutes ses qualités.

Après le maté, la vraie richesse végétale naturelle, spontanée de la province, c'est son magnifique sapin, l'*araucaria*.

J'ai déjà dit la beauté et le pittoresque de cet arbre, soit isolé, soit en forêts. La superficie que ces bosquets d'araucarias occupent n'a pas moins de 200 kilomètres de largeur. Elle s'étend depuis les environs de la République de l'Uruguay, jusqu'à Barbacena, dans Minas, mais c'est au Paraná que les forêts sont les plus régulières et les plus considérables.

C'est un bois superbe, déjà maintenant fort connu et apprécié en Europe. En 1886, la Société de Dyle et Bacalan qui a construit le chemin de fer de Curitybá et employé ce sapin à toutes sortes de fins, fit effectuer une série d'expériences avec la puissante machine, système Kirkaldy, des chemins de fer de l'État Belge. Voici dans toute son aridité technique les indications du rapport de M. Georges Desmarais :

« Une série d'expériences de flexion a été pratiquée sur les bois suivants : *Sapin du Paraná, Tapinhoá, Imbuia, sapin de Riga, sapin suédois rouge, sapin suédois blanc* ; on a trouvé pour le :

Sapin du Paraná. . .	5,655 kilog. charge de rupture. 18,2 millimètres de flèche.
Tapinhoá	7,590 kilog. charge de rupture. 35 millimètres de flèche.
Imbuia.	4,485 kilog. charge de rupture. 55 millimètres de flèche.
Sapin de Riga	3,840 kilog. charge de rupture. 55 millimètres de flèche.
Sapin suédois blanc.	3,282 kilog. charge de rupture. 26,3 millimètres de flèche.
Sapin suédois rouge.	3,685 kilog. charge de rupture. 47,6 millimètres de flèche.

Je passe les formules algébriques et leurs calculs de résolution, en résumé :

« En réunissant les éléments obtenus par la discussion et le calcul, en établissant une moyenne entre les différents chiffres donnés pour une même essence de bois, après différentes expériences accomplies, on obtient le tableau suivant, qui permet de saisir d'une façon plus rapide le rapport entre les recherches faites et les résultats acquis.

Poids spécifique :

Araucaria (sapin du Paraná) . .	kilog.	0.865
Tapinhoá		0.916
Imbuia.		1.125
Sapin de Riga		0.660
Sapin suédois rouge.		0.586
Sapin suédois blanc		0.470

Charge de rupture par millimètre carré :

Araucaria (sapin du Paraná) . . .	kilog.	6.8
Tapinhoá		9.1
Imbuia.		5.4
Sapin de Riga.		6.0
Sapin rouge suédois		4.4
Sapin blanc suédois		4.9

Résistance permanente par millimètre carré, avec assurance.

Sapin du Paraná	kilog.	2.40
Tapinhoá		3.60
Imbuia.		2.1
Sapin de Riga.		1.9
Sapin suédois rouge.		1.6
Sapin suédois blanc		1.5

« L'observation de ce qui précède prouve jusqu'à l'évidence que le sapin de Paraná est supérieur à tous les sapins que nous achetons à l'étranger :

« 1° Parce qu'il a un poids spécifique supérieur ; 2° qu'il offre une plus grande résistance à la rupture ; 3° qu'il est beaucoup plus élastique. — En outre, le sapin de Paraná possède un poli satiné et une coloration qui le rendent fort précieux pour les travaux du menuisier et du charpentier.

« En terminant cette notice, je dois avouer que si l'on préfère le sapin de Riga à celui de Paraná, on doit également préférer aux sapins de Suède, l'arbre de Preguiça, appelé Imbahuba. »

Les richesses de la flore ne s'arrêtent pas au sapin, à l'imbuia (Bignonia paranaensis), aux perobas, palissandres, canellas (*nectandra*), etc., etc., aux lianes monstres, comme la précieuse *cipó florão* ou *cipó escada*, dont la section fournit des placages d'une beauté sans rivale, elle comprend une foule de plantes médicinales, aromatiques (vanilles, etc.), résineuses, laiteuses et oléagineuses, des fibres superbes et des fruits aussi variés qu'estimables.

La faune des campos est surtout riche en cerfs, en pécaris, tapirs, en perdrix, colombes, pigeons, en oiseaux aux étincelants plumages et au chant mélodieux.

Le sous-sol fournit de l'or sur divers points, que j'ai indiqués au passage, presque partout du fer, du cuivre dans les vallées du Ivahy et du Paranapanema, près de Guarapuava où le *rio do Cobre* s'imprègne de ce métal en rongeant les roches revêtues de pyrites cuivrées qui le bordent ; du plomb à Serro Azul, et dans presque toute la vallée du Ribeira ; du mercure à Paranaguá et à Palmeiras ; du charbon de terre à Lapa, S. José da Bôa Vista, dans le canton de Ponta Grossa et à la bouche du Ivahy ; très fréquemment des schistes bitumineux ; de l'alun à Ponta Grossa et Tibagy : du salpêtre près Jaguariahyva, du sel gemme à Colonia Theresa ; du bismuth à Pacatuba, du sulfate de plomb près Paranaguá, Morretes, Serro-Azul et Rio Negro, au Marumby ; des marbres dans les serras septentrionales, surtout à Arraial Queimado, etc. Le lit du Tibagy est diamantifère et une Société anglaise l'exploite avec quelque fruit.

J'ai dit combien les cultures et les fruits d'Europe conviennent au sol et au climat, l'apiculture et l'élève du ver à soie n'y ont pas moins bien réussi ; la vigne y a un avenir qui ne peut être l'objet d'aucun doute. Nos compatriotes ont essayé sur les mornes du plateau des cépages du midi de la France et ils affirment que le vin récolté rappelle de fort près le bordeaux.

Quant au café, au sucre, au tabac, il va de soi que partout où la température les favorisent, ils donnent au Paraná les mêmes bénéfices qu'ailleurs. L'élevage semble indiqué comme la principale industrie agricole future, mais il y faudrait des sélections de race et des méthodes rigoureuses d'exploitation, qui sont absolument inconnues aujourd'hui. On attend sans doute l'initiative des capitaux et des bras de l'étranger.

LA PROVINCE DE SAINTE-CATHERINE.

Coup d'œil général.

En descendant vers le sud, quand on a quitté Paranaguá sur le paquebot de la Compagnie Nationale, on rencontre bientôt sur la côte, toujours accidentée, le cap João Dias, extrémité élevée de l'île de S. Francisco-Xavier ; cette île de 35 kilomètres de long sur 13 de large, basse, de forme oblongue, forme le côté méridional de l'entrée nord de la baie de S. Francisco, entrée qui s'appelle canal de Babitonga ou de S. Francisco, l'entrée sud étant appelée rio Aracoary.

Le port de S. Francisco, la ville de ce nom sur la baie de Babitonga, sont à l'ouest et un peu au nord de l'île. L'entrée a toujours 6 mètres de profondeur au moins.

On reconnait divers caps et des anses nombreuses. l'embouchure du rio Itajahy-assú, puis la grande île de Santa Catharina ou Sainte-Catherine, mesurant 60 kilomètres du nord au sud, 13 de l'est à l'ouest, haute, visible à 90 kilomètres de distance, séparée du continent par un étroit bras de mer, *estreito;* la baie de Sainte-Catherine est dans ce détroit, vers son milieu : deux pointes de terre, l'une sur le continent, l'autre dans l'île, en se rapprochant la divisent en deux parties avec une ouverture de 350 mètres. Les navires de haut bord entrent ordinairement dans la profonde et large rade qui s'ouvre par la *barra do Norte* entre l'île du Arvoredo et la pointe da Rapa, puis vont, au delà du fort S. José qu'ils laissent sur leur droite, et de l'îlot fortifié d'Anhate-Mirim, à gauche, mouiller sur fond de vase avec 8 ou 10 mètres d'eau, profondeur qui diminue un peu en approchant de la ville de Desterro. Au sud de ce port sont les deux pointes séparant la baie en deux parties; dans ce canal, la profondeur est de 1m,30 à 6m,50 d'eau sur un fond de vase molle; depuis ce canal jusqu'à l'entrée ou *barra do Sul*, on mesure 32 kilomètres de navigation facile. Les bons ports abrités, les conditions et la situation géographique de cette baie, l'excellent climat et la fertilité de la grande île qui la domine, l'ont fait ambitionner par certaines puissances maritimes qui, à plusieurs reprises, ont cherché, mais en vain, à s'en emparer.

Plus bas est le cap de Santa-Martha, extrémité d'une chaîne de montagnes qui accompagne la côte, et distante de 10 lieues ou 66 kilomètres de la Laguna, sur laquelle est située la ville de Laguna. Cette lagune s'appelle Lagôa Imaruhy. Dans une anse formée par un creux de la côte, au nord de l'isthme que forme cette Lagôa, est l'excellent port de Imbituba.

La baie de Sainte-Catherine fut découverte par Juan Diaz de Solis, naviguant pour le compte du roi d'Espagne à la recherche d'une route vers les Indes. En 1515, il y pénétra et débarqua sur la côte du territoire de Sainte-Catherine. Il l'appela baie de *los Perdidos*. Après Solis, deux autres marins espagnols, Sébastien Cabot en 1525, et Diego Garcia en 1526, séjournèrent dans l'île que les Indiens *Carijos* qui l'habitaient nommaient Juriré-Mirim.

En 1532, Pedro Lopes de Souza, détaché de l'escadre de son frère Martim Affonso, au retour du rio de la Plata, qu'il avait remonté et exploré jusque bien au-dessus de l'Uruguay, débarqua dans la belle Jururé-Mirim, qui reçut alors vraisemblablement le nom d'*Ilha dos Patos*, île des

Canards, à cause de la grande abondance de ces oiseaux qui habitaient son grand lac intérieur.

En pénétrant dans ce territoire un peu négligé lors du partage du Brésil en capitaineries, les *Paulistas*, chasseurs d'Indiens, y rencontrèrent déjà les Jésuites, leurs adversaires. En 1650, Francisco Dias Velho Monteiro et ses quatre fils s'établirent dans l'île dos Patos et y élevèrent une chapelle à *Nossa-Senhora do Desterro* (Notre-Dame de l'Exil), parce que, sans doute, lui-même avait été exilé. Peu à peu, la colonisation s'empara de l'île et de la côte continentale voisine; vers la fin du XVIIe siècle, les Paulistas pénétrant dans l'intérieur fondèrent dans le voisinage des rios das Caveiras et Carabá, la bourgade agricole de N.-S. dos Prazeres ou N.-D. des Plaisirs, aujourd'hui devenue la ville de Lages. Laguna avait déjà été créée par les fils de Monteiro.

En 1728, la colonie constitua une capitainerie subordonnée à celle de Rio de Janeiro; le brigadier José da Silva Paes, qui en fut le premier gouverneur, étendit sa juridiction vers le sud, sur tout le territoire du Rio Grande. Occupée par les Espagnols en 1777, le traité de San-Ildefonso la fit rentrer la même année au pouvoir des Portugais.

L'île reçut le nom de Sainte-Catherine, étendu à tout le territoire, parce que c'était celui de la première fille de Velho Monteiro. Occupée en grande partie dans les premiers temps par les Carijós, les Indiens les moins farouches et les plus faciles à réduire, à réunir en villages, l'influence d'un climat doux et tempéré aidant, la capitainerie de Sainte-Catherine eut toujours une population renommée pour son esprit calme et pacifique. Les *Catarinenses* sont, en effet, doux, accessibles, affables et bienveillants.

La province constituée seulement lors de l'Indépendance, est située entre 26° 30′ et 29° 18′ de latitude méridionale, entre 5° 8′ et 11° 2′ de longitude occidentale du méridien de Rio de Janeiro. Dans sa plus grande étendue du nord au sud, elle mesure 452 kilomètres, du Sahy-guassú à la rive gauche du Mampituba, et 685 de l'est à l'ouest, de la pointe de Mendoy à la rive gauche du Pepiry-guassú; son littoral a plus de 600 kilomètres; sa superficie est de 114,435 kilomètres carrés selon Macedo, de 74,156 selon l'estimation officielle. J'ai expliqué ci-dessus en parlant du Paraná, la raison de cette différence considérable des évaluations qui tient aussi beaucoup à la contestation des limites du territoire des Missions. C'est le rio Negro et le rio Iguassú qui forment sa frontière au nord, les rios Mampituba, Sertão, Barroca, Touros, Pelotas et l'Uruguay, au sud.

La zone du littoral, ou serra abaixo, est beaucoup plus large que dans la province précédente du Paraná; la serra do Mar qui continue à s'avancer vers le sud, la traverse dans toute son étendue, délimitant cette zone de celles des plateaux et des campos; toutefois, du point où elle y pénètre, se détache vers l'ouest la serra do Espigão, qui est bientôt reliée à la serra Geral; celle-ci se dirigeant depuis ce nœud du nord-ouest au sud-est, rejoint la Cordillière maritime aux campos de Boavista, plateau supporté par le nœud orographique de jonction. Toute l'aire comprise entre ces chaînes, formant un vaste trapèze irrégulier dont la grande base est au nord, constitue le bassin supérieur du Itajahy-guassú; ce rio est formé par le Itajahy do Sul, le Itajahy do Oeste, le rio S. Paulo et le Itajahy do Norte, dont les noms seuls indiquent bien les positions respectives. Ces cours d'eau se réunissent vers l'angle nord-est du trapèze, et le fleuve ainsi formé franchit la muraille de la Serra do Mar, pour traverser dans toute sa largeur, la zone maritime, coulant de l'ouest à l'est, et se déverser dans l'Atlantique, près de la ville de Itajahy.

Divers contreforts de la serra do Mar s'avancent vers l'est, séparant les vallées de rios moindres qui en descendent et vont directement à la mer. Ce sont, en partant du nord, les rios Sahy, Itapocú, Itajahy-Mirim, des Tijucas,

Biga-assú, Maruhy, Cubatão, Massambú, Embaú, Garopába, Tubarão, Urussangá, Ararangua et Mampituba.

A l'ouest de la Serra Geral, il n'y a plus que les plaines inclinées, arrosées par les affluents du rio Iguassú et par les divers tributaires de droite de l'Uruguay. Les plus importants de ceux-ci sont en allant de l'est à l'ouest, les rios das Canôas, du Peixe, le Chapecó, le Pepiry-guassú. Le premier est lui-même formé d'une masse d'autres rios, dont les plus notables sont celui des Caveiras, le João Paulo, celui das Correntes et des Marombas. Les hauteurs de la serra maritime se dressent presque aussi élevées que dans le Paraná, cependant leur tendance à fléchir est déjà fort sensible.

Le climat absolument tempéré et doux de la province, lui a fait donner le nom de *paradis du Brésil*. La population est de 201,000 habitants environ, qu'un distingué Catarinense décomposait ainsi en juin 1888 : Blancs, 157,000 : métis, 20,760, noirs, 19,880 ; Indiens, 3,600. L'île seule de Sainte-Catherine possède 30,000 âmes, dont 15,000 groupées dans la capitale, Desterro, et sa banlieue. Le climat de cette île, dit ce correspondant, est délicieux : il oscille entre 8 et 23 degrés centigrades en hiver. Deux serras s'y montrent au nord et au sud, et au centre s'étend une plaine magnifique. On y remarque quatre groupes géologiques, chacun offrant des terres d'une valeur différente, et un peu en avant de la serra méridionale, s'allonge la délicieuse vallée où l'on trouve Desterro et Necessidades. C'est là que sont produits ces fruits et ces vivres si abondants qui alimentent les autres provinces ; la pêche y donne des résultats merveilleux et le café lui-même y vient à ravir.

Un fait assez curieux, constaté l'an dernier, c'est qu'il naît dans cette province plus d'hommes que de femmes. Le cas s'est vérifié pour 1886, où il y a eu 3,562 garçons contre 3,432 petites filles.

ÉLÉMENTS CONSTITUTIFS.

La province de Sainte-Catherine envoie 1 représentant au Sénat (qui est actuellement M. Alfred d'Escragnolle-Taunay, vicomte de Taunay, le créateur de la Société centrale d'immigration), et deux à la Chambre; son assemblée législative comprend 24 députés provinciaux; judiciairement, elle dépend de la cour d'appel de Porto-Alegre; ecclésiastiquement, de l'évêché de Rio de Janeiro. Elle comprend 9 comarcas et 19 municipes groupés en 12 *termos*; 6 cités, 13 villes et 51 paroisses.

La situation économique est résumée par les chiffres suivants :

BUDGET.

	Recettes.	Dépenses.
Général.	791.031$122	746.974$804
Provincial . . .	435.866 652	385.602 325
Totaux . . .	1.226.897 774	1.132.577 129

DETTE.

Consolidée.	132.000$	à 7 %
Flottante.	23.312 600	
Total.	155.312$800	

COMMERCE.

1883-84

	Importation.	Exportation.	Total.
Long cours . . .	1.339.826$	862.577$	2.202.403$
Cabotage.	2.114.100	1.292.300	3.406.400
Totaux.	3.453.926$	2.154.877$	5.608$803$

1884-85

	Importation.	Exportation.	Total.
Long cours . . .	997.379$	708.379$	1.705.758$
Cabotage.	1.841.400	1.892.600	3.734.000
Totaux.	2.838.779$	2.600.979$	5.439.758$

1885-86

Long cours. . . .	1.040.118$	1.025.446$	2.065.564$
Cabotage. . . .	1.892.500	1.492.100	3.384.600
Totaux.	2.932.618$	2.517.546$	5.450.164$

1886-87

Long cours . . .	1.018.748$	866.912$	1.855.660$
Cabotage.	1.866.950	1.692.350	3.559.300
Totaux.	2.885.698$	2.559.362$	5.444.960$

Voici comment, pour l'exercice 1885-86, le président Francisco José da Rocha établissait la répartition par provenances de l'importation, sujette aux droits, du port de Desterro :

	Valeurs.	Droits.
Grande Bretagne. . . .	468.478$002	135.168$620
Allemagne.	418.548 790	117.781 520
États-Unis.	153.005 967	36.584 490
Uruguay.	66.464 250	6.980 015
France.	22.275 629	6.271 870
Portugal.	14.358 309	4.804 130
Belgique.	6.355 700	1.725 920
Italie.	250 500	75 150
Total.	1.149.737$147	309.841$733

Auquel il faut ajouter l'importation libre de droits, se montant à 134,791$067. Soit en tout une valeur de 1,281,528$214.

Le même rapport détaille ainsi l'exportation de 1885-86.

Bois.	278.964$276
Mate	251.146 776
Farine	205.180 858
Riz pilé.	172.788 200
Cuirs	104.992 012
Sucre.	77.729 330
Saindoux.	71.041 100
Beurre	67.035 500
Cigarres	20.335
Eau-de-vie.	12.697 220
Tapioca	10.314 600

Café	8.901
Bœuf	10.807 600
Haricots	8.174 080
Maïs	10.746 880
Bananes	23.549 760
Lard	8.918 400
Tabac	6.758 190

« Les pays avec lesquels nous avons le plus de relations, continue le président, sont la Grande-Bretagne et l'Allemagne, la première surtout. Beaucoup d'envois sont enrégistrés comme anglais, bien que composés d'articles allemands, demandés à l'Angleterre par des maisons qui n'ont pas de relations directes en Allemagne et qui les reçoivent ainsi grevés davantage.

« Le principal article d'importation anglais est le charbon minéral. »

Le mouvement des ports de Desterro et de Laguna, en 1885-86, a été celui-ci :

	Entrées.	Sorties.
Long cours	85	64
Cabotage	175	177
Côtiers	345	372
Totaux	605	613

La culture principale est encore celle du manioc, dont la farine, qui aurait besoin d'être fabriquée par des procédés plus perfectionnés, a rendu souvent de grands services aux autres provinces, surtout dans le Nord, quand la sécheresse y a raréfié les denrées alimentaires. Dans ces cas, la culture en devient très fructueuse. En temps ordinaire, elle est très médiocre dans ses résultats. Le riz, les céréales, la canne, le café, le tabac, l'extraction du mate, celle de la cochenille, peuvent en donner de bien meilleurs. La vanille croît spontanément et se rencontre très abondante dans l'intérieur. Le cacáo pourrait être cultivé avec succès dans les terrains bas et frais, non marécageux. La vigne donne beaucoup, admirablement, et des raisins d'excellente qualité; le vin des colonies d'immigrés européens est déjà fort potable. La luzerne, dont la consommation s'augmente au Brésil par la multiplication des tramways, y serait également d'un grand rapport, de même que les autres fourrages artificiels, auxquels le sol se prête si bien. Bref, l'agriculture devrait s'y attacher à délivrer le pays du tribut excessif qu'il paye à l'étranger en important une foule de denrées alimentaires, dont elle pourrait très aisément et très fructueusement le fournir elle-même.

J'allais oublier l'élevage du ver à soie, qui de pair avec la vigne, a été tenté avec succès à Blumenau, Luiz Alves et Nova Trento.

part la fabrication de la farine de manioc, quelques m ulins à canne, à décortiquer le riz, à préparer le mate, des briqueteries, des savonneries. quelques brasseries, l'industrie est surtout représentée par des scieries. très exploitées par les immigrants pour le débit du sapin et des beaux bois des forêts.

LES CANTONS MARITIMES

L'île de Sainte-Catherine, dont on connait déjà les dimensions et la population, est arrosée par des rios d'un petit volume, comme ceux du Ratones, Itacorohy et Tavares. Outre la capitale Desterro, elle comprend les *freguezias* ou paroisses de : Necessidades (Santo-Antonio das), 3,400 habitants. Lapa do Ribeirão (N. S. da). 3 100 habitants; Rio Vermelho (S. Joãs Baptista do), 1,800 habitants; Cannavieiras (S. Francisco de Paula de). 3,900 habitants; Traz do Morro (Santissima Trindade de), 2,300 habitants; Lagôa (N. Sra da Conceição da), 3,200 habitants; et Lagoinhos, 1,800 habitants.

L'autre côté du détroit ou *Estreito*, juste en face de Desterro, est S. José da Terra Firme, ville de 10,000 âmes, près de la baie de Sainte-Catherine. Elle fut fondée en 1750 par 182 ménages d'Açoriens envoyés sur ce point par le gouverneur José de Mello Manoel. On y cultive du café, des céréales, de la canne et du manioc. La population du canton est de 22,000 âmes environ. Les autres localités sont : Enseada do Brito (N. Sra do Rosario da) 2,772 habitants, où l'on fait beaucoup de riz; S. Pedro do Alcantara, 2,397 habitants; Garopaba (S. Joaquim de), 3,407 habitants; Cubatão (Santo Amaro de) 2,860 habitants; où l'on produit beaucoup d'eau-de-vie de canne et un peu de sucre; Nazareth de Pathoça (Senhor Bom Jesus de), et S. Cartos Borromeo.

Au nord et voisin, est le canton de S. Miguel, sur le continent; ville bâtie sur une crique excellente, dans un site charmant. Cultive le manioc, la canne, riz, haricots, maïs; exploite en petite échelle les bois de construction. Population de 12,000 âmes, répartie dans la ville de S. Miguel et dans les paroisses de N. S. da Piedade da Armação, S. João Baptista da Fóz do Biguassú et S. Pedro Apostolo do Alto Biguassú.

Ce canton forme une comarca avec son voisin du nord de Tijucas, qui comprend les localités de S. João Baptista do Atto Tijucas et S. Sebastião de Tijucas; le dernier est le chef-lieu. La population est à peu près la même que dans le précédent.

En suivant la côte vers le Nord, vient S. Luiz Gonzagua, territoire assez montagneux, arrosé par le rio Itajahy-Mirim, produisant en abondance riz, céréales et tubercules. On y trouve 15 scieries mues par la force hydraulique produisant en moyenne 20,000 douzaines de madriers, des bois débités pour la construction des bateaux; puis quantité de moulins à cannes mûs par des animaux, six décortiquages de riz, des huileries et des moulins à maïs. Malheureusement l'absence de voies de communications en bon état arrête les cultivateurs dans la voie du progrès. La soie y donne deux récoltes par an ; quelques Italiens seulement s'en occupent pour en fabriquer des bas, des ceintures et divers ornements, mais ils n'ont pas de machines pour la filer et ce n'est encore là qu'une petite industrie domestique. La population est de 8,000 âmes. La ville de S. Luiz a pour origine des colons allemands et ne remonte qu'à 1860.

Elle appartient à la comarca de Itajahy, chef-lieu du canton voisin toujours au nord; celui-ci a une population de 18,000 âmes environ, dans la ville, Itajahy (Santissimo Sacramento de), située à l'embouchure du rio de ce nom sur l'Océan, et dans les villages de Itapocoroy (N. Sra da Penha de), Camboriú (N. S. do Bom Successo de), et S. Vicente de Paula de Luiz Alves.

Le dernier canton au nord, limitrophe de la province du Paraná, est celui de Joinville, 20,000 habitants, l'entrepôt commercial de la colonie Donna Francisca, jadis propriété du prince de Joinville et de la princesse D. Francisca, sa femme. Cette colonie fut fondée en 1849, par la Société de colonisation de Hambourg. La ville de Joinville est sur la rive droite du rio Cachoeira, qui se jette dans la Lagôa das Saúvas, et se trouve reliée par une navigation constante avec le port de S. Francisco situé en face dans l'île voisine, à une distance de 20 kilomètres. Cette lagune du Saúvas ou de Sagassú, donne dans le bras de mer qui forme la baie de S. Francisco. Joinville est devenue la première ville de la province, et après Petropolis, c'est de toutes celles d'origine coloniale, la plus belle, la plus développée, la plus confortable; elle compte 15,000 habitants dont 11,300 de nationalité étrangère. Elle occupe une superficie considérable, est coupée de rues plantées d'arbres, macadamisées et très bien entretenues; les maisons, pour la plupart en forme de chalets, sont séparées les unes des autres par des haies de rosiers ou d'épines fleuries entourant des jardinets; des rigoles ouvertes et gazonnées longent les rues et donnent aux eaux un écoulement rapide vers le rio Cachoeira. L'impression d'ensemble rappelle les petites villes si gracieuses des bords du Rhin. On fait ici un commerce considérable de mate, eau-de-vie, sucre, farine de arrow-root et de manioc, gomme, tapioca, beurre, maïs, cigares, tabac en feuilles et de bois. Les relations y sont en grande partie directes avec Hambourg, Rio de Janeiro, la Plata et le Pacifique.

On peut faire en voiture les 82 kilomètres de la route de Donna Francisca, qui traverse la serra do Mar en passant par S. Bento et va au Rio Negro, jusqu'à la ville Paranaense de ce nom. 112 kilomètres en sont achevés en pente douce et presque complètement macadamisés. Il en reste 26 kilomètres à terminer.

S. Bento est un bourg peu considérable encore, comprenant peut-être 70 maisons couvertes en bois de sapins, selon l'usage général pour les habitations de la serra. Charpentes, cloisons, parquets, murs, tout y est en sapin. Cette localité n'a guère été peuplée qu'en 1876, où l'on y introduisit des colons de Bohême, de Bavière et de Pologne, gens industrieux et rangés. Ils y ont entamé la culture du blé et du seigle, qui y a admirablement réussi comme la vigne, les pêchers, les pommiers, les cerisiers, les pruniers d'Europe. La préparation du maté s'y fait au moyen de mécanismes à vapeur. L'exportation est assez considérable; celle des barriques en sapin, fabriquées pour emballer le maté, est estimée à environ 150,000 francs. L'élevage du gros bétail y prend également une rapide extension. Il y a 8,700 habitants, dont 5,200 étrangers.

Au delà de S. Bento, et un peu à gauche de Rio Negro, dont il est éloigné de 10 kilomètres, est S. Lourenço; — comme S. Bento, il est dans la zone que le Paraná conteste à Sainte-Catherine.

Paraty (Bons Jesas de) est un canton, situé sur le bras de mer appelé rio de Aracoary: il comprend encore la localité de Itapocú (Taboleiro Grande do).

S. Francisco est dans l'île, qui longe la côte tout au nord de cette dernière province et sur la partie nord-ouest, à trois lieues dans l'intérieur de la baie de Babitonga; port sans rival sur la côte Atlantique sud depuis Rio de Janeiro jusqu'au cap Horn, avec une barre franche, donnant aux plus grands navires une entrée libre et un mouillage de toute sécurité; les bateaux peuvent même remonter 8 kilomètres jusqu'à l'entrée du lac Sagassú. Entrepôt forcé de tout le commerce de la région avoisinante, qui est extrêmement fertile.

La colonie Donna Francisca lui fournit une exportation considérable déjà; 502 voitures traînées par 4,000 animaux, diverses petites embarcations et deux vapeurs d'une force de 20 chevaux calant $1^m,50$ y en amènent les produits. 200 usines à vapeur, à eau, quelques-unes seulement mues par la force animale, préparent le sucre et l'eau-de-vie, en outre de la fabrication centrale de *Pirabeiroba*, qui peut traiter 100 tonnes de cannes par jour. 7 usines préparent le maté, 4 décortiquent le riz; 22 menuiseries, 14 charpenteries, 18 ateliers de forgerons et de serruriers, 12 faïenceries et poteries. Le mouvement des échanges est en moyenne de 5 millions de francs.

Le haut Itajahy, formant un bassin intérieur, assez considérable, est encore une vaste étendue de terres *devolutas* ou domaniales, absolument libres. Je serais en peine d'y signaler un centre de population. Mais, au sortir de la faille qu'il a creusée dans la serra do Mar, le rio Itajahy, arrose une des localités d'essence coloniale les plus florissantes de l'Empire, le canton et la ville de Blumenau, 18,000 habitants presque tous étrangers ou d'origine étrangère; colonie fondée, en 1852, par le docteur Hermann Blumenau, à ses propres frais, devenue la plus florissante de l'Empire, aujourd'hui émancipée. La ville, qui groupe 15,000 âmes, est située sur l'Itajahy, qui, au moyen de chalands remorqués par un vapeur, donne une sortie directe sur la mer, au port de ce nom. Les relations sont, en outre, facilitées par 100 kilomètres environ d'excellentes routes et près de 400 kilomètres de chemins pour cavaliers et piétons. Colonie essentiellement agricole : 206 usines sucrières, 107 moulins à manioc, 47 à maïs, 17 à riz, 40 scieries; 21 briqueteries et tuileries, 10 fabriques de cigares, 7 de bière, 4 de vinaigre, 3 de vin, 2 de tissus, 1 de liqueurs, 1 de savon et bougies,

1 fonderie, 1 chaudronnerie; 12,000 bœufs, 31,000 porcs, 3,000 chevaux, 200 mulets; ces données fournissent une idée de l'activité qui règne dans cette localité, et de ce que peut, en peu de temps, produire l'initiative européenne s'appliquant sur un tel sol. La production est de 750 tonnes de sucre, 3,800 hectolitres d'eau-de-vie, 180,000 sacs de maïs, 20,000 sacs de farine de manioc, 4,000 sacs de riz, 8,000 sacs de pommes de terre, 2,000 de haricots. (Le sac est de 80 litres).

La valeur de l'exportation en 1886 a été de 1 million 400,000 francs.

La *freguezia* ou paroisse de S. Pedro Apostolo do Gaspar, compte environ 3,000 habitants; elle fait partie du canton de Blumenau.

LA ZONE DES CAMPOS

A l'ouest de la serra Geral et du bassin du rio Itajahy, est le canton de Coritybanos avec ses trois localités, Conceição des Coritybanos, la ville chef-lieu, Amparo do Campo de Palmas, et Santa Cecilia do Rio Correntes. Vaste territoire de *campos*, extrêmement favorable à l'élevage.

Il appartient à la *comarca* de Campos Novos, dont S. João, le chef-lieu, est sur la rive gauche du rio do Peixe, affluent de l'Uruguay.

Lages, à la source du rio Cadieiras, bras du rio das Canôas, affluent de l'Uruguay, est par excellence un centre d'élevage!

Cette ville centrale, de 7,630 habitants, est la reine de l'intérieur ; canton d'élevage le plus riche, 300,000 têtes au moins de bétail : bœufs, chevaux, moutons, porcs : la production annuelle est de 60,000 têtes et l'exportation de 30,000. Le climat est très sain, l'aspect de la région très riant ; c'est une grande plaine peuplée de 15,000 habitants environ, qui exportent, outre le bétail, viande salée, cuirs, crins, cornes, sabots, maté, tabac ; ils cultivent pour leur consommation les légumes, les céréales et les fruits. Le froment y rapporte en quantité réellement fabuleuse.

Les autres localités du canton sont Baguaes (Patrocinio de) et Costa da Serra (S. Joaquim da); la première a 3,030 habitants, le seconde 3,372. A l'ouest, ce canton se perd dans le vaste territoire inconnu qui se termine par celui des Missions, encore litigieux avec la République Argentine.

Au Sud, il touche au canton de Laguna qui s'étend jusqu'à la province de Rio Grande du Sud. La ville chef-lieu, Laguna, 6,000 habitants, est sur la rive orientale de la baie du même nom; à la partie méridionale d'une péninsule bien prononcée, dans une plaine abritée par deux immenses *morros* ou collines ; climat excellent, bonne eau ; port dont la barre consiste en un banc de sable mouvant, formant deux canaux qui donnent accès seulement aux navires calant $2^{m},64$; exporte directement les produits agricoles de son canton et des districts voisins, dont il est l'entrepôt : maïs, manioc, fèves, gomme, riz, café, tabac, canne, ricin, arachides, etc. ; exporte directement au Havre et aux États-Unis, crins, cuirs, vessies de poisson, etc. C'est le port de sortie de Tubarão. Il est relié par un embranchement au port plus profond, mais moins sûr, de *Imbituba*, tête de la ligne qui va aux houillères. Cette ligne, devant franchir le bras de mer entre Cabeçada et Larangeiras, a nécessité la construction d'un vaste viaduc métallique, avec une arche mobile, pour le passage des navires.

Les autres localités de Laguna sont Mirim (Santa Anna do), 3,448 habitants ; Villa Nova (Santa Anna de), 1,610 ; Anjos da Laguna (Santo Antonio dos), 8,675 ; tout ce canton produit : manioc, haricots, maïs, cannes, arachides (*amendoim*), riz, café. On y compte encore Imaruhy (S. João Baptista de) 5,876 habitants, et Pescaria Brava (Sr. Bom Jesus da), 3,062.

Araranguá, canton le plus méridional, complète la comarca de Laguna ; il est traversé par le joli rio Araranguá qui baigne son chef-lieu. Il possède de bons campos d'élevage, des terrains très fertiles et jouit d'un climat très agréable. Les cultures actuelles sont les mêmes qu'à Laguna. La population est de 10,000 âmes, avec la freguezia N. S. Mãe dos Homens do Araranguá.

Le canton de Tubarão, le dernier de Sainte-Catherine, est entre ceux de Araranguá et de Laguna, adossé à la mer. Il contient 16,000 habitants, et l'on y trouve les mêmes cultures, plus la vigne, le blé, le mûrier à ver à soie, beaucoup de bois et de textiles ; des mines de plomb, d'argent, de fer, de cuivre et de houille ; celle-ci, de très bonne qualité, est exploitée par la Compagnie anglaise *The Tubarão Brazilian Coal Minning ;* la tonne vaut sur place 12 fr, 50 ; la production est encore fort limitée, car on recherche des mines donnant du charbon plus pur. — Les terres d'élevage du canton sont excellentes et en abondance.

Il y a une tannerie avec machine à vapeur pour broyer les écorces, un marteau à battre la sole, et une scie mécanique ; ses produits, outre la fourniture de la consommation locale, alimentent en partie Rio de Janeiro. Un propriétaire, M. Galdino José de Bessa, essayait dans sa fazenda agricole du Riacho, au centre de la colonie allemande du Braço do Norte et voisine de celle du Gram-Pará, la culture de la vigne, pour laquelle il a fait venir de France un vigneron expérimenté.

LA HOUILLE DE TUBARÃO

La Compagnie des mines de houille de Tubarão s'est trouvée aux prises avec de grandes difficultés : celle de ne pouvoir se servir de Laguna, comme port d'attache, à cause de la barre trop difficile et d'être obligée d'aller à 8 kilomètres plus loin au port de Imbituba, d'autre part, elle avait à supporter des impôts excessifs, qui donnaient tout avantage sur le marché aux charbons importés de l'étranger. Elle est arrivée, sous ce dernier rapport, à un arrangement raisonnable. Ses mines sont situées au pied de la Serra-Geral, à 110 kilomètres environ à l'ouest de la ville de Laguna : elles font partie du bassin houiller des rios Passa Dous et Bonito et appartenaient au vicomte de Barbacena, qui a fondé une Société pour les exploiter. La nature du pays ne peut être désignée comme celle de la période carbonifère ; une ligne de roches volcaniques le traverse au nord-est, et à cet endroit, la couche de pierre de taille s'enfonce avec une inclinaison de 1/20. Le district est entrecoupé de nombreux cours d'eau, formant le bassin des rios Tubarão et Palmeiras ; en suivant le cours de ces rivières, on rencontre les diverses couches de roches dans leur cours naturel.

La situation des mines est excellente, en ce qui concerne les facilités d'une exploitation. Le charbon se présente en affleurements, mais justement la qualité de celui qui se trouve le plus rapproché de la surface est médiocre ; il est maigre, à longue flamme et dégage en brûlant beaucoup de fumée. On croit, qu'on trouvera dans les couches inférieures, une qualité bien préférable. La main-d'œuvre n'est pas bien chère et se rencontre parmi les Tyroliens des colonies voisines Azambuja et Urussauga. Le drainage est également rendu aisé par l'inclinaison favorable de la couche.

M. Gilroy, en 1885, estimait à 38 millions de tonnes la quantité de charbon du Rio Bonito, la partie exploitée, soit la moitié de la concession en évaluant l'aire à 5,189 ares, l'épaisseur de la couche à 5 pieds 3/4 : soit une extraction possible de 1,000 tonnes par jour pendant 129 ans en travaillant 300 jours par an.

La veine de Rio Branco couvre 3,232 ares, sur une épaisseur de 2 pieds 3/4, ce qui donne 11 $^1/_2$ millions de tonnes, soit une extraction possible de 300 tonnes par jour durant 128 ans.

Le chemin de fer *Donna Thereza Christina* a été fait spécialement en vue de ces houillères. Il s'étend du port de Imbituba à Bom-Retiro, sur les mines même, avec une longueur de 111 km, 100 et projette un petit embranchement de 5 km, 240, du kilomètre 26,800 à la ville et au port de Laguna.

Le capital autorisé de l'entreprise est de 500,000 liv. sterling, dont 300,000 en actions de 20 liv. émises au pair, et 200,000 en obligations à 5 1/2 % remboursables au pair à 100 livres, en 30 ans, par un fonds d'amortissement de 1 3/8 % par an. Il jouit d'une garantie d'intérêts de 7 % de l'État. A la fin de 1882, le capital fut complété par l'émission de 113,200 liv. en obligations de 5 1/2 %. La garantie de 7 % fut concédée le 21 octobre 1874, sur un capital maximum de 3,300 contos, et le 20 septembre 1876, la Compagnie fut autorisée à fonctionner au Brésil. Les études furent approuvées le 18 octobre 1878 et le capital garanti fixé à 2,154,008 $ 900, et enfin le 5 décembre 1885. ce capital garanti fut élevé à 5,609,258 $ 020, soit 631,046 liv. st.

C'est le 1er septembre 1886 que la ligne a été ouverte au trafic. Le viaduc sur lequel elle passe de la pointe de Cabeçuda à Larangeiras, à 1,430 mètres ; c'est le plus important de l'Amérique du Sud. La ligne, longue en tout de 116km,340, est à voie de 1 mètre. Les autres ponts principaux sont ceux da Passagem long de 164 mètres, das Pedras Grandes de 44 ; da Cachoeira-Feia de 96 ; de João Rebello de 58 ; da Barra das Larangeiras, de 40 mètres et du Tubarão de 35 mètres. Elle a 7 stations et une halte abritée, Barra do Oratorio, au kilomètre 103, construite aux frais de particuliers riverains. Les voici :

Imbituba	0.kil.
Bifurção (B)	26.800
Piedade	53.500
Pedras Grandes	78.500
Orléans	88.200
Minas (Bom Retiro)	111.100
Bifurcation (B)	26.800
Laguna	32.100

La station d'Orléans inaugurée le 1er janvier 1886 a été construite aux frais de l'entreprise colonisatrice du Gram Pará.

L'exploitation n'a pas donné de résultats bien merveilleux jusqu'ici. Plusieurs fois les inondations en causant de grands dégâts à la ligne, l'ont interrompue durant des intervalles assez longs. Et la Cie ne s'est pas souvent empressé d'exécuter les réparations, si bien que le gouvernement a dû la menacer de suspendre la garantie d'intérêt et d'effectuer en régie les réparations et l'exploitation. Du 1er septembre 1884 au 30 juin 1886, l'exploitation se traduisait par :

Recettes.	Dépenses.	Déficit.
82.073$734	398.493$145	316.419$411
	1886-87	
29.327 510	201.611 746	172.284 236
	1887-88	
28.226 300	230.273 385	202.047 085
	1888-89	
31.409 760	331.159 198	299.740 438

Elle a dans l'exercice finissant au 30 juin 1889, transporté 3,681 voyageurs, 185 tonnes de bagages, 414 animaux et 3,802 tonnes de marchandises, dont 63 de sucre, 620 de céréales, 567 de sel, 61 de lard, 1,130 de bois, 228 de matériaux de construction et 532 d'articles divers.

La coût de la ligne est de	6.498.133$333
Soit par kilomètre en moyenne	56.018 300
Au 30 juin 1887. l'État avait payé en garantie d'intérêts un total de.	2.717.382 502
Et en 1886-87, la somme de	693.865 023

Il est bon d'ajouter que cette compagnie est anglaise, comme aussi celle des mines de Tubarão.

LES COLONIES ET LEUR PRODUCTION

C'est principalement comme territoire de colonisation que Sainte-Catherine est remarquable. Aussi, je veux jeter un rapide coup d'œil sur les colonies déjà fondées et en plein développement. J'ai déjà dit ce que sont Blumenau. Joinville et S. Bento.

D'après le directeur général du service de colonisation, M. Francisco de Barros e Accioli de Vasconcellos, dans son rapport du 28 février 1888, Blumenau comptait 18,884 habitants et sa production était évaluée à plus de 1,000 contos. Elle exportait pour 800 contos dont 300 pour les bois. Spécifiquement, cette exportation comprenait 104,520 kilos de sucre, 250,000 de beurre, 222,800 de saindoux, 21,000 de tabac en feuilles, 71,000 de viandes de conserve, 3,060,000 cigares, 623 hectolitres de riz. 1,706 de maïs, 1,714 de farine de manioc, 1,137 de pommes de terre anglaises, 20 barriques de bière, 20,000 cuirs de bœuf, 50 sacs d'amidon, 9,200 hectolitres de haricots, 3,555 d'eau-de-vie, 2,000 kilos d'arrow-root, 10,500 douzaines d'œufs, 8,680 kilos d'huile végétale, 3,500 de graisse. 3,552 litres de vin d'orange; 1,344 de vinaigre, 1,885 poules, — plus les bois.

Pour Itajahy et l'ancienne colonie Principe D. Pedro, la situation est analogue ; on y compte 9,750 habitants. On en a exporté 55 hectolitres d'eau-de-vie, 632 de riz, 1,766 de farine de manioc, 154 de haricots, 500 de maïs, 14,280 kilos de sucre, 30,020 de saindoux, 2,000 cuirs, 65,000 cigares. 5,900 kilos de tabac, 11,160 kilos de beurre, 16,744 douzaines de bois sciés et 8,000 kilos d'amidon.

Azambuja, fondée en 1877, est devenue, elle aussi, une municipalité de droit commun ; elle comprend les noyaux devenus des villages de Azambuja, Urussanga, Accioli de Vasconcellos et Presidente Rocha. Elle est desservie par la station Pedras Grandes de la ligne de Thereza Chritina, dont elle n'est éloignée que de 9 kilomètres. On y compte 1,098 habitants. La production était évaluée à 29.530 $ et comprenait 407 hectolitres de riz, 87 de vin, 194 de haricots, 5,950 de maïs, 21 de froment, 208 bœufs et 14.465 porcs, — pour le noyau Azambujá.

Urussanga avait 1,960 habitants, et produisait 204 hectolitres de riz, 74 de sucre, 164 d'eau-de-vie, 136 de vin, 121 de haricots, 10,736 de maïs, 560 de froment, 684 bœufs et 40,905 porcs, soit une valeur totale de 86,970 $ (créé en 1877).

Accioli de Vasconcellos, créé en 1885, sur le bord du rio Cocal, comprend le hameau de Crissiuma. Il y a 422 habitants et a produit 201 hectolitres de riz, 20 d'eau-de-vie, 13 de vin, 1,089 de maïs, 95 bœufs et 5,235 porcs, d'une valeur totale de 8,421 $,500.

Presidente Rocha, tout récent, situé à 19 kilomètres de Tubarão et du chemin de fer, avait déjà 460 habitants, qui avaient récolté 240 hectol. de haricots, 624 hectolitres de maïs, produit 27 bœufs et 2,490 porcs, pour une valeur totale de 3,000 $.

Près de Tubarão et de ses mines, desservie par la station de Orléans du chemin de fer, est la colonie du Gram-Pará, fondée en 1882 sur les terres patrimoniales de Leurs Altesses le comte d'Eu et la princesse Impériale Isabelle. Elle comptait 2,136 habitants, occupant seulement 600 lots; il restait 800 de ceux-ci tout prêts à être vendus. Les lots sont de 48 hectares 4 ares. On peut les payer en 5 annuités avec intérêts à 6 %. Ils reviennent ainsi à 1,250 francs; il y a une maisonnette sur chaque lot.

Ce sont des Allemands pour la plupart qui habitent le Gram Pará, ainsi que Itajahy, Blumenau; à Azambuja, des Italiens; à Joinville, à S. Bento, divers : Autrichiens, Allemands, Italiens, Français, etc. En général, les nationalités sont assez mélangées, mais elles tendent de plus en plus à se grouper par affinités de langue. Cet élément étranger a déterminé la physionomie aujourd'hui principale de la population, qui est très cosmopolite. Dès que la loi prochaine de la naturalisation l'aura nationalisé, cet élément fera de Sainte-Catherine une province énergique et éclairée, qui, bientôt, saura mettre en valeur les immenses ressources de son beau territoire.

Il faut, en effet, que ces vaillants colons qui se sont, par leur travail, créé une patrie, une aisance, et un avenir, prennent l'influence à laquelle ils ont droit sur la direction des affaires locales. Entre leurs mains, avec leur collaboration, celle-ci aura promptement changé de face pour la satisfaction de tous.

XIV

RIO GRANDE DU SUD

Aspect de la côte, des lagunes et de l'estuaire du Rio Grande. — La formation de la province, cours d'eau, montagnes. — Le port de Rio Grande, son mouvement, ses difficultés d'accès. — Situation de la province : finances, commerce, production. — Excursion dans chacun des bassins : Cahy, Jacuhy, Vaccacahy, Camaquam, Jaguarão, Ibicuhy, Haut Uruguay. — Chemins de fer, parcours et exploitation. — Les houillères. — Caractères particuliers de l'industrie agricole et manufacturière. — Crise des *Saladeros*. — Les colonies d. Rio Grande du Sud : population, production; leur développement. — Témoignages de visiteurs. — Réflexions.

Depuis le cap de Santa-Martha, la côte brésilienne se dirige vers le S.-O., basse et uniforme, sans offrir jusqu'à la barre du Rio Grande, sur une longueur de 285 milles, d'autres parties rentrantes que celle de Torres. Depuis le 31e parallèle jusqu'à cette barre, elle présente la forme d'un isthme étroit, composé de dunes, appelées plage (*praia*) *de Pernambuco* et plage du *Estreito* (du détroit), séparant de la mer la *lagôa* ou lagune *dos Patos* (des Canards), qui s'étend du N.-E. au S.-O., est navigable jusqu'à Porto-Alegre et reçoit divers cours d'eau, dont plusieurs rivières considérables, circonstance qui rend son eau douce jusqu'au sud de l'île dos Marinheiros, dans le voisinage de S. José do Norte et de Rio Grande, villes situées l'une vis-à-vis de l'autre.

La barre du Rio Grande, embouchure de l'unique canal qui conduise de la mer à la lagôa dos Patos, à l'extrémité sud-ouest de laquelle elle est située, a généralement 11 pieds d'eau, profondeur qui diminue en approchant du port de la ville du même nom. Elle est, en outre, entourée de sables dont les bancs changent souvent de position. Le canal auquel elle donne accès a 13 kilomètres de long sur 6 de large: c'est ce qu'on appelle fort improprement le Rio Grande du Sud. Ce canal a jusqu'à 14 mètres d'eau, mais l'entrée n'a pas plus de 3m,50 à marée basse, sur fond d'écueils. Rien n'est d'ailleurs plus discuté encore, au moment où j'écris, que la nature exacte des obstacles apportés par le sol sous-marin au passage de cette barre. Les travaux d'amélioration sont en adjudication de nouveau depuis deux ans, et à tout instant l'on remet en contestation le plan à exécuter en dépit de l'autorité des Caland, des Bicalho et autres ingénieurs, qui ont contribué à l'arrêter.

Des ports de Rio Grande et de S. José do Norte à la ville de Porto-Alegre, capitale de la province de Sam Pedro du Rio Grande du Sud, il y a 400 kilomètres de navigation au milieu des lagunes dos Patos et Viamão. Celle-ci n'est qu'un golfe où débouche le Guahyba, jonction des eaux réunies des rios Jacuhy, Cahy, dos Sinos et Gravatahy, depuis Porto-Alegre où elle s'opère, jusqu'à Ponta de Itapuá, où il se confond avec la lagôa dos Patos.

De la barre du Rio Grande vers le sud, la côte court toujours dans la direction du sud-ouest, sous le nom de Alabardão et avec la plus grande monotonie jusqu'au rio Chuy, qui sert de limite entre le Brésil et la République Orientale de l'Uruguay. Des bancs de sable en rendent l'approche dangereuse, surtout près d'une courbe qu'elle décrit à l'ouest. Elle forme une zone couverte de dunes presque inhabitées entre l'Océan et la Lagôa-Mirim, lagune navigable elle aussi, qui communique avec la mer avec le rio Chuy et avec la Lagôa dos Patos, par le canal appelé improprement rio Sam Gonçalo. Ce canal a 99 kilomètres de longueur, et sa grande profondeur y permet en tout temps la navigation franche; ses deux barres, obstruées elles aussi par le transport des sables, ont été considérablement améliorées. Près de celle du nord, sur la rive gauche, est le port de Pelotas, aussi fluvial que maritime, fréquenté principalement par les *hiates* ou yachts transportant les produits de l'intérieur aux mouillages de Rio Grande ou de S. José, d'où ils sont exportés au dehors.

Le rio ou canal de S. Gonçalo reçoit le rio Piratiny et la Lagôa Mirim, le rio Jaguarão.

Cinq fois par mois, les paquebots de la Compagnie nationale touchent à Rio Grande et trois fois à Porto-Alegre.

Le territoire qui forme aujourd'hui la province de Rio Grande du Sud, occupé lors du partage du Brésil en capitaineries, par les tribus sauvages des Indiens *Minuanos*, *Tapes* et *Charruas*, parlant toutes le *guarany*, ne fit l'objet d'aucune donation aux favoris de la royauté portugaise. Ce sont les jésuites qui le dominèrent d'abord, par les célèbres missions qu'ils y avaient fondées, et dont plusieurs ont laissé dans l'histoire un nom fameux : S. Francisco de Borja, S. Nicoláo, S. Luiz Gonzagua, S. Lourenço, S. Miguel, S. João-Baptista, Santo-Angelo, dont on retrouvera tout à l'heure les noms dans les villes actuelles. Ce n'est que vers 1735 que la colonisation laïque, si je puis ainsi parler, y fit des débuts sérieux. Elle fut belliqueuse, car la contrée se trouvait être le champ de bataille naturel, obligé, entre Espagnols et Portugais, entre les tenants indigènes des uns et des autres. Dès 1769, elle avait obtenu assez de consistance pour que le pays formât un gouvernement distinct de celui de Sainte-Catherine, et subordonné directement au vice-roi de Rio de Janeiro. Les *estancias* se multipliaient et se développaient, constituant ainsi la physionomie spéciale de l'exploitation agricole du pays. Le plus souvent elles avaient pour créateurs des soldats auxquels la paix avait fait des loisirs, et qui gardaient dans cette occupation nouvelle les habitudes de leur ancienne profession, ainsi que leur ressentiment profond de Portugais contre les Espagnols. Celui-ci éclata avec enthousiasme à toutes les occasions de lutte, et elles furent nombreuses.

Le tempérament qui est résulté de ce passé, a fait des *Riograndenses* une population qui a volontiers la tête près du bonnet, très ombrageuse, d'opinions volontiers avancées sous le rapport démocratique, et à tendances républicaines constamment affirmées. En 1835, ils furent au moins dix ans en guerre civile, pour soutenir ces préférences à l'endroit de la forme politique du gouvernement, et c'est alors que Garibaldi se signala dans leurs rangs. Durant la guerre du Paraguay, la cavalerie riograndense eut un rôle superbe, et la province s'enorgueillit de la part prééminente qu'y prirent plusieurs de ses enfants, comme le marquis do Herval (le brigadier Osorio), le vicomte de Pelotas (général Camara), le baron d'Ijuhy (général Bento Martins de Menezes), le général Menna-Barreto, le baron de Triumpho (José Joaquim de Andrade Neves), et bien d'autres.

Le Rio-Grandense indigène n'est qu'un Pauliste plus ou moins croisé avec l'Indien et modifié par la vie au grand air, aux longues courses de l'*estancieiro*. Aussi énergique et moins farouche que lui, il a davantage le goût de la sociabilité. Il est devenu autant l'homme du *forum* que l'autre devenait souvent un *sertanejo*, un homme de l'intérieur et des bois. C'est pourquoi, en dehors des raisons climatériques, la colonisation européenne y a porté du premier coup des fruits si éclatants. Les velléités séparatistes qu'on a souvent attribuées à Rio-Grande sont beaucoup plus l'aspiration à un régime de démocratie pure que le dessein arrêté de se séparer des autres fractions de la communauté brésilienne. La population est foncièrement autonomiste, et loin d'être disposée à s'agglutiner à ses voisins du sud ou de l'ouest, si mélangés de Brésiliens d'ailleurs, c'est elle plutôt qui les attirerait à elle. Si jamais les événements amènent le remaniement de cette partie de la carte de l'Amérique du Sud, on peut être assuré que les Riograndenses entraineront avec eux les habitants de l'État Oriental et peut-être même ceux qui vivent entre le Paraná et l'Uruguay. Mais ce sont là mystères de l'avenir... Voyons ce qu'est en ce moment cette magnifique province.

COURS D'EAU, MONTAGNES

Comprise entre 27°30′ et 33°45′ de latitude sud, entre 6°22′ et 14°18′ de longitude occidentale du méridien de Rio de Janeiro, comptant 885 kilomètres de l'embouchure du Mampituba à celle du Chuy, nord-sud; 820 de celle-ci sur l'océan au confluent du Quarahim dans l'Uruguay, ouest-est, elle a une superficie de 364,000 kilomètres carrés selon Macedo, de 236,553 selon l'estimation officielle et un littoral d'environ 930 kilomètres. La population est de 960,000 habitants, sur lesquels avant l'abolition on ne comptait que 8,442 esclaves. Les limites au nord sont avec Sainte-Catherine les rios Mampituba, Sertão, Touros et Pelotas, ce dernier le principal bras de l'Uruguay; avec le Paraná, l'Uruguay et le Pepiry-guassú; avec la République Argentine, l'Uruguay depuis le dit Pepiry; au sud avec la République Orientale, les rios Quarahim, les *cochillas* de Haedo et de Sant'Anna, les *arroios* S. Luiz et Mina, le rio Jaguarão, la lagôa Mirim et l'arroio Chuy.

C'est essentiellement un pays de plaines; les campos s'étendent dans quatre vastes bassins admirablement arrosés par les grands rios Uruguay, Jacuhy, Camaquam et Ibicuhy. L'Uruguay, on le sait déjà, forme la limite avec Sainte-Catherine; ses affluents de gauche s'emmêlent à leur tête avec ceux du Taquary et du Jacuhy de façon à donner sur la carte l'aspect des doigts de deux mains qui s'entre-croisent. Les derniers naissent à l'est dans les campos da Cima de la serra, et cette chaine qui en termine le bassin est la Serra do Mar ou Geral, venue du nord et de Sainte-Catherine. Elle suit d'abord la côte sur une étendue de 180 kilomètres, puis elle tourne droit à l'ouest avec un léger infléchissement au nord et 530 kilomètres plus loin se heurte à l'Uruguay, près de S. Borja, après avoir dans cette dernière direction traversé dans toute sa largeur le territoire de la province, qui se trouve ainsi divisé en partie haute ou septentrionale et en partie basse ou méridionale.

Vers le premier tiers de cette perpendiculaire, elle quitte le nom de Serra do Mar, pour prendre celui de Serra Geral, et à ce point détache au sud une grande élévation de terrain, plutôt qu'une chaine proprement dite, connue dans le pays sous l'appellation de *coxilla grande* ou *geral*, qui s'étend entre les bassins du Jacuhy et du Vaccacahy d'abord, entre le Santa-Maria, affluent de l'Ibicuhy et le rio Camaquam ensuite.

Cette *coxilla* (prononcez *cochilla*) se relie au sud à la chaine des bassins de la frontière, serra de Santa Tecla et serra dos Tapes, qui séparent les eaux allant à l'ouest du Rio Negro Oriental et celles coulant à l'est du Jaguarão et du Camaquam. Entre celui-ci et le Vaccacahy, s'allonge, partant d'un nœud de la coxilla grande, la serra du Herval, qui vient expirer à l'est sur le rivage du golfe appelé Guahyba.

Ces *coxillas* sont ici des chaines de collines allongées et couvertes de pâturages. Elles ne sont pas en général bien élevées, non plus que la serra Geral ou do Mar, et souvent ne constituent que très à peu près le *divortium aquarum*. C'est ainsi que la serra do Mar, dès qu'elle a opéré sa flexion perpendiculaire vers l'ouest ; laisse successivement passer dans une dépression formant solution de continuité le rio dos Sinos et ses deux tributaires les arroios Rolante et Santa Maria, puis le Cahy, et plus loin le Taquary, et le Jacuhy.

La Taquary ramasse la plupart de ses affluents au nord de cette chaine : les rios das Tainhas, Cararà, das Camizas, das Antas, Turvo, l'arroio Carreiro, qui donnent à son bassin supérieur la forme d'un éventail dont les branches se développent au nord de l'ouest à l'est : de même le Jacuhy, qui avant de se glisser par le ravin de la serra s'est grossi des rios Sereno, Jacuhysinho, Gahy, Jaguaperó ou Vahy, etc., offre un aspect identique à celui des précédents. Une *coxilla* très basse, celle du *Albardão* (du grand bât), forme la séparation des eaux courant à l'Uruguay, et ses ramifications se partagent entre les affluents du Jacuhy et du Taquary. Au-dessous de la serra, le Jacuhy reçoit à droite le Vaccacahy Mirim, le Vaccacahy, venu de la serra de Santa Tecla au sud, puis une foule d'autres rios. Il opère sa jonction en face de Triumpho avec le Taquary, et lorsque tous deux débouchent en face de Porto Alegre, ils heurtent les eaux du Cahy et du rio dos Sinos qui arrivent parallèles de la région nord, du Gravatahy qui vient de l'est ; toute cette masse d'eau douce occupant une large surface constitue l'estuaire du Viamão, improprement appelé rio Guahyba. Ce golfe finit à la ponta de Itapuan, au-dessous de laquelle le Capivary en forme lui-même un autre en se déversant dans la grande Lagôa dos Patos.

Le Camaquam, d'un cours de 330 kilomètres, vient de la serra de Santa Tecla, après avoir reçu quinze tributaires dans sa marche vers l'est, il se jette dans la Lagôa dos Patos.

Le petit rio S. Laurenço s'y déverse également un peu au sud et dessert par sa navigation aisée, la colonie de même nom établie sur ses bords.

L'arroio Pelótas, le Piratínim débouchent, dans le canal ou rio de S. Gonçalo ; le Jaguarão, venu de la Serra-Asseguá, un rameau de celle de Santa Tecla, qui sépare ses eaux de celles du rio Negro oriental, se grossit de treize affluents avant de se jeter dans la Lagôa Mirim. Il est navigable jusqu'à la ville de Jaguarão, et six kilomètres en amont. Le Candiota, un de ses tributaires de tête et de gauche, baigne des mines de charbon actuellement exploitées.

L'Uruguay, qui emporte à l'estuaire de la Plata toutes

les autres eaux de la province, prend sa source dans la serra do Mar, sur les confins des provinces du Rio Grande du Sud et de Sainte-Catherine. Il coule sous le nom de rio Pelotas jusqu'au confluent du rio Timbó, limite du Paraná et de Sainte-Catherine, se dirigeant du sud-est au nord-ouest et recevant successivement à gauche les tributaires Silveira, Divisa, Sant'Anna, Socorro, Passo Fundo, Forquilha, Lageado; à droite, le rio das Canôas et le Timbó. — A partir de ce point, il sépare Rio Grande du Sud du Paraná et coule encore dans la même direction, recevant à gauche l'Uruguay-Mirim et à droite le rio Chapecó; il a atteint ici son point extrême au nord; dès lors sa direction change et va du nord-ouest au sud-est; il reçoit alors à droite le rio Negro, le rio Sertão, et Apeterehy, et le Pepery Guassú, limite entre la province du Paraná et la province argentine de Corrientes, à gauche, le rio da Varzea ou Urúguay-Puytan, Pardo, Cebollaty ou Guarita, arroio Pary.

A 7,200 mètres au-dessous du Pepiry Guassú et un peu au-dessus du Cebollaty, l'Uruguay forme le Salto-Grande de Mocunan; — depuis lors sa rive droite appartient à la République Argentine; celle de gauche reçoit au Brésil et dans Rio Grande du Sud les rios Turvo ou Albery, Nhocorá, Santa Rosa, Santo Christo ou Pindahy, Bôa Vista, Commandahy ou Albutuhy, Ijuhy avec ses deux branches Ijuhy Grande et Ijuhy Pequeno, Piratinim, Camaquam, Ibicuhy et Quarahim.

L'Ibicuhy est lui-même un vrai fleuve, qui prend sa source dans la serra de Sam Martinho, fraction de la serra Geral, au nord-est: il en descend sous le nom de Ibicuhy-Mirim vers le sud-est jusqu'à son confluent avec le Toropi venu presque parallèlement de la même serra, mais un peu à l'ouest; de là il coule à l'ouest et bientôt reçoit le Santa-Maria, appelé aussi Ibicuhy-Grande, tant il est considérable, et qui lui arrive du sud-est, depuis les serras de Sant'Anna et Santa Tecla, recueillant une foule de tributaires; l'Ibicuhy continue sa course, se grossissant en route par la droite des rios Jaguary et Itú, et par la gauche des rios Ibirapuytan, Ibirão-Cahy ou Ibirocahy et Jiquaqua ou Sonchorim.

Le Quarahim prend sa source dans la Coxilla-Grande et dans le rameau particulier appelé Coxilla de Haedo; il coule du sud-est au nord-ouest, formant dans tout son trajet la limite entre le Brésil et la République orientale de l'Uruguay, recevant sur sa rive brésilienne, c'est-à-dire par la droite, outre le rio Invernada, tributaire de gauche, qui prolonge la frontière, les rios Catim, Areal, Quarahi-Mirim, Garopá, Camuatim. Ici il change de direction et coule au sud-ouest, recevant encore les rios Cajuaté, Capivary et Guapitanguy. Il se jette dans l'Uruguay par 30°11'12" de latitude et 14°29'20" de longitude occidentale.

Le cours de l'Uruguay est d'environ 1,389 kilomètres, il est très sinueux et contient beaucoup d'îles. Jusqu'au Salto oriental, les grands navires le remontent; mais en dépit des *cachoeiras* de S. Gregorio, du Butuhy, das Mercês et dos Garruchos, dans les pleins ordinaires des chalands chargés le naviguent jusqu'à la barre du Piratinim, près du Passo de Sam Nicoláo; c'est seulement aux plus grandes eaux que des embarcations moindres peuvent franchir les *cachoeiras* de S. Isidoro et Santa Maria, situées entre le Piratinim et le Ijuhy et arrivent alors à S. Xavier et même jusqu'au Salto Grande de Mocunan. En amont, la navigation par des canots ne peut s'y pratiquer qu'au prix de grands efforts.

Au-dessous du confluent du Quarahim, le fleuve sépare les Républiques de l'Uruguay et Argentine. Dans la première son principal affluent de gauche est le rio Negro; dans la seconde, ses principaux de droite sont le Aguapehy et le Mirinay, ce dernier se déversant juste en face du Quarahim, et plus bas le Gualeguychú. A 35 kilomètres au-dessous de la barre du Rio Negro oriental, l'Uruguay reçoit par un grand nombre de canaux les eaux du Paraguay et du Paraná déjà réunis et mêle les siennes aux leurs pour former l'estuaire de la Plata. Il est aisé maintenant de comprendre quelle superbe artère fluviale constitue ce grand cours d'eau et quel rôle il a pu en cette qualité jouer dans les guerres entre le Brésil et le Paraguay.

Les communications de la province de Rio Grande du Sud avec l'extérieur constituent toutefois un problème qui est encore l'objet d'une étude passionnée. D'une part, les ports de Rio Grande du Sud et de S. José do Norte, sont souvent d'un accès trop difficile à cause des variations des profondeurs de la barre. On a bien affirmé, en 1884, après une étude d'exploration accomplie par MM. Plazolles et Sichel, ingénieurs civils, que le sous-sol de toute la presqu'île dont cette barre constitue une dépression sous-marine, est formé non de sable, comme on le croyait généralement, mais d'argile ferrugineuse très dure, permettant la construction de travaux d'art solides et l'ouverture de canaux durables. Ces messieurs, partant de cette constatation et utilisant les données de la carte hydrographique de l'amiral Mouchez, avaient choisi pour la construction d'une entrée la région de Mostardas, à peu près à mi-chemin de Rio Grande et de Porto-Alegre, où la mer est très profonde, et où, à cinq kilomètres de la côte, se trouvent de petits lacs intérieurs alimentés par des rivières. Ces lacs auraient aisément constitué un port intérieur très abrité, moyennant un large et profond canal d'accès à la côte. Un chemin de fer aurait pris le fret débarqué dans ce port pour le conduire au rivage de la Lagôa dos Patos. — Ces transbordements inévitables ont empêché de donner suite à ce projet ingénieux.

Sous la direction d'un homme dont le Brésil pleure justement la perte, M. Honorio Bicalho, des dragages profonds avaient été entamés dans la barre, mais les mouvements des barres de sable les ont vite comblés, malgré les résultats encourageants obtenus tout d'abord. En 1883, la barre avait donné passage à 1,332 bâtiments, dont 359 vapeurs et 973 voiliers, sans qu'aucun naufrage eût été constaté.

Ce qui est peut-être plus curieux et plus piquant, c'est que vers le 1er janvier 1886 un coup de vent fit ce que les ingénieurs avaient été impuissants à réaliser. En une seule nuit, il désobstrua la barre, et le chenal ainsi ouvert au sud-ouest de la barre offrait passage à des navires ayant un tirant d'eau de 3m,80.

Pourtant, le 6 juin 1888, le ministre des Travaux publics mit en adjudication les travaux d'amélioration d'après les plans de M. Honorio Bicalho, modifiés par M. l'ingénieur P. Caland. Ils comprennent l'exécution de deux môles partant des deux pointes de la barre et s'avançant jusqu'à la courbe de 6 mètres de profondeur en dehors des bancs et le dragage d'un canal entre les môles, de 400 mètres de largeur et de 8 mètres de profondeur, avec des talus de revêtement.

Cette adjudication ne parait pas avoir donné jusqu'ici de résultats et les travaux devront être sans doute exécutés en régie pour le compte de l'État.

Les tableaux officiels accompagnant le cahier des charges nous renseignent sur le mouvement de la navigation par cette barre. Il comprend pour 1886-87, à l'entrée 19 bâtiments brésiliens avec 8,089 tonnes et 205 étrangers avec 37,676 tonnes, à la sortie 16 bâtiments brésiliens avec 7,494 tonnes et 52 étrangers avec 8,571 tonnes pour le long cours : à l'entrée 526 bâtiments brésiliens avec 86,171 tonnes, 166 étrangers avec 44,897 tonnes ; à la sortie, 300 brésiliens avec 81,611 tonnes, et 181 étrangers avec 51,223 tonnes, pour le cabotage.

Le commerce interprovincial total se traduirait par les chiffres suivants :

	Importation.	Exportation.	Total.
1878-79. . . .	18.645.900 $	14.493.800 $	33.149.700 $
1879-80. . . .	18.749.700	12.138.000	30.887.700
1880-81. . . .	19.631.700	14.647.400	34.279.100
1881-82. . . .	21.109.700	14.737.400	35.737.400
1883-84. . . .	12.016.900	8.061.100	20.078.000
1884-85. . . .	12.109.400	7.053.000	19.162.400
1885-86. . . .	9.122.200	8.724.500	17.846.700
1886-87. . . .	9.708.533	8.535.725	18.244.258

Le commerce au long cours fournissait ceux-ci :

	Importation.	Exportation.	Total.
1883-84. . . .	11.192.156 $	2.887.704 $	14.079.860 $
1884-85. . . .	11.785.704	3.239.728	15.025.432
1885-86. . . .	14.744.517	3.549.789	18.294.306
1886-87. . . .	19.632.135	3.734.760	23.734.760

D'autre part, un canal est projeté, devant établir une communication entre la Lagôa dos Patos, par le rio Capivary et diverses lagunes côtières avec les ports de Torres et Laguna. Si l'on regarde attentivement, en effet, une carte à grande échelle de la côte sud du Brésil, on verra qu'elle est accompagnée sur une grande longueur par de grandes étendues d'eau salée, où débouchent quelques rivières, et que l'apport des sables par le flux aidé du vent, a séparées de la mer. Ces dunes, faciles à percer sur les points où les lagunes sont rapprochées de l'Océan, suffisent par les végétations marines qu'elles supportent à préserver les lacs intérieurs à la fois de l'ensablement et des ouragans du large.

Actuellement, on trouve sur le tracé de ce canal 188 kilomètres de navigation libre, 83 kilomètres exigeant des améliorations fluviales; avec 33 kilomètres de rectification ou de creusement, on obtiendrait une belle route fluviale de 304 kilomètres aboutissant sur la rive droite du rio Tubarão, dans la lagune où est le port da Laguna (Sainte-Catherine).

La concession de ce canal a été accordée l'an dernier à M. Eduardo José de Moraes, l'auteur des études du projet, et elle a été reprise, d'accord avec lui, par la *Société des Travaux publics au Brésil;* le capital nécessaire ne doit pas dépasser 5,000 contos; il jouit d'une garantie de l'État de 6 °/° d'intérêts.

Cette belle œuvre, fort simple, rendra aux deux provinces limitrophes le plus signalé des services. Son exécution toutefois ne saurait sans grand dommage faire négliger la désobstruction du Rio Grande et par là condamner à la ruine les ports de S. José, Rio Grande et Pelotas, vers lesquels la production intérieure a déjà contracté l'habitude de se diriger.

La situation financière du Rio Grande du Sud est résumée dans les chiffres suivants.

BUDGET 1885-86.

	Recettes.	Dépenses.
Général	7.501.337$757	8.117.461$314
Provincial	2.806.500$	2.801.295 780
Totaux.	10.307.837$757	10.918.757$094

DETTE EN 1888.

Consolidée.	3.266.821$818 à 6 %
Flottante.	385.000
Total.	3.651.821$818

J'ai fourni tout à l'heure les chiffres de son exportation et de son importation. Il convient de noter que, sur 18,352,000 $ d'exportation, 7,310,000 $ sont représentés par les cuirs et 5,020,000 $ par la *charque, xarque* ou viande salée sèche.

Mais un peu plus loin j'essaierai de montrer ce qu'est, au juste, l'exploitation industrielle de cette province.

LA CAPITALE ET LES ENVIRONS

Formant un évêché dont le siège est à Porto-Alegre, ayant dans cette ville, sa capitale, une *relação* ou Cour d'appel dont la juridiction s'étend également sur Sainte-Catherine, elle compte 3 représentants au Sénat et 6 à la Chambre ; possède une assemblée provinciale de 36 membres, comprend 32 comarcas et 39 termos judiciaires, 60 municipios, ayant 15 cités, 45 villes et 111 paroisses.

Je veux les parcourir rapidement en prenant les voies de communication en usage en ce moment.

Porto-Alegre, la capitale, une jolie ville de près de 50,000 âmes, est assise sur plusieurs collines, à la rive droite ou orientale du Guahyba, dans une presqu'île qui se prolonge de l'est à l'ouest; elle a un aspect des plus riants, avec ses dix places, son magnifique quai, ses rues bien plantées, ses édifices mieux soignés et d'un caractère moins archaïque, moins fruste que dans le reste du Brésil; c'est une cité où la vie intellectuelle n'est pas négligée pour l'activité commerciale, si intense cependant. Outre sa situation de capitale frontière, qui en fait le siège de nombreuses autorités militaires supérieures, d'une école militaire, elle possède un lycée provincial fort bien peuplé et dont elle est fière, une école normale, une *junta* commerciale et une *praça* ou bourse de commerce, diverses associations « dramatiques » et une dizaine de journaux, dont les principaux sont la *Federação*, républicain, la *Reforma*, libérale, le *Diario*, puis le *Jornal do Commercio*. On y trouve deux feuilles allemandes; la *Deutsche Zeitung*, fondée en 1884, et la *Koseritz Deutsche Zeitung*, du nom de son fondateur, M. Carlos von Koseritz, devenu député provincial, tous deux organes des émigrés allemands établis dans le sud du Brésil.

Des tramways excellents parcourent la ville sur une longueur de 17 kilomètres 407 mètres. Ils partent de la place de la Douane ou *Alfandega*, où est leur station centrale, pour aller par la rue da Margem au *Menino de Deus*, ou bien encore par le *Campo* do Bomfim, et aux *Navegantes* à la fin de la rue Caminho Novo. Une autre ligne conduit de la place D. Pedro II au *Partenon*.

C'est vers 1740 qu'on éleva une chapelle au milieu de la population du Viamão, ainsi qu'on appelait le Guahyba, parce qu'avec les quatre fleuves qu'il reçoit au nord, il forme une immense main ouverte dans cette direction (*Vi-a-mão*, j'ai vu la main). En 1742, quelques familles açoriennes s'y établirent et on l'appela Porto dos Casaes (port des ménages). L'antique chapelle du Viamão fut démembrée de la ville en 1772, et celle-ci, l'année suivante après avoir été dotée d'une belle église, fut baptisée Porto-Alegre. Depuis elle ne fit que se développer, et, en 1841.

elle fut honorée du titre de *Leal et valorosa*, qu'elle porte dans les chartes officielles.

Le vieux Viamão est aujourd'hui à 4 lieues, soit à 26 kilomètres de Porto-Alegre.

Porto-Alegre est l'entrepôt naturel et obligé de tout le commerce du nord de la province : diverses industries ont encore ajouté à l'importance de son mouvement d'affaires.

Elle est la tête de ligne de deux chemins de fer : une sorte de tramway qui va à Nova-Hamburgo, et la ligne qui se dirige sur Uruguayana, à la frontière argentine.

Le chemin de fer de Porto-Alegre à Nova Hamburgo est une petite ligne provinciale, de 42 kilomètres 851, jouissant d'une garantie de 7 0/0 de la province sur un capital de 1,800 contos. Inauguré le 14 avril 1874, il n'a été, comme le dit M. Alfredo Nogueira, qu'une saignée pour le Trésor provincial, car il ne traverse que des centres peu peuplés et peu producteurs, possédant déjà la ressource de la navigation à vapeur. Il n'a pu jusqu'ici élever ses recettes jusqu'à décharger la province de cette lourde charge, et le Trésor a dû payer intégralement l'intérêt garanti, qui, avec les différences de change, s'est monté jusqu'à 194 contos. La totalité de ce sacrifice s'élevait, au 31 décembre, 1887, à 3,325,246 $ 066 et, pour 1887, à 147,283 $ 030.

Cette concurrence de la navigation fluviale a amené des déficits chaque année, comme on peut s'en convaincre par le tableau suivant :

Années.	Recettes.	Dépenses.	Déficits.
1874	48.266$315	82.031$650	33.765$335
1875	57,611 876	79.441 642	21.829 766
1876	76.229 470	102.814 460	26.584 990
1877	77,989 830	128.222 340	50.232 510
1878	92.208 420	140.566 510	[illegible]8.[illegible]58 390
1879	103.108 650	132.917 410	29.808 430
1880	99.210 710	134.537 600	35.326 890
1881	110.035 450	124.893 970	14.858 520
1882	111.135 910	127.838 770	16.682 862
1883	104.062 180	136.794 500	32.732 320

Années.	Recettes.	Dépenses.	Déficits.
1884	115.188 470	143.139 460	27.950 990
1885	121.584 290	152.398 240	30.813 950
1886	153.295 080	134.729 240	1.434 160
1887	131.506 290	136.035 300	4.529 010

Cette ligne, qui est à voie de 1 mètre, a 7 stations dont voici les distances.

Porto-Alegre	kil.	0
Navegantes		3
Canôas		14
Sapucaia		26
S. Leopoldo		33
Newstadt		35
Nova Hamburgo		43

Le canton de S. Leopoldo a une superficie de 314 kilomètres 5, et l'arpentage délimitant le périmètre de la ville a fourni une aire de 1,155,463 mètres carrés. La ville compte 7,000 habitants occupant 565 maisons; la population du canton est de 12,000 âmes, qui sont disséminées entre les *freguezias* de Nossa Senhora da Piedade, et Sam Felix, S. Miguel dos Dous Irmãos et S. Pedro do Bom Jardim. S. Leopoldo est sur la rive gauche du Rio dos Sinos.

Santa Christina (do Pinhal), jadis l'une de ses freguezias, en a été détachée et forme un canton, ainsi que Sam Francisco de Paula, qui, avec elle, constitue aujourd'hui une Comarca distincte. Cette dernière est connue sous le nom de S. Francisco de Paula de Cima da Serra.

La village de Taquara do Mundo Novo appartient au premier de ces deux cantons.

La comarca du Rio dos Sinos (des Cloches), à laquelle donne accès la ligne ferrée, comprend tout le territoire qui s'étend de la Serra do Mar vers l'est jusqu'à la côte. On y trouve les cantons de Santo Antonio da Patrulha, Conceição do Arroio et S. Domingos das Torres. Ceux-ci sont intéressés au suprême degré à l'ouverture du canal *Principe Dom Affonso* par les lagunes dont j'ai parlé plus haut. La lagune de Itapeva, de plus de 90 kilomètres de tour, peut offrir un chenal de navigation long de 33 kilomètres au moins ; elle est à 6 kilomètres de distance de S. Domingos das Torres à l'est, et sur ses bords à l'ouest est l'ancienne colonie allemande de Tres Forquilhas, dont les habitants s'adonnent à la culture de la canne, avec laquelle ils fabriquent du sucre, de la mélasse, de la cassonade, qu'ils exportent à Porto-Alegre.

La Lagôa dos Barros, de 40 kilomètres de tour ; profonde de 10 à 11 mètres, est entre Santo Antonio da Patrulha et Conceição do Arroio. Ses eaux sont sillonnées par de nombreuses embarcations d'un petit tirant, qui transportent l'eau-de-vie fabriquée dans les engenhos du pied de la serra ; ce produit est ensuite transporté en charrette à la capitale, éloignée de dix-huit lieues, soit 119 kilomètres environ, ou bien par les rios Palmar et Capivary, d'où elles vont par la Lagôa dos Patos à Rio Grande. Le canton de Conceição est essentiellement agricole et son industrie principale est la distillation de l'eau-de-vie. Celui de Santo Antonio, adonné à la même production, est également appliqué à l'élevage.

Les Torres de S. Domingos sont tout bonnement des rochers se dressant sur des dunes de dimensions exceptionnelles, visibles assez loin en mer. Elles sont au nombre de trois, disposées du nord au sud. La bourgade n'a pour ainsi dire aucune importance. La difficulté des communications y est encore beaucoup trop grande. Une charrette doit en effet être trainée par six paires de bœufs si peu qu'elle soit chargée, et il en faut presque autant à suivre, pour remplacer les premières lorsqu'elles sont éreintées. Quand une charrette porte trois pipes d'eau-de-vie pesant chacune cinq cents kilogrammes, elle a atteint le maximum de sa charge. L'exportation en eau-de-vie du canton de Torres est d'environ trois mille pipes, non comprise celle qui se fait par le haut de la serra.

La presqu'île comprise entre l'estuaire du Guahyba et celui du rio Capivary contient les deux cantons de Gravatahy et Viamão. J'ai déjà dit comment cette dernière localité fut fondée ; l'autre était connue jusqu'en 1880 sous le nom d'Aldêa dos Anjos ; elle sert de port aux barques qui vont par le Gravatahy jusqu'à Porto-Alegre. La région est d'ailleurs peu animée.

La vallée du rio Cahy forme aussi une comarca où sont les deux cantons de S. João du Montenegro et Sam Sebastião du Cahy. Le premier bourg, 2,200 habitants, est le port où commence la navigation du Cahy vers la Lagôa dos Patos ; les freguezias du second canton sont Sant' Anna du Rio dos Sinos, S. José do Hortencio, Santa Catharina et Santa Vendelina.

Dans la vallée du Taquary, en remontant le fleuve, on trouve les cantons de Taquary, chef-lieu de la comarca ; de Estrella avec la freguezia de Santo-Ignacio ; mais au delà de la serra, dans la partie septentrionale du bassin, où le fleuve éparpille ses affluents de tête en éventail, est le canton immense de S. Paulo da Lagôa Vermelha, qui par le rio Pelotas confine à Sainte-Catherine et au Paraná, voisin par le nord-est de celui de Vaccaria (Nossa Senhora da Oliveira da). La comarca qu'ils constituent à eux deux dans les campos de la serra supérieure ou *acima*, est environnée de forêts dans tout son pourtour. C'est une région très fertile. La canne à sucre, le maïs, les haricots, les patates et beaucoup d'autres plantes y donnent très avantageusement. Les rios, dont les uns vont au Taquary, les autres au Pelotas ou Uruguay supérieur, renferment en quantité extraordinaire des poissons des qualités les plus diverses et des variétés les plus nombreuses. Dans les bois, le gibier foisonne : porc sauvage ou pécari (*queixada branca*, mâchoire blanche), tapirs, cerfs, pacas, jaguars, etc. La serra de partage est large de une à cinq lieues, en moyenne de deux à trois, mais près de la limite du Paraná, au nord de Lagôa Vermelha, sa largeur devient immense et a peut-être jusqu'à quinze lieues ou 99 kilomètres là où elle paraît la plus étroite. La plus grande partie en est encore inconnue, et une route qui relierait Lagôa Vermelha à Palmas dans le

Paraná, serait d'un immense avantage pour ces deux villes; la serra est dans cette direction peu accidentée, elle serait aisément colonisée.

A l'ouest, on trouve deux bras de la chaîne qui lie la Serra Geral à la Serra do Mar. Le Matto Portuguez a une lieue de largeur dans son point le plus étroit; c'est là que passe la *estrada geral*, le chemin ou plutôt la sente qui va au Passo Fundo et à la frontière. Le second bras est le Matto Castelhano, six lieues au delà de Passo Fundo; il a trois lieues de large : entre les deux s'étend le Campo do Meio (Champ du Milieu), qui a environ cinq lieues de large et de long. La Serra das Antas va lier la Serra do Mar à celle du Pelotas. — Les campos de cette comarca, qui ont quinze lieues de large environ sur trente-cinq de long, forment ce que les jésuites appelaient *Potreiro das Vaccas*, d'où est resté le nom de Campos da Vaccaria, le champ d'élevage et de pâturage des Vaches.

Ces campos sont excellents et sans rivaux pour l'élevage et l'hivernage. Les produits naturels exportables, dès qu'on aura créé des voies de communication faciles, sont les agates, les cristaux très abondants, les bois (comme le sapin, le cèdre), les résines, etc. Les fruits très variés, très abondants, pourraient fournir matière à ce commerce, surtout le *pinhão* ou pignon, dont on récolterait des milliers d'hectolitres, les noix, les poires, les pommes, les pêches, les coings, les jaboticabas et une foule d'autres. La vigne y fournit une récolte extraordinaire, et les habitants de la région prétendent que le vin qu'ils en tirent est supérieur au bordeaux. (Après cela, celui qu'on leur vend sous ce nom est si bizarre !) Le blé, l'orge, l'avoine et les autres céréales s'y acclimatent aisément et offrent des avantages précieux au cultivateur.

Le bétail exporté de cette contrée est le meilleur qui arrive sur le marché : on y voit déjà des animaux de fine race importés par quelques industriels. Le capitaine Augusto Edmundo Mougin et le lieutenant-colonel Tristão José de Almeida possèdent un cheval pur sang (*Pastor*) et un taureau Durham reproducteur. Il y en a d'ailleurs beaucoup d'autres de races estimées.

S. Paulo da Lagôa Vermelha a 7,000 habitants, dont 1,100 dans la ville. La superficie du canton est de 7,840 kilomètres carrés.

Revenant sur nos pas, jusqu'à Porto-Alegre, nous allons remonter le Jacuhy ; nous rencontrons dans ce trajet les cantons suivants :

Triumpho, sur la rive gauche du Taquary, près de son confluent avec le Jacuhy, à 80 kilomètres à l'ouest de Porto-Alegre, auquel le relie la navigation à vapeur sur le fleuve. La ville chef-lieu est à 10 kilomètres de la station de tête du chemin de fer de Cacequy et Uruguayana. Elle compte 1,100 habitants, et bien qu'elle soit la seule paroisse du canton, celui-ci renferme une population de 4,500 à 5,000 âmes. Le principal produit est la farine de manioc commune, dont on y fabrique par an 20,000 sacs de 80 litres, exportés soit dans le reste de la province, soit dans les autres régions du Brésil. Près de Triumpho est établie la grande fabrique de Spalding et frères, qui occupe une superficie de 700 mètres carrés, avec machine à vapeur, magasins, ateliers de menuiserie et de charpenterie, hangars à sécher les briques et four circulaire pour les cuire, cheminée haute de 35m,50. Ce fourneau est du système breveté Hoffmann, à quatorze compartiments logeant chacun 10,000 briques. Cette fabrique exporte des briques, des tuiles et du bois préparés pour Porto-Alegre. Elle fournit beaucoup pour les travaux du chemin de fer d'Uruguayana.

S. Jeronymo avec Santa Thereza do Herval constituent un canton occupant la rive droite du Jacuhy; la première ville, de 1,900 habitants, est située juste en face de Triumpho. C'est un peu au sud-est de cette agglomération que se trouvent des mines de charbon de terre, sur lesquelles je reviendrai tout à l'heure.

Un peu plus à l'ouest, sur la rive gauche du Jacuhy, est

Santo-Amaro, formant un canton avec la *freguezia* de S. Sebastião Martyr. Quelques lieues en amont, sur la même rive, débouche le Rio Pardo, où nous rencontrons les deux cantons : Rio Pardo, avec S. Feliciano (un couvent) et N. S. da Candelaria, et dont le chef-lieu a 5,000 habitants ; puis Santa-Cruz (S. João de), ville de 2,160 habitants.

Toujours plus en amont du Jacuhy et plus à l'ouest est Cachoeira, canton comprenant en outre S. Carlos do Formigueiro et Santo Angelo, paroisse située sur la rive gauche du Jacuhy, tout près du col où il traverse la chaîne, entre les serras Sam Martinho et Botucarahy, sections de la serra Geral. Dans la région de la serra Acima, arrosée par le haut Jacuhy et ses affluents, s'étend le vaste canton de Passo Fundo, qui outre la ville de ce nom, peuplée de 2,500 habitants, renferme aussi les paroisses de Nonohay (Nostra Senhora da Luz de), et de Carasinho (Bom Jesus du). Sa superficie est de 9,670 kilomètres carrés.

Il a pour voisin à l'ouest celui de Cruz Alta, ville située en pleine coxilla du Albardão, entre le haut Jacuhy et les affluents de l'Uruguay ; la population est d'environ 16,000 âmes.

Revenons au confluent du Jacuhy et du Vaccacahy ; ce dernier continue la direction de l'est à l'ouest que nous suivions. En le remontant, nous trouvons sur sa gauche, au nord (sur notre droite à nous), Santa Maria da Bocca do Monte, rive droite du Vaccacahy-Mirim, avec ses freguezias S. José do Pinhal et Rincão (Coin) de S. Pedro ; puis Sam Martinho avec sa dépendance Povo Novo (N. S. das Necessidades do). Le Rincão de S. Pedro est un véritable contrefort montagneux de la serra de S. Martinho, il s'avance entre le rio Ibicuhy Mirim et le Toropy, son tributaire, jusqu'au point de confluence où est bâtie une localité connue sous le nom banal, mais expressif, de Forquilha (fourche).

A droite du Vaccacahy et sur notre gauche, est le canton de S. Sepé, ville bâtie sur la rive gauche du rio de ce nom, tributaire de droite du Vaccacahy, d'une superficie de 3,920 kilomètres carrés, et dont le chef-lieu a 1,200 habitants.

Tout à fait en haut du Vaccacahy, rive gauche, dans la *coxilla* du Pão Fincado, est Sam Gabriel, canton arrosé par une foule de petits affluents du Vaccacahy, mais surtout de l'Ibicuhy-Grande ou Santa Maria. La *coxilla* qui le traverse est la chaine générale qui se continue en diviseur des eaux jusqu'à Montevideo, sur l'estuaire de la Plata. C'est un canton exclusivement pastoral. Les plantations de maïs, haricots, tabac, vigne, blé et manioc ne suffisent pas à la consommation de ses habitants, qui sont environ 15,000, mais elles se développent chaque année depuis que le commerce du bétail a subi tant d'irrégularités. La ville de S. Gabriel est assez animée et assez agréable avec ses jolies maisons en briques couvertes de tuiles. On y a constaté que la foudre y tombe souvent pendant les orages.

Si nous revenons à l'est, sur nos pas, mais en longeant la serra du Herval, qui limite au sud le bassin du Vaccacahy et du Jacuhy, nous trouvons en pleine montagne, près du rio Santa Barbara, affluent du premier, Caçapava, point stratégique important et qui, durant la révolution de 1835, fut longtemps l'arsenal de cette région frontière. C'est encore une place forte. Les produits du canton sont surtout dus à l'élevage du bœuf, puis à la culture : maïs, haricots, blé, riz, patates. Huit carrières activement exploitées en hiver fournissent près de 50,000 alqueires (18,135 hectolitres) de chaux de qualité hors ligne. Il possède beaucoup d'autres minéraux, comme le cuivre, le fer, le charbon de terre ; l'or de 20 à 22 *quilates* et le cuivre se rencontrent sur divers points. Le marbre blanc et noir abonde dans la *freguezia* de Sant'Anna, où naguère existait une scierie qui le débitait. La ville de Caçapava a environ 6,500 âmes. Le canton comprend en outre Sant'Anna da Bôa Vista à dix lieues au sud, sur la rive gauche du Camaquam.

Encruzilhada est plus à l'est, toujours au pied de la serra do Herval, mais quand elle a effectué sa brusque inclinaison vers le nord-est. Son canton a 4,004 kilomètres carrés et comprend en outre la freguezia de S. José do Patrocinio. Le chef-lieu a 1,400 âmes et le canton entier 6,500.

Sur l'autre versant, à l'est de la serra do Herval, se trouvent les deux cantons de Dôres du Camaquam et S. João du Camaquam, l'un sur le Velhaco, l'autre sur le Jacaré, petits rios coulant parallèlement du nord-ouest au sud-est et se déversant dans la Lagôa dos Patos. S. João a 1,000 habitants, Dôres en a 600.

La vallée assez longue du Camaquam lui-même ne renferme actuellement que le canton de Lavras, tout récemment organisé dans sa partie supérieure. Dans la région en aval sont des colonies assez florissantes : S. Lourenço, Sam Feliciano, S. Braz, mais un peu écartées du fleuve, la première vers le sud, les autres vers le nord.

On trouve, néanmoins, dans cette vallée, quantité de *povoados*, petites agglomérations groupées autour des *estancias*. Le pays est abondamment arrosé par des eaux de source et par les nombreux affluents du Camaquam, descendus au nord de la serra du Herval et au sud de celle dos Tapes. Toute cette vallée est formée par des prairies à peine ondulées, dont les routes sont de simples sentes fort larges, bordées par des enclos en fils de fer ou d'acier, limitant les pâturages des estancias. Ces prairies sont en général couvertes d'herbe touffue assez haute, semblable aux herbes de pampa (*gynerium argenteum*) cultivées dans nos parcs d'Europe. Les *capões* ou ilots boisés se multiplient à mesure qu'on approche de la serra, couverte de forêts sur les sommets de ses croupes. Le sol de ces forêts est friable et fertile, et facile à travailler contrairement à celui de la serra geral, qui est gras, lourd, compact, issu de la décomposition des roches porphyriques et basaltiques.

La colonie de Sam Féliciano est peuplée par des Français et des Italiens, qui se montrent très satisfaits du rendement que leur travail obtient du sol. Tous font du vin et M. Hermann Soyaux, qui les a visités en 1887, affirme que ce vin est « très potable ». Ils lui apprirent que le blé avait donné 44 fois la semence. Pourtant ces gens ne faisaient leur labour qu'à la bêche. Malheureusement, ils manquent de bons chemins pour écouler leurs produits.

Le canton de Cangussú est sur le versant oriental de la Serra dos Tapes, et s'étend depuis la rive droite du Camaquam, près de son estuaire, jusqu'aux environs de Pelotas, avec un littoral allongé sur la Lagôa dos Patos. Son chef-lieu est N. S. da Conceição de Cangussú, qui compte 1,600 âmes ; l'autre paroisse est Cerrito (N. S. do Rosario do).

Son voisin, à l'ouest, et tout au pied de la même serra, est Piratinim. Avec sa freguezia (N. S. do) Socorro : le chef-lieu a seulement 1,600 âmes, mais le canton contient une population assez dense.

Cacimbinhas occupe le plateau qui s'étend sur le nœud formé par la serra dos Tapes et celle das Asperezas, le contrefort qu'elle projette vers le sud-est. Il est partiellement arrosé par de hauts affluents du Jaguarão.

Ces deux cantons confinent avec S. João du Herval, près des sources de l'Arroyo Grande. Près de l'embouchure de celui-ci, dans la Lagôa Mirim, est Arroyo Grande (N. S. da Graça do), 1,800 habitants, dans un canton tout adonné à la préparation des viandes salées.

Jaguarão est sur la rive gauche du rio frontière, en face de la ville Uruguayenne de Artigas. La ville est assez élégamment bâtie sur une petite colline; sa situation en fait un entrepôt pour le commerce avec l'État voisin. commerce que facilite la navigation à vapeur sur le rio et sur la Lagôa Mirim.

L'isthme qui est resserré entre celle-ci, l'Océan et l'arroio Chuy constitue le canton méridional extrême de tout le Brésil, Santa Victoria de Palmar, d'une superficie de 3, 789 kilomètres carrés. La ville, qui possède environ

3,000 habitants, est à 6 kilomètres d'un port assez fréquenté, le *sacco do Felizardo*, sur la Lagôa Mirim. Ce canton confine à Santa Izabel, 800 habitants, au nord de la Lagôa.

En remontant le rio S. Gonçalo, nous pénétrons dans le canton de Pelotas (30,000 habitants) qui possède quatre autres freguezias : Bôa Vista (Santo Antonio da), Boquete (N. S. da Conceição do), Boqueirão, et S. Lourenço. Pelotas (24,000 habitants) est sur la rive gauche du rio S. Gonçalo ; c'est le centre des plus grandes *charqueadas* ou *saladeros* de la province. Une ligne quotidienne de bateaux à vapeur la fait communiquer avec Rio Grande, distant de 60 kilomètres, et auquel elle est d'ailleurs reliée par le chemin de fer de Bagé.

J'ai déjà dit quelle est la position des deux ports de Rio Grande et de Sam José do Norte. Chacun d'eux est le chef-lieu d'un canton, dont le premier comprend encore : Povo Novo (N. S. das Necessidades do) et Tahim (N. S. da Conceição de), et le second Bôa Viagem, Estreito et Mostardas. — S. Pedro du Rio Grande du Sud, car tel est le nom officiel de la province, qui le lui a pris, parce qu'il en était jadis la capitale, est le premier entrepôt commercial de la navigation au long cours, et le siège des rapports du commerce avec l'étranger ; la ville est fermée du côté sud par des tranchées avec des parapets ; elle est fort gentille, très proprette et n'a que de très loin une physionomie brésilienne. Elle compte prés de 15,000 âmes. S. José do Norte, en face, mais à 13 kilomètres, en a 10,000, peut-être. On sait déjà qu'il reçoit des navires plus gros que Rio Grande et qu'il partage avec celui-ci le mouvement commercial du canal.

Au nord-ouest de cette série de cantons, derrière les serras enveloppant le bassin du Piratinim, sur le Pirahy Chico, affluent du Rio Negro Uruguayen, est Bagé, centre de relations avec les Brésiliens Rio Grandenses, établis dans la *Campanha Oriental*, c'est-à-dire les plaines de l'Uruguay. La ville a 7,000 âmes, le canton entier 20,000.

Son nom vient d'un vieux chef indien dont la tribu avait, à la fin du dernier siècle, fixé sur ce point ses *tabas* et qui se dispersa après la mort de son cacique *Ibagé*. Sa situation stratégique lui a valu une existence assez mouvementée, surtout durant la révolution de 1835-45. Aujourd'hui, elle contient un millier de maisons. Elle exporte pour 30,000 contos ou 85 millions de francs dans l'Uruguay et ne tue pas moins de 3,500 bœufs pour sa consommation locale. C'est donc un centre d'élevage pour le bœuf, le cheval et le mouton ; pour l'horticulture, les cultures de céréales. On y trouve de riches mines de fer, de marbre, de granit et une partie des célèbres gisements de houille de Candiota.

En quittant Bagé et franchissant la serra de Santa Tecla, on pénètre aussitôt dans le bassin de l'Ibicuhy. Les cantons qui en occupent l'extrémité méridionale, sont, en allant de l'est à l'ouest, Dom Pédrito et Santa Anna du Livramento, territoires d'élevages et, près des serras, renfermant divers minéraux, or, cuivre, fer, manganèse et charbon de terre. La dernière est une position militaire, à la source du Cunhaperú et vis-à-vis de la ville Uruguayenne de Rivera.

Rosario se rencontre en descendant l'Ibicuhy Grande ou rio Santa Maria ; le bourg chef-lieu qui compte 1,000 habitants, porte le nom, un peu long, de Nossa Senhora do Rosario do Passo de Alegrete.

Au-dessous du confluent de l'arroyo Cacequy, sur la droite du rio Ibicuhy, se trouve S. Vicente, avec sa freguezia S. Francisco de Assis, arrosé l'un par le Jaguary, l'autre par le Nhacundó et le Carahy Passo. Sur la droite, la vallée du Ibirapuytan forme le canton d'Alegrete, ville située près de son confluent avec l'Ibirapuytan-Chico, ayant 4,000 habitants, ancien camp militaire, tout entourée d'estancias.

La vallée parallèle du Quarahim forme le dernier canton frontière (S. João Baptista do) Quarahim ou Quarahy, localité située en face du bourg Uruguayen de Santa Eugenia, centre d'élevage.

Il nous reste à remonter la rive gauche de l'Uruguay. Nous y trouvons d'abord Uruguayana, port fluvial important sur ce rio, marché d'exportation sur tout le bassin de la Plata; cette ville florissante a pour vis-à-vis, sur la rive argentine (droite) de l'Uruguay, Passo de Los Libres ou Restauracion. C'est le point d'aboutissement du grand chemin de fer allant d'une part à Porto Alegre et de l'autre à Bagé, et en même temps la gare de croisement de celui de Quarahim à Itaqui; c'est aussi la place commerciale la plus importante du haut Uruguay, même pour la contrebande qui y atteint des proportions phénoménales.

Uruguayana a eu pour premiers habitants des exilés argentins. Elle fut totalement ruinée, en 1865, par l'invasion des soldats du Paraguay. Elle est le siège des *Messageries Commerciales*, dont les vapeurs naviguent jusqu'à Monte Caseros, dans l'Argentine, et dans tous les ports du haut Uruguay. Par le fleuve elle est à trois jours de Buenos Ayres, et à quatre de Montevideo. — Lors des crues, les grands vapeurs y remontent, comme ils le font habituellement jusqu'au Sallo Oriental. Le câble sous-fluvial, sur une longueur de 2,000 mètres, y relie les télégraphes brésilien et argentin. L'industrie pastorale constitue la plus grande richesse de ce canton, comptant 20,000 âmes avec la seule freguezia de la ville.

Un peu au-dessus, sur un coude de l'Uruguay, s'élève Itaquy, ville jouissant d'un bon port, avec d'excellents mouillages, station de la flottille du Haut Uruguay, possédant une sorte d'arsenal avec d'excellents ateliers pour le service de cette flottille, aujourd'hui surtout composée de canonnières. Elle a 8,000 habitants qui commercent principalement avec Montevideo.

Le sol de ce canton est formé d'une argile peu sablonneuse reposant sur une couche de pierre ininterrompue; ce sol peu perméable a, en moyenne, l'épaisseur d'une demi-brasse ou 1m10. Il est coupé par une *coxilla* qui du confluent de l'Ibicuhy dans l'Uruguay traverse le canton de l'ouest au nord-est, le Rincão da Cruz; le versant jusqu'à l'Uruguay et l'Ibicuhy est plat, celui du rio Itú, à l'est, est accidenté, couvert d'excellents pâturages. — La région produit, d'ailleurs, tout ce qu'on veut lui demander, depuis la vigne jusqu'au café, à la canne, au riz, au blé, aux oranges, etc. Mattos et campos y sont également fertiles. L'exportation principale consiste en cuirs, laines, crins, bois, soles et peaux tannées, pierres, dalles et mate.

Plus en amont, au nord, est S. Borja (S. Francisco de) 3,400 habitants, à un kilomètre et demi de distance de l'Uruguay, l'ancienne mission des Jésuites, et la résidence où fut longtemps Amédée de Bompland, le botaniste français, compagnon de Humbold. S. Thiago du Boqueirão fait partie de ce canton qui a 6,000 habitants.

Dans la vaste région limitrophe de la province de Paraná et riveraine du haut Uruguay, on trouve encore les cantons de Santo Angelo avec S. Miguel, Sam Luiz das Missões ou Gonzagua, avec S. Nicoláo, Cruz Alta (10,000 habitants) et Palmeiras.

CHEMINS DE FER.

La viabilité ferrée de la province, une fois terminées les lignes en construction, sera constituée de la façon suivante :

Taquary à Cacequy, exploitée. . . . . kil.	380
Rio Grande à Bagé, exploitée.	280
Bagé à Uruguayana (par Cacequy) en construction.	470
Quarahim à Itaquy, exploitée	175
Ligne provinciale de Porto Alegre à Nova Hamburgo	43
Total.	1.343

1° *Taquary à Cacequy*, ou bien *Porto Alegre* à *Uruguayana*. Elle comprend 5 sections, que le ministère des travaux publics, car elle appartient à l'État, divise comme suit :

Taquary à Cachoeira	kilom.	147.357
Cachoeira au kilom. 207,257		60
Du kilom. 207,257 à Santa Maria		56.451
De Santa Maria au kilom. 318,308		54.500
Du kilom. 318,308 à Cacequy		62.274

Au 31 décembre 1887, 261 kilom. 847 étaient en exploitation, c'est-à-dire que le trafic était poussé jusqu'à Santa Maria. Le reste était, à 8 kilomètres près, à peu près terminé. La voie est large de 1 mètre.

La ligne présente les stations suivantes. Elle part de la rive droite du Taquary, à 80 kilomètres de Porto Alegre, qui lui est reliée par la navigation fluviale :

	kilom.		kilom.
TAQUARY ou Margem	0	Cachoeira	147.375
Santo Amaro	19.280	Ferreira	161.316
Monte Alegre	38.490	Jacuhy	182.265
João Rodrigues	56.081	Estiva	196
Couto	77.684	Arroio do Só	232.497
Rio Pardo	81.185	Colonia	250.135
Pederneiras	100.575	Santa Maria	261.847
Bexiga	123.787		

Le résultat de l'exploitation était jusqu'au 1er janvier 1888.

Années.	Recettes.	Dépenses.	Déficit.
1883	69.426$978	277.633$204	208.206$226
1884	228.787 507	400.036 863	171.249 356
1885	287.284 457	392.000 999	104.716 542
1886	421.300 869	513.798 545	92.497 676
1887	419.340 728	697.850 092	188.509 364

Pour la dernière année, le mouvement du trafic comprenait 37,427 voyageurs, 774 animaux, 738 tonnes de bagages et 33,655 tonnes de marchandises, dans lesquelles 183 de café, 2,925 de sucre, 2,287 de cuirs, 1,201 de céréales, 2,218 de tabac, 7,382 de sel et 171,459 d'articles divers.

2° *Rio Grande à Bagé*, à la *South Brasilian Rio Grande do Sul Railway Cy*, garantie par l'État à raison de 7 % sur le capital de 13,521,453$322. — Voie de 1 mètre; part du port de Rio Grande et traverse le canal S. Gonçalo sur un grand viaduc avec pont tournant.

En voici le parcours :

	kilom.		kilom.
Rio Grande.	0	Cerro-Chato.	153.501
Quinta.	17.180	Nascente	179.420
Povo Novo	33.080	Pedras Altas	193.934
Pelotas	52.538	Candiota.	222.507
Capão do Leão. . . .	67.276	Santa Rosa	240.441
Passo das Pedras . .	87.056	Rio Negro.	256.022
Piratinim	101.653	Bagé	280.273
Bazilio.	124.057		

Voici le résultat de l'exploitation depuis son ouverture, le 2 décembre 1884 :

	Recettes.	Dépenses.	Produit net.
1884.	49.822$890	37.092$860	12.730$030
1885.	199.430 780	560.177 540	39.253 240
1886.	759.290 070	611.489 040	47.801 030
1887.	649.418 150	594.023 680	45.594 470

Pour 1888, le résultat s'est chiffré par 535,404 $ 850 en recettes, 609,789 $ 600 en dépenses et par un déficit de 74,384 $ 750.

Le fléchissement des recettes de 1887 pour cette ligne comme pour la précédente, est dû en grande partie au développement de la contrebande. Les tarifs absurdement élevés de la dernière favorisent d'ailleurs, d'une façon tout à fait miraculeuse, la concurrence des charretiers. Quant au bétail, elle en fait payer le transport si cher, qu'on l'amène à pied de Bagé à Pelotas.

Pour 1887, le mouvement des transports comprenait 98,380 voyageurs, 1,274 animaux, dont 132 bœufs seulement, 416 tonnes de bagages et 21,926 tonnes de marchandises; 6,844 à l'importation, 15,082 à l'exportation.

La ligne a coûté 14,886,080 $, soit 53,164 $,285 par kilomètre. — L'État a dépensé pour la garantie d'intérêt

6,201,812 $ 359 jusqu'au 30 juin 1887, dont pour l'année 1886-87, 1,620,602 $ 540 [1].

3° *Quarahim à Itaquy, à la Brazil Great Southern Railway Company*, garantie par l'État à raison de 6 °/₀ au capital de 6,000 contos. Voie de 1 mètre avec le parcours suivant :

Quarahim . . . . kilomètre.	0
Gutteres	22.500
Itapitocay	61
Uruguayana (B)	75.470
Touro Passo	101.970
Ibicuhy	142.870
Itaquy	175.570

L'exploitation n'a commencé que le 1er janvier 1889 et je n'en ai pas encore de résultat bien significatif.

Jusqu'au 30 juin 1887, l'État avait dépensé 1,146,932 $ 066 pour la garantie, dont 611,214 $ 857 pour la dernière année.

La concession accordée le 15 novembre 1887 à M. José de Candido Gomes a été acquise en 1884 par la Compagnie anglaise. Elle est de 90 ans, et la durée de la garantie de 30 années. Il n'y a guère eu d'ouvrages importants qu'un pont sur le rio Ibicuhy, long de 200 mètres, et un viaduc de 70 mètres. — Les travaux avaient commencé le 1er novembre 1884.

La ligne de Bagé avait d'abord été entreprise par une société française, mais, en 1883, celle-ci ne trouvant pas à réunir son capital à Paris, se fusionna grâce à M. Adolphe Klingelhoefer, avec la *South Brazilian Rio Grande do Sul*, fusion que le gouvernement brésilien approuva en mars

1. Cette ligne, dit M. Mario, des comtes Compagnoni Marefoschi, consul d'Italie à Porto-Alegre, dans un rapport daté du 25 novembre 1889, ne répond pas aux intérêts du commerce ; pour favoriser des propriétaires, personnalités influentes dans la politique, elle a été construite à travers des zones incultes, laissant de côté les centres agricoles les plus importants. Il n'y a presque aucune colonie sur son parcours.

de la même année. La Compagnie a dû construire un prolongement assez coûteux de la gare de Rio Grande jusqu'au quai même du port, soit une tongueur d'environ 2 milles, ou 3 kilom. 200.

Le prolongement de Bagé à Uruguyana par Cacequi se construit actuellement au compte de l'État. Il a 472 kilomètres. Les compagnies étrangères, la précédente et une autre anglaise, qui avaient obtenu ces deux grands tronçons ont vu leurs concessions déclarées caduques. Le coût total est évalué à 15,000 contos.

Quand j'aurai ajouté que Rio Grande compte 5 kilom. 250 de tramways, avec trois lignes de la rue Borroso sur le petit canal jusqu'à la gare du chemin de fer, d'une part, et enfin jusqu'au Parc ; — que Pelotas en compte 10 kilom. 500 aussi avec trois lignes centrales : du port à l'église par la gare et par les rues S. Miguel et General Osorio; ligne du Prado, de la station du Prumo da Fragata, par Santa-Barbara, le club de tir allemand, le cimetière, au parc Pelotense, et enfin ligne allant à la gare; j'aurai mentionné toutes les routes couvertes de rails de la province.

Il y a toutefois un embranchement projeté de S. Jeronymo à Arroio dos Ratos, aux houillères de ce nom, et long de 14 kilomètres. Il partirait de la rive droite du Jacuhy, à cet endroit très navigable. La loi budgétaire pour 1889 a également autorisé une garantie d'intérêts de 6 °/. sur un coût kilométrique maximum de 30,000 $ pour un railway allant de Pelotas à la colonie S. Lourenço, au delà de la Serra dos Tapes et dans la vallée du Camaquam.

La question de la houille indigène a été jusqu'à ces derniers temps un gros embarras pour les chemins de fer de cette province. Il était naturel, en effet, que dans le but d'en développer la production, l'État pesât sur les Compagnies pour imposer la consommation de cette houille à leurs locomotives, de même qu'il l'employait pour les siennes. Les trois grands gisements connus sont ceux de Candiota, de Caçapava et de Arroio dos Ratos. Ce dernier est à 13 kilomètres de la rive droite du Jacahy, et depuis vingt-cinq ans est le seul régulièrement exploité au Brésil ; le concessionnaire primitif a cédé ses droits à la *Imperial Brazilian Coliery Company*, constituée à Londres au capital de 3 millions de francs, elle-même remplacée par MM. Hollzweissig et Cie de Rio Grande du Sud. L'insuccès de la Compagnie était dû aux frais d'installation, à la qualité inférieure du charbon des premières couches, à la difficulté de se procurer de bons mineurs à des prix raisonnables et, comme d'habitude, à l'éloignement du conseil d'administration, deux mille lieues et plus de l'exploitation. Le charbon de première qualité coûtait en 1883, sur le carreau de la mine, 30 francs; 37 fr. 50 rendu à Porto-Alegre, 50 francs à Pelotas et à Rio Grande mis à bord. Celui de deuxième qualité coûtait moitié moins. Outre les chemins de fer, les clients de ces exploitations houillères sont le service de dragage, les compagnies de navigation des lagôas et des fleuves, l'usine à gaz de la capitale, les diverses fabriques et manufactures des cités riveraines de la Lagôa dos Patos.

A la suite d'essais concluants sur les locomotives du D. Pedro II, la Compagnie formée à Rio de Janeiro, des mines de charbon de S. Jeronymo et Arroio dos Ratos acheta la houillère. Elle était au capital de 1,200,000 $. En 1886, le rendement s'élevait à 2,000 tonnes par mois, dont 500 servaient à la fabrication des briquettes et les 1,500 autres étaient vendues à la consommation provinciale. Celle-ci va au moins jusqu'à 7,000 tonnes par mois, mais la mine peut en fournir 10,000. Les briquettes sont meilleures que celles venues de l'étranger.

Il est aisé de comprendre que cette industrie de l'exploitation houillère, malgré son importance intrinsèque et l'importance plus grande encore qu'elle peut avoir sur le développement des autres industries auxquelles elle fournit leur pain, n'ait pas un développement rapide dans un pays aussi peu peuplé et aussi neuf encore. Le travail des mines de charbon, hélas! ne fleurit bien que dans les

27.

populations denses et où les salaires sont déjà fort modérés.

Néanmoins, à bien des égards, Rio Grande du Sud est une province fort avancée, mais, malgré ses progrès, elle présente une physionomie fort différente des autres, même de S. Paulo, par exemple.

L'an dernier, en octobre 1888, la Chambre municipale de Rio Grande avait organisé dans cette ville une exposition industrielle, dont un rapide examen nous montrera assez fidèlement le caractère particulier de l'activité de la province. C'était précisément le rassemblement préparatoire de la participation du Rio Grande à l'Exposition universelle de 1889, et pareille chose venait de se passer à Desterro pour Sainte-Catherine.

« Ces deux exhibitions, écrivait en novembre 1888 un observateur sagace, dénotent dans les tendances du travail des colonies, une certaine évolution qu'il est intéressant de suivre. A Desterro, on a même remarqué ce fait significatif que la population indigène ancienne de Sainte-Catherine n'y a guère pris part, tandis que celle des colonies a participé au concours de la façon la plus active. Ce concours renfermait des produits des manufactures, de la sériciculture, de la viticulture et une extrême variété de produits alimentaires. On ne pouvait espérer davantage du territoire d'une contrée possédant 200,000 âmes ou un peu plus, dépourvue de banques et du crédit qu'elles fournissent, où les chemins vicinaux sont embryonnaires et qui, en dehors de sa capitale, Desterro, ne possède d'écoles professionnelles d'aucune espèce.

« La province du Rio Grande qui est liée à Sainte-Catherine par l'intimité des intérêts et l'identité d'organisation économique, est sans contredit l'une des régions qui exercent le plus d'influence sur l'avenir du Brésil. Disposant d'une superficie de plus de 8,000 lieues carrées, dont 2,000 au moins sont du domaine public, de 140 lieues de littoral maritime, sans parler de son immense réseau de communications hydrographiques, elle jouit de toutes les températures, depuis celle qui convient aux cultures tropicales, jusqu'à la plus favorable à l'homme et aux végétaux de la zone la plus tempérée. Sur son million d'habitants, un grand contingent est fourni par les Européens et leurs premiers descendants ; c'est peut-être la population la plus dense de l'empire. Son industrie a été d'abord celle des céréales, puis elle est devenue presque exclusivement pastorale et extractive, et actuellement elle semble vouloir s'adonner à l'industrie manufacturière et aux cultures extensives.

« Cette nouvelle orientation n'a pas seulement modifié son régime industriel, elle a agi même sur les partis politiques, qui sont obligés maintenant de s'inspirer des idées financières et économiques au lieu d'obéir aux influences individuelles et aux groupements de personnes, qui jusqu'ici avaient constitué un régime aristocratique entièrement contraire aux nouveaux intérêts industriels, dans une province à laquelle le récent travail statistique de M. Félix Ferreira donne une production générale industrielle de 88,018,115 $ 189, le régime fiscal ne peut plus être soumis aux intérêts d'une politique de parti, sous peine de causer des perturbations graves et irrémédiables. Il semble que cette nécessité corresponde à la formation des centres industriels à Pelotas, Rio Grande et Porto Alegre, centres qui se fédéreront et entreront en communication active avec la Société auxiliatrice de l'Industrie nationale de Rio de Janeiro. Au 1er août 1888 encore, l'Association Centre-agricole-industriel de Pelotas écrivait au président de cette dernière :

« Si, comme je l'espère, vous entendez que la fédération de toutes les associations industrielles du Brésil sera l'unique moyen de constituer une force réalisant l'union de tous les intérêts homogènes, notre direction, non seulement acceptera la fédération et reconnaitra comme centre principal des intérêts industriels la Société auxiliatrice de l'Industrie nationale, mais elle provoquera dans les villes de Rio Grande, Porto Alegre et Bagé, l'organisation d'associations ayant le même but bien déterminé.

« Ce programme est déjà en voie d'exécution dans la province ; son acceptation prouve que la population est déjà assez éclairée pour bien se rendre compte des intérêts vraiment nationaux. Il faut se féliciter que ce soit de deux provinces à colonies, comme sont surtout Rio Grande et Sainte-Catherine, que parte le mouvement patriotique qui doit rendre le Brésil maître de ses propres destinées et en finir avec le système prédominant encore dans presque tout notre continent, d'être exploité par des intérêts étrangers. Ce n'est pas l'immigration salariée venant aux anciennes industries qui produit cet autonomisme industriel, mais bien celle qui s'établit sur des terres à elle, se localise, s'enracine, comme la majorité de celle qui réside dans le Rio Grande, le Paraná et Sainte-Catherine, qui déjà commence à regarder ce pays comme le sien, à vouloir une nouvelle patrie forte et indépendante dans le sens même de l'industrie et de la localisation des capitaux. Les colonies anciennes ont déjà contribué aujourd'hui, chaque mois, par quelques milliers de tonnes au commerce national et, par cela même, leurs tendances deviennent chaque jour plus intéressantes pour la communauté.

« Pour être juste, toutefois, il faut ajouter que les populations d'autre origine dans le Rio de Janeiro, Minas, Bahia, Pernambuco, développent, elles aussi, des centres manufacturiers qui déjà s'affirment par une importante production annuelle et que, tout naturellement, elles lieront leurs intérêts à la fédération industrielle du sud. Ainsi de même que dans les antiques provinces industrielles du Brésil, le travail subit une crise grave due à des circonstances artificielles, engendrées par la négligence et qui attaquent la culture de la canne, pareil fait se reproduit dans le sud relativement à l'industrie des *charqueadas* (*saladeros*). L'exportation des produits bovins traverse de toutes parts une révolution que la direction technique de notre gouvernement et les industriels eux-mêmes ont négligé de suivre en temps opportun. L'antique *carne secca* (viande sèche), type de la production riograndense, ne correspond plus aux besoins des marchés consommateurs.

« Le gouvernement argentin, qui exerce sur les industries une espèce de dictature d'un caractère latin et ne se confie pas comme le nôtre à l'initiative privée, suit, dans son excellent *Bulletin du département national de l'Agriculture de Buenos-Aires*, le mouvement de toutes les industries qui ont des congénères sur son territoire. Il nous apprend que l'abattage de bétail dans les pays sud-américains décroit plutôt que d'augmenter depuis 1878.

« Le total des bêtes tuées dans les Républiques Argentine et Orientale et dans la province du Rio Grande du Sud, en 1878, fut de 1,716,976 têtes, tandis qu'en 1888 la campagne de ces trois pays s'est terminée par un abattage de 1,609,150. Dans ce dernier total, la part des trois pays s'établit ainsi :

République orientale de l'Uruguay.	763.900
— argentine.	452.250
Rio Grande du Sud.	393.000
Total	1.609.150

« En 1887, année pendant laquelle nos ports sont restés presque fermés au *tassajo* espagnol, la production générale a fléchi, faute de prix sur les marchés consommateurs, mais Rio Grande n'en a que peu profité, car voici l'abattage de cette année :

République orientale	496.000
— argentine.	314.000
Rio Grande du Sud	415.000
Total	1.225.000

« Ces données semblent indiquer que la consommation du *charque* est aujourd'hui presque limitée au Brésil et à Cuba et encore ne se soutient-elle qu'autant que ce vieux produit alimentaire n'égale pas en prix des denrées plus appétissantes. Même en admettant que Rio Grande puisse abattre annuellement une moyenne de 410,000 bœufs dans ses *charqueadas*, ce chiffre ne répond pas au besoin de sa population actuelle.

« Et, en effet, tandis que cette population s'est élevée de 500,000 à un million d'habitants environ, les bestiaux consommés dans les *charqueadas* ont été :

1878.	465.450	1884.	335.000
1880.	415.000	1886.	310.000
1882.	330.000	1888.	393.000

« C'est donc là une industrie qui doit se transformer ou disparaître. En même temps, l'industrie nouvelle de l'exportation des moutons congelés est parvenue à expédier en Europe, par le seul port de Buenos Aires, 996,492 têtes en 1887. La consommation en Angleterre de cette spécialité de viandes australiennes et sud-américaines s'effectue par plus de quatre-vingts grandes boucheries. D'autre part, le perfectionnement des races bovines aux États-Unis permet à leur bétail sur pied de devenir aujourd'hui un article de grande exportation pour l'Europe continentale et les Iles Britanniques.

« Suivant de près l'évolution de nos voisins continentaux, les Riograndenses actifs et distingués ont déjà compris que l'avenir de la province est dans l'amélioration des races de pâturage, dans l'élargissement de cultures nouvelles d'une grande consommation et dans la mise à profit des conditions spéciales de sa population pour les industries manufacturières. Ce sont ces efforts intelligents qu'a vivement mis en lumière l'exposition municipale de Rio Grande.

« Dans cette province on provoque activement le retour à la culture du froment, qui a déjà fourni la consommation intérieure, alimenté les ports nationaux et Cuba. Aujourd'hui encore, la fabrique de farine de Pelotas a annoncé qu'elle achèterait tous les froments indigènes à 3 $ l'alqueire ou les trente-six litres.

« La culture de la vigne est une autre industrie restaurée dans le Rio Grande du Sul et qui a déjà traversé sa période initiale, qui ne demande plus qu'un peu de méthode et de connaissance technique de la vinification. M. João da Saldanha, viticulteur portugais, qui joint à la science moderne de cette industrie une longue pratique des traditions de son pays, s'est employé à soigner et à traiter les vignes de l'île des Marinheiros, où l'exportation annuelle a atteint le chiffre régulier de deux mille pipes, ce qui est vraiment beau pour une superficie aussi restreinte. Ce même spécialiste, João da Saldanha, publie dans l'*Echo do Sul* une série d'articles sur les vignes nationales, leurs maladies et leurs défauts, que nous recommandons aux intéressés, car ils peuvent les délivrer des embarras qui paralysent encore parmi nous cette importante industrie. »

Au sujet des terrains les plus propres à la vigne, dans le canton de Piratinim, l'abbé Santos Reis dit :

« Je puis garantir que toutes les parties de ce canton sont supérieures pour la culture de la vigne, mais les campos les meilleurs, ceux qui ressemblent le plus aux vignobles du Cima-Douro en Portugal, sont les campos des bords du Camaquam : ces campos, par eux-mêmes, dès qu'on les aura confiés aux soins de quelques milliers de colons viticulteurs, seront capables de constituer la plus grande richesse, non pas seulement de ce canton, mais aussi de toute la province, car on pourra en tirer plus de vin que de tout le Portugal ; je ne puis affirmer toutefois qu'il vaudra celui du Douro, mais *il sera meilleur que celui qui nous vient de France et d'ailleurs et qui sert à empoisonner l'humanité plus qu'à lui donner la force et la vie.* »

Cette dernière appréciation pourra paraître exagérée ; je dois confesser qu'elle est assez générale et qu'elle appelle l'attention de nos exportateurs, car on livre ici, sous le nom de vin de France, des liquides singuliers, dont évidemment la mauvaise qualité et les effets pernicieux font tort et même grand tort au crédit de nos vins authentiques.

Il y a quelques mois, un négociant de Porto Alegre et un Français, son voisin, établi dans cette ville, avaient reçu du bordeaux que j'ai goûté, et qui était bien la piquette la plus exécrable qui se puisse voir. Allez donc ensuite vous plaindre que vos clients d'outre-mer vous abandonnent pour se fournir chez d'autres ou pour se passer de tout fournisseur étranger !

L'auteur des lignes que je viens de citer est un prêtre qui est déjà un vigneron très pratique et qui est parvenu à fabriquer de très bon vin.

Quant aux cépages les plus répandus, j'emprunte cette information à une déclaration de la chambre municipale de Montenegro, en date du 5 septembre 1888 :

« La vigne Isabelle s'est toujours montrée robuste et féconde. On évalue à 300,000 les plants dans les colonies conde d'Eu et d'Isabel, et à 20,000 dans le reste du canton. Les terrains les plus favorables dans ces ex-colonies, sont, vers l'est, ceux qui sont accidentés ; dans le voisinage de cette ville et en d'autres endroits les terrains sablonneux exposés au Levant, sont ceux où la vigne a le mieux prospéré et sans emploi d'aucun fertilisant. La production du vin, dans les ex-colonies précitées, est évaluée de 18,000 à 25,000 pipes ; la force alcoolique varie de 10 à 12 pour cent, et, d'après les informations du curé de cette ville, Francisco Schleipen, expert en la matière, trente pieds qu'il possède dans sa *chacara*, située dans la ville, donnent deux à trois pipes de vin ayant assez de force alcoolique pour se garder plusieurs années et pouvoir être exporté sur un point quelconque du Brésil, sans crainte qu'il se gâte. »

Le prix auquel se vend ce vin, fabriqué selon les règles, est de 120 à 180 $ la pipe (de 480 litres) ; celui des ex-colonies se vend de 200 à 400 reis la mesure, selon qualité.

Si les industries extractives de Rio Grande du Sud sont en décadence, tant par suite des conditions fiscales sous lesquelles elles entrent dans la concurrence internationale que par le caractère arriéré de leurs procédés, car l'agriculture provinciale subit une transition et passe de l'exploitation empirique au travail intensif. d'autre part, il s'y constitue une importante industrie manufacturière. Cette belle province qui a commencé les premiers essais de la seconde phase de peuplement du Brésil, celle de l'immigration européenne, il y a 60 ans, car c'est en 1825 qu'on y fonda des colonies, devait être aussi la première à établir l'itinéraire du chemin parcouru. L'exposition municipale de son principal port de commerce ne fut sans doute qu'un essai, mais le résultat a été d'encourager sa population, et celle de Pelotas a rivalisé pour fixer chez elle une exposition provinciale en 1890.

Le *Sul do Brasil*, journal de Pelotas, dirigé par un homme qui connaît bien les industries européennes et du Sud-Amérique, a apprécié ainsi cette tentative :

« La municipalité de la ville voisine a démontré par cette exposition qu'il y existe quelques branches d'industries, produisant des articles parfaitement en état d'être offerts avec avantage aux consommateurs, et d'autres branches qui peuvent être considérées comme des sources précieuses de richesses. Elle a directement contribué à aider la fondation d'une *Société agricole industrielle* dans laquelle tous les intéressés constitueront un centre qui leur servira de point d'appui et de réunion, pour proposer, discuter et résoudre tout ce qui conviendra à l'industrie nationale. Comme on le voit, il n'y a pas de doute que l'initiative privée vient d'être réveillée de sa léthargie par le tribunal populaire compétent, la municipalité. Enfin, le projet d'exposition provinciale pour 1890 à Rio Grande, doit devenir une préoccupation constante, dès maintenant ; on doit étudier, calculer la meilleure forme de réalisation de ce grand tournoi industriel, pour que ses promoteurs en obtiennent les résultats attendus. Déjà, Rio Grande a vu ce que peut la force de la volonté. Vouloir, c'est pouvoir ! »

L'*Écho do Sul* a, de son côté, consacré à l'Exposition,

une série d'articles qui forment le véritable inventaire de l'industrie locale. Comparant donc aujourd'hui la ville et son état commercial, l'*Écho* pousse ce cri de révolte :

« Aujourd'hui que nous offrons l'aspect d'une cité moderne, avec ses rues principales régulièrement nivelées et pavées, avec place soigneusement *jardinée* et *arborisée ;* aujourd'hui que nous possédons Société hydraulique, éclairage au gaz, tramway et téléphone, les quatre éléments du progrès urbain, nous exhibons tous les phénomènes symptomatiques d'une anémie retenue à l'état commençant par la thérapeutique des industries, qui sont déjà florissantes et injectent dans notre économie locale les premières ondes de la sève réparatrice. De toutes parts, on nous crie : *travail, industries !* et ces cris rencontrent un écho sympathique dans l'intérêt des suprêmes nécessités qui nous assiègent. *Travail et industries !* répète l'administration de nos édiles ; et elle nous donne, comme premier échantillon de la conscience qu'elle a de ces nécessités, l'exposition municipale, ce modeste monument de sa gloire et de celle de la ville de Rio Grande, symptôme initial d'une résurrection du travail. »

Ces viriles adjurations font un certain contraste avec les sentiments en honneur dans le milieu de Rio de Janeiro.

Plus de 50,000 personnes ont, durant un mois, visité cette exposition et deux trains spéciaux y ont amené des habitants de l'intérieur. Ce détail, qui en Europe n'a l'air de rien, est ici singulièrement significatif. A Rio de Janeiro, l'exposition nationale de 1873 eut à peine 41,906 visiteurs ; en 1879, l'exposition portugaise internationale en eut, tout au plus, 48,135 et pourtant, avec une population vingt fois supérieure à celle de la ville de Rio Grande, Rio de Janeiro est le pivot d'un réseau de voies ferrées qui la met en relations faciles, plus que quotidiennes, avec 5 millions d'hommes !

Cette exposition était installée dans l'antique *palacete* du feu commandeur Tigre, une des constructions les plus élégantes de cette jolie petite ville de Rio Grande. Rio

Grande, jetée, comme Suez, sur une bande de sable entre deux mers, cause une étrange sensation à qui la contemple du haut d'un des *miradores* de la ville. S'il pleut, et que les rues soient baignées, elle semble une ville flottante, ancrée au penchant des collines. Mais ces sables, bien préparés, sont d'une fertilité extraordinaire, et dans la cité, quand soufflent les brises du sud, ou que le *minuano* (vent sec et très froid du sud-ouest qui s'élève après les pluies) donne aux rues l'aspect du marbre et couvre d'azur les eaux de la *Lagôa*, on respire un air vivifiant qui multiplie l'activité et retrempe le tempérament.

L'Exposition occupait cinq grandes salles, y compris deux vastes salons situés aux deux extrémités de l'édifice, et dont l'un était exclusivement consacré aux manufactures de tissus de laine et de coton, qui sont les joyaux de l'industrie locale. Il y avait environ 700 numéros ; à côté des manufactures proprement dites, s'étaient non moins bien distingués les ateliers particuliers, les produits agricoles, les travaux artistiques des dames et même les Beaux-Arts.

On avait fait quatre sections, dont une était uniquement occupée par les tissus de laine et de coton des fabriques Rheingantz et Cie. — une autre, par les produits de la viticulture et de l'agriculture de l'île des Marinheiros (véritable fête perpétuelle de Pomone au milieu d'un lac), et par les conserves de la fabrique Michel, des tableaux de M. Romualdo Gomes Magriço et autres ; — la troisième par des produits de la tannerie de MM. Hecktheuer et Becker, Ribeiro et Cie... — la dernière, par un grand nombre de travaux de menuiserie, peinture, cordonnerie, photographie, objets de fantaisie, etc. Dans les deux dernières, avaient été placées les bières de l'importante brasserie Klinger, dont la production et le commerce étendu prennent les proportions qu'occupe dans le Pacifique la célèbre fabrique D. Andres Ebner, de Santiago, un des sujets de légitime orgueil de l'industrie chilienne.

La salle des tissus de Rheingantz et Cie a fixé l'attention de tout le monde. Elle était ornée de toiles de couleurs et de modèles variés, sortis de cette fabrique. Les rideaux des fenêtres, les portières, les bordures du plafond, les trophées, tout avait été produit par les métiers de cette usine. C'est d'ailleurs celle de ce genre, au Brésil qui consomme le plus de matière première indigène.

Cet établissement date de 15 ans et il s'est consolidé par une association de commandite. Le bilan de juin 1888 accuse un capital de 1,000 contos, dont 204 pour la fabrique de tissus de coton, 574 pour celle des tissus de laine, 382 pour les étoffes en magasin, 344 de créances à l'actif et 155 pour matières premières en dépôt. Le capital nominal est de 1,000 contos, le capital réalisé de 800 ; les bénéfices à répartir au 31 août se sont élevés à 130,142 $ 326.

Les deux fabriques comptent 144 métiers, 86 pour la laine, 58 pour le coton. Parmi les premiers, il y a 3 magnifiques Jacquard. Outre le bâtiment principal, le tissage de laine a 13 ateliers complémentaires et 38 maisons d'ouvriers. Cette usine possède deux moteurs, deux Compound de 150 chevaux chacun, et un petit moteur auxiliaire de 6 chevaux. Le tissage du coton a un Compound de 75 chevaux. Ces deux fabriques emploient 400 à 420 ououvriers, parmi lesquels 50 mineurs qui reçoivent l'instruction primaire et professionnelle. Il y a des salles de lecture, de gymnastique et de philarmonie. On l'appelle avec raison une petite cité industrielle. Un bâtiment neuf, près du tissage de laine, doit recevoir une fabrique d'étoffes de coton.

Dans cette exposition, MM. Rheingantz ont présenté 52 produits différents, comprenant : des courtes-pointes, des *ponchos*, des châles, des couvertures de laine, des casimirs, *cassinetas*, flanelles, serges, finettes, bayettes, etc., et, en coton, des tissus variés, des coutils, des calicots écrus, du fil à mèches. Ces deux fabriques constituent déjà, par leur exportation, un grand courant de commerce interprovincial, qui tend à pénétrer dans les républiques voisines. Les propriétaires ont même récemment décidé d'installer dans l'ancien bâtiment de la fabrique de coton une manufacture perfectionnée de bougies stéariques.

La fabrique Michel exposait du poisson en conserve dans l'huile et la sauce tomate, des pâtes de tomates, des fruits dans leur jus, des marmelades de diverses qualités, des conserves de crevettes et de choux-fleurs.

Celles de crevettes forment le principal article du commerce de la fabrique. Fondé en 1883 seulement, l'établissement de M. Victor Michel a déjà conquis une réputation à la Plata et dans les provinces du nord du Brésil par l'excellence de ses conserves de crevettes et de poissons, égales aux meilleures de provenance française. L'exportation, qui était au début de quatorze mille boîtes par an, s'est montée en 1887 à cent mille. Les matières premières sont les fruits, les légumes, les poissons, les coquillages, etc., qui proviennent des plages de la Lagôa dos Patos, de l'île des Marinheiros et du voisinage de Pelotas et de Jaguarão. Si elles ne diminuent pas, l'avenir de cette fabrique est illimité. Elle a l'avantage de ne pas exiger plus de vingt ouvriers internes effectifs, mais qui s'augmentent avec les commandes. Un petit moteur met en mouvement ses machines et les pompes d'alimentation de son réservoir d'eau. Elle a des machines pour écorcer les fruits, râcler les cocos, pétrir les tomates, pour tamiser, pour couper les poissons en tranches, etc. Les ateliers de ferblanterie sont pourvus de dix machines des types les plus perfectionnés. Ceux de menuiserie confectionnent depuis les plus énormes caisses jusqu'aux coffrets les plus élégants.

La brasserie Antonio Klinger date, elle aussi, de 1883 et occupe dans la rue Clara un élégant édifice avec diverses dépendances et un jardin très soigné sur une vaste superficie de terrain. Les deux cents bouteilles de ses différentes bières émaillaient les vitrines des salons. Il y a dans la ville deux autres fabriques de bière, mais les produits de Klinger sont connus dans toute la province, au Paraná, à Sainte-Catherine, dans l'Uruguay, où déjà s'étend leur consommation. Elle a commencé en vendant dans la ville 80 à 100,000 litres; maintenant elle dépasse 200,000 pour la consommation locale et sa production annuelle monte à 450.000 litres. Outre la bière, cette fabrique produit une grande quantité d'eaux gazeuses. Presque tout le service des quatre sections de l'usine est exécuté par des machines qui dispensent d'employer de nombreux ouvriers.

Le résultat obtenu dans l'île des Marinheiros par l'introduction de la vigne américaine, remonte à 1837, où la veuve d'un commerçant anglais, Mme Thomas Messiter, reçut un plant des États-Unis. Toutefois, les Rio-grandenses reconnaissent l'utilité d'introduire les cépages français acclimatés au Chili et qui y donnent de si bon vin. En 1888, cette île des Marinheiros, outre ses expéditions quotidiennes d'excellents raisins à la peau fine, a produit 950 pipes de vin qui seront certainement doublées cette année.

Le canton entier en vend 2,100 pipes dans l'île, on trouve 80 fabriques de vin dont 20 sont convenablement montées (pour le pays).

Je ne puis malheureusement fournir de détails analogues sur l'état de l'industrie dans les autres localités de la province. A peine m'est-il possible de mentionner l'usine Leão et Alves, fabrique à vapeur d'huiles animales et de saindoux.

LES COLONIES

Il me reste à jeter un rapide coup d'œil sur les colonies vraiment célèbres du Rio Grande du Sud. Avant d'aller plus loin, je voudrais grouper dans un ensemble de chiffres les éléments essentiels de leur situation présente. Voici d'abord un tableau dressé vers la fin de 1887 par M. Alfredo Nogueira pour la Société de Géographie de Rio de Janeiro, mentionnant à cette date les noms des colonies, la nature de leur fondation, etc. Je rectifie les chiffres tels qu'ils existent en février 1888 :

	N. DE COLONIES	NOMS EN 1887	CANTONS	NATIONALITÉ PRÉDOMINANTE	Lots occupés connus	Date de fondation	Population	SUPERFICIE CONNUE EN MÈTRES CARRÉS
De l'État	1	Conde d'Eu (*). . . .	S. Sébastiao do Cahy	Italo-Brésil.	730	1875	8,516	528,874,000
	2	D. Izabel (*).	Id.	Id	1,380	1875	13,365	987,886,000
	3	Caxias (*).	Id.	Id	1,250	1875	15,604	870,586,000
	4	Silveira Martins (*).	S. Maria da Bocca do Monte.	Id	680	1877	6,937	788,840,000
Provinciales	5	Santo Angelo (*) . .	Cachoeira.	Allemande.	598	1857	4,008	548,880,000 72
	6	S. Feliciano (*) . . .	S. José do Patrocinio	Italienne.	49	1874	463	43,311,000 5
	7	Mont'Alverne	Santa Cruz.	Allemande et brésilienne.	250	1859	1,253	327,847,000
	8	S. Pedro (*).	Torres.	Id	.....	1827	1,340	588,000,000
	9	Nova Petropolis (*).	S. Leopoldo	Id	245	1857	2,454	338,800,000
Particulières	10	Santa Emilia . . .	Taquary	Allemande.	87	1866	350	396,000,000
	11	Teutonia.	Id.	Id	124	1870	580	594,000,000
	12	Estrella	Estrella.	Id	515	1860	2,650	792,000,000
	13	S. Lourenço.	Pelotas	Id	.....	1870	......	792,000,000
	14	Rio-Pardense	Santa Cruz.	Id	18	1880	120	198,000,000
	15	Ijuhy Grande. . . .	Santo Angelo.	Id	.....	1880	......	594,000,000
	16	Marata.	S. Sebastiao do Cahy	Id	132	1875	580	396,000,000
	17	Bexigas	Id.	Id	27	1875	160	
	18	Salvador.	Id.	Id	30	1875	180	
	19	Coventos	Estrella.	Id	135	1875	580	[illegible]
	20	Mundo Novo	S. Leopoldo	Id	506	1875	2,550	792,000,000
	21	Germania	Rio Pardo	Id	1,020	1870	4,650	396,000,000
	22	Forqueta.	Estrella.	Id	125	1860	540	198,000,000
	23	Mariante.	Id.	Id	97	1863	260	
	24	S. Luiz	S. Joao do Camaquam	. . . .	18	1880	80	
	25	Nova Santa Cruz. .	Rincao de S. Pedro (S. Maria).	. . . .	.....	1885	150	792,000,000
	26	Joao Enet (Borussia).	Conceiçao do Arroio	. . . .	.....	1887		
Militaires	27	Caseros	Santo Angelo.	Brésilienne.	.....	1880	250	
	28	Alto Uruguay. . . .	Id.	Id	.....	1880	250	
	29	Nonohay.	Passo Fundo	Id	.....	1850	1,550	

(*) Est émancipée et soumise au droit commun.

Au premier groupe des colonies d'Etats il faut ajouter au 1er janvier 1888 les centres :

Alfredo Chaves, formant avec Conde d'Eu et D. Isabel une seule circonscription municipale : 3,272 habitants, presque tous Italiens, occupant 275,180,615 mètres carrés de lots ruraux, 194,890 de lots urbains, créé en 1887.

Et dans le canton de Pelotas, créé en 1887 : Accioli, 178 habitants dont 137 Brésiliens, occupant 31 lots sur 42 délimités.

Maciel : 259 habitants dont 151 Italiens, occupant 49 lots sur une superficie totale de 1,345 hectares, se compose de 2 sections sur les limites de Cangussú.

Affonso Penna : 81 habitants, dont 67 Brésiliens occupant 17 lots sur 482 hectares, et 874 délimités.

Et enfin Antonio Prado, centre ajouté à Caxias, contient 1,372 habitants presque tous Italiens, fondé à la fin de 1887.

Le commissaire spécial, actuellement chargé de surveiller en Italie l'immigration brésilienne, M. l'ingénieur Manuel Maria de Carvalho, a présenté sur ces colonies de l'Etat un rapport très intéressant et très complet en date du 31 mars 1886. Il est digne d'être cité à tous ceux qui s'occupent de la matière. Je n'y puiserai toutefois que sobrement, car ce travail, beaucoup plus développé que je ne me le proposais, n'est à aucun égard le manuel d'un service d'immigration. Mais je veux cependant montrer ce que l'Européen fait de la terre brésilienne, quand il en est devenu le maître, et qu'on ne l'a pas tout à fait empêché de travailler par une localisation choisie souvent en dépit du bon sens.

Je prends dans l'ordre où elles se présentent les colonies de l'État, toutes dans la zone de Porto-Alegre. Fondées sous le régime colonial de la loi du 19 janvier 1867, elles sont maintenant des bourgs soumis au régime municipal de droit commun : mais comptant beaucoup de terres libres dans leur voisinage, elles reçoivent et peuvent surtout recevoir beaucoup d'immigrants spontanés, qui désirent s'y fixer.

Conde d'Eu et Donna Isabel sont situés dans les cantons de S. João du Montenegro et de Lagôa Vermelha; leurs vastes territoires peuplés s'étendent jusqu'au rio das Antas (affluent supérieur du Taquary, par la droite) qui a été franchi en 1886, puisque c'est sur sa rive droite qu'a été fondé le centre Alfredo Chaves, continuant Donna Isabel. Ces colonies, émancipées depuis 1884, sont desservies par la route carrossable appelée Buarque de Macedo, qui part du rio Cahy, au point où cesse sa franche navigation, soit de S. João du Montenegro, et traverse la Serra Geral dans la direction des Campos da Vaccaria, et passe par les sièges, c'est-à-dire par l'agglomération renfermant tous les organes administratifs des colonies : de Conde d'Eu à 64 kilomètres, de D. Isabel à 78, et au delà du rio das Antas, de Alfredo Chaves à 118 kilom. 491. La plupart de leurs habitants viennent du nord de l'Italie et ont été, jusqu'en 1879, introduits par Caetano Pinto.

Ce qui est le plus intéressant est d'étudier les progrès de leur production. En 1883, Conde d'Eu avait 6,306 habitants contre 6,615 en 1885.

Voici la production agricole comparée des deux dates :

	1883	1885
Blé, sacs de 60 litres	14.620	15.209
Seigle. . . . —	24.458	25.680
Haricots . . —	27.118	28.473
Maïs . . . . —	59.941	62.718
Orge . . . . —	4.500	4.680
Riz . . . . . —	627	647
Vin, pipes de 480 litres	5.769	6.445

En outre, ils produisent le lin, dont, contrairement à l'usage sud-américain, ils utilisent les fibres textiles pour faire leur linge, l'avoine, la luzerne, le tabac, etc.

Au prix moyen où sont ces denrées dans la colonie même, la production totale, en 1887, représentait une valeur de 1,269,273 $.

L'exportation en 1887 a été d'une valeur de 86,604 $.

La productivité des cultures, d'après l'attestation des

colons, dans cette colonie et celles dont je m'occupe, est fournie par les rapports suivants : blé 1 à 40 ; seigle 1 à 30, maïs 1 à 80 ; riz 1 à 100 ; haricots 1 à 70. C'est là un superbe rendement.

Conde d'Eu a, dans l'agglomération urbaine de son siège, 40 commerçants, 15 industriels et 106 ouvriers d'arts et métiers, sur 650 habitants.

Donna Isabel avait 9,604 habitants en 1883 et 14,300 en 1885 (y compris le centre adjoint Alfredo Chaves). La production comparée donne :

	1883	1885
Blé, sacs de 60 litres	24.080	25.280
Seigle. . . . —	23.068	24.221
Haricots . . —	28.940	40.367
Maïs . . . . —	50.283	52.777
Orge . . . . —	6.247	6.497
Riz . . . . . —	733	735
Vin, pipes de 480 litres	9.773	10.168

L'exportation, en 1887, a été d'une valeur de 63,036 $. Réunie à celle de Conde d'Eu, elle forme un total de 149,640 $ comprenant spécifiquement : 14,470 sacs de maïs, 3,997 de blé, 7,975 de haricots, 7,801 d'autres céréales, 326 kilos de beurre, 65,185 de saindoux, 11,000 de salaisons, 2,600 de viande de porc, 4,600 de bougies et savon, 1,600 de cuirs, 336,120 litres de vin, etc.

D. Isabel a, dans son agglomération urbaine, de 350 habitants, 86 commerçants, 10 industriels et 110 ouvriers d'arts et métiers.

Caxias, aussi importante et aussi prospère, est voisine et même limitrophe de D. Isabel, au nord-est de laquelle elle se trouve ; elle aussi est obligée de franchir le rio das Antas pour s'étendre, car sur la rive droite seulement elle trouve à cet effet des terres domaniales.

Elle a été émancipée comme les précédentes en 1884. Elle est reliée à Porto Alegre par le rio Cahy navigable aux bateaux à vapeur jusqu'à S. Sebastião du Cahy et de là par la route Vicomte du Rio Branco, qui passe par son siège, ainsi éloigné du port de 66 kilomètres.

De 10,591 habitants en 1884, elle était passée 18 mois plus tard, en 1885, à 13,818, également pour ainsi dire tous Italiens.

La production agricole est la même que dans les précédentes, ses voisines. Je vais la comparer aux mêmes dates :

	1883	1885
Blé, sacs.	20.000	20.740
Seigles . . —	10.820	10.820
Avoine . . —	8.333	8.920
Maïs . . . —	53.400	56.070
Haricots . —	26.665	27.731
Vin, pipes	6.042	6.262

soit une valeur de 612,004$.

L'exportation, en 1887, a atteint une valeur de 116,290 $, comprenant spécifiquement : 3,500 sacs (de 60 kilos) de maïs, 6,000 de blé, 3,000 de haricots, 1,500 d'autres céréales ; 32,000 kilos de saindoux, 3,000 de viande de porc, 4,000 de salaisons, 400 billes de bois, 3,000 douzaines de madriers, 750 peaux tannées, 250 kilos cuirs et laine, 200 douzaines de chaises, de la vannerie, 12,000 kilos de savon et bougie, 60,000 litres de vin, etc.

Antonio Prado, nouveau centre adjoint à Caxias, au delà du rio das Antas, comptait déjà, en 1888, 1,372 habitants, tous Italiens (à part 85 Brésiliens). — Dans le siège urbain principal de Caxias, nommé *Dante*, comprenant 1,120 habitants, il y a 47 commerçants, 9 industriels et 31 ouvriers d'arts et métiers. C'est une jolie petite ville, possédant hôtels, cafés, billards, théâtres, tout ce qu'il faut pour une existence confortable, ainsi qu'on le voit. Une ville succursale naît à Nova Trento, située dans le nord, au milieu du territoire le plus récemment occupé.

Au sud-est et confinant avec elle, se trouve Nova Petropolis, colonie fondée par la province, émancipée elle aussi et contenant 2,090 habitants d'origine allemande surtout. Ceux-ci occupent 489 lots sur un total de 706 avaient, en 1886, 280 maisons en bois et 114 en pierre; au village, il y avait 8 petits commerçants et 18 industriels ou ouvriers d'art. L'exportation de 1884 comprenait 16,624 sacs de haricots, 240 de pois, 120 de lentilles, 121,160 kilos de saindoux, 1,050 de cire et 661 de beurre, sans parler des denrées cultivées par les colons pour leur consommation propre.

Silveira Martins, moins étendue et moins peuplée que les autres colonies de l'État, est sur le territoire des cantons de Santa Maria da Bocca do Monte et de Cachoeira, avec des terres fertiles, baignées par divers ruisseaux et par le Jacuhy qui est sa limite à l'est.

Ses premiers habitants, des Russes (en 1877), l'abandonnèrent promptement pour aller au Paraná, qui leur déplut aussi dès que le gouvernement cessa de les entretenir comme des pensionnaires.

C'est quelques années après qu'elle fut occupée par des Italiens. Elle fut émancipée en 1882.

De Porto-Alegre il faut, pour y aller, gagner le chemin de fer de Taquary-Cacequy et s'arrêter à la station de Colonia, kilomètre 250,135, d'où une bonne route de 20 kilomètres conduit au siège urbain de cette ex-colonie. Depuis son émancipation, on a dû fonder deux centres : Norte et Soturno, l'un au nord, l'autre très au nord-est du centre primitif.

En 1883, elle avait 2,710 habitants; à la fin de 1885, 5,318. Voici la production agricole comparée à ces deux dates :

	1883	1885
Maïs, sacs	43.104	45.263
Haricots . —	7.247	7.680
Riz . . . . —	6.612	6.992
Blé . . . . —	5.530	5.870
Avoine . . —	790	840
Orge . . . —	395	455
Seigle. . . —	726	768
Tabac, kilog.	2.004	2.236
Vin, pipes	456	552

Soit, pour 1885, une valeur de 240,744 $ 200. En 1887,

l'exportation a atteint une valeur de 45,760 $, comprenant spécifiquement : 120,000 litres de maïs, 75,000 de blé, 150,000 de haricots, 450,000 d'autres céréales, 300 kilos de tubercules, 2,250 de beurre, 1,000 de saindoux, 1,500 de viande de porc, 1,000 de salaisons, 250 billes (troncs) de bois, 1,500 douzaines de madriers, 300 peaux tannées, 300 kilos laine et crin, etc.

Au siège urbain de l'ex-colonie, qui a 300 habitants, il y a 25 commerçants de détail, 35 industriels, 55 ouvriers de métiers.

Au sud-est de Silveira Martins et limitrophe se trouve Santo Angelo, ex-colonie provinciale, coupée par le Jacuhy, reliée par une grande route à Cachoeira, station du chemin de fer de Porto Alegre. Elle avait, en 1886, 4,008 habitants, dont 1,582 Allemands et 1,851 Brésiliens (compris les enfants des précédents nés au Brésil). 459 lots ruraux étaient occupés et on y trouvait 8 moulins, 8 engenhes d'aguardente de cannes, une huilerie et 17 fabriques de mélasse et cassonade, 3 brasseries, 3 tanneries, etc. L'exportation comprenait 41,800 sacs de maïs, 5,758 de riz, 8,000 de haricots, 97 de blé, 1,007 de seigle, 168 d'orge, 6,880 de pommes de terre et 52 pipes d'eau-de-vie.

Santa Cruz, la plus importante, est devenue un chef-lieu de canton et a 8,000 habitants. Elle est sur le Rio Pardo. La population est presque toute allemande.

Mont' Alverne est en face, à l'ouest, coupée par l'arroio Castelhano; elle a 1,340 habitants dont moitié sont Allemands, les autres Brésiliens et d'origines diverses.

L'exportation de 1885 comprenait 255,000 kilos de tabac, 75,000 de saindoux, 10,666 sacs de haricots et 4,000 de maïs. 205 lots seulement étaient occupés sur 304.

Sam Feliciano est, dans le canton de Encruzilhada, arrosée par les arroios du Meio, Figueira et Pedras. Elle comptait, en 1885, 102 personnes, dont 76 Brésiliens, 7 Italiens, 12 Français et 7 divers, occupant 19 lots sur 204 délimités, ce qui donnait 18 établissements ruraux, une maison de commerce. L'exportation de 1884 comprenait

6,400 kilos de tabac, 375 de cire, 1,720 de miel et 12 pipes de vin.

J'arrête ici ces énumérations arides, dont un travail comme celui-ci ne saurait se passer ; aussi bien les chiffres qui précèdent ont une éloquence suffisante. Mais puisque j'ai parlé tout à l'heure incidemment de divers voyageurs qui, plus ou moins officiellement, sont allés *inspecter* ces colonies du Rio Grande du Sud, qu'on me permette de traduire ici quelques-unes de leurs impressions.

M. Corte, consul général d'Italie, est allé, à la fin de 1884, visiter les colonies formées par ses compatriotes : ce qu'il a vu à Caxias l'a ravi : « J'ai conservé, dit-il, le souvenir de cette belle contrée où j'ai été admirablement reçu par M. l'ingénieur Barata et par toute la population, qui a manifesté sa joie et sa sympathie par mille témoignages. Je ferai connaître avec plaisir les splendides résultats obtenus par mes compatriotes dans cette colonie en si peu de temps, grâce à un travail intelligent secondé par l'action paternelle du gouvernement brésilien. Le terrain est tel qu'un seul pied de vigne, au bout de trois ans, produit un hectolitre de vin et ses rameaux s'étendent à vingt mètres de distance. Si je ne l'avais vu de mes yeux, j'aurais peine à croire que de soixante-neuf pieds de vigne on pût tirer cent trois hectolitres de vin... L'abondance des produits, tout autant que la salubrité de l'air, concourent à donner aux colons un bien-être qui entretient leur courage et leur gaieté. La maladie est chose rare, les familles sont nombreuses, belles et fortes, et des femmes qui, en Italie, avaient cessé d'être mères, se voient de nouveau fécondes depuis qu'elles sont venues vivre sous ce bienfaisant climat. La mortalité se réduit presque aux cas d'extrême vieillesse, en dehors des accidents.

« Si la vie matérielle est facile, la vie intellectuelle n'est pas négligée non plus... »

A. D. Isabel, qui lui a inspiré plus d'enthousiasme encore, il constate que cette colonie plus ancienne est plus prospère aussi que Caxias. « Un certain nombre de colons possèdent déjà une petite fortune, dit-il ; j'en ai connu qui réalisaient chaque année des bénéfices de 6 à 10,000 francs par la vente de leur vin et sans parler des autres produits. » Mêmes constatations à Conde d'Eu et à Silveira Martins.

Il y aurait bien des citations de ce genre à multiplier; je ne veux néanmoins recueillir qu'un dernier témoignage, sur lequel j'insisterai, parce qu'il contient bien des leçons soit pour les Brésiliens, soit pour nos compatriotes: c'est celui de M. Hermann Soyaux.

Ce qui paraît avoir intéressé par dessus tout cet envoyé du *Colonialverein,* c'était de constater ce que fournissait d'esprit allemand, de culture allemande et quantité d'autres semblables choses allemandes, la présence d'Allemands en quantité plus ou moins grande dans un pays donné. J'ai déjà publié, dans le *Brésil,* les doléances d'un de ses *Mitglieder* sur ce déplorable abus d'Allemands qui oublient trop vite, après une ou deux générations, la langue de Hambourg et de Berlin, pour ne parler que le portugais-brésilien. M. Soyaux, lui aussi, se lamente de la déception qu'a subie son rêve : il voyait déjà Rio Grande du Sud acquis à l'influence allemande, et il s'est aperçu non seulement que les Italiens gagnaient beaucoup en nombre et en fortune, mais que les Allemands eux-mêmes tendaient à oublier le sacro-saint *Vaterland* pour devenir avant tout des Américains, et, *pro pudor!* des Américains latins! car la puissance d'assimilation de ce sol est étrange et elle agit sur eux comme sur de simples Français. Or il est passé en proverbe au Brésil qu'au bout de quelques années de résidence, le Français, même non naturalisé, devient plus Brésilien que les natifs, le pays l'a pris par le cœur et par les entrailles. Il en a plus de *saudades* que les plus ardents chauvins.

Mais je laisse parler mon explorateur :

« Dans cet espace montagneux, fertile et béni, qui s'étend de l'Est à l'Ouest, entre les versants bleus de la Serra Geral, se dessine une ceinture de colonies enchassées presque toutes dans les ravins et les replis qui descendent vers le Sud, tantôt abrupts, tantôt doucement inclinés, de la Serra à partir de Tres Forquilhas à l'Est, non loin de S. Domingos das Torres jusqu'à Silveira Martins à l'Ouest, située à peu près au centre de la province. Une faible partie sont italiennes : Conde d'Eu, Donna Isabel, Caxias, Silveira Martins (ce sont les colonies d'Etat et les plus considérables), la plupart sont des colonies allemandes, dont presque toutes ont acquis une bonne réputation même en Allemagne, entre autres S. Leopoldo, Hamburger Berg (Nova Hamburgo), Taquara do Mundo Novo, Teutonia, Santa Cruz, Germania, Santo Angelo, etc. Sur ce territoire, que l'on peut évaluer à environ 200 lieues carrées (environ 8.700 kilomètres carrés), désigné ici sous le nom exclusif de Costa da Serra, habite une population allemande nombreuse ou plutôt une population d'origine allemande. Réunie par groupes bien peuplés, — qui sont ces colonies elles-mêmes, — elle prédomine ici sans conteste et le voyageur peut facilement oublier qu'il se trouve en pays étranger. Elle est restée allemande au point que des personnes compétentes m'ont affirmé, à plusieurs reprises, que 1 0/0 à peine de toute la population parle portugais. Malheureusement il parait que les proportions numériques sont sur le point de se modifier d'une façon inquiétante au détriment de la majorité qui parle allemand, et jamais plus qu'en ce moment il n'a été à craindre qu'une fraction du peuple allemand échouée ici ne soit destinée à périr sous l'avalanche des flots des peuples romains, à moins que du sang nouveau ne lui soit infusé en quantité considérable. Et vraiment cette race de cultivateurs allemands mérite au moins qu'on lui rende justice ; l'affluence réconfortante d'éléments nouveaux, qui ravivent les souvenirs de la patrie, est tarie depuis de longues années, et néanmoins jusqu'à présent la population est restée allemande, elle a conservé inébranlablement la langue et les mœurs allemandes dans les colonies et attend patiemment le jour où la vieille patrie supprimera les barrières qui, à la longue, affaiblissent l'élément allemand au Brésil.

« Dans la période de 1824 jusqu'à aujourd'hui, la population qui parle allemand n'a atteint qu'un chiffre variant de 80 à 100,000, et se compose depuis 1850, où l'émigration a été soumise à des entraves, presque exclusivement des descendants nés dans le pays (et, par conséquent, Brésiliens aux termes de la loi) des premiers immigrants, tandis que la partie italienne de la population qui n'est apparue comme facteur de la colonisation dans la province du Rio Grande du Sud que vers 1850, compte déjà plus de 40,000 âmes, augmente tous les ans par des renforts fréquents, enveloppe les centres coloniaux allemands et en approche d'une façon de plus en plus inquiétante. »

C'est le moment de reproduire l'information envoyée sur le même sujet à la *Deutsche Colonial Zeitung*, par M. G. Bolle, de Rio de Janeiro, et que j'ai déjà publiée dans le *Brésil* le 15 décembre 1888. — Elle énumérait ainsi les Allemands fixés au Brésil dans les provinces : provinces du Nord, de l'Amazone au Mucury, limit[illegible] de Bahia : 2,000; Espirito Santo, 3,000; Minas, au [illegible] du Mucury, 2,500; Rio de Janeiro (province), 3,000; Municipe neutre (ville), 3,500; S. Paulo, 8,000; Paraná, 9,000; Sainte Catherine, 55,000; Rio-Grande-du-Sud, 90,000; total: 176,000.

« Ces chiffres, ajoute-t-elle, confirment approximativement ceux déjà annoncés les années précédentes, et qui permettaient par des informations détaillées d'évaluer à 170,000 le nombre des gens parlant allemand. Des nouvelles postérieures ont porté cette évaluation à 220,000, à 250,000 et même à 300,000; elles provenaient de la supposition erronée que la jeune génération des immigrés continuerait à cultiver la langue allemande. Mais une vérification plus récente et poursuivie durant plusieurs années, a prouvé qu'une grande partie, tout à fait hors de proportion, de la jeunesse est à ce point entièrement brésilianisée, qu'elle ne comprend même plus un mot d'allemand.

« Et, en réalité, on peut poser les règles suivantes comme généralement vérifiées : 1° la descendance des Allemands ouvriers agricoles (*plantagenarbeiter*) se brésilianise déjà complètement dès la première génération. Le Sud Minas et S. Paulo offrent quelques centaines de familles d'ouvriers défricheurs allemands qui y ont été amenés il y a plusieurs dizaines d'années ; 2° dans les colonies où l'élément allemand est mêlé à la population parlant portugais, dans une proportion moindre de 5,000 âmes, sa descendance à la première génération se maintient habituellement pour la plus grande partie allemande, mais la seconde génération tend habituellement à perdre tout à fait la langue d'origine (par exemple, dans les anciennes colonies de Nova-Friburgo et de Santo-Amaro) ; 3° là où l'élément allemand possède en nombre plus considérable des colonies plus étendues, comme à Sainte-Catherine et au Rio-Grande-du-Sud, il demeure encore jusqu'à la seconde et la troisième génération en très grande partie allemand. » (N° 48, 1er décembre 1888.)

Mais je reviens à M. Hermann Soyaux, qui parcourt les colonies allemandes anciennes et les plus récentes, fondées par la province, notamment Santa Cruz, créée en 1849 et émancipée en 1872, « dont la renommée, dit-il, a dépassé de beaucoup les frontières du pays, basée avec raison sur la richesse actuelle des émigrants allemands, pauvres dans le principe, mais actifs. »

« Les impressions que j'ai éprouvées pendant ce voyage dépassèrent toutes mes espérances ; quiconque conserve un doute au sujet de la réussite et de la prospérité d'émigrants allemands *sans ressources* dans le Brésil méridional, quiconque croit devoir conclure d'après des indices isolés que ces compatriotes si éloignés se dépouillent volontiers de l'élément allemand, n'a qu'à parcourir cette Costa da Serra dans les replis qui jalonnent le chemin du Rio dos

Sinos, du Cahy, du Taquary et du cours septentrional du Jacuhy; il y rencontrera une population *aisée*, de caractère allemand, et dont la prépondérance, même à l'égard des affaires publiques, est telle que les ordonnances de la municipalité de Santa Cruz sont publiées dans un bulletin qui contient la traduction allemande en regard du texte portugais. A Germania, qui se trouve enclavée entre les montagnes occidentales de Santa Cruz et la colonie provinciale de Santo Angelo, de population également allemande, et qui s'adosse aux croupes puissantes du Butucarahy et de la Serra du Facão, j'approchais du théâtre de mes recherches d'explorateurs qui devaient fournir la conclusion de mon séjour dans la province. »

Ici M. H. Soyaux, dans une note, emprunte à la *Koseritz' Deutsche Zeitung* de Porto Alegre, l'extrait d'un article du *Jornal do Commercio* de cette même ville, sur l'exportation et l'importation de l'ancienne colonie provinciale de Santa Cruz, dont il vient de parler :

« Les chiffres donnés dans cet extrait, remarque-t-il, fournissent des matériaux, aussi irréfutables que possible, pour répondre à cette question : *Prospérité des émigrants allemands dans le Brésil méridional. Les émigrants allemands, dans le Brésil méridional, sont-ils de quelque utilité pour la patrie allemande?* (C'est M. Soyaux qui a lui-même souligné tout ce qui l'est dans ces citations, que je recommande à ceux des forts économistes français toujours disposés à entraver le départ de nos compatriotes désireux de s'établir à l'étranger).

« L'importance de l'exportation répond à la première question, lorsque nous la mettons en regard du capital d'exploitation apporté par les émigrants en sortant d'Allemagne. L'importance de l'importation répond de même à la seconde question, si nous sommes à même de déterminer le pays de provenance de cette importation!

« Les chiffres donnés par le *Jornal do Commercio* indiquent comme exportation de l'ancienne colonie de Santa Cruz, pour 1886, un total de 650 contos de Reis, ou environ

1,300,000 marks; pour les neuf premiers mois de cette même année, l'exportation se décompose ainsi :

Produits.	Kilos.	Litres.	Valeur.
Eau-de-vie.	—	10.080	2.100$
Truffes.	—	1.600	40
Riz.	93.994	—	14.099
Saindoux	—	—	47.652 100
Pommes de terre. .	—	10.960	511
Peaux	2.260	—	1.130
Voitures.	—	—	1.600
Farine de maïs . . .	5.800	—	348
— de manioc. .	5.940	—	396
Haricots	543.660	748.880	36.244
Tabac en feuilles. .	1.623.445	—	379.900 500
— préparé . . .	14.505	—	5.802
Mate	377.220	—	10.296
Maïs	27.600	36.800	5.380
Beurre	52	—	52
Sirops	90	—	18
Cuir à Sole	250	—	200
Porc	2.250	—	1.125
Totaux	2.820.896	818.960	542.893$600

« En face du chiffre de 1,300,000 marks, total de l'exportation de 1886, nous ferons remarquer, d'après des renseignements absolument sûrs, que les immigrants allemands à Santa Cruz, — colonie fondée seulement en 1849 — n'avaient pas apporté avec eux plus de 10,000 marcs, argent comptant! Or, ce capital d'apport a si bien fructifié, au cours des années, naturellement grâce à un travail colonisateur actif et rude, — que les 18,000 habitants de Santa Cruz, pour la plupart Allemands, non seulement « *vivent bien* », comme nous l'avons constaté de nos propres yeux, mais encore sont à même de faire de l'exportation pour la somme indiquée. Est-ce que le même nombre de journaliers et de cultivateurs allemands, qui composaient principalement l'émigration, s'ils étaient restés en Allemagne, auraient, munis du même capital d'exploitation, atteint le même degré de bien-être et le même chiffre de recettes pour produits vendus? Il serait oiseux de faire une réponse à pareille question.

« Examinons maintenant la question du profit que cette branche de l'émigration rapporte à l'Allemagne, question qui intéresse l'économiste politique plus encore que la première. D'après le *Jornal do Commercio*, l'importation de la municipalité de Santa Cruz, en 1886, s'est montée à 500 contos de reis, environ 1,000,000 de marcs! Par les renseignements personnels que j'ai pu obtenir des négociants de Santa Cruz, l'importation en marchandises consiste principalement en articles de provenance *allemande*, et le rapport de l'an passé de notre consul allemand à Porto Alegre donne comme valeur totale de l'importation de ladite contrée 30,000,000 de marks, dont 20,000,000 pour l'Allemagne! Cela donnerait pour les 18,000 habitants de Santa Cruz une importation d'articles allemands d'environ 670,000 marks. Peut-on supposer seulement que 18,000 Allemands du rang de ceux qui composaient l'émigration, munis, comme il a été dit, d'une fortune totale de 10,000 marks, seraient *aujourd'hui* dans leur patrie à même d'appliquer 670,000 marks à des achats de marchandises, sans compter qu'ils produisent eux-mêmes la plus grande partie des articles de leur consommation, qu'ils demeurent sur leurs propres biens ruraux, libres de dettes, pourvus de troupeaux abondants, dans des maisons confortablement installées, et qu'ils ont placé des capitaux d'excédent pour leurs enfants et petits-enfants? A cette question encore le lecteur répondra lui-même. »

Je ne saurais mieux dire que ce brave Allemand et je laisse moi aussi le lecteur aux réflexions que ses paroles ne sauraient manquer de lui suggérer.

A ceux qui pourraient demander ce que deviennent les colons, une fois fixés au sol dans le pays où ils ont immigré, et quel souvenir, quel cachet de la patrie d'origine, ils gardent, M. Soyaux va répondre par ce qu'il a vu en quelques heures, le soir, à Santa Maria da Bocca do

Monte, où il cherche en vain des compatriotes auxquels on l'avait recommandé, car ils sont les uns *à la campagne*, les autres à Porto Alegre, ou dans la Serra :

« Pendant ma course à travers la ville petite, mais animée, je constatai partout le bien-être, de jolies maisonnettes avec des vérandas, des charmilles, même avec des statues dans les jardins. Les deux rues principales qui se croisaient et dont l'éclairage pendant l'obscurité n'était pas précisément très brillant, n'avaient pas de pavé : les voies en forme de chaussée étaient bordées de trottoirs composés de dalles en grès rouge-brun en partie fendues, le même grès que les Jésuites avaient employé pour leurs constructions dans cet Eden. Partout on voit des noms allemands sur les enseignes, et, en effet, la population allemande, à peu près la moitié des 5,000 habitants de la ville, joue là aussi un rôle prépondérant. Mais, pour que rien ne manque aux éléments primitifs d'une grande ville, je dirai qu'il y avait des restaurants, des salles de billard et même des *venus vulgivagæ*, plus, ici comme partout, le tapotage de piano qui résonne dans la nuit. Les Allemands établis ici descendent en grande partie de familles de Sam Leopoldo et se sont établis ici parce qu'ils ont justement reconnu la situation favorable de la petite ville. »

Il y aurait encore beaucoup de choses intéressantes à glaner à la suite de cet inspecteur allemand qui savait voir et dire ensuite ce qu'il avait observé avec une très sincère naïveté. J'aurai peut-être plus tard l'occasion de mettre son récit sous les yeux de nos lecteurs. Je veux toutefois clore cette étude sur le Rio Grande, en empruntant à M. Hermann Soyaux des constatations, à mes yeux bien importantes, car elles s'appliquent à tout ce qui, au Brésil, porte le nom de *campo*, improprement traduit par prairie, et l'on sait si ces *campos* sont fréquents et vastes ! Comme je l'ai déjà fait remarquer à propos de Minas, de S. Paulo, du Paraná, le colon, indigène ou étranger, empruntant aux vieux *sertanejos* brésiliens leurs pires méthodes, cède trop souvent à la tentation d'abattre la forêt, pour y trouver un terrain plus riche, qui lui donnera des récoltes presque sans cultures. Pour cela, il va nécessairement dans la Serra, s'éloigne des rivières navigables, des chemins naturels ou aisés à faire, et se trouve dépourvu de routes, qui deviennent trop coûteuses et trop longues à construire. C'est là une erreur d'organisation.

« La plus grande partie des terrains non colonisés du Rio Grande du Sud, dit mon Allemand, sont des prairies (campos), partie campos, partie mélangés avec des bois. Le prix des terrains de campo varie selon les endroits, mais tout terrain récompensera le travail de celui qui cultivera le sol avec soin. Naturellement, la bêche ne doit pas constituer l'unique outil agraire; le paysan allemand doit travailler son terrain de la façon usitée dans son pays d'origine. A mon avis, tout l'avenir du Brésil méridional repose sur la colonisation des campos, il ne sera jamais trop tôt pour changer ce futur en présent.

« Sans compter que je considère le déboisement de grandes étendues boisées comme un mal pour les temps à venir, mal contesté, il est vrai, de divers côtés; il résulte de mon exposé ci-dessus que la colonisation de terrains d'accès facile ne saurait en aucun cas être préjudiciable. Dans la vieille Europe, on souffre aujourd'hui des dommages causés par les déboisements anciens qui ont nécessité des travaux fluviaux dispendieux et l'on procède à grands frais au reboisement. Or, dans le Brésil méridional, dont les contrées voisines de la Plata manquent déjà de bois, comme on sait, on ravage la forêt d'une façon insensée, — après nous le déluge! — parce qu'elle se trouve sur un sol riche, et on ne veut pas se rendre compte de la corrélation qui existe entre le déboisement, l'ensablement de la côte et l'abaissement de la Lagôa dos Patos et de son embouchure à la barre du Rio Grande.

« — Mais que voulez-vous que je fasse dans la prairie sans engrais? — demande le laboureur de la forêt vierge. — Eh bien, mettez-en! » — La réponse est un haussement d'épaules. Je sais très bien que le colon allemand de là-bas qui verra ces lignes, pensera en lui-même : — « Encore cette bêtise! » — Mais si amer que ce soit à avaler, il faut le dire : l'agriculture allemande dans la Serra n'est pas digne de ce nom; c'est un véritable brigandage, c'est le massacre du sol, comme je l'ai exposé ci-dessus, et comme le nègre le pratique dans l'Afrique centrale. Les principes fondamentaux de l'agriculture, à savoir : « Donne au sol son dû, rends-lui sous une forme convenable ce que tu lui prends, *soigne-le;* » ces principes ne peuvent pas être négligés impunément, pas plus aux Indes et à Ceylan, où jadis l'on riait aussi du conseil de fumer les champs de café, et où l'on a fait amende honorable, qu'au Brésil méridional, et le laboureur allemand peut être persuadé que ses petits-enfants fumeront *quand même* et qu'ils regretteront la dévastation faite des forêts vierges par leurs aïeux. On obtient des miracles d'une manipulation et d'une alimentation rationnelle du sol. Un Anglais que je connais, a fumé sa propriété près de S. José do Norte, vis-à-vis de Rio Grande, du sable clair, pur, avec des sabots de bœufs des abattoirs et y a planté des asperges. Or, il assure pouvoir fournir des asperges fraiches à beaucoup meilleur marché qu'on ne trouve les asperges en conserve, et il doit être dans le vrai, car c'est un *smart fellow.*

« La prospérité des petits établissements en campos sur le Jacuhy près de Triumpho, et sur le Cahy, ainsi que ce fait qu'au commencement de ce siècle la province exportait encore du froment, prouve que les campos peuvent produire; or ce froment était produit par les campos entre Piratinim, Bagé, S. Gabriel, Caçapava, Encruzilhada, et rendait au *centuple.* La culture cessa, quand la révolution de 1835-45 détruisit tout; on avait négligé de varier les semences, et cette négligence avait favorisé la rouille et la nielle; la culture fut remplacée par l'élevage, et aujourd'hui le Brésil entier tire sa consommation de farine de froment de l'importation des États-Unis, du territoire voisin de la Plata (et aussi du port de Trieste).

« Mais si le campo exige de l'engrais, pourquoi ne pas le lui donner, du moment que le travail retrouve sa compensation? Une ferme sans bestiaux!... Jusqu'ici le colon a des bêtes à corne à cause du lait et du beurre, mais là-bas on semble avoir complètement oublié que l'élevage rationnel des bestiaux non seulement assure par lui-même de bonnes recettes, mais surtout qu'il met à même de cultiver les champs d'une façon rationnelle! Et quel misérable bétail que celui de la province! De gros os, pas de chair! A la *Charqueada* de Rio Grande, le bétail obtient tout au plus 40 marks par tête; à Montevideo 150 marks, parce qu'il est meilleur. La race à Rio Grande a la même orgine que dans l'Uruguay et la République Argentine, mais ici on s'est donné la peine de l'améliorer et cette peine a été récompensée.

« Au Brésil aussi, on a cherché à obtenir de meilleures races par le croisement, en important des taureaux et des étalons excellents reproducteurs, mais sans résultat. A mon avis, cette non-réussite est due à la qualité trop fine des types importés, car elle formait un contraste excessif avec celle des races indigènes. Le croisement n'a donné que des avortons. Ne serait-il pas plus rationnel d'atteindre le but progressivement, c'est-à-dire d'obtenir le croisement entre les races indigènes et celle tant soit peu meilleure de l'Uruguay, de croiser la deuxième génération avec un sang encore meilleur, et ainsi de suite? Telle est la marche qui me semble la meilleure à suivre pour obtenir de bonnes races de bestiaux, capable de compenser largement peines et dépenses par le poids de leur viande et l'abondance de la production du lait. »

Est-ce qu'en lisant ce qui précède, les cultivateurs de France, empêtrés et empêchés par les conditions terribles que leur ont faites les lourdes charges de l'impôt, n'auront pas la conscience qu'ils sont, eux, en état de faire mieux, d'éviter ces erreurs, et de mettre à profit, avec un résultat incomparablement meilleur, les conditions si favorables du milieu agricole du Brésil méridional?

XV

MATTO-GROSSO ET LE GRAND TERRITOIRE INDIEN.

Souvenirs historiques. — Situation actuelle de la province. — Hypsométrie ; le grand sommet de partage. — Hydrographie. — Productions naturelles. — Les Indiens. — Coup d'œil sur les localités principales.

DÉCOUVERTE DES MINES ET PEUPLEMENT DE MATTO-GROSSO

Il faudrait un volume spécial pour décrire Matto-Grosso, qui mérite bien un tel travail ; mais les limites de cette étude ne comportent plus tant de détails. Aussi bien Matto-Grosso est-il encore un territoire qui offre surtout de l'intérêt aux explorations géographiques ; parcouru jadis et dès le commencement du XVIIIe siècle par les chasseurs d'Indiens chercheurs d'or et de diamants, il a été presque oublié et s'est transformé, pour ainsi dire, en terre inconnue quand cette fièvre aurifère se fut apaisée.

Les *roteiros* ou routiers des *bandeirantes* paulistes furent ensevelis dans la poussière des archives de Lisbonne ou de Rio de Janeiro, et quand le Brésil devenu indépendant voulut prendre connaissance de lui-même, il s'aperçut avec quelque effroi qu'une immense partie de son sol devait pour longtemps encore figurer sur ses cartes avec la mention « *terras desconhecidas* ou *pouco conhecidas*, territoires inconnus ou peu connus ; *sertões* habités par des Indiens ».

Aujourd'hui, savants indigènes et étrangers explorent à l'envi Matto-Grosso, les uns cherchant les routes pratiques de communication entre cette province lointaine et les contrées de l'Amazone ou celles du littoral central. La distance est énorme, et la partie supérieure des cours d'eau est obstruée de cataractes. Les flancs des montagnes qui supportent le gigantesque plateau où viennent chercher leurs sources les affluents du Paraguay, du Paraná, du Tocantins et de l'Amazone, sont couverts d'impénétrables forêts vierges à travers lesquelles, seul, l'Indien sauvage sait trouver et reconnaître son chemin. Les jalons ne manquent pas ; on les découvre, précis, nombreux, dans les *roteiros* exhumés des bibliothèques et dans les premiers historiens de la colonisation.

C'est la chasse à l'Indien, qu'ils voulaient réduire en esclavage pour le soumettre au travail forcé, qui poussa les premiers aventuriers de S. Paulo vers les parages de Cuyabá. Le vieil Anhanguéra Bartholomeo Bueno da Silva, qui fonda Goyaz, vint jusqu'au rio Cuyabá, alors *Ibitiraty*, et, en 1682, rencontra en route Manoel Campos qui en arrivait déjà, avec son fils Antonio Pires de Campos. Ceux-ci s'étaient arrêtés au confluent du Coxipó-Mirim, où avaient assis leurs *tábas* les Bororós, la nation la plus guerrière et la plus courageuse que les Paulistes aient rencontrées dans leurs conquêtes. (*Tába* est le nom générique donné par les Tupis à leur village ou campement.) Ils apprirent de ces sauvages que, vers le nord, existait une grande nation, qu'ils appelaient *Coroás ;* désireux de les asservir, les aventuriers poussèrent dans cette direction, où, surpris dans la Serra da Canastra par une violente tempête, ils s'abritèrent sous une anfractuosité de la roche, dont la configuration valut son nom à la serra. Ils arrivèrent au bord du Paratininga et, en 1684, découvrirent la Serra dos Martyrios, si fameuse depuis par les riches mines qu'ils entrevirent et qu'on n'a pu encore retrouver avec précision jusqu'à présent. Ils virent bien les Indiens, mais ces Coroás se présentèrent si nombreux, qu'une prudence salutaire engagea les aventuriers à se retirer.

N'ayant pas reconnu la richesse des pierres de minerai rouge qu'ils avaient vues, ils n'en déterminèrent pas le gîte. Quarante ans plus tard seulement, Bartholomeo Bueno fils, mieux instruit, sachant qu'elles renfermaient de l'excellent or, muni d'une autorisation royale du 14 février 1721, partit de S. Paulo le 30 juin, avec son frère Simon, son beau-frère Ortiz, son neveu Antonio Ferraz de Araujo, les deux Bénédictins Cosme et Jorge, et un certain nombre de camarades, d'Indiens, d'esclaves, soit environ 200 individus. Trois ans s'écoulèrent, et déjà, le 23 avril 1725, le roi voyant la tentative avortée, puisqu'il n'en recevait pas de nouvelles, avait chargé Rodrigo Cesar, gouverneur de S. Paulo, de mettre fin à cette mission, lorsque, le 21 octobre, se présenta Anhanguera fils, apportant l'heureuse nouvelle de ses trouvailles.

Mais si l'honneur de la découverte appartient aux précédents, c'est à Paschoal Moreira Cabral de Leme, qui y pénétra en 1718 avec une *bandeira*, que l'on doit la fondation de la ville de Cuyabá, de même que c'est à Miguel Subtil que revient la gloire d'avoir trouvé les mines d'une si extraordinaire richesse.

Paschoal, arrivé chez les Coxiponés, où déjà s'étaient arrêtés les autres, trouva le village détruit ; il établit ses *ranchos*, deux lieues en amont du confluent, où est encore aujourd'hui Arraial Velho (le vieux campement). Il y avait là des grains et des paillettes d'or empêtrés dans la berge, mais ils y attachaient moins d'importance qu'à la chasse dès Indiens. A la Forquilha, il en saisit plusieurs tout jeunes qui portaient divers ornements d'or et redescendit pour rétablir le campement dans les *tábas* des Cuyabás, où fut ensuite S. Gonçalo Velho. Là, l'or apparut à fleur de terre et en telle abondance, que les compagnons de Paschoal en récoltèrent tout près d'une demi-livre chacun et le chef une livre et demie. Ce résultat leur fit abandonner la pensée de la chasse à l'Indien, car ils n'avaient à risquer grand'peine, ni grand danger au ramassage quotidien. Dès 1722, ils élevèrent une chapelle, Nossa Senhora da Penha de França, « car, à cette époque de fanatisme, on croyait pieusement que les crimes les plus iniques pouvaient êtres rachetés par des pratiques religieuses et des démonstrations de culte » (João Severiano da Fonseca). Ils changèrent les abris et les tentes pour des cabanes plus solides et résistantes, aux murs de pi-é, ou en troncs de palmiers ; ils défrichèrent les terrains voisins et les ensemencèrent pour en tirer leur subsistance. Ils étaient aussitôt renforcés par les frères Maciel, conduisant une autre *bandeira* qu'avait attirée le bruit de leur découverte.

Les mines étaient riches, si l'on peut appeler mines des terrains qui offraient à la surface une si prodigieuse quantité du précieux métal. Les aventuriers, connaissant les ordres sévères du gouvernement royal en cette matière, et reconnaissant dans Paschoal leur chef, avaient, le 8 avril 1719, dressé procès-verbal de leur découverte, arrêté leurs engagements réciproques et délégué un des Maciel, Antonio, pour porter des échantillons au comte de Assumar, gouverneur de S. Paulo. Celui-ci ratifia l'autorité confiée à Paschoal, qui fut ainsi le premier *guardamór regente* des mines.

La nouvelle de ces événements éveilla à S. Paulo de grandes convoitises, comme bien l'on pense. De nombreux aventuriers se mirent en marche aussitôt pour Matto-Grosso. Ils descendaient le Tieté et le Paraná, remontaient le Pardo et le Anambahy Grande, puis, traversant les Serras de Santa Barbara et les Campos da Vacaria, allaient déboucher sur le Miranda (alors Mboteteyn) et de là dans le Paraguay, qu'ils remontaient, et ensuite le S. Lourenço et le Cuyabá. Leur courage était à la hauteur de cette audace ; c'est à eux que la province dut son existence, à eux, surtout, qu'elle dut d'être brésilienne. Il en vint de toutes les provinces du littoral, à travers d'immenses espaces inhabités, couverts de forêts sans fin et coupés de fleuves aux chutes redoutables, parcourus par des sauvages souvent cannibales. Beaucoup restèrent en route, ensevelis dans les cataractes, ou dévorés par les fauves. Ceux qui résistaient à ces épreuves, trempés par cette rude existence, n'étaient guère portés au sentimentalisme. Si éloignés de ce qu'on appelle la civilisation, ils en oubliaient volontiers et les idées et les lois ; la faiblesse devenait un crime à leurs yeux, l'infirme, le vieillard, l'estropié, une non-valeur, était abandonné sans pitié à la fureur des tigres ou des sauvages. Les *monções* ou expéditions qui chaque année se dirigeaient de S. Paulo sur Cuyabá, retrouvaient le chemin, pour ainsi dire, grâce aux jalons que formaient les ossements de ces victimes de la fièvre de l'or.

Pourtant Cuyabá commençait à se peupler, et un vicaire y avait été envoyé pour y fonder une paroisse. Miguel Sutil, habitant le hameau de N. S. da Penha, avait commencé un abatis (*roça*) près du rio, un peu en aval. En octobre 1720, s'y étant rendu avec un camarade et quelques Indiens Carijós, il envoya deux de ces derniers dans la forêt chercher du miel d'abeilles, mais à la nuit serrée, les voyant rentrer sans miel, ils leur fit des reproches et ils lui répondirent qu'ils avaient trouvé bien mieux, lui remettant vingt-trois grains d'or, du poids de 120 oitavas (430 grammes 32), et assurant qu'il y en avait beaucoup d'autres.

Dès le jour, Sutil et son camarade, João Francisco Barbado, se rendirent avec les deux Indiens à l'endroit où est aujourd'hui la capitale et où ceux-ci leur montrèrent l'or épars sur la terre et qu'ils ramassèrent à poignées. Le soir, Sutil rentrait avec une demi-arrobe (7 kilogr. 500) et Barbado avec plus de 400 oitavas (1,434 grammes). Il fit part de sa découverte, ainsi qu'il y était tenu. Les habitants du Coxipó abandonnèrent leur *arraial* pour les *lavras do Sutil*, où, dès 1772, s'élevait la nouvelle ville avec son église-mère.

C'est ainsi que commença le peuplement de *Matto-Grosso*.

nom donné par les aventuriers de Cuyabá aux sertões jadis appelés des *Parecis*, ainsi que se nommaient les Indiens qui les habitaient, sertões couverts d'une épaisse et vigoureuse forêt, qui s'étendait de Goyaz au N.-E. vers le S.-O., bordant les escarpements de la grande arête de partage et ombrageant les innombrables rios qui y prennent leurs sources.

L'exportation de ces richesses aurifères très réelles et nullement surfaites se heurta à de grands obstacles matériels et à des ennemis redoutables sur les eaux du Paraguay et des autres rios. Deux nations indigènes tenaient, pour ainsi dire, Matto-Grosso en état de siège et menaçaient les Paulistes : les *Payagoás*, excellents pagayeurs et conducteurs de pirogues sur le Paraguay, et les *Guaycurús*, cavaliers par excellence, qui dominaient une superficie de plusieurs centaines de lieues de chaque côté des rivières formant le bassin de la Plata. Les chevaux apportés d'Europe par les conquérants et laissés en liberté dans les fertiles plaines de ce bassin, s'y étaient multipliés d'une façon extraordinaire et fournissaient des montures à ces sauvages qui excellaient à les conduire. Longtemps ennemis, les *Payagoás* et les *Guaycurús* firent cause commune contre les Portugais. Cela dura jusqu'en 1768, où les Payagoás, se soumettant aux Espagnols, formèrent un village près de Assuncion, la capitale actuelle du Paraguay.

Les *Guaycurús* qui, à leur école, étaient devenus des pagayeurs intrépides, continuèrent à disputer le passage par terre et par eau jusqu'en 1791. Alors leurs principaux chefs, *Emavidi*, *Channé*, *Queyma*, se présentèrent à Villa Bella de Matto-Grosso pour demander la paix.

Néanmoins, jusqu'au XIXe siècle, les *armadas* ou flottilles qui emportaient les envois d'or eurent à affronter les plus grands obstacles. Cela n'empêchait pas les mines nouvelles d'être explorées et les bourgades de surgir. Les diamants du cours supérieur de beaucoup de rios attirèrent des expéditions considérables venues par Goyaz, route moins dangereuse et plus facile, quoique très longue. Dès 1742, Manoel de Lima était descendu par le Guaporé et le Madeira jusqu'à l'Amazone et au Pará. Successivement, on descendit et remonta le Tapajóz, le Xingú, aussi bien que le Tocantins-Araguaya.

Ce fut alors que le Portugal érigea la contrée en capitainerie autonome et que Antonio Rolim de Moura, comte d'Azambuja, établit la capitale sur le Guaporé, à Villa Bella de Matto Grosso, afin de repousser sur l'autre rive les Jésuites espagnols. Son titre de capitale fut transféré en 1820 à Cuyabá. La province fut naturellement éprouvée par la guerre du Paraguay en 1864 et les années suivantes : il faut, pour s'en rendre compte, lire la *Retraite de Laguna*, ce brillant morceau d'histoire militaire écrit en français par M. Alfredo d'Escragnolle-Taunay, major du génie et l'un des combattants de cette longue lutte. Celle-ci eut pour résultat la liberté de la navigation du Paraguay, par laquelle se sont effectuées depuis presque exclusivement les communications du Brésil avec Matto-Grosso.

La Compagnie nationale de navigation à vapeur effectue trente-six voyages par an, aux termes du contrat par lequel l'État la subventionne, de Montevideo à Cuyabá, en remontant le Paraná et le Paraguay. Ses vapeurs touchent à Buenos-Ayres, Rosario, La Paz, Bella Vista, Corrientes, Villa-Franca, Assuncion, Apa, Fecho dos Morros, Corumbá et Cuyabá.

Il faut près d'un mois, quand tout va bien, pour venir de Rio de Janeiro à Cuyabá. — En ce moment, le génie militaire établit une ligne télégraphique partant d'Uberaba, la station finale du chemin de fer de S. Paulo (ligne *Mogyana*) et qui reliera au reste du pays Goyaz et Cuyabá. Il trace également une route par la vallée de l'Iguassú et celle du Brilhante, qui viendra à Miranda, suivant l'antique itinéraire des *sertanejos bandeirantes*.

SITUATION ACTUELLE DE LA PROVINCE

Macedo donne à Matto-Grosso une superficie de 2,225,000 kilomètres carrés ; l'exposé officiel 1,379,651 et M. João Severiano da Fonseca 2,000,000. Cette province est située entre les 7°25' de latitude, au confluent des rios S. Manoel et du Tapajóz, et 24°3'31",42 à la cinquième chute du Salto das Sete Quedas ou cataracte de Guayra, sur le Paraná ; entre 6°42' de longitude occidentale, vis-à-vis la pointe septentrionale de l'île de Bananal dans l'Araguaya et 22°13'15" dans l'île de la Confluencia, à la jonction du Beni et du Mamoré, formant le Madeira.

Au nord, elle a pour limites les rios Madeira et son affluent Gyparaná ou Machado, jusqu'à ses sources dans les *serranias* appelées Cordilheiras do Norte ; cette serra ; le rio Uruguatás, affluent du Tapajóz ; le Tapajóz jusqu'au confluent du S. Manoel, Paranatinga ou dos Tres Barras, qui la sépare de la province de Amazonas ; tout le cours de ce rio S. Manoel ; le Acarahy ; le Xingú ; le Fresco ; la Serra dos Gradahús et le rio Aquiquy, qui la séparent de la province du Pará.

A l'est, l'Araguaya, de la bouche du Aquiquy, immédiatement au-dessous de la cachoeira de Santa Maria, où commence la Serra du Roncador et dos Gradahús et de là remontant la rive gauche jusqu'à la Serra du Cayapó, d'où la frontière descend par le rio Correntes au Paranahyba, c'est là la limite avec Goyaz ; — le Paranahyba depuis la bouche du Correntes jusqu'à sa jonction avec le Rio Grande la sépare de Minas-Geraes ; le Paraná la sépare de S. Paulo jusqu'à la bouche du Paranapanema et de la province du Paraná, jusqu'au-dessous de l'Ilha Grande du Salto, en face l'embouchure du Piquiry.

Au sud, c'est la frontière du Brésil et du Paraguay : les Serras de Maracajú et de Anambahy et le rio Apa, depuis sa source jusqu'à son embouchure dans le rio Paraguay.

A l'ouest, c'est la frontière du Brésil et de la Bolivie : le rio Paraguay, du confluent du rio Apa à la lagôa ou Bahia Negra, par le milieu duquel passe la ligne de démarcation, puis une ligne se dirigeant du sud au nord et allant couper par le milieu les lagôas de Cáceres, Mandioré, Gahiba Grande et Uberaba, d'où elle se prolonge à l'extrême sud de la Corixa Grande do Destacamento, et de là par le territoire de l'aldea de S. Mathias, au confluent des *Corixas* de S. Mathias et Peinhado, au Morro da Bôa Vista, à ceux dos Quatro Irmãos, et à la source principale du rio Verde, continuant par le lit de ce rio, par ceux du Guapore et du Mamoré jusqu'à la jonction de celui-ci avec le Beni, qui forme le Madeira.

La province de Goyaz n'accepte pas les limites ci-dessus ; elle réclame le territoire délimité par le rio das Mortes depuis son confluent dans l'Araguaya jusqu'au confluent du rio Pardo avec le Paranahyba, et, entre les deux, le 10ᵉ méridien occidental. Mais, en fait, c'est Matto-Grosso qui a organisé à ses frais toute la région contestée et c'est avec elle que votent ses électeurs.

On comprend dès lors que cette immense superficie n'ait pas été mesurée, puisqu'elle est encore si mal déterminée à l'est et au nord. La population n'est pas mieux évaluée ; l'atlas de MM. le baron Homem de Mello et le colonel A. Pimenta Bueno parle de 60,417 habitants; il n'y a peut-être pas plus de 50,000 individus civilisés, groupés surtout dans les bourgades, car il y a fort peu d'habitants disséminés loin des centres urbains, dans les prairies des campagnes marécageuses ou au sommet du plateau (*araré*), le long des routes de Goyaz et du Piquiry. M. Faville Nunes, dont les calculs sont des plus sujets à caution, affirme que cette population doit se monter actuellement à 79,750 âmes. M. Correia de Araujo, dans son *Tableau chrono-synoptique*, la porte, je ne sais d'après quels éléments, à 115,000 âmes. La vérité est qu'aucun recensement sérieux n'y a été effectué, pas même celui de 1872, qui a été plus un calcul de probabilités qu'une addition rigoureuse.

Dans l'état présent des choses, Matto-Grosso a un sénateur, deux députés généraux et vingt-quatre députés provinciaux; elle comprend une *relação* ou cour d'appel avec six comarcas de juges de droit et six termos de juges municipaux; cinq cités et cinq villes formant dix cantons municipaux; ses dix-sept paroisses constituent l'évêché de Cuyabá.

Quant à sa situation économique, en voici les éléments :

BUDGET

	Recettes.	Dépenses.
Général	396.377$477	1.624.385$999
Provincial.	301.651 156	301.651 156
Totaux	698.028$633	1.926.037$155

DETTE EN 1888.

Consolidée.	199.000$	à 8 %
Flottante	39.799 817	
Totale	238.799$817	

Aucun document, soit officiel, soit officieux, ne parle du commerce de Matto-Grosso et ne permet d'en fournir une évaluation quelconque. On y importe du littoral atlantique à peu près tout ce qui s'y achète, et l'on y vend cependant quelques produits : caoutchouc, plantes médicinales, viandes de bœuf et de porc, surtout des extraits industriellement préparés près de S. Luiz de Caceres; des cuirs secs, quelques bœufs sur pied, de l'or et des diamants.

Je retrouve toutefois dans mes notes une courte étude économique, datant du 26 avril 1887 et qui jette quelque jour sur la situation de cette province. Ce sont des informations adressées par le président administrateur au ministre président du conseil.

S'occupant exclusivement des ressources provinciales, l'auteur y constatait les embarras financiers contre lesquels cette province luttait avec des moyens aussi restreints que le sont les sources de revenu de son Trésor provincial. « Recette faible, dépense élargie, déficits successifs, disait-il, tel est l'aspect des finances de cette région de l'Empire. »

En 1879, l'exercice avait fourni comme résultats :

Recette	124.875$718
Dépense.	172.536 296
Déficit.	47.660$578

A la suite d'engagements antérieurs non éteints, la province devait 25,014$395. A la fin de 1887 :

La dette consolidée à 8 °/₀ était de. .	171.500$
La dette flottante liquidée au 31 déc.	59.360 450
Total	230.860$450

Le déficit prévu pour l'exercice 1888 était de 94,424 $ 156. — Le budget de 1886-87 était, comme on l'a vu plus haut, de 301,651 $ 156 pour la recette et pour la dépense; mais on prévoyait déjà que la recette propre de cet exercice ne dépasserait pas 171,602 $ 010, moyenne recouvrée durant les trois années antérieures.

De 1877 à 1887, la dette s'était augmentée de 65,749 $ à plus de 300,000 $ et pendant ces mêmes dix ans, la recette était demeurée stationnaire, en dépit des majorations exprimées par les prévisions :

« Voilà, disait mon auteur, qui caractérise le trouble économique de la province. Ce n'est pas en effet l'aggravation de la dépense publique qui doit le plus impressionner, car toute dépense publique a une tendance naturelle à augmenter et pareille augmentation, bien dirigée, peut aboutir à des améliorations qui stimulent le travail. Si cependant les revenus tombent, ou que, durant une longue période, ils restent au même niveau, la stagnation des forces productives devient un phénomène patent et inquiétant. Dans ce cas, le mal est beaucoup plus profond que celui qu'on peut atténuer ou écarter par une économie sévère, par la parcimonie dans la détermination d'améliorations, par la modification du régime de la dette, par d'autres mesures à la portée immédiate de l'administration.

« Malheureusement la province de Matto-Grosso, qui n'a pas un mètre de chemin de fer ou de ligne télégraphique, aux prises avec la difficulté des communications extérieures et intérieures, n'offrant aucun stimulant à l'introduction de bras qui viendraient en aide à ses forces appauvries, placée dans la situation de voir à chaque pas envahir ses campos d'une culture débutante par les hordes autochtones qui, en si grand nombre, peuplent de vastes zones de son immense territoire, ne possède aucun élément, en dehors de l'exubérance de sa nature inerte, pour sortir de ces difficultés par l'expansion de ses revenus.

« L'administrateur actuel de la province vient d'exposer son état lamentable en termes explicites et vigoureux, qui sont faits pour attirer l'attention des pouvoirs publics généraux sur cette circonscription de l'Empire. »

Voici un extrait de cet exposé :

« La province voit chaque jour augmenter ses besoins et de nouvelles dépenses devenir indispensables, et sa recette est depuis longtemps stationnaire faute d'impulsion, faute d'harmonie entre les éléments économiques, et ce déséquilibre est chaque jour plus accentué.

« L'exécution d'améliorations matérielles qui avivent les sources de la richesse et accroissent la recette provinciale, est, à mon sentiment, l'unique moyen de sauver la province de la banqueroute qui la menace. Et je puis le garantir, la solution de ce problème qui n'est pas des plus difficiles étonne et surprend celui qui étudie de près les affaires de cette province, soit par l'évidence avec laquelle elle se présente à l'esprit, soit en provoquant l'observation de ce phénomène paradoxal que nous possédons ici un trésor inépuisable, qui, au lieu de profiter, nous cause seulement des pertes et des sacrifices.

« Pour que vous vous fassiez une idée de l'état arriéré, du manque de ressources, de l'absence de tous moyens d'impulsion et de secours au développement et au progrès dans cette province, il suffit d'apprendre que le crédit destiné dans le budget en vigueur aux travaux publics est de 10 contos, crédit qu'il est malaisé d'appliquer avec utilité et profit, parce que nous n'avons pas ici de service des travaux publics, et que l'ingénieur de la province est le plus souvent, pour examiner un travail et en dresser le devis, obligé à un voyage plus coûteux que le travail lui-même, et cela en raison du manque absolu de moyens faciles de transport, de l'absence de ressources pour entretenir un personnel d'ingénieurs convenablement réparti sur le territoire provincial, et enfin des énormes distances qu'il faut franchir à cheval ou en canot, selon la zone dont il s'agit.

« Il n'y a pas dans la province une seule route capable de servir convenablement les intérêts du commerce et de l'agriculture. Il n'y a pas une seule ligne télégraphique permettant à l'action administrative de s'exercer avec rapidité et efficacité là où elle devient nécessaire; enfin, aucun procédé pratique n'a été trouvé pour exploiter et exporter fructueusement les produits de la province.

« A tout cela, ajoutons l'isolement dans lequel vit principalement la zone nord de la province, l'absence complète de toutes les commodités et de tout le confort de la vie, la difficulté et le retard des communications; voilà qui explique l'impossibilité, on peut le dire, d'attirer et de conserver ici les bras et les intelligences qui concoureraient au développement et à la prospérité des diverses branches d'activité, qui indique la cause de la déplorable pauvreté du trésor de la province, bien qu'elle soit aussi riche que la plus favorisée de l'Empire.

« Il résulte de cet exposé que d'une part la province n'offre pas à sa population les moyens de donner à son travail une application fructueuse, que de l'autre elle n'est pas en conditions d'attirer chez elle un personnel étranger; de là proviennent l'apathie et l'inaction dans lesquelles elle végète. »

Puis expliquant qu'il a prescrit d'explorer le rio das Mortes et d'étudier le moyen de le mettre en communication terrestre avec la capitale de la province, l'administrateur ajoute :

« Je pense que les communications projetées non seulement procureront à cette capitale un grand accroissement par un contact prompt et direct avec la capitale de l'Empire, mais qu'elles faciliteront l'exploitation des ressources d'une zone aujourd'hui abandonnée, malgré son énorme richesse. Comme élément d'appréciation de celle-ci, je vous informe que dans la *freguezia* de la Chapada, à 10 lieues (66 kil.) de Cuyabá, où l'on jouit d'un climat qui n'a pas de supérieur au monde, existe une énorme étendue de terrain uni et favorable à toutes les céréales européennes et indigènes, y compris le café, dont la production est là de beaucoup supérieure à celle de l'ouest de S. Paulo, car j'ai vérifié que les *cafezaes* de cette localité produisent en moyenne 300 arrobes (4,500 kilos) par 1,000 pieds.

« De ce côté donc la nécessité est évidente de créer les voies de communication que je réclame, comme un moyen assuré d'agrandissement et de prospérité.

« Une autre partie de la richesse de la province qui pourrait lui fournir une énorme augmentation de recettes, c'est sans doute celle que lui offrent les *hervaes* (herbiers, nom donné dans tout le bassin du Paraná-Paraguay aux terrains produisant l'herbe-mate, l'*ilex paraguayensis* ou *congonha*) de la frontière paraguayenne; malgré les difficultés que rencontrent les exploitants, malgré le nombre insignifiant de ceux-ci, que détourne la nécessité d'affronter les embarras de ce genre d'entreprises, malgré enfin les imperfections et les grandes difficultés avec lesquelles s'y est effectuée la perception des droits d'exportation, ce sont les contributions provenant de cette industrie qui représentent le chapitre le plus considérable de la recette provinciale. Il est donc également évident qu'il faut donner une impulsion et des facilités à l'exploitation des *hervaes* sur une plus grande échelle.

« A cet égard, j'adresse au ministre de l'agriculture un rapport dans lequel, lui donnant des informations relativement à ce qu'il a communiqué à la Légation brésilienne à Assuncion, sur les *seringaes* d'Anambahy, j'opine pour l'établissement de la navigation des rios Apa et Estrella, pour la construction d'une route partant du *serro* Margarida, destinée à tourner les cachoeiras du rio Apa, et finalement pour la création d'un bureau fiscal à l'embouchure de ce rio, point qui me semble le mieux approprié pour la sortie de tous les produits de la zone extrêmement riche qui s'étend des bords du Paraguay jusqu'au sertão de Anambahy.

« Entre les innombrables besoins de la province, je mets ceux-là au premier rang, et, pour me résumer, je dirai que la construction de la route du rio das Mortes par la freguezia de la Chapada, la ligne mixte de communication avec Anambahy, par l'Apa, et l'établissement d'un bureau de douane à l'embouchure de ce dernier constituent des mesures d'où résulterait immédiatement un accroissement considérable de la recette de la province ».

Comme on le voit, ce ne sont pas les éléments naturels de prospérité qui manquent à Matto Grosso, mais il lui manque tout ce que n'a pas fourni la nature et qui devrait être l'œuvre de l'homme. C'est, je le répète une fois de plus, le pays de l'avenir, la grande réserve du Brésil pour une époque future plus ou moins prochaine. L'immense espace compris dans Matto-Grosso, Goyaz, la plus grande partie du Pará et de l'Amazonas, forme une région d'une richesse inouïe, la plus belle peut-être qui soit au monde, mais qui pour être exploitée au bénéfice du monde, a besoin d'être rendue plus accessible et d'être peuplée.

Une rapide étude de ses éléments de configuration et de formation va rendre cette impression saisissante.

HYPSOMÉTRIE. — LE GRAND SOMMET DE PARTAGE

Considérée à vol d'oiseau, Matto-Grosso se divise en deux parties fort inégales, deux vastes plans inclinés, dont l'un, de beaucoup le plus large et le plus long, s'abaisse doucement vers l'Amazone, qui recueille toutes ses eaux; dont l'autre, moins large, assez allongé, constitue la dépression ravinée par tous les affluents supérieurs du Paraguay.

La plus grande étendue de cette superficie est sur le vaste plateau central de l'Amérique du Sud, probablement l'*araxá*, c'est-à-dire l'arête, l'épine dorsale la plus élevée du sol brésilien. L'autre portion, à l'ouest et surtout au sud, est basse, humide, et comprend la grande zone connue ici sous le nom de *Pantanos*, chez les Hispano-Américains, sous le nom de *Bañados*. Ces basses régions ne s'élèvent pas à plus de 150 mètres au-dessus du niveau de la mer. Sur le plateau, vers les sourses du Guaporé, du Paraguay, du Tapajóz, de l'Araguaya et des bras occidentaux du Paraná, la moyenne est de 500 mètres; l'altitude monte parfois à 1,000 mètres sur quelques points de la crête où se dessine le partage des eaux des plus grands estuaires du monde, l'Amazone et la Plata, crête qui traverse diagonalement la province du nord-ouest au sud-est des chutes de Madeira aux rives du Paraná, à la rencontre de la serra das Vertentes, dans Minas Geraes. C'est, du moins, l'opinion de M. le baron de Melgaço (Antoine Leverger, un Français, qui fut un officier de marine distingué, qui devint amiral au service du Brésil, qui administra la province de Matto-Grosso à trois reprises, et la première fois resta son président pendant six ans un mois et 18 jours), l'homme qui lui a rendu les plus grands services et l'a le mieux connue et aussi le mieux fait connaître.

Avec cette différence extraordinaire de niveaux entre le plateau et les zones basses qui l'entourent, au moins vers le sud et l'ouest, on comprend aisément qu'il termine du côté de celles-ci presqu'à pic, qu'il s'y présente sous la forme d'une chaine abrupte et escarpée, tandis que du côté opposé, au nord et à l'est, il continue en plaines allongées ou *páramos*, landes, garrigues, plus ou moins ondulées, laissant de loin en loin seulement émerger du sol des croupes ou des crêtes montagneuses, parfois d'une hauteur insignifiante, mais qu'un rio ou un simple torrent entrainant dans son cours leurs terres d'alluvion, là où il a creusé son lit, a laissées à découvert, mettant au jour les hautes parois de roches primitives de la vallée de dénudation qu'il a formée. Cette immense *araxá* n'est en effet qu'un énorme sédiment qui a empli les vallées et qui a recouvert jusqu'aux montagnes qui les formaient.

Cette remarquable disposition du grand plateau brésilien explique facilement sa géogénie. Déjà bien près de l'Océan, la Serra do Mar ou Paranapiacaba (c'est-à-dire d'où l'on aperçoit la mer), comme l'ont appelée les aborigènes, présente en escalier ses gracieuses escarpes, d'une hauteur supérieure à 1,000 mètres, alors que du côté de l'ouest elle s'allonge avec plus ou moins d'uniformité sur les *campos geraes*, non pour mourir sur les rives du Paraná, mais pour se relever sur les *chapadões* de Matto Grosso dont les campos vers le sud-ouest vont finir aux hautes escarpes ou aux flancs en grès des cordillières de Maracajú et Anambahy et de leurs rameaux méridionaux, Urucuty et Caaguassú. Là, au milieu de ces campos ou savanes immenses, coupées de rios presque toujours encombrés de chutes, il paraitra impossible au voyageur non prévenu qu'il se trouve à un milier de mètres au-dessus de l'Océan.

Ces plaines se présentent parfois comme de jolies campines vertes et ondulées, ainsi qu'au Rio Grande du Sud, dans le tapis botanique desquelles les dycotilédonées sont rampantes ou ne dépassent guère en hauteur les graminées et les cypéracées, qui donnent sa physionomie au terrain; tels sont les campos qu'on rencontre en gravissant les escarpes des cordillières de Maracajú et Anambahy: d'autres fois, des garrigues également ondulées, mais d'un terrain sec et sablonneux, véritables landes, plus ou moins pavées de grès, de gravier et de caillou, délités et mous comme du sable; tels encore les campos des Parecis, de Cuyabá aux *Arayés*, de Villa Bella à Urucumacuam; tels ceux qu'a reconnus M. d'Escragnolle-Taunay durant la campagne de 1865, terres boursoufflées, où les animaux s'enfoncent à chaque pas, qui ne leur offrent rien à paitre, tant elles sont stériles, où le bosquet est rare, où toute forêt est *carrascos* ou *cerradões*, où, par conséquent, il est aussi malaisé à l'homme de vivre que de voyager. Ailleurs, ce sont des terrains drainés, coupés d'innombrables rios où se trouvent des marais et des marécages, laissant échapper une infinité de rios et de ruisseaux, qui ou bien descendent naturellement vers le nord, creusant leur lit dans les sables et les cailloux, dénudant les escarpes et descendant par degrés, ou bien se précipitent en cascades des hautes roches qui regardent le sud. Ici, la forêt immense et vigoureuse atteste, par la grosseur et la hauteur des arbres, l'exubérance de la sève qui l'alimente. Tout terrain lui sert, dès qu'il a assez d'eau, pour alimenter leurs racines; s'il est sablonneux et quelquefois d'un sable bien blanc, la forêt ressemble aux jardins publics des cités, où l'on peut librement se promener à l'abri des rigueurs du soleil, à cheval ou en voiture, entre des rangées d'arbres: la seule différence, c'est que celles-ci ne sont pas tourmentées par la symétrie tyrannique des quinconces ou par les tracassières régularités de la géométrie, et qu'elles offrent des dizaines, quand elles n'ont pas des centaines de lieues de longueur. Si le terrain est végétal, d'humus prolifère, sa flore est formée des herbacées rampantes et des arbustes de toutes les familles que connait la botanique, en particulier des légumineuses, qui sont la population de la nation végétale sous les tropiques, et les *cipós* (lianes) qui enlacent, entortillent et tapissent tout; ils s'enroulent sur les arbres de la forêt, *excelsæ*, *proceræ*, *spectabiles*, *gigantæ*, toute la gamme qu'ont classifiée les savants. Ils se marient sur les troncs, s'attachent aux branches, se suspendent à leurs faîtes, couvrent leurs rameaux de rejetons qui vont se perdre dans le sol en racines, s'y grossissent, s'y fortifient, repoussent en bourgeons, devenant autant d'autres bras qui étreignent, entourent et ferment la forêt, de façon à en obstruer l'entrée.

Et ce n'est pas toujours des lieues, parfois même des pas, qui séparent ce sol d'une extraordinaire fécondité d'un autre, où une végétation rachitique, chétive et disséminée à larges intervalles, forme une antithèse attristante de toute cette exubérance productive, où le voyageur rencontre, comme unique sujet de récréation et de repos, le *páo d'agua*, arbre de moyenne hauteur, trichotome, et qui garde au creux de ses branches, presque d'une façon permanente, l'eau des pluies, même quand déjà la sécheresse est assez avancée. Combretacées et myrtacées, surtout des genres *Eugenia* et *Aulomyrcia;* broméliacées sylvestres et anonacées de diverses espèces; quelques sapotacées, le *cocus campestris* de Martius, l'*indaya* acaule ou sans tige et toujours, toujours, les légumineuses, la plupart *cassias*, *mimosas* et *bauhinias*, de celles que la conformation de leurs feuilles doubles a fait vulgairement surnommer *unhas de boi* (sabots de bœufs); tels sont les types principaux de ce tapis floral, où les plus grands arbres, presque toujours des *jabolicabeiras* et des *sapótas*, n'atteignent pas quatre mètres de hauteur et où la mangabeira et le cajueiro, arbres de six mètres et plus, dans les endroits les plus favorisés, conservent cependant toute la vigueur de fructification de ces régions; le premier se couvrant de beaux fruits, mais ne dressant pas sa cime à plus d'un mètre du sol, et le second parfois d'une telle hauteur que fruits et fleurs sont plus grands que son tronc.

Ce terrain boursouflé repose sur un lit de roches

cristallines, plus ou moins épais, sur des couches de grès, tuf, argile et caillou, que des torrents permanents ou accidentels placent en relief en détruisant les roches de désagrégation facile. En certains endroits émergent du sol, isolés et nus, le plus souvent en groupes plus ou moins rapprochés, des rochers énormes, aux formes capricieuses, ressemblant à des tours, à des tombeaux, à des mausolées, aux dolmens et aux menhirs des antiques barbares de l'Europe septentrionale, ou bien encore aux icebergs des mers circompolaires.

C'est la région du gneiss, qui se distingue par sa richesse métallifère. Toutes les mines d'or de la province ont été découvertes aux bords des rios, dans l'*araxá*, ou même au fond des vallées, dans les remous de ceux qui se précipitent du haut des crêtes abruptes.

Sur beaucoup de points, la décomposition déterminée par l'action climatérique et principalement par celle des pluies torrentielles, si communes dans ces régions, a creusé le sol, y laissant ici des vallées de dénudation, là des dépressions longues et profondes, pareilles aux lits de fleuves disparus.

Ainsi apparaissent très remarquables certains contreforts de ces cordillères enterrées, par l'étrange façon dont terminent leurs promontoires en remparts très élevés et parfois radicalement coupés à pic. Dans la province on les appelle *trombas*, et les Indiens les ont nommés *itambés*; les plus notables sont ceux des serras du Aguapehy, du Napileque ou Lavileque, (*dapileque* veut dire fer dans la langue aborigène), du Jacadigo, aux environs de Albuquerque.

La formation de ces montagnes de grès étant plus ou moins argileuse ou calcaire, ces promontoires (*espigões*) se présentent parfois comme des massifs de gneiss, affectant les formes les plus bizarres. Certains de ces itambés sont des roches de gneiss ou des dykes de diorite très dure, que l'on rencontrait dans les lieux en pente, sur les flancs à pic et complètement dépouillés des couches de superposition qui n'ont pu résister à l'action de décomposition du soleil et des eaux. Presque tous sont fort riches en minerai de fer.

C'est dans ce système qu'on peut le mieux étudier les bouleversements géologiques qu'ont subis les roches du Brésil. Cette observation n'avait pas échappé aux explorateurs du siècle dernier. Parlant de la serra de Ricardo Franco (vis-à-vis de la ville de Matto-Grosso et sur la rive gauche du Guaporé), M. Silva Pontes, l'astronome de la commission des limites de 1782, dit :

« Toute la face de la serra qui regarde la ville montre le squelette d'une masse beaucoup plus grande qu'elle fut jadis, et ce que rendent manifeste les vides et les plats qu'on y observe ; les terres primitives qui la recouvraient ont été entraînées, ainsi que d'énormes segments de roches qui ont glissé d'en haut et du milieu, laissant là des précipices effrayants que, dans la langue tupinamba, on appelle *itambé* ou baiser de pierre; le plus grand se trouve dès qu'on arrive au haut de la serra. Les roches sont d'un sable *glarea*. Mais, malgré leur apparence friable, elles sont si dures qu'elles résistent au pic et au ciseau. »

Serras ou *Campos* sont les noms communément donnés à ces régions du plateau, noms qui leur conviennent bien. Tandis que d'un côté elles gardent enterré tout un flanc sous les couches énormes d'alluvion et n'ont d'autres indices de leur existence que les contreforts ou éperons aux flancs complètement découverts, de l'autre la roche très dure se montre dénudée des croûtes moins résistantes, lisse et très âpre, mais tombant toujours verticalement sur les longues et profondes vallées de dénudation qui y confinent, ou bien alors offrant à l'ascension, du fond des vallées, de hauts et vastes degrés en escalier, tantôt abrupts, tantôt aux pentes raides.

Il est bien remarquable qu'alors qu'un nombre considérable de volcans s'étendent au bord du Pacifique, sur la cordillère Andine et son prolongement des Montagnes

Rocheuses dans l'Amérique du Nord, tout le reste du continent américain soit privé de ces respirateurs de l'incandescence centriterranéenne; c'est là l'indice de la différence des deux régions. Toutefois quelques voyageurs parlent de montagnes dont les cônes semblent des cratères éteints : les *Cayapós* assurent que dans la serra Sellada existe un mont qui lance du feu et de la fumée avec un fracas effroyable, qui a empêché les plus hardis de s'en approcher; pareilles choses se racontent des serras du Napileque, aux environs du rio Apa. Les tremblements de terre sont aussi fréquents sur la côte du Pacifique qu'ils sont rares dans les autres contrées; ceux, si peu nombreux, dont on a gardé la mémoire, sont assez faibles et instantanés pour qu'ils aient passé inaperçus.

Les eaux qui descendent de ce plateau vers le nord s'ouvrent un chemin dans un sol sablonneux. Presque tous ces courants ont leur lit rocheux, et la plupart sont obstrués par des chutes qui parfois sont des sauts de grande hauteur. Le Juruhena, deux lieues au-dessous de ses sources, se précipite par une cascade de 30 mètres, hauteur égale à celle dont le Cuyabá s'élance de la montagne du Tombador, et moindre que celle du Ribeirão do Inferno qui se creuse un gouffre profond de 200 pieds et dont les parois sont à pic, appelé *Bocaina do Inferno*. Tout *encachoeirados* ou pleins de chutes descendent également les rios Negro, Camararé, Xacuruhina, Arinós, Manso, Paratininga, Sumidouro, etc., presque tous ceux qui coulent vers le nord; le Jamary, Gyparaná, Marmello, Manicoré et Negro, tributaires du Madeira, et la plupart de ceux qui vont se réunir au Paraná. Ceux qui vont dans les grandes vallées de l'ouest et du sud ont leurs sources de même tout encombrées de cascades, qu'ils se précipitent par un saut unique ou qu'ils courent en sautant tous les degrés d'une échelle hydrographique, comme le Cuyabá.

Certains, en s'ouvrant une place dans les campos du plateau, rencontrent le terrain miné, offrant un facile obstacle à la force de leur courant; ils s'immergent sous une croûte de gneiss ou sous les voutes d'une sorte de tuf calcaire plus ou moins étendues et vont émerger plus loin. On les appelle ici des *sumidouros*, et les rios qui y passent en prennent le plus souvent leur nom.

Dans les régions de montagnes, au pied des angles des contreforts ou bien au fond des profondes vallées de dénudations, quelques torrents prennent leurs sources, bien que les immenses échancrures dans lesquelles ils coulent indiquent qu'elles sont des érosions du sol déterminées par les eaux. Peut-être que primitivement ces rios accidentels ou taris, aujourd'hui permanents, ont puisé leurs premières eaux dans des régions très hautes, dont le sol, progressivement entraîné par les courants, s'est peu à peu approfondi. Cette hypothèse explique aisément la position actuelle des sources au bas des montagnes. D'autres ont leur origine à l'intérieur de cavernes, dans les plis inférieurs des monts; tels, parmi beaucoup d'autres, la fameuse source du Guaporé, né dans le creux d'une roche ou muraille de grès rouge, très riche en minerai de fer, et celle de la Corixa Grande do Destacamento, qui sourd de l'intérieur d'un *morro* ou monticule isolé, appartenant à la serra de Borborema, rameau de celle d'Aguapehy. Elle sort de cette grotte par trois corridors, dont les entrées, portes hautes et étroites, s'ouvrent à fleur de terre, au fond d'un petit vestibule formé aux dépens de roches de trapp amygdaloïde, quelques-unes lisses et polies comme de la faïence, tombées du toit et des parois latérales et gisant éparses sur le sol; le ruisseau ne fait qu'apparaître sous ce porche, et aussitôt s'enfonce sous le sol pour revenir au jour quatre à cinq mètres plus bas. De l'ouverture on entend le bouillonnement extraordinaire des eaux qui, à l'intérieur même de la caverne, forment des cascades.

Le *Divortium aquarum* commence environ au 11° parallèle et au 20° méridien, où naissent les affluents septentrionaux du Guaporé et beaucoup des tributaires orientaux du Madeira; il vient se briser au 16° méridien, où au 14° parallèle il laisse échapper les plus lointaines sources du Tapajóz, du Paraguay et du Guaporé. Là, sa hauteur est de plus de 1,000 mètres; il remonte ensuite à la première de ces latitudes, où, de nouveau, il partage les eaux du Tapajóz, du Xingú et du Paraguay; puis, descendant dans la direction du S.-S.-E. jusqu'au 19° parallèle et au 6° méridien, il sépare de nouvelles sources pour le Paranatinga, le rio das Mortes et l'Araguaya vers le nord, et vers le sud pour le Paraguay et le Paraná. Cette ligne brisée indique en quelque sorte, détermine la position et la direction des tertres cristallins de ces campos du plateau, en beaucoup de points signalés, soit par les vallées qui les ont laissés à nu, soit par les crêtes ou par les rochers isolés mais disséminés dans la plaine, formant ici des tours comme celles de la Chapada do Guimarães à l'est de Cuyabá, constituant là de hautes murailles verticales comme celles que traverse le Coxim, et qui révèlent si clairement leur formation ignée; soit enfin par la crête ou épine dorsale qui s'élève sur les plaines, formant les Cordillères des Parecis, du Norte, du Tapirapuam et du Aguapehy, qui, selon les sites traversés, reçoivent divers noms : S. Vicente, Kágado, Olho d'Agua, Santa Barbara, Borborema, Melgueira, Morro Grande, Sete Lagôas, Pary ou Jaguára, Tamanduá, Morro Vermelho, Corrego Fundo, Ararapés, Arará et Cuyabá. En allant vers le N.-N.-O., entre le Tapajóz et le Xingú, c'est la Serra Azul; vers le sud-est, elle porte les noms de S. Lourenço, Agua Branca, Taquaral, Rapadura, Roncador, Sellada, Santa Martha, Cayapó, Mombuca, Sentinella, Santa Rita, Albano, Arára Cristaes, etc., ces derniers déjà dans Goyaz; l'ensemble est connu sous le nom général de Serra das Divisões.

J'ai donné à dessein ces détails, afin que le lecteur jetant les yeux sur une carte, ne soit pas dérouté par la différence des dénominations attribuées à cette ligne de sommets. Aucune carte n'est à une assez grande échelle pour comporter toutes ces désignations, et le choix qu'on en fait, forcément arbitraire, pourrait jeter le trouble dans son esprit.

Bien que M. Couto de Magalhães, dans son admirable livre *O Selvagem* (le Sauvage), ne veuille pas qu'on appelle montagnes le partage des eaux du Cuyabá et de l'Araguaya qui, sauf la Serra de S. Jeronymo, est en général une vaste plaine légèrement accidentée, d'une inclinaison douce, dont la déclivité ne dépasse pas 5 pour cent, le géologue a raison d'imiter le peuple en donnant ce nom à ces élévations de terrain, petites en hauteur mais très longues en étendue, et qui pour la plupart sont les crêtes et les croupes d'énormes chaînes souterraines. Dans cette région se distingue le *morro* de S. Jeronymo, haut de 1,400 mètres, qui se dresse dans un circuit de plusieurs dizaines de kilomètres. Le très distingué observateur a également noté que le plateau présente sur son flanc *libre* la gracieuse hauteur de 400 mètres, revêtue d'une forêt épaisse et vigoureuse, qui disparaît dès qu'on l'a dépassé, et qui est désormais remplacée par de vastes campos parsemés d'arbres isolés, de bosquets *catinga*, rampants et rabougris, et, de loin en loin, de petits *capões* arrondis, *caapuans*, dont l'apparition est l'indice certain de la présence d'une eau plus ou moins permanente.

La serra des Parecis et celle du Norte à l'ouest, celle des Apiacás et des Bacaubyris, rameaux de la serra Azul au nord, celle du Espinhaço à l'est et au sud, celle du Tapirapuam, avec les rameaux qui vont s'embrancher sur la serra das Divisões, forment les limites de la grande *arête* ou arête Mattogrossense Le plus souvent elles présentent le flanc libre, abrupt et haut; d'autres fois, elles descendent par de fortes pentes ou par escaliers, montrant souvent sur leurs roches, surtout dans les régions du sud-ouest, des stries ondulées et parallèles, qui semblent la trace du choc violent et prolongé de la grande masse d'eau qui primitivement a occupé les bas adjacents : la mer, dont les marées et les tempêtes rongeant les escarpes et ouvrant entre les massifs des golfes et des baies véritables, y a laissé dans les caps et les promontoires de cette époque, les crêtes et les contreforts de celle d'aujourd'hui.

L'arête appelée Serra dos Parecis, part des sources du Madeira. Son premier contrefort apparait au parallèle 10°20', près de la première cataracte de ce fleuve; l'autre va border le ruisseau des Pacahas Novos dans le Mamoré; le troisième vient mourir aux environs du fort Principe da Beira sur le Guaporé. Ce dernier rio garde un sensible parallélisme avec la cordillère dont il s'éloigne à peine de 12 à 20 lieues dans toute sa longueur. La serra envoie encore au Guaporé trois à quatre croupes, dont les plus notables sont celles de Santa Rosa au méridien 20° 31′ et celle des Pedras Negras à celui de 19° 44′.

A la latitude du 17° elle bifurque; vers le nord s'étend la serra do Norte qui se prolonge vers les régions amazoniennes; vers le sud, elle se brise à mi-chemin entre les parallèles 14° et 17°, et forme le massif appelé Serra de S. Vicente et aussi Chapada do Brumado; au 15° elle laisse échapper le Sararé; puis, gagnant le sud-est, elle va sous les noms de Kágado, Santa Barbara et Salinas mourir à la latitude du 16°, dans les précipices alpestres de la serra du Aguapehy.

C'est dans la serra de S. Vicente qu'en 1789, le docteur Alexandre et les astronomes trouvèrent une hauteur dépassant 1,000 mètres. Dans la course de la serra des Parecis parallèlement au Guaporé, cette altitude varie de 300 à 600 mètres au-dessus du niveau du sol. En ces régions, le froid de l'hiver est rigoureux et les gelées fréquentes (entre 10° et 11° de latitude), causant des dommages aux cotonniers; on cite même des personnes qui y sont mortes gelées, comme aussi sur les chapadas du Guimarães et du Camapuam, où le froid est encore plus grand. La première est à 12 lieues à l'est de Cuyabá, au-dessus de laquelle elle s'élève de 580 mètres, soit un peu plus de 800 mètres au-dessus du niveau de la mer.

On peut considérer comme un rameau de la Parecis ou

du moins comme appartenant au même système les serras qui se dressent à quelques lieues plus loin entre le Guaporé et le Verde, du 13e parallèle à la *Terra firme do Páu Cerne* jusqu'au 15° 20′, au-dessus de la ville de Matto-Grosso. Les pics s'y élèvent à plus de 800 mètres. C'est ce que la Commission bolivio-brésilienne des limites de 1872 a baptisé Serra de Ricardo Franco.

Du point où le 12e méridien coupe le 13e parallèle, les escarpes du plateau se prolongent d'abord vers l'est, puis portent leurs crêtes par une ligne brisée vers le sud, gardant une certaine uniformité, sinon un parallélisme, avec la disposition hypsométrique des arêtes des Parecis, ce qui les révèle contemporaines et sorties de la même éversion géologique. Le fer est dans ce sol en telle quantité que toutes les eaux qui y naissent sont ferrugineuses, d'une saveur styptique, particulièrement les torrents Olho d'Agua, Sepultura et Lagoinha, sources du Guaporé, et le Piquihy, du Jaurú. Le terrain est de grès schisteux, rougeâtre, par la présence des minerais de ce métal. Ces escarpes se dressent sur le vaste bassin où serpentent les bras orientaux du Paraguay et vont se relier au système appelé Serra das Divisões, dont j'ai déjà indiqué les diverses dénominations.

Des serras de Cuyabá vers le nord s'étendent les crêtes de la serra Azul, partage des eaux du Cuyabá et du Paranatingua, et dont les rameaux, vus et reconnus par les premiers explorateurs de ces sertões, apparaissent dans leurs narrations sous les noms de Apiacás, Bacauhyris, Tapirapés et Gradahús, selon les tribus qu'ils y rencontrèrent. Ce système reste parallèle à la direction de la Grande Cordillère ou serra du Estrondo, dans la province de Goyaz, dont les eaux ne grossissent que les affluents de l'Araguaya et du Tocantins. Ce sont là, comme je l'ai dit au chap. IV, les terres les plus élevées du Brésil, car leur altitude est évaluée à plus de 3,000 mètres; c'est du côté de l'est que sont les flancs abrupts, qui parfois approchent de la verticale.

Au sud de Matto-Grosso, l'*araxá* termine par les chaînes de Maracajú et Anambahy, dont les arêtes dans cette direction s'élèvent à 600 mètres, alors que de l'autre côté le plateau est constitué par de jolies campines. Ses principaux contreforts sont les *morros* du Napileque (mot Guarany qui signifie monts de fer) et ceux de Nabidoqueno et Gualalicano qui vont mourir au *Fecho dos Morros.*

Dans le haut Paraguay, tandis que les serras l'accompagnent sur la gauche jusqu'au Morro Descalvado à la latitude de 16° 44′ 38″ 34, sur sa droite apparaissent après un long intervalle vers 17° 23′, des pelotons de croupes appelés da Insua ou Gama, Gahyba, Alvarim, Pedras de Amolar, Dourados et Xanés, de la *lagôa* Uberaba à celle de Mandioré, connus tous sous le nom générique de serra dos Dourados; puis ceux de Albuquerque et Jacadigo, de Corumbá presqu'au 18° parallèle, jusqu'au Fecho dos Morros au 22e. Les premiers se rattachent au système de la serra de S. Fernando qui un peu plus loin se prolonge dans la Bolivie; les seconds paraissent des contreforts qui s'embranchent sur les bras nord-est de la chaine de Anambahy.

Au delà des limites occidentales de la province, de la terminaison de l'*araxá* et de ses crêtes, le terrain ne s'élève qu'à quelques dizaines de lieues plus loin, au pied des Andes, dont les torrents principaux, innombrables, sont de même tributaires des deux fleuves géants de l'Amérique du sud.

Cependant ici le terrain ne forme plus de *chapadões*; il s'élève presque à partir du 20e parallèle, mais peu à peu, doucement, formant une pente extrêmement étendue à la chaine andine. Santa Cruz de la Sierra au 16° 41′ parallèle, à 437 mètres au-dessus du niveau de la mer, conserve une hauteur correspondant à l'élévation normale des continents; Sucre à 21° 17′ est à 2,840 mètres; Puna au 22° à 3,912 mètres; Potosi, un demi-degré à l'ouest, est à 4,058 mètres.

Tout le territoire intermédiaire est si bas et uni que les cours d'eau s'y font remarquer par leur peu de déclivité.

Des ruisseaux d'un volume régulier, en rencontrant le rio auquel ils affluent et par une circonstance quelconque un peu plus rapide que d'habitude, sont repoussés et comme stagnants; leur cours ne présente presque aucun mouvement. Lors des crues, coïncidant avec le dégel des cimes neigeuses des Andes, ils grossissent et se transforment en torrents impétueux; ils sortent de leur lit, envahissent les terres, s'étalent de plus en plus et convertissent les vastes campines où ils serpentaient en un véritable océan d'eau douce, d'un périmètre mesurant des centaines de lieues, bordé de baies et de golfes innombrables, semé d'îles vraies ou fausses, celles-là formées par de rares tertres ou moraines, qui émergent de la plaine et celles-ci par les vertes cimes des forêts submergées. On peut marquer comme limite à ce terrain d'inondation les serras de Abunã au nord, l'*araxá* matto-grossense à l'est et à l'ouest, le 20e méridien à partir de Santa Cruz de la Sierra, Pucara, Padilha, Solina et Oran, là où commencent à se montrer les sources du Guapay, du Pilcomayo et du Bermejo. Vers le sud, elle s'étend au delà des serranias de Tucuman et de Catamarca, au delà des *banhados esteros* de Santiago et de Cordoba, jusqu'aux pampas mal connues de la Patagonie.

Dans ces régions, les longs voyages sont rarement possibles durant l'année. C'est presque seulement de septembre à décembre que le terrain est praticable, ordinairement lisse et libre de tout obstacle, comme la route la mieux entretenue. On a toutefois à souffrir de l'excès opposé à celui de l'époque des eaux, maintenant entièrement absorbées, et, de loin en loin, à peine se montrant en marais ou en filets plus ou moins étendus de quelques kilomètres, plus ou moins larges de quelques mètres, ressemblant à des rios sans source, sans courant et sans sortie. Ce sont les réservoirs d'écoulement des terrains plus élevés, et dans ces régions on les appelle *corixas* ou *coriches* (canaux d'écoulement). Tels sont plusieurs des rios de l'intérieur de la Bolivie et de la République

Argentine, comme le Parapiti à Chuquisaca, le Tembl.da dans la Grande Pampa, le Tucubaca dans les Ottoquis, le Santa Rita et le Palmas Reaes à la frontière de Matto Grosso, et encore la Corixa Grande do Destacamento, le rio Andalgala qui commence près des montagnes de Tucuman et se perd dans les lacs salés de los Ponchos, le Dulce, le Primero, le Segundo, le Quinto, ceux de Rioja, Córdoba et Mendoza et le Bateies, celui-ci dans la province de Corrientes, tous très considérables en pleine saison des pluies, ou complètement à sec ou stagnants dans l'autre saison. Dans le nombre, quelques-uns sont permanents et pareils à des rivières, en gardent le nom, bien qu'ils soient tout simplement des lacs étroits et allongés.

Dans les régions montagneuses du Brésil, et, particulièrement sur les pentes des *araxis* (plateaux ou arêtes élevées), on rencontre nombre de ces courants périodiques, tantôt volumineux, tantôt épuisés, selon l'époque, lesquels ne sont autre chose que les réservoirs d'écoulement de la déclivité du sol. Tels le Jaguaribe, l'Aracacú, le Barnabuhy, le Choró, le Ribeirão do Sangue, et tant d'autres du Ceará et du Piauhy, le Turvo de Goyaz, etc., ainsi que beaucoup de ceux qui descendent cette pente du plateau. Ce parallélisme hydrographique mérite l'attention des géographes.

Si les détails précédents ont donné une impression nette de l'hypsométrie de cette région, on comprendra aisément combien y est difficile l'établissement d'une route sûrement praticable en toutes saisons. Ce qu'on appelle actuellement *routes* ou chemins entre les centres d'habitations ne sont que des sentiers de directions connues, directions que tous cherchent, mais dont beaucoup ne sont même pas signalées par le plus petit sillon, par le moindre vestige du passage. Il suffit que la direction soit certaine; c'est là que doit passer le chemin.

A la saison favorable, le terrain est admirablement uni. Le sol est ordinairement un mélange de silice et d'argile, auquel s'ajoute fréquemment un élément calcaire; si le sentier est pratiqué quand le terrain est encore imbibé d'eau, il se forme aisément des bourbiers, qui entravent le passage et font le désespoir des voyageurs. Le sol une fois asséché, comme la route est peu fréquentée, les traces que les animaux laissent profondément moulées dans cette pâte prennent la consistance de la pierre, et leurs aspérités, qui font beaucoup souffrir les piétons, estropient de même les chevaux et les mulets. A l'arrivée de l'hiver, il est rapidement inondé : on voyage encore en s'orientant, mais avec la différence que c'est maintenant en canot, et non plus à cheval ou à pied.

Dans le bassin du Paraguay, il faut franchir les sources du Taquary, dans la direction du S. Lourenço, de Corumbá, de Poconé, ou de S. Luiz de Càceres, quand les inondations ont submergé forêts et campines, formant ce lac immense que les anciens appelaient *lagos periodicos dos Xarayés.*

Dans la saison pluvieuse, les eaux s'élèvent de 4 à 6 mètres au-dessus de leur niveau ordinaire ; à Corumbá, le Paraguay s'est élevé jusqu'à 11 mètres; le Cuyabá monte à 10 mètres dans la capitale et le Guaporé, au fort du Principe da Beira, à pareille hauteur. Il est des populations comme celles du sud à Sant'Anna, S. Raymundo, S. João, Santa Thereza et Santo Coração, qui peuvent bien à un certain moment venir en barque à la ville de Matto Grosso, mais qui, le reste du temps, sont *incommunicaveis*, isolées, emprisonnées, car s'il n'y a pas assez d'eau pour le voyage fluvial, il y en a beaucoup trop pour que la route soit praticable.

Il est bien évident que cette énorme bande entre les Andes et le Matto Grosso n'est qu'une vallée de dénudation. Les traces en sont évidentes sur les rochers, dans les salines ou marécages salés qui abondent et en beaucoup d'autres particularités que je ne saurais songer à énumérer ici.

A la place de la Méditerranée ou de la Caspienne américaine qui les y a laissées, cette région a été dotée d'un réseau fluvial admirable, sans pareil au monde, et qui constitue aujourd'hui encore les seuls chemins dont elle jouisse.

L'HYDROGRAPHIE

De l'extrémité septentrionale des Parecis, descendent au Madeira le Jacy-Paraná, le Mutum-Paraná et le Ribeirão de S. José; au Mamoré, le Pacas-Novas ou plutôt Pacahás-Novos, du nom de la tribu qui y habitait; au Guaporé, le Soterio, les trois Cautariós, le S. Domingos et le S. Miguel; la plupart de leurs sources se touchent ou à peu près. Plus loin descendent le Candeias, le Camaighuhina et autres formateurs du Jamary, affluent du Madeira, lesquels ont pour contreversants le S. Simão, le Mequenes, le Cautururinho et le Corumbiára, bras du Guaporé. Viennent ensuite, tributaires encore de ce rio, le Turvo ou Paredão, l'antique Piolho; le Cabixy ou Rio Branco, contre-sources du Camararé, affluent du Juruhena; le Quaratiré ou Burity, le Galera, contre-sources du Juhina, tête du Juruhena, dont il porte aussi le nom; le Sararé, contreversant du Juruhena par les ruisseaux Bulha et Lages; le Gabriel Antunes, et enfin, en haut de la Serra, le Guaporé par quatre sources, Meneques, Lagoinha ou Ema, Sepultura et Olho d'Agua, contreversants du Juruhena; le Piquihy et autres formateurs du Jaurú, le Quatro Casas et autres têtes du Juruhena.

Des flancs du Tapirapuam descendent, au nord, le Sabaráuhina et le Turós, tributaires du Juruhena; le Sumidouro, le Parecis et le Preto qui vont grossir l'Arinós; et, vers le sud, le Cabaçal, le Jubá et le Gerivatuba, têtes du Sipotuba; les ruisseaux du Quilombo ou Negro et du Amolar (celui-ci la source la plus septentrionale du Paraguay, 14° 10'); le Diamantino, le Rio do Ouro, le Brumado et le Sant'Anna, qui font contreversant avec le Sumidouro et qui tous sont des têtes du Paraguay; enfin le Cocaes et le Logarto, sources occidentales du Cuyabá.

Mais à l'est, à la naissance même de la Serra Azul, s'échappent le Estivado, origine principale de l'Arinós et le Tombador, du Cuyabá, venu du mont de même nom auquel Bossi donne une hauteur de 2,000 pieds; ces deux cours d'eau sont à peine séparés par cent mètres de terrain. Plus loin, les sources du Cuyabá se séparent de celles du Paranatinga; et, dans la Serra de S. Lourenço, celles du rio de ce nom se détachent, par le Tiquinito, de celles du Manso, subsidiaire sinon principal cours du Rio das Mortes, le grand tributaire de l'Araguaya; puis les autres origines de ce dernier grand fleuve s'écartent de celles du Taquary, bras du Paraguay, qui déjà apparaissent au 19e parallèle.

Au nord-est, le Tocantins et le Paraná, presque côte à côte, recueillent des eaux au 16e parallèle, et à l'est, à l'extrémité du *divortium* où diviseur, descendent cherchant le nord, les cours d'eaux subsidiaires du S. Francisco, tandis que ceux du Paraná prennent la direction orientale. Ainsi, c'est, pour ainsi dire, d'un même point que partent les eaux qui vont sortir au milieu de la côte Atlantique par le S. Francisco, celles qui traversant la fraiche région du Sud par le Paraná réuni au Paraguay, se joignent à l'Uruguay pour former l'énorme estuaire de la Plata, et celles qui vont à l'Équateur avec le Tocantins, dont est tributaire le fleuve-mer, l'Amazone lui-même, puisqu'il envoie ses eaux par les deux bras de Tajapurú et de Breves, dans le rio Pará, le collecteur général qui donne à tous une sortie dans l'Océan.

On sait déjà que si tous ces rios doivent descendre le plateau par une série de chutes qui sont autant de degrés de l'échelle hydrographique, la plupart offrent de longues sections à la navigation. J'ai essayé d'en mesurer l'étendue lorsque j'étudiais le bassin de l'Amazone; j'ai fait de même pour celui du Paraná. Le Paraguay n'offre pas d'obstacles sérieux, sauf peut-être, vers ses sources, une profondeur inégale ou insuffisante. Le cours fluvial coule dans une vallée basse comme l'Amazone; il a 2,500 kilomètres environ, mais son réseau potamographique est vingt fois supérieur. N'étaient les cataractes effroyables du

Madeira, le Mamoré et le Guaporé compléteraient le pourtour navigable du Brésil, car les sources du dernier communiqueraient aisément par un court *varadouro* avec celles du Paraguay (par le rio Aguapehy).

Le Paraguay vient du parallèle 14° 44', à environ 155 kilomètres de Cuyabá ; il naît en haut de la Serra appelée das Sete Lagôas, da Melgueira ou Pary, dans un marais où apparaissent distinctement, parce qu'ils sont débarrassés des hydrophytes qui les couvrent habituellement, diverses autres petites nappes d'eau ; son courant suit au début la direction du nord, se grossissant peu à peu des ruisseaux du Quilombo ou Negro et du Amolar, qui forment la plus septentrionale de ses sources. Après deux lieues, il s'échappe de la zone nord par l'arête du plateau, appelée là Morro Vermelho, tombant d'une hauteur de 60 mètres ; il change de direction vers l'ouest et le sud, et deux lieues plus bas encore reçoit le Diamantino, né à l'Arraial Velho et augmenté des eaux du rio do Ouro, sorti du Morro du Carandahy ; dix lieues au-dessous, lui arrivent par la gauche le Brumado et par la droite le Sant'Anna, contreversants du Sumidouro, tous deux assez rocailleux. Ce nom de Sant'Anna a été par plusieurs donné au Paraguay de ce point jusqu'à l'extrême amont. C'était l'opinion de A. Bompland, que Paraguay est la corruption de *Payaguá-y*, rio des Payaguás.

Parmi les nombreux cours d'eau qui y viennent se perdre, les principaux sont, à droite : Rio Preto (ou Pirahy, Verde, Branco, Vermelho ou da Forquilha) [1],

1. Cette multiplicité de noms prouve que si ce cours d'eau a été beaucoup exploré, on a gardé des notions bien insuffisantes de ces explorations, chacun des voyageurs ignorant ce qu'avaient fait les autres. Ce fait est général et exige une revision dans la nomenclature géographique du Brésil, qui la tire du chaos actuel. Dans la description détaillée du Paraná, on trouve 6 Alambarys, 5 rios du Peixe, 5 Capivarys, 3 Quilombos, Cachoeiras, Verdes, etc., sans compter les autres régions où ces dénominations sont répétées en double, triple ou quadruple.

Sipotuba, Cabaçal, Bugres (ou Tapirapuam, Branco, des Barbados, en raison de sa provenance, de la couleur de ses eaux et des Indiens qui en habitaient les rives), Jaurú, Pilcomayo et Bermejo, sans parler de quantité d'autres plus petits, ni de ceux qui, comme les ruisseaux de Antonio Gomes, Pary et Tucubaca (se déversant dans la Bahia Negra), le Laterequique, le Galvan et le Verde, qui sont des courants accidentels et non permanents.

Sur l'autre rive, la gauche, on note les ruisseaux Sabobas, Cachoeirinha et Anhumas qui supportent déjà des canots : le Jaricocoára, Piraputangas, Roceiro, Seixo, Taquaral, Flexas, Bacahuva, Guaynandy, Chaves, Figueira et Rio Novo, qui se déversent depuis le confluent du Jaurú jusqu'à la hauteur du Poconé, et se perdent généralement dans le grand *pantanal* (lagune marécageuse) qui du parallèle 16° va jusqu'au 22° ; puis les rios S. Lourenço, Taquary, Miranda, Branco, Apa, Aquidaban, Ipané, Jejuy, Manduvirá et Tebicuary.

Les principaux de ces affluents méritent quelques mots :

1° Le Sipotuba descend de la Serra de Tapirapuam, en contre-source du Sumidouro ; ses têtes les plus notables sont le Gerivauba ou Jurubauba, contreversant du Sabaráuina, et le Jabá qui de même naît bien près des sources du Jaurú, du Guaporé et du Juruhena.

Il coule sur des terrains solides et propres à la culture, bordés de forêts vigoureuses, qui jusqu'au Jaurú, abondent en ipecacuanha, et que les habitants appellent *mattas da poaya*. Il est obstrué sur un tiers de son cours (130 à 150 kilom.), selon le baron de Melgaço, et l'un de ces sauts a plus de 20 mètres de hauteur. Pour le reste, il est navigable, des vapeurs l'ont même déjà sillonné sur plus de 200 kilomètres.

2° Le Cabaçal (à l'ouest du 1er) descend des *serros* da Olho d'Agua, rameau de la serra de Tapirapuam, entre le Jabá et le Jaurú ; il a pour maîtresses origines le Lagoinha, le Vermelho et le ruisseau du Ouro, qui coule sur des terrains aurifères déjà exploités en 1790 et qu'on recommence à exploiter; pour principal affluent, le Branco, à peu près aussi volumineux et qui lui vient par la gauche. Le cours du Cabaçal est de 160 à 180 kilomètres; il se lance avec une largeur de 60 mètres, un kilomètre environ au-dessous du Pirapu!angas et 15 au-dessus de la ville de S. Luiz de Cáceres. On peut le naviguer à la remonte sur 100 kilomètres; au delà, il est plein de rapides et de chutes.

3° Le Bugres, (à l'ouest du 2°), a 100 et 120 kilomètres, et reçoit deux tributaires, le Sangrador do Padre Ignacio et le Sangradorsinho; il est surtout intéressant par la richesse des terres riveraines en *poaya* ou ipecacuanha.

4° Le Jaurú, jadis regardé comme la limite entre les possessions portugaises et espagnoles, a un cours de 600 kilomètres, dont la moitié navigable jusqu'au Registro (15° 44' 32" lat.). Il a pour principaux affluents le Piquihy, le Bagres et le Aguapehy, tous s'embranchant sur sa rive droite. Ce dernier naît en haut de la serra de Aguapehy, près des sources du rio Alegre, affluent du Guaporé, à 16° 14' de latitude. Tous deux coulent d'abord parallèles et accolés sur une étendue de 40 kilomètres, jusqu'à ce que chacun d'eux se précipite par une haute cascade, séparé du voisin par un kilomètre de terrain tout au plus (15° 52' latitude). Au confluent, il est large de 110 mètres et d'Arlincourt affirme que son altitude est à ce point de 180 mètres. Près des sources du Aguapehy et du Alegre étaient les mines et l'*arraial* de Santa Barbara, fondé en 1782 par l'*alferes* José Pereira qui les avait découvertes. C'est à une lieue au-dessous, déjà dans la dépression, qu'était le fameux isthme de 2,400 brasses (5,280 mètres), qu'en mars 1771 le capitaine-général Luiz Pinto prétendait canaliser, dans l'audacieux désir d'écrire au roi que « la mer équinoxiale était unie à celle du 36e parallèle austral par un canal de 3,500 lieues dû à la seule nature ». Il fit passer un bateau de charge à six paires de rameurs, parti de Villa Bella en remontant le rio Alegre et qui entra dans le Aguapehy par lequel il descendit dans le Paraguay.

Sous son successeur on trouva un varadouro meilleur une lieue et demie au-dessous, où, bien que les rios soient déjà plus distants, le terrain offre moins de difficultés. Luiz de Albuquerque voulut l'explorer dans les mêmes idées, et, en avril 1773, il tenta l'entreprise, mais sans résultat. Pareil insuccès était réservé aux particuliers qui essayèrent cette navigation. L'Aguepehy a 180 à 200 kilomètres et entre dans le Jaurú 20 lieues au-dessous du Registro.

Une lieue au sud-ouest, dans un terrain de schiste et de talc lamellaire, sont des mines de cuivre carbonaté, qui passent pour être d'une grande richesse. Le Jaurú se jette dans le Paraguay au 16° 23' de latitude à 38 kilomètres en aval de S. Luiz de Cáceres.

Les autres affluents de droite du Paraguay n'appartiennent pas au Brésil. Le Tucubaca, qui forme la Bahia Negra, n'est guère qu'une *corixá* ou canal d'écoulement au temps des eaux.

Sur la rive droite, ses tributaires les plus considérables, qui partent du centre de la province, sont :

1° Le S. Lourenço, dont les origines principales sont au nord dans la Serra du même nom et, à l'ouest, dans celle de Santa Martha, entre les parallèles 15° et 16°. C'est un rio de 830 kilomètres et plus de longueur, dont 600 au moins navigables. Les plus grands affluents sont : Agua Branca, Parnahyba, Roncador, Itiquira et Cuyabá. L'Itiquira a pour subsidiaires à droite le Peixe do Couro et à gauche le Correntes, dont le bras Piquiry est célèbre dans l'histoire, au point qu'on l'a considéré comme le tronc principal. Le baron de Melgaço est d'un avis contraire, que j'adopte. Le Piquiry est navigable jusqu'au camp (*destacamento*) de même nom, sur la route de S. Paulo, tout près de ses sources, au sud du 18° parallèle.

En 1811, le capitaine général Oyenhausen ayant appris l'existence entre ce rio et le Sucuryhú ou Sucuriú d'un *varadouro* plus court et plus facile que celui du Camapuam, le fit explorer, ce qu'a prescrit de nouveau, en 1826, le président Saturnino. On vérifia que la distance entre les deux rios est de 40 lieues (264 kilomètres) et que l'on traversait le terrain où sont les sources du Taquary. Au confluent du ruisseau Coroados, une de ses sources, le général Hermes da Fonseca, président, établit en 1876 la colonie militaire de S. Lourenço, pour maintenir en respect les sauvages et garantir la sécurité, alors presque nulle, de la route du Piquiry.

Le Cuyabá est le principal tributaire du S. Lourenço et il a un cours presque égal Il vient, comme je l'ai dit déjà, de la montagne du Tombador, d'où il se précipite par une cascade de 30 mètres, de la même façon que le Estivado, tête du Arinós. Il a pour principaux tributaires : Triste, Quiebó venu du Diamantino, le Manso (plutôt confluent qu'affluent, à en juger par son volume, et qui naît près du *morro* du Chapéo do Sol dans la Chapada, où il reçoit les eaux du Casca et du Quilombo); les deux Coxipós, *assú* et *mirim*, le Cocaes, les deux Aricás et le Cuyabá-mirim. Sa largeur varie de 80 à 150 mètres dans son cours ordinaire. Les bateaux à vapeur le naviguent jusqu'à la capitale, située à 600 kilomètres de son confluent. En amont, les canots peuvent encore marcher pendant 350 kilomètres peut-être, mais il y a un nombre très considérable de rapides, de chutes et de sauts. Le Cuyabá fait contreversant avec le Paranatinga et l'Arinós, tous deux tributaires du Tapajóz et par lui de l'Amazone.

Après avoir reçu le Cuyabá, le S. Lourenço parcourt encore 150 kilomètres avant d'entrer dans le Paraguay par deux bouches, au milieu du vaste marécage permanent où s'élève le *morro* du Caracará, à l'altitude de 70,5 brasses (155m,10).

2° Le Taquary, la route préférée par laquelle les antiques *Sertanistas* venant de Porto Feliz (*Ararilaguaba*), dans S. Paulo, entraient dans la province, après avoir parcouru 140 lieues sur le Tieté, 35 sur le Paraná, 62 à la remonte du Rio Pardo, d'où ils passaient dans le Vermelho et de celui-ci au Sanguesuga, traînant alors (*varando*) leurs barques par un chemin (varadouro) de

13,904 mètres jusqu'à la fazenda de Camapuam, sur le ruisseau de ce nom, par où ils descendaient au Coxim, et par lui au Taquary avec un trajet de 30 lieues, naviguant le dernier sur 60 lieues jusqu'au Paraguay.

Les formateurs du Taquary sont au nord-ouest dans la serra Sellada, où est le Sujo, à l'ouest le Camapuam, le Turvo, le Sellado, le Inferno, contre-sources du Pitombas, et, au sud, dans les serras de Santa Barbara et Anambahy par le Taquary-Mirim et le Coxim, contre-sources du Taboco. Il se jette dans le Paraguay par deux embouchures; mais 200 kilomètres environ au-dessus de ce confluent, il forme un grand nombre de bras ou *furos*, un inextricable réseau de canaux, entretenu par la parfaite horizontalité du sol. Beaucoup de ceux-ci débordent et se répandent dans la plaine, d'autres finissent en lagunes, et tous contribuent à alimenter le vaste marécage de cette région. Les deux bouches sont navigables : le *Formigueiro*, celle du nord, est à 27 kilomètres de Corumbá et la *Boca do Taquary*, la principale, est à égale distance au sud.

Sur le Coxim, affluent long de 160 kilomètres, venu des contreforts septentrionaux de la serra Anambahy (nom guarany de la fougère mâle, *polypodium*, végétal très commun en cet endroit), près de la source, au lieu jadis appelé *Beliago*, fleurit aujourd'hui la ville de S. José de Herculanea, ancienne *colonie militaire du Coxim*, qu'avait créée en 1862 le président Herculano Ferreira Penna. Elle est à l'altitude de 243m,8.

3° Le Miranda, Mboteteyn des Aborigènes, est un des rios brésiliens qui ont le plus de noms. Diverses tribus l'appelaient *Guararapó;* les explorateurs de Luiz de Vasconcellos l'avaient baptisé *Mondego* pour rappeler la patrie de ce gouverneur (1776; c'était João Leme do Prado, le même qui, en 1772, avait exploré la serra des Parecis); il fut doté du nom actuel pour un motif semblable par le commandant du réduit que le gouverneur Caetano Pinto de Miranda Montenegro y avait fait établir en 1797; il fut encore appelé *Mareco, Guachiy* et *Aranhahy*. Il a son origine dans la serra de Anambahy, où par le Nioac, ou mieux Anhuac, qui est son véritable nom, il forme avec le Dourados contreversant avec le Invinheima. Ses deux bras sont le Aquidauána et le Miranda proprement dit ou Mareco. Celui-ci est navigable depuis Forquilha, au confluent du ruisseau de Nioac; son cours est de 300 kilomètres.

L'autre bras, l'Aquidauána est le chemin jadis suivi par les *Monçôes dos povoados* ou contingents annuels de peuplement, de Cuyabá à Araritaguaba, descendant par le Nhandhuy au rio Pardo. Après la réunion de ses deux bras, le Miranda reçoit encore deux tributaires, le Vermelho, déverseur de la Lagôa das Onças, et le Capivary.

Le *varadouro* de Nioac au rio dos Dourados est de 45 à 50 kilomètres : il fut ouvert en 1850. quand le baron de Antonina rétablit la navigation du Invinheima. En 1855, on y fonda une colonie militaire qui, en 1860, devint le siège du commandement de la frontière.

En 1865, elle comptait plus de 700 habitants, quand survint la guerre du Paraguay, qui causa sa destruction. Rétablie avec celle des Dourados en 1872, elle est devenue, depuis 1877, la *freguezia* de Santa Rita de Levergèria, en hommage à notre savant et vénéré compatriote, Leverger, qui acquit à la reconnaissance de sa seconde patrie des droits impérissables par l'héroïque défense de Melgaço, dont le nom lui fut donné avec le titre de baron. Ces deux colonies de Nioac et des Dourados sont séparées par une distance de 66 kilomètres.

Le Miranda jette, lui aussi, ses eaux par deux bouches dans le Paraguay; la première est à 65 kilomètres en aval de la *Bocca do Taquary*. La ville de Miranda est l'antique *presidio* ou pénitencier auquel Francisco Rodrigues do Prado imposa le nom du gouverneur; elle est à un demi-kilomètre de la rive droite du rio. La colonie de Miranda fut établie à 210 kilomètres au sud-est près des sources; en 1850 et en 1858, elle fut transformée en place forte.

4• Le dernier affluent brésilien sur la rive gauche du Paraguay est le rio Apa ou Apá, *Pirahy* ou *Nigby* des

31.

Guaycurús. Il descend des morros de Taquarupitan, dans la chaine de Anambahy, par deux bras principaux, dont le plus grand est le Estrella, qui va chercher ses sources par 22° 16′ 39″, 3 de lattitude et 12° 39′ 1″, 80 de longitude occidentale.

Sur sa rive gauche, les Espagnols avaient, en 1801, le fortin de S. José qui fut, en 1802, détruit en représailles par Rodrigues do Prado. L'Apá a 329 kilomètres bien navigables et plus haut il offre de grandes cataractes.

Tels sont les principaux subsidiaires du Paraguay, l'un des fleuves les plus majestueux du monde, l'un des plus sûrs pour la navigation, et, sans aucun doute, la route la meilleure de la province de Matto Grosso. Son cours est de 2,200 kilomètres, et si l'on compte sa continuation après jonction avec le Paraná jusqu'à l'estuaire de la Plata, il s'élève au double; son réseau potamographique s'élève à plus de 50,000 kilomètres, dont un bon tiers est navigable.

Il n'est peut-être pas inutile d'énumérer en hâte les affluents du Paraná qui s'y jettent par sa rive droite, arrosant le territoire de Matto Grosso.

Le Paranahyba, son grand formateur de droite, reçoit du même côté le Jacaré, le Verde, le S. Marcos, le Verissimo, le Corumbà, aussi gros que lui, le Meia Ponte, le rio dos Bois, le Claro, le Verdinho, le Correntes, le Aporé ou do Peixe, et le Sant' Anna do Paranahyba.

Après sa réunion au Rio Grande, sous le nom de Paraná, il longe le territoire de Matto Grosso, quittant celui de Goyaz, et reçoit à droite le Guaycury ou Acorisal, le Sucuryhú, le rio Verde, le Orelha de Onça, le rio Pardo, le Invinheima ou Brilhante (ce dernier nom pour son cours supérieur), le Anambahy, le rio do Encontro, le Iguatemy.

Le nord-ouest de la province est baigné par les eaux du Guaporé, du Mamoré et du Madeira.

Le Guaporé, l'*Itenez* des Espagnols, est un beau rio de

1,500 kilomètres de cours, d'une navigation relativement facile. Aux époques de sécheresse, il y a des obstacles, mais que de légères embarcations peuvent éviter; le Alto Guaporé, la partie en amont de la ville de Matto Grosso, n'est guère embarrassé que par des troncs d'arbres tombés et les trames des hydrophytes. Quand viennent les pluies, les grands bateaux y circulent à l'aise. Au pont, situé à 110 kilomètres de la ville et tout près des sources, les ingénieurs du siècle passé ont mesuré quinze brasses de large et deux de profondeur, en septembre, c'est-à-dire à la fin de la saison sèche.

Le parcours offre des paysages d'un pittoresque remarquable, des plages charmantes et longues d'un sable blanc et fin, qui commencent à partir du confluent du rio Verde et souvent se prolongent sur des lieues. « Il est superflu d'ajouter que ses rives sont couvertes par la forêt opulente et magnifique, puisque c'est un rio brésilien, dit M. J. S. da Fonseca, comme aussi de cataloguer les richesses qu'il renferme dans les bois les plus précieux du sud et du nord de l'empire. Je citerai à peine, comme un fait notable, que, dès le milieu de son cours, apparaissent déjà les *seringueiras* et le *tocary* (*hevaea guyanensis* et *bertholetia excelsa*), arbres dont la valeur n'est pas seulement dans les produits de l'exportation qu'ils fournissent (caoutchouc et châtaignes), mais encore dans les services qu'ils rendent aux navigateurs, les premiers par leur suc et le second avec les fibres de son liber, tous deux utilisés pour le calfatage et les derniers pour la confection des câbles et des cordages. Ce qui est plus remarquable encore, c'est l'abondance de ces deux essences végétales sur la rive brésilienne, alors qu'ils manquent presque totalement à gauche sur la rive bolivienne, où on ne les trouve que dans la grande île formée par le S. Simão, petit bras du Guaporé et par le S. Martinho, bras du Baures; circonstance qui a peut-être son explication dans le changement de lit de la rivière, qui a laissé à gauche du nouveau canal et presque adossée à la berge cette île primitivement partie intégrante de la rive droite. La vanille, la salsepareille, la poaya (ipécacuahna) couvrent les terres marginales presque à partir des sources; le cacáo, la copahiba et le girofle apparaissent avec les *seringueiras* dès le milieu de son cours, et ce sont eux qui donnent son cachet particulier à la flore territoriale ».

Bien que j'aie indiqué au chapitre III l'importance économique, comme voie de communication, du Guaporé, dont les eaux vont par le Mamoré, le Madeira et l'Amazone au Pará, cette importance ressortira mieux d'une courte esquisse hydrographique dont c'est ici la vraie place.

La principale et la plus lointaine source du Guaporé porte le nom de Meneques, du cacique d'une aldée de Parecis qui y existait. Elle sort d'une caverne creusée sous un terrain de grès, où le fer est si commun qu'il la colore en rouge et communique à l'eau sa saveur styptique et métallique. Elle s'ouvre un lit au fond de la vallée de dénudation et coule sur un terrain aussi gracieux que pittoresque, auquel, dit M. Silva Pontes, « il ne manque que d'être peuplé par l'homme pour mériter la renommée poétique de séjour des nymphes, telle est sa fraicheur, sous les cimes touffues des grands arbres qui couvrent de leur ramure cet abondant cours d'eau qui naît déjà grand. »

Selon Ricardo Franco, le Meneques a son origine à 14° 40′ de latitude et 318° 39′ de longitude occidentale du méridien de l'île de Fer. Les autres sources appelées Lagoinha ou Ema, Sepultura (14° 39′ latitude, 318° 46′ longitude *idem*) et Olho d'Agua, sont à gauche de la première. Elles descendent du voisinage de l'arête sud-ouest de la Chapada, se réunissent toutes à la distance de quelques kilomètres et, en passant devant la ville de Matto Grosso, le Guaporé forme déjà une belle rivière de 250 kilomètres de cours.

Il a pour tributaires, à droite : 1° le Gabriel Antunes; — 2° le Sararé, rio de 160 kilomètres, grossi à gauche du

Bulha qui reçoit les ruisseaux Lagem, Taquaral et Corrego do Pé do Morro et du Pindahituba et à droite, des ruisseaux du Ouro Fina, Sant'Anna et Burity; — 3° le Galera, plus grand encore que le Sararé; il reçoit à droite les ruisseaux da Pinguela, Seixão, Sabará grossi du Paiol do Milho et le Vaevem, et, à gauche, le Maguavaré formé par les torrents Brandão, Bimbuela (qui reçoit le Sujo), Quebra Greda (formé par le Jaboty), José Manoel et Cassumbé; et le S. Vicente, venu du voisinage des mines et de l'arraial ou campement de ce nom; — 3° le Quariteré ou Burity; — 4° le Cabixy ou Branco; — 5° le Turvo, Paredão ou Piolho; 6° le Corumbiára dont les bras sont le Ababás, Cuajejus (qui reçoit le Puxacás) : en face de son confluent fut l'aldée de Vizeu, fondée en 1776. Son cours a plus de 100 kilomètres; — 7° Le Mequenes, rio de plus de 100 kilomètres, sillonné par les mineurs et les Jésuites qui y eurent la mission de S. José; — 8° le Simão Grande, où les Espagnols fondèrent en 1746 des missions qu'ils déplacèrent avant juillet 1752; — 9° le Cautariós Grande ou Terceiro; — 10° le S. Domingos; — 11° le Cautariós Pequeno ou Segundo; — 12° le Cautariós Primeiro.

Ses tributaires de gauche sont : 1° le Alegre, rio de 220 kilomètres, sorti du haut de la serra du Aguapehy, du lit duquel on essaya de faire partir le canal de raccord entre les bassins de l'Amazone et de la Plata, comme je l'ai raconté tout à l'heure; — 2° le Capivary, petit rio venu de la serra de Ricardo Franco; — 3° le Verde, rio de plus de 300 kilomètres, né au pied de la même serra (sa principale source est par 15° 5′ 49″ 82 latitude) et dont les bras sont à droite Pará, Antas, Veados et Monos, à gauche Matta Grande, Lageado, Corrego Fundo, Macacos, Genipapo et Itacoatiára; — 4° le Jangada; — 5° le Paragahú, plus grand que le Verde, mais qui est plutôt un torrent accidentel, écoulement des vastes marais de Chiquitos, vers le parallèle 17°; — 6° le Garajús; — 7° le Guturunilho ou Catururinho, descendu des serras du Garajús; — 8° le Tanguinho; — 9° le S. Martinho, qui est un bras du

Baures ; — 10° le Baures, de 600 à 700 kilomètres, né au parallèle 17° au sud de Concepcion de Chiquitos et qui a pour bras principaux le Branco et le S. Joaquim ; — et 11° le Itonamas, l'antique Ubay, beau rio qui, près de son embouchure, reçoit à gauche un grand bras, le Machapo ; il est au moins aussi long que le Baures.

Le Guaporé tire son nom d'une tribu qui vivait sur ses rives, les Uraporés ou Guaraporés. Par 11° 54' 12" 83 latitude et 21° 33' 6" 45 longitude (de Rio), il se jette dans le Mamoré qui, arrivant presque perpendiculairement, plus étroit, beaucoup plus profond et impétueux, reçoit ses eaux, se brise à angle droit et va continuer dans la direction apportée par l'affluent, du sud au nord et, au bout d'un kilomètre de parcours, rend les eaux limpides de ce dernier troubles et vilaines comme les siennes.

Le Mamoré vient des pentes d'un des contreforts Andins entre la Paz et Cochabamba, Oruro et Sucre, ayant quelques sources au 18° parallèle et les autres sur le 20°. Son cours supérieur prend le nom de Guapay ou rio Grande de la Plata. (Ricardo Franco lui donne 245 lieues de 20 au degré, soit 1,361 kilom. 365.)

Ses tributaires les plus considérables sont : Pirahy, Japucani, Ximaré, Xaporé, Securé, Tramuxy, Aperé, Jacuman et Juriané à gauche ; et, à droite, Ibaré, Soterio et Pacahás Novos, ces deux-ci sur la rive brésilienne et venus de la serra des Parecis. Il baigne une étendue de 250 kilomètres de côte ou rive brésilienne. Par 10° 22' 30" latitude, il se rencontre avec le Beni, déjà dans la région des chutes et, à cet endroit, hérissé de bas-fonds ; tous deux forment par leur jonction le grand Madeira, qui va se réunir à l'Amazone 1,200 kilomètres plus loin.

Le Madeira est un fleuve entièrement brésilien. Il a 2 kilomètres de large au point où il prend son nom et en beaucoup d'autres il en mesure jusqu'à 8.

PRODUCTIONS NATURELLES

Matto Grosso est sans contredit au premier rang parmi les provinces brésiliennes pour la richesse de ses produits naturels. Située au cœur du continent sud-américain et offrant une sortie aux plus grands cours d'eau du monde, elle montra à ses premiers explorateurs ses richesses minérales à fleur de terre. On ne saurait compter les mines que les *sertanistas* y trouvèrent ou que découvrirent les *garimpeiros*, sans autres fatigues que celles de leurs voyages aventureux, sans autre effort que celui de chercher l'or, sans autres machines que les plus rudimentaires et primitifs instruments de travail.

Les dépôts de richesse minérale sont immenses comme les dépôts sédimentaires du sol et si la terre cache aujourd'hui ses dépouilles opimes, tout le monde sait qu'elle possède de l'or et du fer, de l'argent, du palladium et du platine, du cuivre, du plomb et autres métaux ; tout le monde sait également combien certains districts sont riches en diamants et en autres gemmes.

Toute l'arête occidentale de la Parecis, de quelque point que s'échappe une source, a dévoilé des trésors aux yeux éblouis des avides aventuriers. Dans son massif du sud-ouest, appelé *Alto da Serra,* il ne s'est pas fondé moins de six *arraiaes* ou camps, dans un terrain de six lieues sur moitié moins de largeur, près d'autant de très riches gisements d'or (Sam Francisco Xavier, Sant'Anna, Pilar, Ouro Fino, Bôa Vista et S. Vicente Ferrer). D'innombrables habitations, des *engenhos*, des fabriques, des *sitios* s'élevèrent au bord des ruisseaux et des rivelets qui tombaient de la serra, populations entretenues par la présence du précieux métal et qui furent florissantes seulement tant qu'il se montra, pour ainsi dire, à la surface du sol.

A la bifurcation des Parecis avec la chaine do Norte se trouvent les mines enchantées du Urucumacuam, découvertes, mais qu'on ne retrouva plus quand revinrent pour les exploiter les aventuriers qui les avaient rencontrées par hasard; du même côté, les Jésuites du Madeira exploraient les sources du Candeias et du Jamary et l'on raconte qu'ils en retirèrent des richesses considérables.

Les contreforts de la Tapirapuam, ceux des Aguapehy, Kágado, Ararapés et Santa Barbara ne donnaient pas en abondance de l'or seulement, mais aussi des brillants. Les terrains aurifères du Haut Paraguay, du Diamantino, du Buritysal, du Coxipó, du Tombador, du Coxim, etc., furent interdits aux recherches des mineurs (à la *mineração*) parce qu'on y rencontra en foule ces pierres précieuses. Entre les sources du Paraguay, deux ont retenu les noms symboliques de rio *Diamantino* et rio *do Ouro*: ce dernier nom a été donné à au moins six rios de la province.

De nombreux torrents, comme Candeias, Jamary, Camararé et Jubina, d'un côté; de l'autre, le Corumbiára, le Galera, le S. Vicente et le Maguavaré, ses tributaires, et les origines de celui-ci, Brandão, Bimbuela, Sujo, Quebra Greda, Jaboty, Godoys et Cassumbé; le Sararé, le Samburá, Sepultura, Ema, Burity, Ouro Fino, Pilar et S. Francisco Xavier; les Coxipós, le Manso, le Aricá, le Cuyabá, etc., etc., roulaient leurs eaux sur des sables d'or, comme le Pactole d'Homère.

Aujourd'hui encore sans travail aucun on ramasse des paillettes d'or, dans les rues et les jardins, surtout après les grandes pluies. En 1875, les soldats du 8e bataillon de ligne campés sur la petite plage du Cuyabá se creusaient des foyers dans la terre; une grosse pluie survint qui lava les cendres et mit à découvert, non plus seulement des paillettes, mais des barres fondues. M. J. S. da Fonseca en a vu qui pesaient de 4 oitavas (14 gram. 344) à 6 oitavas (21 gram. 516). Elles étaient entre les mains des officiers de ce détachement.

On a rencontré le diamant en très riches gisements dans le Diamantino, le Buritysal, le S. Pedro, l'Areias, le Melgueira, le Sant'Anna, dans le rio do Ouro, dans toutes les sources du Paraguay, le Coxipó-Mirim, le village da Guia, à six lieues de Cuyabá, dans le Aricá, le Tombador, le Coxim, etc. Si l'État prélevait sur les mines d'or l'impôt du cinquième, il gardait pour lui-même le droit d'exploiter celles de pierres précieuses et les interdisait sous les peines les plus sévères aux chercheurs; il faisait par la force évacuer et abandonner de riches gisements d'or parce qu'on avait découvert des pierres précieuses parmi eux. Celles du Diamantino furent ainsi interdites par l'auditeur Manoel Martins Nogueira, quand, en 1748, il y venait opérer la division des terrains en lots, et qu'au contraire il fit cesser l'exploitation et évacuer la localité, parce qu'on y avait trouvé des diamants. Cette interdiction ne fut levée qu'en 1805.

Le Buritysal, au-dessous du ruisseau Diamantino, n'est plus aujourd'hui qu'une *tapéra*, comme tous les antiques *povoados* de la capitainerie. Souvenez-vous de ce mot funèbre, *tapéra*, qui est le *hic jacet* des villes. Son groupe de maisons en briques, couvertes de tuiles, atteste encore son ancienne importance : ses rares habitants passent leur vie dans une indolence apathique, travaillant uniquement quand le besoin les y oblige. Et ce travail consiste dans la recherche du diamant, qu'ils vont chercher au fond du rio. A cet effet, ils partent toujours à deux compagnons avec un *baquité* auquel se prend une corde. *Baquité*, c'est le *Samburá*, la nasse ou panier conique en osier, que les Indiens portent d'habitude au flanc; ils y mettent le poisson pêché ou la viande sèche et le poisson pour leurs provisions. Un des compagnons tient la corde, l'autre plonge dans la rivière et remplit le panier de sable et de cailloux, que le premier retire; cette opération se répète une demi-douzaine de fois. Ils lavent ensuite ces sables et le résidu leur donne presque toujours de quoi passer une semaine ou deux de réjouissances, buvant de l'eau-de-vie et jouant de la viole. L'invitation à cette pêche a même une expression spéciale : *vamos biguar*, c'est-à-dire allons plonger comme les *biguds, carbo brasiliensis,* oiseau de rivière, qui se nourrit exclusivement de petits poissons qu'il prend en plongeant. (C'est une sorte de martin-pêcheur.)

Le fer est si commun dans la province, même auprès des grandes artères, qu'il y pourra être exploité avec la plus grande facilité. Pour s'en convaincre, il suffit de citer la chaîne qui côtoie la rive droite du Paraguay, depuis la serra Insua, au-dessous de la Lagôa Uberaba, jusqu'à Albuquerque, aux montagnes du Aguapehy, à celles qui longent le Arinós et le Vermelho, à celle de S. Jeronymo et ses remarquables escarpes, roches taillées à pic et rougies par le minerai qu'elles contiennent.

Dans presque toutes ces serras prédomine le fer oligiste, le plus riche des minerais ferrugineux. L'analyse de celui des montagnes de Jacadigo et Piraputangas, entre Corumbá et Albuquerque, a donné 69 %, la plus forte proportion obtenue jusqu'à ce jour. Le métal s'y rencontre non seulement à l'état cristalloïde, surtout octaédrique, particulier au Brésil et découvert tout d'abord ici-même, mais encore en concrétions et même sous la forme terreuse, spécialement sur les plateaux et sur les plaines qui longent la base des montagnes. Il ne manque même pas dans les terrains marécageux, où on le rencontre en limonite ou fer hydraté, résultant de l'action chimique de l'acide tannique et autres acides végétaux, et plus particulièrement de l'acide carbonique sur l'oxyde de fer.

« Au milieu de la lagune Uberaba, dans l'îlot qui appartient en commun au Brésil et à la Bolivie, le sulfure de fer entre en si grande proportion dans la constitution géologique, que les boussoles s'y affolaient, et que, chose plus étrange encore, les travailleurs ne pouvaient faire de feu sur le sol pierreux, ni faire des trépieds avec des silex et des cailloux, car la chaleur les brisait avec fracas et les faisait voler au loin en éclats ». (J. S. da Fonseca.)

La plupart des roches dioritiques de la province, et ces roches constituent presque toutes les montagnes terminant sensiblement par une pente verticale, — les naturels les appellent *itambés* (pierre aiguë, en *tupi*) — sont riches en minerais de fer. Telles sont celles de Jacadigo, Pirapu-tangas, Aguapehy, Napileque, etc., les *paredões* ou remparts de l'Araguaya, de l'Arinós et du Xingú, pics isolés et de formes abruptes; telles encore les mines de fer du Polvorinho, à S. Luiz de Cáceres.

Ce métal par lui-même constitue une richesse inépuisable, un avenir immense de grandeur pour la province comme pour le Brésil entier. Le fer et la houille ont à cet égard pour lui un bien autre prix que l'or et les diamants : ceux-ci attirent les aventuriers et les bohêmes, les autres fixent le travailleur et créent l'industrie stable et progressive. Villa Bella de Matto Grosso, Diamantino, Poconé. Cuyabá elle-même et toutes les villes de la province, jadis si florissantes, sont à peine aujourd'hui un reste vivant d'autrefois.

Le sel marin et le salpêtre abondent dans les lagunes, les marécages et les plaines basses desséchées; mais, outre l'or, les diamants, l'argent, le palladium, le platine, le cuivre et le plomb, le sol recèle des trésors non moins précieux pour l'industrie et le commerce : il offre de vastes terrains calcaires, où dominent les spaths, où abondent les cristaux de roche, les agathes et les silex, le talc, le mica, diverses leptinites dont on obtient aisément le kaolin, des quantités innombrables d'argiles plastiques. Le marbre, les ardoises, le porphyre de toutes nuances s'y rencontrent également et l'on en peut voir de bien beaux échantillons au Museum National de Rio de Janeiro.

Si le Brésil est la terre promise de l'histoire naturelle, Matto-Grosso est bien l'un des plus riches parterres de ce jardin. Je ne répéterai pas ce que j'ai déjà dit des richesses végétales, où toutes les branches de l'industrie trouvent un immense réservoir de matières premières les plus variées. Ce qu'il est intéressant de constater, c'est qu'à côté des produits spontanés si divers de la forêt, Matto-Grosso peut fournir ceux des cultures les plus précieuses.

comme le café. Les marais de la vallée du Paraguay eux-mêmes deviendraient une source d'opulence si l'on cultivait le riz qui y pullule et y pousse spontanément, et qui fait partie de l'alimentation des indolentes tribus sauvages ou demi-sauvages du voisinage des rios et des lacs. Le coton produit, lui aussi, sans culture.

La canne y fait des prodiges inconnus dans le Nord; les rejets de ses chaumes s'y reproduisent avec des forces saccharifères pendant 10 et 20 ans. Il y a beaucoup de raisons de croire que ce soit là une plante indigène de la province. On rapporte que tout au début du peuplement de Cuyabá, des *sertanistass* la rencontrèrent dans les malócas des Indiens du S. Lourenço et du Paraguay. C'est depuis 1758 qu'on y fabrique du sucre. Le tabac y pousse aussi bien qu'à Bahia et aussi bon qu'à Goyaz : le manioc, les ignames, les carás, les patates, sont excellents, grands, gros, très abondants en principes nutritifs; le ricin y est la plaie des plantations, il pullule de quelque côté qu'on se tourne sur les abatis incendiés des forêts. Le Mate, *caa-mi* des guaranys, couvre les districts fertiles du sud, du Taquary au rio Apa.

Matto Grosso semble la vraie patrie de l'ipecacuanha, qui a pour terrains de prédilection les rivages occidentaux de la province, spécialement ceux des têtes du Guaporé et du Paraguay jusqu'au Jaurú. C'est sur les bords de ce dernier et ceux du Cabaçal que se récolte la plus grande partie de celle qui descend pour aller alimenter les marchés du monde; on y appelle *mattos da poaya* les épaisses forêts qui couvrent les rives de ces deux cours d'eau et dont l'ombre protectrice couvre la végétation extraordinairement active de la précieuse plante médicinale.

La médecine rencontre avec une abondance presque égale la vanille, le quina, le japecanga ou salsepareille, le jalap, le jaborandi, le sang de dragon, la copahiba, la bicuiba et bien d'autres espèces oléagineuses, le angico, le páo-santo, la caroba, la corobinha, la cainca, le jatobá, etc.

La vanille s'y enroule aux gros arbres, de préférence aux palmiers, sur les bords de presque tous les rios et corixas, surtout dans les terrains du Haut Paraguay et ses affluents, du Guaporé, du Mamoré et du Madeira et de leurs tributaires. Le quina et le barbatimão, le timbó arborescent et la mangaba, qui produit un fruit si délicat et un caoutchouc si utile, couvrent les plateaux et les saillies argilo-siliceuses des terrains bas et moyens. Il y a plusieurs espèces de quinas, qui ne sont pas de la meilleure qualité; les plus répandues sont la quina rouge *varicosa, chinchona nitida* de Pavon, la lancifolia et la mycrophyla, variété aux feuilles ovales d'environ 2 centimètres de longueur.

Les forêts riveraines sont bien belles et renferment les plus précieux bois de construction; mais les bords des cours d'eau navigables sont déjà dévastés par la hache du bûcheron qui abat les arbres, sans égard à leur prix, pour fournir le combustible aux vapeurs. On n'y aperçoit guère que les espèces qui repoussent la hache et rebutent le bras des *lenhadores*, comme les *ipés*, les *peúvas*. Le quebracho lui-même devient rare à portée de la vue.

La faune est aussi variée, aussi précieuse que la flore; malheureusement cette opulence de ressources n'empêche pas la province d'être la plus pauvre de toutes en industrie. Au dehors, nul ne la connaît par un produit spécial qui la représente, en raison de son abondance sur le marché, ou de la rareté de l'espèce, à part la poaya, les peaux de jaguar envoyées en cadeau et quelques gousses de vanille, d'une qualité excellente, mais si mal préparées!

Les grands propriétaires n'y connaissent d'autre source de richesse que l'élevage du bétail, parce que c'est le métier qui leur donne le moins d'occupation et qu'ils l'exerçent sans améliorer ce que la nature fournit sur l'estancia plus ou moins heureusement choisie. Souvent ils manquent d'eau, et ils n'ont pas l'idée d'une digue qui leur assurerait un abreuvoir bien et durablement pourvu, alors que ce travail est très facile. Jadis on tuait les bœufs exclusivement pour en vendre les peaux, aujourd'hui on ne tire pas parti même de la dixième partie des cuirs du bétail tué pour la consommation locale. Le commerce de bétail sur pied pour Rio de Janeiro, S. Paulo et Minas n'occupe que bien peu de fazendeiros, parmi lesquels MM. Metello et Sant'Anna, ce dernier sur la route du Piquiry (ruisseau Vallinhas), peut-être les plus importants éleveurs de la province.

L'État possède un bon nombre de fazendas établies dans les meilleurs terrains, choisis à cet effet dès l'époque coloniale; celles de Casalvasco et Salinas sont parmi les plus belles prairies qu'on puisse voir : on les dirait nivelées au cordeau. Mais le bétail en est devenu sauvage ou a été souvent détourné et attiré dans les estancias boliviennes. Il serait cependant aisé de tirer de ces fazendas un excellent parti.

L'élevage a trouvé récemment un débouché nouveau et local, qui est des plus intéressants : je veux parler de l'usine de Jayme Cibils, installée à Descalvado, dans le canton municipal de S. Luiz de Cáceres, et qui fabrique des produits analogues à ceux de Liebig. Au Champ de Mars de Paris, de nombreux visiteurs de l'Exposition ont pu goûter ses bouillons instantanés et ses extraits de viande d'un usage réellement pratique et d'une saveur fort agréable. Cette application locale de la viande abattue va peut-être ranimer le courage des éleveurs!

LES INDIENS

Le voisinage immédiat des cours d'eau, est habité par les civilisés, mais tout près de ceux-ci, l'Indien sauvage ou à peine légèrement apprivoisé apparaît; c'est à lui qu'appartient l'étendue immense des forêts, des grands plateaux semés de bosquets, c'est lui qui est le seigneur des sources et des parties supérieures des rivières les plus aurifères ou diamantifères.

Les uns sont *aldéiés*, c'est-à-dire qu'ils ont consenti à se grouper dans un village, une aldée, et qu'ils y mènent une vie plus ou moins sédentaire. Il y en a peut-être 10,000 de cette catégorie, appartenant aux tribus suivantes :

Cadiuéos et *Beaquéos*, restes de la redoutable nation des Guaycurús, 1,600; *Guanás*, *Kinikinaos*, *Terenas* et *Layanas*, 2,200; *Bororós*, 600; Cayapós, 400; Apiacás, 2,600; Xamococos, 100; Garayos, 800; Palmellas, 400; et Guatós, tribu presque éteinte, mais qui s'étendant sur les rives du Paraguay et du S. Lourenço, et ayant 4 malócas dans les seuls lagunes Gahiba et Uberaba, doit dépasser toutefois de beaucoup le chiffre de 50 individus que lui adjugeait la direction provinciale des indiens, M. William Jones, un Anglais qui réside sur ces lagunes depuis bien des années, les évalue à 200 personnes.

Le baron de Melgaço estime à 24 ou 25,000 la population des Indiens sauvages, dont les tribus connues sont au nombre de 18 : *Ararás* et *Caripunás*, dans le haut Madeira; *Jacarés*, *Cenabós*, *Pacahás* et *Cautariós* dans le bas Mamoré; *Mequénes*, *Parecis*, *Maimbarés* et *Cabixis* dans le Guaporé; *Barbados*, *Bororós da Campanha* et *Bororós Cabaçaes* entre Guaporé et Paraguay; *Coroás*, aux sources du Cuyabá et du S. Lourenço; *Bacauhyris* et *Cayabis*, à celles du Paranatinga, *Nhambieuáres* entre les rios du Peixe et Arinós; *Cayuás* (*Cayguaz* du Paraguay), dans les sertões des chaînes de Anambahy et Maracajú.

Si l'on est à ce point mal au courant de l'état des Indiens demi-civilisés, qu'on ne sache même pas le nombre exact des Guatós habitant les bords des deux rios les plus fréquentés par la navigation, à plus forte raison éprouve-t-on une grande difficulté à calculer le chiffre de ceux qui non seulement peuplent les terrains moins sillonnés par les voyageurs, les bords des grands fleuves, mais encore qui, fuyant la barbarie des *sertanistas* et *bandeirantes*, comme les ennuis que leur apporte la civilisation en les troublant dans leurs habitudes, ont dû se cantonner au centre de ces sertões infinis et inconnus, vierges aujourd'hui encore des traces de tout autre que de l'autochtone, leur véritable maître, et de fait jusqu'à présent leur unique souverain.

Les excursions de MM. de Steinen, de Cuyabá au Xingú, qu'ils ont descendu depuis les sources, ont prouvé que les tribus sont plus nombreuses qu'on ne le supposait. Il y a lieu de penser que le total des individus est de même beaucoup plus considérable.

Les évaluations de la population aborigène encore sauvage dans tout le Brésil varient, d'ailleurs, avec la fantaisie la plus complète. Vous trouverez diverses publications officielles, qui la fixent à 500,000 têtes avec la même désinvolture qu'elles fixent rigoureusement le nombre de kilomètres carrés de la superficie d'un pays qui jamais n'a été mesuré, même de la façon la plus imparfaite, et le nombre des habitants, quand il est avéré que le seul recensement accompli date de 1872 et qu'il est aussi défectueux qu'incomplet. Nul n'a compté les Indiens qui d'ailleurs ne se laissent pas recenser; mais chaque fois qu'un explorateur pénètre dans les contrées dont ils ont fait leurs retraites, il est surpris de leur affluence et de leur densité. Couto de Magalhães qui possède à cet égard un peu plus d'autorité que les bureaucrates, estime qu'ils doivent être plus de 2 millions.

Quoi qu'il en soit, c'est l'*araxá* matto grossense, les chaînes et chaînons qui s'en détachent, au nord vers l'Amazone, au nord-est dans Goyaz et Pará, à l'est vers le Maranhão, le Piauhy, Pernambuco, Bahia, Minas et S. Paulo, au sud-est vers le Paraná, qui sont le territoire propre de ces *selvicoles*. Partout ils ont suivi les chaînes, leurs contreforts, les forêts qui les tapissent, les rivières qui en descendent. Si ici ou là, comme les Botocudos et les Aymorés de Espirito Santo ou de Minas, ils paraissent isolés dans un îlot de *Matto virgem*, c'est que, à une époque relativement récente, la civilisation a coupé leurs lignes de communications avec le plateau central. Et encore la vallée du S. Francisco doit-elle renfermer plus d'une crête boisée qui garde le secret de leur route!

Quoi qu'on ait dit et qu'on se figure très aisément, cette route, ils ont pu souvent l'oublier, car l'Indien du *sertão* brésilien n'est pas ce nomade enragé que l'on prétend. Au risque de blesser des opinions aussi reçues qu'autorisées, j'oserai même dire qu'il est par goût plutôt sédentaire. L'Indien, en effet, n'aime pas le travail inutile; il se donne tout le mal nécessaire pour assurer son alimentation : il chasse, il pêche, il cultive sa *roça*, car ce nomade est cultivateur, — jamais pasteur, — et sa *roça* à elle seule lui interdirait un vagabondage excessif. Il exploite donc avec ses amis et compagnons de la tribu le canton où il a installé la *malóca*, entourée de ses cultures; tant que la chasse lui fournit du gibier, la rivière du poisson, il se garde bien d'émigrer.

S'il n'est guère nomade ni migrateur, à moins d'y être forcé par des cataclysmes, en revanche il aime à déménager et il a infusé cette mobilité d'habitation à toute la race brésilienne champêtre. Regardez la maison indienne, regardez aussi la maison du *sertanejo*, et vous comprendrez tout de suite ce goût. Indien, métis, *sertanejo*, tous cultivent à fleur de terre; ils ignorent ce que nous appelons l'engrais, la réfection du sol épuisé; quand la *roça* de manioc, de cannes, de patates, etc., n'est plus assez féconde, ils l'abandonnent et vont un peu plus loin la recommencer sur un abatis neuf, sur une terre vierge. L'Indien pêcheur se transplante ainsi également quand le rio lui semble se dépeupler. La peine n'est pas grande : la forêt lui fournit partout les éléments de sa case; des troncs d'arbres, des écorces, des feuillages, des lianes pour relier tous ces matériaux et les fixer plus solidement qu'avec des clous; de la glaise pour en remplir les parois : ainsi constituée, la maison n'est guère durable; après trois ou quatre ans, selon l'intensité des pluies, elle est à refaire; alors, si le voisinage est moins giboyeux, moins poissonneux, moins fertile, il profite de cette situation pour la déplacer.

Cette habitude est si bien entrée dans le tempérament du Brésilien de l'intérieur, qu'on ne peut faire un pas sans rencontrer des *tapéras*, des vestiges d'une aldée ou d'un village abandonné. Rien n'est plus mobile que la géographie des localités. Chacune d'elle, si elle a gardé son nom primitif, chose bien rare, a changé sept ou huit fois de place, et l'on retrouve chacun de ses emplacements à 8 ou 10 lieues de distance. Après coup, de nouveaux venus ont parfois utilisé des restes de construction encore passables; ils ont édifié un *arraial*, un hameau ou écart de la nouvelle *povoação*. Rien n'est plus disséminé que la population des champs, surtout quand un rio assure les communications avec les centres. On dit d'une *freguezia* qu'elle a 4,000 habitants. L'agglomération a peut-être 30 maisons et l'on est prêt à se récrier contre l'exagération de ces imaginations échauffées. Mais éloignez-vous un peu de la *capella*, de la *cadêa*, (chapelle, prison), le centre autour duquel se groupent le reste des habitations, et vous découvrirez dans tous les plis du terrain des *sitios*, embryons eux-mêmes d'autant de centres futurs.

COUP D'ŒIL SUR LES LOCALITÉS PRINCIPALES

Cette dissémination est plus frappante encore à Matto Grosso que partout ailleurs. Nulle part peut-être on ne rencontre autant de *tapéras*, car on y fonda beaucoup de bourgs, aujourd'hui inoccupés et ne présentant plus que des vestiges de constructions, déjà recouverts par la végétation exubérante de la forêt.

Jetons un coup d'œil rapide sur les centres actuels, cités, villes et villages.

Du confluent du rio Apá, en remontant le Paraguay jusqu'à la Bahia Negra, on n'en trouve aucun. On aperçoit seulement le Fecho dos Morros, formé par un groupe de sept monts sur la rive droite et par le Cerro oriental sur la rive gauche. Au milieu du fleuve est une île haute avec une colline, où réside le premier poste militaire brésilien. Ce *Fecho* est un véritable verrou fermant la chaîne des Morros, venant de la Serra de Maracajú. Son sommet le plus remarquable est le Pão de Assuear. Dans le voisinage, il y a une ou deux aldées d'Indiens.

Au-dessus de la Bahia Negra est le fort de Coimbra qui a joué un rôle assez considérable durant la guerre du Paraguay; c'est la clef de la navigation brésilienne sur le fleuve. Près du confluent du Miranda et en face, sur la rive opposée du Paraguay, le petit village de Albuquerque, ancienne fazenda d'élevage de l'État, dresse des cases de *Guanás* et de *Quiniquinâus*. C'est à 13 kilomètres au-dessus qu'entre le rio Miranda.

Dans la vallée de celui-ci, à 120 kilomètres de son embouchure, se trouve la ville de Miranda, siège du 4e district militaire. Il y a peut-être 4,500 habitants dans tout le canton dont elle possède la municipalité. Plus haut, non loin des sources, on rencontre Nioac, garnison perdue dans la Serra, et la colonie militaire de Miranda, plus perdue encore. Ce sont des postes frontières.

Le Taquary arrive bientôt lui aussi. Il ne compte guère qu'une localité, S. José de Herculanea ou Coxim, bâtie sur sa rive droite, à 550 kilomètres du confluent et un peu au-dessous de la jonction avec le Coxim.

Le Paraguay fait un coude au nord-ouest, et, sur sa rive droite, se dresse l'arsenal maritime de Ladario, bâti à 15 mètres au-dessus du niveau du fleuve. C'est un fort qui est encore loin d'être complet, bien qu'il ait sur le rio trois batteries de grosses pièces. Les constructions en sont solides et d'assez bon aspect. Quelques autres forts se présentent : de Limoeiro, da Polvora ou Junqueira, S. Francisco, Duque de Caxias, et l'on atteint Corumbá, qui est encore défendue par ceux du Conde d'Eu et du major Gama.

Cette ville, de 11 à 12,000 âmes, s'élève à droite du

Paraguay, sur une berge haute de 30 à 35 mètres, à 150 mètres environ au-dessus du niveau de l'Océan. Elle est le port commercial autant que militaire du fleuve, pour le Brésil, qui y a installé une douane. On y compte dix rues larges bien alignées qui ont été tracées comme si la ville devait devenir une vaste cité et trois grandes places, dont deux bordent chacune une église, et la troisième, celle de S. Pedro, l'Hôtel de Ville avec la prison. En 1862, on comptait 26 Français établis dans cette ville: la plupart sont adonnés au commerce : on y voit la boucherie de M. Napoléon Duluc, le café de M. Pierre Capdeville, les boulangeries de MM. Antoine Duvignac et Rognone, le magasin d'étoffes de M. Heymann.

Ladario, qui était jadis assez populeux, n'a plus que 800 habitants; l'agglomération urbaine de Corumbá en compte 5,000 à 6,000. Il y a beaucoup d'employés et d'ouvriers de l'État au premier endroit; dans le second, ce sont surtout des commerçants. Le port reçoit, durant la moitié de l'année, des bateaux d'assez fort tirant d'eau et pouvant porter plus de 3,000 tonnes. Les transactions sont toutefois principalement entre les mains des étrangers. Mais la contrebande qui s'y effectue avec une audace rare, prive le Trésor d'une grande partie des ressources que ce mouvement devrait lui rapporter. La Bolivie ayant obtenu par traité la franchise de transit pour ses marchandises, on en profite pour expédier celles-ci à Pedra Branca, sur le bord de la baie de Cáceres et de là on les ramène clandestinement soit à Corumbá, soit dans les autres villes de l'intérieur.

Sur les berges avoisinantes, croît abondamment une myrtoidée, dont le fruit cordiforme ressemble à la mangue, par sa forme, et quand il est mûr, par la couleur. car il est nuancé de rouge, de jaune et de vert. Il a la taille des petites mangues d'Itamaracá : c'est une jolie drupe, amère au goût, sylvestre et complètement inconnue, bien qu'elle pousse dans l'intérieur même de la ville. M. J. S. da Fonseca ajoute qu'il l'a rencontrée en 1875 et qu'alors personne n'y faisait attention; il estime qu'un peu de culture rendrait ce fruit charmant et très savoureux. Il est produit par un arbuste de 2 à 4 mètres de haut, à la tige typique, ligneuse, rayée, lisse, détachant son épiderme en feuillets; à feuilles opposées, lancéolées, pointues, brillantes avec des points translucides; aux fleurs blanches, polyandres, sans pistil, à cinq carpelles; ovaire triloculaire, aux grains droits, basilaires. Ne l'ayant trouvée décrite nulle part, il l'a baptisée *Corumbania Mangiforme*.

Dans les forêts croissent principalement le *angico* et les *peúvas;* au bord des routes on remarque de belles restacées et des criocaulons d'environ 2 mètres de haut, aux hampes lisses et longues, portant un panache vert gracieux. Le coton y est indigène; on le trouve silvestre dans ces mêmes forêts et sur les *taboleiros* où l'on récolte des mangues bien savoureuses. Dans les jardins de la ville, on cultive la banane, l'orange, le limon, les magnifiques fruits du *Conde* et autres; il faut toutefois préparer le terrain afin de le débarrasser de son élément calcaire, au moins en partie. En revanche, dans les environs où cette roche ne se présente pas à fleur de terre, le sol est très fertile, mais il est bien peu exploité. Le mot coton luimême paraît avoir été emprunté par nous au dialecte des indigènes de ce district où les Quiniquinâus appellent ce produit *colámo*.

Immédiatement au-dessus du port de Cerambá, le Paraguay se brise en angle presque droit et le sommet de cet angle est occupé par une lagune, ou comme bien plus justement l'appellent les habitants, par la baie de Cáceres. Cette nappe d'eau ressemble, durant la plus grande partie de l'année, à une belle prairie couverte d'*aguapés*, de *nénuphars*, de *victorias regias*, de plusieurs espèces de cypéracées et graminées aquatiques que dans l'Amazone on nomme des *canaranas*, dont les longues tiges et les gros rhizomes forment un tissu si enchevêtré et serré, que très souvent il arrête la marche des vapeurs même d'une grande force. La plupart des lagunes bordant le Paraguay offrent le même spectacle, celui d'un immense tapis d'hydrophytes.

Les lagunes de la frontière bolivienne sont dignes d'exciter l'envie du chasseur, tant est colossale la multitude d'oiseaux aquatiques qui en peuplent la surface et les bords. Près de celle de Mandioré, la commission des limites de 1875 a rencontré un palmier rampant, long de plus de 200 mètres et d'un diamètre tout au plus de 0m,01, légèrement flexueux et suivant les ondulations du sol et dont les entre-nœuds sont d'environ deux mètres. Dans le pays, on l'appelle *urumbamba* : c'est un *calamus procumbens*.

Dans les vastes terrains qui se trouvent au delà de la rive droite du Paraguay, on rencontre beaucoup de fourmis. Celles-ci sont célèbres dans tout l'intérieur du continent, par les constructions dont elles couvrent le sol. La forme en diffère suivant les localités où on les rencontre, mais, dans la même localité, elle est identique pour toutes. Tantôt ce sont des colonnes cylindriques, hautes souvent de deux mètres, que les Indiens appellent *tacurús*, tantôt elles ressemblent à de petits forts, hauts de un demi-mètre, avec sentiers, portes, terrasses, meurtrières, tourelles ; ailleurs elles sont plus basses, mais toujours très résistantes et faites d'une sorte de ciment bitumineux impénétrable à l'eau.

Leurs habitants sont des espèces de *termes lucifugum*. Le *termes aerium* élève ses palais dans les branches des arbres, leur donnant plus d'un mètre de hauteur; l'entrée est à ras du sol avec lequel il communique par un long corridor de la même matière qui descend le long des branches et du tronc. Dans la nuit parfois, ces habitations apparaissent constellées de petites étoiles; on les prendrait pour des tours en miniature brillamment illuminées. Ces fourmis devraient bien plus exactement s'appeler *luciferi*.

Cette région n'offre éparses çà et là que des *taperas* et

quelques rares habitations mal entretenues, des cultures plus misérables encore, puisque toujours leur raison d'être est le voisinage d'un poste militaire.

Dans la vallée du S. Lourenço, je ne vois aucun centre habité à noter; dans celle de son affluent, le Cuyabá, est la ville capitale, Cuyabá, dont j'ai conté la fondation; elle a plus de 15,000 âmes. Peut-être en compte-t-elle 18,000. Son canton en renferme environ 25,000. Cette cité ne serait pas un séjour déplaisant si elle était mieux et plus régulièrement ravitaillée des choses nécessaires à la vie civilisée. Elle doit tout le peu d'importance qu'elle possède à son titre de chef-lieu administratif; elle a deux arsenaux pour l'armée et la marine, cinq églises, un évêché et un séminaire.

Poconé est située en terre ferme à quelque distance des *pantanos*, au sud-ouest de Cuyabá, et à 18 lieues. Le rio qui passe tout près de Poconé est le Bento Gouces, qui va se jeter dans le Cuyabá. Le canton de Poconé a un peu plus de 2,000 âmes.

S. Luiz de Cáceres, sur la rive gauche du haut Paraguay, en a 3,500 environ. C'est l'antique Villa Maria, fondée en 1778 par le général Luiz d'Albuquerque.

Tout près des sources du Paraguay sont Rosario et Diamantino, populations dont l'état varie beaucoup, aujourd'hui en accroissement, demain en décadence.

Matto Grosso est la première et à peu près la seule ville à citer de la vallée du Guaporé ; elle est bâtie sur sa rive droite, trois kilomètres et demi au-dessous du confluent du rio Alegre, et malheureusement trop basse, noyée dans les crues et dont ensuite se dégagent des miasmes délétères. Cette ancienne capitale de la province a peut-être aujourd'hui 700 âmes, le dixième de ce qu'elle en comptait trois ans après sa fondation; en 1822, le canton avec Casalvasco, S. Francisco Xavier, Pilar, Sant'Anna et Ouro Fino, Lavrinhas, Forte do Principe, mission de S. José, renfermait 5,401 habitants.

Elle est donc aujourd'hui en complète décadence, en

dépit de l'immensité et de la richesse de son territoire. Dans l'église de Santo Antonio, des chapelles gardent les sépultures du savant Ricardo Franco de Almeida Serra et du jeune et infortuné artiste Amédée-Adrien Taunay, le fils de celui qui vint aux débuts du siècle révéler au Brésil le goût des Beaux-Arts. Il faisait partie de la commission russe du colonel Langsdorf et l'avait quittée au Taquary avec le botaniste Riedel. Ils vinrent par terre de Cuyabá à Matto Grosso, où ils arrivèrent le 18 décembre 1826. C'est au retour d'une exploration vers Casalvasco que Taunay se noya en voulant traverser le Guaporé à la nage, en dépit d'un ouragan qui en soulevait les flots. Son père le baron Nicolas de Taunay avait fondé à Rio l'Académie des Beaux-Arts.

Si le lecteur jette les yeux sur une carte de la province de Matto Grosso, il constatera, non sans surprise peut-être, qu'au nord de Villa-Bella de Matto Grosso, sur tout le cours du Guaporé, du Mamoré et du Madeira au nord de l'*araxá* ou plateau Matto Grossense, ne figure plus un seul centre de population digne de remarque. C'est cependant de beaucoup le territoire le plus étendu de la province, mais il est le domaine du seul Indien, inconnu comme lui, à peine exploré en courant à de longs intervalles par un hardi chercheur. Cette immense superficie, si boisée, si arrosée, si variée d'aspect à qui la contemple du haut de la Serra de partage, est encore vierge le plus souvent de tout contact des blancs.

A l'est des serras qui circonscrivent le bassin du Paraguay, et sur leur versant arrosé par les affluents du Paraná, Matto Grosso compte encore une *comarca* presque déserte : celle de Santa Anna du Paranahyba, tout près du confluent de ce dernier avec le Rio Grande ; il y a peut-être 500 habitants pour cet énorme territoire.

Comme on le voit, sur tous les points, le sol de cette province est l'un des plus favorisés de la nature. Quand le reste du monde sera encombré par le trop-plein de population, il restera au centre du Brésil un pays immense, prêt à recevoir les fugitifs des vieilles nations surchargées. Avec eux, apparaîtront les routes, les cultures et les industries; on ne fera rien du colossal territoire indien sans cet afflux d'émigrants, apportant avec la volonté de travailler, l'expérience du travail et le bon sens pour en mettre les procédés en harmonie avec les conditions spéciales de la région.

A cette époque, qui n'est peut-être pas loin de nous, Matto Grosso, si pauvre aujourd'hui, sera un Eden, l'une des régions les plus fortunées que la terre puisse montrer.

XVI

VUE D'ENSEMBLE — HIER ET DEMAIN.

La flore du Brésil. — Répartition de la population botanique dans les forêts vierges. — Forêts équatoriales. — Forêts du littoral atlantique. — Forêts riveraines des grands fleuves intérieurs. — Fourrés et bosquets des campos. — Utilisation des plantes, applications diverses, espèces alimentaires: les palmiers ; — Espèces médicinales, tinctoriales, etc. — Arbres fruitiers. — Bois de construction et de menuiserie, etc. — Conclusions : l'avenir du Brésil est dans l'immigration. — Situation financière. — Influence de la révolution et des premières mesures de la République.

Voici terminée notre excursion à travers les vingt provinces du Brésil ; elle a demandé beaucoup plus de temps et d'espace que je ne le supposais quand j'entrepris ce travail ; et si considérable que soit devenu celui-ci, il m'a fallu négliger une foule de points d'un très vif intérêt, mais qui eussent exigé des volumes.

C'est que le Brésil est si grand, si divers, qu'à chaque pas de nouveaux horizons se présentent non seulement à la vue, mais à la pensée de l'observateur. Bien peu de pays au monde offrent une semblable variété de climats, de productions, de ressources, avec autant d'abondance pour chaque élément qui la constitue. On a pu s'en apercevoir aux détails qu'il m'a été possible de fournir au passage.

Je crains même beaucoup qu'une confusion ne résulte

de leur multiplicité et c'est pourquoi je voudrais grouper ici une sorte de revue d'ensemble, à tout le moins des richesses végétales. Celles du sous-sol ne sont pas encore assez étudiées, et d'ailleurs ce n'est pas vers les mines qu'il convient d'attirer généralement à l'heure actuelle les activités du Vieux-Monde.

On a pu noter d'importants contrastes dans la physionomie de la végétation ; ils sont dus aux différences climatériques et orographiques. On est frappé, au premier aspect, du contraste entre le climat modérément humide et chaud du littoral et de la plaine équatoriale amazonienne, et le climat continental du haut *sertão*, où les saisons sont bien plus distinctes. Ce contraste s'affirme par ce fait que les célèbres forêts vierges du Brésil sont circonscrites au littoral atlantique et aux dépressions de l'Amazone et du Paraguay.

Sous le rapport de la géographie botanique, le Brésil se divise en ces trois principales régions : la zone équatoriale, celle du littoral et celle du sertão ; celle-ci comprend elle-même deux subdivisions, l'une plus étendue au nord, qui est tropicale, l'autre moindre au sud, qui est subtropicale.

LES FORÊTS ÉQUATORIALES

La zone équatoriale est couverte de l'épaisse forêt tropicale. C'est la *Hylacea* de l'Amazone, de Humboldt, qui emplit la vallée du grand fleuve sur une largeur moyenne de 9 degrés (2° N. à 7° S.), et qui s'étend par les tributaires jusqu'à la zone des Campos et par le Rio Negro jusqu'au bassin de l'Océan. Là le climat, constamment humide et chaud, développe une force et une exubérance incomparables de végétation ; aucune différence n'existant entre l'hiver et l'été, dans tous les mois de l'année, on y constate le développement des fleurs et des fruits.

La forêt vierge se compose de palmiers et d'autres arbres ; on voit toutefois s'en détacher par leurs formes colossales et bizarres les bombacées, en particulier le munguba (*Bombax Munguba*) appelé je crois « sablier » à la Guyane, qui vient de préférence dans les fonds, où sur de longs espaces il alterne avec le ambaúva ou embaiba et le sumaúma (*Eriodendron Sumauma*) ou sumaumeira, (fromager) malvacée, le baobab brésilien, qui étend ses branches presque horizontales à une grande distance du sol et stupéfie le regard par l'énorme masse de son tronc, l'énormité de ses rameaux et la beauté de son feuillage, tandis que le munguba se caractérise par la délicatesse de son branchage et l'élégance de sa cime.

Parmi les palmiers se distingue le gracieux et si utile mirity (*Mauritia flexuosa*) dont la tige verte et lisse soutient un splendide éventail de feuilles à 100 pieds et plus au-dessus du sol, avec lequel contrastent les troncs sveltes du jussára (Euterpe), du assahy (*euterpe edulis*), palmiers très élégants, et surtout le svelte inajá (*Maximiliana regia*). Effilé, sans épines, celui-ci s'élève de façon charmante à 40 et 50 pieds au-dessus de la cime des bosquets : les feuilles s'élancent de sa jolie tige, gracieuses, douces : les folioles sont délicates et flexibles au point que la plus légère brise les couche au gré de son souffle.

L'aspect de la végétation dans le labyrinthe du Pará est d'une incomparable beauté. Entre les feuilles brillantes des hippocratéacées, des avicennias, de la *Myristica sebifera*, apparaissent les grappes énormes de la *Schousboea*, des files splendides de bignoniacées, jaunes et rosées, les riches bouquets des *dalbergias*, des andiras, le *Macrolobium bifolium*, les jaunes étoiles des solanées et les gigantesques fleurs de la *carolinea princeps*, dont les branches s'allongeant sur les eaux, soutiennent difficilement au-dessus d'elles le fruit pentagonal, plein de capsules en forme d'amande. Le circuit de ce riche paysage est formé par des bosquets serrés où dominent les stipes élégants de la baixiuba (Iriartea exorrhiza), de la bacaba (*Oenocarpus bacaba*), du jussára, du jubati (*Sagus* ou *Raphia taedigera*) et du mirity ou muriti.

Parmi les arbres qui poussent dans la partie non sujette à l'inondation, se détache le châtaignier du Pará (*Castanheiro, Bertholetia excelsa*) myrtacée lecythidée. Plus important encore et non moins répandu dans la vallée de l'Amazone, est la Seringueira (Hevea guyanensis, euphorbiacée crotonée), qui atteint la hauteur d'un arbre, mais ne possède qu'un feuillage peu nourri.

La forêt moins élevée est en partie composée des pousses plus jeunes des grands arbres, et en partie de petitspalmiers, particulièrement du genre Bactris, dont les stipes n'ont pas plus d'un doigt de grosseur, puis d'arbustes variés. C'est là qu'il convient de noter le cacáoeiro ou cacaoyer et la salsepareille. Le premier (Theobroma cacáo) qui souvent forme des taillis épais au-dessous des arbres géants, est un arbre moyen qui attire plus l'attention par son feuillage sombre et ses follicules jaunes que par sa grosseur. La seconde (*smilax salsaparilla*) se montre sous la forme d'un arbuste rampant et grimpant, dont les branches s'entrelacent un peu au-dessus du sol, formant des fourrés parfois impénétrables (*cerrados*).

Une particularité des forêts vierges du Brésil, surtout de celles de l'Amazone, ce sont les nombreuses lianes ou *cipós* et plantes grimpantes, qui de la manière la plus extravagante s'attachent aux troncs des grands arbres. Elles ne forment pas une famille particulière, mais appartiennent plutôt à une portion des groupes et des espèces botaniques. Il y a même un palmier grimpant et rampant, le jassitára (*Desmoncus macroacanthos et orthacantos*), dont la tige flexible est garnie de grosses épines. Ce palmier s'enlace aux plus grands arbres et s'élève à une hauteur prodigieuse. Les feuilles naissent à petite distance les unes des autres et leurs extrémités sont munies de pointes parfaitement propres à s'attacher de toutes parts. Beaucoup des lianes des arbres ne sont pas toutefois de vraies plantes grimpantes, mais des racines aériennes d'aroidées, qui naissent dans les branches et viennent chercher dans le sol l'alimentation de la plante.

On pourra se faire une idée des proportions qu'atteignent les arbres de l'Amazone, en sachant que Martius mesurant près de Pará quelques troncs de sapucaia (*Lecythis*), de páo d'alho (*Catraeva Tapia*) et de bacori (*Symphonea coccinea Aubl.*), trouva une circonférence de 50 à 60 pieds, qui avec les racines se montait à 100. Bates, dans une scierie des faubourgs de la même ville, a vu en abondance des troncs de páo d'arco (*Tecoma*) et de massaranduba (*Mimusops elata*) de 100 pieds de long.

La nature de la forêt que baignent l'Amazone et ses canaux depuis l'embouchure jusqu'à l'endroit où le fleuve se transforme en torrent, diffère beaucoup de celles des forêts qui couvrent la plaine inondée par ses eaux; les Indiens les distinguent par les noms de Caa-Igapó et Caa-eté.

La forêt marginale, Caa-Igapó ou Gapó, se distingue du Caa-eté tant par la différence des espèces d'arbes que par leurs pousses et leur écorce. Dans le bas, croissent de nombreuses graminées (*Panicum* et *Paspalus*), ensuite recouvertes par l'inondation. Des palmiers, surtout les espèces épineuses *Astrocarium* et *Bactris*, de grandes musacées, des marantacées, des joncs donnant les plus belles fleurs (Scitamineae), des Ambaúvas (*Cecropia peltata*) aux troncs blancs et aux grandes feuilles, sont les formes qui y frappent le plus le regard. Dans les canaux étroits, la navigation devient souvent difficile à cause de l'enchevêtrement qui, d'une rive à l'autre, forme un réseau inextricable, où se remarque une espèce de cucurbitacée (*Elaterium carthaginense*). Dans les Caa-igapós, on rencontre également des taillis de cacoyers et des fourrés de salsepareille.

Dans les terrains plus élevés, les forêts sont plus basses, la forme du bois plus régulière, plus brillante et surtout plus riche en épiphytes. Il s'y étale de magnifiques orchidées, d'épineuses bromeliacées, de grotesques aroidées, (*Calodium*, *Dracontium*, *Cyclanthus*, *Carludovica*), tantôt grimpant aux arbres, tantôt développant leurs feuilles sur les taillis, ailleurs, comme la aninga (Caladium liniferum) poussant ensemble et disposées en haies avec leurs blanches tiges verticales; de petits palmiers-joncs, des plantes arborescentes, des gesnériacées aux fleurs magnifiques, des bruniacées (*Brounia*) aux fleurs écarlates, des espèces de Swartziées, des Schnellas, etc. Au lieu des palmiers épineux (*astrocáryum*), apparaissent principalement le inajá, les baxíubas (*Iriartea exorrhisa et ventricosa*), avec leurs racines sorties de terre et au milieu le patuá, si bien utilisé par les Tupis dans la construction de leurs canots; deux palmiers à éventail (*Lepidocaryum tenue et gracile*), le palmier-jonc, tayassú-ubi (*Hoyospathe elegans*) et de nombreuses espèces de Bactris.

Aux endroits où la forêt continentale s'approche du fleuve, les bords en sont couverts de fourrés de lauracées, de myrtacées et d'une espèce de saule très répandu dans l'Amérique du sud (*Salix Humboldtiana*). C'est lui qui, avec l'ambaúva et le munguba poussant pêle-mêle, forme la végétation prédominante des îles sablonneuses du fleuve.

En général on n'y trouve pas de plantes sociables ou sociales(?) occupant une zone à l'exclusion d'autres espèces; les représentants des familles les plus différentes vivent côte à côte. Des arbres au feuillage ici très délicat, là très épais et luisant (légumineuses, rubiacées, laurinées), donnent à l'ensemble un caractère tantôt suave, tantôt brillant et plantureux. En outre, il n'existe aucune variété de vues grandioses dans une région si plane, où manquent les rochers et où l'on ne trouve pas de montagnes.

On n'y trouve pas davantage les cactus, les fougères, si communs dans le sud sur les pentes de la Serra do Mar; une autre absence non moins remarquable est celle des malvacées, des boraginées, des crucifères, des ombellifères et des labiées.

Mais, vers l'intérieur, la végétation offre parfois des prairies entourées de taillis spéciaux et de plantes déterminées qui rappellent bien plus la flore moins riche du plateau du Sud que le désordre exubérant du Caa-igapó.

Au bord des tributaires, les forêts diffèrent de celles qui longent le grand rio. Celles-ci ont toujours un aspect triste, tandis que les premières présentent des formes plus gaies et plus brillantes. En outre, elles abondent en plantes aromatiques. Myrtacées, bignoniacées, swartziées, rubiacées s'y font notablement plus fréquentes. Dans les vallées des affluents méridionaux surtout, les formes du plateau du Sud atteignent presque les bords de la forêt amazonienne, comme les myrtes, les malpighiacées, les apocynées, et ce qui peut-être surprend le plus, le cajú (*Anacardium occidentale*) et la mangaba (*Hancornia speciosa*), qui vivent si bien sur les terrains secs et sablonneux du *Sertão*. Seules les rives du bas Madeira sont couvertes de sombres et épaisses forêts vierges, pareilles au Caa-igapó et à peine un peu plus basses.

La *Hylea* de l'Amazone n'est pas en communication directe avec la zone de la forêt vierge de la côte orientale. Elle va diminuant au sud du fleuve principalement de l'ouest à l'est, et se trouve interrompue à l'est aussitôt après Pará. Sur la côte du Maranhão qui est encore très humide et favorable à la végétation, apparaissent déjà des campines très étendues, appelées Campos Perizes, au milieu de la *matta virgem*. Mais à l'est elles disparaissent en grande partie avec les forêts. Ce qui y prédomine, ce sont les dunes et les plaines de sable; tout au plus le rivage de la mer et les rives des rios qu'atteint l'eau salée, sont-ils couverts de *manguesaes* toujours verts en groupes ou pâtés plus ou moins larges (manglier, palétuvier, *Rizophora mangle, Avicennia nitida* et *racemosa*, etc.).

Ce caractère stérile, explicable partiellement par les conditions météorologiques de cette partie de la côte nord-est du Brésil, se maintient non seulement jusqu'au cap de S. Agostinho, mais aussi au sud juqu'à la province des Alagôas.

LES FORÊTS DU LITTORAL

Au sud de la grande courbe du littoral, à la barre du S. Francisco, commence la zone des forêts vierges de l'Atlantique qui s'étend jusqu'auprès de la frontière méridionale et qui, même au delà du tropique du Capricorne, conserve le type tropical brésilien.

La largeur de cette zone varie beaucoup. Jusqu'à Rio de Janeiro, elle peut se distinguer en deux régions. L'une, la région orientale, celle de la terrasse inférieure du continent, entre la côte et la chaine généralement nommée Serra do Mar, est formée vers l'intérieur d'une forêt continue, presque impénétrable. L'autre, la zone centrale, est à l'ouest de la précédente. Là, à l'exception du lit des rivières, les campos se forment à la lisière des forêts; celles-ci toutefois pénètrent de temps à autre dans l'intérieur du plateau, comme le long du Rio Doce et de ses tributaires, où jusqu'à Marianna et de là jusqu'au Serro, s'étend une véritable forêt vierge. C'est celle qu'au précédent chapitre j'indiquais comme le chemin de communication des Indiens sauvages de la côte avec ceux du grand *Sertão*.

Au sud du parallèle de Rio de Janeiro jusqu'au 30° S., espace dans lequel la Serra do Mar se tient voisine de la côte et forme l'escarpe orientale du plateau central, la zone de la forêt se limite à cet étroit ruban et au versant oriental de la chaine.

Au sud du 30°, la côte est formée par de longues péninsules basses et sablonneuses qui ont derrière elles une série de lagunes, dont celle dos Patos est la plus considérable. Ces péninsules n'ont pas de forêts et même le plus souvent aucune sorte de végétation. Au contraire, le versant continental de la Lagôa dos Patos est partiellement garni de belles forêts, principalement vers la terrasse du Nord, où sont établies les colonies allemandes. Sur les hauteurs et spécialement vers l'intérieur, la forêt prend progressivement le caractère de la végétation des campos. Au sud, le versant oriental du continent sur la lagôa dos Patos ne présente plus de vraie forêt vierge; il se montre ou dégarni ou couvert d'arbres petits, rabougris, ou de halliers hérissés et touffus.

La forêt vierge de la côte Atlantique ressemble au caacté des *selvas* de l'Amazone; elle la surpasse même en variété et en beauté, parce que la formation du sol y est plus accidentée. Dans ces bois, au lieu de la pauvreté d'espèces observée surtout dans les forêts du nord de l'Europe, se développe une variété inappréciable dans la configuration des troncs, des feuillages et des fleurs. Chacun de ces rois de la forêt, qui se dressent l'un près de l'autre, se distingue de son voisin dans l'aspect général.

Tandis que les paineiras (*Bombax* et *Chorizia*), les géants du *matto virgem*, en partie ornés de puissantes épines, n'étendent leurs branches qu'à une grande hauteur, groupant leurs feuilles en masses aériennes et mouvantes, les Sapucayas (*Lecythis*), si belles et si opulentes, élèvent déjà moins haut leurs rameaux couverts de feuilles, qui se réunissent en une voûte touffue. Aux sapucayas, caractérisées par l'élégance de leur forme, dont les cimes, dès les premiers bourgeons printanniers, se couvrent de feuilles couleur de rose, et plus tard de grandes fleurs blanches, s'adjoignent plus avant dans l'intérieur, par exemple dans les *Mattos* du haut Mucury, les barrigudas (renflés, ventrus, *Pourretia tuberculata*), arbres caractéristiques des forêts de l'intérieur, dont le tronc monte à 60 et 70 pieds de hauteur tout droit, uni, sans lancer de branches, mais formant un peu au-dessus de la racine, un renflement, un ventre qui atteint parfois 40 pieds de diamètre, et qui donne une étrange figure de barrique au tronc, dont le bois est aussi léger que celui de la *corticeira*. Au niveau des plus hauts, et presque toujours les ombrageant tous, domine le majestueux Jequitibá (*Couratari legalis* et *estrellensis*, lecythidée), d'une beauté incomparable.

Le Jacaranda ou palissandre (*Machaerium;* il y a plusieurs autres espèces de cette légumineuse : *dalbergia nigra* ou *jacaranda* preta, jacaranda banana ou *Swartzia Langsdorfi*, et six ou sept variétés de *Machaerium*), attire le regard par l'élégance de son feuillage penné : ses fleurs jaunes comme celles du ipé (*Tecoma*) et de l'élégant bacurubú se détachent merveilleusement sur le fond vert sombre de la forêt. Avec un effet singulier et puissant, apparaît en relief, dans le tableau général, le ambaúba ou embahyba (*Cecropia peltata*) parmi les plus forts géants de la forêt vierge ; son tronc lisse, cendré clair et légèrement courbé, s'élève à une grande hauteur, et au faîte s'étendent presqu'à angle droit ses branches radiées, ornées aux extrémités de grandes feuilles blanchâtres lobées. Les *Caesalpinias* de différentes espèces, aux fleurs opulentes, les louros aériens, les hauts maris et andirás, le saboeiro (*Sapindus saponaria*) aux feuilles luisantes, les cèdres (*Cedrela brasiliensis*), le páo d'alho (Scorododendron) avec son écorce exhalant une odeur d'ail et mille autres arbres, qu'il serait trop long d'énumérer, se dressent pêle-mêle les uns à côté des autres.

Les palmiers s'élèvent élégants et incomparables, abandonnant leur gracieux feuillage aux caresses de l'air et constituant une parure sylvestre dont la beauté majestueuse défie toute description. Le palmier jussára (*Euterpe edulis*) dont les pousses fournissent également le *palmito* ou palmite (chou palmiste) et dont à Bahia les aborigènes préparent le *canim* (boisson fermentée), le même que l'*assahy* ou *assaï* du Pará, se rencontre dans le *matto virgem* du littoral jusqu'à la baie de Paranaguá, quoique en abondance moindre que dans le bassin de l'Amazone. Son tronc lisse, svelte, blanc, couronné par la verte pousse de la palmite, développe son panache de feuilles élégantes, pareilles à des plumes d'autruche. A côté de lui, se trouve le vrai palmito (*Euterpe oleracea*), d'une rare élégance, le palmier indayá (*Attalea compta*), qui brandit son feuillage sur sa robuste tige longue de vingt-quatre pieds et le palmier tucum (*Astrocaryum vulgare*), dont les feuilles garnissent le tronc à espaces alternés et en directions différentes et fournissent une fibre supérieure.

La piaçaba ou piassava (*Attalea funifera*), dont les fibres et les cocos sont si utiles, diverses autres espèces de palmiers épineux, qui fournissent du bois pour les arcs et les *taboinhas*, ne s'avancent pas aussi loin vers le sud. Sur la plage sablonneuse se montrent en grand nombre les palmiers guiriri et ariri; ce dernier avec sa tige de huit à douze pieds est la plante caractéristique primitive, mais il est supplanté à présent en général par le cocotier (coqueiro) qui, avec ses troncs gigantesques et élégants et ses gracieux panaches, apparaît isolément ou en forêts, sur la côte, principalement dans Bahia, et donne au paysage un charme extraordinaire. En d'autres points s'étendent entre la mer et la forêt vierge, à une faible hauteur au-dessus du niveau des eaux, les *restingas*, plaines sablonneuses dotées d'une végétation spéciale. Dépourvues d'arbres, elles présentent diverses espèces de cactacées, au milieu de *Eugenias*, *Sophoras*, *Icicas*, *Cassias*, *Byrsonimas*, etc., etc., et de palmiers acaules ou sans tige, aux feuilles sortant presqu'à ras de terre.

Quand, dans l'intérieur de la forêt vierge, le regard s'abaisse des géants de la végétation aux plantes plus basses, plus modestes qui recouvrent le sol d'un tapis d'émeraude, il reste enchanté de l'émail des fleurs qui se compose de mille nuances. Les pétales violacées des fleurs du quaresma (*Pleroma*), les inflorescences des *Melastomas* et des *Eugenias*, le feuillage diapré de fleurs élégantes des rubiacées, les courtines des *Marantas*, les solanées épineuses, les gardenias avec leurs grandes corolles, toutes unies par des festons de *Mikanias* et de *Bignonias* : les cordons dépourvus de feuilles des lianes (*Cipós*) laiteuses ou non, qui retombent des cimes élevées ou enlacent les troncs les plus vigoureux, les étouffant peu à peu, enfin les épiphytes qui revêtent les arbres décrépits d'une parure pleine de jeunesse, les orchidées élégantes et fraîches qui, même dans la région intertropicale, jouissent encore de la prérogative de paraître étrangement exotiques; les broméliacées qui croissent à la bifurcation des branches d'arbres, retenant l'eau des pluies, un nombre infini de fougères, merveilleusement découpées; — tous ces magnifiques produits offrent à l'observateur un tableau toujours enchanteur.

C'est surtout quand on la contemple du bord des rivières qui la traversent pour courir à l'Océan, que grandit la magnificence de la forêt vierge. Du chaos épais qui s'étend en murailles impénétrables sur les rives ou s'y dresse en hautes pyramides, se détachent les géants isolés; les lianes et les *trepadeiras* (plantes grimpantes) y montrent leurs pousses les plus jolies et les plus resplendissantes. Les corolles jaunes des *banisterias* s'y bercent aux sommets des arbres gigantesques en festons pompeux. Les fleurs des bignoniacées, bleues, blanches, jaunes, qui, dans le bois, ne se trouvent qu'en haut des arbres, forment sur le bord des rios des guirlandes superbes ou des ponts suspendus et aériens. A côté des aristolochiacées (*jarrinhas*) avec leurs grandes feuilles et leurs fleurs bizarres, resplendit la délicate passiflore. L'attention est particulièrement attirée par le nhandiroba (*Feuillea trilobata*), grimpante énorme qui exhibe des fleurs d'un jaune noirâtre et des fruits qui parfois atteignent la grosseur d'une tête d'enfant.

Ailleurs ce sont les aningas (*Arum*) avec leurs tiges vertes cendrées, leurs feuilles sagittiformes, formant de véritables palissades impénétrables, appelées *Aningaes* (*Aningal* au singulier). A côté, de sveltes héliconiées, aux corolles purpurines ou de feu et, entre les branches serrées des mimosées, apparaît la ubá, ou bois à flèches, *Páo de flèchas* (*Gynerium parviflorum*). C'est cette plante qu'on retrouve dans tant de vallées sous le nom populaire de *Canna brava*, bien qu'elle n'ait de la canne à sucre que la similitude du port.

Comme toutefois, ainsi que le disait le prince Maximilien d'Autriche, auquel on doit une description aussi poé-

33.

tique que savante de la forêt vierge du Brésil, ces forêts représentent la république libre des plantes, où en général le despotisme humain apparait bien rarement, la vie de cette république montre la lutte incessante pour la liberté et l'égalité qui se transforme finalement en lutte générale pour l'existence. Avec une telle opulence de vie, avec un pareil combat pour l'indépendance, un sol même aussi étonnamment fécond que celui du *matto virgem*, ne peut fournir l'alimentation nécessaire à de pareilles masses.

Des arbres déjà grands et demandant beaucoup d'aliments subissent l'influence de leurs voisins plus puissants ; leur croissance s'arrête soudain et bien vite ils succombent sous la force naturelle qui les pousse à la dissolution. Ainsi des arbres robustes, après quelques années de souffrance atrophiante, se trouvant rongés par des fourmis ou d'autres insectes, pourrissent de la racine au sommet, jusqu'à ce qu'ils s'écroulent avec un fracas effroyable, entraînant dans leur chute mille parasites ou épiphytes, qui, de leur côté, avaient efficacement contribué à sucer la force de ce puissant, mais qui savent encore s'accrocher de nouveau aux rejets poussant après sa chute. Ces troncs ainsi tombés obstruent fréquemment les sentiers (*picadas*) et constituent un véritable supplice pour le voyageur.

Une autre forme spéciale de la forêt du Brésil, c'est la *capoeira* dont j'ai déjà parlé et qui n'est que la repousse d'une forêt coupée, arrachée ou incendiée. Son caractère est de n'avoir jamais de ces grands arbres à la croissance desquels il faut beaucoup de temps et qui y sont remplacés par la sambambaia (*Pteris caudata*), l'hôte le plus habituel de ces cantons. A côté d'elle, pourtant, sur l'emplacement des forêts jadis brûlées, apparaissent des mélastomacées aux fleurs magnifiques et en quantité immense la graminée appelée capim gordura (*Tristegis glutinosa*).

FOURRÉS ET BOSQUETS DES CAMPOS

Dans le chapitre consacré à la province de Minas Geraes, j'ai déjà indiqué la physionomie des *campos* et les divers noms qui, selon leurs particularités, leur sont affectés. Cette forme des campos prédomine dans l'intérieur du Brésil, parce que le contraste y est grand entre la saison sèche et celle des pluies. La forêt n'y apparaît le plus souvent que dans les vallées des rivières et les bas-fonds humides.

Ces forêts diffèrent beaucoup de celles que je viens d'esquisser ; si l'on peut comparer au grand bois de l'Amazone celles qui avoisinent le Paraguay et le Guaporé, cependant elles paraissent moins grandes, moins hautes, moins encombrées de lianes et d'épiphytes qui vivent bien plus de l'humidité de l'air que de l'humidité du sol. En revanche les plantes aquatiques et palustres y atteignent leur maximum de vigueur et de beauté. C'est le caractère visible des magnifiques forêts vierges des affluents du Jaurú, du Cuyabá et du haut Paraguay, comme celui des grands marécages qui s'étalent entre celui-ci, le Cuyabá et le S. Lourenço.

Car, malgré son nom, la province de Matto Grosso, de même que Goyaz et Minas Geraes, comprend principalement des campos, qui, en certains endroits, sur le Chapadão de Taquára par exemple, surpassent en uniformité ceux des provinces les plus orientales. On trouve quelquefois de longues étendues totalement dépourvues de forêt, et lés plus hauts arbustes du sertão, membres de la famille des myrtacées et de celle des euphorbiacées, de même qu'une petite *Lecythis*, s'élèvent à peine à quelques pieds au-dessus du sol. Les forêts y sont très denses, mais généralement peu riches en grands arbres et en palmiers, dont toutefois on rencontre les espèces cabeçudo (*Cocos capitata*) qui longe les rivières; burity (*Mauritia vinifera*);

bacaba (*Œnocarpus bacaba*) et paxiuba (*Iriartea exorrhiza*), qui s'appuie sur une base de racines ayant six pieds de hauteur.

Les forêts du haut Paraguay, en amont de S. Luiz de Cáceres, si importantes par l'abondance de l'ipécacuanha, présentent un caractère spécial. Les affluents du Cabaçal sont entourés de terres noyées, couvertes d'un épais fourré où les taquarussús apparaissent par grandes touffes. Un quart de mille au delà, le sol devient plus sec ; à la place du cabeçudo se montrent d'autres palmiers, comme le palmito molle (*Euterpe oleracea*) et le bacaba. Vers les sources, on trouve des buritys, paxiubas, de hautes fougères et à leur ombre, la poaya ou *cephaelis ipecacuanha*.

Dans les marécages de Xarayès, les gamelleiras, le palmier tucuman (*Astrocaryum*), dont les épines rendent difficile l'accès de la forêt, et principalement le ingá da beirada (*Inga edulis*) sont les formes caractéristiques. Sous leur couvert s'étend une forêt de plantes aquatiques dont quelques-unes ont de grandes feuilles comme les bananiers du matto et de graminées, comme le ubá (*Gynerium saccharoïdes*) dont les pousses mesurent jusqu'à 2 et 3 mètres de longueur.

Cette forêt s'étend sur les rives marécageuses du Paraguay jusqu'aux environs du fort de Coimbra. Plus au sud, sont de vastes plaines où apparaissent les forêts composées du palmier carandá (*Copernicia cerifera*, le *carnaúba* du nord), très rare en amont de Cuyabá, mais très fréquent au sud où il remplace le burity.

Les forêts vierges qui longent les rios de la région des campos se dirigeant vers le nord, présentent un caractère spécial à chaque rio et un type général qui les distingue de la forêt amazonienne, comme aussi des *Catingas*, et qui leur donne une vague ressemblance avec les *Capoeiras*. La végétation des rives est parfois entravée par les dépôts des inondations annuelles ; dans la vallée du S. Francisco, elle consiste en bauhinias épineux, quelques espèces d'acacia, *Triplaris*, *Cistus*, etc. ; des myrtacées, des palissandres, des *Psidium* occupent les berges les plus élevées, et parmi eux se détachent, comme dans l'Amazone, le tronc blanc et les feuilles étranges du ambaúba.

Dans le haut Araguaya, la végétation riveraine comprend un *Crotum* et un *Psidium* ; sur le sable des rives, une *Cassia*, une synanthérée aux fleurs sentant la vanille et deux ou trois graminées ; sur les roches baignées par les eaux, une grande quantité de plantes de la curieuse famille des podostémacées, dont la plus notable est la *Mourera weddelliana*. Les forêts de la vallée de l'Araguaya consistent en mimosées, cœsalpiniées, grandes myrtacées, bombacées, bignoniacées, urticacées, *Cedrela brasiliensis* ou cèdres brésiliens (nullement pareils à ce qu'on appelle *Cèdres* au nord Amérique), *Schinus aroeira*, páo-jangada (*Apeiba tibourbou*), etc. Parmi les palmiers, on trouve surtout le indayá (*Attalea humilis*) et le inajá (*Maximiliana regia*). A partir du confluent avec le Tocantins, l'espèce qui se développe le plus, comme nous l'avons vu, est le *castanheiro* ou capuçaya, le châtaignier du Pará (*Bertholetia excelsa*).

Ces forêts spéciales aux campos s'étendent vers le sud jusqu'aux limites de S. Paulo et de Minas Geraes. Dans la première province, il n'y a plus ni *Carrascos* ni *Catingas*. Le premier plan du paysage est occupé par le sapin (*Araucaria brasiliensis*), qui dans Minas se tient seulement au sommet des serras et dans le Paraná constitue d'admirables forêts. Avec ce conifère apparaissent, surtout à mesure qu'on s'avance au sud, des variétés de congonha (*Ilex paraguayensis*). Les formes végétales de l'intérieur de ces provinces ressemblent à celles des Campos Geraes, mais l'uniformité du paysage est rompue par les sombres araucarias. Auguste de Saint-Hilaire marque à cette essence le 24ᵉ degré de latitude comme limite septentrionale, sur le plateau de S. Paulo ; dans Minas, on la rencontre jusqu'au 21°, sur les points les plus élevés ; elle se montre isolée çà et là dans la province de Rio de Janeiro, mêlée à la forêt vierge tropicale.

Bien qu'elle soit fort éloignée en majesté et en exubérance des forêts de la côte orientale, la flore de l'intérieur est plus riche et variée et les bois de cette région se distinguent par la multiplicité de leurs espèces. Il convient de retenir, tant pour leurs formes caractéristiques de végétation que pour leur importance propre, les suivantes : dans les campos gracieux (*mimosos*), beaucoup d'espèces de Paspalum, Panicum, Tricachne, Cenchrus, Papophorum, Chloris, Gymnopogon, Chaetaria, Anatherum, Schoedonorus, etc. Dans les campos *agrestes* prédominent les genres Cynodon, Diectomis, Trachypogon, Anthesteria, Cragrostris. Des différentes espèces de *gramma*, herbe ou gazon des Campos Geraes, les plus appreciées comme fourrage sont le *Panicum jumentorum*, le *Paspalum stoloniferum*, *conjugatum*, etc. En quelques endroits, le *Sapé* (*saccharum sapé*) croît si fort qu'il couvre cheval et cavalier. Là où les campos ont été brûlés, de grandes étendues sont parfois couvertes de capim gordura (*Tristegis glutinosa* ou *Melinis minutiflora*).

Dans les marécages s'élèvent certains palmiers, soit groupés, soit isolés. Parmi eux se distinguent les burítys, qui, de temps en temps, forment de magnifiques *burítysaes* ou forêts; le burity *bravo* ou sauvage (*Mauritia armata*), épineux, à éventail, aussi utile pour l'alimentation que pour la construction; la carnaúbeira (*corypha cerifera*), un des beaux palmiers à éventail, où tout, des racines aux feuilles, est utilisable. Près d'eux croît quelquefois le joazeiro (*Zizyphus joazeiro*), dont la cime dense, touffue, arrondie, donne une physionomie particulière au paysage, et qui est en outre si utile à l'élevage du bétail dans les campos et les taboleiros du nord-est où bien souvent la sécheresse dure des années.

Les *capões* comprennent généralement toutes espèces de plantes. On y trouve beaucoup d'espèces de Laurus, Vochysia, Annona, Uvaria, Xylopia; des myrtacées, dont beaucoup portent des fruits succulents, comme la grumixameira (*Eugenia brasiliensis*), la jaboticabeira (*E. cau-*

liflora), la pitangueira (*E. Pitanga*), la cagaiteira (*E. dysenterica*), le puçá (*Mouriria Pusá*), etc., des espèces de Ingá, Weimannia, Styrax, Bauhinia, Coccoloba, Chiococca, Curatella, Amajovea, Chomelia sapum, Gymnanthes, Spixia, Anacardium, entrelacés avec les sarments des Paullinias et des Echytes. Le sol des *capões* est généralement humide, et c'est pourquoi dans la saison sèche les arbres n'y perdent pas totalement leur feuillage, comme dans les *catingas*.

Celles-ci qui généralement s'étendent sur des terrains plus élevés ont une végétation variée, qui se modifie en partie selon les circonstances géognostiques et orographiques. C'est là qu'on trouve de préférence les arbres bas, très branchus, entourés d'épines et de cactus. Ceux qui en accentuent le mieux la physionomie sont : les barrigudas (*Chorizia ventricosa*, *Pourretia tuberculata*), le imburana (*Barsera leptophlocos*), le páo de rato (*casalpinia glandulosa*, *microphylla*), la catinga de porco (*Caesalpinia porcina*), la caranguda (*Caesalpinia acenaciformis*), le páo ferro (*Caesalpinia ferrea*), de nombreuses espèces de mulungú (*Erythrina*), une anona, beaucoup de capparidées, le imbuzeiro (*Spondias tuberosa*), une grande quantité d'euphorbiacées, comme aussi d'opuntias et de ceréus épineux.

Quand sur les *taboleiros* stériles les *catingas* se transforment en la demi-forêt du *carrasco* et du sertão, à ces espèces s'associent de nombreuses myrtacées, méliacées, malpighiacées, apocynées et sapindacées, couvertes çà et là de loranthacées et autres parasites. Dans le bois bas dominent Paullinias, Sidas, Hibiscus, Tetracerus, ici et là une euphorbiacée (*Euphorbia phosphorea*) et d'innombrables cactus.

Par intervalles apparaissent comme représentants des palmiers le ariri (*Cocos schizophylla*) et le alicuri (*Cocos coronata*) dont la tige sert d'aliment aux *sertanejos* aux époques de sécheresse.

La forme des taboleiros prend un aspect particulier, surtout au nord-est, dans les endroits où le sertão présente à peine la mangababeira et le murici. Le premier (*Hancornia mangaba*), apocynée, qui ne s'élève pas à plus de 12 pieds, dépassant fort peu le fourré rampant des taboleiros, produit avec ses branches délicates, pendantes, couvertes de fines feuilles lancéolées, agitées par le vent, une impression presque mélancolique. Le Murici (*Byrsonima verbascifolia*) malpighiacée qu'on ne peut guère appeler un arbre avec son tronc épais aux grosses tiges noires, couvertes de grandes feuilles, laineuses et vert sombre, ressemble à un nain perdu dans le bosquet. Ces deux arbres donnent des fruits excellents.

De larges espaces sont couverts d'ananas silvestres. Sur les points sablonneux ou pierreux apparaissent des plantes herbacées, principalement des genres Cassia, Stylosanthes, Evolvulus, Convolvulus, Richardsonia, Echites. Ailleurs on trouve à peine des formes géantes du Cereus et des melocactus semblables à des turbans. Sur les chapadas intérieures de Minas, qui ont 2 à 4,000 pieds de hauteur, on remarque des formes admirables de Vellosias appelées Canella de ema (l'*ema* est l'autruche américaine, ou Nhandú, Nandou), dont les deux genres Vellosia et Barbacennia sont toujours accompagnés de beaux Rhexias, Eriocaulons, Xyris et Lychnophoras.

UTILISATION DES PLANTES. — APPLICATIONS DIVERSES. — ESPÈCES ALIMENTAIRES. — LES PALMIERS.

Il est immense le nombre des plantes brésiliennes utiles à la nourriture ou à l'entretien de l'homme et d'une grande importance pour le commerce. Je citerai seulement les plus notables pour indiquer la richesse des produits végétaux, dont l'exploitation forme au Brésil une des principales branches de l'activité économique indigène.

Le premier rang appartient à l'importante famille des palmiers représentée par des espèces très nombreuses et très élégantes, parmi lesquelles j'ai déjà cité comme des plus notables le Mirity et le Burity. Le premier (*Mauritia flexuosa*) n'a pas pour les habitants des régions où il croît au Brésil la même importance qu'il possède pour les Indiens du bas Orénoque et du littoral entre les bouches de l'Orénoque et de l'Essequibo, qui l'appellent l'arbre de vie, car les Indiens brésiliens, fuyant les terres humides préférées par ce palmier et habitées par leurs congénères de la Colombie ou du Venezuela, cultivent le manioc dans les forêts sèches ; ils ne savent pas probablement comme les autres extraire du stype du Mirity une moelle qui ressemble au sagou de l'Inde. Néanmoins ce palmier est également utilisé au Brésil.

Avec ses tiges colossales on fabrique des barques, des madriers, des bardeaux, divers ustensiles ; du parenchyme et des nervures des feuilles on tire la matière de tissus et de cordages ; le suc doux qui filtre des branches coupées s'amasse dans les creux ouverts du tronc abattu, de même que la décoction des fruits donne une boisson, encore que pour ce dernier usage on préfère les cocos des palmiers batanà et assahy.

Le burity (*Mauritia vinifera*) fournit du fil et des fibres par ses feuilles, qui servent également à couvrir les *ranchos ;* par la sève de son stipe, une boisson agréable et qui peut être fermentée ; par ses fruits enfin, une conserve très estimée qui, sous le nom de *sagetta*, forme un article d'exportation de l'intérieur vers la côte.

De tous les palmiers, le plus important au point de vue de l'alimentation, et à cet effet cultivé déjà par les aborigènes de temps immémorial, est le pupunha, qui croît de préférence dans les régions basses de l'Amazone ou de ses tributaires, mais apparaît aussi dans les terrains élevés jusqu'à une altitude de 1,200 pieds ; il occupe, comme les antiques plantes de culture, une aire singulièrement vaste, car il existe également dans la Guyane Française, dans l'Orénoque, à l'Atabapo et dans les régions du S. Lourenço, à des hauteurs de 3,000 à 4,000 pieds. Le fruit du pupunha (*parepou*, à la Guyane), est une baie ovoïde de la taille d'une poire ordinaire; sous l'écorce jaune et rouge, il offre une pulpe blanche, féculente et douce, entremêlée de fibres et qui au goût rappelle un peu diverses espèces de patates. Les Indiens, pour lesquels ce fruit en bien des endroits constitue presque l'aliment principal, le préfèrent à tous les autres; cuit ou rôti, il a la saveur de la châtaigne d'Europe; la pâte cuite de pupunhas broyées avec des bananes est un manger très recherché. Comme chaque arbre produit plus de cent fruits, qui mûrissent successivement, il constitue une abondante source d'alimentation; aussi les Indiens plantent-ils le pupunha près des habitations; il leur répugne d'abattre un tel arbre, bien que son bois dur, noir, traversé de filets jaunes, se prête parfaitement à la fabrication des armes et autres ustensiles et qu'une fois poli il offre un aspect superbe. Sa culture antique est prouvée par ce fait qu'il a dégénéré en diverses variétés et perdu peu à peu la graine des fruits, de sorte que la plupart de ceux-ci, comme les bananes, n'ont plus de noyau et ne forment qu'une masse féculente et homogène.

Plus importants peut-être encore que les fruits de la pupunha sont ceux du palmier assahy pour les habitants de l'Amazone. J'ai expliqué en parlant du Pará, comment on y fait cette liqueur ou vin d'assahy si prisée. Ce palmier est l'un des plus sveltes et des plus bas, il pousse partout, même à l'ombre du grand bois, au bord des rios, dans les îles nombreuses de leurs estuaires, et produit presque toute l'année des régimes de fruits bleuâtres, semblables à de petites prunes. Presqu'en tout temps on voit la barque légère de l'Indien filer d'un igarapé à l'autre, d'un *palmeiral* à l'autre, à la recherche des baies si aimées; d'autres palmiers peuvent aussi donner des boissons avec leurs fruits, comme le jussára, etc., mais ils ne valent pas l'assahy; il ne faut pas toutefois dédaigner le jus du fruit du batanà, car il a la saveur du chocolat.

Diverses espèces de Bactris et d'Astrocaryum se recommandent moins par leurs fruits que par leur bois et les fibres excellentes, le *tucum*, qui fournit des lignes, des ficelles, la matière des filets de pêche et des hamacs. Dans cet ordre d'idées se distingue la piassava ou Chique-Chique (*Attalea funifera*, *Leopoldinia piaçaba*), dont les feuilles enveloppent presque toute la tige et sont intimement unies par un tissu, tantôt gros, tantôt plus fin. Les fibres principales fournissent une substance cornée, très résistante, semblable à de la soie de sangliers, elles sont brunes, grosses et longues. En les tordant, on en fait des câbles qui résistent très bien à l'eau salée, aussi servent-elles aux grandes embarcations et fournissent-elles un article d'exportation, de même qu'on les utilise pour les brosses et les balais (ceux que la ville de Paris emploie pour la voie publique sont en piassava). La piassava dont la tige atteint 20 pieds de hauteur, remplace avantageusement le chanvre, qui ne vient pas dans la partie tropicale du Brésil; elle croît dans les forêts vierges de Bahia et d'Espirito Santo, tout aussi bien que dans le bas Amazone; elle est utilisée principalement dans les arsenaux du Pará où avec sa fibre on fabrique des câbles de navire.

Le palmier carnaùba n'est pas d'une moindre utilité (*copernicea cerifera*); de sa tige, on fait des planches et des poutrelles pour la construction des canots et des *jangadas* (radeaux spéciaux au Ceará) et des tuyaux ou corps de pompe; de la pâte de sa moelle triturée avec de l'eau on obtient par dépôt une bonne farine; ses fruits sont avant màturité bouillis dans du lait et servent de nourriture aux *Sertanejos*; bien mûrs, ils alimentent le bétail. Quant aux feuilles, j'ai déjà dit que leur aisselle détient, sous forme d'écailles blanches, une cire fort employée pour la fabrication des bougies. Celles-ci sont un peu jaunes, comme celles qu'on emploie dans les églises pour les grands cierges, mais la cire peut blanchir sous l'action de l'acide nitrique. On a vu ces bougies à l'Exposition dans le pavillon brésilien du Champ de Mars. La feuille même du carnaüba, qui sert pour faire des tissus, est actuellement exportée en Europe.

Les fruits de beaucoup de palmiers fournissent de l'huile. Le plus remarquable est l'Auára africain, *Elæis guineensis*, qui donne l'huile de dendé; il est fort abondant à Bahia et à Pernambuco : il a été importé d'Afrique.

Il faut encore mentionner le ubussú, joli palmier de l'Amazone, le seul du Brésil ayant des feuilles d'un seul morceau de 20 pieds de long et de 6 de large, excellentes pour couvrir les maisons, en raison de leur résistance et de leur légèreté, qui rendent ces couvertures meilleures que celles de tuiles.

Parmi les autres arbres du Brésil, l'un des plus importants aujourd'hui est la seringueira (Hevea guyanensis), qui fournit le caoutchouc. Il doit son nom à la seringue, dont on donnait primitivement la forme en poire à ce produit. On le trouve depuis la Guyane jusqu'au plateau de Matto Grosso et même au sud dans la vallée du Guaporé. C'est un bel arbre, svelte, à l'écorce cendrée et jaunâtre, gercée au bas, lisse dans le haut ; il s'élève jusqu'à 30 mètres. Je ne répéterai pas ce qu'on a déjà pu lire au sujet du caoutchouc, au début de ce travail.

ESPÈCES MÉDICINALES

Les plantes médicinales foisonnent dans la forêt vierge : je citerai la salsepareille ou cipó-cem en tupi, arbuste grimpant dont les nombreuses racines adventices et les pousses radicales fournissent un remède bien connu. Elle se trouve en abondance dans l'Amazone et ses affluents, surtout dans le Madeira, le Juruá, le Javary et le rio Negro ; c'est la salsepareille proprement dite (*genuina*), tandis qu'en diverses régions de Minas on trouve une espèce de Herreria (*H. salsaparilha*) qui fournit aussi un remède connu sous le même nom.

L'ipécacuanha (*Cephelis ipecacuanha*) ou poaya dans la

langue tupi, ce qui fait appeler *poayciros* les chercheurs des racines de cet arbuste rampant, croît à l'intérieur du Brésil dans les endroits humides et couverts de la forêt et vient toujours en famille ; on a vu combien elle fourmille à Matto Grosso dans les affluents du haut Paraguay. A côté de cette poaya vraie, on en récolte d'autres variétés : poaya branca ou blanche et poaya do campo (*ionidium ipecacuanha, Polygala poaya*).

Le cumarú ou parú (*Dipterix odorata, Cumaruna odorata* d'Aublet), grand arbre de la famille des légumineuses, abonde dans les sertões de l'Amazone ; ses gousses fournissent les odorantes fèves de Tonka, recueillies surtout par les Indiens du Rio Negro.

L'arbre puxury, puchiry ou pichurim (*Nectandra puchury major* et *minor*, *Ocotea puchury*), belle lauracée, abonde dans le Rio Negro, lui aussi; il fournit les aromatiques amandes de puxury qui à maturité tombant du fruit, sont recueillies par les Indiens, dégagées de leur pulpe et séchées à feu doux. C'est un des remèdes les plus curieux et les plus puissants de la pharmacopée indienne et qui mérite d'être appliqué par notre savante thérapeutique.

La vanille croît dans les forêts vierges de l'Amazone, à Matto Grosso et à Goyaz, mais également dans d'autres provinces. Son exploitation est insignifiante, parce que la préparation est fort mal comprise, en dépit de sa simplicité. Les gousses sont plus fortes et plus longues que celles du Mexique, mais elles sont au moins aussi odoriférantes. Elles ont la forme de ce qu'en France nous appelons le vanillon.

Le craveiro ou giroflier du Maranhão (*Persea caryophyllata, Dicypellium caryophyl.*), arbre de trente pieds et plus de hauteur, au feuillage épais et brillant, de la famille des lauracées, vient dans les forêts de l'Amazone auprès du confluent de ses tributaires et s'étend jusqu'au Pará et au Maranhão. L'écorce donne une épice agréable qui tient du girofle et de la cannelle. En Europe on l'appelle la fausse cannelle. On ne l'emploie plus guère à présent.

Martius a rencontré trois espèces de quinquina dans le Japurá. Mais le Brésil en possède beaucoup d'espèces qui ont à peu près les mêmes propriétés que celui du Pérou. Certaines appartiennent au genre *Cinchona* qui donne le quinquina vrai et on les trouve particulièrement à Minas, dans le Cuyabá, le Rio Negro amazonien; d'autres appartiennent au genre *Exostemma* et poussent au Piauhy, à Bahia; quantité d'autres se rencontrent un peu partout au Brésil et y sont employées contre les fièvres intermittentes avec un réel succès.

Grand nombre d'arbres fournissent le baume; outre le baume copahyba ou copahu provenant du *Copaifera jacquini*, silvestre dans l'Amazone, on exploite diverses autres espèces, comme le baume aromatique des umiri (*Humirium floribundum*).

Divers autres arbres produisent des racines précieuses, principalement le jatobá ou jatahy (*Hymenœa courbaril*), arbre de l'intérieur, pareil par sa stature à l'orme, dont la résine appelée résine animée se trouve en abondance sous ses plus fortes racines; l'almecegueira ou mastic (*icica icicariba*), dont l'écorce sue des larmes d'une gomme élémi excellente; la cachaporra do gentio (*Terminalia fagifolia*), arbre des fourrés bas des campos, dont l'aubier donne une résine plus rouge que la gomme gutte.

Bien des plantes, en dehors des vrais bois de teinture, fournissent des matières colorantes, comme l'arbuste appelé urucú par les Tupis ou Roucouyer (*Bixa orellana*). Sont de même probablement indigènes plusieurs espèces d'indigo. Le carajurú ou piranga (*Bignonia chica* de Humboldt) de la forêt vierge amazonienne, par une manipulation analogue à la fabrication de l'indigo, fournit une belle matière rouge, propre à la teinture des tissus de coton et que les Indiens vendent en petits paquets enveloppés avec l'écorce de l'arbre. Ils emploient cette même matière rouge pour leurs tatouages. Ils utilisent pour teindre en noir l'écorce de plusieurs myrtacées et le fruit du genipapeiro ou genipa.

Beaucoup d'arbres contiennent dans leur écorce une excellente matière tannante et, en particulier, les mangues, surtout le mangue vermelho (*Rizophora mangle*) ou palétuvier, dont l'écorce est plus compacte et pesante que celle du mangue branco (*Avicennia nitida, tomentosa* et *conocarpus*).

Outre les palmiers déjà cités et la graine du ricin, mamona ou palma-christi (*Ricinus communis*), on tire encore de l'huile de l'amande du andiroba (*Carapa guyanensis*), un bel arbre des forêts humides de l'Amazone et du Tocantins, dont les fruits gros comme la tête d'un enfant sont remplis d'amandes triangulaires très huileuses; puis de la châtaigne du Maranhão ou noix du Brésil, la touca du commerce, dont l'huile si limpide est tant appréciée dans le nord de l'Amérique: de même encore des graines du pequi (*Caryocar*) ou piqui, qui jouent le rôle de nos noix d'Europe.

ARBRES FRUITIERS

La flore indigène du Brésil contient d'innombrables espèces fruitières, surtout dans l'Amazone, où elles se distinguent par leur taille, par leur richesse saccharine, par les substances particulières que peuvent seuls produire les rayons perpendiculaires du soleil équatorial.

En dehors des nombreuses variétés du bananier (*Musa paradisiaca*), que de Candolle affirme avoir été importé de l'ancien monde, mais que Martius estime cultivé au Brésil par les indigènes avant Christophe Colomb, on peut citer principalement plusieurs espèces de Sapucaia (*Lecythis*), arbres gigantesques, dont les noix constituent un mets cher aux Indiens et dont l'écorce fournit l'étoupe employée en Amazonie pour le calfatage, et l'amadou, ou bien sert aux Indiens pour allumer du feu par le simple frottement de deux morceaux de bois. A distinguer encore le gamelleiro (*Doliaria ficus*) ou figuier blanc, artocarpée, dont les énormes fruits operculés laissent à maturité tomber les amandes que les Indiens ramassent pour les manger soit crues, soit grillées, tandis que la coque de la capsule fournit les *cuias* ou *couies* qui leur servent de vases à boire. L'écorce elle-même fournit des écuelles ou gamelles qui ont valu son nom à l'arbre ; celui-ci monte jusqu'à 12 mètres.

Le bacury ou pacury (*Platonia insignis*), grand arbre de la famille des guttifères, d'un port superbe, croît dans l'Amazone et ses affluents. Ses grands fruits charnus. d'une saveur aromatique et douce, sont très estimés et vendus en conserves sous le nom de pacury ; — la sorveira (*Callophora utilis*), grand et bel arbre de la famille des apocynées, dont les grosses amandes sont très sucrées ; — la mangabeira, arbre du sertão dont le fruit, la mangaba, ressemble à la prune d'Europe par la forme et la couleur et contient dans sa pulpe diverses graines; fraiche cueillie, elle a une saveur amère due à un suc laiteux, mais après quelque temps, elle perd cette amertume et prend un goût doux et agréable. Aussi récolte-t-on la mangaba en quantités et elle est exportée du sertão sur les villes de Maceió, Pernambuco et Bahia. Avec la mangaba, on prépare une savoureuse boisson qui, bien conditionnée pour la conserve, peut se vendre même sur les marchés européens. La mangabeira (*Hancornia speciosa*) est cultivée de Ceará jusqu'au S. Francisco. La mangue ou mangea est le fruit du manguier (*Mangifera Indica*) qui est cultivé dans toute la région intertropicale.

Le murici (*Byrsonima verbascifolia*) qui croît aussi dans le sertão, donne un petit fruit jaune agréable au palais. mais qui ne vaut pas la mangaba ; le genipa ou genipapeiro, au branchage si vilain et tourmenté, aux feuilles rares et charnues, aux fleurs jaunâtres odoriférantes, donne des fruits oblongs de trois à quatre pouces (6 à 8 centimètres) de diamètre longitudinal, dont la coque verdâtre et épaisse recouvre une pulpe molle comme de la bouillie et dans laquelle sont disséminées ses semences. Cette pulpe est aromatique et douce ; mélangée avec un peu de vin ou de jus de citron, elle forme un manger très délicat.

Le cajueiro ou acajou-pomme à Cayenne (*Anacardium occidentale*), thérébentacée, si répandu et cultivé, d'un aspect peu élégant avec ses branches et ses feuilles rares, donne un fruit bien singulier. Après la chute de sa petite fleur, le réceptacle s'hypertrophie progressivement jusqu'à prendre la taille d'une poire ordinaire; il soutient le fruit en forme de rognon et pareil à une châtaigne ; c'est la noix d'acajou qui, à l'état cru, est corrosive et ne peut se manger qu'une fois cuite. Le réceptacle charnu, qui est proprement ce qu'on appelle le cajú ou acajou, pomme de cajú ou d'acajou, contient beaucoup de suc, que l'on peut exprimer comme d'une éponge ; ce jus, très rafraîchissant et légèrement astringent, est extrêmement utilisé durant la saison chaude et on lui attribue avec raison diverses propriétés médicinales. Ce « vin de cajú » rappelle l'alicante et peut-être souvent lui est-il supérieur. Pour ma part, je l'apprécie infiniment et pense que je trouverais bien des imitateurs si les producteurs du Pará, du Ceará, de Pernambuco, s'avisaient de mieux faire connaître cette exquise boisson en Europe.

Le imbuzeiro (*Spondias tuberosa*) donne un fruit, imbú, qui ressemble à la reine-claude et, mélangé avec du lait, fournit aux Indiens leur chère *imbuzada*, précieux rafraîchissement pour les fiévreux, et le cajazeiro, autre espèce (*Spondias lutea*) de la même famille des térébinthacées, au feuillage délicat et élégant, produit un fruit oblong pareil à une prune, à la pulpe compacte, d'une saveur acidulée et aromatique, qui toutefois n'est pas très estimée par les Brésiliens ; ils en font néanmoins des sorbets et des limonades.

La papaya (*Carica papaya*) indigène cultivée, donne un fruit oblong de la taille d'une citrouille, appelé *Mamão* ou *mamon*, renfermant une pulpe jaune, peu compacte, d'une saveur agréable.

La ambaúba *mansa*, c'est-à-dire civilisée, ou de *vinho*

(*Pourouma cecropiaefolia*), croît dans le Pará et le Rio Negro. Sa longue baie à la pulpe succulente est de tous les fruits du Brésil le plus semblable au raisin. Elle est très recherchée et cultivée par les Indiens. C'est l'arbre du paresseux, appelé bois-trompette aux Antilles. — Diverses espèces de maracujá (*Passiflora maliformis, Tacsonia sanguinea*) ont un fruit ovoïde d'une pâte acidulée fort agreable et fraîche, dans laquelle se trouvent les graines ; on les cultive jusque dans les jardins ; — plusieurs myrtacées donnent de petits fruits analogues aux cerises, aux groseilles, etc., comme la grumixameira, la jaboticabeira, la pitangueira, avec les produits desquelles on fait un vin assez apprécié. La jaboticaba, si commune au Brésil, est d'une saveur acidulée infiniment agréable.

Diverses espèces de *Psidium* ont des fruits d'une saveur non moins estimée ; comme le abiu (*Lucuma Caimito*), l'abricó (*Mammea americana*), ils semblent avoir été importés d'un autre pays d'Amérique. Il faut encore mentionner le châtaignier et le sapin brésiliens, qui remplacent châtaignes et noix d'Europe, de même que l'arbuste guaraná, dont les fruits fournissent un aliment et un condiment importants.

Le châtaignier, grand arbre superbe (*Nhá* ou *niá* en tupi) qui pousse du Tocantins à l'Orénoque, de l'Amazone au Madeira, produit des fruits comme le gamelleiro ou gamellier (figuier blanc); j'ai dit en parcourant le bassin amazonien comment on les recueille et quel commerce on en fait. Si on mange la châtaigne, si on en tire de l'huile, de l'écorce on extrait une étoupe singulièrement précieuse pour le calfatage des barques à la remonte des rios à cataractes. L'araucaria ou sapin du Brésil fournit, dans ses *pinhas* ou pommes, de nombreuses graines comestibles ; ce fruit est le *pinhão* ou pignon (*pinhões* au pluriel), que les indigènes prisent beaucoup, que les colons immigrés du Paraná donnent aux porcs pour les engraisser. Le guaraná forme aujourd'hui, dans la province de Matto Grosso, un aliment aussi indispensable que le café dans les provinces orientales du Brésil; on le prépare avec le fruit de la *Paullinia Sorbilis*, arbuste d'une espèce de sapindacée, croissant dans l'Amazone, surtout dans le bas Tapajóz; à la même famille appartient la pitombá, fruit du *Sapindus esculentus*, qui, par la forme, la couleur et la saveur, peut se comparer à une prune, alors qu'en général cette famille a pour caractéristique un principe vénéneux, comme celui de la *Paullinia pinnata* ou *timbó* des Indiens, appliqué dans toute l'Amazone pour étourdir le poisson et en faciliter la pêche. J'ai dit, je crois, comment on pétrit avec les fruits du Guaraná une pâte couleur de chocolat, qu'on délaie dans l'eau pour en faire une limonade tonique.

Il me parait superflu de revenir sur le cacáoyer, domicilié dans l'Amazone et ses affluents, surtout les rios Negro, Juruá, Javary et Japurá, en telle abondance que son fruit, le cacáo sauvage, fournit aux Indiens avec leur nourriture un considérable article d'exportation. C'est dans la forêt vierge le compagnon ordinaire des smilax ou salsepareilles. Mais il y en a plusieurs espèces : le cacáo véritable est fourni par le *Theobroma*, malvacée byteneracée. Le cacáo silvestre est une variété donc le fruit est excellent, mais non sauvage. Celui-ci n'est pas à dédaigner; il est même souvent dans le commerce mélangé au véritable, mais il lui est bien inférieur en qualité. Aujourd'hui le cacáo est cultivé depuis la Guyane jusqu'aux environs de Rio de Janeiro.

Inutile encore d'insister ici sur la congonha ou herbe mate, produit de diverses sortes d'*Ilex*. J'ai dit quelle importance elle a prise dans le commerce comme dans l'économie domestique sud-américaine.

On ne peut douter que le maïs et le manioc, deux des produits alimentaires les plus importants du Brésil, n'y soient indigènes, car ils étaient cultivés depuis un temps immémorial par les Indiens; toutefois on ne les a pas rencontrés encore à l'état silvestre. En revanche, le riz s'y montre à cet état dans de nombreux parages, surtout dans l'Amazone, le bas Madeira, le long du Paraguay, du haut Araguaya; il est récolté en masse par les Indiens du bas Amazone, où il forme entre les *aningaes*, fourrés d'aroidées à fruit comestible (V. plus haut), de beaux tapis verdoyants. Ils font cette récolte en passant avec leurs canots le long de la rizière (*arrosal*), et avec des perches, abattant le grain de façon à le faire tomber dans les embarcations. On dit que le riz du Madeira est le même que celui d'Asie.

Il faut enfin noter que le Brésil, outre les palmiers déjà mentionnés, possède encore beaucoup de végétaux qui fournissent des fibres précieuses pour la corderie, en particulier, quelques bromeliacées généralement nommées caruás ou gravatás (*Bilbergia*), abondantes dans les sertões du nord-ouest ; et, dans le nombre des aracées, le imbé ou embira (*Philodendron Imbé*) qu'on trouve sur tout le territoire; dans les autres familles, le carrapixo (*Triumfetta semitriloba*), les embiras (*Xylopia sericea* et autres), le guaxima (*Urena lobata*), la pita (*Agave americana* et autres) et le très curieux arbre à papier (*Lasiondra papyrus* de Pohl) qui vit dans la serra Dourada de Goyaz.

Dans les capsules des gigantesques bombacées, on trouve enveloppant les graines une laine soyeuse, la *Sumaúma*, fournie principalement par le sumaumeiro et le mungubeiro (fromager et sablier). La laine du dernier est cendrée-jaunâtre; celle du sumauma est aussi blanche que le plus beau coton. On a cherché à filer et à tisser cette fibre, mais sans grand succès jusqu'à présent, mais elle sert admirablement pour les feutres, et surtout pour les chapeaux légers, de même que pour remplir les oreillers et les édredons. C'est pour ce dernier emploi qu'on l'exporte en Europe. Son nom populaire est *païna*.

Un autre arbre abondant dans l'Amazone et de la famille des Lecythidées, c'est le tauari ou tuiri (*Lecythis Bignonia*), très important par son écorce, dont on tire des feuilles qui forment une excellente enveloppe de cigarres et de cigarrettes et dont on fait de longues chemises appelées *tipoias*.

Le jatobá fournit aux Indiens des canots, le gamelleira et le cuieté d'excellentes *cuias* ou *couies*, calebasses pour boire.

En fait d'essences colorantes, nous trouvons le bois-Brésil, páo-brazil (*Caesalpinia echinata*), bois-braise, dont la couleur a fait donner le nom au pays par les premiers explorateurs négociants. Il croit surtout près du littoral, mais on ne l'exporte plus guère, ni cet autre colorant le páo ou bois tatajiba (*Maclura tinctoria*) qui donne une belle teinte jaune, et qu'on ne trouve presque plus aujourd'hui, à la suite de l'exploitation brutale et insensée qu'on a faite autrefois.

BOIS DE CONSTRUCTION ET DE MENUISERIE, ETC.

Une bien autre importance est réservée à l'exploitation des bois de construction (*madeiras de lei*, comme disent les Portugais), de menuiserie et d'ébénisterie, et surtout de ceux qui entrent dans la construction des navires. La nomenclature en serait fastidieuse ; il n'est cependant pas inutile de citer parmi les arbres qui produisent ces bois : l'acapú (*vouacapoua americana*), le sucupirá (*Bowdichia virgilioides*), grand arbre qui résiste bien à l'eau ; le páo roxo ou guarubú, le vinhatico, le jatahy (de Pernambuco et de Bahia) ; le páo d'arco et divers Ipés, ébène vert (*Tecomas*), le sapucaia, le jequitibá (Curatari) et autres Lecythidées ; le peroba, les canellas (*nectandra speciosa*) tout spécialement pour la construction navale, le matamatá (*Lecythis coriacea*), le castanheiro (*Bertholetia*), le jutaï et le jutaï-mirim que l'on trouve dans l'Amazone. Les troncs immenses du jacaré-ubá (*Collophyllum*) et du jatahy (*Hymenaea*) fournissent d'excellents matériaux pour les embarcations d'une seule pièce. Le dernier fournit des douves et des lattes pour les caisses d'emballages, qui, néanmoins, sont le plus souvent fabriquées avec le bois du cèdre (*Cedrela odorata*) ou du jequitibá.

La menuiserie recherche pour leurs belles couleurs et leurs vaines délicates le jacarandá ou palissandre, le peroba (*aspidosperma*), le páo-rainha ou bois de reine (*centrolobiam*), le muirá-piranga, le muirá-pinima, le cèdre, les vinhaticos, le pequiá marfim (*ivoire*, ou bois satin, *aspidosperma eburneum*), et le splendide Gonçalo Alves (*astronium fraxinifolium*), dont on fait du feu au sertão sans plus de souci, comme du bois le plus vulgaire.

Pour les ustensiles et la construction civile, on emploie le páo-mulato, le bois rouge et lourd du *Godovia gemmiflora*, celui d'une myrtacée ressemblant au noyer, quatre espèces de *louros* ou lauriers, ou mieux lauracées, blanc, rouge, noir et jaune (*Oreodaphne* et *Cordia*), sans parler des autres. Pour la charpente des toitures, on utilise l'écorce noire d'un palmier, le baixiuba barriguda (*Iriartea* ventricosa).

Enfin, il convient de citer, parmi les géants de la forêt brésilienne, le massaranduba (*Mimusops elata*), excellent pour la construction, mais remarquable surtout par l'abondance d'un suc laiteux analogue à du lait de vache, et qui donne une bonne boisson à ce point qu'au Pará on la prend avec le café et le thé. Ce même latex, exposé à l'air libre, s'épaissit et fournit une gutta-percha d'excellente qualité qu'emploie très avantageusement l'industrie.

Cette revue, malgré sa longueur, est infiniment incomplète ; j'ose croire qu'en dépit de sa sécheresse elle offrira au lecteur quelque intérêt ; elle lui donnera une idée d'ensemble des richesses végétales naturelles offertes par le Brésil à l'intelligente activité de ses pionniers. Je l'ai empruntée, dans la plupart de ses éléments, au beau travail de M. le docteur Ramiz Galvão, ancien professeur de botanique et de zoologie à la Faculté de médecine de Rio de Janeiro, inséré dans la version brésilienne du Wappeus. Il faudrait presque faire une revue pareille pour la faune, mais celle-ci me paraît avoir surtout un intérêt de science pure, aussi renverrai-je le lecteur aux traités spéciaux, me bornant à le prévenir qu'elle est d'une richesse non moins grande que la flore, soit pour la variété des espèces, soit pour le nombre considérable des individus. Tout le monde sait combien Agassiz et d'autres savants furent émerveillés de l'abondance des espèces de poissons, soit de mer, soit d'eau douce. Sur tout le globe, aucune contrée n'est peut-être, sous ce rapport, comparable au Brésil.

CONCLUSIONS. — L'AVENIR PAR L'IMMIGRATION.

Par ce qu'on a vu au cours de cette excursion dans toutes les parties de ce grand pays, si incomplète que j'aie dû la laisser, sous peine de dépasser toutes les limites raisonnables, on a pu avoir l'intuition à tout le moins qu'une fraction considérable de ces richesses naturelles, spontanées, restent sans utilisation, sans emploi et par conséquent sans exploitation.

Le tableau de l'activité brésilienne, sur tous les points, dans toutes les branches où elle s'applique, montre qu'à quelques exceptions près, si considérable que soit leur importance, c'est plutôt à des produits d'origine exotique et d'importation que s'adonne son travail, comme le café, la canne à sucre, le manioc, les céréales, etc.

La population adventicielle d'immigration a besoin, en effet, de retrouver dans ce pays, sinon exactement ce qu'elle a laissé dans sa patrie d'origine, à tout le moins des denrées qu'elle puisse aisément utiliser, soit par leur défaite facile sur le marché, soit par la facilité de préparation pour la consommation locale. La plupart des richesses naturelles dont l'esquisse précédente a pu donner une idée, ne deviendront pratiquement exploitables que lorsque le peuplement et l'outillage du pays auront été mieux complétés. Il faut pour cela que continue et s'accroisse l'immigration des bras et des capitaux des pays plus vieux, appliquant les uns et les autres leur activité au développement méthodique, progressif du Brésil ; j'y ajouterai même un qualificatif : au développement par rayonnement, car ce serait répéter une grande erreur que de retomber dans la faute commise jadis de disséminer ces efforts et ces ressources, de les éparpiller sans ordre et sans lien de solidarité sur des points trop nombreux, trop éloignés, trop isolés. Il faut aller du connu à l'inconnu, suivre l'exemple des abeilles et coloniser en essaimant, comme elles.

La poussée vers ce Far-West, cet ouest si grand, si prodigieux, se fera toute seule, quand les régions plus accessibles ressentiront des symptômes de pléthore.

Ce qui est vrai pour la marche géographique de la colonisation, ne l'est pas moins quant à sa marche économique. Les cultures actuelles sont très rémunératrices, plus que toutes les similaires du monde ; elles le deviendront davantage avec une meilleure organisation agronomique, mais les autres ne seront bonnes que si celles-là prospèrent. Il en sera du moins ainsi longtemps encore, car, fatalement et inconsciemment, le Brésil applique, dans son économie intérieure, le grand principe scientifique moderne de la division du travail.

On a pu voir, par tous les détails et les chiffres que j'ai fournis chaque fois que cela a été possible, combien les Brésiliens demandent à l'étranger de ressources, même alimentaires. Pour mieux préciser les idées, je veux condenser ici les résultats du commerce total du Brésil par des chiffres officiels empruntés aux rapports du ministère des Finances pour les 5 dernières années. Les valeurs sont exprimées en francs, au change moyen de 24 deniers ou 400 reis pour 1 franc :

La première ligne de chiffres exprime les valeurs du commerce extérieur; la seconde ligne celle du commerce interprovincial :

Importations.		Exportations.		Total des échanges.
		1883-1884		
531.327.473^fr	+	542.682.045^fr	=	1.074.009.518^fr
195.703.500	+	171.831.250	=	367.534.750
727.030.973	+	714.513.295	=	1.441.544.268
		1884-1885		
446.077.538	+	565.674.135	=	1.011.751.673
187.681.750	+	156.189.500	=	343.871.250
633.759.288	+	721.863.635	=	1.355.622.923
		1885-1886		
493.753.825	+	487.404.048	=	981.157.873
165.417.750	+	176.573.750	=	341.991.500
659.171.575	+	663.977.798	=	1.323.149.373
		1886-1887		
523.516.735	+	658.798.983	=	1.182.315.718
202.600.823	+	212.600.823	=	415.522.727
726.117.558	+	871.399.806	=	1.597.838.445
		1887-1888		
652.497.158	+	531.255.680	=	1.183.752.838
178.678.805	+	167.927.923	=	346.606.728
831.175.963	+	699.183.603	=	1.530.359.566

La part de la France, dans ce total, d'après les statistiques françaises du ministère des Finances, s'établit comme suit pour 1886 (au change de 400 reis) :

	Commerce général.	Commerce spécial.
Importations en France . . Fr.	90.210.845	52.792.496
Exportations de France.	69.057.767	57.174.807
TOTAUX de nos échanges avec le Brésil en 1886. . . . . . . Fr.	157.268.632	109.972.303

La différence entre ces deux commerces montre que nous faisons le transit : à l'importation, pour 37,413,349 francs ; à l'exportation, pour 9,882,950 francs. Qu'on parcoure les tableaux détaillés que j'ai peut-être un peu prodigués, mais qui sont si éloquents, lorsqu'on se donne la peine de les étudier, on verra que le Brésil est tributaire de l'étranger et surtout de l'Europe presque pour tout ce dont il a besoin.

Il est donc bien évident que l'immigration, dans le succès de laquelle est tout son avenir, délivrera peu à peu le Brésil de cette dépendance à cette heure peut-être trop considérable.

L'immigrant, de bonne qualité, cela va de soi, car c'est le seul qui compte, augmentera dans une proportion rapidement progressive la production des denrées alimentaires, du marché desquelles le Brésil n'est pas maître. Il y rendra la vie plus facile, plus aisée, plus confortable. Il contribuera à rendre plus fructueuses les exploitations actuelles déjà excellentes ; il les complétera en installant à côté d'elles, dans les vides de la carte agronomique, d'autres exploitations en apparence moins rémunératrices, mais non moins utiles et qui, plus vite, peut-être, le conduiront à la fortune.

Au 1er janvier 1888, le Brésil avait une dette totale de 2,608,211,047 francs calculée au pair, dont une dette extérieure de 724 millions 522,500 francs. Son budget se chiffrait en recettes par 138,000 contos et en dépenses par 141,000 en chiffres ronds. Mais il faut remarquer ici combien la comptabilité publique brésilienne est arriérée. Le total des dépenses comprend, en effet, non seulement le service de la dette et l'entretien des rouages permanents de l'État, mais aussi les frais de premier établissement de l'outillage nouveau, tout ce qu'ailleurs on demande à des ressources extraordinaires d'emprunt. Quand on met, comme chaque année l'a fait jusqu'ici le gouvernement, ce total en présence de celui des recettes ordinaires, exclusivement dues à l'impôt sous toutes ses formes, il est tout simple que la comparaison donne un déficit. Le miracle, c'est que celui-ci ne soit pas plus gros.

Si cette remarque a son importance pour les lecteurs et les capitalistes d'Europe, elle en a une presque égale pour les Brésiliens eux-mêmes qui ne voient pas clair dans leur situation financière, grâce à ces confusions d'une comptabilité trop rudimentaire. Celles-ci les empêchent de serrer de près, comme il conviendrait, tous les chapitres, soit de dépenses, soit de recettes, pour en examiner à fond les chiffres, et apprécier leur excès ou leur insuffisance. Bien souvent, elles les ont portés, selon l'humeur du moment, à exagérer ou à restreindre trop brutalement les engagements de l'État. L'inconsistance, la variabilité, le défaut d'esprit de suite, dans leur politique économique, est peut-être la plus grande maladie constitutionnelle dont ils aient hérité des colonisateurs portugais. Elle leur a causé des déboires dans toutes les branches de l'activité nationale.

INFLUENCE DE LA RÉVOLUTION ET DES PREMIÈRES MESURES DE LA RÉPUBLIQUE.

Au moment où j'achevais ce travail, le Vieux-Monde a tressailli de surprise, en apprenant que, sans coup férir, le Brésil venait de modifier radicalement ses institutions politiques et de remplacer la monarchie par une République qui, selon toutes probabilités, sera fédérative.

L'exposé sincère de la situation de toutes les provinces et de la vie du pays, montre, je le crois, que les progrès très réels, très considérables accomplis, que les éléments constitutifs de la vie, de la fortune et de l'avenir de la nation, n'avaient aucun lien intime et, par conséquent, indispensable avec la monarchie. Celle-ci a eu ses avantages, et son rôle, à certain moment de l'existence du Brésil, lui a été bienfaisant. Mais ces services, qu'elle a rendus, tenaient plutôt à sa présence en des circonstances d'exception : elle eut à sa fondation le caractère d'un expédient imposé par ces circonstances; celles-ci depuis longtemps ayant disparu, l'institution qu'elles avaient produite n'avait plus ni racines ni raisons de durée.

Sa disparition ne saurait donc affecter en rien les éléments constitutifs du Brésil, dont elle n'a emporté avec elle aucune des forces, aucune des ressources, ni, malheureusement, aucune des faiblesses. En dépit des joies naïves qui saluent toute aurore, la révolution du 15 novembre 1889 n'a pu changer le tempérament de ceux qui exercent une influence sur le pays, tout au plus peut-elle modifier, plus ou moins vite, le tempérament de ceux qui subissaient cette influence.

Parmi les mesures qui l'ont suivie et complétée, ainsi que se plaît à le proclamer le gouvernement provisoire, la plus importante, à mon avis, est celle qui a d'emblée porté un coup définitif à ce *nativisme* enraciné qui était un si grand obstacle à l'assimilation des étrangers. La terre brésilienne prend aux entrailles qui la touche, le milieu brésilien conquiert vite et pour jamais le cœur de celui qui s'y meut, mais l'étranger était, pour ces métis de toutes races élevés à l'école si intransigeamment exclusiviste des Portugais de la vieille roche, si bien resté l'*hostis*, dans le sens antique du mot, qu'on n'eût pas exagéré en traduisant, comme au temps de Tite Live, *hostis* ou étranger par ennemi. Certes, il y avait de nombreuses exceptions et la meilleure preuve en est dans le décret de naturalisation générale ou de nationalisation tacite, imposé par une minorité assez forte pour que la majorité l'ait accepté résignée et presque avec contentement. Toujours est-il que ce nativisme demeurait une grave menace pour le succès, non de l'arrivée d'un courant d'immigration, mais de la fixation de ces nouveaux venus et de leur incorporation volontaire, désirée, à la nationalité brésilienne.

Celle-ci a besoin de cet afflux de sang nouveau, d'esprit plus ouvert, autrement et plus largement formé. Elle en a un besoin au moins aussi sérieux et aussi urgent que des capitaux que son état de nation jeune, sans traditions et sans entreprises dignes de ce nom, l'a empêché d'épargner et d'accumuler. C'est pour cela que, je le répète, l'avenir du Brésil est dans le succès d'une immigration qui s'attache au pays.

Rien, dans la législation, n'empêche plus cette stabilité et cette permanence des colons immigrés. Agriculteurs, industriels, artisans, capitalistes, trouveront maintenant des lois aussi libérales qu'on peut le désirer. C'est un point acquis. Ils entreront presque tout de suite dans le giron de la nationalité et exerceront sur elle la part d'influence qu'auront conquise leur intelligence, leur sagesse, leur supériorité de vues, de procédés et de conduite. D'autre part, le Brésil, pays neuf, nation jeune, non soumise aux charges militaires qui écrasent la vie économique du Vieux-Monde, ayant devant lui les gigantesques ressources dont tout ce livre donnera à peine une faible idée, ne doit pas s'effrayer des charges qu'imposent à la génération actuelle les sacrifices qu'il a dû faire pour se mettre en mesure de donner à ces richesses une valeur exploitable. Il est de taille à en supporter bien d'autres.

Respectueux de sa parole, soucieux de ses engagements jusqu'au scrupule, comme il s'est montré jusqu'à présent avec raison, sachant au besoin s'imposer des privations pour ne pas laisser une minute sa signature en souffrance, malgré la dureté de certaines circonstances qui lui eussent servi d'excuse valable auprès des gens de bonne foi et même des prêteurs sérieux, il a conquis un crédit de bon aloi, qui a résisté, sans trop de peine, à la crise suscitée par sa révolution. Il dépend de lui seul d'affirmer et d'accroître ce crédit, l'une des forces les plus précieuses dont il ait le droit de s'enorgueillir ; il lui faut persister dans la voie de sagesse, de loyauté, de scrupuleuse ponctualité, qui lui a valu une si bonne renommée, et pour que cette persévérance louable et désirable lui soit possible, il doit soigneusement ménager, avec un sentiment sincère de respect, les intérêts qui se sont confiés à lui, ceux des habitants de son sol, comme ceux des étrangers résidant au dehors. Il doit assurer à ses citoyens, si heureusement augmentés en nombre, avec toute la liberté obligée par le régime républicain, toute la sécurité, toute la protection qu'on attend à bon droit d'un régime sérieux, qui comprend la grandeur de sa tâche, et n'oublie pas que son premier devoir patriotique est de durer.

De cette façon, le Brésil d'aujourd'hui et de demain n'aura rien à envier au Brésil d'hier. Celui-ci a fait mentir toutes les prévisions des prophètes de malheur, en opérant cette énorme révolution sociale de l'abolition de l'esclavage sous une pluie de fleurs ; le Brésil nouveau ne doit pas manquer à sa destinée providentielle, et il consacrera cette autre réforme non moins grave d'une modification radicale de ses institutions nationales au milieu de l'allégresse de tous ses citoyens, nés ou adoptifs, qui béniront sa marche prudente, mais résolue, vers le progrès.

FIN DU TOME SECOND

TABLE DES MATIÈRES

X

MINAS GERAES ET L'INTÉRIEUR.

XI

VOIES DE COMMUNICATIONS.

XII

SAN PAULO.

XIII

LE PARANÁ ET SAINTE-CATHERINE.

XIV

RIO GRANDE DU SUD.

XV

MATTO-GROSSO ET LE GRAND TERRITOIRE INDIEN.

XVI

VUE D'ENSEMBLE. — HIER ET DEMAIN.

FIN DE LA TABLE.

Sceaux. — Imprimerie Charaire et fils.

www.ingramcontent.com/pod-product-compliance
Lightning Source LLC
LaVergne TN
LVHW010117230826
846091LV00001BA/69

* 9 7 8 2 0 1 2 8 9 3 6 2 7 *